数学分析入门

Introduction to Mathematical Analysis

高等学校数学类专业

中国教育出版传媒集团

高等教育出版社·北京

内容提要

本书分上、下两册,下册包括多元函数的极限、多元函数的微分、含参变量的积分与反常积分、重积分、曲线积分、曲面积分、傅里叶分析初步等内容。

本书内容丰富、推理严谨,重视数学各分支之间的联系,并通过一些延拓性的内容和习题让读者了解课程知识在数学中的应用,同时特别注重阶的估计以及渐近性态的研究和应用。书中大部分习题附有较为详细的习题解答与提示以供读者学习时参考。

本书可作为综合性大学或理工科大学数学类专业数学分析课程的教材或教学参考书,也可作为科技人员的参考书。

图书在版编目(CIP)数据

数学分析入门. 下册 / 陆亚明编. --北京:高等教育出版社,2023.3

ISBN 978-7-04-059750-9

Ⅰ.①数… Ⅱ.①陆… Ⅲ.①数学分析 Ⅳ.①O17

中国国家版本馆 CIP 数据核字(2023)第 011136 号

Shuxue Fenxi Rumen

| 策划编辑 杨 帆 | 责任编辑 杨 帆 | 封面设计 杨伟露 | 版式设计 于 婕 |
| 责任绘图 杨伟露 | 责任校对 窦丽娜 | 责任印制 耿 轩 | |

出版发行	高等教育出版社	网 址	http://www.hep.edu.cn
社 址	北京市西城区德外大街 4 号		http://www.hep.com.cn
邮政编码	100120	网上订购	http://www.hepmall.com.cn
印 刷	固安县铭成印刷有限公司		http://www.hepmall.com
开 本	787mm×1092mm 1/16		http://www.hepmall.cn
印 张	21.75		
字 数	520 千字	版 次	2023年3月第1版
购书热线	010-58581118	印 次	2023年3月第1次印刷
咨询电话	400-810-0598	定 价	43.90 元

目　　录

第十二章

多元函数的极限

> 从具体到抽象是数学发展的一条重要大道，因此具体的例子往往是抽象概念的源泉，而所用的方法也往往是高深数学里所用的方法的依据. 仅仅熟读了抽象的定义和方法而不知道他们具体来源的数学工作者是没有发展前途的，这样的人要搞深刻研究是可能会遇到无法克服的难关的.
>
> ——华罗庚

§12.1
$\mathbb{R}^n$中的点集

按照第一章 (1.2) 式，

$$\mathbb{R}^n = \{(x_1, \cdots, x_n) : x_j \in \mathbb{R} \ (1 \leqslant j \leqslant n)\},$$

但有时出于习惯考虑，也常将 $\mathbb{R}^n$ 中的元素按照列向量 $(x_1, \cdots, x_n)^{\mathrm{T}}$ 的形式写出. 在线性代数中我们学习了 $\mathbb{R}^n$ 的代数结构，本节的目的是去初步了解其拓扑结构.

对任意的 $\boldsymbol{x} = (x_1, \cdots, x_n) \in \mathbb{R}^n$，记

$$|\boldsymbol{x}| = \left(\sum_{j=1}^{n} x_j^2\right)^{\frac{1}{2}},$$

这被称作 $\boldsymbol{x}$ 的**范数** (norm). 我们可以用 $|\boldsymbol{x}-\boldsymbol{y}|$ 表示 $\mathbb{R}^n$ 中两点 $\boldsymbol{x}$ 与 $\boldsymbol{y}$ 之间的**距离** (distance) [①]，这是我们常用的直线或平面上两点之间距离的推广. 特别地，$|\boldsymbol{x}|$ 就表示 $\boldsymbol{x}$ 与 $\boldsymbol{0} = (0, \cdots, 0)$ 之间的距离. 容易看出

$$|\lambda\boldsymbol{x}| = |\lambda| \cdot |\boldsymbol{x}|, \qquad \forall \lambda \in \mathbb{R}.$$

由闵可夫斯基 (Minkowski) 不等式 (第二章定理 6.4) 知，对任意的 $\boldsymbol{x}, \boldsymbol{y}, \boldsymbol{z} \in \mathbb{R}^n$ 有

$$|\boldsymbol{x} - \boldsymbol{z}| \leqslant |\boldsymbol{x} - \boldsymbol{y}| + |\boldsymbol{y} - \boldsymbol{z}|,$$

[①] 无论是"范数"还是"距离"均有其严格的数学定义，而我们在这里的设置均是满足这些数学定义的. 对此我们不做详细说明，读者只需承认这样的称谓即可. 当然，不满足于此的读者可以查阅本节习题中"距离空间"的部分.

这被称作是 $\mathbb{R}^n$ 中的<u>三角形不等式 (triangle inequality)</u>. 此外, 如果用 $\langle \boldsymbol{x}, \boldsymbol{y} \rangle$ 表示 $\boldsymbol{x} = (x_1, \cdots, x_n)$ 与 $\boldsymbol{y} = (y_1, \cdots, y_n)$ 的内积, 也即

$$\langle \boldsymbol{x}, \boldsymbol{y} \rangle = \sum_{j=1}^{n} x_j y_j,$$

那么由柯西 − 施瓦茨 (Cauchy-Schwarz) 不等式 (第二章定理 6.3) 可得

$$|\langle \boldsymbol{x}, \boldsymbol{y} \rangle| \leqslant |\boldsymbol{x}| \cdot |\boldsymbol{y}|.$$

读者需要牢记上面的这些关系式, 以后它们会被经常使用, 但我们不会再重复说明其出处.

12.1.1　邻域, 开集

【定义 1.1】设 $\boldsymbol{a} \in \mathbb{R}^n$, ε 是一个正实数, 我们称集合

$$\{\boldsymbol{x} \in \mathbb{R}^n : |\boldsymbol{x} - \boldsymbol{a}| < \varepsilon\}$$

为 $\boldsymbol{a}$ 的 ε-邻域, 记作 $B(\boldsymbol{a}, \varepsilon)$. 称

$$B(\boldsymbol{a}, \varepsilon) \setminus \{\boldsymbol{a}\} = \{\boldsymbol{x} \in \mathbb{R}^n : 0 < |\boldsymbol{x} - \boldsymbol{a}| < \varepsilon\}$$

为 $\boldsymbol{a}$ 的去心邻域.

【定义 1.2】设 $E \subseteq \mathbb{R}^n$ 且 $\boldsymbol{a} \in E$. 若存在 $\varepsilon > 0$ 使得 $B(\boldsymbol{a}, \varepsilon) \subseteq E$, 则称 $\boldsymbol{a}$ 为 E 的<u>内点 (interior point)</u>, 如图 12.1 所示. E 的全体内点所成之集被称作 E 的<u>内部 (interior)</u>, 记作 E°.

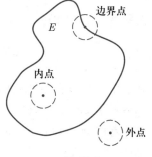

图 12.1

【定义 1.3】设 $E \subseteq \mathbb{R}^n$. 若 $\boldsymbol{a}$ 是 E^c 的内点, 则称 $\boldsymbol{a}$ 为 E 的<u>外点 (exterior point)</u>. E 的全体外点所成之集被称作 E 的<u>外部 (exterior)</u>.

显然, $\boldsymbol{a}$ 是 E 的外点当且仅当存在 $\varepsilon > 0$, 使得 $B(\boldsymbol{a}, \varepsilon) \cap E = \varnothing$.

【定义 1.4】设 $E \subseteq \mathbb{R}^n$. 若 $\boldsymbol{a}$ 既不是 E 的内点也不是 E 的外点, 则称 $\boldsymbol{a}$ 为 E 的<u>边界点 (boundary point)</u>. E 的全体边界点所成之集被称作 E 的<u>边界 (boundary)</u>, 记作 ∂E.

$\boldsymbol{a} \in \partial E$ 当且仅当对任意的 $\varepsilon > 0$ 有

$$B(\boldsymbol{a}, \varepsilon) \cap E \neq \varnothing \qquad 且 \qquad B(\boldsymbol{a}, \varepsilon) \cap E^c \neq \varnothing.$$

并且由此可以看出 $\partial E = \partial (E^c)$.

【定义 1.5】设 $G \subseteq \mathbb{R}^n$, 若 G 中每个点均是内点, 则称 G 是 $\mathbb{R}^n$ 中的<u>开集 (open set)</u> [2]. 换句话说, G 是开集当且仅当 $G = G^\circ$.

---

② 我们常用 G 表示开集, 它是德文 "Gebiet" 的首字母.

【例 1.6】 设 $\boldsymbol{a} \in \mathbb{R}^n$, $r > 0$, 证明 $B(\boldsymbol{a}, r)$ 是开集, 因此我们通常称 $B(\boldsymbol{a}, r)$ 为 $\mathbb{R}^n$ 中的**开球**. 特别地, $\mathbb{R}$ 中的每个有界开区间均是开集.

证明. 如图 12.2 所示, 对任意的 $\boldsymbol{b} \in B(\boldsymbol{a}, r)$ 有 $|\boldsymbol{b} - \boldsymbol{a}| < r$. 现取 $\delta < r - |\boldsymbol{b} - \boldsymbol{a}|$, 由三角形不等式知, 对任意的 $\boldsymbol{x} \in B(\boldsymbol{b}, \delta)$ 有

$$|\boldsymbol{x} - \boldsymbol{a}| \leqslant |\boldsymbol{x} - \boldsymbol{b}| + |\boldsymbol{b} - \boldsymbol{a}| < \delta + |\boldsymbol{b} - \boldsymbol{a}| < r,$$

因此 $B(\boldsymbol{b}, \delta) \subseteq B(\boldsymbol{a}, r)$. 这说明 $B(\boldsymbol{a}, r)$ 是开集.

此外, 由于 $\mathbb{R}$ 中的有界开区间 (a, b) 也即是 $B\left(\dfrac{a+b}{2}, \dfrac{b-a}{2}\right)$, 所以它是 $\mathbb{R}$ 中的开集. $\qquad \square$

【命题 1.7】 设 $E \subseteq \mathbb{R}^n$, 则 E° 是开集.

证明. 对任意的 $\boldsymbol{a} \in E^\circ$, 存在 $\varepsilon > 0$ 使得 $B(\boldsymbol{a}, \varepsilon) \subseteq E$. 因为 $B(\boldsymbol{a}, \varepsilon)$ 是开集, 所以对任意的 $\boldsymbol{b} \in B(\boldsymbol{a}, \varepsilon)$, 存在 $\delta > 0$ 使得 $B(\boldsymbol{b}, \delta) \subseteq B(\boldsymbol{a}, \varepsilon) \subseteq E$, 因此 $\boldsymbol{b} \in E^\circ$, 于是由 $\boldsymbol{b}$ 的任意性知 $B(\boldsymbol{a}, \varepsilon) \subseteq E^\circ$, 这意味着 $\boldsymbol{a}$ 是 E° 的内点, 再由 $\boldsymbol{a}$ 的任意性知 E° 是开集. $\qquad \square$

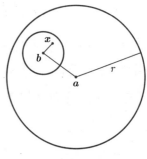

图 12.2

【命题 1.8】 我们有

(1) $\varnothing$ 和 $\mathbb{R}^n$ 都是开集.

(2) 设 $(G_\lambda)_{\lambda \in L}$ 是一族开集, 则 $\bigcup\limits_{\lambda \in L} G_\lambda$ 也是开集.

(3) 设 $G_1, \cdots, G_m$ 是开集, 则 $\bigcap\limits_{j=1}^{m} G_j$ 也是开集.

证明. (1) 是显然的.

(2) 对任意的 $\boldsymbol{a} \in \bigcup\limits_{\lambda \in L} G_\lambda$, 必存在 $\lambda_0 \in L$, 使得 $\boldsymbol{a} \in G_{\lambda_0}$. 由于 G_{λ_0} 是开集, 故存在 $\varepsilon > 0$, 使得 $B(\boldsymbol{a}, \varepsilon) \subseteq G_{\lambda_0}$, 从而 $B(\boldsymbol{a}, \varepsilon) \subseteq \bigcup\limits_{\lambda \in L} G_\lambda$, 这说明 $\boldsymbol{a}$ 是 $\bigcup\limits_{\lambda \in L} G_\lambda$ 的内点. 再由 $\boldsymbol{a}$ 的任意性知 $\bigcup\limits_{\lambda \in L} G_\lambda$ 是开集.

(3) 按照数学归纳法, 只需证 $m = 2$ 的情形即可. 对任意的 $\boldsymbol{a} \in G_1 \cap G_2$, 我们有 $\boldsymbol{a} \in G_1$ 且 $\boldsymbol{a} \in G_2$. 由于 G_1 与 G_2 都是开集, 故存在正实数 ε_1 和 ε_2, 使得 $B(\boldsymbol{a}, \varepsilon_1) \subseteq G_1$ 且 $B(\boldsymbol{a}, \varepsilon_2) \subseteq G_2$, 现取 $\varepsilon = \min(\varepsilon_1, \varepsilon_2)$, 则

$$B(\boldsymbol{a}, \varepsilon) \subseteq B(\boldsymbol{a}, \varepsilon_1) \subseteq G_1 \qquad 且 \qquad B(\boldsymbol{a}, \varepsilon) \subseteq B(\boldsymbol{a}, \varepsilon_2) \subseteq G_2,$$

从而 $B(\boldsymbol{a}, \varepsilon) \subseteq G_1 \cap G_2$, 这就证明了 $\boldsymbol{a}$ 是 $G_1 \cap G_2$ 的内点. 再由 $\boldsymbol{a}$ 的任意性知 $G_1 \cap G_2$ 是开集. $\qquad \square$

需注意的是, 无穷多个开集的交未必是开集. 例如, 对任意的正整数 n 而言, $\left(-\dfrac{1}{n}, \dfrac{1}{n}\right)$ 均是 $\mathbb{R}$ 中的开集, 但 $\bigcap\limits_{n=1}^{\infty} \left(-\dfrac{1}{n}, \dfrac{1}{n}\right) = \{0\}$ 不是 $\mathbb{R}$ 中的开集.

【定义 1.9】设 $E \subseteq \mathbb{R}^n$, 若开集 G 满足 $E \subseteq G$, 则称 G 是 E 的一个邻域. 特别地, 当 $E = \{\boldsymbol{a}\}$ 时我们称 G 是 $\boldsymbol{a}$ 的一个邻域.

12.1.2 聚点, 闭集

【定义 1.10】设 $F \subseteq \mathbb{R}^n$. 若 F^c 是 $\mathbb{R}^n$ 中的开集, 则称 F 是 $\mathbb{R}^n$ 中的闭集 (closed set)[③].

【命题 1.11】我们有

(1) $\varnothing$ 和 $\mathbb{R}^n$ 都是闭集.

(2) 设 $(F_\lambda)_{\lambda \in L}$ 是一族闭集, 则 $\bigcap\limits_{\lambda \in L} F_\lambda$ 也是闭集.

(3) 设 $F_1, \cdots, F_m$ 是闭集, 则 $\bigcup\limits_{j=1}^{m} F_j$ 也是闭集.

证明. 这可由命题 1.8 及德摩根 (de Morgan) 律 (第一章定理 3.13) 得到. □

同样需要注意的是, 无穷多个闭集的并未必是闭集.

【定义 1.12】设 $E \subseteq \mathbb{R}^n$, $\boldsymbol{a} \in \mathbb{R}^n$. 若对任意的 $\varepsilon > 0$ 均有

$$(B(\boldsymbol{a}, \varepsilon) \setminus \{\boldsymbol{a}\}) \cap E \neq \varnothing,$$

则称 $\boldsymbol{a}$ 是 E 的聚点 (cluster point). 称 E 的全体聚点所成之集为 E 的导集 (derived set), 记作 E'. 如果 $\boldsymbol{b} \in E \setminus E'$, 则称 $\boldsymbol{b}$ 是 E 的孤立点 (isolated point). 此外, 称 $E \cup E'$ 为 E 的闭包 (closure), 记作 $\overline{E}$.

设 A, B 是 $\mathbb{R}^n$ 的两个子集, 若 $B \subseteq \overline{A}$, 则称 A 在 B 中稠密 (dense). 特别地, 当 $\overline{A} = \mathbb{R}^n$ 时称 A 在 $\mathbb{R}^n$ 中稠密.

容易看出, $\boldsymbol{a}$ 是 E 的聚点当且仅当对于 $\boldsymbol{a}$ 的任一邻域 G 均有

$$(G \setminus \{\boldsymbol{a}\}) \cap E \neq \varnothing.$$

进而知 $\boldsymbol{a} \in \overline{E}$ 当且仅当对于 $\boldsymbol{a}$ 的任一邻域 G 皆有 $G \cap E \neq \varnothing$.

【例 1.13】(1) 若 $E = \left\{ \dfrac{1}{n} : n \in \mathbb{Z}_{>0} \right\} \subseteq \mathbb{R}$, 则 $E' = \{0\}$, 且 E 中每个点均是孤立点.

(2) $\overline{\mathbb{Q}} = \overline{\mathbb{R} \setminus \mathbb{Q}} = \mathbb{R}$, 因此 $\mathbb{Q}$ 与 $\mathbb{R} \setminus \mathbb{Q}$ 均在 $\mathbb{R}$ 中稠密.

(3) $\overline{B(\boldsymbol{a}, \varepsilon)} = \{\boldsymbol{x} \in \mathbb{R}^n : |\boldsymbol{x} - \boldsymbol{a}| \leqslant \varepsilon\}$.

【命题 1.14】设 $E \subseteq \mathbb{R}^n$, 则 $\overline{E}$ 是闭集.

证明. 我们只需证明 $(\overline{E})^c$ 是开集. 对任意的 $\boldsymbol{a} \in (\overline{E})^c$, 存在 $\boldsymbol{a}$ 的邻域 G 使得 $G \cap E = \varnothing$. 因为 G 是开集, 所以对任意的 $\boldsymbol{b} \in G$, 存在 $\delta > 0$ 使得 $B(\boldsymbol{b}, \delta) \subseteq G$, 因此 $B(\boldsymbol{b}, \delta) \cap E = \varnothing$, 从而 $\boldsymbol{b} \in (\overline{E})^c$. 由 $\boldsymbol{b}$ 的任意性知 $G \subseteq (\overline{E})^c$, 这意味着 $\boldsymbol{a}$ 是 $(\overline{E})^c$ 的内点, 再由 $\boldsymbol{a}$ 的任意性知 $(\overline{E})^c$ 是开集. □

[③] 我们常用 F 表示闭集, 它是法文 "fermé" 的首字母.

【命题 1.15】设 $E \subseteq \mathbb{R}^n$, 则 E 是闭集当且仅当 $E = \overline{E}$.

证明. 由 $\overline{E}$ 的定义知 $E = \overline{E}$ 当且仅当 $E' \subseteq E$, 这又等价于 $E' \cap E^c = \varnothing$. 因为 E' 是 E 的全体聚点所成之集, 故 $E' \cap E^c = \varnothing$ 当且仅当对任意的 $\boldsymbol{a} \in E^c$, 均存在 $\varepsilon > 0$ 使得 $B(\boldsymbol{a}, \varepsilon) \cap E = \varnothing$, 也即 $B(\boldsymbol{a}, \varepsilon) \subseteq E^c$, 而这等价于 E^c 是开集. □

【命题 1.16】设 $E \subseteq \mathbb{R}^n$, 则 $\overline{E} = E^\circ \cup \partial E$.

证明. 首先证 $\overline{E} \subseteq E^\circ \cup \partial E$. 为此, 只需对任意的 $\boldsymbol{a} \in \overline{E} \setminus E^\circ$ 说明 $\boldsymbol{a} \in \partial E$ 即可. 一方面, 由 $\boldsymbol{a} \in \overline{E}$ 知, 对任意的 $\varepsilon > 0$ 有 $B(\boldsymbol{a}, \varepsilon) \cap E \neq \varnothing$; 另一方面, 由 $\boldsymbol{a} \notin E^\circ$ 又知, 对任意的 $\varepsilon > 0$ 而言 $B(\boldsymbol{a}, \varepsilon)$ 均不会包含于 E, 也即 $B(\boldsymbol{a}, \varepsilon) \cap E^c \neq \varnothing$. 因此 $\boldsymbol{a} \in \partial E$.

其次证 $\overline{E} \supseteq E^\circ \cup \partial E$. 注意到 $E^\circ \subseteq E \subseteq \overline{E}$, 故只需证明 $\partial E \setminus E \subseteq \overline{E}$ 即可. 现设 $\boldsymbol{a} \in \partial E \setminus E$, 由 $\boldsymbol{a} \in \partial E$ 知, 对任意的 $\varepsilon > 0$ 有 $B(\boldsymbol{a}, \varepsilon) \cap E \neq \varnothing$, 注意到 $\boldsymbol{a} \notin E$, 因此 $\big(B(\boldsymbol{a}, \varepsilon) \setminus \{\boldsymbol{a}\}\big) \cap E \neq \varnothing$, 所以 $\boldsymbol{a} \in E'$, 进而 $\boldsymbol{a} \in \overline{E}$. □

由上述命题知

$$\overline{E} = E^\circ \cup \partial E \subseteq E \cup \partial E \subseteq \overline{E},$$

故而 $\overline{E} = E \cup \partial E$.

下面来讨论 $\mathbb{R}^n$ 中的点列. 与数列类似, 我们把 $\mathbb{R}^n$ 的以 $\mathbb{Z}_{>0}$ 为指标集的元素族 $(\boldsymbol{x}_m)_{m \in \mathbb{Z}_{>0}}$ 称为 $\mathbb{R}^n$ 中的点列, 通常也把该点列记作 $\{\boldsymbol{x}_m\}$.

【定义 1.17】设 $\{\boldsymbol{x}_m\}$ 是 $\mathbb{R}^n$ 中的一个点列, 如果存在 $\boldsymbol{a} \in \mathbb{R}^n$, 使得对任意的 $\varepsilon > 0$, 均存在正整数 N 满足

$$|\boldsymbol{x}_m - \boldsymbol{a}| < \varepsilon, \qquad \forall\, m > N.$$

则称 $\boldsymbol{a}$ 为 $\{\boldsymbol{x}_m\}$ 的极限, 并称 $\{\boldsymbol{x}_m\}$ 收敛于 $\boldsymbol{a}$.

如果 $\{\boldsymbol{x}_m\}$ 收敛, 其极限必唯一, 因此当它的极限为 $\boldsymbol{a}$ 时我们通常记

$$\lim_{m \to \infty} \boldsymbol{x}_m = \boldsymbol{a} \quad \text{或} \quad \boldsymbol{x}_m \to \boldsymbol{a} \,(\text{当 } m \to \infty \text{ 时}).$$

【定义 1.18】若 $\mathbb{R}^n$ 中的点列 $\{\boldsymbol{x}_m\}$ 满足: 对任意的 $\varepsilon > 0$, 均存在正整数 N 使得

$$|\boldsymbol{x}_\ell - \boldsymbol{x}_m| < \varepsilon, \qquad \forall\, \ell, m > N,$$

则称 $\{\boldsymbol{x}_m\}$ 是 柯西列.

现记 $\boldsymbol{x}_m = (x_1^{(m)}, \cdots, x_n^{(m)})$, 那么容易证明 $\{\boldsymbol{x}_m\}$ 收敛于 $\boldsymbol{a} = (a_1, \cdots, a_n)$ 当且仅当对任意的 $1 \leqslant j \leqslant n$ 有 $\lim_{m \to \infty} x_j^{(m)} = a_j$. 结合数列的柯西收敛准则便可立即得到下面的定理.

【定理 1.19】(柯西收敛准则) $\mathbb{R}^n$ 中的点列 $\{\boldsymbol{x}_m\}$ 收敛当且仅当它是柯西列.

【定理 1.20】(压缩映像原理) 设 E 是 $\mathbb{R}^n$ 中的闭集, $f : E \longrightarrow E$. 如果存在 $\theta \in (0, 1)$ 使得

$$|f(\boldsymbol{x}) - f(\boldsymbol{y})| \leqslant \theta |\boldsymbol{x} - \boldsymbol{y}|, \qquad \forall\, \boldsymbol{x}, \boldsymbol{y} \in E,$$

那么存在唯一的 $\boldsymbol{a} \in E$ 使得 $f(\boldsymbol{a}) = \boldsymbol{a}$. 我们称 $\boldsymbol{a}$ 为 f 的不动点 (fixed point).

证明. 存在性: 任取 $\boldsymbol{x}_0 \in E$, 按照 $\boldsymbol{x}_m = f(\boldsymbol{x}_{m-1})$ $(m \in \mathbb{Z}_{>0})$ 递归地定义 E 中的点列 $\{\boldsymbol{x}_m\}$, 那么对任意的正整数 m 有

$$|\boldsymbol{x}_{m+1} - \boldsymbol{x}_m| = |f(\boldsymbol{x}_m) - f(\boldsymbol{x}_{m-1})| \leqslant \theta|\boldsymbol{x}_m - \boldsymbol{x}_{m-1}|,$$

从而可归纳地证得

$$|\boldsymbol{x}_{m+1} - \boldsymbol{x}_m| \leqslant \theta^m |\boldsymbol{x}_1 - \boldsymbol{x}_0|, \qquad \forall\, m \in \mathbb{Z}_{>0}.$$

于是对任意的 $m > k$ 有

$$|\boldsymbol{x}_m - \boldsymbol{x}_k| \leqslant \sum_{j=k}^{m-1} |\boldsymbol{x}_{j+1} - \boldsymbol{x}_j| \leqslant \sum_{j=k}^{m-1} \theta^j |\boldsymbol{x}_1 - \boldsymbol{x}_0| \leqslant \frac{\theta^k}{1-\theta} |\boldsymbol{x}_1 - \boldsymbol{x}_0|,$$

由此可知 $\{\boldsymbol{x}_m\}$ 是柯西列, 进而收敛. 若记 $\lim\limits_{m \to \infty} \boldsymbol{x}_m = \boldsymbol{a}$, 则由 E 是闭集知 $\boldsymbol{a} \in E$, 进而有 $|f(\boldsymbol{x}_m) - f(\boldsymbol{a})| \leqslant \theta|\boldsymbol{x}_m - \boldsymbol{a}|$, 这说明 $\lim\limits_{m \to \infty} f(\boldsymbol{x}_m) = f(\boldsymbol{a})$. 现对等式 $f(\boldsymbol{x}_{m-1}) = \boldsymbol{x}_m$ 两边令 $m \to \infty$ 即得 $f(\boldsymbol{a}) = \boldsymbol{a}$.

唯一性: 若 $\boldsymbol{a}$ 与 $\boldsymbol{b}$ 均是 f 在 E 中的不动点, 则

$$|\boldsymbol{a} - \boldsymbol{b}| = |f(\boldsymbol{a}) - f(\boldsymbol{b})| \leqslant \theta|\boldsymbol{a} - \boldsymbol{b}|,$$

于是必有 $\boldsymbol{a} = \boldsymbol{b}$. □

类似于闭区间套定理, 我们有下面的闭矩形套定理. 在引入这一定理之前, 先介绍两个概念. 我们称形如 $[a_1, b_1] \times [a_2, b_2] \times \cdots \times [a_n, b_n]$ 的集合为 $\mathbb{R}^n$ 中的 闭矩形. 此外, 对 $\mathbb{R}^n$ 的任一非空子集 E 记

$$\mathrm{diam}\,(E) = \sup_{\boldsymbol{x},\,\boldsymbol{y} \in E} |\boldsymbol{x} - \boldsymbol{y}|,$$

并称之为 E 的直径 (diameter). 如果 $E = B(\boldsymbol{a}, r)$, 那么容易验证 $\mathrm{diam}\,(E) = 2r$.

【定理 1.21】(闭矩形套定理)　设闭矩形列 $\{I_m\}$ 满足 $I_{m+1} \subseteq I_m$ $(\forall\, m \in \mathbb{Z}_{>0})$ 以及 $\lim\limits_{m \to \infty} \mathrm{diam}\,(I_m) = 0$, 那么存在唯一的 $\boldsymbol{a} \in \mathbb{R}^n$ 使得

$$\bigcap_{m=1}^{\infty} I_m = \{\boldsymbol{a}\}.$$

我们把这一定理的证明留作练习.

上面的定理 1.19 和 1.21 均是 $\mathbb{R}^n$ 的完备性的体现.

12.1.3　紧集

【定义 1.22】设 $E \subseteq \mathbb{R}^n$ 且 $(G_\lambda)_{\lambda \in L}$ 是 $\mathbb{R}^n$ 中的一族开集. 若

$$E \subseteq \bigcup_{\lambda \in L} G_\lambda,$$

则称 $(G_\lambda)_{\lambda \in L}$ 是 E 的一个<u>开覆盖</u>. 此外, 若 $L' \subseteq L$ 满足

$$E \subseteq \bigcup_{\lambda \in L'} G_\lambda,$$

则称 $(G_\lambda)_{\lambda \in L'}$ 是一个<u>子覆盖</u>.

【**定义 1.23**】我们称 $\mathbb{R}^n$ 的子集 K 是一个<u>紧集</u> (compact set)[④], 如果 K 的每个开覆盖均有有限子覆盖.

【**命题 1.24**】$\mathbb{R}^n$ 中的闭矩形 $[a_1, b_1] \times \cdots \times [a_n, b_n]$ 是紧集.

证明. 记 $I_1 = [a_1, b_1] \times \cdots \times [a_n, b_n]$. 反设存在 I_1 的一个开覆盖 $(G_\lambda)_{\lambda \in L}$, 它没有有限子覆盖. 现用 n 个超平面 $x_j = \dfrac{a_j + b_j}{2}$ $(1 \leqslant j \leqslant n)$ 把 I_1 等分成 2^n 个闭矩形, 那么其中至少有一个不能用 $(G_\lambda)_{\lambda \in L}$ 中有限个开集覆盖, 我们把这个闭矩形记作 I_2. 类似将 I_2 等分成 2^n 个闭矩形, 并将其中不能用 $(G_\lambda)_{\lambda \in L}$ 中有限个开集覆盖的某个闭矩形记作 I_3. 如此下去, 我们得到了一个闭矩形列 $\{I_m\}$, 其满足:

(1) 对任意的 m 均有 $I_{m+1} \subseteq I_m$;

(2) $\operatorname{diam}(I_m) = 2^{-m+1}\operatorname{diam}(I_1) \to 0$ (当 $m \to \infty$ 时);

(3) 每个 I_m 均不能被有限多个 G_λ 覆盖.

由闭矩形套定理知存在 $\boldsymbol{a} \in \mathbb{R}^n$ 使得

$$\bigcap_{m=1}^{\infty} I_m = \{\boldsymbol{a}\}.$$

显然有 $\boldsymbol{a} \in \bigcup\limits_{\lambda \in L} G_\lambda$, 从而存在 $\lambda_0 \in L$ 使得 $\boldsymbol{a} \in G_{\lambda_0}$. 因为 G_{λ_0} 是开集, 所以存在 $\varepsilon > 0$ 使得 $B(\boldsymbol{a}, \varepsilon) \subseteq G_{\lambda_0}$. 注意到 $\lim\limits_{m \to \infty} \operatorname{diam}(I_m) = 0$, 故存在正整数 ℓ 使得 $\operatorname{diam}(I_\ell) < \varepsilon$. 由于 $\boldsymbol{a} \in I_\ell$, 所以对任意的 $\boldsymbol{x} \in I_\ell$ 均有

$$|\boldsymbol{x} - \boldsymbol{a}| \leqslant \operatorname{diam}(I_\ell) < \varepsilon,$$

这说明 $I_\ell \subseteq B(\boldsymbol{a}, \varepsilon)$, 进而 $I_\ell \subseteq G_{\lambda_0}$, 但这与 (3) 矛盾. $\qquad \square$

在给出 $\mathbb{R}^n$ 中紧集的一个确切描述之前, 我们先介绍有界集的概念.

【**定义 1.25**】设 $E \subseteq \mathbb{R}^n$. 若存在 $M > 0$, 使得对任意的 $\boldsymbol{x} \in E$ 均有 $|\boldsymbol{x}| \leqslant M$, 则称 E 是<u>有界的</u> (bounded).

【**定理 1.26**】设 $K \subseteq \mathbb{R}^n$, 则 K 是紧集当且仅当它是有界闭集.

证明. 必要性: 我们假设 K 是紧集. 首先, 由于 $(B(\boldsymbol{0}, m))_{m \in \mathbb{Z}_{>0}}$ 是 $\mathbb{R}^n$ 的一个开覆盖, 自然也是 K 的一个开覆盖, 从而存在 $m_1, \cdots, m_\ell$ 使得

$$K \subseteq \bigcup_{j=1}^{\ell} B(\boldsymbol{0}, m_j).$$

---

④ 我们常用 K 表示紧集, 它是德文 "kompakt" 的首字母.

记 $M = \max(m_1, \cdots, m_\ell)$，则有 $K \subseteq B(\mathbf{0}, M)$. 这就证明了 K 是有界集.

其次，对任意的 $\boldsymbol{a} \in K^c$，我们来考虑以 $\boldsymbol{a}$ 为中心，以 $\dfrac{1}{m}$ 为半径的闭球 $\overline{B\left(\boldsymbol{a}, \dfrac{1}{m}\right)}$. 容易证明

$$\bigcap_{m=1}^{\infty} \overline{B\left(\boldsymbol{a}, \frac{1}{m}\right)} = \{\boldsymbol{a}\},$$

于是由德摩根律知

$$\bigcup_{m=1}^{\infty} \overline{B\left(\boldsymbol{a}, \frac{1}{m}\right)}^c = \mathbb{R}^n \setminus \{\boldsymbol{a}\}.$$

注意到 $\boldsymbol{a} \notin K$，故由上式可得 $\left(\overline{B\left(\boldsymbol{a}, \dfrac{1}{m}\right)}^c\right)_{m \in \mathbb{Z}_{>0}}$ 是 K 的一个开覆盖，再由 K 是紧集知存在 $m_1, \cdots, m_k$ 使得

$$K \subseteq \bigcup_{j=1}^{k} \overline{B\left(\boldsymbol{a}, \frac{1}{m_j}\right)}^c,$$

(如图 12.3 所示) 也即

$$\bigcap_{j=1}^{k} \overline{B\left(\boldsymbol{a}, \frac{1}{m_j}\right)} \subseteq K^c.$$

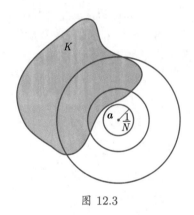

图 12.3

现记 $N = \max(m_1, \cdots, m_k)$，由上式可得 $B\left(\boldsymbol{a}, \dfrac{1}{N}\right) \subseteq K^c$，这说明 $\boldsymbol{a}$ 是 K^c 的内点，再由 $\boldsymbol{a}$ 的任意性知 K^c 为开集，进而 K 是闭集.

充分性：现设 K 是有界闭集. 由有界性知存在 $M > 0$ 使得对任意的 $\boldsymbol{x} \in E$ 均有 $|\boldsymbol{x}| \leqslant M$，从而 $K \subseteq [-M, M]^n$. 现考虑 K 的任意一个开覆盖 $(G_\lambda)_{\lambda \in L}$，由 K^c 是开集知

$$\{G_\lambda : \lambda \in L\} \cup \{K^c\}$$

形成 $[-M, M]^n$ 的一个开覆盖. 注意到在命题 1.24 中我们已经证明了 $[-M, M]^n$ 是紧集，因而在上述集族中能选出有限个开集覆盖 $[-M, M]^n$. 若这有限个开集中有 K^c，那么把它剔除掉后可得 $(G_\lambda)_{\lambda \in L}$ 关于 K 的一个有限子覆盖. 这就证明了 K 是紧集. $\qquad \square$

最后，我们来介绍波尔查诺 – 魏尔斯特拉斯 (Bolzano-Weierstrass) 定理.

【定理 1.27】(波尔查诺 – 魏尔斯特拉斯定理) $\mathbb{R}^n$ 的任意一个有界无限子集必有聚点.

证明. 设 E 是 $\mathbb{R}^n$ 的一个有界的无限子集. 由有界性知存在 $M > 0$ 使得 $E \subseteq [-M, M]^n$. 若 E 无聚点，则对任意的 $\boldsymbol{x} \in [-M, M]^n$，存在 $\boldsymbol{x}$ 的邻域 $U_{\boldsymbol{x}}$，它至多含有 E 中一个点 (若 $\boldsymbol{x} \in E$，则这个点就是 $\boldsymbol{x}$；否则 $U_{\boldsymbol{x}} \cap E = \varnothing$). 注意到

$$(U_{\boldsymbol{x}})_{\boldsymbol{x} \in [-M, M]^n}$$

是 $[-M,M]^n$ 的一个开覆盖, 但由 E 是无限集知上面集族中任意有限个开集均不能覆盖 E, 当然也不能覆盖 $[-M,M]^n$, 这与 $[-M,M]^n$ 是紧集矛盾. □

12.1.4 连通集

【定义 1.28】设 $A \subseteq E \subset \mathbb{R}^n$. 若存在 $\mathbb{R}^n$ 中的开集 (相应地, 闭集) S 使得 $A = E \cap S$, 则称 A 是 E 的一个开子集 (相应地, 闭子集).

【例 1.29】(1) $[1,2)$ 是 $[1,5]$ 的开子集.

(2) E 和 $\varnothing$ 既是 E 的开子集又是 E 的闭子集.

(3) 如果 a 是 E 的孤立点, 那么 $\{a\}$ 既是 E 的开子集又是 E 的闭子集.

【命题 1.30】设 $E \subseteq \mathbb{R}^n$, $A, B \subseteq E$, 那么

(1) A 是 E 的开子集的充要条件是: 对任意的 $a \in A$, 存在 a 的邻域 U 使得 $E \cap U \subseteq A$;

(2) B 是 E 的闭子集当且仅当 $E \setminus B$ 是 E 的开子集.

证明. (1) 必要性: 若 A 是 E 的开子集, 则存在 $\mathbb{R}^n$ 中的开集 G 使得 $A = E \cap G$. 于是对任意的 $a \in A$, 由 $a \in G$ 知 G 是 a 的邻域, 从而必要性得证.

充分性: 若对任意的 $a \in A$, 均存在 a 的邻域 U_a 使得 $E \cap U_a \subseteq A$, 则 $\bigcup_{a \in A} U_a$ 是 $\mathbb{R}^n$ 中的开集. 并且一方面显然有 $A \subseteq E \cap \left(\bigcup_{a \in A} U_a \right)$, 另一方面

$$E \cap \left(\bigcup_{a \in A} U_a \right) = \bigcup_{a \in A} (E \cap U_a) \subseteq A,$$

故而

$$A = E \cap \left(\bigcup_{a \in A} U_a \right),$$

因此 A 是 E 的开子集.

(2) 若 B 是 E 的闭子集, 则存在 $\mathbb{R}^n$ 中的闭集 F 使得 $B = E \cap F$, 于是

$$E \setminus B = E \setminus (E \cap F) = E \cap (E \cap F)^c = E \cap (E^c \cup F^c)$$
$$= E \cap F^c.$$

注意到 F^c 是 $\mathbb{R}^n$ 中的开集, 所以 $E \setminus B$ 是 E 的开子集.

反之, 若 $E \setminus B$ 是 E 的开子集, 则存在 $\mathbb{R}^n$ 中的开集 G 使得 $E \setminus B = E \cap G$. 与上面类似可得

$$B = E \setminus (E \cap G) = E \cap G^c.$$

因为 G^c 是 $\mathbb{R}^n$ 中的闭集, 所以 B 是 E 的闭子集. □

【定义 1.31】设 $E \subset \mathbb{R}^n$. 若不存在 E 的两个非空开子集 A 和 B 使得 $A \cup B = E$ 且 $A \cap B = \varnothing$, 则称 E 是 $\mathbb{R}^n$ 中的连通集 (connected set). $\mathbb{R}^n$ 中的连通开集被称作区域.

如果 E 是区域, 那么也将 $\overline{E}$ 称为闭区域. 特别需要注意的是, **闭区域不是区域**.

【例 1.32】(1) $E = (1, 2) \cup (3, 4]$ 不是 $\mathbb{R}$ 中的连通集.

(2) $\mathbb{Q}$ 不是 $\mathbb{R}$ 中的连通集, 这是因为它可用如下方式写成两个不相交的非空开子集的并:

$$\mathbb{Q} = \{x \in \mathbb{Q} : x < \sqrt{2}\} \cup \{x \in \mathbb{Q} : x > \sqrt{2}\}.$$

(3) 由例 1.29 (3) 我们知道: 如果 $\boldsymbol{a}$ 是 E 的孤立点, 那么 E 是连通集当且仅当 $E = \{\boldsymbol{a}\}$.

【命题 1.33】设 E 是 $\mathbb{R}$ 的非空子集, 那么 E 是 $\mathbb{R}$ 中的连通集当且仅当 E 是区间.

证明. 必要性: 设 E 是连通集. 若 E 是单元素集, 则它是一个 (退化的) 区间, 下设 E 中至少有两个元素. 记 $a = \inf E, b = \sup E$, 为了证明 E 是区间, 只需说明 $(a, b) \subseteq E$ 即可. 现任取 $x \in (a, b)$, 若 $x \notin E$, 则我们可以通过

$$E = [E \cap (-\infty, x)] \cup [E \cap (x, +\infty)]$$

将 E 写成它的两个不相交的非空开子集的并, 这与 E 是连通集矛盾.

充分性: 假设 E 是区间. 若 E 不是连通集, 则必存在 E 的两个非空开子集 A 和 B 使得 $A \cup B = E$ 且 $A \cap B = \varnothing$. 现取 $x \in A, y \in B$, 并不妨假设 $x < y$, 再记

$$z = \sup(A \cap [x, y]),$$

那么当然有 $x \leqslant z \leqslant y$. 注意到 E 是区间, 故由 $x, y \in E$ 知 $[x, y] \subseteq E$, 从而 $z \in E = A \cup B$. 下面分情况来讨论:

(1) 若 $z \in A$, 则由 $A \cap B = \varnothing$ 可得 $z < y$. 由 A 是 E 的开子集知存在 $\mathbb{R}$ 的开集 G_1 使得 $A = E \cap G_1$. 因为 $z \in G_1$ 且 G_1 是 $\mathbb{R}$ 中的开集, 故存在 $s \in (z, y)$ 使得 $(z, s) \subseteq G_1$. 此外 $(z, s) \subseteq [x, y] \subseteq E$, 进而有 $(z, s) \subseteq E \cap G_1 = A$, 这与 z 的定义矛盾.

(2) 若 $z \in B$, 则 $z > x$. 由 B 是 E 的开子集知存在 $\mathbb{R}$ 的开集 G_2 使得 $B = E \cap G_2$. 于是由 $z \in G_2$ 且 G_2 是 $\mathbb{R}$ 中的开集知, 存在 $t \in (x, z)$ 使得 $(t, z) \subseteq G_2$. 此外 $(t, z) \subseteq [x, y] \subseteq E$, 所以 $(t, z) \subseteq E \cap G_2 = B$. 注意到 $A \cap B = \varnothing$, 因此 $(t, z) \cap A = \varnothing$, 这也与 z 的定义矛盾. $\square$

【命题 1.34】设 E 是 $\mathbb{R}^n$ 中的连通集, 且 $E \subseteq S \subseteq \overline{E}$, 那么 S 也是 $\mathbb{R}^n$ 中的连通集. 特别地, $\overline{E}$ 是 $\mathbb{R}^n$ 中的连通集.

证明. 反设 S 不是连通集, 则存在 S 的非空开子集 A 与 B 满足 $A \cup B = S$ 及 $A \cap B = \varnothing$. $A \cap E$ 与 $B \cap E$ 当然是 E 的开子集, 下证 $A \cap E$ 与 $B \cap E$ 都不是空集.

事实上, 如果 $A \cap E = \varnothing$, 那么由 $E \subseteq S \subseteq \overline{E} = E \cup E'$ 知 $A \subseteq E'$. 现取 $\boldsymbol{a} \in A$, 则 $\boldsymbol{a} \in E'$. 一方面, 由命题 1.30 (1) 知存在 $\boldsymbol{a}$ 的邻域 U 使得 $S \cap U \subseteq A$, 当然 $E \cap U \subseteq A$; 另一方面, 由 $\boldsymbol{a} \in E'$ 知 $E \cap U \neq \varnothing$, 这与 $A \cap E = \varnothing$ 矛盾. 同理可证 $B \cap E \neq \varnothing$.

注意到

$$(A \cap E) \cup (B \cap E) = E \qquad \text{以及} \qquad (A \cap E) \cap (B \cap E) = \varnothing,$$

这说明 E 不是连通集, 从而与假设矛盾. $\square$

习题 12.1

1. 设 $\boldsymbol{x}_m = (x_1^{(m)}, \cdots, x_n^{(m)})$, 证明 $\{\boldsymbol{x}_m\}$ 收敛于 $\boldsymbol{a} = (a_1, \cdots, a_n)$ 当且仅当对任意的 $1 \leqslant j \leqslant n$ 有 $\lim\limits_{m \to \infty} x_j^{(m)} = a_j$.

2. 对下列集合 E, 求 E°, ∂E 以及 $\overline{E}$:

   (1) $E = \{\sqrt[n]{n} : n \in \mathbb{Z}_{\geqslant 1}\}$; (2) $E = \{(x,y) \in \mathbb{R}^2 : 0 < y < x+1\}$;

   (3) $E = \{(x,y) \in \mathbb{R}^2 : xy \neq 0\}$; (4) $E = \{(x,y) \in \mathbb{R}^2 : |x| + |y| < 1\}$;

   (5) $E = \{(x,y) \in \mathbb{R}^2 : x, y \in \mathbb{Q}\}$; (6) $E = \{(x,y) \in \mathbb{R}^2 : 1 < x^2 + y^2 < 4\}$.

3. 设 $A, B \subseteq \mathbb{R}^n$, 证明:

   (1) 若 $A \subseteq B$, 则 $A^\circ \subseteq B^\circ$ 且 $\overline{A} \subseteq \overline{B}$;

   (2) $(A \cap B)^\circ = A^\circ \cap B^\circ$, $\overline{A \cup B} = \overline{A} \cup \overline{B}$;

   (3) $(A \cup B)^\circ \supseteq A^\circ \cup B^\circ$, $\overline{A \cap B} \subseteq \overline{A} \cap \overline{B}$;

   (4) 举例说明 (3) 中的两个式子均未必有等号成立.

4. 设 $E \subseteq \mathbb{R}^n$, 证明

   $$E^\circ = \bigcup_{\substack{G \subseteq E \\ G \text{ 是开集}}} G, \qquad \overline{E} = \bigcap_{\substack{F \supseteq E \\ F \text{ 是闭集}}} F.$$

   因此 E° 是包含于 E 的最大开集; $\overline{E}$ 是包含 E 的最小闭集.

5. 设 G_1, G_2 是 $\mathbb{R}^n$ 中的两个不相交的开集, 证明 $G_1 \cap \overline{G_2} = \varnothing$.

6. 设 $\boldsymbol{a} = (a_1, \cdots, a_n) \in \mathbb{R}^n$, $\boldsymbol{b} = (b_1, \cdots, b_m) \in \mathbb{R}^m$, 记

   $$(\boldsymbol{a}, \boldsymbol{b}) = (a_1, \cdots, a_n, b_1, \cdots, b_m) \in \mathbb{R}^{m+n}.$$

   若 G 是包含 $(\boldsymbol{a}, \boldsymbol{b})$ 的开集, 证明必存在 $\mathbb{R}^n$ 中包含 $\boldsymbol{a}$ 的开集 G_1 和 $\mathbb{R}^m$ 中包含 $\boldsymbol{b}$ 的开集 G_2 使得 $G_1 \times G_2 \subseteq G$.

7. 设 $E \subseteq \mathbb{R}^n$ 且 E 中每个点均是孤立点. 证明存在开集 G 和闭集 F 使得 $E = G \cap F$.

8. 设 $E, F \subseteq \mathbb{R}^n$, 证明 $\partial(E \cup F)$, $\partial(E \cap F)$ 以及 $\partial(E \setminus F)$ 的边界均是 $\partial E \cup \partial F$ 的子集.

9. 设 $E \subseteq \mathbb{R}^n$, 证明 ∂E 是 $\mathbb{R}^n$ 中的闭集.

10. 设 $E \subseteq \mathbb{R}^n$, 证明 $\partial E = \varnothing$ 的充要条件是 $E = \varnothing$ 或 $E = \mathbb{R}^n$.

11. 设 E 是 $\mathbb{R}^n$ 的一个既开且闭的子集, 证明 $E = \varnothing$ 或 $E = \mathbb{R}^n$.

12. 设 $E = B(\boldsymbol{a}, r)$, 证明 $\operatorname{diam}(E) = 2r$.

13. 证明定理 1.21.

14. 对 $\mathbb{R}^n$ 的任意两个非空子集 A 和 B, 记

    $$d(A, B) = \inf_{\boldsymbol{x} \in A, \, \boldsymbol{y} \in B} |\boldsymbol{x} - \boldsymbol{y}|.$$

    (1) 设 A 是紧集, B 是闭集且 $A \cap B = \varnothing$, 证明 $d(A, B) > 0$.

(2) 若 A 与 B 均是闭集且 $A \cap B = \varnothing$, 是否一定有 $d(A, B) > 0$?

15. 沿用上题记号, 并当 $A = \{\boldsymbol{x}\}$ 时将 $d(A, B)$ 简记为 $d(\boldsymbol{x}, B)$. 证明: 对任意的 $E \subseteq \mathbb{R}^n$ 有

$$\overline{E} = \{\boldsymbol{x} \in \mathbb{R}^n : d(\boldsymbol{x}, E) = 0\}.$$

16. 设 $F \subseteq \mathbb{R}^n$, $F \neq \varnothing$, r 是一个正常数, 证明 $\{\boldsymbol{x} \in \mathbb{R}^n : d(\boldsymbol{x}, F) < r\}$ 是开集.

17. 证明 $\mathbb{R}^n$ 中每个闭集均可表为可数个开集的交, 每个开集均可表为可数个闭集的并.

18. 设 A, B 是 $\mathbb{R}^n$ 中的两个闭集且 $A \cap B = \varnothing$, 证明存在开集 G_1 和 G_2 满足 $A \subseteq G_1$, $B \subseteq G_2$ 且 $G_1 \cap G_2 = \varnothing$.

19. 设 F 是 $\mathbb{R}^n$ 中的闭集, G 是 $\mathbb{R}^n$ 中的开集且 $F \subseteq G$. 证明存在开集 G_1 满足

$$F \subseteq G_1 \subseteq \overline{G_1} \subseteq G.$$

20. 假设 $(F_\lambda)_{\lambda \in L}$ 是 $\mathbb{R}^n$ 中的一族闭集, 其中至少有一个 F_λ 是有界集, 并且 $\bigcap\limits_{\lambda \in L} F_\lambda = \varnothing$. 证明: 存在 $\lambda_1, \cdots, \lambda_m \in L$ 使得 $\bigcap\limits_{1 \leqslant j \leqslant m} F_{\lambda_j} = \varnothing$.

21. (闭集套定理) 设 $(F_j)_{j \in \mathbb{Z}_{>0}}$ 是 $\mathbb{R}^n$ 中的一族非空有界闭集, 满足
   (1) 对任意的正整数 j 有 $F_j \supseteq F_{j+1}$;
   (2) $\lim\limits_{j \to \infty} \operatorname{diam}(F_j) = 0$,
   证明存在唯一的 $\boldsymbol{a} \in \mathbb{R}^n$ 使得 $\bigcap\limits_{j=1}^{\infty} F_j = \{\boldsymbol{a}\}$.

22. (贝尔 (Baire)) 对于 $\mathbb{R}^n$ 的子集 E, 若 $(\overline{E})^\circ = \varnothing$, 则称 E 是<u>疏集</u>或<u>无处稠密集</u> (<u>nowhere dense set</u>). 证明: $\mathbb{R}^n$ 不能写成至多可数个疏集的并.

23. 设 E 是 $\mathbb{R}^n$ 的一个不可数的子集. 证明存在 E 的聚点 $\boldsymbol{a}$, 使得 $\boldsymbol{a}$ 的任一邻域与 E 的交集均是不可数集.

24. 对 $\mathbb{R}^n$ 的两个非空子集 A 和 B, 记 $A + B = \{\boldsymbol{a} + \boldsymbol{b} : \boldsymbol{a} \in A, \boldsymbol{b} \in B\}$. 证明:
   (1) 若 A 是开集, 则 $A + B$ 也是开集;
   (2) 若 A 是紧集, B 是闭集, 则 $A + B$ 是闭集;
   (3) 举例说明 A 与 B 均是闭集并不能保证 $A + B$ 是闭集.

25. 设 $E \subseteq \mathbb{R}^n$, 证明以下命题等价:
   (1) E 是连通集;
   (2) 不存在 E 的非空真子集 A, 使得它既是 E 的开子集又是 E 的闭子集;
   (3) 不存在 E 的两个非空闭子集 A 和 B 使得 $A \cup B = E$ 且 $A \cap B = \varnothing$;
   (4) 不存在 E 的两个非空子集 A 和 B 使得 $A \cup B = E$ 且 $A \cap \overline{B} = \overline{A} \cap B = \varnothing$.

26. 设 E, F 均是 $\mathbb{R}^n$ 中的连通集且 $\overline{E} \cap F \neq \varnothing$, 证明 $E \cup F$ 也是 $\mathbb{R}^n$ 中的连通集.

27. 设 $(E_\lambda)_{\lambda \in L}$ 是 $\mathbb{R}^n$ 中的一族连通集, 并且 $\bigcap\limits_{\lambda \in L} E_\lambda \neq \varnothing$, 证明 $\bigcup\limits_{\lambda \in L} E_\lambda$ 也是连通集.

28. 证明 $\mathbb{R}$ 中的每个开集均可表为至多可数个互不相交的开区间的并.

设 E 是一个非空集合, 如果存在映射 $d: E^2 \longrightarrow \mathbb{R}$ 满足

(1) 对任意的 $x, y \in E$ 均有 $d(x, y) \geqslant 0$, 并且 $d(x, y) = 0$ 当且仅当 $x = y$;

(2) 对任意的 $x, y \in E$ 均有 $d(x, y) = d(y, x)$;

(3) (三角形不等式) 对任意的 $x, y, z \in E$ 有 $d(x, z) \leqslant d(x, y) + d(y, z)$,

则称 E 是一个距离空间 (metric space), 称 d 为 E 上的距离 (distance). 从第 29 题到第 36 题是一组题, 介绍距离空间的一些例子.

29. 设 E 是一个非空集合, 对任意的 $x, y \in E$, 定义
$$d(x, y) = \begin{cases} 0, & x = y, \\ 1, & x \neq y. \end{cases}$$

证明 d 是 E 上的距离. 拥有这一距离的集合 E 被称为离散距离空间 (discrete metric space).

30. 设 E 是以 d 为距离的距离空间, 对任意的 $x, y \in E$, 定义
$$d_1(x, y) = \frac{d(x, y)}{1 + d(x, y)}.$$

证明 d_1 也是 E 上的一个距离.

31. 对 $\mathbb{R}^2$ 中的任意两个元素 $\boldsymbol{x} = (x_1, x_2)$ 和 $\boldsymbol{y} = (y_1, y_2)$, 定义
$$d(\boldsymbol{x}, \boldsymbol{y}) = \max \left(|x_1 - y_1|, |x_2 - y_2| \right),$$

证明 d 是 $\mathbb{R}^2$ 上的距离.

32. 设 E 是定义在有界闭区间 $[a, b]$ 上的全体有界函数所成之集, 对任意的 $f, g \in E$, 定义
$$d(f, g) = \sup_{x \in [a, b]} |f(x) - g(x)|.$$

证明 d 是 E 上的距离.

33. 设 E 是定义在有界闭区间 $[a, b]$ 上的全体连续函数所成之集, 对任意的 $f, g \in E$, 定义
$$d(f, g) = \int_a^b |f(x) - g(x)| \, \mathrm{d}x.$$

证明 d 是 E 上的距离.

34. 设 p 是一个素数, 对任一非零整数 a, 定义 $v_p(a)$ 为使得 p^k 整除 a 的最大的 k, 即 $v_p(a) = \max\{k \in \mathbb{Z}_{\geqslant 0} : p^k \mid a\}$. 进一步, 对非零有理数 $x = \dfrac{a}{b}$ (a 和 b 均为整数), 定义 $v_p(x) = v_p(a) - v_p(b)$ [⑤]. 现对 $x \in \mathbb{Q}$ 记
$$|x|_p = \begin{cases} p^{-v_p(x)}, & x \neq 0, \\ 0, & x = 0. \end{cases}$$

---

⑤ 这一定义的合理性参见习题 1.2 第 1 题.

证明: $d(x, y) = |x - y|_p$ 为 $\mathbb{Q}$ 上的一个距离.

35. 集合 E 上的距离 d 被称为是非阿基米德的 (non-Archimedean), 是指对任意的 $x, y, z \in E$, 均有

$$d(x, z) \leqslant \max\big(d(x, y), d(y, z)\big).$$

否则, 就称该距离是阿基米德的. 试讨论习题 31—34 中的距离是否是阿基米德的.

36. 设 E 是一个被赋予了距离 d 的距离空间, 对任意的 $a \in E$ 及 $r > 0$, 我们称 $B(a, r) = \{x \in E : d(x, a) < r\}$ 为以 a 为圆心, 以 r 为半径的圆. 证明: 如果 d 是非阿基米德距离, 那么圆内每个点均是该圆的圆心.

§12.2
多元函数的极限

【定义 2.1】设 $E \subseteq \mathbb{R}^n$, $f : E \longrightarrow \mathbb{R}^m$, $\boldsymbol{a}$ 是 E 的聚点. 若存在 $\boldsymbol{b} \in \mathbb{R}^m$, 使得对任意的 $\varepsilon > 0$, 均存在 $\delta > 0$ 满足

$$|f(\boldsymbol{x}) - \boldsymbol{b}| < \varepsilon, \qquad \forall\, \boldsymbol{x} \in \big(B(\boldsymbol{a}, \delta) \setminus \{\boldsymbol{a}\}\big) \cap E,$$

则称 $\boldsymbol{b}$ 为 f 沿 E 中元素趋于 $\boldsymbol{a}$ 时的极限.

【命题 2.2】(极限的唯一性) 设 $E \subseteq \mathbb{R}^n$, $f : E \longrightarrow \mathbb{R}^m$, $\boldsymbol{a}$ 是 E 的聚点. 如果 $\boldsymbol{b}$ 与 $\boldsymbol{c}$ 均是 f 沿 E 中元素趋于 $\boldsymbol{a}$ 时的极限, 则 $\boldsymbol{b} = \boldsymbol{c}$.

证明. 若 $\boldsymbol{b} \neq \boldsymbol{c}$, 则 $|\boldsymbol{b} - \boldsymbol{c}| \neq 0$. 按照定义 2.1, 对 $\varepsilon = \dfrac{|\boldsymbol{b} - \boldsymbol{c}|}{2}$, 存在正数 δ_1 与 δ_2 使得

$$|f(\boldsymbol{x}) - \boldsymbol{b}| < \varepsilon, \qquad \forall\, \boldsymbol{x} \in \big(B(\boldsymbol{a}, \delta_1) \setminus \{\boldsymbol{a}\}\big) \cap E$$

以及

$$|f(\boldsymbol{x}) - \boldsymbol{c}| < \varepsilon, \qquad \forall\, \boldsymbol{x} \in \big(B(\boldsymbol{a}, \delta_2) \setminus \{\boldsymbol{a}\}\big) \cap E.$$

若记 $\delta = \min(\delta_1, \delta_2)$, 则对 $\boldsymbol{x} \in \big(B(\boldsymbol{a}, \delta) \setminus \{\boldsymbol{a}\}\big) \cap E$ 有

$$|\boldsymbol{b} - \boldsymbol{c}| \leqslant |f(\boldsymbol{x}) - \boldsymbol{b}| + |f(\boldsymbol{x}) - \boldsymbol{c}| < 2\varepsilon = |\boldsymbol{b} - \boldsymbol{c}|,$$

从而矛盾. □

鉴于命题 2.2, 当 $\boldsymbol{b}$ 是 f 沿 E 中元素趋于 $\boldsymbol{a}$ 时的极限时, 我们就记

$$\lim_{\substack{\boldsymbol{x} \to \boldsymbol{a} \\ \boldsymbol{x} \in E}} f(\boldsymbol{x}) = \boldsymbol{b},$$

如果 $\boldsymbol{a}$ 是 E 的内点, 则将上式简记作 $\lim\limits_{\boldsymbol{x} \to \boldsymbol{a}} f(\boldsymbol{x}) = \boldsymbol{b}$.

若记 $\boldsymbol{x} = (x_1, \cdots, x_n)$, $\boldsymbol{a} = (a_1, \cdots, a_n)$, 则 $\boldsymbol{x} \to \boldsymbol{a}$ 当且仅当对 $1 \leqslant j \leqslant n$ 都有 $x_j \to a_j$, 因此我们也常将极限式 $\lim\limits_{\boldsymbol{x} \to \boldsymbol{a}} f(\boldsymbol{x}) = \boldsymbol{b}$ 写成

$$\lim_{x_j \to a_j, \, 1 \leqslant j \leqslant n} f(x_1, \cdots, x_n) = \boldsymbol{b}.$$

当 $n = 2$ 和 3 时上式也被分别写成

$$\lim_{\substack{x \to a_1 \\ y \to a_2}} f(x, y) = \boldsymbol{b} \qquad \text{和} \qquad \lim_{\substack{x \to a_1 \\ y \to a_2 \\ z \to a_3}} f(x, y, z) = \boldsymbol{b}.$$

类似可定义诸如 $\lim\limits_{x_j \to +\infty, \, 1 \leqslant j \leqslant n} f(x_1, \cdots, x_n) = \boldsymbol{b}$ 的极限式.

现设 $E \subseteq \mathbb{R}^n$ 且 $f : E \longrightarrow \mathbb{R}^m$, 则对任意的 $\boldsymbol{x} \in E$, $f(\boldsymbol{x})$ 是一个 m 维向量, 从而可写成 $(f_1(\boldsymbol{x}), \cdots, f_m(\boldsymbol{x}))^{\mathrm{T}}$ 的形式 [⑥], 其中 $f_j : E \longrightarrow \mathbb{R}$ $(1 \leqslant j \leqslant m)$ 均是定义在 E 上的多元函数. 此时我们通常记 $f = (f_1, \cdots, f_m)^{\mathrm{T}}$, 并称 f_j 是 f 的第 j 个 分量函数. 下述结论是比较显然的.

【命题 2.3】设 $E \subseteq \mathbb{R}^n$, $f = (f_1, \cdots, f_m)^{\mathrm{T}} : E \longrightarrow \mathbb{R}^m$ 且 $\boldsymbol{a}$ 是 E 的聚点. 又设 $\boldsymbol{b} = (b_1, \cdots, b_m)^{\mathrm{T}} \in \mathbb{R}^m$. 那么 $\lim\limits_{\substack{\boldsymbol{x} \to \boldsymbol{a} \\ \boldsymbol{x} \in E}} f(\boldsymbol{x}) = \boldsymbol{b}$ 当且仅当对 $1 \leqslant j \leqslant m$ 有 $\lim\limits_{\substack{\boldsymbol{x} \to \boldsymbol{a} \\ \boldsymbol{x} \in E}} f_j(\boldsymbol{a}) = b_j$.

下面给出映射极限的一些性质, 它们与函数极限类似, 因此我们略去其证明.

【命题 2.4】设 $\lim\limits_{\substack{\boldsymbol{x} \to \boldsymbol{a} \\ \boldsymbol{x} \in E}} f(\boldsymbol{x})$ 与 $\lim\limits_{\substack{\boldsymbol{x} \to \boldsymbol{a} \\ \boldsymbol{x} \in E}} g(\boldsymbol{x})$ 均存在, 则对任意的实数 α, β 有

$$\lim_{\substack{\boldsymbol{x} \to \boldsymbol{a} \\ \boldsymbol{x} \in E}} \left[\alpha f(\boldsymbol{x}) + \beta g(\boldsymbol{x}) \right] = \alpha \lim_{\substack{\boldsymbol{x} \to \boldsymbol{a} \\ \boldsymbol{x} \in E}} f(\boldsymbol{x}) + \beta \lim_{\substack{\boldsymbol{x} \to \boldsymbol{a} \\ \boldsymbol{x} \in E}} g(\boldsymbol{x}).$$

【命题 2.5】(复合映射的极限) 设 $f : E \longrightarrow F$, $\lim\limits_{\substack{\boldsymbol{x} \to \boldsymbol{a} \\ \boldsymbol{x} \in E}} f(\boldsymbol{x}) = \boldsymbol{b}$, $\lim\limits_{\substack{\boldsymbol{y} \to \boldsymbol{b} \\ \boldsymbol{y} \in F}} g(\boldsymbol{y}) = \boldsymbol{c}$, 且存在 $\delta > 0$, 使得在 $\big(B(\boldsymbol{a}, \delta) \setminus \{\boldsymbol{a}\} \big) \cap E$ 内有 $f(\boldsymbol{x}) \neq \boldsymbol{b}$, 则

$$\lim_{\substack{\boldsymbol{x} \to \boldsymbol{a} \\ \boldsymbol{x} \in E}} g(f(\boldsymbol{x})) = \boldsymbol{c}.$$

【定理 2.6】(海涅 (Heine) 归结原理) $\lim\limits_{\substack{\boldsymbol{x} \to \boldsymbol{a} \\ \boldsymbol{x} \in E}} f(\boldsymbol{x}) = \boldsymbol{b}$ 的充要条件是: 对于 E 中满足 $\lim\limits_{k \to \infty} \boldsymbol{x}_k = \boldsymbol{a}$ 且 $\boldsymbol{x}_k \neq \boldsymbol{a}$ $(\forall \, k)$ 的任一序列 $\{\boldsymbol{x}_k\}$ 均有 $\lim\limits_{k \to \infty} f(\boldsymbol{x}_k) = \boldsymbol{b}$.

【例 2.7】设 $f(x, y) = \dfrac{xy}{x^2 + y^2}$, 我们来考虑极限 $\lim\limits_{\substack{x \to 0 \\ y \to 0}} f(x, y)$. 由于

$$\lim_{k \to \infty} f\left(\frac{1}{k}, \frac{1}{k} \right) = \frac{1}{2} \qquad \text{且} \qquad \lim_{k \to \infty} f\left(\frac{2}{k}, \frac{1}{k} \right) = \frac{2}{5},$$

---

⑥ 在这里我们采用列向量的写法, 目的是和下一章一致.

故极限 $\lim\limits_{\substack{x \to 0 \\ y \to 0}} f(x,y)$ 不存在.

【定理 2.8】(柯西收敛准则) $\lim\limits_{\substack{x \to a \\ x \in E}} f(x)$ 存在的充要条件是: 对任意的 $\varepsilon > 0$, 存在 $\delta > 0$, 使得对于任意的 $x, y \in \left(B(a, \delta) \setminus \{a\} \right) \cap E$ 有

$$|f(x) - f(y)| < \varepsilon.$$

鉴于命题 2.3, 下面我们将仅限于讨论多元函数的情形. 因为 $\mathbb{R}$ 是阿基米德有序域, 故有许多良好的性质可以利用.

【命题 2.9】(保序性) 设 f 与 g 均是定义在 E 上的 n 元函数, 且

$$\lim\limits_{\substack{x \to a \\ x \in E}} f(x) = A, \qquad \lim\limits_{\substack{x \to a \\ x \in E}} g(x) = B.$$

那么

(1) 若 $A < B$, 则存在 $\delta > 0$, 使得在 $\left(B(a, \delta) \setminus \{a\} \right) \cap E$ 上有 $f(x) < g(x)$;

(2) 若存在 $\delta > 0$, 使得在 $\left(B(a, \delta) \setminus \{a\} \right) \cap E$ 上有 $f(x) \leqslant g(x)$, 则 $A \leqslant B$.

【命题 2.10】设 f 与 g 均是定义在 E 上的 n 元函数, 且 $\lim\limits_{\substack{x \to a \\ x \in E}} f(x) = A$, $\lim\limits_{\substack{x \to a \\ x \in E}} g(x) = B$, 则

(1) $\lim\limits_{\substack{x \to a \\ x \in E}} f(x)g(x) = AB$;

(2) 若 $B \neq 0$, 则 $\lim\limits_{\substack{x \to a \\ x \in E}} \dfrac{f(x)}{g(x)} = \dfrac{A}{B}$.

特别常用的是下面的夹逼定理.

【定理 2.11】(夹逼定理) 设 $E \subseteq \mathbb{R}^n$, a 是 E 的聚点, f, g, h 均是定义在 E 上的函数, 并且存在 $\delta > 0$, 使得在 $\left(B(a, \delta) \setminus \{a\} \right) \cap E$ 内有 $f(x) \leqslant g(x) \leqslant h(x)$. 如果

$$\lim\limits_{\substack{x \to a \\ x \in E}} f(x) = \lim\limits_{\substack{x \to a \\ x \in E}} h(x) = A,$$

那么 $\lim\limits_{\substack{x \to a \\ x \in E}} g(x) = A$.

【例 2.12】计算 $\lim\limits_{\substack{x \to 0^+ \\ y \to 0^+}} \dfrac{\sin(xy)}{x + y}$.

解. 由于当 $x > 0, y > 0$ 时有

$$\left| \frac{\sin(xy)}{x+y} \right| \leqslant \left| \frac{xy}{x+y} \right| \leqslant \frac{x+y}{4},$$

而 $\lim\limits_{\substack{x \to 0^+ \\ y \to 0^+}} \dfrac{x+y}{4} = 0$, 因此 $\lim\limits_{\substack{x \to 0^+ \\ y \to 0^+}} \dfrac{\sin(xy)}{x+y} = 0$. $\square$

最后我们再把问题限于二元函数的情形，并研究 $\lim\limits_{\substack{x\to a\\y\to b}} f(x,y)$ 与 $\lim\limits_{y\to b}\lim\limits_{x\to a} f(x,y)$ 以及 $\lim\limits_{x\to a}\lim\limits_{y\to b} f(x,y)$ 之间的关系. 其中第一个极限通常被称作<u>二重极限</u>, 而后两个极限被称作<u>二次极限</u>或<u>累次极限</u>. 在这里, $\lim\limits_{y\to b}\lim\limits_{x\to a} f(x,y)$ 是指对于 b 的某去心邻域内的每个 y 均存在极限 $\lim\limits_{x\to a} f(x,y) = \varphi(y)$, 并且 $\lim\limits_{y\to b} \varphi(y)$ 也存在, 那么我们就记

$$\lim_{y\to b}\lim_{x\to a} f(x,y) = \lim_{y\to b}\varphi(y).$$

在一般情形下, 二重极限与二次极限并无直接关联. 下面我们来作具体说明:

(1) 两个二次极限均不存在, 但二重极限仍有可能存在. 例如

$$f(x,y) = \begin{cases} x\sin\dfrac{1}{y} + y\sin\dfrac{1}{x}, & x\neq 0 \text{ 且 } y\neq 0, \\ 0, & x=0 \text{ 或 } y=0, \end{cases}$$

由于当 $y\neq 0$ 时 $\lim\limits_{x\to 0} y\sin\dfrac{1}{x}$ 不存在, 且当 $x\neq 0$ 时 $\lim\limits_{y\to 0} x\sin\dfrac{1}{y}$ 不存在, 故

$$\lim_{x\to 0} f(x,y) \qquad \text{与} \qquad \lim_{y\to 0} f(x,y)$$

均不存在, 当然两个二次极限也不存在. 但是由 $|f(x,y)| \leqslant |x| + |y|$ 知

$$\lim_{\substack{x\to 0\\y\to 0}} f(x,y) = 0.$$

(2) 两个二次极限存在但可能不相等. 例如

$$f(x,y) = \begin{cases} \dfrac{x^2 + x + y^2 - y}{x+y}, & x+y\neq 0, \\ 0, & x+y=0, \end{cases}$$

由于当 $y\neq 0$ 时 $\lim\limits_{x\to 0} f(x,y) = y-1$, 故

$$\lim_{y\to 0}\lim_{x\to 0} f(x,y) = -1,$$

同理可得

$$\lim_{x\to 0}\lim_{y\to 0} f(x,y) = 1,$$

(3) 两个二次极限存在且相等, 但二重极限仍有可能不存在. 例如

$$f(x,y) = \frac{xy}{x^2 + y^2},$$

容易看出 $\lim\limits_{x\to 0}\lim\limits_{y\to 0} f(x,y) = \lim\limits_{y\to 0}\lim\limits_{x\to 0} f(x,y) = 0$, 但由例 2.7 知二重极限 $\lim\limits_{\substack{x\to 0\\y\to 0}} f(x,y)$ 不存在.

(4) 二重极限和一个二次极限存在, 但另一个二次极限仍有可能不存在. 例如

$$f(x,y) = \begin{cases} x + y\sin\dfrac{1}{x}, & x \neq 0, \\ 0, & x = 0, \end{cases}$$

由 $|f(x,y)| \leqslant |x| + |y|$ 知 $\lim\limits_{\substack{x \to 0 \\ y \to 0}} f(x,y) = 0$, 此外还有 $\lim\limits_{x \to 0} \lim\limits_{y \to 0} f(x,y) = 0$, 但是 $\lim\limits_{y \to 0} \lim\limits_{x \to 0} f(x,y)$ 不存在.

综上我们得知, 为了建立二重极限与二次极限之间的联系, 必须加入更苛刻的条件.

【命题 2.13】 设 $\lim\limits_{\substack{x \to a \\ y \to b}} f(x,y) = A$ (有限或无穷), 且在 b 的某去心邻域内存在有限极限 $\lim\limits_{x \to a} f(x,y) = \varphi(y)$, 则

$$\lim_{y \to b} \lim_{x \to a} f(x,y) = A.$$

证明. 我们仅讨论 $A \in \mathbb{R}$ 的情形. 由 $\lim\limits_{\substack{x \to a \\ y \to b}} f(x,y) = A$ 知, 对任意的 $\varepsilon > 0$, 存在 $\delta > 0$, 使得对于满足 $0 < \sqrt{(x-a)^2 + (y-b)^2} < \delta$ 的任意点 (x,y) 均有

$$|f(x,y) - A| < \varepsilon.$$

现对任意给定的满足 $0 < |y - b| < \delta$ 的 y, 令 $x \to a$ 可得

$$|\varphi(y) - A| \leqslant \varepsilon,$$

这说明 $\lim\limits_{y \to b} \lim\limits_{x \to a} f(x,y) = \lim\limits_{y \to b} \varphi(y) = A$. $\qquad\square$

习题 12.2

1. 用精确的数学语言表述:

(1) $\lim\limits_{\substack{x \to a^+ \\ y \to b^-}} f(x,y) = A$;

(2) $\lim\limits_{\substack{x \to a \\ y \to +\infty}} f(x,y) = A$;

(3) $\lim\limits_{\substack{x \to \infty \\ y \to b}} f(x,y) = -\infty$;

(4) $\lim\limits_{\substack{x \to +\infty \\ y \to -\infty}} f(x,y) = +\infty$;

(5) $\lim\limits_{\substack{x \to a \\ y \to b}} f(x,y) \neq A$;

(6) $\lim\limits_{\substack{x \to \infty \\ y \to \infty}} f(x,y) \neq \infty$.

2. 设 f 在 $\mathbb{R}$ 上有定义且在任意有界闭区间上可积, 证明 $\displaystyle\int_{-\infty}^{+\infty} f(x)\,\mathrm{d}x$ 收敛的充要条件是极限

$$\lim_{\substack{A \to -\infty \\ B \to +\infty}} \int_A^B f(x)\,\mathrm{d}x$$

存在.

3. 判断下列二重极限是否存在, 如果存在, 计算其值:

(1) $\lim\limits_{\substack{x\to 0 \\ y\to 0}} \dfrac{x^3 y^2}{x^4 + y^4}$;

(2) $\lim\limits_{\substack{x\to +\infty \\ y\to +\infty}} \dfrac{x+y}{\sqrt{x^2 - xy + y^2}}$;

(3) $\lim\limits_{\substack{x\to 0 \\ y\to 0}} \dfrac{x^3 + y^3}{x^2 + y^2}$;

(4) $\lim\limits_{\substack{x\to +\infty \\ y\to +\infty}} (x^2 + y^2)\mathrm{e}^{-(x+y)}$;

(5) $\lim\limits_{\substack{x\to +\infty \\ y\to +\infty}} \left(\dfrac{xy}{x^2 + y^2}\right)^{x^2}$;

(6) $\lim\limits_{\substack{x\to 0+ \\ y\to 0+}} \dfrac{\mathrm{e}^{xy} - 1}{x + \sin y}$;

(7) $\lim\limits_{\substack{x\to 0+ \\ y\to 0+}} x^y$.

4. 证明下列二元函数的两个累次极限 $\lim\limits_{y\to 0}\lim\limits_{x\to 0} f(x,y)$ 与 $\lim\limits_{x\to 0}\lim\limits_{y\to 0} f(x,y)$ 均存在且相等, 但二重极限 $\lim\limits_{\substack{x\to 0 \\ y\to 0}} f(x,y)$ 不存在:

(1) $f(x,y) = \dfrac{\log(1+xy)}{x^2 + y^2 \cos y}$;

(2) $f(x,y) = \dfrac{x^2 y^2}{x^2 y^2 + (x-y)^2}$.

假设 $\big(a_{(m,n)}\big)_{(m,n)\in\mathbb{Z}^2_{>0}}$ 是 $\mathbb{R}$ 的以 $\mathbb{Z}^2_{>0}$ 为指标集的一个元素族, 为方便起见我们把它记作 $(a_{m,n})$. 现对任意的正整数 M, N 记

$$S_{M,N} = \sum_{m=1}^{M} \sum_{n=1}^{N} a_{m,n},$$

若二重极限 $\lim\limits_{\substack{M\to\infty \\ N\to\infty}} S_{M,N}$ 存在, 则称二重级数 $\sum\limits_{m,n=1}^{\infty} a_{m,n}$ 收敛, 并将这一极限值称为该二重级数的和; 如果二重极限 $\lim\limits_{\substack{M\to\infty \\ N\to\infty}} S_{M,N}$ 不存在, 则称二重级数 $\sum\limits_{m,n=1}^{\infty} a_{m,n}$ 发散. 从第 5 题到第 12 题是一组题, 介绍二重级数的一些性质和例子.

5. 设二重级数 $\sum\limits_{m,n=1}^{\infty} a_{m,n}$ 收敛, 且对任意给定的正整数 m, 级数 $\sum\limits_{n=1}^{\infty} a_{m,n}$ 均收敛, 证明级数 $\sum\limits_{m=1}^{\infty} \sum\limits_{n=1}^{\infty} a_{m,n}$ 收敛, 且有

$$\sum_{m=1}^{\infty} \sum_{n=1}^{\infty} a_{m,n} = \sum_{m,n=1}^{\infty} a_{m,n}.$$

6. 设 $a_{m,n} \geqslant 0 \ (\forall\, m,\, n \geqslant 1)$, 证明: 当三个级数 $\sum\limits_{m,n=1}^{\infty} a_{m,n}$, $\sum\limits_{m=1}^{\infty}\sum\limits_{n=1}^{\infty} a_{m,n}$ 与 $\sum\limits_{n=1}^{\infty}\sum\limits_{m=1}^{\infty} a_{m,n}$ 中有一个收敛时, 其余两个也收敛, 且三者有相同的和.

7. (比较判别法) 设 $0 \leqslant a_{m,n} \leqslant b_{m,n} \ (\forall\, m,\, n \geqslant 1)$ 且 $\sum\limits_{m,n=1}^{\infty} b_{m,n}$ 收敛, 证明 $\sum\limits_{m,n=1}^{\infty} a_{m,n}$ 收敛.

8. 设 $\displaystyle\sum_{m,n=1}^{\infty} |a_{m,n}|$ 收敛 [7], 证明 $\displaystyle\sum_{m,n=1}^{\infty} a_{m,n}$ 收敛.

9. 设 $\displaystyle\sum_{m,n=1}^{\infty} |a_{m,n}|$ 收敛, 那么将 $a_{m,n}\ (m,\ n \geqslant 1)$ 按任意方式排成一列所建立的级数都绝对

   收敛, 且所有的级数的和均等于 $\displaystyle\sum_{m,n=1}^{\infty} a_{m,n}$.

10. (哥德巴赫 (Goldbach)) 设 $\{u_k\}$ 是将集合 $\{m^n : m,\ n \in \mathbb{Z}_{>1}\}$ 中的元素排成一列所得的
    数列, 证明
    $$\sum_{k=1}^{\infty} \frac{1}{u_k - 1} = 1.$$

11. 判断二重级数 $\displaystyle\sum_{m,n=1}^{\infty} \frac{1}{(m+n^2)^\alpha}$ 的敛散性.

12. 设 $Q(x,y) = ax^2 + 2bxy + cy^2$ 是一个实系数的正定二元二次型, 证明级数
    $$\sum_{\substack{m,n=0 \\ (m,n)\neq(0,0)}}^{\infty} \frac{1}{Q(m,n)^s}$$

    收敛当且仅当 $s > 1$. 当 $s > 1$ 时我们把上述级数的和记作 $\zeta_Q(s)$, 并称之为关于 Q 的 <u>爱普斯坦 (Epstein) ζ 函数</u>.

§12.3
连 续 映 射

【定义 3.1】设 $E \subseteq \mathbb{R}^n$, $f : E \longrightarrow \mathbb{R}^m$. 又设 $\boldsymbol{a} \in E$. 若对任意的 $\varepsilon > 0$, 存在 $\delta > 0$, 使得对任意的 $\boldsymbol{x} \in E \cap B(\boldsymbol{a}, \delta)$ 均有
$$|f(\boldsymbol{x}) - f(\boldsymbol{a})| < \varepsilon,$$
则称 f 在 $\boldsymbol{a}$ 处<u>连续</u>. 若 f 在 E 的每一点处均连续, 则称 f 在 E 上<u>连续</u>.

【注 3.2】按照上述定义, E 上的任一映射 f 在 E 的孤立点处总是连续的.

【例 3.3】从 $\mathbb{R}^n$ 到 $\mathbb{R}^m$ 的线性映射是 $\mathbb{R}^n$ 上的连续映射.

证明. 设 $f : \mathbb{R}^n \longrightarrow \mathbb{R}^m$ 是线性映射, 则必存在 $m \times n$ 矩阵 $A = (\alpha_{ij})$ 使得
$$f(\boldsymbol{x}) = A\boldsymbol{x}.$$

我们先证明
$$|A\boldsymbol{x}| \leqslant M\sqrt{mn} \cdot |\boldsymbol{x}|, \tag{12.1}$$

---

[7] 此时我们称二重级数 $\displaystyle\sum_{m,n=1}^{\infty} a_{m,n}$ <u>绝对收敛</u>.

其中

$$M = \max\{|\alpha_{ij}| : 1 \leqslant i \leqslant m,\ 1 \leqslant j \leqslant n\}.$$

事实上,

$$|A\boldsymbol{x}| = \left[\left(\sum_{j=1}^{n}\alpha_{1j}x_j\right)^2 + \cdots + \left(\sum_{j=1}^{n}\alpha_{mj}x_j\right)^2\right]^{\frac{1}{2}}$$

$$\leqslant \left[\left(\sum_{j=1}^{n}\alpha_{1j}^2\right)\left(\sum_{j=1}^{n}x_j^2\right) + \cdots + \left(\sum_{j=1}^{n}\alpha_{mj}^2\right)\left(\sum_{j=1}^{n}x_j^2\right)\right]^{\frac{1}{2}}$$

$$= \left(\sum_{i=1}^{m}\sum_{j=1}^{n}\alpha_{ij}^2\right)^{\frac{1}{2}}|\boldsymbol{x}| \leqslant M\sqrt{mn}\cdot|\boldsymbol{x}|.$$

现考虑 $\mathbb{R}^n$ 中任一点 $\boldsymbol{a} = (a_1,\cdots,a_n)^{\mathrm{T}}$. 对任意的 $\varepsilon > 0$, 取 $\delta = \dfrac{\varepsilon}{(M+1)\sqrt{mn}}$, 则对满足 $|\boldsymbol{x} - \boldsymbol{a}| < \delta$ 的任一 $\boldsymbol{x} = (x_1,\cdots,x_n)^{\mathrm{T}}$ 有

$$|f(\boldsymbol{x}) - f(\boldsymbol{a})| = |A(\boldsymbol{x} - \boldsymbol{a})| \leqslant M\sqrt{mn}\cdot|\boldsymbol{x} - \boldsymbol{a}| < \varepsilon,$$

故 f 在 $\boldsymbol{a}$ 处连续. 再由 $\boldsymbol{a}$ 的任意性知 f 是 $\mathbb{R}^n$ 上的连续映射. □

下述定理是连续性的一个本质刻画.

【定理 3.4】设 $E \subseteq \mathbb{R}^n$ 且 $f : E \longrightarrow \mathbb{R}^m$, 则下列命题等价:

(1) f 在 E 上连续;

(2) 对 $\mathbb{R}^m$ 中任意的开集 G, $f^{-1}(G)$ 均是 E 的开子集;

(3) 对 $\mathbb{R}^m$ 中任意的闭集 F, $f^{-1}(F)$ 均是 E 的闭子集.

证明. (1)$\Rightarrow$(2): 设 G 是 $\mathbb{R}^m$ 中的开集. 对任意的 $\boldsymbol{a} \in f^{-1}(G)$ 有 $f(\boldsymbol{a}) \in G$, 于是存在 $\varepsilon > 0$ 使得 $B(f(\boldsymbol{a}),\varepsilon) \subseteq G$. 对于这个 ε, 由 f 的连续性知存在 $\delta > 0$, 使得对任意的 $\boldsymbol{x} \in E \cap B(\boldsymbol{a},\delta)$ 均有

$$|f(\boldsymbol{x}) - f(\boldsymbol{a})| < \varepsilon,$$

也即 $f(\boldsymbol{x}) \in B(f(\boldsymbol{a}),\varepsilon) \subseteq G$. 换句话说, 当 $\boldsymbol{x} \in E \cap B(\boldsymbol{a},\delta)$ 时有 $\boldsymbol{x} \in f^{-1}(G)$, 因此

$$E \cap B(\boldsymbol{a},\delta) \subseteq f^{-1}(G).$$

于是由命题 1.30 (1) 知 $f^{-1}(G)$ 是 E 的开子集.

(2)$\Rightarrow$(1): 设 $\boldsymbol{a} \in E$. 对任意的 $\varepsilon > 0$, $B(f(\boldsymbol{a}),\varepsilon)$ 均是 $\mathbb{R}^m$ 中的开集, 因此由 (2) 知 $f^{-1}\big(B(f(\boldsymbol{a}),\varepsilon)\big)$ 是 E 的开子集. 注意到 $\boldsymbol{a} \in f^{-1}\big(B(f(\boldsymbol{a}),\varepsilon)\big)$, 故由命题 1.30 知存在 $\delta > 0$ 使得 $E \cap B(\boldsymbol{a},\delta) \subseteq f^{-1}\big(B(f(\boldsymbol{a}),\varepsilon)\big)$. 这意味着对任意的 $x \in E \cap B(\boldsymbol{a},\delta)$ 有 $x \in f^{-1}\big(B(f(\boldsymbol{a}),\varepsilon)\big)$, 也即 $f(x) \in B(f(\boldsymbol{a}),\varepsilon)$. 这就证明了 f 在 $\boldsymbol{a}$ 处的连续性. 再由 $\boldsymbol{a}$ 的任意性知 f 在 E 上连续.

(2)$\Leftrightarrow$(3): 这可由 $f^{-1}(\mathbb{R}^m \setminus F) = E \setminus f^{-1}(F)$ 及命题 1.30 (2) 得到. □

此外, 由命题 2.3 可直接得到下述结论.

【命题 3.5】设 $E \subseteq \mathbb{R}^n$ 且 $f = (f_1, \cdots, f_m)^{\mathrm{T}} : E \longrightarrow \mathbb{R}^m$, 那么 f 是 E 上的连续映射当且仅当每个 f_j $(1 \leqslant j \leqslant m)$ 均是 E 上的连续函数.

上述命题把判定 f 是否为连续映射的问题转换为讨论分量函数是否为连续函数, 而由上节命题 2.4, 2.5 及 2.10 知多元连续函数的和、差、积、商以及复合均为连续函数 (商的情形要求分母不为 0). 回忆起我们在 §5.5 中证明了初等函数的连续性, 因此立刻可以得出诸如

$$\sin(x + y^2), \qquad \log(x + y + \tan z), \qquad \frac{\mathrm{e}^{x-y}}{z^2 + 1}$$

的函数均在其定义域上连续.

下面我们来介绍连续映射的性质.

【定理 3.6】设 $f : \mathbb{R}^n \longrightarrow \mathbb{R}^m$ 是连续映射. 若 K 是 $\mathbb{R}^n$ 中的紧集, 则 $f(K)$ 是 $\mathbb{R}^m$ 中的紧集.

证明. 设 $(G_\lambda)_{\lambda \in L}$ 是 $f(K)$ 的一个开覆盖, 则由 f 是连续映射知, 每个 $f^{-1}(G_\lambda)$ 均是开集. 此外,

$$K \subseteq f^{-1}(f(K)) \subseteq f^{-1}\left(\bigcup_{\lambda \in L} G_\lambda \right) = \bigcup_{\lambda \in L} f^{-1}(G_\lambda),$$

因此 $(f^{-1}(G_\lambda))_{\lambda \in L}$ 是 K 的一个开覆盖. 于是由 K 是紧集知有有限子覆盖, 即存在 $\lambda_1, \cdots, \lambda_\ell \in L$ 使得

$$K \subseteq \bigcup_{j=1}^{\ell} f^{-1}(G_{\lambda_j}).$$

进而有

$$f(K) \subseteq f\left(\bigcup_{j=1}^{\ell} f^{-1}(G_{\lambda_j}) \right) = \bigcup_{j=1}^{\ell} f(f^{-1}(G_{\lambda_j})) \subseteq \bigcup_{j=1}^{\ell} G_{\lambda_j}.$$

因此 $f(K)$ 的开覆盖 $(G_\lambda)_{\lambda \in L}$ 有有限子覆盖. 这就证明了 $f(K)$ 是紧集. □

由 $\mathbb{R}$ 中的紧集是有界闭集不难得出下面的推论 (留作练习).

【推论 3.7】设 $f : \mathbb{R}^n \longrightarrow \mathbb{R}$ 是连续函数. 若 K 是 $\mathbb{R}^n$ 中的紧集, 则 f 在 K 上有界, 且能取到最大值和最小值.

【定理 3.8】设 E 是 $\mathbb{R}^n$ 中的连通集, 且 $f : E \longrightarrow \mathbb{R}^m$ 是连续映射, 则 $f(E)$ 是 $\mathbb{R}^m$ 中的连通集.

证明. 反设 $f(E)$ 不是 $\mathbb{R}^m$ 中的连通集, 则存在 $f(E)$ 的两个非空开子集 A 和 B 使得

$$A \cup B = f(E) \qquad 且 \qquad A \cap B = \varnothing.$$

于是

$$E = f^{-1}(f(E)) = f^{-1}(A \cup B) = f^{-1}(A) \cup f^{-1}(B). \tag{12.2}$$

首先, 由 A, B 均非空知 $f^{-1}(A)$ 与 $f^{-1}(B)$ 均是 E 的非空子集. 其次, 由 A 是 $f(E)$ 的开子集知存在 $\mathbb{R}^m$ 中的开集 G 使得 $A = f(E) \cap G$, 于是

$$f^{-1}(A) = f^{-1}(f(E) \cap G) = f^{-1}(f(E)) \cap f^{-1}(G) = E \cap f^{-1}(G),$$

而由 f 连续知 $f^{-1}(G)$ 是 E 的开子集 (参见定理 3.4), 因此 $f^{-1}(A)$ 也是 E 的开子集, 同理 $f^{-1}(B)$ 是 E 的开子集. 最后, 由 $A \cap B = \varnothing$ 知

$$f^{-1}(A) \cap f^{-1}(B) = f^{-1}(A \cap B) = \varnothing.$$

综上得知, (12.2) 是将 E 写成两个不相交的非空开子集的并的一种方式, 这与 E 是连通集矛盾. □

【例 3.9】因为函数 $f(x) = \sin\dfrac{1}{x}$ 是区间 $(0, +\infty)$ 上的连续函数, 所以由命题 3.5 知映射

$$g : x \longmapsto \left(x, \sin\dfrac{1}{x}\right)$$

是从 $(0, +\infty)$ 到 $\mathbb{R}^2$ 的连续映射. 注意到 $(0, +\infty)$ 是 $\mathbb{R}$ 中的连通集, 故而集合

$$D = \left\{\left(x, \sin\dfrac{1}{x}\right) : x > 0\right\}$$

作为 $(0, +\infty)$ 在 g 下的像是 $\mathbb{R}^2$ 中的连通集. 最后, 由命题 1.34 知

$$\overline{D} = \left\{\left(x, \sin\dfrac{1}{x}\right) : x > 0\right\} \cup \left\{(0, y) : -1 \leqslant y \leqslant 1\right\}$$

也是 $\mathbb{R}^2$ 中的连通集.

【例 3.10】$\mathbb{R}^n$ 的子集 S 被称为是凸集 (convex set), 如果对任意的 $\boldsymbol{x}, \boldsymbol{y} \in S$ 均有

$$\{(1 - \lambda)\boldsymbol{x} + \lambda\boldsymbol{y} : \lambda \in [0, 1]\} \subseteq S.$$

为方便起见, 我们将上式左边的集合记作 $[\boldsymbol{x}, \boldsymbol{y}]$[8]. 证明: $\mathbb{R}^n$ 中的凸集必是连通集.

证明. 设 S 是 $\mathbb{R}^n$ 中的凸集, 若它不是连通集, 则存在 S 的非空开子集 A 和 B 满足

$$A \cup B = S \qquad \text{且} \qquad A \cap B = \varnothing.$$

现取 $\boldsymbol{a} \in A$ 及 $\boldsymbol{b} \in B$, 由 S 是凸集可得 $[\boldsymbol{a}, \boldsymbol{b}] \subseteq S$. 此外, 由 A 是 S 的开子集知存在 $\mathbb{R}^n$ 中的开集 G 使得 $A = S \cap G$, 因此 $A \cap [\boldsymbol{a}, \boldsymbol{b}] = [\boldsymbol{a}, \boldsymbol{b}] \cap G$ 是 $[\boldsymbol{a}, \boldsymbol{b}]$ 的非空开子集, 同理 $B \cap [\boldsymbol{a}, \boldsymbol{b}]$ 也是 $[\boldsymbol{a}, \boldsymbol{b}]$ 的非空开子集. 并且

$$(A \cap [\boldsymbol{a}, \boldsymbol{b}]) \cup (B \cap [\boldsymbol{a}, \boldsymbol{b}]) = [\boldsymbol{a}, \boldsymbol{b}], \qquad (A \cap [\boldsymbol{a}, \boldsymbol{b}]) \cap (B \cap [\boldsymbol{a}, \boldsymbol{b}]) = \varnothing.$$

这说明 $[\boldsymbol{a}, \boldsymbol{b}]$ 不是连通集. 然而由定理 3.8 知, $[\boldsymbol{a}, \boldsymbol{b}]$ 作为 $[0, 1]$ 在连续映射 $f(\lambda) = (1 - \lambda)\boldsymbol{a} + \lambda\boldsymbol{b}$ 下的像必是连通的, 从而得出矛盾. □

因为 $\mathbb{R}$ 中的连通集必是区间 (命题 1.33), 所以有下面的介值定理 (intermediate value theorem).

---

[8] 这个集合可以理解为连接 $\boldsymbol{x}$ 与 $\boldsymbol{y}$ 的 "线段".

【推论 3.11】(介值定理) 设 E 是 $\mathbb{R}^n$ 中的连通集, 且 $f : E \longrightarrow \mathbb{R}$ 是连续函数. 若 $\boldsymbol{a}, \boldsymbol{b} \in E$ 满足 $f(\boldsymbol{a}) < f(\boldsymbol{b})$, 则对任意的 $\xi \in (f(\boldsymbol{a}), f(\boldsymbol{b}))$, 存在 $\boldsymbol{c} \in E$ 使得 $f(\boldsymbol{c}) = \xi$.

最后我们来介绍一致连续映射.

【定义 3.12】设 $E \subseteq \mathbb{R}^n$ 且 $f : E \longrightarrow \mathbb{R}^m$. 若对任意的 $\varepsilon > 0$, 存在 $\delta > 0$, 使得对于满足 $|\boldsymbol{x} - \boldsymbol{y}| < \delta$ 的任意 $\boldsymbol{x}, \boldsymbol{y} \in E$ 均有

$$|f(\boldsymbol{x}) - f(\boldsymbol{y})| < \varepsilon,$$

则称 f 在 E 上<u>一致连续</u>.

显然, E 上的一致连续映射必在 E 上连续.

【例 3.13】由 (12.1) 知, 从 $\mathbb{R}^n$ 到 $\mathbb{R}^m$ 的线性映射在 $\mathbb{R}^n$ 上一致连续.

类似于海涅－康托尔 (Heine–Cantor) 定理 (第五章定理 8.3), 我们有下述结论.

【定理 3.14】设 K 是 $\mathbb{R}^n$ 中的紧集, $f : K \longrightarrow \mathbb{R}^m$ 是 K 上的连续映射, 那么 f 在 K 上一致连续.

证明. 任给 $\varepsilon > 0$, 由 f 在 K 上连续知, 对任意的 $\boldsymbol{a} \in K$, 存在 $\delta_{\boldsymbol{a}} > 0$ 使得

$$|f(\boldsymbol{x}) - f(\boldsymbol{a})| < \frac{\varepsilon}{2}, \qquad \forall \, \boldsymbol{x} \in B(\boldsymbol{a}, \delta_{\boldsymbol{a}}) \cap K. \tag{12.3}$$

注意到

$$K \subseteq \bigcup_{\boldsymbol{a} \in K} B\Big(\boldsymbol{a}, \frac{1}{2}\delta_{\boldsymbol{a}}\Big),$$

故由 K 是紧集知存在 K 中元素 $\boldsymbol{a}_1, \cdots, \boldsymbol{a}_\ell$ 使得

$$K \subseteq \bigcup_{j=1}^{\ell} B\Big(\boldsymbol{a}_j, \frac{1}{2}\delta_{\boldsymbol{a}_j}\Big).$$

记 $\delta = \frac{1}{2} \min_{1 \leqslant j \leqslant \ell} \delta_{\boldsymbol{a}_j}$, 并考虑 K 中满足 $|\boldsymbol{x} - \boldsymbol{y}| < \delta$ 的任意两点 $\boldsymbol{x}$ 与 $\boldsymbol{y}$. 由 $\boldsymbol{x} \in K$ 知存在 $j_0 \in [1, \ell]$ 使得 $\boldsymbol{x} \in B\Big(\boldsymbol{a}_{j_0}, \frac{1}{2}\delta_{\boldsymbol{a}_{j_0}}\Big)$. 再由 $|\boldsymbol{x} - \boldsymbol{y}| < \delta \leqslant \frac{1}{2}\delta_{\boldsymbol{a}_{j_0}}$ 可得

$$|\boldsymbol{y} - \boldsymbol{a}_{j_0}| \leqslant |\boldsymbol{y} - \boldsymbol{x}| + |\boldsymbol{x} - \boldsymbol{a}_{j_0}| < \frac{1}{2}\delta_{\boldsymbol{a}_{j_0}} + \frac{1}{2}\delta_{\boldsymbol{a}_{j_0}} = \delta_{\boldsymbol{a}_{j_0}}.$$

因此 $\boldsymbol{x}, \boldsymbol{y}$ 均属于 $B(\boldsymbol{a}_{j_0}, \delta_{\boldsymbol{a}_{j_0}})$, 于是由 (12.3) 知

$$|f(\boldsymbol{x}) - f(\boldsymbol{y})| \leqslant |f(\boldsymbol{x}) - f(\boldsymbol{a}_{j_0})| + |f(\boldsymbol{y}) - f(\boldsymbol{a}_{j_0})| < \frac{\varepsilon}{2} + \frac{\varepsilon}{2} = \varepsilon.$$

所以 f 在 K 上一致连续. $\qquad\qquad\qquad\qquad\qquad\qquad\qquad\qquad\qquad\qquad\quad\square$

习题 12.3

1. 证明命题 **3.5**.

2. 证明推论 **3.7**.

3. 利用波尔查诺 — 魏尔斯特拉斯定理证明定理 **3.14**.

4. 计算下列二重极限:

   (1) $\displaystyle\lim_{\substack{x \to 1 \\ y \to 0}} \frac{\log(x + \mathrm{e}^y)}{\sqrt{x^2 + y^2}}$;

   (2) $\displaystyle\lim_{\substack{x \to \infty \\ y \to 2}} \left(1 + \frac{1}{3x}\right)^{\frac{x^2}{x+y}}$;

   (3) $\displaystyle\lim_{\substack{x \to 0 \\ y \to 0}} (x^2 + y^2)^{x^2 y^2}$.

5. 证明 $f : (a, \boldsymbol{x}) \longmapsto a\boldsymbol{x}$ 是从 $\mathbb{R} \times \mathbb{R}^n$ 到 $\mathbb{R}^n$ 的连续映射.

6. 设 A 是一个 $n \times n$ 矩阵, 证明: 对任意的 $\boldsymbol{x}, \boldsymbol{y} \in \mathbb{R}^n$ 有 $|\boldsymbol{x}^{\mathrm{T}} A \boldsymbol{y}| = O(|\boldsymbol{x}| \cdot |\boldsymbol{y}|)$.

7. 设 A 是一个 $n \times n$ 矩阵, 证明由 $\varphi(\boldsymbol{x}) = \boldsymbol{x}^{\mathrm{T}} A \boldsymbol{x}$ 所定义的映射 $\varphi : \mathbb{R}^n \longrightarrow \mathbb{R}$ 是连续的.

8. 设 $\varphi \in C^1((a, b))$. 对任意的 $x, y \in (a, b)$, $x \neq y$, 定义

$$f(x, y) = \frac{\varphi(x) - \varphi(y)}{x - y}.$$

问能否对 $x \in (a, b)$ 定义 $f(x, x)$ 的值使得 f 在 $(a, b)^2$ 上连续?

9. 设 $L : \mathbb{R}^n \longrightarrow \mathbb{R}^n$ 是非奇异的线性映射 ⑨, 证明 L 将 $\mathbb{R}^n$ 中的开集映为开集, 将 $\mathbb{R}^n$ 中的闭集映为闭集.

10. 举例说明一般的连续映射未必把开集映为开集.

11. 设 $E \subseteq \mathbb{R}^n$, f 与 g 均是从 E 到 $\mathbb{R}^m$ 的连续映射, 证明集合

$$\{\boldsymbol{x} \in E : f(\boldsymbol{x}) = g(\boldsymbol{x})\}$$

是 E 的闭子集.

12. 设 f 与 g 是从 $\mathbb{R}^n$ 到 $\mathbb{R}^m$ 的两个连续映射, E 是 $\mathbb{R}^n$ 的一个稠密子集, 并且对任意的 $\boldsymbol{x} \in E$ 有 $f(\boldsymbol{x}) = g(\boldsymbol{x})$. 证明 $f = g$.

13. 设 $E \subseteq \mathbb{R}^n$, $f : E \longrightarrow \mathbb{R}$. 对任意的 $\boldsymbol{a} \in E$ 记

$$\omega(f; \boldsymbol{a}) = \inf_{\delta > 0} \left(\sup_{\boldsymbol{x} \in B(\boldsymbol{a}, \delta) \cap E} f(\boldsymbol{x}) - \inf_{\boldsymbol{x} \in B(\boldsymbol{a}, \delta) \cap E} f(\boldsymbol{x}) \right),$$

并称之为 f 在 $\boldsymbol{a}$ 处的振幅. 证明 f 在 $\boldsymbol{a}$ 处连续的充要条件是 $\omega(f; \boldsymbol{a}) = 0$.

14. 设 $E \subseteq \mathbb{R}^n$, $f : E \longrightarrow \mathbb{R}^m$. 证明 f 在 E 上连续的充要条件是: 对任意的 $A \subseteq \mathbb{R}^m$ 有 $\overline{f^{-1}(A)} \cap E \subseteq f^{-1}(\overline{A})$.

---

⑨ 所谓非奇异, 是指它在标准基下所对应的矩阵是可逆矩阵.

15. 设 E 是 $\mathbb{R}^n$ 中的开集且 $f : E \longrightarrow \mathbb{R}^m$. 证明 f 在 E 上连续的充要条件是: 对任意的 $A \subseteq \mathbb{R}^m$ 有 $f^{-1}(A^\circ) \subseteq (f^{-1}(A))^\circ$.

16. 设 K 是 $\mathbb{R}^n$ 中的非空紧集, $f : K \longrightarrow K$ 满足

$$|f(\boldsymbol{x}) - f(\boldsymbol{y})| < |\boldsymbol{x} - \boldsymbol{y}|, \qquad \forall\, \boldsymbol{x},\, \boldsymbol{y} \in K,\ \boldsymbol{x} \neq \boldsymbol{y}.$$

证明存在唯一的 $\boldsymbol{a} \in K$ 使得 $f(\boldsymbol{a}) = \boldsymbol{a}$.

17. 设

$$E_1 = \{(x, y) : x \in [0, 1] \cap \mathbb{Q},\ y \in [0, 1]\},$$

$$E_2 = \{(x, y) : x \in [0, 1] \setminus \mathbb{Q},\ y \in [-1, 0]\}.$$

证明 $E_1 \cup E_2$ 是 $\mathbb{R}^2$ 中的连通集.

18. 设 E 是 $\mathbb{R}^n$ 中的凸集, 证明 $\overline{E}$ 也是 $\mathbb{R}^n$ 中的凸集.

19. 设 A 是 $\mathbb{R}^n$ 的一个给定的非空子集. 对任意的 $\boldsymbol{x} \in \mathbb{R}^n$ 记 $f(\boldsymbol{x}) = \inf\limits_{\boldsymbol{a} \in A} |\boldsymbol{x} - \boldsymbol{a}|$. 证明 $f(\boldsymbol{x})$ 是 $\mathbb{R}^n$ 上的一致连续函数.

20. 判断下列函数 f 在指定集合 E 上是否一致连续:

(1) $f(x, y) = \sqrt{x^2 + y^2}$, $E = \mathbb{R}^2$.

(2) $f(x, y) = \cos(xy)$, $E = \mathbb{R}^2$.

(3) $f(x, y) = \sin \dfrac{\pi}{1 - x^2 - y^2}$, $E = B(\boldsymbol{0}, 1)$.

(4) $f(x, y) = x^y$, $E = (0, 1)^2$.

21. 假设 $f : \mathbb{R}^n \longrightarrow \mathbb{R}^m$ 在 $\mathbb{R}^n$ 上一致连续, 证明对任意的 $\boldsymbol{x} \in \mathbb{R}^n \setminus B(\boldsymbol{0}, 1)$ 有 $|f(\boldsymbol{x})| = O(|\boldsymbol{x}|)$.

22. 设 f 是从 $\mathbb{Q}^n$ 到 $\mathbb{R}^m$ 的一致连续映射, 证明 f 可被延拓为从 $\mathbb{R}^n$ 到 $\mathbb{R}^m$ 的一致连续映射.

第十三章

多元函数的微分

> ⋯⋯微积分学的基本思想, 即用线性函数"局部"逼近函数. 在微积分学的经典教学中, 这种思想被下述偶然的事实直接掩盖着, 即在一维向量空间中, 线性型与数之间存在一一对应, 因此在一点处的导数被定义为数而不是线性型. 在处理多变量函数时, 不惜一切地墨守数值解释的老调会使情况变得更糟. 例如, 如此得到的复合函数偏导数的经典公式已失去了所有直观意义的痕迹.
>
> ——迪厄多内 (J. Dieudonné)

§13.1
微分的定义

在第六章中我们介绍了一元函数导数的概念. 函数 $f(x)$ 被称为是在点 x_0 处可导 (或可微) 的, 如果极限

$$\lim_{h \to 0} \frac{f(x_0 + h) - f(x_0)}{h}$$

存在, 上述极限值被称为 $f(x)$ 在 x_0 处的导数. 该定义方式在推广至高维时会遇到困难, 这是因为如果 $f : \mathbb{R}^n \longrightarrow \mathbb{R}^m$, 那么对 $\boldsymbol{x}_0, \boldsymbol{h} \in \mathbb{R}^n$, 分式

$$\frac{f(\boldsymbol{x}_0 + \boldsymbol{h}) - f(\boldsymbol{x}_0)}{\boldsymbol{h}}$$

一般来说是没有意义的, 因此我们必须改变一下思路. 回忆起一元函数 $f(x)$ 在 x_0 处可导当且仅当存在 $A \in \mathbb{R}$ 使得

$$f(x_0 + h) = f(x_0) + Ah + o(h), \text{当 } h \longrightarrow 0 \text{ 时}$$

(参见第六章命题 2.2). 也即是说, 可以在 x_0 附近用线性函数逼近 $f(x)$. 因此对于一般的映射 f, 我们自然地考虑能否在局部用线性映射去逼近 f, 这就引出了下述定义.

【定义 1.1】设 $E \subseteq \mathbb{R}^n$, $f : E \longrightarrow \mathbb{R}^m$. 又设 $\boldsymbol{a}$ 是 E 的一个内点. 若存在线性映射 $L : \mathbb{R}^n \longrightarrow \mathbb{R}^m$ 使得

$$\lim_{\boldsymbol{h} \to 0} \frac{f(\boldsymbol{a} + \boldsymbol{h}) - f(\boldsymbol{a}) - L\boldsymbol{h}}{|\boldsymbol{h}|} = \boldsymbol{0}, \tag{13.1}$$

则称 f 在 a 处可微 (differentiable). 若 f 在 E 中每个点处均可微, 我们就称 f 在 E 上可微.

【注 1.2】定义 1.1 中的 Lh 表示 L 在 h 上的作用, 之前我们通常把它记作 $L(h)$, 但现在为了方便起见将它写成 Lh.

值得一提的是, 定义 1.1 中的线性映射 L 若存在, 则必唯一. 事实上, 若 L_1 与 L_2 均是满足 (13.1) 的线性映射, 则

$$\lim_{h \to 0} \frac{L_1 h - L_2 h}{|h|} = 0,$$

于是对于 $\mathbb{R}^n$ 中的任一给定的非零元 u, 有

$$\lim_{k \to 0^+} \frac{L_1(ku) - L_2(ku)}{|ku|} = 0,$$

此即 $\lim\limits_{k \to 0^+} \dfrac{L_1 u - L_2 u}{|u|} = 0$, 从而必有 $L_1 u = L_2 u$. 再由 u 的任意性知 $L_1 = L_2$. 于是我们可以给出如下定义.

【定义 1.3】设 $E \subseteq \mathbb{R}^n$, $f : E \longrightarrow \mathbb{R}^m$, 且 a 是 E 的一个内点. 若 f 在 a 处可微, 则称 (13.1) 中的线性映射 L 为 f 在 a 处的微分 (differential)[1], 记作 $f'(a)$ 或 $Df(a)$.

我们用 $\mathscr{L}(\mathbb{R}^n, \mathbb{R}^m)$ 表示从 $\mathbb{R}^n$ 到 $\mathbb{R}^m$ 的全体线性映射所成之集, 它是 $\mathbb{R}$ 上的一个线性空间. 当 f 在 E 上可微时, $f' : x \longmapsto f'(x)$ 是从 E 到 $\mathscr{L}(\mathbb{R}^n, \mathbb{R}^m)$ 的映射, 我们称之为导映射.

由于从 $\mathbb{R}^n$ 到 $\mathbb{R}^m$ 的线性映射必对应于一个 $m \times n$ 矩阵, 并且在选定了基底的前提下这个矩阵是唯一确定的. 因此为了方便起见, 我们也把线性映射 $f'(a)$ 关于 $\mathbb{R}^n$ 和 $\mathbb{R}^m$ 的标准基[2]的矩阵记作 $f'(a)$. 换句话说, $f'(a)$ 既表示线性映射, 也表示线性映射在标准基下对应的矩阵.

【例 1.4】设 $f : \mathbb{R}^n \longrightarrow \mathbb{R}^m$ 为常值映射, 则对任意的 $x \in \mathbb{R}^n$, $f'(x)$ 均是零映射 (即将 $\mathbb{R}^n$ 中每个元素映为 $\mathbb{R}^m$ 中零元的映射), 其对应的矩阵为零矩阵.

【例 1.5】若 $f(x) = Lx + b$, 其中 $L \in \mathscr{L}(\mathbb{R}^n, \mathbb{R}^m)$ 且 $b \in \mathbb{R}^m$, 则由

$$f(x + h) = f(x) + Lh$$

知 $f'(x) = L \ (\forall \, x \in \mathbb{R}^n)$.

下面我们来介绍可微映射的一些基本性质.

【命题 1.6】若 f 在 a 处可微, 则 f 在 a 处连续.

证明. 若 f 在 a 处可微, 则

$$\lim_{h \to 0} \frac{f(a+h) - f(a) - f'(a)h}{|h|} = 0,$$

因此

$$\lim_{h \to 0} \big(f(a+h) - f(a)\big) = \lim_{h \to 0} \left(\frac{f(a+h) - f(a) - f'(a)h}{|h|} \cdot |h| + f'(a)h \right) = 0,$$

---

[1] 注意与 §6.2 中的 "微分" 相区分.
[2] 我们记 $\{e_1, \cdots, e_n\}$ 为 $\mathbb{R}^n$ 的标准基, 其中 e_j 是第 j 个分量为 1 而其余分量为 0 的向量.

上面最后一步用到了线性映射的连续性 (参见第十二章例 3.3). □

【命题 1.7】设 $E \subseteq \mathbb{R}^n$, $f = (f_1, \cdots, f_m)^{\mathrm{T}} : E \longrightarrow \mathbb{R}^m$. 又设 $\boldsymbol{a}$ 是 E 的一个内点. 那么 f 在 $\boldsymbol{a}$ 处可微的充要条件是每个分量函数 f_j 均在 $\boldsymbol{a}$ 处可微. 此外, 当 f 在 $\boldsymbol{a}$ 处可微时有

$$f'(\boldsymbol{a}) = \begin{bmatrix} f_1'(\boldsymbol{a}) \\ \vdots \\ f_m'(\boldsymbol{a}) \end{bmatrix}.$$

证明. 对任给的一个 $m \times n$ 矩阵 L, 令

$$F(\boldsymbol{h}) = \frac{f(\boldsymbol{a} + \boldsymbol{h}) - f(\boldsymbol{a}) - L\boldsymbol{h}}{|\boldsymbol{h}|}.$$

若记 $L = \begin{bmatrix} L_1 \\ \vdots \\ L_m \end{bmatrix}$, 那么 $L\boldsymbol{h} = \begin{bmatrix} L_1\boldsymbol{h} \\ \vdots \\ L_m\boldsymbol{h} \end{bmatrix}$. 因此

$$F(\boldsymbol{h}) = \begin{bmatrix} F_1(\boldsymbol{h}) \\ \vdots \\ F_m(\boldsymbol{h}) \end{bmatrix},$$

其中

$$F_j(\boldsymbol{h}) = \frac{f_j(\boldsymbol{a} + \boldsymbol{h}) - f_j(\boldsymbol{a}) - L_j\boldsymbol{h}}{|\boldsymbol{h}|}.$$

按照第十二章命题 2.3, $\lim\limits_{\boldsymbol{h} \to \boldsymbol{0}} F(\boldsymbol{h}) = \boldsymbol{0}$ 当且仅当对 $1 \leqslant j \leqslant m$ 有 $\lim\limits_{\boldsymbol{h} \to \boldsymbol{0}} F_j(\boldsymbol{h}) = 0$, 从而命题得证. □

由 $\mathscr{L}(\mathbb{R}^n, \mathbb{R}^m)$ 是线性空间可立即得到如下结论.

【命题 1.8】若 f 与 g 均在 $\boldsymbol{a}$ 处可微, 则对任意的实数 α, β 而言, $\alpha f + \beta g$ 也在 $\boldsymbol{a}$ 处可微, 且

$$(\alpha f + \beta g)'(\boldsymbol{a}) = \alpha f'(\boldsymbol{a}) + \beta g'(\boldsymbol{a}).$$

类似于第六章命题 1.15, 我们有下述链式法则 (chain rule).

【命题 1.9】(链式法则) 设 $E \subseteq \mathbb{R}^n$, $D \subseteq \mathbb{R}^m$, $f : E \longrightarrow \mathbb{R}^m$, $g : D \longrightarrow \mathbb{R}^\ell$, 且 $f(E) \subseteq D$. 又设 $\boldsymbol{a}$ 是 E 的内点, $\boldsymbol{b} = f(\boldsymbol{a})$ 是 D 的内点. 若 f 在 $\boldsymbol{a}$ 处可微且 g 在 $\boldsymbol{b}$ 处可微, 则 $g \circ f$ 在 $\boldsymbol{a}$ 处可微, 且有

$$(g \circ f)'(\boldsymbol{a}) = g'(\boldsymbol{b}) \circ f'(\boldsymbol{a}),$$

上式右边是两个线性映射的复合. 若将 $(g \circ f)'(\boldsymbol{a})$, $g'(\boldsymbol{b})$ 及 $f'(\boldsymbol{a})$ 均看作是线性映射在标准基下的矩阵, 则上式也可被写成

$$(g \circ f)'(\boldsymbol{a}) = g'(\boldsymbol{b}) f'(\boldsymbol{a}),$$

此时等号右边表示矩阵的乘积.

证明. 按照假设, g 在 $\boldsymbol{b} = f(\boldsymbol{a})$ 的某邻域 $U \subseteq D$ 内有定义. 由于 f 在 $\boldsymbol{a}$ 处可微, 故 f 在 $\boldsymbol{a}$ 处连续, 因此存在 $\boldsymbol{a}$ 的邻域 $V \subseteq E$, 使得对任意的 $\boldsymbol{x} \in V$ 有 $f(\boldsymbol{x}) \in U$. 这样一来, 复合映射 $g \circ f$ 就在 $\boldsymbol{a}$ 的邻域 V 上有定义.

由 f 在 $\boldsymbol{a}$ 处可微及 g 在 $\boldsymbol{b}$ 处可微知, 存在 $s(\boldsymbol{h})$ 与 $t(\boldsymbol{k})$, 使得当 $|\boldsymbol{h}|, |\boldsymbol{k}|$ 充分小时有

$$f(\boldsymbol{a} + \boldsymbol{h}) = f(\boldsymbol{a}) + f'(\boldsymbol{a})\boldsymbol{h} + s(\boldsymbol{h}), \tag{13.2}$$

$$g(\boldsymbol{b} + \boldsymbol{k}) = g(\boldsymbol{b}) + g'(\boldsymbol{b})\boldsymbol{k} + t(\boldsymbol{k}), \tag{13.3}$$

并且

$$\lim_{\boldsymbol{h} \to \boldsymbol{0}} \frac{s(\boldsymbol{h})}{|\boldsymbol{h}|} = \lim_{\boldsymbol{k} \to \boldsymbol{0}} \frac{t(\boldsymbol{k})}{|\boldsymbol{k}|} = \boldsymbol{0}.$$

由 $\lim\limits_{\boldsymbol{h} \to \boldsymbol{0}} [f(\boldsymbol{a} + \boldsymbol{h}) - f(\boldsymbol{a})] = \boldsymbol{0}$, 所以我们可特取 $\boldsymbol{k} = f(\boldsymbol{a} + \boldsymbol{h}) - f(\boldsymbol{a})$ 并将其代入 (13.3), 从而得到

$$g(f(\boldsymbol{a} + \boldsymbol{h})) = g(f(\boldsymbol{a})) + g'(\boldsymbol{b})[f(\boldsymbol{a} + \boldsymbol{h}) - f(\boldsymbol{a})] + t(\boldsymbol{k}).$$

现在再将 (13.2) 代入上式右侧, 便有

$$g(f(\boldsymbol{a} + \boldsymbol{h})) = g(f(\boldsymbol{a})) + \big(g'(\boldsymbol{b}) \circ f'(\boldsymbol{a})\big)\boldsymbol{h} + g'(\boldsymbol{b})s(\boldsymbol{h}) + t(\boldsymbol{k}).$$

因此

$$\frac{g(f(\boldsymbol{a} + \boldsymbol{h})) - g(f(\boldsymbol{a})) - \big(g'(\boldsymbol{b}) \circ f'(\boldsymbol{a})\big)\boldsymbol{h}}{|\boldsymbol{h}|} = \frac{g'(\boldsymbol{b})s(\boldsymbol{h})}{|\boldsymbol{h}|} + \frac{t(\boldsymbol{k})}{|\boldsymbol{h}|}.$$

一方面, 由 $\lim\limits_{\boldsymbol{h} \to \boldsymbol{0}} \dfrac{s(\boldsymbol{h})}{|\boldsymbol{h}|} = \boldsymbol{0}$ 及线性映射的连续性 (第十二章例 3.3) 知

$$\lim_{\boldsymbol{h} \to \boldsymbol{0}} \frac{g'(\boldsymbol{b})s(\boldsymbol{h})}{|\boldsymbol{h}|} = \boldsymbol{0}.$$

另一方面,

$$\frac{|\boldsymbol{k}|}{|\boldsymbol{h}|} = \frac{|f(\boldsymbol{a} + \boldsymbol{h}) - f(\boldsymbol{a})|}{|\boldsymbol{h}|} = \frac{|f'(\boldsymbol{a})\boldsymbol{h} + s(\boldsymbol{h})|}{|\boldsymbol{h}|} \leqslant \frac{|f'(\boldsymbol{a})\boldsymbol{h}|}{|\boldsymbol{h}|} + \frac{|s(\boldsymbol{h})|}{|\boldsymbol{h}|},$$

而由 (12.1) 知 $|f'(\boldsymbol{a})\boldsymbol{h}| = O(|\boldsymbol{h}|)$, 因此 $\dfrac{|\boldsymbol{k}|}{|\boldsymbol{h}|}$ 在 $\boldsymbol{h} \to \boldsymbol{0}$ 时有界, 于是

$$\lim_{\boldsymbol{h} \to \boldsymbol{0}} \frac{t(\boldsymbol{k})}{|\boldsymbol{h}|} = \lim_{\boldsymbol{h} \to \boldsymbol{0}} \frac{t(\boldsymbol{k})}{|\boldsymbol{k}|} \cdot \frac{|\boldsymbol{k}|}{|\boldsymbol{h}|} = \boldsymbol{0}.$$

综上便知

$$\lim_{\boldsymbol{h} \to \boldsymbol{0}} \frac{g(f(\boldsymbol{a} + \boldsymbol{h})) - g(f(\boldsymbol{a})) - \big(g'(\boldsymbol{b}) \circ f'(\boldsymbol{a})\big)\boldsymbol{h}}{|\boldsymbol{h}|} = \boldsymbol{0},$$

于是由微分的定义可得 $(g \circ f)'(\boldsymbol{a}) = g'(\boldsymbol{b}) \circ f'(\boldsymbol{a})$. $\square$

【例 1.10】设 $E \subseteq \mathbb{R}^n$, $f : E \longrightarrow \mathbb{R}^m$, 且 $\boldsymbol{a}$ 是 E 的内点. 又设 A 是一个 $\ell \times m$ 矩阵, 并记 $g(\boldsymbol{x}) = A\boldsymbol{x}$. 那么由例 1.5 知 $g'(\boldsymbol{x}) = A$. 于是当 f 在 $\boldsymbol{a}$ 处可微时, 由链式法则知

$$(Af)'(\boldsymbol{a}) = (g \circ f)'(\boldsymbol{a}) = Af'(\boldsymbol{a}).$$

习题 13.1

1. 利用定义证明函数 $f(x, y) = |x + y|$ 在 $\boldsymbol{0}$ 处不可微.

2. 利用定义证明函数 $f(x, y) = |xy|$ 在 $\boldsymbol{0}$ 处可微.

3. 设 A 是一个 $n \times n$ 矩阵. 对任意的 $\boldsymbol{x} \in \mathbb{R}^n$, 令 $f(\boldsymbol{x}) = \boldsymbol{x}^{\mathrm{T}} A \boldsymbol{x}$. 证明 f 在 $\mathbb{R}^n$ 上可微并求 $f'(\boldsymbol{x})$.

4. 设 $E \subseteq \mathbb{R}^n$, $f : E \longrightarrow \mathbb{R}^m$ 与 $g : E \longrightarrow \mathbb{R}^m$ 均可微, 证明 $h(\boldsymbol{x}) = \langle f(\boldsymbol{x}), g(\boldsymbol{x}) \rangle$ 也在 E 上可微且对任意的 $\boldsymbol{x} \in E$ 有

$$h'(\boldsymbol{x}) = f(\boldsymbol{x})^{\mathrm{T}} g'(\boldsymbol{x}) + g(\boldsymbol{x})^{\mathrm{T}} f'(\boldsymbol{x}),$$

这里 $\langle , \rangle$ 表示向量的内积.

5. 设 $f : \mathbb{R} \longrightarrow \mathbb{R}^m$ 可微, 且对任意的 $x \in \mathbb{R}$ 有 $|f(x)| = 1$. 证明: 对任意的 $x \in \mathbb{R}$ 有 $\langle f(x), f'(x) \rangle = 0$.

6. 设 $f : \mathbb{R}^n \longrightarrow \mathbb{R}^n$ 连续可微, 且对任意的 $\boldsymbol{x} \in \mathbb{R}^n$ 而言 $f'(\boldsymbol{x})$ 均非奇异. 又假设存在 $\boldsymbol{b} \notin f(\mathbb{R}^n)$, 并记 $\varphi(\boldsymbol{x}) = |f(\boldsymbol{x}) - \boldsymbol{b}|^2$, 证明: $\varphi'(\boldsymbol{x}) \neq \boldsymbol{0}$ $(\forall \, \boldsymbol{x} \in \mathbb{R}^n)$.

§13.2
方向导数与偏导数

在上节中我们给出了可微映射的概念及基本性质, 然而却有两个非常实际的问题摆在我们面前: 一是到目前为止我们仍然没有一个简便的方法去判定一个映射是否可微; 二是哪怕由上节命题 1.8 和 1.9 容易得知诸如

$$f(x, y) = \log(\cos x + y^2 + 2)$$

的二元函数是可微的, 但却无法方便地求出其微分, 或是求出其微分所对应的矩阵. 本节的目的就是解决这些问题.

按照海涅归结原理, (13.1) 左侧的极限存在当且仅当对于趋于 $\boldsymbol{0}$ 但各项不为 $\boldsymbol{0}$ 的任意序列 $\{\boldsymbol{x}_m\}$, 极限

$$\lim_{m \to \infty} \frac{f(\boldsymbol{a} + \boldsymbol{x}_m) - f(\boldsymbol{a}) - L\boldsymbol{x}_m}{|\boldsymbol{x}_m|}$$

均存在, 这意味着对于任意一种令 $\boldsymbol{h}$ 趋于 $\boldsymbol{0}$ 的方式而言, (13.1) 左侧的极限均存在. 因此令人想到能否通过选择一些特殊的 $\boldsymbol{h}$ 趋于 $\boldsymbol{0}$ 的方式, 使得由这些特殊方式下某些极限的存在性推

出 (13.1) 左侧极限的存在性, 进而得到 f 的可微性. 当然, 在所有趋于 $\mathbf{0}$ 的方式中, 沿某给定向量方向趋于 $\mathbf{0}$ 是最简单的情形了. 再结合一元函数导数的原始定义, 就自然地引出了下述方向导数的概念.

【定义 2.1】设 $E \subseteq \mathbb{R}^n$, $f : E \longrightarrow \mathbb{R}^m$, 且 $\boldsymbol{a}$ 是 E 的一个内点. 对于 $\mathbb{R}^n$ 中给定的非零向量 $\boldsymbol{u}$, 若极限

$$\lim_{t \to 0} \frac{f(\boldsymbol{a} + t\boldsymbol{u}) - f(\boldsymbol{a})}{t}$$

存在, 我们就称 f 在 $\boldsymbol{a}$ 处沿方向 $\boldsymbol{u}$ 是可微的, 并将上述极限称为 f 在 $\boldsymbol{a}$ 处沿方向 $\boldsymbol{u}$ 的方向导数 (directional derivative), 记作 $\dfrac{\partial f}{\partial \boldsymbol{u}}(\boldsymbol{a})$ 或 $D_{\boldsymbol{u}} f(\boldsymbol{a})$.

【例 2.2】对于二元函数 $f(x, y) = x \cos y$ 而言, 它在点 $\mathbf{0} = (0, 0)^{\mathrm{T}}$ 处沿方向 $\boldsymbol{u} = (1, 0)^{\mathrm{T}}$ 的方向导数为

$$\frac{\partial f}{\partial \boldsymbol{u}}(\mathbf{0}) = \lim_{t \to 0} \frac{f(t, 0) - f(0, 0)}{t} = \lim_{t \to 0} \frac{t}{t} = 1.$$

f 在 $\boldsymbol{a} = (1, 0)^{\mathrm{T}}$ 处沿方向 $\boldsymbol{v} = (1, 1)^{\mathrm{T}}$ 的方向导数为

$$\frac{\partial f}{\partial \boldsymbol{v}}(\boldsymbol{a}) = \lim_{t \to 0} \frac{f(1 + t, t) - f(1, 0)}{t} = \lim_{t \to 0} \frac{(1 + t) \cos t - 1}{t}$$

$$= \lim_{t \to 0} \left(\cos t + \frac{\cos t - 1}{t} \right) = 1.$$

【命题 2.3】设 $E \subseteq \mathbb{R}^n$, $f : E \longrightarrow \mathbb{R}^m$, 且 $\boldsymbol{a}$ 是 E 的一个内点. 若 f 在 $\boldsymbol{a}$ 处可微, 则 f 在 $\boldsymbol{a}$ 处的所有方向导数均存在, 并且对于 $\mathbb{R}^n$ 中的任一非零向量 $\boldsymbol{u}$ 有

$$\frac{\partial f}{\partial \boldsymbol{u}}(\boldsymbol{a}) = f'(\boldsymbol{a}) \boldsymbol{u}.$$

证明. 由 f 在 $\boldsymbol{a}$ 处可微知

$$\lim_{\boldsymbol{h} \to 0} \frac{f(\boldsymbol{a} + \boldsymbol{h}) - f(\boldsymbol{a}) - f'(\boldsymbol{a}) \boldsymbol{h}}{|\boldsymbol{h}|} = \mathbf{0},$$

特别地有

$$\lim_{t \to 0} \frac{f(\boldsymbol{a} + t\boldsymbol{u}) - f(\boldsymbol{a}) - f'(\boldsymbol{a})(t\boldsymbol{u})}{|t\boldsymbol{u}|} = \mathbf{0}.$$

因此 $\lim\limits_{t \to 0} \dfrac{|f(\boldsymbol{a} + t\boldsymbol{u}) - f(\boldsymbol{a}) - f'(\boldsymbol{a})(t\boldsymbol{u})|}{|t\boldsymbol{u}|} = 0$. 两边同时乘以 $|\boldsymbol{u}|$ 可得

$$\lim_{t \to 0} \left| \frac{f(\boldsymbol{a} + t\boldsymbol{u}) - f(\boldsymbol{a}) - f'(\boldsymbol{a})(t\boldsymbol{u})}{t} \right| = 0,$$

即 $\lim\limits_{t \to 0} \dfrac{f(\boldsymbol{a} + t\boldsymbol{u}) - f(\boldsymbol{a}) - f'(\boldsymbol{a})(t\boldsymbol{u})}{t} = \mathbf{0}$, 故而 $\lim\limits_{t \to 0} \dfrac{f(\boldsymbol{a} + t\boldsymbol{u}) - f(\boldsymbol{a})}{t} = f'(\boldsymbol{a}) \boldsymbol{u}$. $\qquad \square$

容易预见, 上述命题的逆并不成立. 事实上, f 在 $\boldsymbol{a}$ 处的所有方向导数均存在甚至不能保证 f 在 $\boldsymbol{a}$ 处连续.

【例 2.4】设

$$f(x,y) = \begin{cases} \dfrac{x^3 y}{x^6 + y^2}, & (x,y) \neq (0,0), \\ 0 & (x,y) = (0,0). \end{cases}$$

那么对任意的非零向量 $\boldsymbol{u} = (u_1, u_2)^{\mathrm{T}}$, f 在 $(0,0)^{\mathrm{T}}$ 处沿方向 $\boldsymbol{u}$ 的方向导数为

$$\lim_{t \to 0} \frac{f(tu_1, tu_2) - f(0,0)}{t} = \lim_{t \to 0} \frac{1}{t} \cdot \frac{(tu_1)^3 (tu_2)}{(tu_1)^6 + (tu_2)^2} = \lim_{t \to 0} \frac{tu_1^2 u_2}{t^4 u_1^6 + u_2^2} = 0$$

(上面最后一步可依 u_2 是否为 0 讨论得到), 也即是说 f 在 $(0,0)^{\mathrm{T}}$ 处的所有方向导数均存在且相等. 但由

$$f(x, x^3) = \frac{1}{2}, \qquad \forall\, x \neq 0$$

知 f 在 $(0,0)^{\mathrm{T}}$ 处不连续.

从形式上看, 命题 2.3 是在可微的前提下给出了求方向导数的一个方法, 但换一个角度来思考, 假设我们暂时只知道 f 在 $\boldsymbol{a}$ 处可微却不知道 $f'(\boldsymbol{a})$ 是什么, 那么, 如果我们能够对 $\mathbb{R}^n$ 的一组基 $\{\boldsymbol{u}_1, \boldsymbol{u}_2, \cdots, \boldsymbol{u}_n\}$ 计算出 f 在 $\boldsymbol{a}$ 处沿诸方向 $\boldsymbol{u}_j$ 的方向导数, 就能通过命题 2.3 得到 $f'(\boldsymbol{a})$ 在这组基下的矩阵了. 按照这个思路, 我们立刻意识到诸方向导数中尤为重要的是沿坐标向量 $\boldsymbol{e}_j$ 方向的方向导数.

【定义 2.5】设 $E \subseteq \mathbb{R}^n$, $f : E \longrightarrow \mathbb{R}^m$, 且 $\boldsymbol{a}$ 是 E 的内点. 若 f 在 $\boldsymbol{a}$ 处沿 $\boldsymbol{e}_j$ 方向的方向导数存在, 则称该方向导数为 f 在 $\boldsymbol{a}$ 处的第 j 个偏导数 (partial derivative)[3], 记作 $\dfrac{\partial f}{\partial x_j}(\boldsymbol{a})$ 或 $f_{x_j}(\boldsymbol{a})$.

对于二元函数 f, 由于通常将其自变量记作 x 和 y, 所以我们常把它的两个偏导数记作 $\dfrac{\partial f}{\partial x}$ 与 $\dfrac{\partial f}{\partial y}$, 或 f_x 与 f_y. 对于三元函数 f, 由于通常将其自变量记作 x, y 和 z, 故而常把它的三个偏导数记作 $\dfrac{\partial f}{\partial x}, \dfrac{\partial f}{\partial y}$ 与 $\dfrac{\partial f}{\partial z}$, 或 f_x, f_y 与 f_z.

设 $E \subseteq \mathbb{R}^n$, $\boldsymbol{a}$ 是 E 的内点. 对于多元函数 $f : E \longrightarrow \mathbb{R}$ 而言, 若记 $\boldsymbol{a} = (a_1, \cdots, a_n)^{\mathrm{T}}$, 那么

$$\frac{\partial f}{\partial x_j}(\boldsymbol{a}) = \lim_{t \to 0} \frac{f(a_1, \cdots, a_{j-1}, a_j + t, a_{j+1}, \cdots, a_n) - f(a_1, \cdots, a_n)}{t}.$$

换句话说, 若记 $g(\lambda) = f(a_1, \cdots, a_{j-1}, \lambda, a_{j+1}, \cdots, a_n)$, 则 $\dfrac{\partial f}{\partial x_j}(\boldsymbol{a}) = g'(a_j)$. 所以偏导数 $\dfrac{\partial f}{\partial x_j}$ 可通过将诸 x_i $(i \neq j)$ 看作常数而对变量 x_j 求导得到.

---

[3] 在这里我们沿用了名词"偏导数", 但必须注意的是, 在一般情况下方向导数与偏导数均未必是一个"数".

【例 2.6】对 $f(x, y, z) = \log(\sin x + y + \mathrm{e}^z)$ 有

$$f_x = \frac{\partial f}{\partial x} = \frac{\cos x}{\sin x + y + \mathrm{e}^z},$$

$$f_y = \frac{\partial f}{\partial y} = \frac{1}{\sin x + y + \mathrm{e}^z},$$

$$f_z = \frac{\partial f}{\partial z} = \frac{\mathrm{e}^z}{\sin x + y + \mathrm{e}^z}.$$

因此若记 $\boldsymbol{a} = (0, 1, 2)^{\mathrm{T}}$, 则

$$\frac{\partial f}{\partial x}(\boldsymbol{a}) = \frac{1}{1 + \mathrm{e}^2}, \qquad \frac{\partial f}{\partial y}(\boldsymbol{a}) = \frac{1}{1 + \mathrm{e}^2}, \qquad \frac{\partial f}{\partial z}(\boldsymbol{a}) = \frac{\mathrm{e}^2}{1 + \mathrm{e}^2}.$$

由于 $\{\boldsymbol{e}_1, \cdots, \boldsymbol{e}_n\}$ 是 $\mathbb{R}^n$ 的基, 故方向导数可用偏导数表示出来. 事实上, 若 f 在 $\boldsymbol{a} \in \mathbb{R}^n$ 处可微, 则对任意的非零向量 $\boldsymbol{u} = (u_1, \cdots, u_n)^{\mathrm{T}}$ 而言, 由命题 2.3 可得

$$\frac{\partial f}{\partial \boldsymbol{u}}(\boldsymbol{a}) = f'(\boldsymbol{a})\boldsymbol{u} = f'(\boldsymbol{a})\left(\sum_{j=1}^{n} u_j \boldsymbol{e}_j\right) = \sum_{j=1}^{n} u_j f'(\boldsymbol{a})\boldsymbol{e}_j$$

$$= \sum_{j=1}^{n} u_j \frac{\partial f}{\partial x_j}(\boldsymbol{a}). \tag{13.4}$$

进一步, 若 $f = (f_1, \cdots, f_m)^{\mathrm{T}}$, 那么由命题 1.7 知

$$f'(\boldsymbol{a}) = \begin{bmatrix} f_1'(\boldsymbol{a}) \\ \vdots \\ f_m'(\boldsymbol{a}) \end{bmatrix}. \tag{13.5}$$

然而对 n 元函数 $f_i \ (1 \leqslant i \leqslant m)$ 应用 (13.4) 可得

$$f_i'(\boldsymbol{a})\boldsymbol{u} = \sum_{j=1}^{n} u_j \frac{\partial f_i}{\partial x_j}(\boldsymbol{a}) = \left(\frac{\partial f_i}{\partial x_1}(\boldsymbol{a}), \cdots, \frac{\partial f_i}{\partial x_n}(\boldsymbol{a})\right)\boldsymbol{u},$$

因此

$$f_i'(\boldsymbol{a}) = \left(\frac{\partial f_i}{\partial x_1}(\boldsymbol{a}), \cdots, \frac{\partial f_i}{\partial x_n}(\boldsymbol{a})\right).$$

将上式代入 (13.5), 我们最终得到

$$f'(\boldsymbol{a}) = \begin{bmatrix} \dfrac{\partial f_1}{\partial x_1}(\boldsymbol{a}) & \dfrac{\partial f_1}{\partial x_2}(\boldsymbol{a}) & \cdots & \dfrac{\partial f_1}{\partial x_n}(\boldsymbol{a}) \\[2mm] \dfrac{\partial f_2}{\partial x_1}(\boldsymbol{a}) & \dfrac{\partial f_2}{\partial x_2}(\boldsymbol{a}) & \cdots & \dfrac{\partial f_2}{\partial x_n}(\boldsymbol{a}) \\[2mm] \vdots & \vdots & & \vdots \\[2mm] \dfrac{\partial f_m}{\partial x_1}(\boldsymbol{a}) & \dfrac{\partial f_m}{\partial x_2}(\boldsymbol{a}) & \cdots & \dfrac{\partial f_m}{\partial x_n}(\boldsymbol{a}) \end{bmatrix}. \tag{13.6}$$

这一矩阵被称为 f 在 $\boldsymbol{a}$ 处的雅可比矩阵 (Jacobian matrix). 当 $m = n$ 时, 我们把上述矩阵的行列式记作 $\dfrac{D(f_1, \cdots, f_n)}{D(x_1, \cdots, x_n)}$, 并称之为雅可比行列式.

n 元函数 f 在 $\boldsymbol{a}$ 处的雅可比矩阵也被称作 f 在 $\boldsymbol{a}$ 处的梯度 (gradient), 记作 $\operatorname{grad} f(\boldsymbol{a})$. 按照 (13.4), 对任意的单位向量 $\boldsymbol{u}$ 有

$$\frac{\partial f}{\partial \boldsymbol{u}}(\boldsymbol{a}) = \langle \operatorname{grad} f(\boldsymbol{a}), \boldsymbol{u} \rangle.$$

如果 $\operatorname{grad} f(\boldsymbol{a}) \neq \boldsymbol{0}$, 那么当 $\boldsymbol{u}$ 是 $\operatorname{grad} f(\boldsymbol{a})$ 的正数倍 (也即向量 $\boldsymbol{u}$ 与 $\operatorname{grad} f(\boldsymbol{a})$ 同向) 时方向导数 $\dfrac{\partial f}{\partial \boldsymbol{u}}(\boldsymbol{a})$ 达到最大值, 因此可以认为梯度方向是 f 在 $\boldsymbol{a}$ 处变化率最大的方向.

如果 $f(x_1, \cdots, x_m)$ 是一个 m 元可微函数, 并且每个 x_j 均是 n 元可微函数 $x_j(t_1, \cdots, t_n)$, 那么我们也可把 f 看作变量 $t_1, \cdots, t_n$ 的函数, 于是由链式法则及 (13.6) 知

$$\left(\frac{\partial f}{\partial t_1}, \cdots, \frac{\partial f}{\partial t_n} \right) = \left(\frac{\partial f}{\partial x_1}, \cdots, \frac{\partial f}{\partial x_m} \right) \begin{bmatrix} \dfrac{\partial x_1}{\partial t_1} & \cdots & \dfrac{\partial x_1}{\partial t_j} & \cdots & \dfrac{\partial x_1}{\partial t_n} \\[2mm] \dfrac{\partial x_2}{\partial t_1} & \cdots & \dfrac{\partial x_2}{\partial t_j} & \cdots & \dfrac{\partial x_2}{\partial t_n} \\[2mm] \vdots & & \vdots & & \vdots \\[2mm] \dfrac{\partial x_m}{\partial t_1} & \cdots & \dfrac{\partial x_m}{\partial t_j} & \cdots & \dfrac{\partial x_m}{\partial t_n} \end{bmatrix},$$

因此对 $1 \leqslant j \leqslant n$ 有

$$\frac{\partial f}{\partial t_j} = \sum_{i=1}^{m} \frac{\partial f}{\partial x_i} \cdot \frac{\partial x_i}{\partial t_j}. \tag{13.7}$$

这一公式也被称作偏导数的链式法则.

【例 2.7】设 $f(x, y) = \mathrm{e}^x + y$, 且 $x = s\cos t, y = 2s + \log t$, 那么

$$\frac{\partial f}{\partial s} = \frac{\partial f}{\partial x}\frac{\partial x}{\partial s} + \frac{\partial f}{\partial y}\frac{\partial y}{\partial s} = \mathrm{e}^x\cos t + 2 = \mathrm{e}^{s\cos t}\cos t + 2$$

$$\frac{\partial f}{\partial t} = \frac{\partial f}{\partial x}\frac{\partial x}{\partial t} + \frac{\partial f}{\partial y}\frac{\partial y}{\partial t} = \mathrm{e}^x \cdot (-s\sin t) + \frac{1}{t} = -\mathrm{e}^{s\cos t}s\sin t + \frac{1}{t}.$$

通过以上讨论, 我们发现可按下述步骤判定 f 是否在点 $\boldsymbol{a}$ 处可微:

(1) 判断 f 在 $\boldsymbol{a}$ 处的各偏导数是否存在. 若不全都存在, 则 f 在 $\boldsymbol{a}$ 处不可微; 若全部存在, 则继续下一步骤.

(2) 设 f 在 $\boldsymbol{a}$ 处的雅可比矩阵为 L, 将 L 代入 (13.1) 看 (13.1) 是否成立. 如果成立, 那么 f 在 $\boldsymbol{a}$ 处可微, 否则 f 在 $\boldsymbol{a}$ 处不可微.

【例 2.8】判断函数

$$f(x, y) = \begin{cases} \dfrac{xy}{\sqrt{x^2 + y^2}}, & x^2 + y^2 \neq 0, \\ 0, & x^2 + y^2 = 0 \end{cases}$$

在 $(0, 0)^{\mathrm{T}}$ 处是否可微.

解. 由偏导数的定义知

$$f_x(0, 0) = \lim_{x \to 0} \frac{f(x, 0) - f(0, 0)}{x} = 0,$$

同理有 $f_y(0, 0) = 0$, 从而 f 在 $(0, 0)^{\mathrm{T}}$ 处的雅可比矩阵 L 为零矩阵. 因为

$$\frac{f(x, y) - f(0, 0) - L(x, y)^{\mathrm{T}}}{\sqrt{x^2 + y^2}} = \frac{xy}{x^2 + y^2},$$

故极限 $\displaystyle\lim_{\substack{x \to 0 \\ y \to 0}} \frac{f(x, y) - f(0, 0) - L(x, y)^{\mathrm{T}}}{\sqrt{x^2 + y^2}}$ 不存在, 所以 f 在 $(0, 0)^{\mathrm{T}}$ 处不可微. □

虽然在上面我们给出了判定 f 在某点处可微性的具体步骤, 但这种利用定义直接验证的方法在实际操作中或许会存在困难, 特别是以下两种情况均会增大我们的工作量: 一是当我们需要讨论 f 在整个集合上的可微性而非在一点处的可微性时; 二是定义域空间和像空间的维数都很大的情况. 因此有必要去建立一个较为方便的判定可微性的方法. 在介绍这一判定方法之前, 作为证明的一个辅助工具, 我们先给出拉格朗日 (Lagrange) 中值定理在高维情形下的推广. 当然, 这一推广本身也是极有价值的一个结论.

首先回忆起在第十二章例 3.10 中所定义的集合

$$[\boldsymbol{a}, \boldsymbol{b}] = \{(1 - \lambda)\boldsymbol{a} + \lambda\boldsymbol{b} : 0 \leqslant \lambda \leqslant 1\}.$$

【定理 2.9】(中值定理) 设 E 是 $\mathbb{R}^n$ 中的开集,$\boldsymbol{a}$ 与 $\boldsymbol{b}$ 是 E 中两个不同的点,且 $[\boldsymbol{a}, \boldsymbol{b}] \subseteq E$. 又设 $f : E \longrightarrow \mathbb{R}$ 在 E 中每一点处沿方向 $\boldsymbol{u} = \boldsymbol{b} - \boldsymbol{a}$ 的方向导数均存在,那么存在 $\boldsymbol{c} \in [\boldsymbol{a}, \boldsymbol{b}]$ 使得

$$f(\boldsymbol{b}) - f(\boldsymbol{a}) = \frac{\partial f}{\partial \boldsymbol{u}}(\boldsymbol{c}). \tag{13.8}$$

证明. 令 $g(t) = f((1-t)\boldsymbol{a} + t\boldsymbol{b})$,则 $g : [0,1] \longrightarrow \mathbb{R}$ 满足 $g(0) = f(\boldsymbol{a})$ 以及 $g(1) = f(\boldsymbol{b})$. 此外,对任意的 $t \in (0,1)$ 有

$$g'(t) = \lim_{h \to 0} \frac{g(t+h) - g(t)}{h} = \lim_{h \to 0} \frac{f\big([1-(t+h)]\boldsymbol{a} + (t+h)\boldsymbol{b}\big) - f((1-t)\boldsymbol{a} + t\boldsymbol{b})}{h}$$

$$= \lim_{h \to 0} \frac{f((1-t)\boldsymbol{a} + t\boldsymbol{b} + h\boldsymbol{u}) - f((1-t)\boldsymbol{a} + t\boldsymbol{b})}{h} = \frac{\partial f}{\partial \boldsymbol{u}}((1-t)\boldsymbol{a} + t\boldsymbol{b}).$$

类似可以验证 $g'_+(0)$ 与 $g'_-(1)$ 亦存在. 因此对 g 应用拉格朗日中值定理知,存在 $\xi \in [0,1]$ 使得

$$f(\boldsymbol{b}) - f(\boldsymbol{a}) = g(1) - g(0) = g'(\xi) = \frac{\partial f}{\partial \boldsymbol{u}}((1-\xi)\boldsymbol{a} + \xi\boldsymbol{b}).$$

于是记 $\boldsymbol{c} = (1-\xi)\boldsymbol{a} + \xi\boldsymbol{b}$ 即得 (13.8). $\qquad\square$

这一定理的形式似乎与拉格朗日中值定理相差甚远,那么下面的推论将使我们看得更明显一些.

【推论 2.10】 设 E 是 $\mathbb{R}^n$ 中的凸开集,$f : E \longrightarrow \mathbb{R}$ 在 E 上可微,则对 E 中任意两个不同的点 $\boldsymbol{a}, \boldsymbol{b}$,存在 $\boldsymbol{c} \in [\boldsymbol{a}, \boldsymbol{b}]$ 使得

$$f(\boldsymbol{b}) - f(\boldsymbol{a}) = f'(\boldsymbol{c})(\boldsymbol{b} - \boldsymbol{a}).$$

证明. 仍记 $\boldsymbol{u} = \boldsymbol{b} - \boldsymbol{a}$,因为由命题 2.3 知

$$\frac{\partial f}{\partial \boldsymbol{u}}(\boldsymbol{c}) = f'(\boldsymbol{c})\boldsymbol{u} = f'(\boldsymbol{c})(\boldsymbol{b} - \boldsymbol{a}),$$

故结合 (13.8) 即得结论. $\qquad\square$

需注意的是,上述结论对一般的映射 $f : E \longrightarrow \mathbb{R}^m$ 未必成立,参见本节习题第 17 题.

【定理 2.11】 设 $E \subseteq \mathbb{R}^n$,$f = (f_1, \cdots, f_m)^{\mathrm{T}} : E \longrightarrow \mathbb{R}^m$,且 $\boldsymbol{a}$ 是 E 的内点. 如果存在 $\boldsymbol{a}$ 的邻域 U,使得 f 的各分量函数在 U 内存在偏导数 $\dfrac{\partial f_i}{\partial x_j}$ ($1 \leqslant i \leqslant m$, $1 \leqslant j \leqslant n$),且这些偏导数均在 $\boldsymbol{a}$ 处连续,那么 f 在 $\boldsymbol{a}$ 处可微.

证明. 按照命题 1.7,只需证明 $m = 1$ 的情形即可,此时 $f : E \longrightarrow \mathbb{R}$. 我们记 $\boldsymbol{h} = (h_1, h_2, \cdots, h_n)^{\mathrm{T}}$,$\boldsymbol{a}_0 = \boldsymbol{a}$ 以及

$$\boldsymbol{a}_j = \boldsymbol{a}_{j-1} + h_j \boldsymbol{e}_j, \qquad 1 \leqslant j \leqslant n,$$

那么 $\boldsymbol{a}_n = \boldsymbol{a} + \boldsymbol{h}$ (图 13.1 给出了 $n = 3$ 的情形).

因为 U 是 $\boldsymbol{a}$ 的邻域, 故不妨设 U 是以 $\boldsymbol{a}$ 为中心的开球. 于是当 $|\boldsymbol{h}|$ 充分小时, 对 $0 \leqslant j \leqslant n$ 均有 $\boldsymbol{a}_j \in U$. 现在考虑 $f(\boldsymbol{a}+\boldsymbol{h}) - f(\boldsymbol{a})$, 我们有

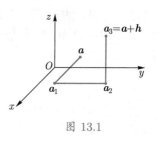

图 13.1

$$f(\boldsymbol{a}+\boldsymbol{h}) - f(\boldsymbol{a}) = f(\boldsymbol{a}_n) - f(\boldsymbol{a}_0)$$

$$= \sum_{j=1}^{n} \big[f(\boldsymbol{a}_j) - f(\boldsymbol{a}_{j-1}) \big]. \qquad (13.9)$$

注意到对任意的 $\lambda \in [0,1]$,

$$|\lambda \boldsymbol{a}_{j-1} + (1-\lambda)\boldsymbol{a}_j - \boldsymbol{a}| \leqslant \lambda|\boldsymbol{a}_{j-1} - \boldsymbol{a}| + (1-\lambda)|\boldsymbol{a}_j - \boldsymbol{a}|,$$

故而 $[\boldsymbol{a}_{j-1}, \boldsymbol{a}_j] \subseteq U$. 如果 $h_j \neq 0$, 那么由定理 2.9 知存在 $\boldsymbol{c}_j \in [\boldsymbol{a}_{j-1}, \boldsymbol{a}_j]$ 使得

$$f(\boldsymbol{a}_j) - f(\boldsymbol{a}_{j-1}) = \frac{\partial f}{\partial (h_j \boldsymbol{e}_j)}(\boldsymbol{c}_j) = h_j \cdot \frac{\partial f}{\partial x_j}(\boldsymbol{c}_j).$$

当然, 上式左右两项在 $h_j = 0$ 时也相等. 把这一式子代入 (13.9) 即得

$$f(\boldsymbol{a}+\boldsymbol{h}) - f(\boldsymbol{a}) = \sum_{j=1}^{n} h_j \cdot \frac{\partial f}{\partial x_j}(\boldsymbol{c}_j).$$

因此若记

$$L = \left(\frac{\partial f}{\partial x_1}(\boldsymbol{a}), \frac{\partial f}{\partial x_2}(\boldsymbol{a}), \cdots, \frac{\partial f}{\partial x_n}(\boldsymbol{a}) \right),$$

那么

$$\frac{f(\boldsymbol{a}+\boldsymbol{h}) - f(\boldsymbol{a}) - L\boldsymbol{h}}{|\boldsymbol{h}|} = \sum_{j=1}^{n} \frac{h_j}{|\boldsymbol{h}|} \cdot \left[\frac{\partial f}{\partial x_j}(\boldsymbol{c}_j) - \frac{\partial f}{\partial x_j}(\boldsymbol{a}) \right].$$

现令 $\boldsymbol{h} \to \boldsymbol{0}$, 那么 $\boldsymbol{c}_j \to \boldsymbol{a}$ $(1 \leqslant j \leqslant n)$, 于是由偏导数在 $\boldsymbol{a}$ 处连续知

$$\frac{\partial f}{\partial x_j}(\boldsymbol{c}_j) - \frac{\partial f}{\partial x_j}(\boldsymbol{a}) \to 0, \qquad 1 \leqslant j \leqslant n.$$

注意到 $\dfrac{h_j}{|\boldsymbol{h}|}$ 有界, 故而

$$\lim_{\boldsymbol{h} \to \boldsymbol{0}} \frac{f(\boldsymbol{a}+\boldsymbol{h}) - f(\boldsymbol{a}) - L\boldsymbol{h}}{|\boldsymbol{h}|} = 0.$$

这就证明了 f 在 $\boldsymbol{a}$ 处可微. $\qquad\qquad\qquad\qquad\qquad\qquad\quad \square$

必须指出的是, 上述定理陈述的并不是可微的充要条件. 事实上, 存在可微的映射, 它没有连续的偏导数 (参见本节习题第 18 题).

【定义 2.12】设 E 是 $\mathbb{R}^n$ 中的开集, 且 $f: E \longrightarrow \mathbb{R}^m$ 的每个分量函数在 E 上的各个偏导数均存在且连续, 那么就称 f 在 E 上<u>连续可微</u>, 记作 $f \in C^1(E)$.

细心的读者一定已经意识到了上述定义颇为突兀, 这是因为在一元微分学里, 我们称一个一元函数连续可导是指其导函数连续, 因此在多元的情形下连续可微自然应该指的是使得导映射 $f': E \longrightarrow \mathscr{L}(\mathbb{R}^n, \mathbb{R}^m)$ 连续的那些 f. 事实上, 在习题 26 中我们会看到这与定义 2.12 是等价的.

现设 E 是 $\mathbb{R}^n$ 中的开集, 并考虑 E 上的 n 元函数 $f: E \longrightarrow \mathbb{R}$. 若 f 的诸偏导 $\dfrac{\partial f}{\partial x_j}$ 在 E 上存在, 那么这些偏导也是定义在 E 上的 n 元函数, 从而也可以考虑它们在 E 上的偏导, 例如

$$\frac{\partial}{\partial x_k}\left(\frac{\partial f}{\partial x_j}\right),$$

我们称之为 f 在 E 上的<u>二阶混合偏导</u> (second order mixed partial derivative), 或简称为<u>二阶偏导</u>, 并将上式记作 $\dfrac{\partial^2 f}{\partial x_k \partial x_j}$ 或 $f_{x_j x_k}$. 类似可定义<u>高阶偏导</u> (higher order partial derivative). 我们常将 $\dfrac{\partial^2 f}{\partial x_j \partial x_j}$ 简记作 $\dfrac{\partial^2 f}{\partial x_j^2}$, 将 $\dfrac{\partial^3 f}{\partial x_j \partial x_j \partial x_j}$ 简记作 $\dfrac{\partial^3 f}{\partial x_j^3}$, 等等.

如果 n 元函数 f 的每个阶数不大于 r 的偏导均在 E 上存在且连续, 我们就称 f 在 E 上是 <u>C^r 类 (class C^r)</u> 的, 记作 $f \in C^r(E)$.

【例 2.13】设 $f(x, y) = x^2 \log y$, 则

$$\frac{\partial f}{\partial x} = 2x \log y, \qquad \frac{\partial f}{\partial y} = \frac{x^2}{y}.$$

进而可得诸二阶偏导

$$\frac{\partial^2 f}{\partial x^2} = 2 \log y, \qquad \frac{\partial^2 f}{\partial y^2} = -\frac{x^2}{y^2}, \qquad \frac{\partial^2 f}{\partial y \partial x} = \frac{\partial^2 f}{\partial x \partial y} = \frac{2x}{y}.$$

在上述例子中我们看到了 $\dfrac{\partial^2 f}{\partial y \partial x} = \dfrac{\partial^2 f}{\partial x \partial y}$, 但这并不是总成立的, 下面是一个反例.

【例 2.14】设

$$f(x, y) = \begin{cases} \dfrac{xy(x^2 - y^2)}{x^2 + y^2}, & (x, y) \neq (0, 0), \\ 0, & (x, y) = (0, 0), \end{cases}$$

那么

$$\frac{\partial f}{\partial x}(x,y) = \begin{cases} \dfrac{y(x^4 + 4x^2y^2 - y^4)}{(x^2+y^2)^2}, & (x,y) \neq (0,0), \\ 0, & (x,y) = (0,0), \end{cases}$$

$$\frac{\partial f}{\partial y}(x,y) = \begin{cases} \dfrac{x(x^4 - 4x^2y^2 - y^4)}{(x^2+y^2)^2}, & (x,y) \neq (0,0), \\ 0, & (x,y) = (0,0). \end{cases}$$

于是

$$\frac{\partial f}{\partial y \partial x}(0,0) = \lim_{y\to 0} \frac{1}{y}\left(\frac{\partial f}{\partial x}(0,y) - \frac{\partial f}{\partial x}(0,0)\right) = \lim_{y\to 0}\frac{-y}{y} = -1,$$

$$\frac{\partial f}{\partial x \partial y}(0,0) = \lim_{x\to 0} \frac{1}{x}\left(\frac{\partial f}{\partial y}(x,0) - \frac{\partial f}{\partial y}(0,0)\right) = \lim_{x\to 0}\frac{x}{x} = 1.$$

【定理 2.15】(施瓦茨 (Schwarz)) 设 E 是 $\mathbb{R}^n$ 中的开集, $f : E \longrightarrow \mathbb{R}$. 若 $f \in C^2(E)$, 则对任意的 $\boldsymbol{a} \in E$ 及 $1 \leqslant i, j \leqslant n$ 有

$$\frac{\partial^2 f}{\partial x_i \partial x_j}(\boldsymbol{a}) = \frac{\partial^2 f}{\partial x_j \partial x_i}(\boldsymbol{a}). \tag{13.10}$$

证明. 因为在计算上式两侧的二阶偏导数时, 可以将除 x_i 和 x_j 以外的其余变量视作常数, 故不妨设 $n = 2$, $i = 1$, $j = 2$. 又记 $\boldsymbol{a} = (a_1, a_2)^{\mathrm{T}}$. 当 $|h|$ 和 $|k|$ 均充分小时我们用两种方法来计算

$$\Delta f = f(a_1 + h, a_2 + k) - f(a_1 + h, a_2) - f(a_1, a_2 + k) + f(a_1, a_2).$$

一方面, 若记 $\varphi(x) = f(x, a_2 + k) - f(x, a_2)$, 则

$$\Delta f = \varphi(a_1 + h) - \varphi(a_1).$$

于是由拉格朗日中值定理知存在位于 a_1 和 $a_1 + h$ 之间的某个 ξ, 使得

$$\Delta f = \varphi'(\xi)h = \left[\frac{\partial f}{\partial x_1}(\xi, a_2 + k) - \frac{\partial f}{\partial x_1}(\xi, a_2)\right]h.$$

再次应用拉格朗日中值定理知, 存在位于 a_2 和 $a_2 + k$ 之间的某个 η 使得

$$\Delta f = \frac{\partial^2 f}{\partial x_2 \partial x_1}(\xi, \eta) \cdot hk.$$

另一方面, 若记 $\psi(y) = f(a_1 + h, y) - f(a_1, y)$, 则

$$\Delta f = \psi(a_2 + k) - \psi(a_2).$$

同理, 使用两次拉格朗日中值定理可得, 存在位于 a_1 和 $a_1 + h$ 之间的某个 ζ 以及位于 a_2 和 $a_2 + k$ 之间的某个 μ, 使得

$$\Delta f = \frac{\partial^2 f}{\partial x_1 \partial x_2}(\zeta, \mu) \cdot hk.$$

因此

$$\frac{\partial^2 f}{\partial x_2 \partial x_1}(\xi, \eta) = \frac{\partial^2 f}{\partial x_1 \partial x_2}(\zeta, \mu).$$

现令 $(h, k)^{\mathrm{T}} \to (0, 0)^{\mathrm{T}}$, 那么 $(\xi, \eta)^{\mathrm{T}}$ 与 $(\zeta, \mu)^{\mathrm{T}}$ 均趋于 $\boldsymbol{a}$, 于是由二阶偏导的连续性知 (13.10) 成立. $\qquad\qquad\qquad\qquad\qquad\qquad\qquad\qquad\qquad\qquad\qquad\qquad\qquad\qquad$ □

若 $f \in C^r(E)$, 则可将 f 的 r 阶偏导数写成 $\dfrac{\partial^r f}{\partial x_1^{\alpha_1} \partial x_2^{\alpha_2} \cdots \partial x_n^{\alpha_n}}$ 的形式, 其中 $\alpha_1 + \cdots + \alpha_n = r$.

习题 13.2

1. 对下列函数 f 计算其在指定点 $\boldsymbol{a}$ 处沿指定方向 $\boldsymbol{u}$ 的方向导数:

   (1) $f(x, y) = x^2 + y^2$, $\boldsymbol{a} = (1, 1)^{\mathrm{T}}$, $\boldsymbol{u} = (1, -2)^{\mathrm{T}}$;

   (2) $f(x, y) = x + \log(y + 1)$, $\boldsymbol{a} = (0, 0)^{\mathrm{T}}$, $\boldsymbol{u} = (1, 1)^{\mathrm{T}}$;

   (3) $f(x, y, z) = \mathrm{e}^{x+y+z^2}$, $\boldsymbol{a} = (1, 0, 0)^{\mathrm{T}}$, $\boldsymbol{u} = (0, 0, 1)^{\mathrm{T}}$;

   (4) $f(x, y, z) = \dfrac{x + y^2}{z}$, $\boldsymbol{a} = (1, 1, 1)^{\mathrm{T}}$, $\boldsymbol{u} = (1, 0, 1)^{\mathrm{T}}$.

2. 对于下列函数 $f(x, y)$, 试求所有的 $\boldsymbol{u}$ ($|\boldsymbol{u}| = 1$), 使得 f 在 $(0, 0)^{\mathrm{T}}$ 点沿方向 $\boldsymbol{u}$ 的方向导数存在:

   (1) $f(x, y) = \begin{cases} x + y, & xy = 0, \\ 1, & xy \neq 0; \end{cases}$

   (2) $f(x, y) = \sqrt{|x^2 - y^2|}$.

3. 证明函数 $f(x_1, \cdots, x_n) = |x_1| + \cdots + |x_n|$ 在 $\boldsymbol{0}$ 处沿任何方向的方向导数均不存在.

4. 对下列映射 f 计算其雅可比矩阵:

   (1) $f(x, y) = x^2 \log y + xy + 2$; $\qquad$ (2) $f(x, y) = \dfrac{x - y}{x^2 + y^2 + 1}$;

   (3) $f(x, y) = (x + y, xy)^{\mathrm{T}}$; $\qquad$ (4) $f(r, \theta) = (r \cos \theta, r \sin \theta)^{\mathrm{T}}$;

   (5) $f(x, y) = (y \sin x, x \cos y)^{\mathrm{T}}$; $\qquad$ (6) $f(x, y, z) = (\mathrm{e}^{x+z} + 1, z^2 \arctan y)^{\mathrm{T}}$;

   (7) $f(r, \theta, z) = (r \cos \theta, r \sin \theta, z)^{\mathrm{T}}$;

   (8) $f(r, \varphi, \theta) = (r \sin \varphi \cos \theta, r \sin \varphi \sin \theta, r \cos \varphi)^{\mathrm{T}}$.

5. 对下列函数 f 计算其各二阶偏导数:

   (1) $f(x, y) = xy + \dfrac{y}{x}$; $\qquad\qquad$ (2) $f(x, y) = \arctan \dfrac{y}{x}$;

   (3) $f(x, y) = \log(x^2 + y^2)$; $\qquad\quad$ (4) $f(x, y) = x^y$.

6. 设 f 是 C^2 类的, 计算下列偏导数:

   (1) $u = f(x^2 + y^2)$, 计算 $\dfrac{\partial u}{\partial x}, \dfrac{\partial^2 u}{\partial x^2}$ 及 $\dfrac{\partial^2 u}{\partial x \partial y}$;

(2) $u = f(\mathrm{e}^x \log y)$, 计算 $\dfrac{\partial u}{\partial y}$ 与 $\dfrac{\partial^2 u}{\partial x \partial y}$;

(3) $u = f\left(x, \dfrac{x}{y}\right)$, 计算 $\dfrac{\partial^2 u}{\partial x^2}$ 与 $\dfrac{\partial^2 u}{\partial y^2}$.

7. 设 $f(x, y) = \mathrm{e}^x \sin y$, 对正整数 m, n 计算 $\dfrac{\partial^{m+n} f}{\partial x^m \partial y^n}$.

8. 设 $f(x, y, z) = \dfrac{1}{\sqrt{x^2 + y^2 + z^2}}$, 证明在 $\mathbb{R}^3 \setminus \{\mathbf{0}\}$ 上有

$$\frac{\partial^2 f}{\partial x^2} + \frac{\partial^2 f}{\partial y^2} + \frac{\partial^2 f}{\partial z^2} = 0.$$

9. 设 a, b 为常数, $a \neq 0$, 令 $f(x, t) = \dfrac{1}{2a\sqrt{\pi t}} \mathrm{e}^{-\frac{(x-b)^2}{4a^2 t}}$, 证明在 $\mathbb{R} \times \mathbb{R}_{>0}$ 上有

$$\frac{\partial f}{\partial t} = a^2 \frac{\partial^2 f}{\partial x^2}.$$

10. 设 φ 与 ψ 均二阶可导, $z = \varphi\left(\dfrac{y}{x}\right) + x\psi\left(\dfrac{y}{x}\right)$, 证明

$$x^2 \frac{\partial^2 z}{\partial x^2} + 2xy \frac{\partial^2 z}{\partial x \partial y} + y^2 \frac{\partial^2 z}{\partial y^2} = 0.$$

11. (欧拉 (Euler)) 假设 $E \subseteq \mathbb{R}^n$, 且对任意的 $\boldsymbol{x} \in E$ 及 $t > 0$ 有 $t\boldsymbol{x} \in E$. 若函数 $f : E \longrightarrow \mathbb{R}$ 满足

$$f(t\boldsymbol{x}) = t^\alpha f(\boldsymbol{x}), \qquad \forall\, \boldsymbol{x} \in E,\ t > 0,$$

其中 α 是一个给定的实数, 则称 f 是 E 上的一个 <u>α 次齐次函数</u>. 对 E 上可微的 α 齐次函数 f 证明

$$\sum_{j=1}^n x_j \cdot \frac{\partial f}{\partial x_j}(\boldsymbol{x}) = \alpha f(\boldsymbol{x}), \qquad \forall\, \boldsymbol{x} = (x_1, \cdots, x_n) \in E. \tag{13.11}$$

12. 设 $E \subseteq \mathbb{R}^n$, 且对任意的 $\boldsymbol{x} \in E$ 及 $t > 0$ 有 $t\boldsymbol{x} \in E$. 又设 $f : E \longrightarrow \mathbb{R}$ 可微且满足 (13.11). 证明 f 是 E 上的 α 次齐次函数.

13. 设 $E \subseteq \mathbb{R}^n$, f 与 g 均是定义在 E 上的可微函数, 证明在 E 上有

$$\operatorname{grad} fg = f \cdot \operatorname{grad} g + g \cdot \operatorname{grad} f.$$

14. 研究函数 $f(x, y) = \sqrt{|xy|}$ 在点 $(0, 0)^{\mathrm{T}}$ 处的可微性.

15. 研究函数

$$f(x, y) = \begin{cases} xy \cos \dfrac{1}{x^2 + y^2}, & x^2 + y^2 \neq 0, \\ 0, & x^2 + y^2 = 0 \end{cases}$$

在点 $(0, 0)^{\mathrm{T}}$ 处的可微性.

16. 设 $g(x, y)$ 在 $(0, 0)^{\mathrm{T}}$ 的某邻域内连续, 证明: $f(x, y) = |x - y| \cdot g(x, y)$ 在点 $(0, 0)^{\mathrm{T}}$ 处可微的充要条件是 $g(0, 0) = 0$.

17. 设 $f : \mathbb{R} \longrightarrow \mathbb{R}^2$ 满足 $f(x) = (x^2, x^3)^{\mathrm{T}}$, 证明 f 在 $\mathbb{R}$ 上可微, 但不存在 $\xi \in [0, 1]$, 使得 $f(1) - f(0) = f'(\xi)$.

18. 设
$$f(x, y) = \begin{cases} (x^2 + y^2) \sin \dfrac{1}{\sqrt{x^2 + y^2}}, & (x, y) \neq (0, 0), \\ 0, & (x, y) = (0, 0). \end{cases}$$

证明 f 在点 $(0, 0)^{\mathrm{T}}$ 处可微, 但是 $\dfrac{\partial f}{\partial x}$ 与 $\dfrac{\partial f}{\partial y}$ 均在点 $(0, 0)^{\mathrm{T}}$ 处不连续.

19. 设 $E \subseteq \mathbb{R}^n$, $f : E \longrightarrow \mathbb{R}^m$, $\boldsymbol{a}$ 是 E 的一个内点. 又设存在 $\boldsymbol{a}$ 的邻域 $U \subseteq E$, 使得 f 在 U 上存在各偏导数, 且这些偏导数在 U 上有界. 证明 f 在点 $\boldsymbol{a}$ 处连续.

20. 证明例 2.14 中的函数 $f(x, y)$ 在 $\mathbb{R}^2$ 上连续可微, 因此这个例子说明连续可微且各二阶偏导存在的函数其两个二阶偏导 $\dfrac{\partial^2 f}{\partial x \partial y}$ 与 $\dfrac{\partial^2 f}{\partial y \partial x}$ 未必相等.

21. 假设定义在 $\mathbb{R}^2$ 上的函数 $f(x, y)$ 满足

(1) $\dfrac{\partial^2 f}{\partial y \partial x}$ 存在且在 $(x_0, y_0)^{\mathrm{T}}$ 处连续;

(2) 对任意的 x, $\dfrac{\partial f}{\partial y}(x, y_0)$ 均存在.

证明 $\dfrac{\partial^2 f}{\partial x \partial y}(x_0, y_0)$ 存在并且等于 $\dfrac{\partial^2 f}{\partial y \partial x}(x_0, y_0)$.

22. 设 f 是定义在区域 D 上的可微函数, 且在 D 的每一点处 f 的各偏导均等于 0, 证明 f 是 D 上的常值函数.

23. 记 $D = \mathbb{R}^2 \setminus (\mathbb{R}_{\geqslant 0} \times \{0\})$, 并考虑定义在 D 上的函数
$$f(x, y) = \begin{cases} x^3, & x > 0 \text{ 且 } y > 0, \\ 0, & \text{其他的 } (x, y) \in D. \end{cases}$$

证明 f 在 D 上连续可微, 且在 D 上有 $\dfrac{\partial f}{\partial y} = 0$, 但是 f 并非是一个取值与变量 y 无关的函数. 注意将本题与上题做比较.

24. 设 D 是 $\mathbb{R}^n$ 中的区域, $f : D \longrightarrow \mathbb{R}^m$ 在 D 上可微. 若 f' 是常值映射, 证明存在 $L \in \mathscr{L}(\mathbb{R}^n, \mathbb{R}^m)$ 及 $\boldsymbol{a} \in \mathbb{R}^m$ 使得对任意的 $\boldsymbol{x} \in D$ 有 $f(\boldsymbol{x}) = L\boldsymbol{x} + \boldsymbol{a}$.

25. 设 $L \in \mathscr{L}(\mathbb{R}^n, \mathbb{R}^m)$, 我们称
$$\|L\| = \sup_{|\boldsymbol{h}| = 1} |L\boldsymbol{h}|$$

为 L 的范数. 证明:

(1) 对任意的 $\boldsymbol{x} \in \mathbb{R}^n$ 有 $|L\boldsymbol{x}| \leqslant \|L\| \cdot |\boldsymbol{x}|$;

(2) 对任意的 $\lambda \in \mathbb{R}$, $\|\lambda L\| = |\lambda| \cdot \|L\|$. 特别地, $\|-L\| = \|L\|$;

(3) 对任意的 $L_1, L_2 \in \mathscr{L}(\mathbb{R}^n, \mathbb{R}^m)$ 有 $\|L_1 + L_2\| \leqslant \|L_1\| + \|L_2\|$;

(4) 对任意的 $L_1 \in \mathscr{L}(\mathbb{R}^n, \mathbb{R}^m)$ 及 $L_2 \in \mathscr{L}(\mathbb{R}^m, \mathbb{R}^\ell)$ 有

$$\|L_2 \circ L_1\| \leqslant \|L_2\| \cdot \|L_1\|.$$

26. 设 E 是 $\mathbb{R}^n$ 中的开集, $f : E \longrightarrow \mathbb{R}^m$ 在 E 上可微. 证明 f 在 E 上连续可微的充要条件是: 对任意的 $\boldsymbol{a} \in E$ 及任意的 $\varepsilon > 0$, 存在 $\delta > 0$, 使得对于满足 $|\boldsymbol{x} - \boldsymbol{a}| < \delta$ 的任意的 $\boldsymbol{x} \in E$ 均有

$$\|f'(\boldsymbol{x}) - f'(\boldsymbol{a})\| < \varepsilon.$$

§13.3
有限增量定理与泰勒公式

在上节中我们对多元函数得到了中值定理 (定理 2.9 和推论 2.10), 但同时也指出对于一般的可微映射没有类似结论. 然而值得庆幸的是, 在一定条件下我们可以用 $|\boldsymbol{b} - \boldsymbol{a}|$ 去控制 $|f(\boldsymbol{b}) - f(\boldsymbol{a})|$, 这在许多实际应用中已然足够了. 为了描述这种控制, 我们需要用到上节习题 2.5 中所给出的线性映射的范数, 现将其定义重述如下.

【定义 3.1】设 $L \in \mathscr{L}(\mathbb{R}^n, \mathbb{R}^m)$, 定义 L 的范数 (norm) $\|L\|$ 为

$$\|L\| = \sup_{|\boldsymbol{h}|=1} |L\boldsymbol{h}|.$$

范数的一些基本性质包含在了上节习题 2.5 中, 特别需要提及的是, 对任意的 $\boldsymbol{x} \in \mathbb{R}^n$ 有

$$|L\boldsymbol{x}| \leqslant \|L\| \cdot |\boldsymbol{x}|.$$

【定理 3.2】(有限增量定理) 设 E 是 $\mathbb{R}^n$ 中的凸开集, $f : E \longrightarrow \mathbb{R}^m$ 在 E 上可微, 且存在 $M > 0$ 使得对任意的 $\boldsymbol{x} \in E$ 均有 $\|f'(\boldsymbol{x})\| \leqslant M$. 那么对任意的 $\boldsymbol{a}, \boldsymbol{b} \in E$ 有

$$|f(\boldsymbol{b}) - f(\boldsymbol{a})| \leqslant M|\boldsymbol{b} - \boldsymbol{a}|.$$

证明. 记 $\boldsymbol{u} = f(\boldsymbol{b}) - f(\boldsymbol{a})$, 那么 $h(\boldsymbol{x}) = \langle \boldsymbol{u}, f(\boldsymbol{x}) \rangle = \boldsymbol{u}^{\mathrm{T}} f(\boldsymbol{x})$ 是一个实值函数, 并且由例 1.10 可得 $h'(\boldsymbol{x}) = \boldsymbol{u}^{\mathrm{T}} f'(\boldsymbol{x})$. 于是由中值定理知, 存在 $\boldsymbol{\xi} \in [\boldsymbol{a}, \boldsymbol{b}]$ 使得

$$\langle \boldsymbol{u}, f(\boldsymbol{b}) - f(\boldsymbol{a}) \rangle = h(\boldsymbol{b}) - h(\boldsymbol{a}) = h'(\boldsymbol{\xi})(\boldsymbol{b} - \boldsymbol{a}) = \boldsymbol{u}^{\mathrm{T}} f'(\boldsymbol{x})(\boldsymbol{b} - \boldsymbol{a}).$$

因此由柯西 – 施瓦茨不等式知

$$|\boldsymbol{u}|^2 = \langle \boldsymbol{u}, f(\boldsymbol{b}) - f(\boldsymbol{a}) \rangle = \langle \boldsymbol{u}, f'(\boldsymbol{x})(\boldsymbol{b} - \boldsymbol{a}) \rangle \leqslant |\boldsymbol{u}| \cdot |f'(\boldsymbol{x})(\boldsymbol{b} - \boldsymbol{a})|$$

$$\leqslant |\boldsymbol{u}| \cdot M|\boldsymbol{b} - \boldsymbol{a}|.$$

故而 $|f(\boldsymbol{b}) - f(\boldsymbol{a})| = |\boldsymbol{u}| \leqslant M|\boldsymbol{b} - \boldsymbol{a}|$. $\qquad\qquad$ $\square$

接下来我们把一元函数的泰勒公式推广到多元函数的情形. 为方便起见, 对非负整数 n 元组 $\boldsymbol{\alpha} = (\alpha_1, \cdots, \alpha_n)$ 记

$$|\boldsymbol{\alpha}| = \alpha_1 + \cdots + \alpha_n,^{④} \qquad\qquad \boldsymbol{\alpha}! = \alpha_1! \cdots \alpha_n!$$

以及

$$\frac{\partial^{\boldsymbol{\alpha}} f}{\partial \boldsymbol{x}^{\boldsymbol{\alpha}}} = \frac{\partial^{|\boldsymbol{\alpha}|} f}{\partial x_1^{\alpha_1} \cdots \partial x_n^{\alpha_n}},$$

并对 $\boldsymbol{h} = (h_1, \cdots, h_n)^{\mathrm{T}} \in \mathbb{R}^n$ 记 $\boldsymbol{h}^{\boldsymbol{\alpha}} = h_1^{\alpha_1} \cdots h_n^{\alpha_n}$.

【定理 3.3】(带拉格朗日余项的泰勒公式) 设 E 是 $\mathbb{R}^n$ 中的凸开集, $f : E \longrightarrow \mathbb{R}$. 如果 $f \in C^{r+1}(E)$, 则对 E 中任意两点 $\boldsymbol{a}$ 和 $\boldsymbol{a} + \boldsymbol{h}$, 存在 $\theta \in (0, 1)$ 使得

$$f(\boldsymbol{a} + \boldsymbol{h}) = f(\boldsymbol{a}) + \sum_{1 \leqslant |\boldsymbol{\alpha}| \leqslant r} \frac{1}{\boldsymbol{\alpha}!} \frac{\partial^{\boldsymbol{\alpha}} f}{\partial \boldsymbol{x}^{\boldsymbol{\alpha}}}(\boldsymbol{a}) \boldsymbol{h}^{\boldsymbol{\alpha}} + \sum_{|\boldsymbol{\alpha}| = r+1} \frac{1}{\boldsymbol{\alpha}!} \frac{\partial^{\boldsymbol{\alpha}} f}{\partial \boldsymbol{x}^{\boldsymbol{\alpha}}}(\boldsymbol{a} + \theta \boldsymbol{h}) \boldsymbol{h}^{\boldsymbol{\alpha}}. \tag{13.12}$$

证明. 令 $g(t) = f(\boldsymbol{a} + t\boldsymbol{h})$, 那么由链式法则知 g 在 $[0, 1]$ 上可导且

$$g'(t) = f'(\boldsymbol{a} + t\boldsymbol{h})\boldsymbol{h} = \sum_{i=1}^{n} \frac{\partial f}{\partial x_i}(\boldsymbol{a} + t\boldsymbol{h}) \cdot h_i.$$

同理

$$g''(t) = \sum_{j=1}^{n} \frac{\partial}{\partial x_j} \left(\sum_{i=1}^{n} h_i \frac{\partial f}{\partial x_i} \right)(\boldsymbol{a} + t\boldsymbol{h}) \cdot h_j$$

$$= \sum_{j=1}^{n} \sum_{i=1}^{n} \frac{\partial^2 f}{\partial x_j \partial x_i}(\boldsymbol{a} + t\boldsymbol{h}) \cdot h_i h_j.$$

一般地, 由于 $f \in C^{r+1}(E)$, 故可归纳地证明 g 在 $[0, 1]$ 上 $r+1$ 阶可导, 并且对 $k \leqslant r+1$ 有

$$g^{(k)}(t) = \sum_{j_1=1}^{n} \cdots \sum_{j_k=1}^{n} \frac{\partial^k f}{\partial x_{j_1} \cdots \partial x_{j_k}}(\boldsymbol{a} + t\boldsymbol{h}) \cdot h_{j_1} \cdots h_{j_k}. \tag{13.13}$$

注意到由 $f \in C^{r+1}(E)$ 及定理 2.15 知 $\dfrac{\partial^k f}{\partial x_{j_1} \cdots \partial x_{j_k}}$ 必可写成如 $\dfrac{\partial^k f}{\partial x_1^{\alpha_1} \cdots \partial x_n^{\alpha_n}}$ 的形式, 其中 $\alpha_1 + \cdots + \alpha_n = k$. 而对给定的一组满足 $\alpha_1 + \cdots + \alpha_n = k$ 的 α_ℓ $(1 \leqslant \ell \leqslant k)$, 使得 $\dfrac{\partial^k f}{\partial x_{j_1} \cdots \partial x_{j_k}} = \dfrac{\partial^k f}{\partial x_1^{\alpha_1} \cdots \partial x_n^{\alpha_n}}$ 的 $(j_1, \cdots, j_k)$ 的个数为

$$\binom{k}{\alpha_1} \binom{k - \alpha_1}{\alpha_2} \binom{k - \alpha_1 - \alpha_2}{\alpha_3} \cdots \binom{k - \alpha_1 - \cdots - \alpha_{n-1}}{\alpha_n} = \frac{k!}{\alpha_1! \cdots \alpha_n!},$$

---

④ 注意与范数的定义相区别.

因此对 (13.13) 右边合并同类项可得

$$g^{(k)}(t) = \sum_{|\boldsymbol{\alpha}|=k} \frac{k!}{\boldsymbol{\alpha}!} \frac{\partial^{\boldsymbol{\alpha}} f}{\partial \boldsymbol{x}^{\boldsymbol{\alpha}}}(\boldsymbol{a}+t\boldsymbol{h})\boldsymbol{h}^{\boldsymbol{\alpha}}.$$

现对 g 使用带拉格朗日余项的泰勒公式, 我们有

$$g(1) = \sum_{k=0}^{r} \frac{g^{(k)}(0)}{k!} + \frac{g^{(r+1)}(\theta)}{(r+1)!},$$

其中 $\theta \in (0,1)$, 此即

$$f(\boldsymbol{a}+\boldsymbol{h}) = f(\boldsymbol{a}) + \sum_{k=1}^{r} \frac{1}{k!} \sum_{|\boldsymbol{\alpha}|=k} \frac{k!}{\boldsymbol{\alpha}!} \frac{\partial^{\boldsymbol{\alpha}} f}{\partial \boldsymbol{x}^{\boldsymbol{\alpha}}}(\boldsymbol{a})\boldsymbol{h}^{\boldsymbol{\alpha}} + \frac{1}{(r+1)!} \sum_{|\boldsymbol{\alpha}|=r+1} \frac{(r+1)!}{\boldsymbol{\alpha}!} \frac{\partial^{\boldsymbol{\alpha}} f}{\partial \boldsymbol{x}^{\boldsymbol{\alpha}}}(\boldsymbol{a}+\theta\boldsymbol{h})\boldsymbol{h}^{\boldsymbol{\alpha}}$$

$$= f(\boldsymbol{a}) + \sum_{1 \leqslant |\boldsymbol{\alpha}| \leqslant r} \frac{1}{\boldsymbol{\alpha}!} \frac{\partial^{\boldsymbol{\alpha}} f}{\partial \boldsymbol{x}^{\boldsymbol{\alpha}}}(\boldsymbol{a})\boldsymbol{h}^{\boldsymbol{\alpha}} + \sum_{|\boldsymbol{\alpha}|=r+1} \frac{1}{\boldsymbol{\alpha}!} \frac{\partial^{\boldsymbol{\alpha}} f}{\partial \boldsymbol{x}^{\boldsymbol{\alpha}}}(\boldsymbol{a}+\theta\boldsymbol{h})\boldsymbol{h}^{\boldsymbol{\alpha}},$$

从而定理得证.   □

(13.12) 右边泰勒多项式的前三项是很重要的, 它们是

$$f(\boldsymbol{a}) + \sum_{j=1}^{n} \frac{\partial f}{\partial x_j}(\boldsymbol{a})h_j + \frac{1}{2} \sum_{i=1}^{n} \sum_{j=1}^{n} \frac{\partial^2 f}{\partial x_i \partial x_j}(\boldsymbol{a})h_i h_j$$

$$= f(\boldsymbol{a}) + f'(\boldsymbol{a})\boldsymbol{h} + \frac{1}{2} \sum_{i=1}^{n} \sum_{j=1}^{n} \frac{\partial^2 f}{\partial x_i \partial x_j}(\boldsymbol{a})h_i h_j. \tag{13.14}$$

若记

$$H_f(\boldsymbol{a}) = \begin{bmatrix} \dfrac{\partial^2 f}{\partial x_1^2}(\boldsymbol{a}) & \dfrac{\partial^2 f}{\partial x_1 \partial x_2}(\boldsymbol{a}) & \cdots & \dfrac{\partial^2 f}{\partial x_1 \partial x_n}(\boldsymbol{a}) \\[2mm] \dfrac{\partial^2 f}{\partial x_2 \partial x_1}(\boldsymbol{a}) & \dfrac{\partial^2 f}{\partial x_2^2}(\boldsymbol{a}) & \cdots & \dfrac{\partial^2 f}{\partial x_2 \partial x_n}(\boldsymbol{a}) \\[2mm] \vdots & \vdots & & \vdots \\[2mm] \dfrac{\partial^2 f}{\partial x_n \partial x_1}(\boldsymbol{a}) & \dfrac{\partial^2 f}{\partial x_n \partial x_2}(\boldsymbol{a}) & \cdots & \dfrac{\partial^2 f}{\partial x_n^2}(\boldsymbol{a}) \end{bmatrix}.$$

则 (13.14) 也即

$$f(\boldsymbol{a}) + f'(\boldsymbol{a})\boldsymbol{h} + \frac{1}{2}\boldsymbol{h}^{\mathrm{T}} H_f(\boldsymbol{a})\boldsymbol{h}.$$

我们称 $H_f(\boldsymbol{a})$ 为 f 在 $\boldsymbol{a}$ 处的 <u>黑塞 (Hesse) 矩阵</u>.

利用定理 3.3 可得如下带佩亚诺 (Peano) 余项的泰勒公式.

【**定理 3.4**】(带佩亚诺余项的泰勒公式) 假设 E 是 $\mathbb{R}^n$ 中的凸开集, $f : E \longrightarrow \mathbb{R}$. 若 $f \in C^r(E)$, 则对任意的 $\boldsymbol{a} \in E$, 当 $\boldsymbol{h} \to \boldsymbol{0}$ 时有

$$f(\boldsymbol{a}+\boldsymbol{h}) = f(\boldsymbol{a}) + \sum_{1 \leqslant |\boldsymbol{\alpha}| \leqslant r} \frac{1}{\boldsymbol{\alpha}!} \frac{\partial^{\boldsymbol{\alpha}} f}{\partial \boldsymbol{x}^{\boldsymbol{\alpha}}}(\boldsymbol{a}) \boldsymbol{h}^{\boldsymbol{\alpha}} + o(|\boldsymbol{h}|^r).$$

证明. 由定理 3.3 知存在 $\theta \in (0,1)$ 使得

$$f(\boldsymbol{a}+\boldsymbol{h}) = f(\boldsymbol{a}) + \sum_{1 \leqslant |\boldsymbol{\alpha}| \leqslant r-1} \frac{1}{\boldsymbol{\alpha}!} \frac{\partial^{\boldsymbol{\alpha}} f}{\partial \boldsymbol{x}^{\boldsymbol{\alpha}}}(\boldsymbol{a}) \boldsymbol{h}^{\boldsymbol{\alpha}} + \sum_{|\boldsymbol{\alpha}|=r} \frac{1}{\boldsymbol{\alpha}!} \frac{\partial^{\boldsymbol{\alpha}} f}{\partial \boldsymbol{x}^{\boldsymbol{\alpha}}}(\boldsymbol{a}+\theta \boldsymbol{h}) \boldsymbol{h}^{\boldsymbol{\alpha}}. \tag{13.15}$$

而由 r 阶偏导的连续性知当 $\boldsymbol{h} \to \boldsymbol{0}$ 时

$$\frac{\partial^{\boldsymbol{\alpha}} f}{\partial \boldsymbol{x}^{\boldsymbol{\alpha}}}(\boldsymbol{a}+\theta \boldsymbol{h}) = \frac{\partial^{\boldsymbol{\alpha}} f}{\partial \boldsymbol{x}^{\boldsymbol{\alpha}}}(\boldsymbol{a}) + o(1).$$

将这代入 (13.15) 可得

$$f(\boldsymbol{a}+\boldsymbol{h}) = f(\boldsymbol{a}) + \sum_{1 \leqslant |\boldsymbol{\alpha}| \leqslant r} \frac{1}{\boldsymbol{\alpha}!} \frac{\partial^{\boldsymbol{\alpha}} f}{\partial \boldsymbol{x}^{\boldsymbol{\alpha}}}(\boldsymbol{a}) \boldsymbol{h}^{\boldsymbol{\alpha}} + o\left(\sum_{|\boldsymbol{\alpha}|=r} |\boldsymbol{h}^{\boldsymbol{\alpha}}| \right).$$

注意到当 $|\boldsymbol{\alpha}| = r$ 时

$$|\boldsymbol{h}^{\boldsymbol{\alpha}}| = |h_1^{\alpha_1} \cdots h_n^{\alpha_n}| \leqslant |\boldsymbol{h}|^{\alpha_1 + \cdots + \alpha_n} = |\boldsymbol{h}|^r,$$

从而立刻得到定理结论. $\qquad\qquad\qquad\qquad\qquad\qquad\qquad\qquad\qquad\qquad\qquad\qquad\quad$ $\square$

【**注 3.5**】当 $\boldsymbol{a} = \boldsymbol{0}$ 时, 上面两个定理中的泰勒公式也都被称作**麦克劳林 (Maclaurin)** **公式**.

【**例 3.6**】设 $f(x,y) = \dfrac{1}{1-x-y}$, 那么

$$\frac{\partial^{i+j} f}{\partial x^i \partial y^j} = \frac{(i+j)!}{(1-x-y)^{i+j+1}},$$

于是 $\dfrac{\partial^{i+j} f}{\partial x^i \partial y^j}(0,0) = (i+j)!$, 所以当 $(x,y) \to (0,0)$ 时有

$$\frac{1}{1-x-y} = \sum_{0 \leqslant i+j \leqslant n} \frac{(i+j)!}{i!\,j!} x^i y^j + o\left((x^2+y^2)^{\frac{n}{2}} \right).$$

【注 3.7】值得一提的是, 如果在上例中把 $x+y$ 看作一个整体, 那么由一元函数的泰勒公式知, 当 $(x,y) \to (0,0)$ 时有

$$\frac{1}{1-x-y} = \sum_{k=0}^{n} (x+y)^k + o(|x+y|^n)$$

$$= \sum_{k=0}^{n} \sum_{i+j=k} \frac{k!}{i!\,j!} x^i y^j + o\big((x^2+y^2)^{\frac{n}{2}}\big)$$

$$= \sum_{0 \leqslant i+j \leqslant n} \frac{(i+j)!}{i!\,j!} x^i y^j + o\big((x^2+y^2)^{\frac{n}{2}}\big).$$

于是我们得到了与例 3.6 相同的结果. 这并非巧合, 而是泰勒公式唯一性的自然体现 (参见本节习题第 3 题).

习题 13.3

1. 设 E 是 $\mathbb{R}^n$ 中的凸开集, $f: E \longrightarrow E$ 可微, 且存在 $\theta \in (0,1)$ 使得对任意的 $\boldsymbol{x} \in E$ 均有 $\|f'(\boldsymbol{x})\| \leqslant \theta$. 证明: 对任意的 $\boldsymbol{x}_0 \in E$, 由 $\boldsymbol{x}_{k+1} = f(\boldsymbol{x}_k)$ $(\forall\, k \geqslant 0)$ 所定义的序列 $\{\boldsymbol{x}_k\}$ 收敛.

2. 设 $\boldsymbol{a} \in \mathbb{R}^n$, f 是从 $\boldsymbol{a}$ 的邻域 U 到 $\mathbb{R}^m$ 的连续映射且在 $U \setminus \{\boldsymbol{a}\}$ 上可微. 又设存在 $L \in \mathscr{L}(\mathbb{R}^n, \mathbb{R}^m)$, 使得对任意的 $\varepsilon > 0$, 存在 $\delta > 0$ 满足

$$\|f'(\boldsymbol{x}) - L\| < \varepsilon, \qquad \forall\, \boldsymbol{x} \in B(\boldsymbol{a}, \delta) \setminus \{\boldsymbol{a}\}.\,⑤$$

证明 f 在 $\boldsymbol{a}$ 处可微且 $f'(\boldsymbol{a}) = L$.

3. (泰勒公式的唯一性) 设 E 是 $\mathbb{R}^n$ 中的凸开集, f 是定义在 E 上的函数且 $f \in C^r(E)$. 又设 $\boldsymbol{a} \in E$, 且当 $\boldsymbol{h} \to \boldsymbol{0}$ 时有

$$f(\boldsymbol{a}+\boldsymbol{h}) = f(\boldsymbol{a}) + \sum_{1 \leqslant |\boldsymbol{\alpha}| \leqslant r} A_{\boldsymbol{\alpha}} \boldsymbol{h}^{\boldsymbol{\alpha}} + o(|\boldsymbol{h}|^r).$$

证明对任意的 $\boldsymbol{\alpha}$ 有 $A_{\boldsymbol{\alpha}} = \dfrac{1}{\boldsymbol{\alpha}!} \dfrac{\partial^{\boldsymbol{\alpha}} f}{\partial \boldsymbol{x}^{\boldsymbol{\alpha}}}(\boldsymbol{a})$.

4. 设 $f(x,y) = g(x)h(y)$, 其中 $g \in C^r((a,b))$, $h \in C^r((c,d))$. 证明: 对任意的 $\boldsymbol{x}_0 \in (a,b) \times (c,d)$, f 在 $\boldsymbol{x}_0$ 处直至第 r 次的带佩亚诺余项的泰勒公式可由 $g(x)$ 和 $h(y)$ 各自的带佩亚诺余项的泰勒公式相乘得到.

5. 写出下列函数带佩亚诺余项的麦克劳林公式:

(1) $\sin(x^2+y^2)$;   (2) $\sqrt{1+x+y}$;

(3) $\mathrm{e}^x \sin y$;   (4) $\log(1+x)\log(1+y)$.

---

⑤ 这一条件也被记作 $\lim\limits_{\boldsymbol{x} \to \boldsymbol{a}} f'(\boldsymbol{x}) = L$.

6. 求下列函数 f 在指定点 $\boldsymbol{a}$ 处的泰勒多项式的前三项:

(1) $f(x,y) = x^\alpha y^\beta,\ \boldsymbol{a} = (1,1)$;

(2) $f(x,y) = \dfrac{1}{1 + \sin x - y},\ \boldsymbol{a} = \left(\dfrac{\pi}{2}, 0\right)$;

(3) $f(x,y,z) = \cos(x + 2y + 3z),\ \boldsymbol{a} = (1,-2,1)$;

(4) $f(x,y,z) = \dfrac{\log(y + z^2)}{1 + x},\ \boldsymbol{a} = (0,1,0)$.

7. 证明: 当 $|x|$ 和 $|y|$ 充分小时有

$$\arctan \frac{1 + x + y}{1 - x + y} \approx \frac{\pi}{4} + x - xy.$$

8. 计算下列二重极限:

(1) $\displaystyle \lim_{\substack{x \to 0 \\ y \to 0}} \frac{(1+x)^y - 1}{\sin xy}$;

(2) $\displaystyle \lim_{\substack{x \to 0^+ \\ y \to 0^+}} \frac{\mathrm{e}^x \sin y - y}{\sqrt{x^2 + xy + y^2}}$.

§13.4
反函数定理

在本节中我们将给出一元函数的反函数求导法则在 $\mathbb{R}^n$ 中的推广.

【定理 4.1】(反函数定理) 设 E 是 $\mathbb{R}^n$ 中的开集, $f : E \longrightarrow \mathbb{R}^n$ 且 $f \in C^1(E)$. 又设 $\boldsymbol{a} \in E$. 若 $f'(\boldsymbol{a})$ 非奇异, 那么必存在 $\boldsymbol{a}$ 的邻域 U 使得 $V = f(U)$ 是 $\mathbb{R}^n$ 中的开集, 且 $f|_U : U \longrightarrow V$ 是双射. 此外, 若用 g 表示 $f|_U$ 的逆映射, 则 $g \in C^1(V)$, 并且对任意的 $\boldsymbol{y} \in V$ 有

$$g'(\boldsymbol{y}) = f'(g(\boldsymbol{y}))^{-1}. \tag{13.16}$$

证明. 记 $f = (f_1, \cdots, f_n)^{\mathrm{T}}$. 证明分以下五步进行.

(1) 先将问题转化为 $f'(\boldsymbol{a})$ 是恒等映射的情形.

记 $L = f'(\boldsymbol{a})$, 由例 1.10 知 $(L^{-1} \circ f)'(\boldsymbol{a}) = L^{-1} \circ f'(\boldsymbol{a})$ 是恒等映射, 而如果命题对 $L^{-1} \circ f$ 成立, 容易验证它也对 f 成立 (留作习题). 因此不妨假设 $f'(\boldsymbol{a})$ 是恒等映射.

(2) 证明 f 是局部双射.

由于对任意的 $\boldsymbol{x} \in E$ 有

$$f'(\boldsymbol{x}) = \begin{bmatrix} \dfrac{\partial f_1}{\partial x_1}(\boldsymbol{x}) & \dfrac{\partial f_1}{\partial x_2}(\boldsymbol{x}) & \cdots & \dfrac{\partial f_1}{\partial x_n}(\boldsymbol{x}) \\[2mm] \dfrac{\partial f_2}{\partial x_1}(\boldsymbol{x}) & \dfrac{\partial f_2}{\partial x_2}(\boldsymbol{x}) & \cdots & \dfrac{\partial f_2}{\partial x_n}(\boldsymbol{x}) \\[2mm] \vdots & \vdots & & \vdots \\[2mm] \dfrac{\partial f_n}{\partial x_1}(\boldsymbol{x}) & \dfrac{\partial f_n}{\partial x_2}(\boldsymbol{x}) & \cdots & \dfrac{\partial f_n}{\partial x_n}(\boldsymbol{x}) \end{bmatrix},$$

并且每个偏导 $\dfrac{\partial f_i}{\partial x_j}$ 均在 E 上连续, 故存在 $\boldsymbol{a}$ 的凸邻域 U, 使得对任意的 $\boldsymbol{x} \in U$ 及 $1 \leqslant i, j \leqslant n$ 有

$$\left|\frac{\partial f_i}{\partial x_j}(\boldsymbol{x}) - \frac{\partial f_i}{\partial x_j}(\boldsymbol{a})\right| < \frac{1}{2n}.$$

因此若用 I_n 表示恒等映射, 那么当 $\boldsymbol{x} \in U$ 时由 (12.1) 可得

$$\|f'(\boldsymbol{x}) - I_n\| = \|f'(\boldsymbol{x}) - f'(\boldsymbol{a})\| \leqslant \frac{1}{2n} \cdot n = \frac{1}{2}.$$

于是对 $f(\boldsymbol{x}) - \boldsymbol{x}$ 应用有限增量定理 (定理 3.2) 可得

$$|(f(\boldsymbol{x}_1) - \boldsymbol{x}_1) - (f(\boldsymbol{x}_2) - \boldsymbol{x}_2)| \leqslant \frac{1}{2}|\boldsymbol{x}_1 - \boldsymbol{x}_2|, \qquad \forall\, \boldsymbol{x}_1, \boldsymbol{x}_2 \in U. \tag{13.17}$$

进而由三角形不等式得到

$$|f(\boldsymbol{x}_1) - f(\boldsymbol{x}_2)| \geqslant \frac{1}{2}|\boldsymbol{x}_1 - \boldsymbol{x}_2|, \qquad \forall\, \boldsymbol{x}_1, \boldsymbol{x}_2 \in U, \tag{13.18}$$

这说明 f 在 U 上是单射, 从而 $f|_U : U \longrightarrow V = f(U)$ 是双射.

(3) 证明 V 是 $\mathbb{R}^n$ 中的开集.

为此, 我们需要对任意的 $\boldsymbol{y}_0 \in V$ 证明存在 $r > 0$ 使得 $B(\boldsymbol{y}_0, r) \subseteq V$. 由 $\boldsymbol{y}_0 \in V = f(U)$ 知存在 $\boldsymbol{x}_0 \in U$ 使得 $\boldsymbol{y}_0 = f(\boldsymbol{x}_0)$. 由于 U 是开集, 故存在 $\varepsilon > 0$ 使得 $B(\boldsymbol{x}_0, 3\varepsilon) \subseteq U$, 进而 $\overline{B(\boldsymbol{x}_0, 2\varepsilon)} \subseteq U$. 下面来证明 $B(\boldsymbol{y}_0, \varepsilon) \subseteq V$. 对任意的 $\boldsymbol{y} \in B(\boldsymbol{y}_0, \varepsilon)$, 我们考虑由

$$F(\boldsymbol{x}) = \boldsymbol{y} + \boldsymbol{x} - f(\boldsymbol{x})$$

所定义的映射 F, 那么由 (13.17) 知

$$|F(\boldsymbol{x}_1) - F(\boldsymbol{x}_2)| \leqslant \frac{1}{2}|\boldsymbol{x}_1 - \boldsymbol{x}_2|, \qquad \forall\, \boldsymbol{x}_1, \boldsymbol{x}_2 \in \overline{B(\boldsymbol{x}_0, 2\varepsilon)} \tag{13.19}$$

特别地,

$$|F(\boldsymbol{x}) - F(\boldsymbol{x}_0)| \leqslant \frac{1}{2}|\boldsymbol{x} - \boldsymbol{x}_0| \leqslant \varepsilon, \qquad \forall\, \boldsymbol{x} \in \overline{B(\boldsymbol{x}_0, 2\varepsilon)}.$$

此外,

$$|F(\boldsymbol{x}_0) - \boldsymbol{x}_0| = |\boldsymbol{y} - \boldsymbol{y}_0| < \varepsilon.$$

于是当 $\boldsymbol{x} \in \overline{B(\boldsymbol{x}_0, 2\varepsilon)}$ 时有

$$|F(\boldsymbol{x}) - \boldsymbol{x}_0| \leqslant |F(\boldsymbol{x}) - F(\boldsymbol{x}_0)| + |F(\boldsymbol{x}_0) - \boldsymbol{x}_0| < \varepsilon + \varepsilon = 2\varepsilon,$$

也即 $F(\boldsymbol{x}) \in B(\boldsymbol{x}_0, 2\varepsilon)$, 因此 $F\left(\overline{B(\boldsymbol{x}_0, 2\varepsilon)}\right) \subseteq \overline{B(\boldsymbol{x}_0, 2\varepsilon)}$. 结合 (13.19), 便可由压缩映像原理 (第十二章定理 1.20) 得知存在 $\boldsymbol{z} \in \overline{B(\boldsymbol{x}_0, 2\varepsilon)}$ 使得 $F(\boldsymbol{z}) = \boldsymbol{z}$, 此即 $\boldsymbol{y} = f(\boldsymbol{z})$, 从而 $\boldsymbol{y} \in f(U) = V$. 这就证明了 $B(\boldsymbol{y}_0, \varepsilon) \subseteq V$.

(4) 接下来证明逆映射 g 在 V 上可微且 (13.16) 成立.

首先需要注意的是: 由 $f'(\boldsymbol{a})$ 的非奇异性及 $f \in C^1(E)$ 知, 可适当地选择 U, 使得对任意的 $y \in V = f(U)$ 而言 $f'(g(\boldsymbol{y}))$ 均是非奇异的. 现对任意的 $\boldsymbol{b} \in V$, 设 $\boldsymbol{k} \neq \boldsymbol{0}$ 满足 $\boldsymbol{b} + \boldsymbol{k} \in V$, 则由 g 是双射知 $g(\boldsymbol{b} + \boldsymbol{k}) \neq g(\boldsymbol{b})$. 现记 $\boldsymbol{h} = g(\boldsymbol{b} + \boldsymbol{k}) - g(\boldsymbol{b})$, 那么

$$\boldsymbol{k} = (\boldsymbol{b} + \boldsymbol{k}) - \boldsymbol{b} = f(g(\boldsymbol{b} + \boldsymbol{k})) - f(g(\boldsymbol{b})) = f(g(\boldsymbol{b}) + \boldsymbol{h}) - f(g(\boldsymbol{b})),$$

从而由 (13.18) 可得 $|\boldsymbol{k}| \geqslant \dfrac{1}{2}|\boldsymbol{h}|$, 故当 $\boldsymbol{k} \to \boldsymbol{0}$ 时 $\boldsymbol{h} \to \boldsymbol{0}$ 并且 $\dfrac{|\boldsymbol{h}|}{|\boldsymbol{k}|}$ 有界. 于是

$$\lim_{\boldsymbol{k} \to \boldsymbol{0}} \frac{g(\boldsymbol{b} + \boldsymbol{k}) - g(\boldsymbol{b}) - f'(g(\boldsymbol{b}))^{-1}\boldsymbol{k}}{|\boldsymbol{k}|}$$

$$= \lim_{\boldsymbol{k} \to \boldsymbol{0}} \frac{f'(g(\boldsymbol{b}))^{-1}\big[f'(g(\boldsymbol{b}))\boldsymbol{h} - \boldsymbol{k}\big]}{|\boldsymbol{k}|}$$

$$= \lim_{\boldsymbol{k} \to \boldsymbol{0}} -f'(g(\boldsymbol{b}))^{-1}\left(\frac{f(g(\boldsymbol{b}) + \boldsymbol{h}) - f(g(\boldsymbol{b})) - f'(g(\boldsymbol{b}))\boldsymbol{h}}{|\boldsymbol{h}|}\right) \cdot \frac{|\boldsymbol{h}|}{|\boldsymbol{k}|} = \boldsymbol{0}.$$

因此 g 在 $\boldsymbol{b}$ 处可微且 $g'(\boldsymbol{b}) = f'(g(\boldsymbol{b}))^{-1}$.

(5) 最后证 $g \in C^1(V)$.

记 $g = (g_1, \cdots, g_n)^{\mathrm{T}}$, 那么对任意的 $\boldsymbol{y} \in V$, 由 (13.16) 知

$$\begin{bmatrix} \dfrac{\partial g_1}{\partial x_1}(\boldsymbol{y}) & \cdots & \dfrac{\partial g_1}{\partial x_n}(\boldsymbol{y}) \\ \vdots & & \vdots \\ \dfrac{\partial g_n}{\partial x_1}(\boldsymbol{y}) & \cdots & \dfrac{\partial g_n}{\partial x_n}(\boldsymbol{y}) \end{bmatrix} = \begin{bmatrix} \dfrac{\partial f_1}{\partial x_1}(g(\boldsymbol{y})) & \cdots & \dfrac{\partial f_1}{\partial x_n}(g(\boldsymbol{y})) \\ \vdots & & \vdots \\ \dfrac{\partial f_n}{\partial x_1}(g(\boldsymbol{y})) & \cdots & \dfrac{\partial f_n}{\partial x_n}(g(\boldsymbol{y})) \end{bmatrix}^{-1},$$

所以每个 $\dfrac{\partial g_i}{\partial x_j}(\boldsymbol{y})$ 必可由诸 $\dfrac{\partial f_k}{\partial x_\ell}(g(\boldsymbol{y}))$ $(1 \leqslant k, \ell \leqslant n)$ 通过四则运算表出, 然而由 $f \in C^1(U)$ 及 g 的连续性知 $\dfrac{\partial f_k}{\partial x_\ell}(g(\boldsymbol{y}))$ 在 V 上连续, 因此 $g \in C^1(V)$. $\qquad\square$

【注 4.2】(1) 在定理 4.1 的条件下我们知道 f 在 E 中每个点处有局部双射, 但这并不意味着 $f : E \longrightarrow f(E)$ 是双射. 习题 3 给出了一个具体的例子 [6].

(2) 设 E 是 $\mathbb{R}^n$ 中的开集, $f : E \longrightarrow \mathbb{R}^n$ 连续可微且 $f'(\boldsymbol{x})$ 对任意的 $\boldsymbol{x} \in E$ 均是非奇异的, 那么由反函数定理知, 对任意的 $\boldsymbol{x} \in E$, 存在 $\boldsymbol{x}$ 的邻域 U 以及 $f(\boldsymbol{x})$ 的邻域 $V \subseteq f(E)$ 使得 $f|_U : U \longrightarrow V$ 是双射. 因此 $f(E)$ 必是开集.

(3) 在 (2) 的条件下, 若 E 是 $\mathbb{R}^n$ 中的区域, 那么 $f(E)$ 也必是 $\mathbb{R}^n$ 中的区域.

---

[6] 注意, 如果 $n = 1$, 那么必可推出 $f : E \longrightarrow f(E)$ 是双射, 参见第七章注 1.8.

(4) 在 (2) 的条件下, 如果进一步假设 $f : E \longrightarrow \mathbb{R}^n$ 是单射 (从而 $f : E \longrightarrow f(E)$ 是双射), 那么一方面我们知道 $f(E)$ 是 $\mathbb{R}^n$ 中的开集; 另一方面, 由于对任意的 $\boldsymbol{x} \in E$, 均存在 $\boldsymbol{x}$ 的一个邻域 U, 使得 f 的逆映射 g 在 $f(U)$ 上连续可微, 因此 g 必在 $f(E)$ 上连续可微. 当然, 此时 (13.16) 对任意的 $\boldsymbol{y} \in f(E)$ 成立.

(5) 定理 4.1 中的条件 "$f \in C^1(E)$" 不能减弱为 "f 在 E 上可微", 习题 8 给出了一个反例.

习题 13.4

1. 设 $f : (u, v) \longmapsto (x, y)$ 由

$$\begin{cases} x = u + v, \\ y = \dfrac{u}{v} \end{cases}$$

所定义, 问 f 在哪些点的附近存在反函数? 并求相应的反函数的雅可比矩阵.

2. 设 $f : (\rho, \varphi, \theta) \longmapsto (x, y, z)$ 由

$$\begin{cases} x = \rho \sin \varphi \cos \theta, \\ y = \rho \sin \varphi \sin \theta, \\ z = \rho \cos \varphi, \end{cases}$$

所定义, 问 f 在哪些点的附近存在反函数? 并求相应的反函数的雅可比矩阵.

3. 设 $E = (0, 1) \times (0, a)$, 且 $f : E \longrightarrow \mathbb{R}^2$ 满足 $f(x, y) = (x \cos y, x \sin y)$. 证明 f 在 E 中每个点处有局部双射, 但当 $a > 2\pi$ 时 $f : E \longrightarrow f(E)$ 不是双射.

4. 详细写出定理 4.1 证明过程中的第一步.

5. 设 E 是 $\mathbb{R}^n$ 中的凸开集, $f : E \longrightarrow \mathbb{R}^n$ 可微, 且对任意的 $\boldsymbol{x} \in E$ 而言 $f'(\boldsymbol{x})$ 均是正定的, 证明 f 是单射.

6. 设 $f : \mathbb{R}^n \longrightarrow \mathbb{R}^n$ 连续可微, 且存在 $\alpha > 0$ 使得对任意的 $\boldsymbol{x}, \boldsymbol{h} \in \mathbb{R}^n$ 均有 $\boldsymbol{h}^{\mathrm{T}} f'(\boldsymbol{x}) \boldsymbol{h} \geqslant \alpha |\boldsymbol{h}|^2$. 证明:

(1) 对任意的 $\boldsymbol{x}, \boldsymbol{y} \in \mathbb{R}^n$ 有 $\langle f(\boldsymbol{x}) - f(\boldsymbol{y}), \boldsymbol{x} - \boldsymbol{y} \rangle \geqslant \alpha |\boldsymbol{x} - \boldsymbol{y}|^2$;

(2) f 把闭集映为闭集;

(3) f 是双射.

7. 设 $f : \mathbb{R}^n \longrightarrow \mathbb{R}^n$ 连续可微, 对任意的 $\boldsymbol{x} \in \mathbb{R}^n$ 而言 $f'(\boldsymbol{x})$ 均非奇异, 并且若 K 是紧集则 $f^{-1}(K)$ 亦是紧集. 证明 f 是满射.

8. 设 $f = (f_1, f_2)^{\mathrm{T}} : \mathbb{R}^2 \longrightarrow \mathbb{R}^2$ 满足 $f_1(x, y) = x$ 以及

$$f_2(x, y) = \begin{cases} \left(x^{\frac{4}{3}} + y^{\frac{4}{3}} \right) \sin \dfrac{1}{\sqrt{x^2 + y^2}} + y, & x^2 + y^2 \neq 0, \\ 0, & x^2 + y^2 = 0. \end{cases}$$

证明 $f'(\mathbf{0})$ 是恒等映射, 但 $\dfrac{\partial f_2}{\partial x}$ 与 $\dfrac{\partial f_2}{\partial y}$ 在 $\mathbf{0}$ 处皆不连续, 并且在 $\mathbf{0}$ 的任意邻域内均存在 $\mathbf{a} \neq \mathbf{b}$ 使得 $f(\mathbf{a}) = f(\mathbf{b})$.

§13.5
隐函数定理

我们来考虑一个相当一般化的问题: 如果 $E \subseteq \mathbb{R}^{m+n}$ 且 $f : E \longrightarrow \mathbb{R}^m$ 连续可微, 则

$$f(x_1, \cdots, x_{m+n}) = \mathbf{0}$$

是由 m 个方程组成的方程组, 那么能否从 $x_1, \cdots, x_{m+n}$ 中任意指定 n 个未知量, 而用它们把其余 m 个未知量唯一表示出来呢? 这个问题提得太泛了, 因此我们可以先考虑如下的局部化问题. 设 $\mathbf{a} = (a_1, \cdots, a_n) \in \mathbb{R}^n$, $\mathbf{b} = (b_1, \cdots, b_m) \in \mathbb{R}^m$, 我们记

$$(\mathbf{a}, \mathbf{b}) = (a_1, \cdots, a_n, b_1, \cdots, b_m) \in \mathbb{R}^{m+n},$$

如果 $f(\mathbf{a}, \mathbf{b}) = \mathbf{0}$, 那么是否在 $\mathbf{a}$ 的某个邻域存在唯一的映射 g, 使得对于该邻域中的每一个点 $\mathbf{x}$ 均有 $f(\mathbf{x}, g(\mathbf{x})) = \mathbf{0}$ 呢?

如果不对 f 添加更多的条件, 那么上述问题的答案在一般情况下是否定的. 以二元函数

$$f(x, y) = x^2 + y^2 - 1$$

为例, 满足 $f(x, y) = 0$ 的 (x, y) 构成了平面上的单位圆. 现设 (a, b) 满足 $f(a, b) = 0$, 那么当 $(a, b) \neq (\pm 1, 0)$ 时, 存在 (a, b) 的邻域, 使得在该邻域内存在唯一的函数 $y = g(x)$ 使得 $f(x, g(x)) = 0$. 事实上, 当 $b > 0$ 时可取 $g(x) = \sqrt{1 - x^2}$, 当 $b < 0$ 时可取 $g(x) = -\sqrt{1 - x^2}$. 然而, 对于 $(a, b) = (1, 0)$ 或 $(-1, 0)$ 而言, 这样唯一的函数 g 是不存在的, 以 $(a, b) = (1, 0)$ 为例, 对于 $a = 1$ 的左邻域内的任意一点 x, 均存在两个 y 值与之对应 (如图 13.2 所示).

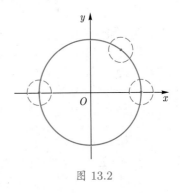

图 13.2

我们需要去了解产生上述差异的原因. 因为 $\dfrac{\partial f}{\partial y} = 2y$,

所以当 $(a, b) \neq (\pm 1, 0)$ 时 $\dfrac{\partial f}{\partial y}(a, b) \neq 0$, 而当 $(a, b) = (\pm 1, 0)$ 时 $\dfrac{\partial f}{\partial y}(a, b) = 0$, 因此对于 $(a, b) = (\pm 1, 0)$ 的情形而言, 很可能是由于偏导数等于 0 导致了不存在唯一的函数 $y = g(x)$ 使得 $f(x, g(x)) = 0$. 事实上我们也可以换个角度来进行观察. 当 $\dfrac{\partial f}{\partial y}(a, b) \neq 0$ 时, 必存在 (a, b) 的邻域, 使得在该邻域内 $\dfrac{\partial f}{\partial y}$ 保持符号不变, 从而 f 相对于变量 y 而言是单调的, 因此

对这个邻域内的每个 x, 至多存在一个 y 满足 $f(x,y) = 0$. 由此可以看出, 偏导数不等于 0 是一个非常关键的因素, 在此基础上再添加一些条件便可对本节开头提出的局部化问题给出肯定的回答.

【定理 5.1】(隐函数定理) 设 E 是 $\mathbb{R}^{m+n}$ 中的开集, $f = (f_1, f_2, \cdots, f_m)^{\mathrm{T}} : E \longrightarrow \mathbb{R}^m$ 连续可微. 又设 $a \in \mathbb{R}^n$ 及 $b \in \mathbb{R}^m$, 使得 $(a, b) \in E$ 且 $f(a, b) = \mathbf{0}$. 现将 f 的雅可比矩阵写成如下分块矩阵

$$\left[\frac{\partial f}{\partial \boldsymbol{x}} \quad \frac{\partial f}{\partial \boldsymbol{y}} \right]$$

的形式, 其中

$$\frac{\partial f}{\partial \boldsymbol{x}} = \left(\frac{\partial f_i}{\partial x_j} \right)_{1 \leqslant i \leqslant m, \, 1 \leqslant j \leqslant n}, \qquad \frac{\partial f}{\partial \boldsymbol{y}} = \left(\frac{\partial f_i}{\partial x_{n+j}} \right)_{1 \leqslant i, j \leqslant m}. \text{⑦} \tag{13.20}$$

那么当

$$\det \frac{\partial f}{\partial \boldsymbol{y}}(a, b) \neq 0$$

时, 存在 a 的领域 U, b 的领域 V 以及唯一的连续可微映射 $g : U \longrightarrow V$, 使得

(1) $g(a) = b$;

(2) 对任意的 $x \in U$ 有 $f(x, g(x)) = \mathbf{0}$;

(3) 对任意的 $x \in U$ 有 $\det \dfrac{\partial f}{\partial \boldsymbol{y}}(x, g(x)) \neq 0$, 并且

$$g'(x) = -\left(\frac{\partial f}{\partial \boldsymbol{y}}(x, g(x)) \right)^{-1} \frac{\partial f}{\partial \boldsymbol{x}}(x, g(x)). \tag{13.21}$$

证明. 在下面的讨论中, 我们总默认 $x \in \mathbb{R}^n$, $y \in \mathbb{R}^m$. 并且为了书写方便, 我们不再严格区分列向量与行向量, 也即是说, 每个向量都有可能以列向量的形式出现, 也有可能以行向量的形式出现, 但我相信任何一个有经验的读者均可以通过上下文将其区分. 现按照

$$F(\boldsymbol{x}, \boldsymbol{y}) = \begin{bmatrix} \boldsymbol{x} \\ f(\boldsymbol{x}, \boldsymbol{y}) \end{bmatrix} \tag{13.22}$$

定义映射 $F : E \longrightarrow \mathbb{R}^{m+n}$, 那么 F 在 E 上连续可微, 且

$$F'(a, b) = \begin{bmatrix} I_n & O_{n \times m} \\ \dfrac{\partial f}{\partial \boldsymbol{x}}(a, b) & \dfrac{\partial f}{\partial \boldsymbol{y}}(a, b) \end{bmatrix}.$$

于是 $\det F'(a, b) = \det \dfrac{\partial f}{\partial \boldsymbol{y}}(a, b) \neq 0$. 现对 F 应用反函数定理, 则存在 (a, b) 在 $\mathbb{R}^{m+n}$ 中的邻域 W, 使得 $F|_W : W \longrightarrow F(W)$ 是双射且 $F|_W$ 的逆映射在 $F(W)$ 上连续可微. 由 §12.1 习

---

⑦ 勿将这里的符号 $\dfrac{\partial f}{\partial \boldsymbol{x}}$ 及 $\dfrac{\partial f}{\partial \boldsymbol{y}}$ 与方向导数混淆.

题 6 知存在 $\boldsymbol{a}$ 在 $\mathbb{R}^n$ 中的邻域 U 以及 $\boldsymbol{b}$ 在 $\mathbb{R}^m$ 中的邻域 V 使得 $U \times V \subseteq W$, 所以 $F|_{U \times V}$ 是双射, 并且 $F|_{U \times V}$ 的逆映射 $H : F(U \times V) \longrightarrow U \times V$ 是连续可微的. 由 (13.22) 可得

$$H(\boldsymbol{x}, f(\boldsymbol{x}, \boldsymbol{y})) = \begin{bmatrix} \boldsymbol{x} \\ \boldsymbol{y} \end{bmatrix},$$

因此 H 保持前 n 个坐标不变, 从而可将上式写成

$$H(\boldsymbol{x}, \boldsymbol{z}) = \begin{bmatrix} \boldsymbol{x} \\ h(\boldsymbol{x}, \boldsymbol{z}) \end{bmatrix}, \qquad \forall\, (\boldsymbol{x}, \boldsymbol{z}) \in F(U \times V),$$

这里 $h : F(U \times V) \longrightarrow \mathbb{R}^m$ 也是连续可微映射.

若令 $\pi : \mathbb{R}^{m+n} \longrightarrow \mathbb{R}^m$ 是由 $\pi(\boldsymbol{x}, \boldsymbol{y}) = \boldsymbol{y}$ 所定义的投影映射, 则 $f = \pi \circ F$. 于是

$$f(\boldsymbol{x}, h(\boldsymbol{x}, \boldsymbol{z})) = f \circ H(\boldsymbol{x}, \boldsymbol{z}) = (\pi \circ F) \circ H(\boldsymbol{x}, \boldsymbol{z}) = \pi \circ (F \circ H)(\boldsymbol{x}, \boldsymbol{z})$$

$$= \pi(\boldsymbol{x}, \boldsymbol{z}) = \boldsymbol{z}.$$

注意到 $F(\boldsymbol{a}, \boldsymbol{b}) = (\boldsymbol{a}, \boldsymbol{0})$, 因此 $(\boldsymbol{a}, \boldsymbol{0}) \in F(U \times V)$, 故不妨假设之前所选取的 U, 使得对任意的 $\boldsymbol{x} \in U$ 均有 $(\boldsymbol{x}, 0) \in \neq (U \times V)$, 进而可在上式中特取 $\boldsymbol{z} = 0$ 得到.

$$f(\boldsymbol{x}, h(\boldsymbol{x}, \boldsymbol{0})) = \boldsymbol{0}$$

(参见图 13.3). 这意味着在 U 上令 $g(\boldsymbol{x}) = h(\boldsymbol{x}, \boldsymbol{0})$ 即满足 (1) 与 (2).

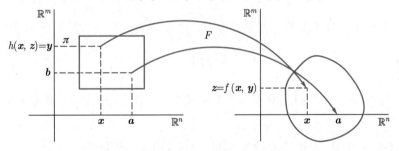

图 13.3

下面来证明 g 的唯一性. 若在 U 上还存在一个使得 (1) 与 (2) 都成立的 $\widetilde{g}$, 那么对任意的 $\boldsymbol{x} \in U$ 有

$$F(\boldsymbol{x}, g(\boldsymbol{x})) = (\boldsymbol{x}, f(\boldsymbol{x}, g(\boldsymbol{x}))) = (\boldsymbol{x}, \boldsymbol{0}) = (\boldsymbol{x}, f(\boldsymbol{x}, \widetilde{g}(\boldsymbol{x})))$$

$$= F(\boldsymbol{x}, \widetilde{g}(\boldsymbol{x})).$$

于是由 F 在 $U \times V$ 上是双射知 $g(\boldsymbol{x}) = \widetilde{g}(\boldsymbol{x})$.

最后, 由 $\det \dfrac{\partial f}{\partial \boldsymbol{y}}(\boldsymbol{a}, \boldsymbol{b}) \neq 0$ 及 $f \in C^1(E)$ 知, 可选取 $\boldsymbol{a}$ 的邻域 U 使得在 U 内有

$$\det \frac{\partial f}{\partial \boldsymbol{y}}(\boldsymbol{x}, g(\boldsymbol{x})) \neq 0.$$

现记 $\varphi(\boldsymbol{x}) = \begin{bmatrix} \boldsymbol{x} \\ g(\boldsymbol{x}) \end{bmatrix}$，那么 $f(\boldsymbol{x}, g(\boldsymbol{x})) = \boldsymbol{0}$ 等价于

$$f \circ \varphi(\boldsymbol{x}) = \boldsymbol{0}.$$

利用链式法则对上式求微分可得

$$O_{m \times n} = f'(\varphi(\boldsymbol{x}))\varphi'(\boldsymbol{x}) = \begin{bmatrix} \dfrac{\partial f}{\partial \boldsymbol{x}}(\varphi(\boldsymbol{x})) & \dfrac{\partial f}{\partial \boldsymbol{y}}(\varphi(\boldsymbol{x})) \end{bmatrix} \cdot \begin{bmatrix} I_n \\ g'(\boldsymbol{x}) \end{bmatrix}$$

$$= \begin{bmatrix} \dfrac{\partial f}{\partial \boldsymbol{x}}(\boldsymbol{x}, g(\boldsymbol{x})) & \dfrac{\partial f}{\partial \boldsymbol{y}}(\boldsymbol{x}, g(\boldsymbol{x})) \end{bmatrix} \cdot \begin{bmatrix} I_n \\ g'(\boldsymbol{x}) \end{bmatrix}$$

$$= \dfrac{\partial f}{\partial \boldsymbol{x}}(\boldsymbol{x}, g(\boldsymbol{x})) + \dfrac{\partial f}{\partial \boldsymbol{y}}(\boldsymbol{x}, g(\boldsymbol{x})) \cdot g'(\boldsymbol{x}).$$

从而 (13.21) 得证. □

在上述定理中，映射 g 是"隐藏"在表达式 $f(\boldsymbol{x}, g(\boldsymbol{x})) = \boldsymbol{0}$ 中的，因此我们称 $\boldsymbol{y} = g(\boldsymbol{x})$ 是由 $f(\boldsymbol{x}, \boldsymbol{y}) = \boldsymbol{0}$ 所确定的<u>隐映射</u>，当 $m = 1$ 时 g 是一个函数，此时也称它是由 $f(\boldsymbol{x}, \boldsymbol{y}) = \boldsymbol{0}$ 所确定的<u>隐函数 (implicit function)</u>.

【注 5.2】记 $\boldsymbol{c} = (\boldsymbol{a}, \boldsymbol{b}) \in E$，定理 5.1 的一个重要条件是 $\det \dfrac{\partial f}{\partial \boldsymbol{y}}(\boldsymbol{c}) \neq 0$，也即 $\mathrm{rank}\, \dfrac{\partial f}{\partial \boldsymbol{y}}(\boldsymbol{c}) = m$，鉴于此我们可以把定理 5.1 推广成下述形式：如果 $f'(\boldsymbol{c})$ 有一个秩为 m 的子矩阵

$$\left(\dfrac{\partial f_i}{\partial x_{n_j}}(\boldsymbol{c}) \right)_{1 \leqslant i, j \leqslant m},$$

那么通过方程 $f(x_1, x_2, \cdots, x_n) = \boldsymbol{0}$ 可在局部将变量 $x_{n_1}, x_{n_2}, \cdots, x_{n_m}$ 用其余变量唯一地表示出来.

在定理 5.1 的条件下，由于隐映射 g 存在，并且 (13.21) 等价于

$$\dfrac{\partial f}{\partial \boldsymbol{x}}(\boldsymbol{x}, \boldsymbol{y}) + \dfrac{\partial f}{\partial \boldsymbol{y}}(\boldsymbol{x}, \boldsymbol{y}) \cdot g'(\boldsymbol{x}) = O_{m \times n},$$

因此我们可以从一开始就将表达式 $f(\boldsymbol{x}, \boldsymbol{y}) = \boldsymbol{0}$ 中的 $\boldsymbol{y}$ 看作 $\boldsymbol{x}$ 的函数并对 $f(\boldsymbol{x}, \boldsymbol{y}) = \boldsymbol{0}$ 运用链式法则求导，当然也可用这样的方式进一步求高阶偏导. 我们来看几个例子.

【例 5.3】设 $y = y(x)$ 由方程 $\log(x^2 + y^2) = xy$ 所确定，则

$$\dfrac{2x + 2yy'}{x^2 + y^2} = y + xy'.$$

因此当 $x(x^2 + y^2) \neq 2y$ 时有

$$y' = \dfrac{2x - y(x^2 + y^2)}{x(x^2 + y^2) - 2y}.$$

【例 5.4】假设 $z = z(x, y)$ 由方程 $x - z + \sin(y + z) = 0$ 所确定, 则分别对 x 和 y 求偏导可得

$$\begin{cases} 1 - \dfrac{\partial z}{\partial x} + \cos(y + z) \cdot \dfrac{\partial z}{\partial x} = 0, \\[2mm] -\dfrac{\partial z}{\partial y} + \cos(y + z) \cdot \left(1 + \dfrac{\partial z}{\partial y}\right) = 0, \end{cases}$$

从而当 $\cos(y + z) \neq 1$ 时有

$$\frac{\partial z}{\partial x} = \frac{1}{1 - \cos(y + z)}, \qquad \frac{\partial z}{\partial y} = \frac{1}{1 - \cos(y + z)} - 1.$$

进一步地,

$$\frac{\partial^2 z}{\partial x^2} = -\frac{\sin(y + z)}{[1 - \cos(y + z)]^2} \cdot \frac{\partial z}{\partial x} = -\frac{\sin(y + z)}{[1 - \cos(y + z)]^3},$$

$$\frac{\partial^2 z}{\partial y^2} = -\frac{\sin(y + z)}{[1 - \cos(y + z)]^2} \cdot \left(1 + \frac{\partial z}{\partial y}\right) = -\frac{\sin(y + z)}{[1 - \cos(y + z)]^3}.$$

习题 13.5

1. 计算 $\dfrac{\partial z}{\partial x}$ 及 $\dfrac{\partial z}{\partial y}$, 其中:

(1) $z^3 - xyz + \sin(x + y) = 10;$ 　　　(2) $z = \mathrm{e}^{xyz};$

(3) $z = \left(\dfrac{x}{y}\right)^z;$ 　　　(4) $z \sin z = xy + \log \dfrac{z}{x}.$

2. 设 $xu - yv = 0$, $yu + xv = 1$, 求雅可比矩阵

$$\begin{bmatrix} \dfrac{\partial u}{\partial x} & \dfrac{\partial u}{\partial y} \\[3mm] \dfrac{\partial v}{\partial x} & \dfrac{\partial v}{\partial y} \end{bmatrix}.$$

3. 设 $x + y = u + v$, $x\mathrm{e}^u = yv$, 求雅可比矩阵

$$\begin{bmatrix} \dfrac{\partial u}{\partial x} & \dfrac{\partial u}{\partial y} \\[3mm] \dfrac{\partial v}{\partial x} & \dfrac{\partial v}{\partial y} \end{bmatrix}.$$

4. 设 $F : \mathbb{R} \longrightarrow \mathbb{R}$ 连续可微, 证明由方程

$$ax + by + cz = F(x^2 + y^2 + z^2)$$

可定义函数 $z = z(x, y)$ 满足

$$(cy - bz)\frac{\partial z}{\partial x} + (az - cx)\frac{\partial z}{\partial y} = bx - ay.$$

5. 设 $F : \mathbb{R}^2 \longrightarrow \mathbb{R}$ 连续可微, 证明由方程

$$F\left(x + \frac{z}{y},\, y + \frac{z}{x}\right) = 0$$

可定义函数 $z = z(x, y)$ 满足

$$x\frac{\partial z}{\partial x} + y\frac{\partial z}{\partial y} = z - xy.$$

6. 设 $f(x, y) = (x - y)^2$. 证明: 虽然 $\dfrac{\partial f}{\partial y}(0, 0) = 0$, 但是在 $(0, 0)$ 的邻域内仍可由方程 $f(x, y) = 0$ 确定唯一的满足 $y(0) = 0$ 的函数 $y = y(x)$. 这意味着隐函数定理中的条件仅是充分而非必要的.

7. 设 $a > 0$, $x = y + \varphi(y)$, 其中 $\varphi \in C^1([-a, a])$, $\varphi(0) = 0$, 且当 $y \in [-a, a]$ 时有 $|\varphi'(y)| \leqslant \alpha < 1$. 证明存在 $\varepsilon > 0$, 使得当 $x \in (-\varepsilon, \varepsilon)$ 时, 存在唯一的可微函数 $y = y(x)$ 满足上面方程且 $y(0) = 0$.

8. 设 $f(x, y)$ 是定义在 $[-a, a] \times [-b, b]$ 上的一个函数, 满足:
   (1) $f(0, 0) = 0$;
   (2) 对给定的 $y \in [-b, b]$, $f(x, y)$ 作为 x 的函数在 $[-a, a]$ 上连续; 对给定的 $x \in [-a, a]$, $f(x, y)$ 作为 y 的函数在 $[-b, b]$ 上连续;
   (3) 对任意的 $y \in [-b, b]$ 有 $\dfrac{\partial f}{\partial y}(0, y) > 0$.

   证明存在 $a_0 \in (0, a]$ 以及定义在 $[-a_0, a_0]$ 上的函数 $g(x)$ 使得

$$f(x, g(x)) = 0, \qquad \forall\, x \in [-a_0, a_0].$$

9. 证明方程 $(x^2 + y^2)^2 = a^2(x^2 - y^2)$ $(a > 0)$ 在点 $x = 0$ 的充分小的邻域内能确定两个可微函数 $y = y(x)$.

10. 证明不存在从 $\mathbb{R}^2$ 到 $\mathbb{R}$ 的连续可微的双射.

   从第 11 题到第 13 题是一组题, 讨论全局问题的解.

11. 设 $E \subseteq \mathbb{R}^n$, F 是 $\mathbb{R}^m$ 中的闭集, $f : E \times F \longrightarrow F$ 连续, 且存在常数 $\alpha \in (0, 1)$ 使得

$$|f(\boldsymbol{x}, \boldsymbol{y}_1) - f(\boldsymbol{x}, \boldsymbol{y}_2)| \leqslant \alpha|\boldsymbol{y}_1 - \boldsymbol{y}_2|, \qquad \forall\, \boldsymbol{x} \in E,\ \boldsymbol{y}_1,\, \boldsymbol{y}_2 \in F.$$

   证明存在唯一的连续映射 $g : E \longrightarrow F$ 使得对任意的 $\boldsymbol{x} \in E$ 有

$$f(\boldsymbol{x}, g(\boldsymbol{x})) = g(\boldsymbol{x}).$$

12. 设 $E \subseteq \mathbb{R}$, I 是一个区间, $f : E \times I \longrightarrow \mathbb{R}$ 连续, 且满足:
   (1) 存在 $\alpha > 0$ 使得

$$\frac{\partial f}{\partial y}(x, y) \geqslant \alpha, \qquad \forall\, x \in E,\ y \in I.$$

(2) 对任意的 $x \in E$, 均存在 $y \in I$ 使得 $f(x, y) = 0$.

证明存在唯一的一个连续函数 $g : E \longrightarrow I$ 使得对任意的 $x \in E$ 有

$$f(x, g(x)) = 0.$$

并说明当 $I = \mathbb{R}$ 时条件 (2) 是多余的.

13. 证明由方程 $xy = \log(x + y)$ 可唯一地确定 $\mathbb{R}_{\geqslant 2}$ 上的非负连续函数 $y = y(x)$, 其满足

$$y = \frac{\log x}{x} + \frac{\log x}{x^3} + O\Big(\frac{\log^2 x}{x^5}\Big), \qquad \text{当 } x \to +\infty \text{ 时}.$$

§13.6
几 何 应 用

13.6.1 空间曲线的切线与法平面

设空间曲线 C 由参数方程

$$\begin{cases} x = x(t), \\ y = y(t), \qquad t \in [\alpha, \beta] \\ z = z(t), \end{cases}$$

给出, 其中 $x(t), y(t)$ 及 $z(t)$ 均在 (α, β) 上可导. 又设 $t_0 \in (\alpha, \beta)$ 满足

$$x'(t_0)^2 + y'(t_0)^2 + z'(t_0)^2 \neq 0.$$

我们来求曲线 C 上的点 $M_0\big(x(t_0), y(t_0), z(t_0)\big)$ 处的切线方程. 对于 C 上任一异于 M_0 的点 $M\big(x(t), y(t), z(t)\big)$ 而言, 割线 $M_0 M$ 的方向可由向量

$$\big(x(t) - x(t_0), y(t) - y(t_0), z(t) - z(t_0)\big)$$

表示, 当然也可用向量

$$\Big(\frac{x(t) - x(t_0)}{t - t_0}, \frac{y(t) - y(t_0)}{t - t_0}, \frac{z(t) - z(t_0)}{t - t_0}\Big)$$

表示. 现令 $t \to t_0$, 那么割线 $M_0 M$ 的极限位置便是 M_0 处的切线, 从而对上式在 $t \to t_0$ 时求极限知切线的方向可由向量

$$(x'(t_0), y'(t_0), z'(t_0)) \tag{13.23}$$

确定, 我们称这一向量为 C 在 M_0 处的切向量 (tangent vector). 相应地, C 在 M_0 处的切线方程为

$$\frac{x - x(t_0)}{x'(t_0)} = \frac{y - y(t_0)}{y'(t_0)} = \frac{z - z(t_0)}{z'(t_0)}.$$

如果我们将过 M_0 且与 M_0 处切线垂直的平面称为曲线 C 在 M_0 处的<u>法平面</u> (normal plane), 那么切向量 (13.23) 自然就是这一法平面的法向量, 于是该法平面的方程也即

$$x'(t_0)(x - x(t_0)) + y'(t_0)(y - y(t_0)) + z'(t_0)(z - z(t_0)) = 0.$$

【例 6.1】设 $a, b > 0$. 对于<u>圆柱螺旋线</u>

$$\begin{cases} x = a\cos t, \\ y = a\sin t, \qquad\qquad t \in \mathbb{R} \\ z = bt, \end{cases}$$

而言, 在参数为 t 的点处的切向量为 $(-a\sin t, a\cos t, b)$, 从而在参数为 t 的点处的切线方程为

$$\frac{x - a\cos t}{-a\sin t} = \frac{y - a\sin t}{a\cos t} = \frac{z - bt}{b},$$

相应的法平面方程为

$$-(a\sin t)(x - a\cos t) + (a\cos t)(y - a\sin t) + b(z - bt) = 0.$$

现假设空间曲线 C 是以两个曲面的交线的形式给出的, 不妨设其方程为

$$\begin{cases} F(x, y, z) = 0, \\ G(x, y, z) = 0. \end{cases} \tag{13.24}$$

又设 $M_0(x_0, y_0, z_0)$ 是 C 上一点, F 与 G 均在 M_0 的某邻域内连续可微, 并且 M_0 处的雅可比行列式

$$\left.\frac{D(F, G)}{D(y, z)}\right|_{M_0} = \begin{vmatrix} \dfrac{\partial F}{\partial y}(M_0) & \dfrac{\partial F}{\partial z}(M_0) \\ \dfrac{\partial G}{\partial y}(M_0) & \dfrac{\partial G}{\partial z}(M_0) \end{vmatrix} \neq 0.$$

那么由隐函数定理知, 在 M_0 的某邻域内存在唯一的一对函数 $f(x), g(x)$, 使得

$$y = f(x), \qquad z = g(x)$$

满足 (13.24), 因而 C 在 M_0 处的切线由方程

$$\frac{x - x_0}{1} = \frac{y - y_0}{f'(x_0)} = \frac{z - z_0}{g'(x_0)} \tag{13.25}$$

所确定. 下面来计算 $f'(x_0)$ 与 $g'(x_0)$. 为此, 在 (13.24) 中对 x 求导可得

$$\begin{cases} \dfrac{\partial F}{\partial x} + \dfrac{\partial F}{\partial y} \cdot f'(x) + \dfrac{\partial F}{\partial z} \cdot g'(x) = 0, \\[2mm] \dfrac{\partial G}{\partial x} + \dfrac{\partial G}{\partial y} \cdot f'(x) + \dfrac{\partial G}{\partial z} \cdot g'(x) = 0. \end{cases}$$

由此解出

$$f'(x) = \frac{D(F,G)}{D(z,x)} \bigg/ \frac{D(F,G)}{D(y,z)},$$

$$g'(x) = \frac{D(F,G)}{D(x,y)} \bigg/ \frac{D(F,G)}{D(y,z)}.$$

将这代入 (13.25), 我们最终得到 C 在 M_0 处的切线方程为

$$\frac{x - x_0}{\dfrac{D(F,G)}{D(y,z)}\bigg|_{M_0}} = \frac{y - y_0}{\dfrac{D(F,G)}{D(z,x)}\bigg|_{M_0}} = \frac{z - z_0}{\dfrac{D(F,G)}{D(x,y)}\bigg|_{M_0}}.$$

相应地, C 在 M_0 处的法平面方程为

$$\frac{D(F,G)}{D(y,z)}\bigg|_{M_0} \cdot (x - x_0) + \frac{D(F,G)}{D(z,x)}\bigg|_{M_0} \cdot (y - y_0) + \frac{D(F,G)}{D(x,y)}\bigg|_{M_0} \cdot (z - z_0) = 0.$$

尽管上述结论是在 $\dfrac{D(F,G)}{D(y,z)}\bigg|_{M_0} \neq 0$ 的前提下得到的, 但由对称性不难看出, 只要 $\dfrac{D(F,G)}{D(y,z)}\bigg|_{M_0}$,

$\dfrac{D(F,G)}{D(z,x)}\bigg|_{M_0}$ 与 $\dfrac{D(F,G)}{D(x,y)}\bigg|_{M_0}$ 中有一个不等于 0, 以上结论就成立.

【例 6.2】设 $a > 0$. 求维维亚尼 (Viviani) 曲线 (如图 13.4 所示)

$$\begin{cases} x^2 + y^2 + z^2 = a^2, \\ x^2 + y^2 = ax \end{cases}$$

在点 $M\left(\dfrac{a}{2}, \dfrac{a}{2}, \dfrac{a}{\sqrt{2}}\right)$ 处的切线方程.

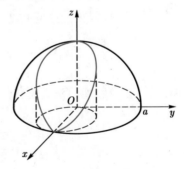

图 13.4

解. 记 $F(x,y,z) = x^2 + y^2 + z^2 - a^2$, $G(x,y,z) = x^2 + y^2 - ax$, 则

$$\frac{D(F,G)}{D(y,z)} = -4yz, \frac{D(F,G)}{D(z,x)} = 2z(2x - a), \frac{D(F,G)}{D(x,y)} = 2ay.$$

因此该曲线在 M 处的切线方程为 $\dfrac{x - \dfrac{a}{2}}{-\sqrt{2}a^2} = \dfrac{y - \dfrac{a}{2}}{0} = \dfrac{z - \dfrac{a}{\sqrt{2}}}{a^2}$, 也即

$$\begin{cases} x + \sqrt{2}z = \dfrac{3a}{2}, \\ y = \dfrac{a}{2}. \end{cases}$$

$\square$

13.6.2   曲面的切平面与法线

设曲面 Γ 的方程为

$$F(x, y, z) = 0. \tag{13.26}$$

$M_0(x_0, y_0, z_0)$ 是 Γ 上一点, 且满足 $\operatorname{grad} F(M_0) \neq \mathbf{0}$. 又设 F 在 M_0 的某邻域内连续可微. 现考虑曲面 Γ 上过 M_0 的任意一条可微曲线 C, 设其由参数方程

$$\begin{cases} x = x(t), \\ y = y(t), \qquad t \in [\alpha, \beta] \\ z = z(t), \end{cases}$$

给出, 并设点 M_0 对应于参数 t_0. 由于 C 位于 Γ 上, 故而 $F\big(x(t), y(t), z(t)\big) = 0$, 对这一式子在 t_0 处求导可得

$$\frac{\partial F}{\partial x}(M_0) \cdot x'(t_0) + \frac{\partial F}{\partial y}(M_0) \cdot y'(t_0) + \frac{\partial F}{\partial z}(M_0) \cdot z'(t_0) = 0,$$

也即

$$\big\langle \operatorname{grad} F(M_0), \, \big(x'(t_0), y'(t_0), z'(t_0)\big) \big\rangle = 0,$$

这说明 C 在 M_0 处的切向量与 F 在 M_0 处的梯度向量垂直. 注意到 $\operatorname{grad} F(M_0)$ 是一个确定的向量, 故而曲面 Γ 上过 M_0 的所有可微曲线在 M_0 的切线是共面的, 我们把这一平面称为 Γ 在 M_0 处的切平面 (tangent plane), 由于 $\operatorname{grad} F(M_0)$ 是它的法向量, 所以其方程为

$$\frac{\partial F}{\partial x}(M_0) \cdot (x - x_0) + \frac{\partial F}{\partial y}(M_0) \cdot (y - y_0) + \frac{\partial F}{\partial z}(M_0) \cdot (z - z_0) = 0.$$

该切平面在 M_0 处的法线被称作曲面 Γ 在 M_0 处的法线 (normal line), 其方程为

$$\frac{x - x_0}{\dfrac{\partial F}{\partial x}(M_0)} = \frac{y - y_0}{\dfrac{\partial F}{\partial y}(M_0)} = \frac{z - z_0}{\dfrac{\partial F}{\partial z}(M_0)}.$$

【例 6.3】设 $p > 0$. 求旋转抛物面 $x^2 + y^2 = 2pz$ 在点 $M_0(\sqrt{p}, \sqrt{p}, 1)$ 处的切平面和法线方程.

解. 记 $F(x, y, z) = x^2 + y^2 - 2pz$, 那么该曲面方程也即 $F(x, y, z) = 0$. 容易求得

$$\frac{\partial F}{\partial x}(M_0) = \frac{\partial F}{\partial y}(M_0) = 2\sqrt{p}, \qquad \frac{\partial F}{\partial z}(M_0) = -2p,$$

因此 M_0 处的切平面方程为 $x + y - \sqrt{p}\,z = \sqrt{p}$, 法线方程为

$$x - \sqrt{p} = y - \sqrt{p} = -\frac{z - 1}{\sqrt{p}}.$$

$\square$

接下来考虑曲面 Γ 是由参数方程

$$\begin{cases} x = x(u,v), \\ y = y(u,v), \\ z = z(u,v) \end{cases}$$

给出的情形. 设 $M_0(x_0, y_0, z_0)$ 是 Γ 上对应于参数 (u_0, v_0) 的点, 关于 u, v 的函数 x, y, z 均在 M_0 的某邻域内连续可微. 又设 $\left.\dfrac{D(x,y)}{D(u,v)}\right|_{M_0}$, $\left.\dfrac{D(y,z)}{D(u,v)}\right|_{M_0}$ 及 $\left.\dfrac{D(z,x)}{D(u,v)}\right|_{M_0}$ 中至少有一个不等于 0, 不妨设

$$\left.\frac{D(x,y)}{D(u,v)}\right|_{M_0} \neq 0.$$

那么由反函数定理知, 利用 $x = x(u,v)$ 和 $y = y(u,v)$ 可在 M_0 的某邻域内唯一地确定两个函数

$$u = u(x,y), \qquad v = v(x,y).$$

从而

$$z = z(u,v) = z\big(u(x,y), v(x,y)\big),$$

这样就把 Γ 用形如 (13.26) 的方程表示了出来. 按照之前的讨论, Γ 在 M_0 处的切平面存在. 我们记 $(a,b,c)^{\mathrm{T}}$ 是该切平面的一个法向量, 那么它就应当与 Γ 上过 M_0 的任意曲线在 M_0 处的切线垂直. 特别地, 由

$$\begin{cases} x = x(u, v_0), \\ y = y(u, v_0), \\ z = z(u, v_0) \end{cases}$$

所给出的曲线在 M_0 处的切向量为 $\left(\dfrac{\partial x}{\partial u}(M_0), \dfrac{\partial y}{\partial u}(M_0), \dfrac{\partial z}{\partial u}(M_0)\right)$, 而由

$$\begin{cases} x = x(u_0, v), \\ y = y(u_0, v), \\ z = z(u_0, v) \end{cases}$$

所给出的曲线在 M_0 处的切向量为 $\left(\dfrac{\partial x}{\partial v}(M_0), \dfrac{\partial y}{\partial v}(M_0), \dfrac{\partial z}{\partial v}(M_0)\right)$, 因此

$$\begin{cases} \dfrac{\partial x}{\partial u}(M_0) \cdot a + \dfrac{\partial y}{\partial u}(M_0) \cdot b + \dfrac{\partial z}{\partial u}(M_0) \cdot c = 0, \\[2mm] \dfrac{\partial x}{\partial v}(M_0) \cdot a + \dfrac{\partial y}{\partial v}(M_0) \cdot b + \dfrac{\partial z}{\partial v}(M_0) \cdot c = 0. \end{cases}$$

由此解得

$$a = c \cdot \frac{D(y,z)}{D(u,v)}\bigg|_{M_0} \left(\frac{D(x,y)}{D(u,v)}\bigg|_{M_0}\right)^{-1}, \qquad b = c \cdot \frac{D(z,x)}{D(u,v)}\bigg|_{M_0} \left(\frac{D(x,y)}{D(u,v)}\bigg|_{M_0}\right)^{-1}.$$

从而 Γ 在 M_0 处的切平面方程为

$$\frac{D(y,z)}{D(u,v)}\bigg|_{M_0} \cdot (x-x_0) + \frac{D(z,x)}{D(u,v)}\bigg|_{M_0} \cdot (y-y_0) + \frac{D(x,y)}{D(u,v)}\bigg|_{M_0} \cdot (z-z_0) = 0,$$

相应地, Γ 在 M_0 处的法线方程为

$$\frac{x-x_0}{\dfrac{D(y,z)}{D(u,v)}\bigg|_{M_0}} = \frac{y-y_0}{\dfrac{D(z,x)}{D(u,v)}\bigg|_{M_0}} = \frac{z-z_0}{\dfrac{D(x,y)}{D(u,v)}\bigg|_{M_0}}.$$

习题 13.6

1. 求下列曲线在指定点处的切线和法平面的方程:

   (1) $x = a\sin^2 t$, $y = b\sin t\cos t$, $z = c\cos^2 t$, 在 $t = \dfrac{\pi}{4}$ 对应的点处;

   (2) $z = x^2 + y^2$, $x + y = 1$, 在点 $\left(\dfrac{1}{2}, \dfrac{1}{2}, \dfrac{1}{2}\right)$ 处;

   (3) $x^2 + y^2 + z^2 = 9$, $z = xy$, 在点 $(1,2,2)$ 处;

   (4) $x^2 + y^2 = a^2$, $x^2 + z^2 = a^2$, 在点 $\left(\dfrac{a}{\sqrt{2}}, \dfrac{a}{\sqrt{2}}, \dfrac{a}{\sqrt{2}}\right)$ 处.

2. 求下列曲面在指定点处的切平面和法线的方程:

   (1) $z = x^2 - 9y^2$, 在点 $(4, -1, 5)$ 处;

   (2) $z = \arctan\dfrac{x}{y}$, 在点 $\left(1, 1, \dfrac{\pi}{4}\right)$ 处;

   (3) $x = u\cos v$, $y = u\sin v$, $z = av$, 在参数 (u_0, v_0) 对应的点处;

   (4) $x = a\cos\varphi\cos\theta$, $y = b\cos\varphi\sin\theta$, $z = c\sin\theta$, 在参数 (φ_0, θ_0) 对应的点处.

3. 设 $a > 0$, 证明曲面 $\sqrt{x} + \sqrt{y} + \sqrt{z} = \sqrt{a}$ 上任一点处的切平面在三个坐标轴上的截距之和是一个常数.

4. 设 f 在 $\mathbb{R}_{\geqslant 0}$ 上可导, 且导数不等于 0. 证明旋转面 $z = f\left(\sqrt{x^2 + y^2}\right)$ 的法线与旋转轴相交.

5. 设 $f \in C^1(\mathbb{R}^2)$, a 和 b 是常数. 证明曲面 $f(x - az, y - bz) = 0$ 上任一点处的切平面均与某定直线平行.

6. 设 $f \in C^1(\mathbb{R}^2)$, a, b, c 为常数. 证明曲面 $F\left(\dfrac{x-a}{z-c}, \dfrac{y-b}{z-c}\right) = 0$ 的切平面过一固定点.

§13.7
多元函数的极值与条件极值

13.7.1 极值

【定义 7.1】设 $E \subseteq \mathbb{R}^n$, $f : E \longrightarrow \mathbb{R}$, $\boldsymbol{a}$ 是 E 的内点. 如果存在 $\boldsymbol{a}$ 的邻域 $U \subseteq E$, 使得对任意的 $\boldsymbol{x} \in U$ 均有 $f(\boldsymbol{x}) \geqslant f(\boldsymbol{a})$ (相应地, $f(\boldsymbol{x}) \leqslant f(\boldsymbol{a})$), 那么就称 $\boldsymbol{a}$ 为 f 的一个<u>极小值点</u> (相应地, <u>极大值点</u>), 并称 $f(\boldsymbol{a})$ 是 f 的一个极小值 (相应地, 极大值).

极小值点和极大值点被统称为<u>极值点</u>, 极小值和极大值被统称为<u>极值</u>.

对应于费马 (Fermat) 定理 (第七章定理 1.3), 我们有下述命题.

【命题 7.2】设 $E \subseteq \mathbb{R}^n$, $\boldsymbol{a}$ 是 E 的内点, 且 $f : E \longrightarrow \mathbb{R}$ 在 $\boldsymbol{a}$ 处的各偏导数均存在. 如果 $\boldsymbol{a}$ 是 f 的极值点, 那么

$$\frac{\partial f}{\partial x_j}(\boldsymbol{a}) = 0, \qquad j = 1, 2, \cdots, n. \tag{13.27}$$

证明. 不妨设 $\boldsymbol{a}$ 是 f 的极小值点. 按照定义, 存在 $\varepsilon > 0$, 使得 $B(\boldsymbol{a}, \varepsilon) \subseteq E$, 并且

$$f(\boldsymbol{x}) \geqslant f(\boldsymbol{a}), \qquad \forall \, \boldsymbol{x} \in B(\boldsymbol{a}, \varepsilon).$$

若记 $\boldsymbol{a} = (a_1, \cdots, a_n)^{\mathrm{T}}$, 那么对于满足 $|x_j - a_j| < \varepsilon$ 的任意实数 x_j 有

$$f(a_1, \cdots, a_{j-1}, x_j, a_{j+1}, \cdots, a_n) \geqslant f(\boldsymbol{a}).$$

这说明上式左侧关于 x_j 的函数在 a_j 处取到极小值, 从而由费马定理知这一函数在 a_j 处的导数为 0, 也即

$$\frac{\partial f}{\partial x_j}(\boldsymbol{a}) = 0.$$

$\qquad\qquad\square$

【注 7.3】若 $\boldsymbol{a}$ 是 f 的极值点且 f 在 $\boldsymbol{a}$ 处可微, 则 $f'(\boldsymbol{a}) = \boldsymbol{0}$.

我们把满足 (13.27) 的点称为 f 的<u>驻点</u>. 按照命题 7.2, f 的极值点只可能是驻点或者至少有一个偏导数不存在的点.

与一元函数的情况类似, 对于多元函数而言驻点也未必是极值点, 例如 $\boldsymbol{0}$ 是函数 $f(x, y) = xy$ 的驻点, 但它不是 f 的极值点. 下面我们将利用泰勒公式给出判定极值点的一个充分条件.

回忆起黑塞矩阵

$$H_f(\boldsymbol{a}) = \begin{bmatrix} \dfrac{\partial^2 f}{\partial x_1^2}(\boldsymbol{a}) & \dfrac{\partial^2 f}{\partial x_1 \partial x_2}(\boldsymbol{a}) & \cdots & \dfrac{\partial^2 f}{\partial x_1 \partial x_n}(\boldsymbol{a}) \\[2mm] \dfrac{\partial^2 f}{\partial x_2 \partial x_1}(\boldsymbol{a}) & \dfrac{\partial^2 f}{\partial x_2^2}(\boldsymbol{a}) & \cdots & \dfrac{\partial^2 f}{\partial x_2 \partial x_n}(\boldsymbol{a}) \\[2mm] \vdots & \vdots & & \vdots \\[2mm] \dfrac{\partial^2 f}{\partial x_n \partial x_1}(\boldsymbol{a}) & \dfrac{\partial^2 f}{\partial x_n \partial x_2}(\boldsymbol{a}) & \cdots & \dfrac{\partial^2 f}{\partial x_n^2}(\boldsymbol{a}) \end{bmatrix},$$

再回忆起线性代数中所提到的正定矩阵的概念, 那就是对于矩阵 A 而言, 如果对任意的 $\boldsymbol{x} \neq \boldsymbol{0}$ 均有 $\boldsymbol{x}^\mathrm{T} A \boldsymbol{x} > 0$ (相应地, $\boldsymbol{x}^\mathrm{T} A \boldsymbol{x} < 0$), 则称 A 是正定矩阵 (相应地, 负定矩阵); 如果存在非零向量 $\boldsymbol{x}, \boldsymbol{y}$ 使得 $\boldsymbol{x}^\mathrm{T} A \boldsymbol{x} < 0 < \boldsymbol{y}^\mathrm{T} A \boldsymbol{y}$, 则称 A 是不定矩阵.

【命题 7.4】设 E 是 $\mathbb{R}^n$ 中的开集, $f : E \longrightarrow \mathbb{R}$ 是 C^2 类的, 又设 $\boldsymbol{a} \in E$ 是 f 的驻点. 那么

(1) 若 $H_f(\boldsymbol{a})$ 是正定的, 则 $\boldsymbol{a}$ 是 f 的极小值点;

(2) 若 $H_f(\boldsymbol{a})$ 是负定的, 则 $\boldsymbol{a}$ 是 f 的极大值点;

(3) 若 $H_f(\boldsymbol{a})$ 是不定的, 则 $\boldsymbol{a}$ 不是 f 的极值点.

证明. 由带佩亚诺余项的泰勒公式 (定理 3.4) 知, 当 $\boldsymbol{h} \to \boldsymbol{0}$ 时有

$$f(\boldsymbol{a} + \boldsymbol{h}) = f(\boldsymbol{a}) + f'(\boldsymbol{a})\boldsymbol{h} + \frac{1}{2}\boldsymbol{h}^\mathrm{T} H_f(\boldsymbol{a})\boldsymbol{h} + o(|\boldsymbol{h}|^2).$$

因为 $\boldsymbol{a}$ 是 f 的驻点, 故 $f'(\boldsymbol{a}) = \boldsymbol{0}$, 从而上式也即

$$f(\boldsymbol{a} + \boldsymbol{h}) = f(\boldsymbol{a}) + \frac{1}{2}\boldsymbol{h}^\mathrm{T} H_f(\boldsymbol{a})\boldsymbol{h} + o(|\boldsymbol{h}|^2). \tag{13.28}$$

现在考虑定义在 $\partial B(\boldsymbol{0}, 1) = \{\boldsymbol{x} \in \mathbb{R}^n : |\boldsymbol{x}| = 1\}$ 上的 n 元函数

$$\varphi(\boldsymbol{x}) = \boldsymbol{x}^\mathrm{T} H_f(\boldsymbol{a})\boldsymbol{x},$$

这是一个连续函数 (参见 §12.3 习题 7), 故由 $\partial B(\boldsymbol{0}, 1)$ 是紧集知 $\varphi(\boldsymbol{x})$ 在 $\partial B(\boldsymbol{0}, 1)$ 上能取到最大值和最小值. 当 $H_f(\boldsymbol{a})$ 是正定矩阵时, 由于 $\varphi(\boldsymbol{x}) > 0$ ($\forall \boldsymbol{x} \neq \boldsymbol{0}$), 因此 $\varphi(\boldsymbol{x})$ 在 $\partial B(\boldsymbol{0}, 1)$ 上的最小值 $m > 0$, 于是对任意的 $\boldsymbol{h} \neq \boldsymbol{0}$ 有

$$\boldsymbol{h}^\mathrm{T} H_f(\boldsymbol{a})\boldsymbol{h} = |\boldsymbol{h}|^2 \cdot \left(\frac{\boldsymbol{h}}{|\boldsymbol{h}|}\right)^\mathrm{T} H_f(\boldsymbol{a})\frac{\boldsymbol{h}}{|\boldsymbol{h}|} \geqslant m|\boldsymbol{h}|^2.$$

从而由 (13.28) 知当 $\boldsymbol{h} \to \boldsymbol{0}$ 时

$$f(\boldsymbol{a} + \boldsymbol{h}) - f(\boldsymbol{a}) \geqslant \left(\frac{1}{2}m + o(1)\right)|\boldsymbol{h}|^2 > 0,$$

所以 $\boldsymbol{a}$ 是 f 的极小值点. 同理可证当 $H_f(\boldsymbol{a})$ 是负定矩阵时 $\boldsymbol{a}$ 是 f 的极大值点.

如果 $H_f(\boldsymbol{a})$ 是不定矩阵, 那么存在 $\boldsymbol{p}, \boldsymbol{q} \in \mathbb{R}^n$ 使得

$$\boldsymbol{p}^{\mathrm{T}} H_f(\boldsymbol{a})\boldsymbol{p} < 0 < \boldsymbol{q}^{\mathrm{T}} H_f(\boldsymbol{a})\boldsymbol{q}.$$

于是由 (13.28) 知, 当 $\varepsilon \to 0$ 时有

$$f(\boldsymbol{a} + \varepsilon\boldsymbol{p}) - f(\boldsymbol{a}) = \left(\frac{1}{2}\boldsymbol{p}^{\mathrm{T}} H_f(\boldsymbol{a})\boldsymbol{p}\right) \cdot \varepsilon^2 + o(\varepsilon^2) < 0,$$

$$f(\boldsymbol{a} + \varepsilon\boldsymbol{q}) - f(\boldsymbol{a}) = \left(\frac{1}{2}\boldsymbol{q}^{\mathrm{T}} H_f(\boldsymbol{a})\boldsymbol{q}\right) \cdot \varepsilon^2 + o(\varepsilon^2) > 0,$$

故而 $\boldsymbol{a}$ 不是 f 的极值点. $\qquad\qquad\qquad\qquad\qquad\qquad\qquad\qquad\qquad$ □

特别地, 当 f 是 C^2 类的二元函数时,

$$H_f(\boldsymbol{a}) = \begin{bmatrix} \dfrac{\partial^2 f}{\partial x^2}(\boldsymbol{a}) & \dfrac{\partial^2 f}{\partial x \partial y}(\boldsymbol{a}) \\[3mm] \dfrac{\partial^2 f}{\partial x \partial y}(\boldsymbol{a}) & \dfrac{\partial^2 f}{\partial y^2}(\boldsymbol{a}) \end{bmatrix}.$$

于是 $H_f(\boldsymbol{a})$ 正定当且仅当 $\dfrac{\partial^2 f}{\partial x^2}(\boldsymbol{a}) > 0$ 且 $\det H_f(\boldsymbol{a}) > 0$; $H_f(\boldsymbol{a})$ 负定当且仅当 $\dfrac{\partial^2 f}{\partial x^2}(\boldsymbol{a}) < 0$ 且 $\det H_f(\boldsymbol{a}) > 0$; $H_f(\boldsymbol{a})$ 不定当且仅当 $\det H_f(\boldsymbol{a}) < 0$. 因此有如下推论.

【推论 7.5】设 E 是 $\mathbb{R}^2$ 中的开集, $f : E \longrightarrow \mathbb{R}$ 是 C^2 类的, 又设 $\boldsymbol{a} \in E$ 是 f 的驻点. 那么

(1) 当 $\dfrac{\partial^2 f}{\partial x^2}(\boldsymbol{a}) > 0$ 且 $\det H_f(\boldsymbol{a}) > 0$ 时 $\boldsymbol{a}$ 是 f 的极小值点;

(2) 当 $\dfrac{\partial^2 f}{\partial x^2}(\boldsymbol{a}) < 0$ 且 $\det H_f(\boldsymbol{a}) > 0$ 时 $\boldsymbol{a}$ 是 f 的极大值点;

(3) 当 $\det H_f(\boldsymbol{a}) < 0$ 时 $\boldsymbol{a}$ 不是 f 的极值点.

【例 7.6】求函数 $f(x, y) = x^3 + x^2 - xy + y^2$ 的极值点.

解. 易见

$$\frac{\partial f}{\partial x} = 3x^2 + 2x - y, \qquad \frac{\partial f}{\partial y} = 2y - x,$$

因此令 $\dfrac{\partial f}{\partial x} = \dfrac{\partial f}{\partial y} = 0$ 可求得驻点 $\boldsymbol{0} = (0, 0)^{\mathrm{T}}$ 及 $\boldsymbol{a} = \left(-\dfrac{1}{2}, -\dfrac{1}{4}\right)^{\mathrm{T}}$. 进一步,

$$\frac{\partial^2 f}{\partial x^2} = 6x + 2, \qquad \frac{\partial^2 f}{\partial x \partial y} = -1, \qquad \frac{\partial^2 f}{\partial y^2} = 2,$$

所以 $\dfrac{\partial^2 f}{\partial x^2}(\boldsymbol{0}) = 2, \dfrac{\partial^2 f}{\partial x^2}(\boldsymbol{a}) = -1$, 并且由 $\det H_f = 12x + 3$ 可得

$$\det H_f(\boldsymbol{0}) = 3, \qquad \det H_f(\boldsymbol{a}) = -3,$$

故由推论 7.5 知 $(0,0)^{\mathrm{T}}$ 是 f 的极小值点, $\left(-\dfrac{1}{2}, -\dfrac{1}{4}\right)^{\mathrm{T}}$ 不是 f 的极值点. $\qquad\square$

13.7.2 条件极值

在实际应用中, 我们通常需要在一定的限制条件下去求某个函数的极值, 例如在满足方程组

$$\begin{cases} g_1(x_1, \cdots, x_{m+n}) = 0, \\ g_2(x_1, \cdots, x_{m+n}) = 0, \\ \cdots\cdots\cdots\cdots \\ g_m(x_1, \cdots, x_{m+n}) = 0 \end{cases} \tag{13.29}$$

的点集上去考虑函数 $f(x_1, \cdots, x_{m+n})$ 的极值, 这被称作<u>条件极值</u>.

【定义 7.7】设 $E \subseteq \mathbb{R}^{m+n}$, $f: E \longrightarrow \mathbb{R}$, $g: E \longrightarrow \mathbb{R}^m$. 记

$$S = \{z \in E : g(z) = 0\},$$

并假设 $a \in E^\circ \cap S$. 如果存在 a 的邻域 $U \subseteq E$, 使得对任意的 $x \in U \cap S$ 均有 $f(x) \geqslant f(a)$ (相应地, $f(x) \leqslant f(a)$), 那么就称 a 为 <u>f 在条件 $g(z) = 0$ 下的极小值点</u> (相应地, <u>极大值点</u>), 并称 $f(a)$ 是 <u>f 在条件 $g(z) = 0$ 下的极小值</u> (相应地, <u>极大值</u>).

我们首先通过一个简单情形来作启发式的讨论, 即去求函数 $f(x, y)$ 在限制条件 $g(x, y) = 0$ 下的极值, 其中 f 与 g 均在 $\mathbb{R}^2$ 上连续可微. 如果 $\dfrac{\partial g}{\partial y} \neq 0$, 那么由隐函数定理知通过 $g(x, y) = 0$ 可将 y 表成 x 的函数, 也即存在函数 h 使得 $g(x, h(x)) = 0$, 于是上述条件极值问题就转化为求 $f(x, y) = f(x, h(x))$ 的极值. 此时, 若 $a = (x_0, y_0)$ 是 f 在条件 $g(x, y) = 0$ 下的极值点, 那么 x_0 必然是 $f(x, h(x))$ 的极值点, 从而 x_0 是 $f(x, h(x))$ 的驻点, 进而由链式法则知

$$\frac{\partial f}{\partial x}(a) + \frac{\partial f}{\partial y}(a) \cdot h'(x_0) = 0.$$

此外, 按照隐函数定理,

$$\frac{\partial g}{\partial x}(a) + \frac{\partial g}{\partial y}(a) \cdot h'(x_0) = 0.$$

因此

$$\begin{bmatrix} \dfrac{\partial f}{\partial x}(a) & \dfrac{\partial f}{\partial y}(a) \\ \dfrac{\partial g}{\partial x}(a) & \dfrac{\partial g}{\partial y}(a) \end{bmatrix} \begin{bmatrix} 1 \\ h'(x_0) \end{bmatrix} = \begin{bmatrix} 0 \\ 0 \end{bmatrix}.$$

这说明 $\operatorname{grad} f(a) = \left(\dfrac{\partial f}{\partial x}(a), \dfrac{\partial f}{\partial y}(a)\right)$ 与 $\operatorname{grad} g(a) = \left(\dfrac{\partial g}{\partial x}(a), \dfrac{\partial g}{\partial y}(a)\right)$ 线性相关, 也即存在 μ 使得

$$\operatorname{grad} f(a) = \mu \cdot \operatorname{grad} g(a). \tag{13.30}$$

我们再从几何观点来看待一下上述问题, 为此, 记

$$S_\alpha = \{(x,y) \in \mathbb{R}^2 : f(x,y) = \alpha\}$$

并称之为 f 的 <u>水平集 (level set)</u>. 现假设 $\boldsymbol{a} = (x_0, y_0)$ 是函数 $f(x,y)$ 在限制条件 $g(x,y) = 0$ 下的极值点, 且 $f(\boldsymbol{a}) = m$, 我们来对充分小的 $\varepsilon > 0$ 同时考察水平集 $S_{m-\varepsilon}$, S_m 及 $S_{m+\varepsilon}$. 因为 $g(\boldsymbol{a}) = 0$, 故 $g(x,y) = 0$ 所对应的曲线与 S_m 在 $\boldsymbol{a}$ 点相交. 注意到 $\operatorname{grad} f(\boldsymbol{a})$ 与 $\operatorname{grad} g(\boldsymbol{a})$ 分别与曲线 $f(x,y) = m$ 和 $g(x,y) = 0$ 在 $\boldsymbol{a}$ 处的切向量垂直, 因此如果 (13.30) 不成立, 那么这两个切向量不平行 (如图 13.5 所示) . 于是对于 $\boldsymbol{a}$ 的任一邻域 U, 我们均可将 ε 取得足够小, 使得 $g(x,y) = 0$ 所对

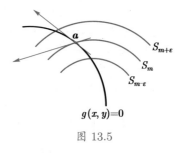

图 13.5

应的曲线在 U 内与 $S_{m-\varepsilon}$ 及 $S_{m+\varepsilon}$ 均有交集. 换句话说, 在 U 内不但存在着同时满足 $g(x,y) = 0$ 及 $f(x,y) = m - \varepsilon$ 的点, 也存在着同时满足 $g(x,y) = 0$ 及 $f(x,y) = m + \varepsilon$ 的点, 这意味着 $\boldsymbol{a}$ 不再是 f 在条件 $g(x,y) = 0$ 下的极值点, 从而与最初的假设矛盾. 以上讨论说明, 如果 $\boldsymbol{a}$ 是 f 在条件 $g(x,y) = 0$ 下的极值点, 那么曲线 $g(x,y) = 0$ 与 $f(x,y) = m$ 在 $\boldsymbol{a}$ 处的切线必然重合, 也即 (13.30) 成立, 用通俗的话说, 这两条曲线在 $\boldsymbol{a}$ 点处应当拟合得很好.

如果 $\boldsymbol{a} = (x_0, y_0, z_0)$ 是函数 $f(x,y,z)$ 在限制条件 $g_1(x,y,z) = 0$ 与 $g_2(x,y,z) = 0$ 下的极值点且 $f(\boldsymbol{a}) = m$, 那么与上面的讨论类似, 由

$$\begin{cases} g_1(x,y,z) = 0, \\ g_2(x,y,z) = 0 \end{cases}$$

所确定的曲线在 $\boldsymbol{a}$ 处的切线 ℓ 应当位于 $f(x,y,z) = m$ 在 $\boldsymbol{a}$ 处的切平面上. 因为 ℓ 也位于 $g_j(x,y,z) = 0$ $(j = 1,2)$ 在 $\boldsymbol{a}$ 处的切平面上, 所以三个曲面 $f(x,y,z) = m$, $g_j(x,y,z) = 0$ $(j = 1,2)$ 在 $\boldsymbol{a}$ 处的三个切平面的法向量必然共面 (因为它们均与 ℓ 垂直) , 注意到这三个法向量分别为 $\operatorname{grad} f(\boldsymbol{a})$ 和 $\operatorname{grad} g_j(\boldsymbol{a})$ $(j = 1,2)$, 故而存在 μ_1, μ_2 使得

$$\operatorname{grad} f(\boldsymbol{a}) = \mu_1 \cdot \operatorname{grad} g_1(\boldsymbol{a}) + \mu_2 \cdot \operatorname{grad} g_2(\boldsymbol{a}).$$

作为以上两种情况的推广, 如果 $\boldsymbol{a}$ 是函数 $f(x_1, x_2, \cdots, x_{m+n})$ 在条件 (13.29) 下的极值点, 则应当存在 $\mu_1, \mu_2, \cdots, \mu_m$ 使得

$$\operatorname{grad} f(\boldsymbol{a}) = \sum_{j=1}^{m} \mu_j \cdot \operatorname{grad} g_j(\boldsymbol{a}),$$

若记 $g = (g_1, g_2, \cdots, g_m)^{\mathrm{T}}$ 以及 $\boldsymbol{\mu} = (\mu_1, \mu_2, \cdots, \mu_m)^{\mathrm{T}}$, 那么上式也即

$$f'(\boldsymbol{a}) = \boldsymbol{\mu}^{\mathrm{T}} \cdot g'(\boldsymbol{a}).$$

以上讨论结果可用严格语言描述如次.

【命题 7.8】设 E 是 $\mathbb{R}^{m+n}$ 中的开集, $f : E \longrightarrow \mathbb{R}$ 及 $g : E \longrightarrow \mathbb{R}^m$ 均在 E 上连续可微. 如果 $\boldsymbol{a} \in E$ 满足 $\operatorname{rank} g'(\boldsymbol{a}) = m$, 并且 $\boldsymbol{a}$ 是 f 在条件 $g(\boldsymbol{z}) = \boldsymbol{0}$ 下的极值点, 那么必存在 $\boldsymbol{\mu} \in \mathbb{R}^m$ 使得

$$f'(\boldsymbol{a}) = \boldsymbol{\mu}^{\mathrm{T}} \cdot g'(\boldsymbol{a}). \tag{13.31}$$

证明. 因为 $\operatorname{rank} g'(\boldsymbol{a}) = m$, 所以由隐函数定理知, 存在 $\boldsymbol{a}$ 的一个邻域 U, 使得对于满足 $g(\boldsymbol{z}) = \boldsymbol{0}$ 的 $\boldsymbol{z} \in U$, 我们可以从 $\boldsymbol{z}$ 的诸分量中选出 n 个, 使得它们可把其余 m 个分量用唯一的方式表出. 在此不妨记 $\boldsymbol{a} = \begin{bmatrix} \boldsymbol{x}_0 \\ \boldsymbol{y}_0 \end{bmatrix}$, 其中 $\boldsymbol{x}_0 \in \mathbb{R}^n$, $\boldsymbol{y}_0 \in \mathbb{R}^m$, 并假设存在 $\boldsymbol{x}_0$ 在 $\mathbb{R}^n$ 中的一个邻域 U 以及唯一的连续可微映射 $h : U \longrightarrow \mathbb{R}^m$ 使得

$$h(\boldsymbol{x}_0) = \boldsymbol{y}_0 \qquad 及 \qquad g(\boldsymbol{x}, h(\boldsymbol{x})) = \boldsymbol{0} \ (\forall \, x \in U).$$

沿用 (13.20) 中的记号. 由于 $\boldsymbol{a}$ 是 f 在条件 $g(\boldsymbol{z}) = \boldsymbol{0}$ 下的极值点, 故 $\boldsymbol{x}_0$ 是 $f(\boldsymbol{x}, h(\boldsymbol{x}))$ 的极值点. 于是由命题 7.2 知 $\boldsymbol{x}_0$ 是 $f(\boldsymbol{x}, h(\boldsymbol{x}))$ 的驻点, 从而可由链式法则得到

$$\frac{\partial f}{\partial \boldsymbol{x}}(\boldsymbol{a}) + \frac{\partial f}{\partial \boldsymbol{y}}(\boldsymbol{a}) h'(\boldsymbol{x}_0) = \boldsymbol{0}.$$

注意到由隐函数定理知 $h'(\boldsymbol{x}_0) = -\left(\dfrac{\partial g}{\partial \boldsymbol{y}}(\boldsymbol{a})\right)^{-1} \dfrac{\partial g}{\partial \boldsymbol{x}}(\boldsymbol{a})$, 故而上式也即

$$\frac{\partial f}{\partial \boldsymbol{x}}(\boldsymbol{a}) = \frac{\partial f}{\partial \boldsymbol{y}}(\boldsymbol{a}) \left(\frac{\partial g}{\partial \boldsymbol{y}}(\boldsymbol{a})\right)^{-1} \frac{\partial g}{\partial \boldsymbol{x}}(\boldsymbol{a}). \tag{13.32}$$

现记 $\boldsymbol{\mu}^{\mathrm{T}} = \dfrac{\partial f}{\partial \boldsymbol{y}}(\boldsymbol{a}) \left(\dfrac{\partial g}{\partial \boldsymbol{y}}(\boldsymbol{a})\right)^{-1}$, 即

$$\frac{\partial f}{\partial \boldsymbol{y}}(\boldsymbol{a}) = \boldsymbol{\mu}^{\mathrm{T}} \cdot \frac{\partial g}{\partial \boldsymbol{y}}(\boldsymbol{a}),$$

那么由 (13.32) 知

$$\frac{\partial f}{\partial \boldsymbol{x}}(\boldsymbol{a}) = \boldsymbol{\mu}^{\mathrm{T}} \cdot \frac{\partial g}{\partial \boldsymbol{x}}(\boldsymbol{a}),$$

综合上两式便得 $f'(\boldsymbol{a}) = \boldsymbol{\mu}^{\mathrm{T}} \cdot g'(\boldsymbol{a})$. $\qquad\square$

如果在上述命题中记 $\boldsymbol{\lambda} = -\boldsymbol{\mu} = (\lambda_1, \lambda_2, \cdots, \lambda_m)^{\mathrm{T}}$, 那么 (13.31) 也即

$$f'(\boldsymbol{a}) + \boldsymbol{\lambda}^{\mathrm{T}} \cdot g'(\boldsymbol{a}) = \boldsymbol{0}.$$

因此若令

$$F(\boldsymbol{z}) = f(\boldsymbol{z}) + \boldsymbol{\lambda}^{\mathrm{T}} \cdot g(\boldsymbol{z}) = f(\boldsymbol{z}) + \sum_{j=1}^{m} \lambda_j g_j(\boldsymbol{z}), \tag{13.33}$$

则 f 在条件 $g(\boldsymbol{z}) = \boldsymbol{0}$ 下的极值点必然是 F 的驻点. 换句话说, 为了求 f 在条件 $g(\boldsymbol{z}) = \boldsymbol{0}$ 下的极值点, 我们可以通过引入一个待定参量 $\boldsymbol{\lambda}$ 来构造形如 (13.33) 的函数 F, 然后在 F 的驻点中寻求所需的条件极值点, 这一方法被称作拉格朗日乘子法 (Lagrange multiplier method). 我们把它用下述命题总结出来.

【命题 7.9】设 E 是 $\mathbb{R}^{m+n}$ 中的开集, $f: E \longrightarrow \mathbb{R}$ 及 $g = (g_1, \cdots, g_m)^{\mathrm{T}}: E \longrightarrow \mathbb{R}^m$ 均在 E 上连续可微, $\boldsymbol{a} \in E$ 满足 $g(\boldsymbol{a}) = \boldsymbol{0}$ 以及 $\operatorname{rank} g'(\boldsymbol{a}) = m$. 又假设存在 $\boldsymbol{\lambda} = (\lambda_1, \cdots, \lambda_m)^{\mathrm{T}} \in \mathbb{R}^m$ 使得 $\boldsymbol{a}$ 是

$$F(\boldsymbol{z}) = f(\boldsymbol{z}) + \boldsymbol{\lambda}^{\mathrm{T}} \cdot g(\boldsymbol{z}) = f(\boldsymbol{z}) + \sum_{j=1}^{m} \lambda_j g_j(\boldsymbol{z}),$$

的驻点, 那么

(1) 如果 $\boldsymbol{a}$ 是 F 的极小值点, 则它是 f 在条件 $g(\boldsymbol{z}) = \boldsymbol{0}$ 下的极小值点;

(2) 如果 $\boldsymbol{a}$ 是 F 的极大值点, 则它是 f 在条件 $g(\boldsymbol{z}) = \boldsymbol{0}$ 下的极大值点.

证明. 这是因为当 $g(\boldsymbol{z}) = \boldsymbol{0}$ 时有 $f(\boldsymbol{z}) = F(\boldsymbol{z})$. □

利用命题 7.4 可得如下结论.

【推论 7.10】在命题 7.9 的假设条件下,

(1) 如果 $H_F(\boldsymbol{a})$ 是正定矩阵, 那么 $\boldsymbol{a}$ 是 f 在条件 $g(\boldsymbol{z}) = \boldsymbol{0}$ 下的极小值点;

(2) 如果 $H_F(\boldsymbol{a})$ 是负定矩阵, 那么 $\boldsymbol{a}$ 是 f 在条件 $g(\boldsymbol{z}) = \boldsymbol{0}$ 下的极大值点.

当 $H_F(\boldsymbol{a})$ 是不定矩阵时 (此时 $\boldsymbol{a}$ 不是 F 的极值点), $\boldsymbol{a}$ 仍有可能是 f 在条件 $g(\boldsymbol{z}) = \boldsymbol{0}$ 下的极值点. 事实上, 只需对于满足 $g(\boldsymbol{a} + \boldsymbol{h}) = \boldsymbol{0}$ 的任意非零元 $\boldsymbol{h}$ 均有 $\boldsymbol{h}^{\mathrm{T}} H_F(\boldsymbol{a}) \boldsymbol{h} > 0$ (相应地, $\boldsymbol{h}^{\mathrm{T}} H_F(\boldsymbol{a}) \boldsymbol{h} < 0$) 就能保证 $\boldsymbol{a}$ 是 f 在条件 $g(\boldsymbol{z}) = \boldsymbol{0}$ 下的极小值点 (相应地, 极大值点). 受这一思想启发, 我们可得下述结论.

【命题 7.11】在命题 7.9 的假设条件下,

(1) 如果对于满足 $g'(\boldsymbol{a}) \boldsymbol{h} = \boldsymbol{0}$ 的任一非零元 $\boldsymbol{h}$ 均有 $\boldsymbol{h}^{\mathrm{T}} H_F(\boldsymbol{a}) \boldsymbol{h} > 0$, 那么 $\boldsymbol{a}$ 是 f 在条件 $g(\boldsymbol{z}) = \boldsymbol{0}$ 下的极小值点;

(2) 如果对于满足 $g'(\boldsymbol{a}) \boldsymbol{h} = \boldsymbol{0}$ 的任一非零元 $\boldsymbol{h}$ 均有 $\boldsymbol{h}^{\mathrm{T}} H_F(\boldsymbol{a}) \boldsymbol{h} < 0$, 那么 $\boldsymbol{a}$ 是 f 在条件 $g(\boldsymbol{z}) = \boldsymbol{0}$ 下的极大值点;

(3) 若存在非零元 $\boldsymbol{p}, \boldsymbol{q} \in \mathbb{R}^{m+n}$ 使得 $g'(\boldsymbol{a}) \boldsymbol{p} = g'(\boldsymbol{a}) \boldsymbol{q} = \boldsymbol{0}$ 并且

$$\boldsymbol{p}^{\mathrm{T}} H_F(\boldsymbol{a}) \boldsymbol{p} < 0 < \boldsymbol{q}^{\mathrm{T}} H_F(\boldsymbol{a}) \boldsymbol{q},$$

那么 $\boldsymbol{a}$ 不是 f 在条件 $g(\boldsymbol{z}) = \boldsymbol{0}$ 下的极值点.

证明. 因为在条件 $g(\boldsymbol{z}) = \boldsymbol{0}$ 下有 $F(\boldsymbol{z}) = f(\boldsymbol{z})$, 因此对于满足 $\boldsymbol{a} + \boldsymbol{\delta} \in E$ 及 $g(\boldsymbol{a} + \boldsymbol{\delta}) = \boldsymbol{0}$ 并且位于 $\boldsymbol{0}$ 的充分小的去心邻域内的 $\boldsymbol{\delta}$, 由带佩亚诺余项的泰勒公式 (定理 3.4) 知

$$\begin{aligned}
f(\boldsymbol{a} + \boldsymbol{\delta}) - f(\boldsymbol{a}) &= F(\boldsymbol{a} + \boldsymbol{\delta}) - F(\boldsymbol{a}) \\
&= F'(\boldsymbol{a}) \boldsymbol{\delta} + \frac{1}{2} \boldsymbol{\delta}^{\mathrm{T}} H_F(\boldsymbol{a}) \boldsymbol{\delta} + o(|\boldsymbol{\delta}|^2) \\
&= \frac{1}{2} \boldsymbol{\delta}^{\mathrm{T}} H_F(\boldsymbol{a}) \boldsymbol{\delta} + o(|\boldsymbol{\delta}|^2).
\end{aligned} \tag{13.34}$$

因为 $\operatorname{rank} g'(\boldsymbol{a}) = m$, 所以由隐函数定理知, 存在 $\boldsymbol{a}$ 的一个邻域 U, 使得对于满足 $g(\boldsymbol{z}) = \boldsymbol{0}$ 的 $\boldsymbol{z} \in U$, 我们可以从 $\boldsymbol{z}$ 的诸分量中选出 n 个, 使得它们可把其余 m 个分量用唯一的方式表

出. 在此不妨记 $z = \begin{bmatrix} x \\ y \end{bmatrix}$, 其中 $x \in \mathbb{R}^n$, $y \in \mathbb{R}^m$, 并假设 y 可由 x 唯一表出. 从而存在从 $\mathbb{R}^n$ 的某个开子集到 $\mathbb{R}^m$ 的连续可微映射 φ, 使得 $y = \varphi(x)$, 也即 $z = \begin{bmatrix} x \\ \varphi(x) \end{bmatrix}$.

现将由 a 和 δ 的前 n 个分量所构成的向量分别记作 b 和 ξ, 则

$$a = \begin{bmatrix} b \\ \varphi(b) \end{bmatrix}, \qquad a + \delta = \begin{bmatrix} b + \xi \\ \varphi(b + \xi) \end{bmatrix}.$$

因此 $\delta \to 0$ 当且仅当 $\xi \to 0$, 并且

$$\delta = (a + \delta) - a = \begin{bmatrix} \xi \\ \varphi(b + \xi) - \varphi(b) \end{bmatrix} = \begin{bmatrix} I_n \\ \varphi'(b) \end{bmatrix} \xi + o(|\xi|),$$

上面最后一步可由微分的定义得到. 记

$$\eta = \begin{bmatrix} I_n \\ \varphi'(b) \end{bmatrix} \xi, \tag{13.35}$$

则有 $\delta = \eta + o(|\xi|) = \eta + o(|\eta|)$, 将这代入 (13.34) 就有

$$f(a + \delta) - f(a) = \frac{1}{2} \eta^{\mathrm{T}} H_F(a) \eta + o(|\eta|^2).$$

注意到由隐函数定理知 $\varphi'(b) = -\left(\dfrac{\partial g}{\partial y}(a) \right)^{-1} \cdot \dfrac{\partial g}{\partial x}(a)$, 故而

$$0 = \frac{\partial g}{\partial x}(a) + \frac{\partial g}{\partial y}(a)\varphi'(b) = \begin{bmatrix} \dfrac{\partial g}{\partial x}(a) & \dfrac{\partial g}{\partial y}(a) \end{bmatrix} \begin{bmatrix} I_n \\ \varphi'(b) \end{bmatrix} = g'(a) \begin{bmatrix} I_n \\ \varphi'(b) \end{bmatrix}$$

从而 (13.35) 中的 η 应当满足 $g'(a)\eta = 0$. 接下来的证明过程与命题 7.4 的证明类似, 不再赘述. $\qquad \square$

下面来看两个例子, 它们的结果事实上可分别由柯西 − 施瓦茨不等式及算术平均 − 几何平均不等式得到, 但我们的目的是为了阐述本节的方法.

【例 7.12】设 $a_i > 0$ $(i = 1, \cdots, n)$, 求函数 $f(x_1, \cdots, x_n) = \sum\limits_{j=1}^{n} a_j x_j^2$ 在条件 $\sum\limits_{j=1}^{n} x_j = 1$ 下的极值.

解. 作辅助函数

$$F(x_1, \cdots, x_n) = \sum_{j=1}^{n} a_j x_j^2 + \lambda \left(\sum_{j=1}^{n} x_j - 1 \right).$$

由方程组

$$\begin{cases} \dfrac{\partial F}{\partial x_j} = 2a_j x_j + \lambda = 0, \qquad j = 1, \cdots, n, \\ \displaystyle\sum_{j=1}^{n} x_j = 1 \end{cases}$$

可解得

$$x_j = \left(a_j \sum_{k=1}^{n} \frac{1}{a_k} \right)^{-1}, \qquad \lambda = -2 \left(\sum_{k=1}^{n} \frac{1}{a_k} \right)^{-1}. \tag{13.36}$$

注意到 $H_F = \begin{bmatrix} 2a_1 & & \\ & \ddots & \\ & & 2a_n \end{bmatrix}$ 是正定矩阵, 因此 f 在由 (13.36) 所给出的诸 x_j 处取到条件极

小值. 如果记 $c = \displaystyle\sum_{k=1}^{n} \frac{1}{a_k}$, 那么该极小值为

$$f\left(\frac{1}{a_1 c}, \cdots, \frac{1}{a_n c} \right) = \sum_{j=1}^{n} a_j \left(\frac{1}{a_j c} \right)^2 = \frac{1}{c^2} \sum_{j=1}^{n} \frac{1}{a_j} = \frac{1}{c}. \qquad \square$$

【例 7.13】 求函数 $f(x, y, z) = x + 2y + 4z$ 在条件 $xyz = 1$ 下的极值.

解. 记 $g(x, y, z) = xyz - 1$, 并作辅助函数

$$F(x, y, z) = f(x, y, z) + \lambda g(x, y, z) = x + 2y + 4z + \lambda(xyz - 1).$$

解方程组

$$\begin{cases} \dfrac{\partial F}{\partial x} = 1 + \lambda yz = 0, \\ \dfrac{\partial F}{\partial y} = 2 + \lambda zx = 0, \\ \dfrac{\partial F}{\partial z} = 4 + \lambda xy = 0, \\ xyz = 1 \end{cases}$$

可得

$$x = 2, \qquad y = 1, \qquad z = \frac{1}{2}, \qquad \lambda = -2.$$

现记 $\boldsymbol{a} = \left(2, 1, \dfrac{1}{2} \right)^{\mathrm{T}}$, 那么由

$$H_F = \begin{bmatrix} 0 & \lambda z & \lambda y \\ \lambda z & 0 & \lambda x \\ \lambda y & \lambda x & 0 \end{bmatrix}$$

知

$$H_F(\boldsymbol{a}) = \begin{bmatrix} 0 & -1 & -2 \\ -1 & 0 & -4 \\ -2 & -4 & 0 \end{bmatrix},$$

这是个不定矩阵, 故而无法直接使用推论 7.10 来判定 $\boldsymbol{a}$ 是否为条件极值点.

因为 $g'(\boldsymbol{a}) = \left(\frac{1}{2}, 1, 2\right)$, 所以当非零元 $\boldsymbol{h} = (h_1, h_2, h_3)^{\mathrm{T}}$ 满足 $g'(\boldsymbol{a})\boldsymbol{h} = 0$ 时, 我们有 $h_2 = -\frac{1}{2}(h_1 + 4h_3)$, 对于这样的 $\boldsymbol{h}$,

$$\begin{aligned} \boldsymbol{h}^{\mathrm{T}} H_F(\boldsymbol{a})\boldsymbol{h} &= -2h_1 h_2 - 4h_1 h_3 - 8h_2 h_3 \\ &= h_1(h_1 + 4h_3) - 4h_1 h_3 + 4h_3(h_1 + 4h_3) \\ &= h_1^2 + 4h_1 h_3 + 16h_3^2 = (h_1 + 2h_3)^2 + 12h_3^2 > 0, \end{aligned}$$

从而由命题 7.11 知 $\boldsymbol{a}$ 是函数 f 在条件 $xyz = 1$ 下的极小值点, 并且条件极小值为 $f(\boldsymbol{a}) = 6$. $\square$

习题 13.7

1. 求下列函数的极值:
   (1) $f(x, y) = x^2 - (y - 1)^2$;
   (2) $f(x, y) = x^4 + y^4 - x^2 - 2xy - y^2$;
   (3) $f(x, y) = xy \log(x^2 + y^2)$;
   (4) $f(x, y, z) = x + \dfrac{y^2}{4x} + \dfrac{z^2}{y} + \dfrac{2}{z}$ $(x, y, z > 0)$.

2. 求 $f(x, y) = x^2 + y^2$ 在条件 $\dfrac{x}{a} + \dfrac{y}{b} = 1$ 下的极值.

3. 设 m, n, p, a 均是正实数, 求定义在 $\mathbb{R}^3_{>0}$ 上的函数 $f(x, y, z) = x^m y^n z^p$ 在条件 $x + y + z = a$ 下的极值.

4. 求半径为 a 的球内具有最大体积的内接长方体.

5. (罗尔 (Rolle) 定理) 设 K 是 $\mathbb{R}^n$ 中的一个紧集, f 是定义在 K 上的一个连续函数, 且在 K° 上可微, 在 ∂K 上取常值. 证明存在 $\boldsymbol{a} \in K^\circ$ 使得 $f'(\boldsymbol{a}) = \boldsymbol{0}$.

6. 求 $f(x, y) = \dfrac{1}{2}(x^n + y^n)$ 在条件 $x + y = a$ $(x, y > 0)$ 下的最小值, 并由此证明

$$\left(\frac{x + y}{2}\right)^n \leqslant \frac{x^n + y^n}{2}.$$

7. (赫尔德 (Hölder) 不等式) 设 x_i, y_i $(1 \leqslant i \leqslant n)$ 以及 p, q 均是正实数, 满足 $\dfrac{1}{p} + \dfrac{1}{q} = 1$. 证明

$$\sum_{i=1}^{n} x_i y_i \leqslant \left(\sum_{i=1}^{n} x_i^p \right)^{\frac{1}{p}} \left(\sum_{i=1}^{n} y_i^q \right)^{\frac{1}{q}}.$$

8. 设 A 是 n 阶对称矩阵, 求 $f(\boldsymbol{x}) = \boldsymbol{x}^{\mathrm{T}} A \boldsymbol{x}$ 在条件 $\boldsymbol{x}^{\mathrm{T}} \boldsymbol{x} = 1$ 下的最大值和最小值.

9. 设 $f(x, y) = x^3 - 4x^2 + 2xy - y^2$, 证明 $f(x, y)$ 在 $D = [-1, 4] \times [-1, 1]$ 的内部有唯一的极值点, 但该极值点并非 f 在 D 上的最值点 [8].

---

[8] 注意把此题与习题 7.1 第 10 题做比较.

第十四章

含参变量的积分与反常积分

皇家天文学家艾里 (Airy) 先生指出由波动理论可以导出一个关于光照的公式, 这一公式中包含了定积分 $\int_0^{+\infty} \cos\left(\frac{\pi}{2}(w^3 - mw)\right) \mathrm{d}w$ 的平方……

经过多次尝试, 我终于成功地给出了艾里先生的积分的一个表达式, 通过它可以在 m 较大时极其方便地对这一积分进行数值计算……此外, 该表达式还在无需数值计算的前提下指出了 m 较大时这一函数的变化规律.

——斯托克斯 (G.G.Stokes)

§14.1
含参变量的积分

假设 $f(x,y)$ 是定义在矩形 $[a,b] \times [c,d]$ 上的二元函数, 如果对任意给定的 $y \in [c,d]$, $f(x,y)$ 作为 x 的函数均在 $[a,b]$ 上可积, 那么就可以通过

$$y \longmapsto \int_a^b f(x,y)\,\mathrm{d}x$$

定义区间 $[c,d]$ 上的一个函数, 我们记作

$$I(y) = \int_a^b f(x,y)\,\mathrm{d}x. \tag{14.1}$$

更一般地, 我们还可以讨论积分上、下限均是 y 的函数的情况. 具体来说, 如果 g 和 h 均是从 $[c,d]$ 到 $[a,b]$ 的函数, 并且对任意给定的 $y \in [c,d]$, $f(x,y)$ 均在以 $g(y)$ 和 $h(y)$ 为端点的闭区间上可积, 那么就可定义区间 $[c,d]$ 上的一个函数

$$J(y) = \int_{g(y)}^{h(y)} f(x,y)\,\mathrm{d}x. \tag{14.2}$$

我们把 (14.1) 和 (14.2) 右侧的积分均称为含参变量 y 的积分.

对于含参变量积分而言, 一个基本任务就是去讨论它关于参变量 y 的连续性、可微性及可积性.

【命题 1.1】设 $f(x,y)$ 在 $[a,b] \times [c,d]$ 上连续, 函数 $g : [c,d] \longrightarrow [a,b]$ 与 $h : [c,d] \longrightarrow [a,b]$ 均在 $[c,d]$ 上连续. 那么, 由 (14.2) 所定义的 $J(y)$ 在 $[c,d]$ 上连续. 特别地, 由 (14.1) 所定义的 $I(y)$ 在 $[c,d]$ 上连续.

证明. 只需对任意的 $y_0 \in [c,d]$, 证明 $J(y)$ 在 y_0 处连续即可.

由 $f(x,y)$ 在 $[a,b] \times [c,d]$ 上连续知其在该矩形上有界, 即存在 $M > 0$, 使得对任意的 $(x,y) \in [a,b] \times [c,d]$ 有 $|f(x,y)| < M$. 同时, 由连续性还可得到 $f(x,y)$ 在该矩形上的一致连续性, 于是对任意的 $\varepsilon > 0$, 存在 $\delta > 0$, 使得对于矩形内任意两点 (x_1, y_1) 与 (x_2, y_2), 只要满足 $|x_1 - x_2| < \delta$ 及 $|y_1 - y_2| < \delta$ 就有

$$|f(x_1, y_1) - f(x_2, y_2)| < \varepsilon.$$

此外, 因为 g 与 h 在 $[c,d]$ 上连续, 故不妨假设上述 δ 还使得对任意的 $y \in (y_0 - \delta, y_0 + \delta) \cap [c,d]$ 有

$$|g(y) - g(y_0)| < \varepsilon \quad \text{及} \quad |h(y) - h(y_0)| < \varepsilon.$$

现在将 $J(y)$ 写成如下形式

$$J(y) = \int_{g(y)}^{g(y_0)} f(x,y) \, \mathrm{d}x + \int_{g(y_0)}^{h(y_0)} f(x,y) \, \mathrm{d}x + \int_{h(y_0)}^{h(y)} f(x,y) \, \mathrm{d}x,$$

于是

$$J(y) - J(y_0) = \int_{g(y)}^{g(y_0)} f(x,y) \, \mathrm{d}x + \int_{g(y_0)}^{h(y_0)} [f(x,y) - f(x,y_0)] \, \mathrm{d}x + \int_{h(y_0)}^{h(y)} f(x,y) \, \mathrm{d}x,$$

从而当 $y \in (y_0 - \delta, y_0 + \delta) \cap [c,d]$ 时有

$$|J(y) - J(y_0)| \leqslant \left| \int_{g(y)}^{g(y_0)} |f(x,y)| \, \mathrm{d}x \right| + \int_a^b |f(x,y) - f(x,y_0)| \, \mathrm{d}x + \left| \int_{h(y_0)}^{h(y)} |f(x,y)| \, \mathrm{d}x \right|$$

$$\leqslant M|g(y) - g(y_0)| + (b-a)\varepsilon + M|h(y) - h(y_0)|$$

$$< (b - a + 2M)\varepsilon.$$

这就证明了 $J(y)$ 在 y_0 处连续. $\qquad \square$

【注 1.2】$I(y)$ 在 $[c,d]$ 上的连续性意味着对任意的 $y_0 \in [c,d]$ 有

$$\lim_{y \to y_0} \int_a^b f(x,y) \, \mathrm{d}x = \int_a^b \left(\lim_{y \to y_0} f(x,y) \right) \mathrm{d}x.$$

也即是说, 极限号与积分号可以交换.

【命题 1.3】设 $f(x,y)$ 与 $\dfrac{\partial f}{\partial y}$ 均在矩形 $[a,b] \times [c,d]$ 上连续, 又设函数 $g : [c,d] \longrightarrow [a,b]$ 与 $h : [c,d] \longrightarrow [a,b]$ 均在 $[c,d]$ 上可导. 那么, 由 (14.2) 所定义的 $J(y)$ 在 $[c,d]$ 上可导, 且

$$J'(y) = f(h(y), y)h'(y) - f(g(y), y)g'(y) + \int_{g(y)}^{h(y)} \frac{\partial f}{\partial y}(x,y) \, \mathrm{d}x.$$

特别地,

$$\frac{\mathrm{d}}{\mathrm{d}y}\int_a^b f(x,y)\,\mathrm{d}x = \int_a^b \frac{\partial f}{\partial y}(x,y)\,\mathrm{d}x,$$

也即是说, 微分运算与积分运算可以交换.

证明. 对任意给定的 $y_0 \in [c,d]$, 我们将 $J(y)$ 写成如下形式

$$J(y) = \int_{g(y)}^{g(y_0)} f(x,y)\,\mathrm{d}x + \int_{g(y_0)}^{h(y_0)} f(x,y)\,\mathrm{d}x + \int_{h(y_0)}^{h(y)} f(x,y)\,\mathrm{d}x$$

$$= J_1(y) + J_2(y) + J_3(y).$$

下面来证明 J_j 在 y_0 处可导.

首先, 由 $J_3(y_0) = 0$ 知

$$\frac{J_3(y) - J_3(y_0)}{y - y_0} = \frac{J_3(y)}{y - y_0} = \frac{1}{y - y_0}\int_{h(y_0)}^{h(y)} f(x,y)\,\mathrm{d}x,$$

按照积分第一中值定理 (第九章定理 4.9) , 存在位于 $h(y_0)$ 和 $h(y)$ 之间的 ξ 使得

$$\frac{J_3(y) - J_3(y_0)}{y - y_0} = f(\xi,y)\cdot\frac{h(y) - h(y_0)}{y - y_0},$$

于是由 h 的可微性及 f 的连续性知

$$\lim_{y\to y_0}\frac{J_3(y) - J_3(y_0)}{y - y_0} = f(h(y_0),y_0)h'(y_0),$$

这就证明了 J_3 在 y_0 处可导且

$$J_3'(y_0) = f(h(y_0),y_0)h'(y_0).$$

同理可证 J_1 在 y_0 处可导且

$$J_1'(y_0) = -f(g(y_0),y_0)g'(y_0).$$

再来看 J_2, 我们有

$$\frac{J_2(y) - J_2(y_0)}{y - y_0} = \frac{1}{y - y_0}\int_{g(y_0)}^{h(y_0)}[f(x,y) - f(x,y_0)]\,\mathrm{d}x.$$

由拉格朗日中值定理知, 存在位于 y_0 与 y 之间的 η 使得

$$f(x,y) - f(x,y_0) = (y - y_0)\cdot\frac{\partial f}{\partial y}(x,\eta),$$

从而

$$\frac{J_2(y) - J_2(y_0)}{y - y_0} = \int_{g(y_0)}^{h(y_0)}\frac{\partial f}{\partial y}(x,\eta)\,\mathrm{d}x.$$

注意到 $\dfrac{\partial f}{\partial y}$ 的连续性, 故由命题 1.1 知

$$\lim_{y \to y_0} \frac{J_2(y) - J_2(y_0)}{y - y_0} = \int_{g(y_0)}^{h(y_0)} \left(\lim_{y \to y_0} \frac{\partial f}{\partial y}(x, \eta) \right) \mathrm{d}x = \int_{g(y_0)}^{h(y_0)} \frac{\partial f}{\partial y}(x, y_0) \, \mathrm{d}x.$$

因此 J_2 在 y_0 处可导且

$$J_2'(y_0) = \int_{g(y_0)}^{h(y_0)} \frac{\partial f}{\partial y}(x, y_0) \, \mathrm{d}x.$$

综上, 命题获证. $\qquad\qquad\square$

【例 1.4】在 $\mathbb{R}_{>0}$ 上计算 $\dfrac{\mathrm{d}}{\mathrm{d}y} \displaystyle\int_1^{y^2} \dfrac{\log(x+y)}{x} \, \mathrm{d}x$.

解.

$$\begin{aligned}
\frac{\mathrm{d}}{\mathrm{d}y} \int_1^{y^2} \frac{\log(x+y)}{x} \, \mathrm{d}x &= 2y \cdot \frac{\log(y^2 + y)}{y^2} + \int_1^{y^2} \frac{1}{x(x+y)} \, \mathrm{d}x \\
&= \frac{2\log(y^2 + y)}{y} + \frac{1}{y} \int_1^{y^2} \left(\frac{1}{x} - \frac{1}{x+y} \right) \mathrm{d}x \\
&= \frac{2\log(y^2 + y)}{y} + \frac{\log y}{y} = \frac{\log(y+1)^2 y^3}{y}.
\end{aligned}$$

$\qquad\qquad\square$

最后我们来考虑含参变量积分的可积性问题. 设 $f(x, y)$ 在 $[a, b] \times [c, d]$ 上连续, 那么由命题 1.1 知

$$I(y) = \int_a^b f(x, y) \, \mathrm{d}x$$

在区间 $[c, d]$ 上连续, 从而在 $[c, d]$ 上可积, 因此我们可以得到积分

$$\int_c^d \left(\int_a^b f(x, y) \, \mathrm{d}x \right) \mathrm{d}y,$$

上式通常被记作

$$\int_c^d \mathrm{d}y \int_a^b f(x, y) \, \mathrm{d}x.$$

类似还可得到积分

$$\int_a^b \mathrm{d}x \int_c^d f(x, y) \, \mathrm{d}y = \int_a^b \left(\int_c^d f(x, y) \, \mathrm{d}y \right) \mathrm{d}x.$$

我们需要去了解上面两式中的积分是否相等.

【命题 1.5】如果 $f(x, y)$ 在 $[a, b] \times [c, d]$ 上连续, 那么

$$\int_c^d \mathrm{d}y \int_a^b f(x, y)\, \mathrm{d}x = \int_a^b \mathrm{d}x \int_c^d f(x, y)\, \mathrm{d}y.$$

证明. 这实质上是重积分理论中的富比尼 (Fubini) 定理的一个简单推论 (参见第十五章推论 4.2), 但我们也可用下述方式来证明.

记

$$G_1(u) = \int_c^u \mathrm{d}y \int_a^b f(x, y)\, \mathrm{d}x, \qquad G_2(u) = \int_a^b \mathrm{d}x \int_c^u f(x, y)\, \mathrm{d}y.$$

我们来证 $G_1'(u) = G_2'(u)$. 一方面, 由命题 1.1 知 $I(y) = \displaystyle\int_a^b f(x, y)\, \mathrm{d}x$ 在 $[c, d]$ 上连续, 于是

$$G_1'(u) = \frac{\mathrm{d}}{\mathrm{d}u}\left(\int_c^u I(y)\, \mathrm{d}y \right) = I(u) = \int_a^b f(x, u)\, \mathrm{d}x.$$

另一方面, 若记 $F(x, u) = \displaystyle\int_c^u f(x, y)\, \mathrm{d}y$, 那么 $\dfrac{\partial F}{\partial u} = f(x, u)$ 在 $[a, b] \times [c, d]$ 上连续, 于是由命题 1.3 可得

$$G_2'(u) = \frac{\mathrm{d}}{\mathrm{d}u}\left(\int_a^b F(x, u)\, \mathrm{d}x \right) = \int_a^b \frac{\partial F}{\partial u}(x, u)\, \mathrm{d}x = \int_a^b f(x, u)\, \mathrm{d}x.$$

这样就证明了 $G_1'(u) = G_2'(u)$. 因而存在常数 C 使得 $G_1(u) = G_2(u) + C$. 注意到

$$G_1(c) = 0 = G_2(c),$$

所以 $C = 0$, 从而 $G_1(u) = G_2(u)$, 再取 $u = d$ 便得命题结论. $\qquad\square$

【例 1.6】设 $b > a > 0$, 计算 $I = \displaystyle\int_0^1 \frac{x^b - x^a}{\log x}\, \mathrm{d}x$.

解. 容易看出

$$I = \int_0^1 \mathrm{d}x \int_a^b x^y\, \mathrm{d}y,$$

因此由命题 1.5 知

$$I = \int_a^b \mathrm{d}y \int_0^1 x^y\, \mathrm{d}x = \int_a^b \frac{\mathrm{d}y}{y + 1} = \log \frac{b + 1}{a + 1}. \qquad\square$$

习题 14.1

1. 计算下列极限:

(1) $\displaystyle\lim_{n \to \infty} \int_0^1 \frac{\mathrm{d}x}{1 + \left(1 + \dfrac{x}{n}\right)^n}$;

(2) $\displaystyle\lim_{n \to \infty} n \int_0^1 \log\left(1 + \frac{\sin x}{n}\right) \mathrm{d}x$;

(3) $\displaystyle\lim_{y \to 0} \int_{-1}^1 \sqrt{x^2 + y^2}\, \mathrm{d}x$;

(4) $\displaystyle\lim_{y \to 0} \int_y^{1+y} \frac{\mathrm{d}x}{1 + x^2 + y^2}$.

2. 设 $f \in C([a,b])$, 证明定义在 $[a,b]$ 上的函数

$$y(x) = \frac{1}{k} \int_a^x f(t) \sin k(x-t) \, dt$$

满足微分方程 $y'' + k^2 y = f(x)$.

3. 设 $n \in \mathbb{Z}$, 证明贝塞尔 (Bessel) 函数

$$J_n(x) = \frac{1}{\pi} \int_0^\pi \cos(n\varphi - x \sin \varphi) \, d\varphi$$

满足贝塞尔方程 $x^2 J_n''(x) + x J_n'(x) + (x^2 - n^2) J_n(x) = 0$.

4. 证明椭圆积分

$$E(k) = \int_0^{\frac{\pi}{2}} \sqrt{1 - k^2 \sin^2 \varphi} \, d\varphi, \quad 0 < k < 1$$

满足微分方程 $E''(k) + \dfrac{1}{k} E'(k) + \dfrac{1}{1 - k^2} E(k) = 0$.

5. 设 $\alpha \in (-1, 1)$, 计算积分

$$I(\alpha) = \int_0^\pi \log(1 + \alpha \cos x) \, dx.$$

6. 设 $|\alpha| \neq 1$, 证明

$$\int_0^\pi \log(1 - 2\alpha \cos x + \alpha^2) \, dx = \begin{cases} 0, & |\alpha| < 1, \\ 2\pi \log |\alpha|, & |\alpha| > 1. \end{cases}$$

7. 设 $|\alpha| < 1$, 计算

$$I(\alpha) = \int_0^{\frac{\pi}{2}} \log \frac{1 + \alpha \cos x}{1 - \alpha \cos x} \cdot \frac{1}{\cos x} \, dx.$$

§14.2
含参变量的反常积分

　　与反常积分类似, 我们通常遇到的含参变量的反常积分有两种情形: 一种是无界区间上的积分, 如 $\displaystyle\int_a^{+\infty} f(x, y) \, dx$; 另一种是有界区间上的无界函数的积分, 例如 $\displaystyle\int_a^b f(x, y) \, dx$, 其中 a 为奇点, 且对于某些给定的 y 而言函数 $f(x, y)$ 在 (a, b) 的任一闭子区间上对于变量 x 可积. 无论是哪种情况, 我们都把 y 称为参变量. 当然, 我们还可以进一步讨论含多个参变量的情形, 但其研究方法与只含一个参变量的类似, 因此在本节中我们仅讨论含一个参变量的反常积分.

14.2.1 一致收敛

与函数项级数的情形类似, 在研究含参变量的反常积分时一个极其重要的概念便是一致收敛性. 事实上我们可以在更大的范围内去讨论这一问题, 为此, 我们引入二元函数关于某个变量一致收敛的概念.

【定义 2.1】假设 X 和 Y 是 $\mathbb{R}$ 的两个子集, $f(x,y)$ 是定义在 $X \times Y$ 上的函数, $\varphi(y)$ 是定义在 Y 上的一个函数, x_0 是 X 的一个聚点. 若对任意的 $\varepsilon > 0$, 存在正实数 δ, 使得对任意的 $x \in \left(\left((x_0 - \delta, x_0 + \delta) \setminus \{x_0\} \right) \right) \cap X$ 及任意的 $y \in Y$ 均有

$$|f(x,y) - \varphi(y)| < \varepsilon,$$

则称当 x 沿 X 中元素趋于 x_0 时 $f(x,y)$ 在 Y 上<u>一致收敛</u>于 $\varphi(y)$.

$\varphi(y)$ 被称为当 x 在 X 中趋于 x_0 时 $f(x,y)$ 的<u>极限函数</u>, 按照 §12.2 中的记号我们记

$$\varphi(y) = \lim_{\substack{x \to x_0 \\ x \in X}} f(x,y).$$

类似可定义 $x \to +\infty$ 和 $x \to -\infty$ 时 $f(x,y)$ 一致收敛的概念, 例如, 当 $\sup X = +\infty$ 时, 若对任意的 $\varepsilon > 0$, 存在正实数 ρ, 使得对任意的 $x \in (\rho, +\infty) \cap X$ 及 $y \in Y$ 均有

$$|f(x,y) - \varphi(y)| < \varepsilon,$$

则称当 x 在 X 中趋于 $+\infty$ 时 $f(x,y)$ 在 Y 上<u>一致收敛</u>于 $\varphi(y)$.

例如令 $X = \mathbb{Z}_{\geqslant 1}$, 那么对每个给定的 $n \in X$, $f(n,y)$ 是关于 y 的函数, 因此上面给出的当 $n \to \infty$ 时 $f(n,y)$ 在 Y 上一致收敛的定义也即是第十章定义 2.1 中所给出的函数列一致收敛的定义, 这说明函数列和函数项级数的一致收敛性均是上述二元函数一致收敛性的特殊情形, 所以第十章中的一些结果也是本章中即将提到的更一般的结果的特殊情况. 在本节的学习中一定要注意这两者之间的比较.

接下来引入含参变量的反常积分一致收敛性的概念.

【定义 2.2】设 $E \subseteq \mathbb{R}$. 若反常积分 $\displaystyle\int_a^{+\infty} f(x,y)\,\mathrm{d}x$ 对任意的 $y \in E$ 均收敛, 并且对任意的 $\varepsilon > 0$, 存在 $A > a$, 使得对任意的 $A' > A$ 及 $y \in E$ 均有

$$\left| \int_{A'}^{+\infty} f(x,y)\,\mathrm{d}x \right| < \varepsilon,$$

则称 $\displaystyle\int_a^{+\infty} f(x,y)\,\mathrm{d}x$ 在 E 上<u>一致收敛</u>.

【注 2.3】当反常积分 $\displaystyle\int_a^{+\infty} f(x,y)\,\mathrm{d}x$ 对任意的 $y \in E$ 均收敛时, 我们就可通过

$$y \longmapsto \int_a^{+\infty} f(x,y)\,\mathrm{d}x$$

定义 E 上的一个函数 F. 现记

$$F(A, y) = \int_a^A f(x, y)\, \mathrm{d}x,$$

那么

$$\int_{A'}^{+\infty} f(x, y)\, \mathrm{d}x = F(y) - F(A', y).$$

因此 $\int_a^{+\infty} f(x, y)\, \mathrm{d}x$ 在 E 上一致收敛等价于当 $A \to +\infty$ 时 $F(A, y)$ 在 E 上一致收敛于 $F(y)$.

【例 2.4】对任意的 $y > 0$ 及 $A > 1$ 有

$$\int_A^{+\infty} \frac{\mathrm{d}x}{1 + (xy)^2} = \frac{1}{y}\Big(\frac{\pi}{2} - \arctan Ay\Big).$$

因此取 $y = \dfrac{1}{A}$ 即可得上式右边等于 $\dfrac{\pi}{4} A$, 从而由定义知 $\displaystyle\int_1^{+\infty} \frac{\mathrm{d}x}{1 + (xy)^2}$ 在 $(0, +\infty)$ 上不一致收敛. 但对任意给定的 $\delta > 0$, 当 $y \in [\delta, +\infty)$ 时有

$$\left| \int_A^{+\infty} \frac{\mathrm{d}x}{1 + (xy)^2} \right| \leqslant \frac{1}{\delta}\Big(\frac{\pi}{2} - \arctan A\delta\Big) \longrightarrow 0 \qquad (当\ A \to +\infty\ 时),$$

这说明 $\displaystyle\int_1^{+\infty} \frac{\mathrm{d}x}{1 + (xy)^2}$ 在 $[\delta, +\infty)$ 上一致收敛.

【定义 2.5】设 $E \subseteq \mathbb{R}$, 且反常积分 $\displaystyle\int_a^b f(x, y)\, \mathrm{d}x$ 对任意的 $y \in E$ 均收敛, 其中 a 是积分区间上仅有的奇点. 如果对任意的 $\varepsilon > 0$, 均存在 $\delta > 0$, 使得对任意的 $\delta' \in (0, \delta)$ 及任意的 $y \in E$ 均有

$$\left| \int_a^{a+\delta'} f(x, y)\, \mathrm{d}x \right| < \varepsilon,$$

则称 $\displaystyle\int_a^b f(x, y)\, \mathrm{d}x$ 在 E 上一致收敛.

类似可定义奇点在积分区间右端点或内部的含参变量反常积分的一致收敛性, 此外, 还可仿效函数项级数给出内闭一致收敛的概念, 读者可自行将它们写出, 我们不再一一赘述.

下面来介绍一些一致收敛的判别法, 为了明确目标, 我们仅介绍与含参变量的反常积分相关的判别法, 而把一些与一般二元函数相关的结论放到习题中. 此外, 为了节约篇幅, 在这里我们只讨论无界区间上的积分, 读者可以毫不费力地对有界区间上的无界函数的积分给出相应结论.

【定理 2.6】(柯西收敛准则) $\displaystyle\int_a^{+\infty} f(x, y)\, \mathrm{d}x$ 在 E 上一致收敛的充要条件是: 对任意的 $\varepsilon > 0$, 均存在 $A > a$, 使得对任意的 A', $A'' > A$ 及任意的 $y \in E$ 有

$$\left| \int_{A'}^{A''} f(x, y)\, \mathrm{d}x \right| < \varepsilon. \tag{14.3}$$

证明. 必要性可直接由定义 2.2 得出, 下证充分性. 首先, 由条件及第十一章定理 1.5 知 $\int_a^{+\infty} f(x,y)\,\mathrm{d}x$ 在 E 上逐点收敛. 进而在 (14.3) 中令 $A'' \to +\infty$ 即得 $\int_a^{+\infty} f(x,y)\,\mathrm{d}x$ 在 E 上一致收敛. □

【定理 2.7】(魏尔斯特拉斯判别法)　假设对任意的 $x \in [a, +\infty)$ 及任意的 $y \in E$ 有 $|f(x,y)| \leqslant F(x)$, 并且反常积分 $\int_a^{+\infty} F(x)\,\mathrm{d}x$ 收敛, 那么 $\int_a^{+\infty} f(x,y)\,\mathrm{d}x$ 在 E 上一致收敛. 我们称 $F(x)$ 为 $f(x,y)$ 的**优势函数**.

证明. 由 $\int_a^{+\infty} F(x)\,\mathrm{d}x$ 收敛知, 对任意的 $\varepsilon > 0$, 存在 $A > a$, 使得对任意的 A', $A'' > A$ 有

$$\int_{A'}^{A''} F(x)\,\mathrm{d}x < \varepsilon.$$

于是对任意的 $y \in E$ 可得

$$\left| \int_{A'}^{A''} f(x,y)\,\mathrm{d}x \right| \leqslant \int_{A'}^{A''} |f(x,y)|\,\mathrm{d}x \leqslant \int_{A'}^{A''} F(x)\,\mathrm{d}x < \varepsilon,$$

从而由柯西收敛准则知命题成立. □

【例 2.8】对任意的 $y \geqslant 0$ 有 $\left| \dfrac{\sin xy}{x^2 + y} \right| \leqslant \dfrac{1}{x^2}$, 故 $\int_1^{+\infty} \dfrac{\sin xy}{x^2 + y}\,\mathrm{d}x$ 在 $[0, +\infty)$ 上一致收敛.

【定理 2.9】(阿贝尔判别法)　假设

(1) $\int_a^{+\infty} f(x,y)\,\mathrm{d}x$ 在 E 上一致收敛;

(2) 对任意给定的 $y \in E$, $g(x,y)$ 是关于 x 的单调函数. 并且 $g(x,y)$ 在 $[a, +\infty) \times E$ 上有界, 也即存在 $M > 0$, 使得对任意的 $x \geqslant a$ 及 $y \in E$ 有 $|g(x,y)| \leqslant M$.

那么 $\int_a^{+\infty} f(x,y)g(x,y)\,\mathrm{d}x$ 在 E 上一致收敛.

证明. 由 (1) 知, 对任意的 $\varepsilon > 0$, 存在 $A > a$, 使得对任意的 A', $A'' > A$ 及 $y \in E$ 有

$$\left| \int_{A'}^{A''} f(x,y)\,\mathrm{d}x \right| < \varepsilon.$$

于是由积分第二中值定理知, 对任意的 $y \in E$, 存在位于 A' 和 A'' 之间的 $\xi(y)$ 使得

$$\left| \int_{A'}^{A''} f(x,y)g(x,y)\,\mathrm{d}x \right| = \left| g(A',y) \int_{A'}^{\xi(y)} f(x,y)\,\mathrm{d}x + g(A'',y) \int_{\xi(y)}^{A''} f(x,y)\,\mathrm{d}x \right|$$

$$< 2M\varepsilon,$$

因此 $\int_a^{+\infty} f(x,y)g(x,y)\,\mathrm{d}x$ 在 E 上一致收敛. □

【定理 2.10】(狄利克雷 (Dirichlet) 判别法) 假设

(1) 对任意给定的 $y \in E$, $g(x,y)$ 是关于 x 的单调函数. 并且当 $x \to +\infty$ 时, 函数 $g(x,y)$ 在 E 上一致收敛于 0;

(2) $F(A,y) = \displaystyle\int_a^A f(x,y)\,\mathrm{d}x$ 在 $[a,+\infty) \times E$ 上有界, 也即存在 $M > 0$, 使得对任意的 $A \geqslant a$ 及 $y \in E$ 有 $|F(A,y)| \leqslant M$.

那么 $\displaystyle\int_a^{+\infty} f(x,y)g(x,y)\,\mathrm{d}x$ 在 E 上一致收敛.

证明. 由(1)知, 对任意的 $\varepsilon > 0$, 存在 $A > a$, 使得对任意的 $x > A$ 及 $y \in E$ 有 $|g(x,y)| < \varepsilon$. 于是由积分第二中值定理知, 对任意的 $A', A'' > A$ 及任意的 $y \in E$, 存在位于 A' 和 A'' 之间的 $\xi(y)$ 使得

$$\left| \int_{A'}^{A''} f(x,y)g(x,y)\,\mathrm{d}x \right|$$

$$= \left| g(A',y) \int_{A'}^{\xi(y)} f(x,y)\,\mathrm{d}x + g(A'',y) \int_{\xi(y)}^{A''} f(x,y)\,\mathrm{d}x \right|$$

$$= \left| g(A',y)\big[F(\xi(y),y) - F(A',y)\big] + g(A'',y)\big[F(A'',y) - F(\xi(y),y)\big] \right|$$

$$< 4M\varepsilon,$$

因此 $\displaystyle\int_a^{+\infty} f(x,y)g(x,y)\,\mathrm{d}x$ 在 E 上一致收敛. $\square$

【例 2.11】证明 $\displaystyle\int_0^{+\infty} \mathrm{e}^{-xy}\frac{\sin x}{x}\,\mathrm{d}x$ 在 $[0,+\infty)$ 上一致收敛.

证明. 由于 $\displaystyle\int_0^{+\infty} \frac{\sin x}{x}\,\mathrm{d}x$ 收敛, 而对任意给定的 $y \geqslant 0$ 函数 e^{-xy} 是关于 x 的单调函数, 并且

$$0 \leqslant \mathrm{e}^{-xy} \leqslant 1, \qquad \forall\, x \geqslant 0,\ y \geqslant 0.$$

因此由阿贝尔判别法知命题成立. $\square$

14.2.2 含参变量反常积分的性质

【命题 2.12】设 $f(x,y)$ 是定义在 $[a,b] \times E$ 上的一个二元函数, y_0 是 E 的聚点 (当 $\sup E = +\infty$ 时, y_0 可以是 $+\infty$; 当 $\inf E = -\infty$ 时, y_0 可以是 $-\infty$), 满足

(1) 对任意给定的 $y \in E$, $f(x,y)$ 关于变量 x 是 $[a,b]$ 上的连续函数;

(2) 当 y 沿 E 中元素趋于 y_0 时 $f(x,y)$ 在 $[a,b]$ 上一致收敛于 $\varphi(x)$.

那么 $\varphi(x)$ 在 $[a,b]$ 上连续, 且有

$$\lim_{\substack{y \to y_0 \\ y \in E}} \int_a^b f(x,y)\,\mathrm{d}x = \int_a^b \varphi(x)\,\mathrm{d}x. \quad ① \tag{14.4}$$

证明. 我们仅讨论 $y_0 \in \mathbb{R}$ 的情形.

首先来证明 $\varphi \in C([a,b])$. 为此, 只需对任意的 $x_0 \in [a,b]$ 证明 $\varphi(x)$ 在 x_0 处连续即可. 由条件 (2) 知, 对任意的 $\varepsilon > 0$, 均存在 $\delta > 0$, 使得对于任意的 $y \in \big((y_0 - \delta, y_0 + \delta) \setminus \{y_0\}\big) \cap E$ 及任意的 $x \in [a,b]$ 有

$$|f(x,y) - \varphi(x)| < \frac{\varepsilon}{3}. \tag{14.5}$$

现取定 $y_1 \in \big((y_0 - \delta, y_0 + \delta) \setminus \{y_0\}\big) \cap E$, 于是由 $f(x, y_1)$ 关于变量 x 的连续性知, 存在 $\eta > 0$, 使得当 $x \in (x_0 - \eta, x_0 + \eta) \cap [a,b]$ 时

$$|f(x, y_1) - f(x_0, y_1)| < \frac{\varepsilon}{3}.$$

进而可对任意的 $x \in (x_0 - \eta, x_0 + \eta) \cap [a,b]$ 得到

$$|\varphi(x) - \varphi(x_0)| \leqslant |\varphi(x) - f(x, y_1)| + |f(x, y_1) - f(x_0, y_1)| + |f(x_0, y_1) - \varphi(x_0)|$$
$$< \frac{\varepsilon}{3} + \frac{\varepsilon}{3} + \frac{\varepsilon}{3} = \varepsilon.$$

这就证明了 $\varphi(x)$ 在 x_0 处连续.

此外, 由 (14.5) 还可对任意的 $y \in \big((y_0 - \delta, y_0 + \delta) \setminus \{y_0\}\big) \cap E$ 得到

$$\left| \int_a^b f(x,y)\,\mathrm{d}x - \int_a^b \varphi(x)\,\mathrm{d}x \right| \leqslant \int_a^b |f(x,y) - \varphi(x)|\,\mathrm{d}x < \frac{b-a}{3}\varepsilon.$$

因此 (14.4) 成立. □

【注 2.13】在上述命题取 $E = \mathbb{Z}_{\geqslant 1}$, 并考虑极限过程 $y \to +\infty$, 则可得到第十章命题 3.2 和 3.6.

下面给出命题 2.12 对应于反常积分的形式.

【命题 2.14】设 $f(x,y)$ 是定义在 $[a, +\infty) \times E$ 上的一个二元函数, y_0 是 E 的聚点 (当 $\sup E = +\infty$ 时, y_0 可以是 $+\infty$; 当 $\inf E = -\infty$ 时, y_0 可以是 $-\infty$), 满足

(1) 对任意给定的 $y \in E$, $f(x,y)$ 关于变量 x 是 $[a, +\infty)$ 上的连续函数;

(2) 对任意的 $b > a$, 当 y 沿 E 中元素趋于 y_0 时 $f(x,y)$ 在 $[a,b]$ 上一致收敛于 $\varphi(x)$;

(3) $\displaystyle\int_a^{+\infty} f(x,y)\,\mathrm{d}x$ 在 E 上一致收敛.

---

① 为了使这个式子成立, 事实上只需对任意给定的 $y \in E$ 要求 $f(x,y)$ 关于变量 x 在 $[a,b]$ 上可积即可, 参见本节习题第 5 题.

那么

$$\lim_{\substack{y \to y_0 \\ y \in E}} \int_a^{+\infty} f(x,y)\,\mathrm{d}x = \int_a^{+\infty} \varphi(x)\,\mathrm{d}x. \tag{14.6}$$

证明. 先证 $\int_a^{+\infty} \varphi(x)\,\mathrm{d}x$ 收敛. 由条件 (3) 知, 对任意的 $\varepsilon > 0$, 存在 $A > a$, 使得对任意的 $A', A'' > A$ 及任意的 $y \in E$ 有

$$\left| \int_{A'}^{A''} f(x,y)\,\mathrm{d}x \right| < \varepsilon.$$

注意到由条件 (2) 知, 当 $y \to y_0$ 时 $f(x,y)$ 在 $[A', A'']$ 上一致收敛于 $\varphi(x)$, 于是在上式中令 $y \to y_0$ 便可由命题 2.12 得到

$$\left| \int_{A'}^{A''} \varphi(x)\,\mathrm{d}x \right| \leqslant \varepsilon.$$

再由柯西收敛准则知 $\int_a^{+\infty} \varphi(x)\,\mathrm{d}x$ 收敛.

接下来证明 (14.6). 由 $\int_a^{+\infty} f(x,y)\,\mathrm{d}x$ 的一致收敛性及 $\int_a^{+\infty} \varphi(x)\,\mathrm{d}x$ 的收敛性知, 对任意的 $\varepsilon > 0$, 存在 $A > a$ 使得

$$\left| \int_A^{+\infty} f(x,y)\,\mathrm{d}x \right| < \frac{\varepsilon}{3} \quad (\forall\, y \in E) \qquad \text{及} \qquad \left| \int_A^{+\infty} \varphi(x)\,\mathrm{d}x \right| < \frac{\varepsilon}{3}. \tag{14.7}$$

此外, 条件 (2) 意味着存在 $\delta > 0$, 使得对任意的 $y \in \big((y_0 - \delta, y_0 + \delta) \setminus \{y_0\}\big) \cap E$ 及任意的 $x \in [a, A]$ 有

$$|f(x,y) - \varphi(x)| < \frac{\varepsilon}{3(A-a)},$$

进而对任意的 $y \in \big((y_0 - \delta, y_0 + \delta) \setminus \{y_0\}\big) \cap E$ 有

$$\left| \int_a^A f(x,y)\,\mathrm{d}x - \int_a^A \varphi(x)\,\mathrm{d}x \right| \leqslant \int_a^A |f(x,y) - \varphi(x)|\,\mathrm{d}x < \frac{\varepsilon}{3}.$$

结合 (14.7) 便可对任意的 $y \in \big((y_0 - \delta, y_0 + \delta) \setminus \{y_0\}\big) \cap E$ 得到

$$\left| \int_a^{+\infty} f(x,y)\,\mathrm{d}x - \int_a^{+\infty} \varphi(x)\,\mathrm{d}x \right| < \varepsilon.$$

于是命题得证. $\qquad\qquad\qquad\qquad\qquad\qquad\qquad\qquad\qquad\qquad\qquad\qquad\qquad\square$

有了以上准备工作, 我们可以来进一步研究含参变量反常积分的相关性质了.

【命题 2.15】假设

(1) $f(x,y)$ 在 $[a,+\infty) \times [b,c]$ 上连续;

(2) $\displaystyle\int_a^{+\infty} f(x,y)\,\mathrm{d}x$ 在 $[b,c]$ 上一致收敛于 $F(y)$.

那么 $F(y)$ 在 $[b,c]$ 上连续.

证明. 对任意给定的 $A > a$, 由命题 1.1 知 $F(A,y) = \displaystyle\int_a^A f(x,y)\,\mathrm{d}x$ 关于变量 y 在区间 $[b,c]$ 上连续. 回忆起注 2.3, 由条件 (2) 知当 $A \to +\infty$ 时 $F(A,y)$ 在 $[b,c]$ 上一致收敛于 $F(y)$, 因此由命题 2.12 可得 $F(y)$ 的连续性. $\qquad\square$

类似于函数项级数的迪尼 (Dini) 定理, 我们有下述结论.

【定理 2.16】(迪尼) 设 $f(x,y)$ 是定义在 $[a,+\infty) \times [b,c]$ 上的非负连续函数, 且对任意的 $y \in [b,c]$ 而言, $\displaystyle\int_a^{+\infty} f(x,y)\,\mathrm{d}x$ 收敛于 $F(y)$. 如果 $F(y)$ 在 $[b,c]$ 上连续, 那么 $\displaystyle\int_a^{+\infty} f(x,y)\,\mathrm{d}x$ 在 $[b,c]$ 上一致收敛.

证明. 记 $u_n(y) = \displaystyle\int_{a+n-1}^{a+n} f(x,y)\,\mathrm{d}x$, 则

$$F(y) = \int_a^{+\infty} f(x,y)\,\mathrm{d}x = \sum_{n=1}^{\infty} u_n(y).$$

由 f 所满足的条件及命题 1.1 知每个 $u_n(y)$ 均在 $[b,c]$ 上非负连续, 从而由函数项级数的迪尼定理 (第十章定理 3.5) 知 $\displaystyle\sum_{n=1}^{\infty} u_n(y)$ 在 $[b,c]$ 上一致收敛于 $F(y)$. 于是对任意的 $\varepsilon > 0$, 存在正整数 N, 使得对任意 $y \in [b,c]$ 有

$$\sum_{n=N}^{\infty} u_n(y) < \varepsilon.$$

进而对任意的 $A > a+N-1$ 及任意的 $y \in [b,c]$ 有

$$0 \leqslant \int_A^{+\infty} f(x,y)\,\mathrm{d}x \leqslant \int_{a+N-1}^{+\infty} f(x,y)\,\mathrm{d}x = \sum_{n=N}^{\infty} u_n(y) < \varepsilon.$$

从而命题得证. $\qquad\square$

下面来看积分号的交换问题.

【命题 2.17】假设

(1) $f(x,y)$ 在 $[a,+\infty) \times [b,c]$ 上连续;

(2) $\displaystyle\int_a^{+\infty} f(x,y)\,\mathrm{d}x$ 在 $[b,c]$ 上一致收敛,

那么

$$\int_b^c \mathrm{d}y \int_a^{+\infty} f(x,y)\,\mathrm{d}x = \int_a^{+\infty} \mathrm{d}x \int_b^c f(x,y)\,\mathrm{d}y.$$

证明. 由命题 1.5 知, 对任意的 $A > a$ 有

$$\int_b^c \mathrm{d}y \int_a^A f(x,y)\,\mathrm{d}x = \int_a^A \mathrm{d}x \int_b^c f(x,y)\,\mathrm{d}y. \tag{14.8}$$

而在注 2.3 中我们提到过, 条件 (2) 意味着当 $A \to +\infty$ 时 $F(A,y) = \int_a^A f(x,y)\,\mathrm{d}x$ 在 $[b,c]$ 上一致收敛于 $\int_a^{+\infty} f(x,y)\,\mathrm{d}x$. 注意到对任意给定的 $A \in [a,+\infty)$, $F(A,y)$ 是关于 y 的连续函数, 因此由命题 2.12 可得

$$\lim_{A \to +\infty} \int_b^c F(A,y)\,\mathrm{d}y = \int_b^c \mathrm{d}y \int_a^{+\infty} f(x,y)\,\mathrm{d}x.$$

结合 (14.8) 便知

$$\lim_{A \to +\infty} \int_a^A \mathrm{d}x \int_b^c f(x,y)\,\mathrm{d}y = \int_b^c \mathrm{d}y \int_a^{+\infty} f(x,y)\,\mathrm{d}x,$$

从而命题得证. □

【命题 2.18】假设

(1) $f(x,y)$ 在 $[a,+\infty) \times [b,+\infty)$ 上连续;

(2) $\int_a^{+\infty} f(x,y)\,\mathrm{d}x$ 和 $\int_b^{+\infty} f(x,y)\,\mathrm{d}y$ 分别在 $[b,+\infty)$ 及 $[a,+\infty)$ 的任一有界闭子区间上一致收敛;

(3) $\int_b^{+\infty} \mathrm{d}y \int_a^{+\infty} |f(x,y)|\,\mathrm{d}x$ 和 $\int_a^{+\infty} \mathrm{d}x \int_b^{+\infty} |f(x,y)|\,\mathrm{d}y$ 中至少有一个收敛.

那么

$$\int_b^{+\infty} \mathrm{d}y \int_a^{+\infty} f(x,y)\,\mathrm{d}x = \int_a^{+\infty} \mathrm{d}x \int_b^{+\infty} f(x,y)\,\mathrm{d}y.$$

证明. 不妨假设 $\int_b^{+\infty} \mathrm{d}y \int_a^{+\infty} |f(x,y)|\,\mathrm{d}x$ 收敛. 由命题 2.17 知, 对任意的 $A > a$ 有

$$\int_b^{+\infty} \mathrm{d}y \int_a^A f(x,y)\,\mathrm{d}x = \int_a^A \mathrm{d}x \int_b^{+\infty} f(x,y)\,\mathrm{d}y. \tag{14.9}$$

现记 $F(A,y) = \int_a^A f(x,y)\,\mathrm{d}x$, 则

$$|F(A,y)| \leqslant \int_a^A |f(x,y)|\,\mathrm{d}x \leqslant \int_a^{+\infty} |f(x,y)|\,\mathrm{d}x.$$

由于预先假设了 $\int_b^{+\infty} \mathrm{d}y \int_a^{+\infty} |f(x,y)|\,\mathrm{d}x$ 收敛, 所以由魏尔斯特拉斯判别法知 $\int_b^{+\infty} F(A,y)\,\mathrm{d}y$ 在 $[a,+\infty)$ 上一致收敛. 此外, 条件 (2) 意味着当 $A \to +\infty$ 时 $F(A,y)$ 在 $[b,+\infty)$ 的任一

有界闭子区间上一致收敛于 $\displaystyle\int_a^{+\infty} f(x,y)\,\mathrm{d}x$. 于是在 (14.9) 中令 $A \to +\infty$, 由命题 2.14 便得

$$\int_b^{+\infty} \mathrm{d}y \int_a^{+\infty} f(x,y)\,\mathrm{d}x = \int_a^{+\infty} \mathrm{d}x \int_b^{+\infty} f(x,y)\,\mathrm{d}y.$$ □

在上述命题中我们看到, 为了保证两个无界区间上的积分可交换, 其条件是颇为繁杂的. 但是在 $f(x,y)$ 非负的情况下, 利用迪尼定理可将其中的条件 (2) 略微简化, 这对于某些实际应用而言便捷了许多 (参见例 2.24 和 2.25) .

【推论 2.19】假设

(1) $f(x,y)$ 在 $[a,+\infty) \times [b,+\infty)$ 上连续且非负;

(2) 函数

$$F(y) = \int_a^{+\infty} f(x,y)\,\mathrm{d}x \qquad 与 \qquad G(x) = \int_b^{+\infty} f(x,y)\,\mathrm{d}y$$

分别在 $[b,+\infty)$ 和 $[a,+\infty)$ 上连续;

(3) $\displaystyle\int_b^{+\infty} \mathrm{d}y \int_a^{+\infty} f(x,y)\,\mathrm{d}x$ 和 $\displaystyle\int_a^{+\infty} \mathrm{d}x \int_b^{+\infty} f(x,y)\,\mathrm{d}y$ 中至少有一个收敛.

那么

$$\int_b^{+\infty} \mathrm{d}y \int_a^{+\infty} f(x,y)\,\mathrm{d}x = \int_a^{+\infty} \mathrm{d}x \int_b^{+\infty} f(x,y)\,\mathrm{d}y.$$

证明. 由条件 (1), (2) 及迪尼定理知 $\displaystyle\int_a^{+\infty} f(x,y)\,\mathrm{d}x$ 和 $\displaystyle\int_b^{+\infty} f(x,y)\,\mathrm{d}y$ 分别在 $[b,+\infty)$ 及 $[a,+\infty)$ 的任一有界闭子区间上一致收敛, 从而由命题 2.18 知结论成立.   □

最后来讨论积分号下求导的问题.

【命题 2.20】假设

(1) $f(x,y)$ 与 $\dfrac{\partial f}{\partial y}$ 均在 $[a,+\infty) \times [b,c]$ 上连续;

(2) 对任意给定的 $y \in [b,c]$, 反常积分 $\displaystyle\int_a^{+\infty} f(x,y)\,\mathrm{d}x$ 收敛;

(3) $\displaystyle\int_a^{+\infty} \dfrac{\partial f}{\partial y}(x,y)\,\mathrm{d}x$ 在 $[b,c]$ 上一致收敛.

那么

$$\frac{\mathrm{d}}{\mathrm{d}y} \int_a^{+\infty} f(x,y)\,\mathrm{d}x = \int_a^{+\infty} \frac{\partial f}{\partial y}(x,y)\,\mathrm{d}x. \tag{14.10}$$

证明. 为方便起见, 记

$$F(y) = \int_a^{+\infty} f(x,y)\,\mathrm{d}x, \qquad \psi(y) = \int_a^{+\infty} \frac{\partial f}{\partial y}(x,y)\,\mathrm{d}x.$$

由命题 2.15 知 $\psi(y)$ 在 $[b,c]$ 上连续, 于是变上限积分 $\displaystyle\int_b^y \psi(t)\,\mathrm{d}t$ 在 $[b,c]$ 上可导, 且其导数

为 $\psi(y)$. 此外, 由命题 2.17 可得

$$\int_b^y \psi(t)\,\mathrm{d}t = \int_b^y \mathrm{d}t \int_a^{+\infty} \frac{\partial f}{\partial t}(x,t)\,\mathrm{d}x = \int_a^{+\infty} \mathrm{d}x \int_b^y \frac{\partial f}{\partial t}(x,t)\,\mathrm{d}t$$

$$= \int_a^{+\infty} \big[f(x,y) - f(x,b) \big]\,\mathrm{d}x = F(y) - F(b).$$

因此 $F(y)$ 也可导且 $F'(y) = \psi(y)$, 此即 (14.10). $\qquad\square$

14.2.3 在反常积分计算中的应用

作为上一小节中的理论的应用, 我们来计算一些特殊的反常积分, 其中例 2.22, 2.24 及 2.25 的结果非常重要, 需要牢记.

【例 2.21】利用第十一章例 3.8 中所计算的伏汝兰尼 (Froullani) 积分可直接得到

$$\int_0^{+\infty} \frac{\mathrm{e}^{-ax} - \mathrm{e}^{-bx}}{x}\,\mathrm{d}x = \log \frac{b}{a}, \qquad \forall\, b > a > 0.$$

现在我们换一种方式来计算它. 将上式左边记作 I, 那么

$$I = \int_0^{+\infty} \left(\int_a^b \mathrm{e}^{-xy}\,\mathrm{d}y \right) \mathrm{d}x. \tag{14.11}$$

一方面, e^{-xy} 在 $[0, +\infty) \times [a, b]$ 上连续; 另一方面, 当 $x \geqslant 0$ 且 $y \in [a, b]$ 时

$$0 \leqslant \mathrm{e}^{-xy} \leqslant \mathrm{e}^{-ax},$$

而 $\displaystyle\int_0^{+\infty} \mathrm{e}^{-ax}\,\mathrm{d}x$ 收敛, 因此由魏尔斯特拉斯判别法知 $\displaystyle\int_0^{+\infty} \mathrm{e}^{-xy}\,\mathrm{d}x$ 在 $[a, b]$ 上一致收敛, 于是由命题 2.17 知 (14.11) 中的积分号可以交换, 从而有

$$I = \int_a^b \mathrm{d}y \int_0^{+\infty} \mathrm{e}^{-xy}\,\mathrm{d}x = \int_a^b \frac{1}{y}\,\mathrm{d}y = \log \frac{b}{a}.$$

【例 2.22】计算狄利克雷积分 $\displaystyle\int_0^{+\infty} \frac{\sin x}{x}\,\mathrm{d}x$.

<u>解</u>. 引入收敛因子 $\mathrm{e}^{-\alpha x}$ 并考虑积分

$$I(\alpha) = \int_0^{+\infty} \mathrm{e}^{-\alpha x} \frac{\sin x}{x}\,\mathrm{d}x.$$

记

$$f(x, \alpha) = \begin{cases} \mathrm{e}^{-\alpha x} \dfrac{\sin x}{x}, & x \neq 0, \\ 1, & x = 0, \end{cases}$$

则 $\dfrac{\partial f}{\partial \alpha} = -\mathrm{e}^{-\alpha x}\sin x$, 容易验证 f 与 $\dfrac{\partial f}{\partial \alpha}$ 均在 $[0,+\infty) \times [0,+\infty)$ 上连续. 此外, 由 $|\mathrm{e}^{-\alpha x}\sin x| \leqslant$
$\mathrm{e}^{-\alpha x}$ 及魏尔斯特拉斯判别法知 $\displaystyle\int_0^{+\infty}\dfrac{\partial f}{\partial \alpha}(x,\alpha)\,\mathrm{d}x$ 在 $(0,+\infty)$ 上内闭一致收敛. 按照命题 2.20,
在 $(0,+\infty)$ 的任一闭子区间上有

$$I'(\alpha) = \int_0^{+\infty}\frac{\partial f}{\partial \alpha}(x,\alpha)\,\mathrm{d}x = -\int_0^{+\infty}\mathrm{e}^{-\alpha x}\sin x\,\mathrm{d}x$$

$$= \frac{\mathrm{e}^{-\alpha x}(\alpha\sin x + \cos x)}{1+\alpha^2}\bigg|_0^{+\infty} = -\frac{1}{1+\alpha^2}.$$

进而对任意的 $\alpha > 0$ 得到

$$I(\alpha) - \lim_{A\to+\infty} I(A) = -\int_\alpha^{+\infty} I'(u)\,\mathrm{d}u = \frac{\pi}{2} - \arctan\alpha. \tag{14.12}$$

注意到对任意的 $\alpha > 0$ 有

$$|I(\alpha)| = \left|\int_0^{+\infty}\mathrm{e}^{-\alpha x}\frac{\sin x}{x}\,\mathrm{d}x\right| \leqslant \int_0^{+\infty}\mathrm{e}^{-\alpha x}\,\mathrm{d}x = \frac{1}{\alpha},$$

因此 $\displaystyle\lim_{A\to+\infty} I(A) = 0$. 将这代入 (14.12) 便得

$$I(\alpha) = \frac{\pi}{2} - \arctan\alpha, \qquad \forall\, \alpha > 0. \tag{14.13}$$

最后, 因为利用阿贝尔判别法可得 $\displaystyle\int_0^{+\infty}\mathrm{e}^{-\alpha x}\frac{\sin x}{x}\,\mathrm{d}x$ 在 $[0,+\infty)$ 上一致收敛 (参见例 2.11),
故而由命题 2.15 知 $I(\alpha)$ 在 $[0,+\infty)$ 上连续, 于是在 (14.13) 的等式中令 $\alpha \to 0^+$ 便得

$$\int_0^{+\infty}\frac{\sin x}{x}\,\mathrm{d}x = I(0) = \lim_{\alpha\to 0^+} I(\alpha) = \frac{\pi}{2}. \qquad \square$$

【注 2.23】通过变量替换容易推出

$$\int_0^{+\infty}\frac{\sin ax}{x}\,\mathrm{d}x = \begin{cases} \dfrac{\pi}{2}, & a > 0, \\[2mm] 0, & a = 0, \\[2mm] -\dfrac{\pi}{2}, & a < 0. \end{cases}$$

【例 2.24】计算反常积分 $I = \displaystyle\int_0^{+\infty}\mathrm{e}^{-x^2}\,\mathrm{d}x$.

解. 利用参数 $y > 0$ 作变量替换 $x \longmapsto xy$ 可得

$$I = y\int_0^{+\infty}\mathrm{e}^{-x^2 y^2}\,\mathrm{d}x.$$

在上式两边同乘 e^{-y^2} 并对 y 从 0 到 $+\infty$ 积分, 我们有

$$I^2 = I \int_0^{+\infty} \mathrm{e}^{-y^2}\,\mathrm{d}y = \int_0^{+\infty} \mathrm{e}^{-y^2} \cdot y \left(\int_0^{+\infty} \mathrm{e}^{-x^2 y^2}\,\mathrm{d}x \right) \mathrm{d}y$$

$$= \int_0^{+\infty} \left(\int_0^{+\infty} \mathrm{e}^{-y^2(x^2+1)} y\,\mathrm{d}x \right) \mathrm{d}y. \tag{14.14}$$

一方面,

$$\int_0^{+\infty} \mathrm{e}^{-y^2(x^2+1)} y\,\mathrm{d}x = \mathrm{e}^{-y^2} I$$

是关于 $y > 0$ 的连续函数; 另一方面, 对任意的 $\delta > 0$,

$$\int_\delta^{+\infty} \mathrm{e}^{-y^2(x^2+1)} y\,\mathrm{d}y = \frac{1}{2} \int_\delta^{+\infty} \mathrm{e}^{-y^2(x^2+1)}\,\mathrm{d}y^2 = \frac{\mathrm{e}^{-\delta^2(x^2+1)}}{2(x^2+1)}$$

是关于 $x \geqslant 0$ 的连续函数, 因此由推论 2.19 知

$$\int_\delta^{+\infty} \left(\int_0^{+\infty} \mathrm{e}^{-y^2(x^2+1)} y\,\mathrm{d}x \right) \mathrm{d}y = \int_0^{+\infty} \left(\int_\delta^{+\infty} \mathrm{e}^{-y^2(x^2+1)} y\,\mathrm{d}y \right) \mathrm{d}x$$

$$= \int_0^{+\infty} \frac{\mathrm{e}^{-\delta^2(x^2+1)}}{2(x^2+1)}\,\mathrm{d}x.$$

利用魏尔斯特拉斯判别法容易验证上式右边的积分在 $[0, +\infty)$ 上一致收敛, 因此令 $\delta \to 0^+$, 由 (14.14) 及命题 2.15 可得

$$I^2 = \lim_{\delta \to 0^+} \int_0^{+\infty} \frac{\mathrm{e}^{-\delta^2(x^2+1)}}{2(x^2+1)}\,\mathrm{d}x = \int_0^{+\infty} \frac{\mathrm{d}x}{2(x^2+1)} = \frac{\pi}{4}.$$

所以 $I = \dfrac{\sqrt{\pi}}{2}$. □

【例 2.25】我们定义 <u>B 函数</u>[②]

$$\mathrm{B}(p, q) = \int_0^1 x^{p-1}(1-x)^{q-1}\,\mathrm{d}x, \tag{14.15}$$

则它在 $p > 0$ 且 $q > 0$ 时收敛, 并且对任意的 $\varepsilon_1, \varepsilon_2 > 0$, $\mathrm{B}(p, q)$ 在 $[\varepsilon_1, +\infty) \times [\varepsilon_2, +\infty)$ 上一致收敛, 故而它在 $\mathbb{R}^2_{>0}$ 上连续. 下面来证明关系式

$$\mathrm{B}(p, q) = \frac{\Gamma(p)\Gamma(q)}{\Gamma(p+q)}, \qquad \forall\, p > 0,\ q > 0. \tag{14.16}$$

回忆起在第十一章例 3.9 中我们证明了

$$\Gamma(s) = \int_0^{+\infty} \mathrm{e}^{-x} x^{s-1}\,\mathrm{d}x, \qquad \forall\, s > 0. \tag{14.17}$$

---

② 这里的 B 是希腊字母 β 的大写.

先考虑 $p > 1$ 且 $q > 1$ 的情形, 我们有

$$\Gamma(p)\Gamma(q) = \Gamma(q)\int_0^{+\infty} \mathrm{e}^{-x}x^{p-1}\,\mathrm{d}x = \int_0^{+\infty} \mathrm{e}^{-x}x^{p-1}\left(\int_0^{+\infty} \mathrm{e}^{-y}y^{q-1}\,\mathrm{d}y\right)\mathrm{d}x$$

$$= \int_0^{+\infty}\left(\int_0^{+\infty} \mathrm{e}^{-(x+y)}x^{p-1}y^{q-1}\,\mathrm{d}y\right)\mathrm{d}x.$$

对内层积分作变量替换 $y \longmapsto xy$ 可得

$$\Gamma(p)\Gamma(q) = \int_0^{+\infty}\left(\int_0^{+\infty} \mathrm{e}^{-x(1+y)}x^{p+q-1}y^{q-1}\,\mathrm{d}y\right)\mathrm{d}x. \tag{14.18}$$

现记 $f(x,y) = \mathrm{e}^{-x(1+y)}x^{p+q-1}y^{q-1}$, 则由 $p > 1$ 且 $q > 1$ 知 $f(x,y)$ 在 $\mathbb{R}^2_{\geqslant 0}$ 上非负且连续. 此外,

$$\int_0^{+\infty} f(x,y)\,\mathrm{d}x = \frac{\Gamma(p+q)y^{q-1}}{(1+y)^{p+q}}$$

是 $\mathbb{R}_{\geqslant 0}$ 上关于变量 y 的连续函数;

$$\int_0^{+\infty} f(x,y)\,\mathrm{d}y = \Gamma(q)\mathrm{e}^{-x}x^{p-1}$$

是 $\mathbb{R}_{\geqslant 0}$ 上关于变量 x 的连续函数. 因此由推论 2.19 知 (14.18) 中的积分号可以交换, 从而得到

$$\Gamma(p)\Gamma(q) = \int_0^{+\infty}\mathrm{d}y\int_0^{+\infty} \mathrm{e}^{-x(1+y)}x^{p+q-1}y^{q-1}\,\mathrm{d}x$$

$$= \Gamma(p+q)\int_0^{+\infty} \frac{y^{q-1}}{(1+y)^{p+q}}\,\mathrm{d}y.$$

因此只需说明

$$\mathrm{B}(p,q) = \int_0^{+\infty} \frac{y^{q-1}}{(1+y)^{p+q}}\,\mathrm{d}y$$

即可, 而这可以在 (14.15) 中令 $x = \dfrac{1}{1+y}$ 得到.

接下来证明 $p > 0, q > 0$ 的情形. 利用分部积分可得 (留作练习)

$$\mathrm{B}(p+1,q+1) = \frac{pq}{(p+q+1)(p+q)}\mathrm{B}(p,q).$$

注意到 $p + 1 > 1$ 及 $q + 1 > 1$, 故而利用上面一段的结论可推出

$$\mathrm{B}(p,q) = \frac{(p+q+1)(p+q)}{pq}\mathrm{B}(p+1,q+1)$$

$$= \frac{(p+q+1)(p+q)}{pq}\cdot\frac{\Gamma(p+1)\Gamma(q+1)}{\Gamma(p+q+2)} = \frac{\Gamma(p)\Gamma(q)}{\Gamma(p+q)},$$

其中最后一步用到了 $\Gamma(s+1) = s\Gamma(s)$.

【例 2.26】在这个例子中, 我们利用 (14.16) 来重新证明

$$\int_0^{+\infty} e^{-x^2} \, dx = \frac{\sqrt{\pi}}{2}. \tag{14.19}$$

事实上, 在 (14.16) 中取 $p = q = \frac{1}{2}$ 可得

$$B\left(\frac{1}{2}, \frac{1}{2}\right) = \Gamma\left(\frac{1}{2}\right)^2.$$

一方面, 在 B 函数的定义式 (14.15) 中作变量替换 $x = \cos^2\theta$ 可推出

$$B\left(\frac{1}{2}, \frac{1}{2}\right) = \int_0^1 \frac{dx}{\sqrt{x(1-x)}} = \int_{\frac{\pi}{2}}^0 \frac{-2\cos\theta\sin\theta}{\sqrt{\cos^2\theta\sin^2\theta}} \, d\theta = \pi.$$

另一方面,

$$\Gamma\left(\frac{1}{2}\right) = \int_0^{+\infty} e^{-x} x^{-\frac{1}{2}} \, dx = 2\int_0^{+\infty} e^{-x} \, d\sqrt{x} = 2\int_0^{+\infty} e^{-x^2} \, dx.$$

综上便得 (14.19).

习题 14.2

1. 设 X 和 Y 是 $\mathbb{R}$ 的两个子集, $f(x, y)$ 是定义在 $X \times Y$ 上的函数, x_0 是 X 的一个聚点. 试写出判定 x 沿 X 中元素趋于 x_0 时 $f(x, y)$ 在 Y 上一致收敛的柯西准则并证明之.

2. 判断下列含参变量反常积分在指定集合上是否一致收敛:

(1) $\displaystyle\int_1^{+\infty} \frac{y^2 - x^2}{(x^2 + y^2)^2} \, dx, \ y \in \mathbb{R}$;

(2) $\displaystyle\int_0^{+\infty} e^{-xy} \sin x \, dx, \ y \in [a, +\infty)$, 其中 $a > 0$;

(3) $\displaystyle\int_0^{+\infty} e^{-xy} \sin x \, dx, \ y \in (0, +\infty)$;

(4) $\displaystyle\int_0^{+\infty} \frac{x\cos xy}{x^2 + 1} \, dx, \ y \in [a, +\infty)$, 其中 $a > 0$;

(5) $\displaystyle\int_0^{+\infty} \frac{x\cos xy}{x^2 + 1} \, dx, \ y \in (0, +\infty)$;

(6) $\displaystyle\int_0^{+\infty} \sqrt{y} e^{-yx^2} \, dx, \ y \in (0, +\infty)$;

(7) $\displaystyle\int_0^1 \frac{1}{x^y} \sin\frac{1}{x} \, dx, \ y \in (0, 2)$.

3. 设 $f(x)$ 在 $\mathbb{R}_{\geqslant 0}$ 上连续, 若积分 $\displaystyle\int_0^{+\infty} x^y f(x)\,\mathrm{d}x$ 在 $y = a$ 和 $y = b\ (a < b)$ 时均收敛, 证明 $\displaystyle\int_0^{+\infty} x^y f(x)\,\mathrm{d}x$ 在 $[a, b]$ 上一致收敛.

4. 证明积分

$$\int_1^{+\infty} \mathrm{e}^{-\frac{1}{y^2}(x-\frac{1}{y})^2}\,\mathrm{d}x$$

在 $(0, 1)$ 上一致收敛, 但不存在与 y 无关的函数作为上述被积函数的优势函数.

5. 设 $f(x, y)$ 是定义在 $[a, b] \times E$ 上的二元函数, y_0 是 E 的聚点, 满足:
   (1) 对任意给定的 $y \in E$, $f(x, y)$ 作为 x 的函数在 $[a, b]$ 上可积;
   (2) 当 $y \to y_0$ 时 $f(x, y)$ 在 $[a, b]$ 上一致收敛于 $\varphi(x)$.
   证明 $\varphi(x)$ 在 $[a, b]$ 上可积并且

$$\lim_{\substack{y \to y_0 \\ y \in E}} \int_a^b f(x, y)\,\mathrm{d}x = \int_a^b \varphi(x)\,\mathrm{d}x.$$

6. 设 $a \neq 0$, $g(y) = \displaystyle\int_0^{+\infty} \frac{1}{x}(1 - \mathrm{e}^{-xy}) \cos ax\,\mathrm{d}x$. 证明:
   (1) $g(y)$ 在 $\mathbb{R}_{\geqslant 0}$ 上连续;
   (2) $g(y)$ 在 $\mathbb{R}_{>0}$ 上可导.

7. 研究函数 $g(y) = \displaystyle\int_0^{+\infty} \frac{\arctan x}{x^y(3 + x^3)}\,\mathrm{d}x$ 的定义域及连续性.

8. 计算 $I(\alpha) = \displaystyle\int_0^{+\infty} \mathrm{e}^{-x^2} \cos \alpha x\,\mathrm{d}x$.

9. 设 $\alpha \geqslant 0$, 计算

$$I(\alpha) = \int_0^{+\infty} \frac{\arctan \alpha x}{x(1 + x^2)}\,\mathrm{d}x.$$

10. 设 $a > 0$, $b > 0$, 计算

$$\int_0^{+\infty} \frac{1 - \cos ax}{x} \mathrm{e}^{-bx}\,\mathrm{d}x.$$

11. 利用 $\dfrac{\arctan x}{x} = \displaystyle\int_0^1 \frac{1}{1 + x^2 y^2}\,\mathrm{d}y\ (x \neq 0)$ 计算积分

$$I = \int_0^1 \frac{\arctan x}{x\sqrt{1 - x^2}}\,\mathrm{d}x.$$

12. 利用 $\dfrac{1}{\sqrt{x}} = \dfrac{2}{\sqrt{\pi}} \displaystyle\int_0^{+\infty} \mathrm{e}^{-xy^2}\,\mathrm{d}y$, 并引入收敛因子来证明菲涅耳 (Fresnel) 积分

$$\int_{-\infty}^{+\infty} \sin x^2\,\mathrm{d}x = \int_{-\infty}^{+\infty} \cos x^2\,\mathrm{d}x = \sqrt{\frac{\pi}{2}}.$$

13. 利用例 **2.22** 和 **2.24** 中的结果计算下列积分:

(1) $\displaystyle\int_0^{+\infty} \frac{1}{x}\sin\frac{1}{x}\,\mathrm{d}x;$ (2) $\displaystyle\int_0^{+\infty} \frac{\sin^4 x}{x^2}\,\mathrm{d}x;$

(3) $\displaystyle\int_{-\infty}^{+\infty} \mathrm{e}^{-(ax^2+bx+c)}\,\mathrm{d}x \quad (a>0);$

(4) $\displaystyle\int_{-\infty}^{+\infty} \mathrm{e}^{-x^2-\frac{a^2}{x^2}}\,\mathrm{d}x \quad (a>0);$

(5) $\displaystyle\int_0^{+\infty} \frac{\cos ax - \cos bx}{x^2}\,\mathrm{d}x \quad (0<a<b);$

(6) $\displaystyle\int_0^{+\infty} \frac{\mathrm{e}^{-ax^2} - \mathrm{e}^{-bx^2}}{x^2}\,\mathrm{d}x \quad (0<a<b).$

14. 设 $p>0$, $q>0$, 证明

$$\mathrm{B}(p+1,q+1) = \frac{pq}{(p+q+1)(p+q)}\mathrm{B}(p,q).$$

15. 计算 $\displaystyle\int_0^{+\infty} \mathrm{e}^{-x}\log x\,\mathrm{d}x.$

从第 16 题到第 19 题是一组题, 利用 Γ 函数的积分表达式 (14.17) 以及例 2.24 来重新证明斯特林 (Stirling) 公式.

16. 设 $s\geqslant 2$, 利用 (14.17) 以及变量替换证明

$$\Gamma(s) = (s-1)^s \mathrm{e}^{1-s} \int_{-1}^{+\infty} \big((1+x)\mathrm{e}^{-x}\big)^{s-1}\,\mathrm{d}x.$$

17. 设 $s\geqslant 2$, 并记 $\delta = s^{-0.4}$ [③], 利用例 **2.24** 证明

$$\int_{-\delta}^{\delta} \big((1+x)\mathrm{e}^{-x}\big)^{s-1}\,\mathrm{d}x = \sqrt{\frac{2\pi}{s}} + O\Big(\frac{1}{s}\Big).$$

18. 通过考察被积函数的单调性来证明

$$\int_{-1}^{-\delta} \big((1+x)\mathrm{e}^{-x}\big)^{s-1}\,\mathrm{d}x + \int_{\delta}^{+\infty} \big((1+x)\mathrm{e}^{-x}\big)^{s-1}\,\mathrm{d}x \ll \frac{1}{s}.$$

19. 对 $s\geqslant 2$ 证明斯特林公式

$$\log\Gamma(s) = \Big(s - \frac{1}{2}\Big)\log s - s + \frac{1}{2}\log 2\pi + O\Big(\frac{1}{s}\Big).$$

[③] 事实上对任意的 $\theta \in \big(\frac{1}{3},\frac{1}{2}\big)$, 取 $\delta = n^{-\theta}$ 均可完成证明.

形如 $\int_0^{+\infty} \cos(x^3 - 3xy)\,dx$ 的积分被称为 <u>艾里积分</u>, 它是由艾里 (G.B.Airy) 于 1838 年引入的, 艾里对其进行了一些数值计算. 关于这一积分的渐近性态的研究始于斯托克斯 [60]. 从第 20 题到第 24 题是一组题, 给出了 $y \to +\infty$ 时这一积分的一个渐近公式, 这里所用的方法源于哈代 (G. H. Hardy) [26].

20. 设 $y \geqslant 1$, 利用变量替换 $t = \dfrac{x - \sqrt{y}}{\sqrt{y}}$ 及习题 9.5 第 12 题证明

$$\int_0^{+\infty} \cos(x^3 - 3xy)\,dx = \sqrt{y}\int_{-1}^1 \cos\left((t^3 + 3t^2 - 2)y^{\frac{3}{2}}\right)dt + O\left(\frac{1}{y}\right).$$

21. 令 $s = t^3 + 3t^2$, 证明 $\dfrac{1}{3t^2 + 6t} - \dfrac{1}{2\sqrt{3s}}$ 在 $t \in (0,1]$ 时分段单调且存在常数 $\alpha, \beta < 0$ 使得

$$\alpha \leqslant \frac{1}{3t^2 + 6t} - \frac{1}{2\sqrt{3s}} \leqslant \beta.$$

22. 利用变量替换 $s = t^3 + 3t^2$ 及习题 9.5 第 12 题证明

$$\int_0^1 \cos\left((t^3 + 3t^2 - 2)y^{\frac{3}{2}}\right)dt = \frac{1}{2\sqrt{3}}\int_0^4 \frac{\cos\left((s-2)y^{\frac{3}{2}}\right)}{\sqrt{s}}\,ds + O(y^{-\frac{3}{2}}).$$

23. 利用第 12 题中的菲涅耳积分证明

$$\int_0^1 \cos\left((t^3 + 3t^2 - 2)y^{\frac{3}{2}}\right)dt = \frac{\sqrt{\pi}}{2\sqrt{3}\,y^{\frac{3}{4}}}\sin\left(2y^{\frac{3}{2}} + \frac{\pi}{4}\right) + O(y^{-\frac{3}{2}}).$$

24. 对 $y \geqslant 1$ 证明

$$\int_0^{+\infty} \cos(x^3 - 3xy)\,dx = \sqrt{\frac{\pi}{3}}\,y^{-\frac{1}{4}}\sin\left(2y^{\frac{3}{2}} + \frac{\pi}{4}\right) + O\left(\frac{1}{y}\right).$$

第十五章

重 积 分

夫叠棋成立积, 缘幂势既同, 则积不容异.

——祖暅

§15.1
若尔当测度

在小学和中学, 我们学习了如何去计算一些特殊的平面几何图形的面积和空间几何体的体积. 但是无论是面积还是体积, 在我们的脑海中都只有一个模糊的印象, 而没有确切的定义. 这两个概念以及它们在 $\mathbb{R}^n$ 中的自然推广被统称为测度.

按照通常的想法, 我们希望对 $\mathbb{R}^n$ 的任一子集 A 定义其测度 $\mu(A)$, 并希望所定义的测度满足下列性质:

(1) μ 在非负实数集上取值;

(2) 若 $A \subseteq B$, 则 $\mu(A) \leqslant \mu(B)$;

(3) 若 $A \cap B = \varnothing$, 则 $\mu(A \cup B) = \mu(A) + \mu(B)$;

(4) μ 在刚体变换 [①] 下保持不变, 也即是说, 若 T 是刚体变换, 则 $\mu(TA) = \mu(A)$;

(5) 一些特殊几何体的测度与我们的几何认知一致, 例如 $\mathbb{R}^2$ 中的闭矩形 $[a,b] \times [c,d]$ 的测度为 $(b-a)(d-c)$.

然而这其实是难以做到的, 例如巴拿赫 (S. Banach) 和塔斯基 (A. Tarski)[6] 在 1924 年利用选择公理 [②] 证明了如下事实: 可将单位球 $\{(x,y,z) \in \mathbb{R}^3 : x^2 + y^2 + z^2 \leqslant 1\}$ 分成有限多块 (事实上, 5 块足矣), 这些块可通过刚体变换组合成 $\mathbb{R}^3$ 中的两个单位球, 这被称作 巴拿赫-塔斯基悖论 (Banach-Tarski paradox). 按照这一结论, 要么从单位球分出的有限多块中至少有一块没有测度, 要么以上五条结论不能全部成立.

因此我们面临着选择, 要么不要追求对 $\mathbb{R}^n$ 的每个子集定义测度, 要么删去上面 (1) — (5) 中的某些条件. 我们通常选择第一种方式, 那就需要去考虑选择哪些集合来定义测度, 或者说在多大的范围内去定义测度的问题. 这个问题没有统一的答案, 但是有两种方式可以应付绝大多数的应用, 一种是若尔当 (Jordan) 测度, 一种是勒贝格 (Lebesgue) 测度. 在本书中我们只关注前者, 而后者以及一般的测度理论将会在 "实分析" 课程中学习.

---

① 所谓刚体变换 (rigid transformation), 即指保持距离不变的变换, 也称作等距变换, 它可由平移及正交变换生成.

② 选择公理 (axiom of choice) 是集合论中的一个重要公理, 它说的是: 若 $(S_\lambda)_{\lambda \in L}$ 是一个集族, 其中 $S_\lambda \neq \varnothing$ ($\forall\, \lambda \in L$), 则存在映射 $f : \{S_\lambda : \lambda \in L\} \longrightarrow \bigcup_{\lambda \in L} S_\lambda$, 使得 $f(S_\lambda) \in S_\lambda$ ($\forall\, \lambda \in L$). 也即是说存在一种方式, 使得能够从每个 S_λ 中各选出一个元素.

为了建立测度理论, 我们首先回忆一下在第九章引入定积分的概念时所提到的计算曲边梯形面积的方法, 在那里是利用若干小矩形来逼近曲边梯形. 这启发我们首先去讨论矩形以及那些可表示为矩形的并的集合的测度, 以此为基础再去进一步讨论一些更一般的集合的测度.

15.1.1 简单集合的测度

【定义 1.1】设 I_j $(1 \leqslant j \leqslant n)$ 是 $\mathbb{R}$ 中的有界区间, 我们称 $I_1 \times I_2 \times \cdots \times I_n$ 为 $\mathbb{R}^n$ 中的矩形 (rectangle). 若 $\mathbb{R}^n$ 的子集 E 可表为有限多个矩形的并, 则称 E 是 $\mathbb{R}^n$ 中的简单集合 (elementary set). 按照第一章注 3.5 (1), 空集也是简单集合.

下面首先来说明简单集合族在基本的集合运算下的封闭性.

【命题 1.2】设 E, F 是 $\mathbb{R}^n$ 中的简单集合, 则 $E \cup F, E \cap F, E \setminus F, E \triangle F$ 也均是 $\mathbb{R}^n$ 中的简单集合. 此外, 对任意的 $\boldsymbol{a} \in \mathbb{R}^n$, $E + \boldsymbol{a} = \{\boldsymbol{x} + \boldsymbol{a} : \boldsymbol{x} \in E\}$ 是 $\mathbb{R}^n$ 中的简单集合.

证明. 设

$$E = \bigcup_{i=1}^{m} \mathcal{Q}_i, \qquad\qquad F = \bigcup_{j=1}^{k} \mathcal{Q}'_j,$$

其中 $\mathcal{Q}_i, \mathcal{Q}'_j$ 均是矩形, 那么

$$E \cup F = \left(\bigcup_{i=1}^{m} \mathcal{Q}_i \right) \cup \left(\bigcup_{j=1}^{k} \mathcal{Q}'_j \right)$$

是简单集合. 此外, 由分配律可得

$$E \cap F = \bigcup_{i=1}^{m} \bigcup_{j=1}^{k} (\mathcal{Q}_i \cap \mathcal{Q}'_j),$$

并且两个矩形的交仍是矩形, 故而 $E \cap F$ 是简单集合.

为了说明 $E \setminus F$ 是简单集合, 我们先证明两个矩形的差集必是简单集合. 事实上, 若 $\mathcal{Q} = I_1 \times I_2 \times \cdots \times I_n$ 与 $\mathcal{Q}' = I'_1 \times I'_2 \times \cdots \times I'_n$ 是两个矩形, 那么 $\boldsymbol{x} = (x_1, x_2, \cdots, x_n) \in \mathcal{Q} \setminus \mathcal{Q}'$ 当且仅当对每个 j 均有 $x_j \in I_j$ 并且存在 j 使得 $x_j \notin I'_j$, 因此

$$\mathcal{Q} \setminus \mathcal{Q}' = \Big((I_1 \setminus I'_1) \times I_2 \times \cdots \times I_n \Big) \cup \Big(I_1 \times (I_2 \setminus I'_2) \times \cdots \times I_n \Big) \cup \cdots$$
$$\cup \Big(I_1 \times I_2 \times \cdots \times (I_n \setminus I'_n) \Big).$$

注意到 $\mathbb{R}$ 中两个区间的差必可写成一些区间的并, 从而上式右边每个括号内的集合均是简单集合, 于是 $\mathcal{Q} \setminus \mathcal{Q}'$ 也是简单集合. 利用这一事实及

$$E \setminus F = \bigcap_{j=1}^{k} \left(\bigcup_{i=1}^{m} (\mathcal{Q}_i \setminus \mathcal{Q}'_j) \right)$$

便可推得 $E \setminus F$ 是简单集合. 进而知 $E \triangle F = (E \setminus F) \cup (F \setminus E)$ 是简单集合.

最后, $E + a = \bigcup\limits_{i=1}^{m}(\mathcal{Q}_i + a)$, 而 $\mathcal{Q}_i + a$ 是由 $\mathcal{Q}_i$ 通过平移所得到的矩形, 故而 $E + a$ 是简单集合. $\qquad\square$

我们用 $|I|$ 来表示 $\mathbb{R}$ 中的有界区间 I 的长度 (即该区间两端点之差). 如果 $\mathcal{Q} = I_1 \times I_2 \times \cdots \times I_n$ 是 $\mathbb{R}^n$ 中的一个矩形, 那么我们定义其<u>体积</u> $|\mathcal{Q}|$ 为

$$|\mathcal{Q}| = \prod_{j=1}^{n} |I_j|.$$

由这个定义知, 对于每个矩形 $\mathcal{Q}$ 有 $|\mathcal{Q}| = |\overline{\mathcal{Q}}|$.

【命题 1.3】设 E 是 $\mathbb{R}^n$ 中的一个简单集合, 那么

(1) E 可表为有限多个两两不相交的矩形的并;

(2) 若 E 可用如下两种方式写成互不相交的矩形的并

$$E = \bigcup_{i=1}^{m} \mathcal{Q}_i = \bigcup_{j=1}^{k} \mathcal{Q}'_j,$$

则

$$\sum_{i=1}^{m} |\mathcal{Q}_i| = \sum_{j=1}^{k} |\mathcal{Q}'_j|.$$

<u>证明</u>. (1) 首先讨论 $n = 1$ 的情形. 设 $E = I_1 \cup \cdots \cup I_m$. 现将 I_j $(1 \leqslant j \leqslant m)$ 的端点按大小排序, 记作 $a_1 < a_2 < \cdots < a_\ell$. 那么

$$E = \left(\bigcup_{j=1}^{\ell-2} \left(E \cap [a_j, a_{j+1}) \right) \right) \cup \left(E \cap [a_{\ell-1}, a_\ell] \right)$$

就是将 E 写成两两不相交的区间的并的一种方式.

再讨论一般情形. 设 $E = \mathcal{Q}_1 \cup \mathcal{Q}_2 \cup \cdots \cup \mathcal{Q}_m$, 其中 $\mathcal{Q}_i = I_{i,1} \times \cdots \times I_{i,n}$ 是矩形. 对于 $1 \leqslant j \leqslant n$, 按照前面的讨论知可将 $I_{1,j} \cup \cdots \cup I_{m,j}$ 写成互不相交的区间 $J_{1,j}, \cdots, J_{k_j,j}$ 的并, 即

$$I_{1,j} \cup \cdots \cup I_{m,j} = J_{1,j} \cup \cdots \cup J_{k_j,j}, \qquad 1 \leqslant j \leqslant n.$$

显然, 所有的矩形

$$J_{i_1,1} \times \cdots \times J_{i_n,n}, \qquad 1 \leqslant i_j \leqslant k_j, \ 1 \leqslant j \leqslant n$$

两两不相交, 并且

$$E = \bigcup_{j=1}^{n} \bigcup_{i_j=1}^{k_j} \left(E \cap (J_{i_1,1} \times \cdots \times J_{i_n,n}) \right),$$

从而 (1) 得证.

(2) 为方便起见, 我们把将 E 表为有限多个两两不相交的矩形的并的方式称为 E 的划分. 可以证明: 对于 E 的任意两个划分而言, 存在一个比它们两个都 "细" 的划分. 在此基础上便可证明 (2), 具体过程可参见 [44] §8.5.

下面我们采用 [61] 中的更加漂亮简洁的证明, 它基于有理点集的稠密性. 对于实数 α 及 $\mathbb{R}^n$ 的子集 A, 记 $\alpha A = \{\alpha \boldsymbol{x} : \boldsymbol{x} \in A\}$, 那么容易证明: 对 $\mathbb{R}$ 中的任一有界区间 I 有

$$|I| = \lim_{N \to \infty} \frac{1}{N} \cdot \#\left(I \cap \frac{1}{N}\mathbb{Z}\right), \tag{15.1}$$

其中 $\#$ 表示集合的元素个数. 于是对 $\mathbb{R}^n$ 中的矩形 $\mathcal{Q}$ 有

$$|\mathcal{Q}| = \lim_{N \to \infty} \frac{1}{N^n} \cdot \#\left(\mathcal{Q} \cap \frac{1}{N}\mathbb{Z}^n\right).$$

进而可得

$$\sum_{i=1}^{m} |\mathcal{Q}_i| = \lim_{N \to \infty} \frac{1}{N^n} \cdot \sum_{i=1}^{m} \#\left(\mathcal{Q}_i \cap \frac{1}{N}\mathbb{Z}^n\right) = \lim_{N \to \infty} \frac{1}{N^n} \cdot \#\left(E \cap \frac{1}{N}\mathbb{Z}^n\right) = \sum_{j=1}^{k} |\mathcal{Q}_j'|.$$

至此命题得证. □

鉴于命题 1.3, 我们可以给出如下定义.

【定义 1.4】设 E 是 $\mathbb{R}^n$ 中的一个简单集合, $E = \mathcal{Q}_1 \cup \cdots \cup \mathcal{Q}_m$ 是 E 的一个划分, 则记

$$\mu(E) = \sum_{i=1}^{m} |\mathcal{Q}_i|,$$

并称之为 E 的 测度 (measure).

由定义知 μ 是定义在简单集合族上的非负函数, 且 $\mu(\varnothing) = 0$. 此外, 因为对于每个矩形 $\mathcal{Q}$ 均有 $|\mathcal{Q}| = |\overline{\mathcal{Q}}|$, 所以对于简单集合 E 也有

$$\mu(E) = \mu(\overline{E}).$$

下面我们来介绍简单集合测度的一些基本性质.

【命题 1.5】设 E, F 均是 $\mathbb{R}^n$ 中的简单集合, 则

(1) (有限可加性) 若 $E \cap F = \varnothing$, 则 $\mu(E \cup F) = \mu(E) + \mu(F)$;

(2) (单调性) 若 $E \subseteq F$, 则 $\mu(E) \leqslant \mu(F)$;

(3) (次可加性) $\mu(E \cup F) \leqslant \mu(E) + \mu(F)$;

(4) (平移不变性) 对任意的 $\boldsymbol{a} \in \mathbb{R}^n$ 有 $\mu(E + \boldsymbol{a}) = \mu(E)$.

证明. 由命题 1.2 知, 本命题中所涉及的集合均是简单集合.

(1) 设 $E = \mathcal{Q}_1 \cup \cdots \cup \mathcal{Q}_m$ 与 $F = \mathcal{Q}_1' \cup \cdots \cup \mathcal{Q}_k'$ 分别是 E 和 F 的划分, 由 $E \cap F = \varnothing$ 知

$$E \cup F = \mathcal{Q}_1 \cup \cdots \cup \mathcal{Q}_m \cup \mathcal{Q}_1' \cup \cdots \cup \mathcal{Q}_k'$$

是 $E \cup F$ 的一个划分, 于是

$$\mu(E \cup F) = \sum_{i=1}^{m} |\mathcal{Q}_i| + \sum_{j=1}^{k} |\mathcal{Q}_j'| = \mu(E) + \mu(F).$$

(2) 当 $E \subseteq F$ 时有 $F = E \cup (F \setminus E)$, 并且由命题 1.2 知 $F \setminus E$ 是简单集合, 因此利用 (1) 可得 $\mu(F) = \mu(E) + \mu(F \setminus E) \geqslant \mu(E)$.

(3) 因为 $E \cup F = E \cup (F \setminus E)$, 并且这个式子右边的两个集合不相交, 所以由 (1) 和 (2) 可得

$$\mu(E \cup F) = \mu(E) + \mu(F \setminus E) \leqslant \mu(E) + \mu(F).$$

(4) 设 $E = \mathcal{Q}_1 \cup \cdots \cup \mathcal{Q}_m$ 是 E 的一个划分, 则

$$E + \boldsymbol{a} = (\mathcal{Q}_1 + \boldsymbol{a}) \cup \cdots \cup (\mathcal{Q}_m + \boldsymbol{a}),$$

且上式右边的集合两两不相交, 注意到 $\mathcal{Q}_j + \boldsymbol{a}$ 仍是矩形并且由矩形体积的定义不难验证 $|\mathcal{Q}_j + \boldsymbol{a}| = |\mathcal{Q}_j|$, 从而

$$\mu(E + \boldsymbol{a}) = \sum_{i=1}^{m} |\mathcal{Q}_i + \boldsymbol{a}| = \sum_{i=1}^{m} |\mathcal{Q}_i| = \mu(E). \qquad \square$$

15.1.2 若尔当测度

现在我们已经对简单集合定义了测度, 但是简单集合的群体实在是太小了, 一方面, 甚至很多形状规则的区域都不是简单集合, 例如 $\mathbb{R}^2$ 中的三角形就不是简单集合; 另一方面, 简单集合族在刚体变换下不封闭, 例如 $\mathbb{R}^2$ 中的矩形经过旋转变换后所得到的集合未必是简单集合. 所以有必要对更多的集合来定义测度. 现在我们面临的问题是: 应当选择哪些集合作为可定义测度的集合呢? 一个简单的想法是: 对于 $\mathbb{R}^n$ 中给定的某个集合, 我们利用简单集合从外逼近和从内逼近这个集合 (如图 15.1 所示), 如果这两种逼近方式能达成一致, 那么这就是我们想要的集合. 该想法引出了下述定义.

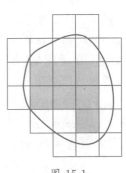

图 15.1

【定义 1.6】设 S 是 $\mathbb{R}^n$ 中的有界集, 我们称由

$$\mu_*(S) = \sup\{\mu(A) : A \subseteq S \text{ 且 } A \text{ 是简单集合}\}$$

定义的 $\mu_*(S)$ 为 S 的 <u>若尔当内测度 (Jordan inner measure)</u>; 称由

$$\mu^*(S) = \inf\{\mu(B) : B \supseteq S \text{ 且 } B \text{ 是简单集合}\}$$

定义的 $\mu^*(S)$ 为 S 的 <u>若尔当外测度 (Jordan outer measure)</u>. 若 $\mu_*(S) = \mu^*(S)$, 则称 S 为 <u>若尔当可测集 (Jordan measurable set)</u>, 并将这一公共值记作 $\mu(S)$, 称之为 S 的 <u>若尔当测度 (Jordan measure)</u> 或容度 (content).

若 $\mu(S) = 0$, 则称 S 是 若尔当零测集或零容度集.

当 $n = 1, 2, 3$ 时, 若尔当测度也被分别称作长度 (length), 面积 (area) 和 体积 (volume).

由上述定义可以立即看出简单集合必是若尔当可测集, 且其若尔当测度也即是定义 1.4 中所给出的简单集合的测度. 此外, 对任一有界集 S 有

$$0 \leqslant \mu_*(S) \leqslant \mu^*(S). \tag{15.2}$$

因此 S 是若尔当零测集当且仅当 $\mu^*(S) = 0$.

下面我们给出若尔当可测的一些等价描述.

【定理 1.7】设 S 是 $\mathbb{R}^n$ 中的有界集, 则下列命题等价:

(1) S 是若尔当可测集;

(2) 对任意的 $\varepsilon > 0$, 存在简单集合 A, B 满足 $A \subseteq S \subseteq B$ 以及 $\mu(B \setminus A) < \varepsilon$;

(3) ∂S 为若尔当零测集.

证明. (1) $\Rightarrow$ (2): 如果 S 是若尔当可测集, 那么由定义知, 对任意的 $\varepsilon > 0$, 存在简单集合 A, B 满足 $A \subseteq S \subseteq B$ 以及

$$\mu(A) > \mu(S) - \frac{\varepsilon}{2}, \qquad \mu(B) < \mu(S) + \frac{\varepsilon}{2}.$$

再由命题 1.5 (1) 便得 $\mu(B \setminus A) = \mu(B) - \mu(A) < \varepsilon$.

(2) $\Rightarrow$ (3): 对任意的 $\varepsilon > 0$, 由 (2) 知存在简单集合 A, B 满足 $A \subseteq S \subseteq B$ 以及 $\mu(B \setminus A) < \varepsilon$. 注意到 A 和 B 都可以写成有限多个矩形的并, 而开矩形与其闭包具有相同的测度, 因此不妨假设 A 是开集, B 是闭集, 从而 $A \subseteq S^\circ \subseteq \overline{S} \subseteq B$. 于是 $\partial S \subseteq B \setminus A$, 进而可得 $\mu^*(\partial S) = 0$, 这说明 ∂S 是若尔当零测集.

(3) $\Rightarrow$ (1): 由 ∂S 是若尔当零测集知, 对任意的 $\varepsilon > 0$, 存在简单集合 E 使得 $\partial S \subseteq E$ 以及 $\mu(E) < \varepsilon$. 注意到 E 可写成有限多个矩形的并, 因此我们可以把每个矩形适当地扩大成为一个开矩形, 并且使得所有的开矩形的测度之和小于 2ε. 这意味着我们可以在一开始就认定 E 是开集.

此外, 对任意的 $\boldsymbol{x} \in S^\circ$, 存在开矩形 $\mathcal{Q}_{\boldsymbol{x}}$ 使得 $\boldsymbol{x} \in \mathcal{Q}_{\boldsymbol{x}} \subseteq S^\circ$, 于是利用 $\overline{S} = S^\circ \cup \partial S$ (参见第十二章命题 1.16) 可得

$$\overline{S} \subseteq E \cup \left(\bigcup_{\boldsymbol{x} \in S^\circ} \mathcal{Q}_{\boldsymbol{x}} \right).$$

因为 $\overline{S}$ 是紧集, 故从上式右边可以选出有限个集合覆盖 $\overline{S}$, 即存在 $\boldsymbol{x}_1, \cdots, \boldsymbol{x}_m \in S^\circ$ 使得

$$\overline{S} \subseteq E \cup \left(\bigcup_{j=1}^m \mathcal{Q}_{\boldsymbol{x}_j} \right). \tag{15.3}$$

现记

$$A = \bigcup_{j=1}^m \mathcal{Q}_{\boldsymbol{x}_j}, \qquad B = E \cup A,$$

那么 A, B 均是简单集合, 并且由 $\mathcal{Q}_x$ 的选取方式及 (15.3) 知 $A \subseteq S^\circ \subseteq \overline{S} \subseteq B$. 于是

$$\mu^*(S) \leqslant \mu(B) \quad \text{且} \quad \mu_*(S) \geqslant \mu(A).$$

又由于 $\mu(B) - \mu(A) = \mu(B \setminus A) \leqslant \mu(E) < \varepsilon$, 所以

$$\mu^*(S) < \mu_*(S) + \varepsilon.$$

再由 ε 的任意性便知 $\mu^*(S) \leqslant \mu_*(S)$. 结合 (15.2) 即得 $\mu^*(S) = \mu_*(S)$, 因此 S 是若尔当可测集. $\qquad\square$

【例 1.8】 $S = [0,1] \cap \mathbb{Q}$ 不是 $\mathbb{R}$ 中的若尔当可测集, 这是因为由 $\partial S = [0,1]$ 知 $\mu(\partial S) = 1$. 事实上可以证明 $\mu_*(S) = 0, \mu^*(S) = 1$ (参见本节习题第 9 题).

下面给出若尔当可测集的一些性质.

【命题 1.9】 设 E, F 是 $\mathbb{R}^n$ 中的若尔当可测集, 则

(1) $E \cup F, E \cap F, E \setminus F, E \triangle F$ 均是 $\mathbb{R}^n$ 中的若尔当可测集;

(2) (有限可加性) 若 E 与 F 无公共内点, 则 $\mu(E \cup F) = \mu(E) + \mu(F)$, 特别地, 这一式子当 $E \cap F = \varnothing$ 时成立;

(3) (单调性) 若 $E \subseteq F$, 则 $\mu(E) \leqslant \mu(F)$;

(4) (次可加性) $\mu(E \cup F) \leqslant \mu(E) + \mu(F)$;

(5) (平移不变性) 对任意的 $\boldsymbol{a} \in \mathbb{R}^n$ 有 $\mu(E + \boldsymbol{a}) = \mu(E)$.

证明. (1) 这四个集合的边界均是 $\partial E \cup \partial F$ 的子集 (参见习题 12.1 第 8 题), 故由定理 1.7 知它们均是若尔当可测集.

(2) 由于 E, F 均是若尔当可测集, 故对任意的 $\varepsilon > 0$, 存在开的简单集合 A_1, A_2 满足 $A_1 \subseteq E, A_2 \subseteq F$ 以及

$$\mu(A_1) > \mu(E) - \varepsilon, \qquad \mu(A_2) > \mu(F) - \varepsilon.$$

注意到 $E^\circ \cap F^\circ = \varnothing$, 从而 $A_1 \cap A_2 = \varnothing$, 于是由命题 1.5 (1) 知

$$\mu(A_1 \cup A_2) = \mu(A_1) + \mu(A_2) > \mu(E) + \mu(F) - 2\varepsilon.$$

因为 $A_1 \cup A_2 \subseteq E \cup F$, 所以

$$\mu_*(E \cup F) \geqslant \mu(E) + \mu(F) - 2\varepsilon.$$

再由 ε 的任意性便得 $\mu_*(E \cup F) \geqslant \mu(E) + \mu(F)$.

另一方面, 对任意的 $\varepsilon > 0$, 存在简单集合 B_1, B_2 满足 $E \subseteq B_1, F \subseteq B_2$ 及

$$\mu(E) > \mu(B_1) - \varepsilon, \qquad \mu(F) > \mu(B_2) - \varepsilon.$$

因为 $E \cup F \subseteq B_1 \cup B_2$, 故由命题 1.5 (3) 知

$$\mu^*(E \cup F) \leqslant \mu(B_1 \cup B_2) \leqslant \mu(B_1) + \mu(B_2) < \mu(E) + \mu(F) + 2\varepsilon.$$

再由 ε 的任意性可得 $\mu^*(E\cup F)\leqslant\mu(E)+\mu(F)$. 综合以上两方面结果以及 (15.2) 即得 $\mu(E\cup F)=\mu(E)+\mu(F)$.

(3) 由 $F=E\cup(F\setminus E)$ 及 (2) 知 $\mu(F)=\mu(E)+\mu(F\setminus E)\geqslant\mu(E)$.

(4) 由 (2), (3) 知 $\mu(E\cup F)=\mu(E)+\mu(F\setminus E)\leqslant\mu(E)+\mu(F)$.

(5) 因为简单集合经过平移后仍是简单集合, 所以 B 是一个包含 E 的简单集合当且仅当 $B+\boldsymbol{a}$ 是包含 $E+\boldsymbol{a}$ 的简单集合, 由此便得 $\mu^*(E+\boldsymbol{a})=\mu^*(E)$. 同理有 $\mu_*(E+\boldsymbol{a})=\mu_*(E)$. 因此 $E+\boldsymbol{a}$ 是若尔当可测集且 $\mu(E+\boldsymbol{a})=\mu(E)$. $\qquad\square$

上述命题中所给出的诸性质与我们的预期是一致的, 但还有一条没有证明, 那就是若尔当测度在正交变换下的不变性, 它被放在了引理 5.4 中.

定理 1.7 和命题 1.9 虽然提供了若尔当可测集的一些基本性质, 但并未形象地告诉我们哪些集合是若尔当可测的. 我们其实很想知道平常所接触到的较为规则的几何体是否都是若尔当可测的, 而这正是目前需要解决的首要问题.

【命题 1.10】设 K 是 $\mathbb{R}^{n-1}$ 中的紧集, $f:K\longrightarrow\mathbb{R}$ 是一个连续函数, 那么集合

$$S=\{(\boldsymbol{x},f(\boldsymbol{x})):\boldsymbol{x}\in K\}$$

是 $\mathbb{R}^n$ 中的若尔当零测集.

证明. 因为 K 有界, 所以存在 $\mathbb{R}^{n-1}$ 中的矩形 $\mathcal{Q}$ 使得 $K\subseteq\mathcal{Q}$. 又由命题条件知 f 在 K 上一致连续, 于是对任意的 $\varepsilon>0$, 存在 $\delta>0$, 使得对于 K 中满足 $|\boldsymbol{x}_1-\boldsymbol{x}_2|<\delta$ 的任意两点 $\boldsymbol{x}_1$ 和 $\boldsymbol{x}_2$ 均有

$$|f(\boldsymbol{x}_1)-f(\boldsymbol{x}_2)|<\frac{\varepsilon}{\mu(\mathcal{Q})}.$$

现将 $\mathcal{Q}$ 划分成有限多个互不相交的子矩形 $\mathcal{Q}_1,\cdots,\mathcal{Q}_m$, 使得每个子矩形的直径 $<\delta$. 于是当 $\mathcal{Q}_j\cap K\neq\varnothing$ 时, 由上式知

$$\{(\boldsymbol{x},f(\boldsymbol{x})):\boldsymbol{x}\in\mathcal{Q}_j\}\subseteq\mathcal{Q}_j\times I_j,$$

其中 I_j 是 $\mathbb{R}$ 中的某个长度为 $\dfrac{\varepsilon}{\mu(\mathcal{Q})}$ 的区间. 因此

$$S\subseteq\bigcup_{1\leqslant j\leqslant m}^*(\mathcal{Q}_j\times I_j),$$

这里 $*$ 表示变量 j 满足 $\mathcal{Q}_j\cap K\neq\varnothing$. 并且

$$\mu\left(\bigcup_{1\leqslant j\leqslant m}^*(\mathcal{Q}_j\times I_j)\right)\leqslant\sum_{j=1}^m\mu(\mathcal{Q}_j\times I_j)=\sum_{j=1}^m\mu(\mathcal{Q}_j)\cdot\frac{\varepsilon}{\mu(\mathcal{Q})}$$

$$=\frac{\varepsilon}{\mu(\mathcal{Q})}\cdot\mu(\mathcal{Q})=\varepsilon.$$

这就证明了 S 是 $\mathbb{R}^n$ 中的若尔当零测集. $\qquad\square$

【注 1.11】(1) 在命题 1.10 的条件下, 类似可证集合

$$\{(x_1,\cdots,x_{i-1},f(\boldsymbol{x}),x_{i+1},\cdots,x_n) : \boldsymbol{x}=(x_1,\cdots,x_{i-1},x_{i+1},\cdots,x_n)\in K\} \tag{15.4}$$

也是 $\mathbb{R}^n$ 中的若尔当零测集.

(2) 因为 (15.4) 中的集合也即是 $\mathbb{R}^n$ 中的由连续函数 f 及显式方程

$$x_i = f(x_1,\cdots,x_{i-1},x_{i+1},\cdots,x_n), \qquad (x_1,\cdots,x_{i-1},x_{i+1},\cdots,x_n)\in K$$

所确定的曲面, 所以由定理 1.7 知, $\mathbb{R}^n$ 中由有限多个如上式给出的曲面所围成的区域是 $\mathbb{R}^n$ 中的若尔当可测集, 这意味着许多常见的几何体 (例如平面上的多边形、空间中的多面体、$\mathbb{R}^n$ 中的球等) 都是若尔当可测集.

或许有人会进一步地问: 如果 f 是一个从低维空间中的某紧集到高维空间的连续映射, 那么 f 的像集是否是高维空间中的若尔当零测集呢? 例如, 若 K 是 $\mathbb{R}^{n-1}$ 中的紧集, $f = (f_1,\cdots,f_n)^{\mathrm{T}} : K \longrightarrow \mathbb{R}^n$ 是一个连续映射, 那么 $f(K)$ 是否一定是 $\mathbb{R}^n$ 中的若尔当零测集? 这个问题的答案是否定的. 以 $n=2$ 的情形为例, 我们其实可以构造出连续的满射 $f : [0,1] \longrightarrow [0,1]^2$, 此即著名的 佩亚诺曲线 (参见 §10.8 习题 9 — 11). 然而, 如果假设 f 是连续可微映射, 那么 $f(K)$ 必是 $\mathbb{R}^n$ 中的若尔当零测集 (可参考定理 5.1 下面一段中的讨论).

最后值得一提的是, 若尔当测度虽然很具体并且容易理解, 但它其实并不是一个令人很满意的测度. 事实上, 有界的开集或闭集都未必是若尔当可测集 (参见习题 12).

习题 15.1

1. 证明 (15.1).

2. 设 E 是 $\mathbb{R}^n$ 中的一个简单集合. 证明: 对任意的 $\varepsilon > 0$ 及 $\delta > 0$, 存在有限多个 $\mathbb{R}^n$ 中的边长小于 δ 的 正方形 (即各边长相等的矩形) $\mathcal{Q}_1,\cdots,\mathcal{Q}_k$, 使得

$$E \subseteq \bigcup_{i=1}^{k} \mathcal{Q}_i \qquad 及 \qquad \mu(E) > \sum_{i=1}^{k} |\mathcal{Q}_i| - \varepsilon.$$

同样也存在有限多个 $\mathbb{R}^n$ 中的边长小于 δ 的正方形 $\mathcal{Q}'_1,\cdots,\mathcal{Q}'_\ell$, 使得

$$E \supseteq \bigcup_{i=1}^{\ell} \mathcal{Q}'_i \qquad 及 \qquad \mu(E) < \sum_{i=1}^{\ell} |\mathcal{Q}'_i| + \varepsilon.$$

3. 证明上题结论对于若尔当可测集 E 也成立.

4. 设 E, F 均是 $\mathbb{R}^n$ 中的有界集且 $E \subseteq F$, 证明

$$\mu_*(E) \leqslant \mu_*(F) \qquad 以及 \qquad \mu^*(E) \leqslant \mu^*(F).$$

5. 设 S 是 $\mathbb{R}^n$ 中的有界集, 证明 S 是若尔当可测集的充要条件是: 对任意的 $\varepsilon > 0$, 存在若尔当可测集 E, F 满足 $E \subseteq S \subseteq F$ 以及 $\mu(F \setminus E) < \varepsilon$.

6. 证明: 半径为 r 的圆的面积为 πr^2.

7. 设 $E = \{n^{-1} : n \in \mathbb{Z}_{>0}\}$, 证明 E 是 $\mathbb{R}$ 中的若尔当零测集.

8. 设 E 是 $\mathbb{R}^n$ 中的有界集, 并且 E 只有有限多个聚点, 证明 $\mu(E) = 0$.

9. 设 E 是 $\mathbb{R}^n$ 中的有界集, 证明 $\mu^*(E) = \mu^*(\overline{E})$ 以及 $\mu_*(E) = \mu_*(E^\circ)$.

10. 证明每个没有内点的若尔当可测集必是若尔当零测集.

11. 设 E 是 $\mathbb{R}^n$ 中的有界集, 证明 $\mu^*(E) - \mu_*(E) \geqslant \mu^*(\partial E)$.

12. 把 $\mathbb{Q} \cap [0,1]$ 中的元素排成一列, 记作 $a_1, a_2, \cdots, a_m, \cdots$, 又令 $\varepsilon = \dfrac{1}{4}$. 证明集合

$$S = \bigcup_{m=1}^{\infty} \left(a_m - \frac{\varepsilon}{2^m}, a_m + \frac{\varepsilon}{2^m} \right)$$

是 $\mathbb{R}$ 中的一个若尔当不可测的开集, 并由此构造出 $\mathbb{R}$ 中的一个若尔当不可测的闭集.

13. 设 E 是 $\mathbb{R}^n$ 中的有界集, 证明 E 是若尔当可测集的充要条件是: 对任意的 $\varepsilon > 0$, 存在 $\mathbb{R}^n$ 中的简单集合 F 使得 $\mu^*(E \triangle F) < \varepsilon$.

14. 设 E 和 F 均是 $\mathbb{R}^n$ 中的若尔当可测集,

    (1) 举例说明由 $\mu(E \setminus F) = \mu(E) - \mu(F)$ 成立不能推出 $F \subseteq \overline{E}$;

    (2) 证明 $\mu(E \setminus F) = \mu(E) - \mu(F)$ 成立的充要条件是 $F^\circ \subseteq \overline{E}$.

15. 设 E 是 $\mathbb{R}^n$ 中的有界集, F 是 $\mathbb{R}^n$ 中的简单集合, 证明

$$\mu^*(E) = \mu^*(E \cap F) + \mu^*(E \setminus F).$$

16. 设 A, B 是 $\mathbb{R}$ 的两个非空子集, 定义

$$A + B = \{a + b : a \in A, b \in B\}.$$

证明: 当 A, B 及 $A + B$ 均是 $\mathbb{R}$ 的若尔当可测子集时有

$$\mu(A + B) \geqslant \mu(A) + \mu(B).\ ^{③}$$

并举例说明上式中的等号未必成立.

17. 设 m 是一个给定的正整数, $f : [0,1) \longrightarrow [0,1)$ 满足 $f(x) = \{mx\}$, 这里 $\{t\} = t - [t]$ 表示 t 的小数部分. 证明:

    (1) 若 E 是一个简单集合且 $E \subseteq [0,1)$, 则 $f^{-1}(E)$ 也是简单集合且

$$\mu(f^{-1}(E)) = \mu(E);$$

---

③ 更一般地, 若 A, B 及 $A + B$ 均是 $\mathbb{R}^n$ 的若尔当可测子集, 则有

$$\mu(A + B)^{\frac{1}{n}} \geqslant \mu(A)^{\frac{1}{n}} + \mu(B)^{\frac{1}{n}},$$

这被称为布鲁恩 — 闵可夫斯基 (Brunn-Minkowski) 不等式.

(2) 若 S 是 $[0,1)$ 的一个若尔当可测子集, 则 $f^{-1}(S)$ 也是若尔当可测集且

$$\mu(f^{-1}(S)) = \mu(S).$$

§15.2
闭矩形上的积分

本章的目的是建立多元函数的黎曼 (Riemann) 积分理论, 我们将沿着与第九章类似的思路来进行. 这两者之间的主要差别在于: 一元的情形下积分区域是区间, 但对于多元的情形而言积分区域更为复杂. 因此为了便于类比, 我们在本节中先讨论积分区域为矩形的情况, 而把一般情况放到下一节讨论.

设 Q 是 $\mathbb{R}^n$ 中的一个闭矩形, 现将 Q 写成有限多个无公共内点的闭子矩形的并 $Q = \bigcup\limits_{1 \leqslant i \leqslant k} Q_i$, 我们称 $Q_1, \cdots, Q_k$ 构成了 Q 的一个分划.

【定义 2.1】设 Q 是 $\mathbb{R}^n$ 中的一个闭矩形, $f : Q \longrightarrow \mathbb{R}$. 如果存在实数 A, 使得对任意的 $\varepsilon > 0$, 均存在 $\delta > 0$, 其对 Q 的满足 $\max\limits_{1 \leqslant i \leqslant k} \mathrm{diam}\,(Q_i) < \delta$ 的任一分划

$$Q = \bigcup_{i=1}^{k} Q_i$$

以及任意的 $\boldsymbol{\xi}_i \in Q_i\ (1 \leqslant i \leqslant k)$ 均有

$$\left| \sum_{i=1}^{k} f(\boldsymbol{\xi}_i) |Q_i| - A \right| < \varepsilon, \tag{15.5}$$

则称函数 f 在 Q 上黎曼可积, 简称可积. 称 A 为 f 在矩形 Q 上的黎曼积分 或 n 重积分, 记作

$$A = \int_Q f, \tag{15.6}$$

也记作

$$A = \int_Q f(\boldsymbol{x})\,\mathrm{d}\boldsymbol{x} \quad \text{或} \quad A = \int_Q \cdots \int f(x_1, \cdots, x_n)\,\mathrm{d}x_1 \cdots \mathrm{d}x_n.$$

我们称 (15.5) 中的求和为黎曼和, 分别称 (15.6) 中的 Q 和 f 为积分区域和被积函数. 当 $n = 2$ 和 3 时, (15.6) 中的积分也分别被写成

$$\iint\limits_Q f(x,y)\,\mathrm{d}x\,\mathrm{d}y \quad \text{和} \quad \iiint\limits_Q f(x,y,z)\,\mathrm{d}x\,\mathrm{d}y\,\mathrm{d}z.$$

类似于一元的情形, 我们可以得到可积性的下述必要条件.

【命题 2.2】若 f 在 Q 上可积, 则 f 在 Q 上有界.

证明. 用 A 表示 f 在 Q 上的黎曼积分, 那么存在 $\delta > 0$, 使得对 Q 的满足 $\max\limits_{1 \leqslant i \leqslant k} \mathrm{diam}\,(Q_i) < \delta$ 的任一分划

$$Q = \bigcup_{i=1}^{k} Q_i$$

以及任意的 $\boldsymbol{\xi}_i \in Q_i$ $(1 \leqslant i \leqslant k)$ 均有

$$\left| \sum_{i=1}^{k} f(\boldsymbol{\xi}_i)|Q_i| - A \right| < 1.$$

这说明黎曼和 $\sum\limits_{i=1}^{k} f(\boldsymbol{\xi}_i)|Q_i|$ 有界. 现固定 $\boldsymbol{\xi}_2, \cdots, \boldsymbol{\xi}_k$, 让 $\boldsymbol{\xi}_1$ 在 Q_1 中任意取值, 于是由黎曼和的有界性知 f 在 Q_1 上有界. 同理可证 f 在 Q_i $(2 \leqslant i \leqslant k)$ 上均有界, 因此 f 在 Q 上有界. $\square$

为了进一步研究函数在矩形上的可积性, 我们仿照一元的情形给出达布 (Darboux) 上和与达布下和的概念.

【定义 2.3】设 Q 是 $\mathbb{R}^n$ 中的闭矩形, f 是定义在 Q 上的有界函数. 又设

$$\alpha : Q = \bigcup_{i=1}^{k} Q_i$$

是 Q 的一个分划. 对 $1 \leqslant i \leqslant k$, 记

$$M_i = \sup_{\boldsymbol{x} \in Q_i} f(\boldsymbol{x}), \qquad m_i = \inf_{\boldsymbol{x} \in Q_i} f(\boldsymbol{x}). \tag{15.7}$$

我们将

$$\overline{S}(\alpha) = \sum_{i=1}^{k} M_i |Q_i| \qquad \text{与} \qquad \underline{S}(\alpha) = \sum_{i=1}^{k} m_i |Q_i|$$

分别称为<u>达布上和</u> (或简称为<u>上和</u>) 与<u>达布下和</u> (或简称为<u>下和</u>), 统称为<u>达布和</u>.

【定义 2.4】假设

$$\alpha : Q = \bigcup_{i=1}^{k} Q_i \qquad \text{与} \qquad \beta : Q = \bigcup_{j=1}^{\ell} Q_j'$$

是闭矩形 Q 的两个分划. 若对任意的 $i \in [1, k]$, 存在 $j \in [1, \ell]$ 使得 $Q_i \subseteq Q_j'$, 则称 α 比 β <u>细</u>.

类似于第九章命题 2.2 和 2.3, 我们有

【命题 2.5】设 α 和 β 是闭矩形 Q 的两个分划,

(1) 如果 α 比 β 细, 则有 $\underline{S}(\beta) \leqslant \underline{S}(\alpha) \leqslant \overline{S}(\alpha) \leqslant \overline{S}(\beta)$;

(2) $\underline{S}(\alpha) \leqslant \overline{S}(\beta)$.

因此, 集合 $\{\overline{S}(\alpha)\}$ 有下界, 从而有下确界; 集合 $\{\underline{S}(\alpha)\}$ 有上界, 从而有上确界. 我们记

$$\overline{\int_Q} f = \inf_\alpha \overline{S}(\alpha), \qquad \underline{\int_Q} f = \sup_\alpha \underline{S}(\alpha),$$

并分别称它们为达布上积分和达布下积分 (或者分别将其简称为上积分和下积分) . 显然, 对于 Q 的任一分划 α 有

$$\underline{S}(\alpha) \leqslant \underline{\int_Q} f \leqslant \overline{\int_Q} f \leqslant \overline{S}(\alpha). \tag{15.8}$$

【定理 2.6】设 Q 是 $\mathbb{R}^n$ 中的闭矩形, f 是定义在 Q 上的有界函数, 则下列命题等价:

(1) f 在 Q 上黎曼可积;

(2) $\underline{\int_Q} f = \overline{\int_Q} f$;

(3) 对任意的 $\varepsilon > 0$, 存在 Q 的分划 $Q = \bigcup_{i=1}^{k} Q_i$ 使得

$$\sum_{i=1}^{k} \omega_i |Q_i| < \varepsilon,$$

其中 $\omega_i = M_i - m_i \ (1 \leqslant i \leqslant k)$ 是 f 在 Q_i 上的振幅 (这里的 M_i 与 m_i 如 (15.7) 所定义) .

证明. $(1) \Rightarrow (2)$: 设 f 在 Q 上的积分为 A, 则对任意的 $\varepsilon > 0$, 存在 $\delta > 0$, 使得对于 Q 的满足 $\max\limits_{1 \leqslant i \leqslant k} \operatorname{diam}(Q_i) < \delta$ 的任一分划

$$\alpha : Q = \bigcup_{i=1}^{k} Q_i$$

以及任意的 $\boldsymbol{\xi}_i \in Q_i \ (1 \leqslant i \leqslant k)$ 均有

$$\left| \sum_{i=1}^{k} f(\boldsymbol{\xi}_i)|Q_i| - A \right| < \varepsilon.$$

于是

$$0 \leqslant \overline{S}(\alpha) - \underline{S}(\alpha) \leqslant 2\varepsilon.$$

再利用 (15.8) 便得

$$0 \leqslant \overline{\int_Q} f - \underline{\int_Q} f \leqslant 2\varepsilon.$$

进而由 ε 的任意性知 $\overline{\int_Q} f = \underline{\int_Q} f$.

$(2) \Rightarrow (3)$: 记 $A = \overline{\int_{\mathcal{Q}}} f = \underline{\int_{\mathcal{Q}}} f$. 由上、下积分的定义知, 对任意的 $\varepsilon > 0$, 存在 $\mathcal{Q}$ 的分划 β 及 γ 使得

$$\overline{S}(\beta) < A + \frac{\varepsilon}{2}, \qquad \underline{S}(\gamma) > A - \frac{\varepsilon}{2}.$$

现用 α 表示某个比 β 和 γ 都细的分划, 则由命题 2.5 知

$$\overline{S}(\alpha) \leqslant \overline{S}(\beta) < A + \frac{\varepsilon}{2} \qquad \text{且} \qquad \underline{S}(\alpha) \geqslant \underline{S}(\gamma) > A - \frac{\varepsilon}{2},$$

于是对于分划 α 而言有

$$\sum_{i=1}^{k} \omega_i |\mathcal{Q}_i| = \overline{S}(\alpha) - \underline{S}(\alpha) < \varepsilon.$$

$(3) \Rightarrow (1)$: 因为 f 在 $\mathcal{Q}$ 上有界, 故存在 $M > 0$ 使得 $|f(\boldsymbol{x})| \leqslant M \ (\forall \, \boldsymbol{x} \in \mathcal{Q})$. 现记 $A = \underline{\int_{\mathcal{Q}}} f$. 对任意的 $\varepsilon > 0$, 由 (3) 知存在 $\mathcal{Q}$ 的分划

$$\alpha : \mathcal{Q} = \bigcup_{i=1}^{k} \mathcal{Q}_i$$

使得

$$\overline{S}(\alpha) - \underline{S}(\alpha) < \varepsilon.$$

此外, 按照命题 2.5 (1) 以及下积分的定义, 可以不妨设 α 同时满足

$$A - \varepsilon < \underline{S}(\alpha) \leqslant A. \tag{15.9}$$

现对充分小的 $\delta > 0$, 用 $\mathcal{Q}_i'$ 表示将矩形 $\mathcal{Q}_i$ 的每个侧面内缩 δ 距离后所得的矩形 (如图 15.2 所示), 并记

$$\mathcal{P}_{\delta} = \mathcal{Q} \setminus \left(\bigcup_{i=1}^{k} \mathcal{Q}_i' \right).$$

那么 $\mu(\mathcal{P}_{\delta}) = |\mu(\mathcal{Q})| - \sum_{i=1}^{k} |\mathcal{Q}_i'| \longrightarrow 0$ (当 $\delta \to 0$ 时), 从而存在 δ 使得

$$\mu(\mathcal{P}_{\delta}) < \frac{\varepsilon}{M}.$$

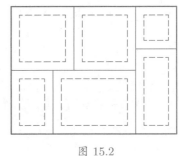

图 15.2

现在考虑 $\mathcal{Q}$ 的任一满足 $\max\limits_{1 \leqslant j \leqslant \ell} \mathrm{diam}\,(\mathcal{B}_j) < \delta$ 的分划

$$\mathcal{Q} = \bigcup_{j=1}^{\ell} \mathcal{B}_j,$$

那么每个 $\mathcal{B}_j$ 要么在某个 $\mathcal{Q}_i$ 内, 要么在 $\mathcal{P}_{\delta}$ 内 (也可能两者皆成立) . 因此对任意的 $\boldsymbol{\xi}_j \in \mathcal{B}_j$, 黎曼和可被拆成如下两个部分

$$\sum_{j=1}^{\ell} f(\boldsymbol{\xi}_j) |\mathcal{B}_j| = \sum\nolimits_1 + \sum\nolimits_2,$$

其中 $\sum_1$ 是对满足 $\mathcal{B}_j \subseteq \mathcal{P}_\delta$ 的 j 进行求和, $\sum_2$ 是对其余的 j 进行求和. 一方面,

$$\left| \sum_1 \right| \leqslant M \cdot \mu(\mathcal{P}_\delta) < \varepsilon.$$

另一方面, 如果 $\mathcal{B}_j$ 所对应的指标在 $\sum_2$ 求和中, 则 $\mathcal{B}_j$ 不包含于 $\mathcal{P}_\delta$, 从而必与某个 $\mathcal{Q}_i'$ 相交, 再由 $\max\limits_{1 \leqslant j \leqslant \ell} \mathrm{diam}(\mathcal{B}_j) < \delta$ 知 $\mathcal{B}_j \subseteq \mathcal{Q}_i$, 此外, $\sum_2$ 求和中的全部 $\mathcal{B}_j$ 的并必然将每个 $\mathcal{Q}_i'$ 覆盖, 于是

$$\left| \sum_2 - \underline{S}(\alpha) \right| \leqslant \overline{S}(\alpha) - \underline{S}(\alpha) + M \cdot \mu(\mathcal{P}_\delta) < 2\varepsilon.$$

综上便得

$$\left| \sum_{j=1}^{\ell} f(\boldsymbol{\xi}_j) |\mathcal{B}_j| - \underline{S}(\alpha) \right| < 3\varepsilon,$$

再结合 (15.9) 即知

$$\left| \sum_{j=1}^{\ell} f(\boldsymbol{\xi}_j) |\mathcal{B}_j| - A \right| < 4\varepsilon.$$

这就证明了 f 在 $\mathcal{Q}$ 上黎曼可积. $\qquad\square$

当然, 利用定理 2.6 中的结论来判定函数在矩形上的黎曼可积性在很多时候是颇不方便的. 为了给出更为方便的判别法, 我们引入勒贝格零测集的概念.

【定义 2.7】设 $S \subseteq \mathbb{R}^n$. 若对任意的 $\varepsilon > 0$, 存在至多可数个开矩形 $\mathcal{Q}_i$ $(i = 1, 2, \cdots)$, 使得

$$S \subseteq \bigcup_i \mathcal{Q}_i \qquad \text{且} \qquad \sum_i |\mathcal{Q}_i| < \varepsilon,$$

则称 S 为 $\mathbb{R}^n$ 中的 <u>勒贝格零测集</u>.

类似于第九章命题 3.2 与 3.3, 我们有下述结论.

【命题 2.8】
(1) $\mathbb{R}^n$ 中的至多可数集是 $\mathbb{R}^n$ 中的勒贝格零测集.
(2) $\mathbb{R}^n$ 中至多可数个勒贝格零测集的并仍是 $\mathbb{R}^n$ 中的勒贝格零测集.

勒贝格零测集与若尔当零测集之间有如下关系, 我们将其证明留作习题.

【命题 2.9】
(1) 若尔当零测集必是勒贝格零测集.
(2) 有界闭的勒贝格零测集是若尔当零测集.

【注 2.10】因为边界集必是闭集 (参见习题 12.1 第 9 题), 故由定理 1.7 知, $\mathbb{R}^n$ 中的有界集 S 是若尔当可测集当且仅当 ∂S 是勒贝格零测集.

与判定一元函数可积性的勒贝格定理 (第九章定理 3.5) 类似, 我们有下述结论, 其证明过程也与一元的情形相仿, 故而略去.

【定理 2.11】(勒贝格) 设 Q 是 $\mathbb{R}^n$ 中的闭矩形, 那么定义在 Q 上的有界函数 f 在 Q 上黎曼可积的充要条件是 f 的全体间断点构成勒贝格零测集.

【推论 2.12】设 Q 是 $\mathbb{R}^n$ 中的闭矩形, f 在 Q 上可积.

(1) 若 $\{\boldsymbol{x} \in Q : f(\boldsymbol{x}) \neq 0\}$ 是勒贝格零测集, 则 $\displaystyle\int_Q f = 0$.

(2) 若 f 非负且 $\displaystyle\int_Q f = 0$, 则 $\{\boldsymbol{x} \in Q : f(\boldsymbol{x}) \neq 0\}$ 是勒贝格零测集.

<u>证明</u>. 证明过程与第九章命题 3.8 的证明类似, 我们把它留作习题. □

习题 15.2

1. 证明命题 2.5.

2. 证明命题 2.8.

3. 证明命题 2.9.

4. 证明推论 2.12.

5. 设 $Q = [a_1, b_1] \times [a_2, b_2] \times \cdots \times [a_n, b_n]$ 是 $\mathbb{R}^n$ 中的一个闭矩形, $f : Q \longrightarrow \mathbb{R}$. 证明 f 在 Q 上可积且 $\displaystyle\int_Q f = A$ 的充要条件是: 对任意的 $\varepsilon > 0$, 存在 $\delta > 0$, 使得对每个区间 $[a_j, b_j]$ 的满足 $\Delta x_j^{(i_j)} = x_j^{(i_j)} - x_j^{(i_j - 1)} < \delta$ 的任一分划

$$a_j = x_j^{(0)} < x_j^{(1)} < \cdots < x_j^{(m_j)} = b_j \qquad (1 \leqslant j \leqslant n)$$

以及任意的 $\xi_{i_j} \in \left[x_j^{(i_j - 1)}, x_j^{(i_j)} \right]$ $(1 \leqslant j \leqslant n,\ 1 \leqslant i_j \leqslant m_j)$ 均有

$$\left| \sum_{i_1 = 1}^{m_1} \cdots \sum_{i_n = 1}^{m_n} f(\xi_{i_1}, \cdots, \xi_{i_n}) \Delta x_1^{(i_1)} \cdots \Delta x_n^{(i_n)} - A \right| < \varepsilon.$$

6. 对 $1 \leqslant j \leqslant n$, 设 $f_j(x)$ 在 $[a_j, b_j]$ 上可积. 证明 n 元函数 $f_1(x_1) \cdots f_n(x_n)$ 在 $Q = [a_1, b_1] \times \cdots \times [a_n, b_n]$ 上可积且

$$\int \cdots \int_Q f_1(x_1) \cdots f_n(x_n) \, \mathrm{d}x_1 \cdots \mathrm{d}x_n = \prod_{j=1}^{n} \left(\int_{a_j}^{b_j} f_j(x) \, \mathrm{d}x \right).$$

7. 计算下列积分:

(1) $\displaystyle\iint\limits_{[0,1]^2} (x^3+1)\tan y\, \mathrm{d}x\,\mathrm{d}y;$

(2) $\displaystyle\iint\limits_{[1,2]^2} \frac{\log y}{x^2}\, \mathrm{d}x\,\mathrm{d}y;$

(3) $\displaystyle\iint\limits_{[0,1]\times[0,\frac{\pi}{2}]} \frac{\sin y}{1+x^2}\, \mathrm{d}x\,\mathrm{d}y;$

(4) $\displaystyle\iint\limits_{[0,1]\times[0,2]} \frac{x|1-y|}{(1+x)^2}\, \mathrm{d}x\,\mathrm{d}y.$

8. 设 Q 是 $\mathbb{R}^n$ 中的一个闭矩形, $f: Q \longrightarrow \mathbb{R}$ 是一个有界函数, 且 f 在 Q 上不等于 0 的点构成一个闭的勒贝格零测集. 证明 f 在 Q 上可积且 $\displaystyle\int_Q f = 0$.

9. 设 Q 是 $\mathbb{R}^n$ 中的一个闭矩形, $f: Q \longrightarrow \mathbb{R}$. 证明 f 在 Q 上可积且 $\displaystyle\int_Q f = A$ 的充要条件是: 对任意的 $\varepsilon > 0$, 存在 $\delta > 0$, 使得 $\mathbb{R}^n$ 中两两无公共内点的若尔当可测集 $J_1, \cdots, J_k$ 只要满足 $\displaystyle\max_{1\leqslant i\leqslant k} \operatorname{diam}(J_i) < \delta$ 以及

$$Q = \bigcup_{i=1}^{k} J_i,$$

就对任意的 $\boldsymbol{\xi}_i \in J_i\ (1 \leqslant i \leqslant k)$ 有

$$\left| \sum_{i=1}^{k} f(\boldsymbol{\xi}_i)\mu(J_i) - A \right| < \varepsilon.$$

§15.3
有界集上的积分

设 E 是 $\mathbb{R}^n$ 中的有界集, $f: E \longrightarrow \mathbb{R}$. 我们通过定义下述 f_E 将 f 延拓为 $\mathbb{R}^n$ 上的函数:

$$f_E(\boldsymbol{x}) = \begin{cases} f(\boldsymbol{x}), & \boldsymbol{x} \in E, \\ 0, & \boldsymbol{x} \in \mathbb{R}^n \setminus E. \end{cases}$$

【引理 3.1】设 E 是 $\mathbb{R}^n$ 中的有界集, f 是定义在 E 上的有界函数. 若 Q_1 与 Q_2 是包含 E 的两个闭矩形, 则 f_E 要么同时在这两个矩形上可积, 要么同时在它们上不可积, 并且当 f 同时在 Q_1 与 Q_2 上可积时有

$$\int_{Q_1} f_E = \int_{Q_2} f_E.$$

证明. 因为 $E \subseteq Q_1 \cap Q_2$, 而 $Q_1 \cap Q_2$ 也是矩形, 故不妨设 $Q_1 \subseteq Q_2$.

在此假设下 f_E 在 $Q_2 \setminus Q_1$ 上恒等于 0, 这说明 f_E 在 Q_2 上的不连续点要么是 f_E 在 Q_1 上的不连续点, 要么是 Q_1 的边界点, 从而由勒贝格定理知 f_E 在这两个矩形上要么同时可积, 要么同时不可积.

现设 f_E 在这两个矩形上均可积, 那么对于 $\mathcal{Q}_1$ 和 $\mathcal{Q}_2 \setminus \mathcal{Q}_1$ 的任一分划 ④

$$\mathcal{Q}_1 = \bigcup_{i=1}^{k} \mathcal{Q}_i' \quad \text{与} \quad \mathcal{Q}_2 \setminus \mathcal{Q}_1 = \bigcup_{i=k+1}^{\ell} \mathcal{Q}_i',$$

由 $\mathcal{Q}_1 \subseteq \mathcal{Q}_2$ 知

$$\mathcal{Q}_2 = \bigcup_{i=1}^{\ell} \mathcal{Q}_i'$$

是 $\mathcal{Q}_2$ 的一个分划. 但注意到 f_E 在 $\mathcal{Q}_2 \setminus \mathcal{Q}_1$ 上恒等于 0, 因此对任意的 $\boldsymbol{\xi}_i \in \mathcal{Q}_i'$ 有

$$\sum_{i=1}^{k} f_E(\boldsymbol{\xi}_i)|\mathcal{Q}_i'| = \sum_{i=1}^{\ell} f_E(\boldsymbol{\xi}_i)|\mathcal{Q}_i'|.$$

这意味着在这种特殊的分划下, f_E 在 $\mathcal{Q}_1$ 上的黎曼和与其在 $\mathcal{Q}_2$ 上的黎曼和相等, 从而

$$\int_{\mathcal{Q}_1} f_E = \int_{\mathcal{Q}_2} f_E. \qquad \qquad \square$$

这一引理保证了下述定义的合理性.

【定义 3.2】设 E 是 $\mathbb{R}^n$ 中的有界集, f 是定义在 E 上的有界函数, $\mathcal{Q}$ 是 $\mathbb{R}^n$ 中包含 E 的某个闭矩形. 若 f_E 在 $\mathcal{Q}$ 上可积, 则称 f 在 E 上可积, 记

$$\int_E f = \int_{\mathcal{Q}} f_E,$$

并称之为 f 在 E 上的黎曼积分.

【命题 3.3】设 E 是 $\mathbb{R}^n$ 中的有界集, f 与 g 均在 E 上可积, 则

(1) $af + bg \ (\forall\, a, b \in \mathbb{R})$, fg 以及 $|f|$ 均在 E 上可积. 若 f 在 E 上不等于 0 且 $1/f$ 在 E 上有界, 则 $1/f$ 也在 E 上可积.

(2) 对任意的 $a, b \in \mathbb{R}$, 有

$$\int_E (af + bg) = a \int_E f + b \int_E g.$$

(3) 若对任意的 $\boldsymbol{x} \in E$, 均有 $f(\boldsymbol{x}) \leqslant g(\boldsymbol{x})$, 则

$$\int_E f \leqslant \int_E g.$$

特别地,

$$\left| \int_E f \right| \leqslant \int_E |f|.$$

(4) 若 $F \subseteq E$, f 在 F 上可积, 且 f 在 E 上非负, 则

$$\int_F f \leqslant \int_E f.$$

---

④ 因为 $\mathcal{Q}_2 \setminus \mathcal{Q}_1$ 是简单集合, 故而也可将其写成一些没有公共内点的闭矩形的并.

证明. 设 Q 是 $\mathbb{R}^n$ 中包含 E 的一个闭矩形, 那么 f_E 与 g_E 均在 Q 上可积.

(1) 用 D_{f_E} 表示 f_E 在 Q 上的全体间断点所成之集, 则

$$D_{(af+bg)_E} = D_{af_E+bg_E} \subseteq (D_{f_E} \cup D_{g_E}),$$

$$D_{(fg)_E} = D_{f_E g_E} \subseteq (D_{f_E} \cup D_{g_E}),$$

$$D_{|f|_E} = D_{|f_E|} \subseteq D_{f_E}.$$

此外, 当 f 在 E 上不等于 0 且 $1/f$ 在 E 上有界时, 对任意的 $\boldsymbol{a} \in \partial E$, 当 $\boldsymbol{x}$ 沿 E 中的点趋于 $\boldsymbol{a}$ 时 $f(\boldsymbol{x})$ 不趋于 0. 这意味着 E 的边界点同时是 f_E 和 $(1/f)_E$ 的间断点, 因此 $D_{(1/f)_E} = D_{f_E}$. 综上, 由勒贝格定理知结论成立.

(2) 只需证

$$\int_Q (af_E + bg_E) = a \int_Q f_E + b \int_Q g_E,$$

而这可由定义 2.1 直接得出.

(3) 因为对任意的 $\boldsymbol{x} \in Q$ 均有 $g_E(\boldsymbol{x}) - f_E(\boldsymbol{x}) \geqslant 0$, 故由 $g_E - f_E$ 所对应的黎曼和的非负性知

$$\int_Q (g_E - f_E) \geqslant 0.$$

再利用 (2) 便得 $\int_Q g_E \geqslant \int_Q f_E$, 这就证明了第一式. 第二式可由 $-|f| \leqslant f \leqslant |f|$ 得到.

(4) 这是因为对任意的 $\boldsymbol{x} \in \mathbb{R}^n$ 有 $f_F(\boldsymbol{x}) \leqslant f_E(\boldsymbol{x})$. $\square$

【命题 3.4】设 E 和 F 是 $\mathbb{R}^n$ 中的两个有界集, f 在 E 和 F 上均可积, 那么 f 在 $E \cup F$ 及 $E \cap F$ 上也可积, 且有

$$\int_{E \cup F} f = \int_E f + \int_F f - \int_{E \cap F} f. \tag{15.10}$$

特别地, 若 $\mu(E \cap F) = 0$, 则

$$\int_{E \cup F} f = \int_E f + \int_F f. \tag{15.11}$$

证明. 设 Q 是包含 $E \cup F$ 的一个闭矩形, 则 f_E 与 f_F 均在 Q 上可积.

先考虑 f 是非负函数的情况. 由于对任意的 $\boldsymbol{x} \in \mathbb{R}^n$ 有

$$f_{E \cup F} = \max(f_E, f_F) = \frac{f_E + f_F + |f_E - f_F|}{2},$$

$$f_{E \cap F} = \min(f_E, f_F) = \frac{f_E + f_F - |f_E - f_F|}{2},$$

故由命题 3.3 (1) 知 $f_{E \cup F}$ 与 $f_{E \cap F}$ 也均在 Q 上可积, 从而 f 在 $E \cup F$ 及 $E \cap F$ 上可积.

对于一般的函数 f, 记

$$f^+ = \frac{|f| + f}{2}, \qquad f^- = \frac{|f| - f}{2},$$

则由 f 在 E 和 F 上均可积知 f^+ 和 f^- 均在 E 和 F 上可积. 注意到 f^+ 与 f^- 皆非负, 所以由上一段知 f^+ 和 f^- 均在 $E \cup F$ 及 $E \cap F$ 上可积, 进而由

$$f = f^+ - f^-$$

知 f 在 $E \cup F$ 和 $E \cap F$ 上可积.

此外, 容易验证

$$f_{E\cup F} + f_{E\cap F} = f_E + f_F,$$

于是在 Q 上积分即得 (15.10).

为了证明 (15.11), 我们提前使用下面命题 3.6 中的结论. 因为 f 在 $E \cap F$ 上可积, 故它在 $E \cap F$ 上有界, 即存在 $M > 0$ 使得对任意的 $\boldsymbol{x} \in E \cap F$ 有 $|f(\boldsymbol{x})| \leqslant M$. 于是

$$\left| \int_{E\cap F} f \right| \leqslant M \cdot \int_{E\cap F} 1 = M \cdot \mu(E \cap F) = 0.$$

至此, 命题得证. □

命题 3.4 的一个重要的特殊情形是 E 与 F 为两个无公共内点的若尔当可测集且 f 在 E 和 F 上均可积, 此时 $E \cap F \subseteq \partial E \cup \partial F$, 从而由 $\mu(\partial E) = \mu(\partial F) = 0$ 知 $\mu(E \cap F) = 0$, 因此在这种情况下必有 (15.11) 成立.

在一般情况下, f 在 $E \cup F$ 上可积是不能保证 f 在 E 或 F 上可积的, 但是当 E 与 F 均是若尔当可测集时这却是成立的, 我们把这留作习题.

因为我们平时所遇到的集合大多都是若尔当可测集, 所以接下来我们的讨论都将限制在若尔当可测集上.

【定理 3.5】(勒贝格)　设 E 是 $\mathbb{R}^n$ 中的若尔当可测集, f 是定义在 E 上的有界函数, 那么 f 在 E 上可积当且仅当它在 E 上的全体间断点构成 $\mathbb{R}^n$ 中的勒贝格零测集.

证明.　设 Q 是一个包含 E 的闭矩形, 则 f 在 E 上可积当且仅当 f_E 在 Q 上可积, 但 f_E 与 f 相比, 只可能在 ∂E 上多出新的间断点, 而由 E 是若尔当可测集知 $\mu(\partial E) = 0$, 因此由定理 2.11 可立即得出本定理的结论. □

【命题 3.6】设 E 是 $\mathbb{R}^n$ 中的若尔当可测集, 则

$$\int_E 1 = \mu(E).$$

证明. 设 Q 是一个包含 E 的闭矩形, 并用 χ_E 表示集合 E 的特征函数. 因为

$$\overline{\int_Q} \chi_E = \mu^*(E), \qquad \underline{\int_Q} \chi_E = \mu_*(E),$$

故由 E 的若尔当可测性知 χ_E 在 Q 上可积且

$$\int_Q \chi_E = \mu(E),$$

从而命题得证. □

【定理 3.7】(积分中值定理) 设 E 是 $\mathbb{R}^n$ 中的若尔当可测集, f 与 g 在 E 上可积且 g 在 E 上不变号. 现记 $m = \inf\limits_{\boldsymbol{x} \in E} f(\boldsymbol{x})$, $M = \sup\limits_{\boldsymbol{x} \in E} f(\boldsymbol{x})$, 那么存在 $\kappa \in [m, M]$ 使得

$$\int_E fg = \kappa \cdot \int_E g.$$

特别地, 存在 $\lambda \in [m, M]$ 使得

$$\int_E f = \lambda \cdot \mu(E).$$

证明. 不妨设 g 在 E 上非负, 于是对任意的 $\boldsymbol{x} \in E$ 有

$$mg(\boldsymbol{x}) \leqslant f(\boldsymbol{x})g(\boldsymbol{x}) \leqslant Mg(\boldsymbol{x}).$$

从而由命题 3.3 的 (2) 和 (3) 知

$$m \int_E g \leqslant \int_E fg \leqslant M \int_E g.$$

因此存在 $\kappa \in [m, M]$ 使得

$$\int_E fg = \kappa \cdot \int_E g.$$

这就证明了第一个式子. 特别地, 取 g 为恒等于 1 的函数, 结合命题 3.6 可得第二个式子. □

【推论 3.8】设 E 是 $\mathbb{R}^n$ 中既紧且连通的若尔当可测集, f 在 E 上连续, g 在 E 上可积且不变号, 则存在 $\boldsymbol{\xi} \in E$ 使得

$$\int_E fg = f(\boldsymbol{\xi}) \cdot \int_E g.$$

特别地, 存在 $\boldsymbol{\eta} \in E$ 使得

$$\int_E f = f(\boldsymbol{\eta}) \cdot \mu(E).$$

证明. 这可由定理 3.7 及连续函数的介值定理 (第十二章推论 3.11) 得到. □

习题 15.3

1. 设 E 是 $\mathbb{R}^n$ 中的有界集, f 与 g 均在 E 上可积, 证明 $\max(f, g)$ 与 $\min(f, g)$ 也在 E 上可积.

2. 设 E 与 F 均是 $\mathbb{R}^n$ 中的有界集, 且 f 在 $E \cup F$ 上可积.
   (1) 举例说明 f 未必在 E 或 F 上可积.
   (2) 如果 E 和 F 均是若尔当可测集, 证明 f 在 E 和 F 上均可积.

3. 设 S 如习题 15.1 第 12 题所定义, 证明恒等于 1 的函数在 S 上不可积.

4. 设 E 与 F 均是 $\mathbb{R}^n$ 中的有界集, 且 f 在 E 和 F 上均可积, 证明 f 在 $E \setminus F$ 上可积且

$$\int_{E \setminus F} f = \int_E f - \int_{E \cap F} f.$$

5. 设 A, B 均是 $\mathbb{R}^n$ 中的若尔当可测集,

$$f(\boldsymbol{x}) = \begin{cases} 1, & \boldsymbol{x} \in B, \\ 0, & \boldsymbol{x} \in A \setminus B. \end{cases}$$

问 f 是否在 A 上可积?

6. (柯西 − 施瓦茨不等式) 设 E 是 $\mathbb{R}^n$ 中的有界集, f 与 g 均在 E 上可积, 证明

$$\left| \int_E fg \right|^2 \leqslant \left(\int_E f^2 \right) \cdot \left(\int_E g^2 \right).$$

7. 设 $f(x,y)$ 在点 $(0,0)$ 的某邻域内有定义, 且在 $(0,0)$ 处连续, 计算

$$\lim_{r \to 0^+} \frac{1}{r^2} \iint\limits_{[-r,r]^2} f(x,y)\,\mathrm{d}x\,\mathrm{d}y.$$

8. 记

$$I = \iint\limits_{|x|+|y| \leqslant 10} \frac{\mathrm{d}x\,\mathrm{d}y}{100 + \cos^2 x + \cos^2 y},$$

证明 $1.96 \leqslant I \leqslant 2$.

9. 设 E 是 $\mathbb{R}^n$ 中的若尔当可测集, f 在 E 上非负可积且存在 E 的若尔当可测子集 F, 使得 $\mu(F) > 0$ 且对任意的 $\boldsymbol{x} \in F$ 有 $f(\boldsymbol{x}) > 0$. 证明

$$\int_E f > 0.$$

§15.4
富比尼定理

在接下来的两节中我们将介绍计算重积分的两个重要方法, 一个是将重积分化为累次积分, 另一个是变量替换. 在本节中我们讨论前者, 其基本思想是将重积分化为一些低维的积分, 反复利用这一过程就可在一定条件下将重积分化为一系列一元积分, 从而可用定积分的计算方法来处理.

我们首先讨论积分区域是矩形的情况.

【定理 4.1】(富比尼 (Fubini) 定理) 设 $\mathcal{Q} = \mathcal{Q}_1 \times \mathcal{Q}_2$ 是 $\mathbb{R}^n$ 中的闭矩形, 其中 $\mathcal{Q}_1$ 和 $\mathcal{Q}_2$ 分别是 $\mathbb{R}^k$ 和 $\mathbb{R}^\ell$ 中的闭矩形且 $k + \ell = n$. 又设 f 在 $\mathcal{Q}$ 上可积. 如果将 f 写成 $f(\boldsymbol{x}, \boldsymbol{y})$ 的形式, 其中 $\boldsymbol{x} \in \mathcal{Q}_1$, $\boldsymbol{y} \in \mathcal{Q}_2$, 那么

$$\overline{\int}_{\mathcal{Q}_2} f(\boldsymbol{x}, \boldsymbol{y})\,\mathrm{d}\boldsymbol{y} \qquad \text{与} \qquad \underline{\int}_{\mathcal{Q}_2} f(\boldsymbol{x}, \boldsymbol{y})\,\mathrm{d}\boldsymbol{y}$$

作为 $\boldsymbol{x}$ 的函数均在 $\mathcal{Q}_1$ 上可积, 且有

$$\int_{\mathcal{Q}} f = \int_{\mathcal{Q}_1} \left(\overline{\int}_{\mathcal{Q}_2} f(\boldsymbol{x}, \boldsymbol{y}) \, \mathrm{d}\boldsymbol{y} \right) \mathrm{d}\boldsymbol{x} = \int_{\mathcal{Q}_1} \left(\underline{\int}_{\mathcal{Q}_2} f(\boldsymbol{x}, \boldsymbol{y}) \, \mathrm{d}\boldsymbol{y} \right) \mathrm{d}\boldsymbol{x}. \tag{15.12}$$

上式中后两个积分被称为累次积分 (iterated integral).

证明. 为方便起见, 记

$$I(\boldsymbol{x}) = \underline{\int}_{\mathcal{Q}_2} f(\boldsymbol{x}, \boldsymbol{y}) \, \mathrm{d}\boldsymbol{y}, \qquad J(\boldsymbol{x}) = \overline{\int}_{\mathcal{Q}_2} f(\boldsymbol{x}, \boldsymbol{y}) \, \mathrm{d}\boldsymbol{y}.$$

因为 f 在 $\mathcal{Q}$ 上可积, 故对任意的 $\varepsilon > 0$, 存在 $\mathcal{Q}$ 的一个分划, 我们不妨将其记作

$$\mathcal{Q} = \bigcup_{i=1}^{s} \bigcup_{j=1}^{t} \mathcal{Q}_{1,i} \times \mathcal{Q}_{2,j},$$

其中

$$\mathcal{Q}_1 = \bigcup_{i=1}^{s} \mathcal{Q}_{1,i} \quad \text{与} \quad \mathcal{Q}_2 = \bigcup_{j=1}^{t} \mathcal{Q}_{2,j}$$

分别是 $\mathcal{Q}_1$ 与 $\mathcal{Q}_2$ 的分划, 使得

$$\sum_{i=1}^{s} \sum_{j=1}^{t} (M_{i,j} - m_{i,j}) |\mathcal{Q}_{1,i} \times \mathcal{Q}_{2,j}| < \varepsilon, \tag{15.13}$$

上式中

$$M_{i,j} = \sup_{\boldsymbol{x} \in \mathcal{Q}_{1,i}, \, \boldsymbol{y} \in \mathcal{Q}_{2,j}} f(\boldsymbol{x}, \boldsymbol{y}), \qquad m_{i,j} = \inf_{\boldsymbol{x} \in \mathcal{Q}_{1,i}, \, \boldsymbol{y} \in \mathcal{Q}_{2,j}} f(\boldsymbol{x}, \boldsymbol{y}).$$

按照下积分的定义,

$$\underline{\int}_{\mathcal{Q}_1} I(\boldsymbol{x}) \, \mathrm{d}\boldsymbol{x} \geqslant \sum_{i=1}^{s} \left(\inf_{\boldsymbol{x} \in \mathcal{Q}_{1,i}} I(\boldsymbol{x}) \right) \cdot |\mathcal{Q}_{1,i}|$$

$$\geqslant \sum_{i=1}^{s} \left(\inf_{\boldsymbol{x} \in \mathcal{Q}_{1,i}} \sum_{j=1}^{t} \left(\inf_{\boldsymbol{y} \in \mathcal{Q}_{2,j}} f(\boldsymbol{x}, \boldsymbol{y}) \right) \cdot |\mathcal{Q}_{2,j}| \right) \cdot |\mathcal{Q}_{1,i}|$$

$$\geqslant \sum_{i=1}^{s} \sum_{j=1}^{t} m_{i,j} |\mathcal{Q}_{1,i}| \cdot |\mathcal{Q}_{2,j}| = \sum_{i=1}^{s} \sum_{j=1}^{t} m_{i,j} |\mathcal{Q}_{1,i} \times \mathcal{Q}_{2,j}|.$$

类似可证

$$\overline{\int}_{\mathcal{Q}_1} I(\boldsymbol{x}) \, \mathrm{d}\boldsymbol{x} \leqslant \sum_{i=1}^{s} \sum_{j=1}^{t} M_{i,j} |\mathcal{Q}_{1,i} \times \mathcal{Q}_{2,j}|.$$

因此由 (15.13) 知

$$0 \leqslant \overline{\int}_{\mathcal{Q}_1} I(\boldsymbol{x}) \, \mathrm{d}\boldsymbol{x} - \underline{\int}_{\mathcal{Q}_1} I(\boldsymbol{x}) \, \mathrm{d}\boldsymbol{x} < \varepsilon,$$

这说明 $I(\boldsymbol{x})$ 在 $\mathcal{Q}_1$ 上可积. 同时注意到

$$\sum_{i=1}^{s}\sum_{j=1}^{t} m_{i,j}|\mathcal{Q}_{1,i}\times\mathcal{Q}_{2,j}| \leqslant \int_{\mathcal{Q}} f \leqslant \sum_{i=1}^{s}\sum_{j=1}^{t} M_{i,j}|\mathcal{Q}_{1,i}\times\mathcal{Q}_{2,j}|,$$

所以

$$\int_{\mathcal{Q}} f = \int_{\mathcal{Q}_1} I(\boldsymbol{x})\,\mathrm{d}\boldsymbol{x}.$$

同理可证 $J(\boldsymbol{x})$ 在 $\mathcal{Q}_1$ 上可积且其积分等于 $\displaystyle\int_{\mathcal{Q}} f$. □

(15.12) 中的后两个积分也常常分别被写成

$$\int_{\mathcal{Q}_1} \mathrm{d}\boldsymbol{x} \overline{\int_{\mathcal{Q}_2}} f(\boldsymbol{x},\boldsymbol{y})\,\mathrm{d}\boldsymbol{y} \qquad \text{及} \qquad \int_{\mathcal{Q}_1} \mathrm{d}\boldsymbol{x} \underline{\int_{\mathcal{Q}_2}} f(\boldsymbol{x},\boldsymbol{y})\,\mathrm{d}\boldsymbol{y}$$

的形式.

必须注意的是, 不能把 (15.12) 写成

$$\int_{\mathcal{Q}} f = \int_{\mathcal{Q}_1} \left(\int_{\mathcal{Q}_2} f(\boldsymbol{x},\boldsymbol{y})\,\mathrm{d}\boldsymbol{y} \right) \mathrm{d}\boldsymbol{x}.$$

这是因为尽管 f 在 $\mathcal{Q}$ 上可积, 但对给定的 $\boldsymbol{x}\in\mathcal{Q}_1$ 而言 $f(\boldsymbol{x},\boldsymbol{y})$ 未必在 $\mathcal{Q}_2$ 上可积, 也即是说, 上式右边的内侧积分未必存在. 例如函数

$$f(x,y) = \begin{cases} 1, & x=1,\ y\in\mathbb{Q}, \\ 0, & \text{其他情况} \end{cases}$$

在 $[0,2]^2$ 上可积, 但是 $f(1,y)$ 作为 y 的函数在 $[0,2]$ 上不可积. 然而, 使得 $f(\boldsymbol{x},\boldsymbol{y})$ 在 $\mathcal{Q}_2$ 上不可积的那些 $\boldsymbol{x}$ 并不会太多, 参见习题 10.

利用有界闭矩形上的连续函数的可积性, 我们可以立即得到如下推论.

【推论 4.2】如果 $f(x,y)$ 在 $[a,b]\times[c,d]$ 上连续, 那么

$$\int_{c}^{d} \mathrm{d}y \int_{a}^{b} f(x,y)\,\mathrm{d}x = \int_{a}^{b} \mathrm{d}x \int_{c}^{d} f(x,y)\,\mathrm{d}y.$$

下面来讨论积分区域是更一般的集合的情况. 假设 F 是 $\mathbb{R}^{n-1}$ 中有界闭的若尔当可测集, φ 与 ψ 是定义在 F 上的两个连续函数, 且对任意的 $\boldsymbol{x}\in F$ 有 $\varphi(\boldsymbol{x})\leqslant\psi(\boldsymbol{x})$, 那么集合

$$E = \big\{ (\boldsymbol{x},y) : \boldsymbol{x}\in F,\ y\in[\varphi(\boldsymbol{x}),\psi(\boldsymbol{x})] \big\} \tag{15.14}$$

是 $\mathbb{R}^n$ 中的若尔当可测集 (图 15.3 给出了三维空间的情形). 为了说明这一点, 只需证明 $\mu(\partial E) = 0$ 即可. 事实上,

$$\partial E \subseteq \big\{ (\boldsymbol{x},\varphi(\boldsymbol{x})) : \boldsymbol{x}\in F \big\} \cup \big\{ (\boldsymbol{x},\psi(\boldsymbol{x})) : \boldsymbol{x}\in F \big\} \cup \big\{ (\boldsymbol{x},y) : \boldsymbol{x}\in\partial F \text{ 且 } y\in[\varphi(\boldsymbol{x}),\psi(\boldsymbol{x})] \big\}.$$

$$\tag{15.15}$$

由命题 1.10 知上式右边前两个集合均是 $\mathbb{R}^n$ 中的若尔当零测集. 对于最后一个集合而言, 一方面由 φ 和 ψ 的连续性知, 存在 $M > 0$ 使得对任意的 $\boldsymbol{x} \in F$ 有

$$-M \leqslant \varphi(\boldsymbol{x}) \leqslant \psi(\boldsymbol{x}) \leqslant M;$$

另一方面, 由 F 的若尔当可测性知 $\mu(\partial F) = 0$, 从而对任意的 $\varepsilon > 0$, 存在矩形 $\mathcal{Q}_1, \mathcal{Q}_2, \cdots, \mathcal{Q}_k$ 使得

$$\partial F \subseteq \bigcup_{i=1}^{k} \mathcal{Q}_i \qquad \text{且} \qquad \sum_{i=1}^{k} |\mathcal{Q}_i| < \frac{\varepsilon}{2M}.$$

于是 (15.15) 右边第三个集合包含于

$$\bigcup_{i=1}^{k} \Big(\mathcal{Q}_i \times [-M, M] \Big),$$

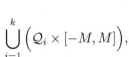

图 15.3

并且

$$\sum_{i=1}^{k} |\mathcal{Q}_i \times [-M, M]| = \sum_{i=1}^{k} |\mathcal{Q}_i| \cdot 2M < \varepsilon.$$

综上便知 $\mu(\partial E) = 0$.

【定理 4.3】 (富比尼定理) 设 F 是 $\mathbb{R}^{n-1}$ 中有界闭的若尔当可测集, φ 与 ψ 是定义在 F 上的两个连续函数, 并且对任意的 $\boldsymbol{x} \in F$ 有 $\varphi(\boldsymbol{x}) \leqslant \psi(\boldsymbol{x})$. 记

$$E = \big\{ (\boldsymbol{x}, y) : \boldsymbol{x} \in F, \ y \in [\varphi(\boldsymbol{x}), \psi(\boldsymbol{x})] \big\}.$$

又设 $f(\boldsymbol{x}, y)$ 在 E 上连续, 则

$$\int_E f = \int_F \mathrm{d}\boldsymbol{x} \int_{\varphi(\boldsymbol{x})}^{\psi(\boldsymbol{x})} f(\boldsymbol{x}, y) \, \mathrm{d}y.$$

证明. 设 $\mathcal{Q}_1$ 是 $\mathbb{R}^{n-1}$ 中包含 F 的一个闭矩形. 由 φ 和 ψ 在紧集 F 上的连续性知, 存在 $M > 0$ 使得对任意的 $\boldsymbol{x} \in F$ 有

$$-M \leqslant \varphi(\boldsymbol{x}) \leqslant \psi(\boldsymbol{x}) \leqslant M,$$

因此 $\mathcal{Q} = \mathcal{Q}_1 \times [-M, M]$ 是 $\mathbb{R}^n$ 中包含 E 的一个矩形.

因为 E 是若尔当可测集, 所以由连续性假设知 f 在 E 上可积, 且对每个给定的 $\boldsymbol{x} \in F$ 而言 $f_E(\boldsymbol{x}, y)$ 在 $[-M, M]$ 上可积, 故由定理 4.1 知

$$\int_E f = \int_{\mathcal{Q}} f_E = \int_{\mathcal{Q}_1} \mathrm{d}\boldsymbol{x} \int_{-M}^{M} f_E(\boldsymbol{x}, y) \, \mathrm{d}y.$$

注意到上式右边内侧积分当 $\boldsymbol{x} \notin F$ 时均等于 0, 故而

$$\int_E f = \int_F \mathrm{d}\boldsymbol{x} \int_{-M}^{M} f_E(\boldsymbol{x}, y) \, \mathrm{d}y = \int_F \mathrm{d}\boldsymbol{x} \int_{\varphi(\boldsymbol{x})}^{\psi(\boldsymbol{x})} f(\boldsymbol{x}, y) \, \mathrm{d}y. \qquad \square$$

【例 4.4】设 E 是 $\mathbb{R}^2$ 中由直线 $y = x$ 和抛物线 $y = x^2$ 所围成的有界闭区域 (如图 15.4 所示), 试计算

$$I = \iint_E (x^2 + y)\,\mathrm{d}x\,\mathrm{d}y.$$

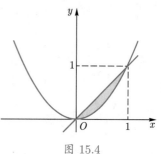

图 15.4

解. 由于

$$E = \left\{(x,y) \in \mathbb{R}^2 : x \in [0,1],\ y \in [x^2, x]\right\}$$
$$= \left\{(x,y) \in \mathbb{R}^2 : y \in [0,1],\ x \in [y, \sqrt{y}\,]\right\},$$

因此在利用富比尼定理时, 若先对 y 后对 x 积分, 则有

$$I = \int_0^1 \mathrm{d}x \int_{x^2}^x (x^2 + y)\,\mathrm{d}y = \int_0^1 \left(-\frac{3}{2}x^4 + x^3 + \frac{1}{2}x^2\right)\mathrm{d}x = \frac{7}{60}.$$

若先对 x 后对 y 积分, 则有

$$I = \int_0^1 \mathrm{d}y \int_y^{\sqrt{y}} (x^2 + y)\,\mathrm{d}x = \int_0^1 \left(\frac{4}{3}y^{\frac{3}{2}} - \frac{1}{3}y^3 - y^2\right)\mathrm{d}y = \frac{7}{60}. \qquad \square$$

【例 4.5】设 E 是 $\mathbb{R}^3$ 中由三个坐标面和平面 $x + 2y + 3z = 1$ 所围成的有界闭区域 (如图 15.5 所示), 计算

$$I = \iiint_E x^2\,\mathrm{d}x\,\mathrm{d}y\,\mathrm{d}z.$$

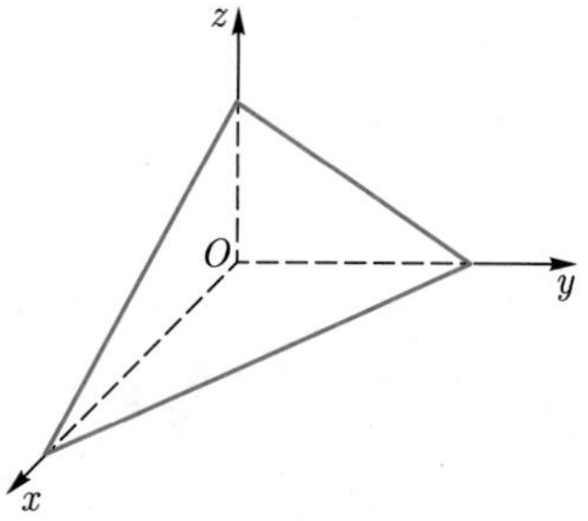

解. 易见

$$E = \left\{(x,y,z) : x,\ y,\ z \geqslant 0,\ x + 2y + 3z \leqslant 1\right\},$$

图 15.5

因此由富比尼定理知

$$I = \int_0^1 x^2\,\mathrm{d}x \int_0^{\frac{1-x}{2}} \mathrm{d}y \int_0^{\frac{1-x-2y}{3}} \mathrm{d}z$$

$$= \int_0^1 x^2\,\mathrm{d}x \int_0^{\frac{1-x}{2}} \frac{1-x-2y}{3}\,\mathrm{d}y = \int_0^1 \frac{x^2(1-x)^2}{12}\,\mathrm{d}x = \frac{1}{360}. \qquad \square$$

【例 4.6】(n 维单形的若尔当测度) 设 $a > 0$, 我们称 $\mathbb{R}^n$ 的子集.

$$\Delta_n(a) = \left\{(x_1, \cdots, x_n) : x_j \geqslant 0\ (1 \leqslant j \leqslant n),\ x_1 + \cdots + x_n \leqslant a\right\}$$

为 n 维单形 (simplex), 那么

$$\mu(\Delta_n(a)) = \int_{\Delta_n(a)} 1 = \int_0^a \mathrm{d}x_1 \int_0^{a-x_1} \mathrm{d}x_2 \cdots \int_0^{a-x_1-\cdots-x_{n-1}} \mathrm{d}x_n$$

$$= \int_0^a \mathrm{d}x_1 \int_0^{a-x_1} \mathrm{d}x_2 \cdots \int_0^{a-x_1-\cdots-x_{n-2}} (a - x_1 - \cdots - x_{n-2} - x_{n-1}) \,\mathrm{d}x_{n-1}$$

$$= \int_0^a \mathrm{d}x_1 \int_0^{a-x_1} \mathrm{d}x_2 \cdots \int_0^{a-x_1-\cdots-x_{n-3}} \frac{1}{2}(a - x_1 - \cdots - x_{n-3} - x_{n-2})^2 \,\mathrm{d}x_{n-2}$$

$$= \cdots = \int_0^a \frac{1}{(n-1)!}(a - x_1)^{n-1} \,\mathrm{d}x_1 = \frac{a^n}{n!}.$$

最后, 作为富比尼定理的应用, 我们来讨论一些特殊平面图形的面积和高维空间几何体的测度.

【命题 4.7】设 $f : [a,b] \longrightarrow \mathbb{R}$ 连续且非负, 那么曲边梯形

$$S = \{(x,y) \in \mathbb{R}^2 : x \in [a,b],\ y \in [0, f(x)]\}$$

(如图 15.6 所示) 的面积为 $\displaystyle\int_a^b f(x)\,\mathrm{d}x$.

证明. 由命题 1.10 知 S 是 $\mathbb{R}^2$ 中的若尔当可测集, 此外,

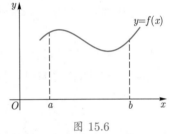

图 15.6

$$\mu(S) = \int_S 1 = \int_a^b \mathrm{d}x \int_0^{f(x)} \mathrm{d}y = \int_a^b f(x)\,\mathrm{d}x. \qquad \square$$

【例 4.8】设 $a, b > 0$, 证明椭圆 $\dfrac{x^2}{a^2} + \dfrac{y^2}{b^2} = 1$ 所围成的平面有界闭区域的面积为 πab. 特别地, 半径为 r 的圆的面积为 πr^2.

证明. 把该平面闭区域记作 S, 那么由命题 4.7 知 S 位于 $\{(x,y) : y \geqslant 0\}$ 中的那部分的面积为

$$\int_{-a}^a b\sqrt{1 - \frac{x^2}{a^2}}\,\mathrm{d}x = ab \int_{-\frac{\pi}{2}}^{\frac{\pi}{2}} \sqrt{1 - \sin^2 t}\,\mathrm{d}\sin t = ab \int_{-\frac{\pi}{2}}^{\frac{\pi}{2}} \cos^2 t\,\mathrm{d}t = \frac{\pi ab}{2}.$$

类似于命题 4.7 可得 S 位于 $\{(x,y) : y < 0\}$ 中的那部分的面积为

$$\int_{-a}^a \mathrm{d}x \int_{-b\sqrt{1-x^2/a^2}}^0 \mathrm{d}y = \int_{-a}^a b\sqrt{1 - \frac{x^2}{a^2}}\,\mathrm{d}x = \frac{\pi ab}{2},$$

因此 S 的面积等于 πab. $\qquad \square$

【命题 4.9】假设 $n \geqslant 2$, V 是 $\mathbb{R}^n$ 中的若尔当可测集, 且其含于矩形 $Q = [-M, M]^n$ 内. 对任意的 $x_n \in \mathbb{R}$, 记

$$V_{x_n} = \big\{(x_1, \cdots, x_{n-1}) : (x_1, \cdots, x_{n-1}, x_n) \in V\big\}. \tag{15.16}$$

若对任意的 $x_n \in [-M, M]$ 而言 V_{x_n} 均是 $\mathbb{R}^{n-1}$ 中的若尔当可测集, 那么 V 的若尔当测度为

$$\int_{-M}^{M} \mu(V_{x_n}) \, \mathrm{d}x_n,$$

上式中的 $\mu(V_{x_n})$ 是 V_{x_n} 在 $\mathbb{R}^{n-1}$ 中的若尔当测度.

证明. 用 χ_V 表示 V 的特征函数, 那么 V_{x_n} 可测意味着 $\chi_V(x_1, \cdots, x_{n-1}, x_n)$ 在 $[-M, M]^{n-1}$ 上对前 $n-1$ 个变量可积, 于是由富比尼定理知

$$\int_V 1 = \int_{\mathcal{Q}} \chi_V = \int_{-M}^{M} \mathrm{d}x_n \underbrace{\int \cdots \int}_{[-M, M]^{n-1}} \chi_V(x_1, \cdots, x_{n-1}, x_n) \, \mathrm{d}x_1 \cdots \mathrm{d}x_{n-1}$$

$$= \int_{-M}^{M} \mathrm{d}x_n \underbrace{\int \cdots \int}_{V_{x_n}} \mathrm{d}x_1 \cdots \mathrm{d}x_{n-1} = \int_{-M}^{M} \mu(V_{x_n}) \, \mathrm{d}x_n. \qquad \square$$

由这一命题可立即得到下述著名结论.

【定理 4.10】 (祖暅原理 [5]) 设 $n \geqslant 2$, A 与 B 是 $\mathbb{R}^n$ 中的两个若尔当可测集. 对 $x_n \in \mathbb{R}$, 设 A_{x_n} 与 B_{x_n} 如 (15.16) 一般定义. 如果对任意的 $x_n \in \mathbb{R}$, A_{x_n} 与 B_{x_n} 均在 $\mathbb{R}^{n-1}$ 中若尔当可测且有相同的测度, 那么 $\mu(A) = \mu(B)$.

【例 4.11】 (旋转体的体积) 假设函数 $f : [a, b] \longrightarrow \mathbb{R}$ 非负且连续, 证明由平面闭区域

$$\{(x, y) \in \mathbb{R}^2 : x \in [a, b], \ y \in [0, f(x)]\}$$

绕 x 轴旋转所得的旋转体 (如图 15.7 所示) 的体积为

$$\pi \int_a^b f(x)^2 \, \mathrm{d}x.$$

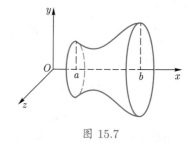

图 15.7

证明. 用 V 表示该旋转体. 在 (15.16) 的记号下, 我们知道对任意的 $x \in [a, b]$, V_x 是一个半径为 $f(x)$ 的圆, 其面积为 $\pi f(x)^2$, 从而由命题 4.9 知结论成立. $\qquad \square$

习题 15.4

1. 假设 f 在积分区域上连续, 试交换下列积分的次序:

(1) $\displaystyle\int_0^2 \mathrm{d}x \int_{\frac{x}{2}}^{2x} f(x, y) \, \mathrm{d}y$;

(2) $\displaystyle\int_{-1}^1 \mathrm{d}x \int_{x^2+x}^{x+1} f(x, y) \, \mathrm{d}y$;

(3) $\displaystyle\int_{-1}^1 \mathrm{d}x \int_{-\sqrt{1-x^2}}^{\sqrt{1-x^2}} \mathrm{d}y \int_{\sqrt{x^2+y^2}}^1 f(x, y, z) \, \mathrm{d}z$;

---

⑤ 祖暅原理原载于祖暅与其父祖冲之所著《缀术》一书中, 该书现已失传, 但是唐朝李淳风在其所注《九章算术》"少广"章中引用了这一原理:"缘幂势既同, 则积不容异". 它的意思是: 对两个立体作与底平行的截面, 如果每个对应的截面面积均相同, 那么这两个立体的体积相等. 这也就是本定理 $n = 3$ 的情形. 祖暅原理在国外被称作卡瓦列里 (Cavalieri) 原理.

(4) $\displaystyle\int_0^1 \mathrm{d}x \int_0^x \mathrm{d}y \int_0^{xy} f(x,y,z)\,\mathrm{d}z.$

2. 设 $f(x,y)$ 在 $[0,a]^2$ 上连续, 证明狄利克雷公式

$$\int_0^a \mathrm{d}x \int_0^x f(x,y)\,\mathrm{d}y = \int_0^a \mathrm{d}y \int_y^a f(x,y)\,\mathrm{d}x.$$

3. 计算极限

$$\lim_{n\to\infty} \frac{1}{n^3} \iint\limits_{[0,n]^2} \left([x]+[y]\right) \mathrm{d}x\,\mathrm{d}y,$$

其中 $[x]$ 表示不超过 x 的最大整数.

4. 利用富比尼原理计算下列重积分:

(1) $\displaystyle\iint\limits_{D} xy^2\,\mathrm{d}x\,\mathrm{d}y$, 其中 D 是由 $y^2 = 2px\ (p>0)$ 和 $x = \dfrac{p}{2}$ 所围成的有界闭区域;

(2) $\displaystyle\iint\limits_{D} (x+2y)\,\mathrm{d}x\,\mathrm{d}y$, 其中 D 是由 $x^2 + \dfrac{y^2}{4} = 1$ 在第一象限内的曲线段和 $y = 2-2x$ 所围成的有界闭区域;

(3) $\displaystyle\iint\limits_{D} x^{p-1}y^{q-1}\,\mathrm{d}x\,\mathrm{d}y\ (p,q\geqslant 1)$, 其中 D 是由 $x+y=1$ 和两个坐标轴所围成的有界闭区域;

(4) $\displaystyle\iiint\limits_{V} \dfrac{\mathrm{d}x\,\mathrm{d}y\,\mathrm{d}z}{(1+x+y+z)^3}$, 其中 V 是由 $x+y+z=1$ 和三个坐标平面所围成的有界闭区域.

5. 计算下列平面图形的面积:

(1) 由 $xy = a^2$ 和 $x+y = \dfrac{5}{2}a\ (a>0)$ 所围成的有界闭区域;

(2) 由 $y^2 = 2px + p^2\ (p>0)$ 和 $y^2 = -2qx + q^2\ (q>0)$ 所围成的有界闭区域;

(3) 由 $x^{\frac{2}{3}} + y^{\frac{2}{3}} = a^{\frac{2}{3}}\ (a>0)$ 所围成的有界闭区域.

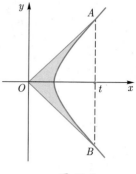

图 15.8

6. 设 $t > 1$, 证明双曲线 $x^2 - y^2 = 1$ 上两点 $A(t, \sqrt{t^2 - 1})$, $B(t, -\sqrt{t^2 - 1})$ 之间的曲线段与线段 OA, OB 所围成的闭区域 (如图 15.8 所示) 的面积为 arcosh t [6].

7. 计算下列立体的体积:

   (1) 由 $z = x^2 + y^2$, $z = 2(x^2 + y^2)$, $y = x$ 和 $y = x^2$ 所围成的有界闭区域;

   (2) 由 $z = x + y$, $z = xy$, $x + y = 1$, $x = 0$ 和 $y = 0$ 所围成的有界闭区域.

8. 计算下列旋转体的体积:

   (1) 平面闭区域 $\{(x, y) : x \in [0, 1], y \in [0, x^{\frac{2}{3}}]\}$ 绕 x 轴旋转所得的旋转体;

   (2) 平面上的圆 $x^2 + y^2 \leqslant a^2$ 绕直线 $y = b$ $(b > a > 0)$ 旋转所得的旋转体.

9. 证明: 曲面 $xyz = a^3$ $(a > 0)$ 上任一点处的切平面与三个坐标面围成的四面体体积均为 $\dfrac{9}{2} a^3$.

10. 设 $Q = Q_1 \times Q_2$ 是 $\mathbb{R}^n$ 中的闭矩形, 其中 Q_1 和 Q_2 分别是 $\mathbb{R}^k$ 和 $\mathbb{R}^\ell$ 中的闭矩形且 $k + \ell = n$. 又设 f 在 Q 上可积, 证明: 使得 $f(\boldsymbol{x}, \boldsymbol{y})$ 在 Q_2 上关于变量 $\boldsymbol{y}$ 不可积的那些 $\boldsymbol{x} \in Q_1$ 构成 $\mathbb{R}^k$ 中的勒贝格零测集.

11. 设 E 是 $\mathbb{R}^2$ 中的开集且 $f \in C^2(E)$, 利用富比尼定理证明: 对任意的 $\boldsymbol{a} \in E$ 有

$$\frac{\partial^2 f}{\partial x \partial y}(\boldsymbol{a}) = \frac{\partial^2 f}{\partial y \partial x}(\boldsymbol{a}).$$

12. 把每个有理数 x 写成既约分数 $\dfrac{p_x}{q_x}$ 的形式, 其中 $q_x > 0$, 并在正方形 $Q = [0, 1]^2$ 上定义函数 f 如下:

$$f(x, y) = \begin{cases} 1, & x \text{ 与 } y \text{ 均是有理数且 } q_x = q_y, \\ 0, & \text{其他情形.} \end{cases}$$

   证明:

   (1) f 在 Q 上的两个累次积分

$$\int_0^1 \mathrm{d}y \int_0^1 f(x, y)\, \mathrm{d}x \qquad \text{与} \qquad \int_0^1 \mathrm{d}x \int_0^1 f(x, y)\, \mathrm{d}y$$

   均存在且相等;

   (2) f 在 Q 上处处不连续, 从而在 Q 上不可积.

---

[6] 面积的英文是 area, 这导致人们常使用这一单词的前两个字母而将 $\cosh^{-1}$ 写成 arcosh, 其他的反双曲函数也有类似的书写方式 (参见 §2.7 脚注 10).

§15.5
变　量　替　换

15.5.1　启发式的讨论

　　变量替换是重积分计算中的一个重要方法, 在一些时候我们可以利用变量替换将积分区域简化, 从而给计算带来极大的便利. 我们首先在二维的情况下通过一个启发式的讨论来看看重积分的变量替换应该具有什么样的形式.

　　设 G 是 $\mathbb{R}^2$ 中的一个有界开集, $\varphi : G \longrightarrow \varphi(G)$ 是一个连续可微的双射, E 是 $\mathbb{R}^2$ 中的一个若尔当可测集且 $\overline{E} \subseteq G$. 又设 f 在 $\varphi(E)$ 上可积. 我们来计算积分

$$\int_{\varphi(E)} f.$$

　　现设 Q 是一个包含 $\varphi(E)$ 的矩形, 为方便起见, 我们只讨论一个简单情形, 即假设 $Q \subseteq \varphi(G)$, 那么上述积分也即

$$\int_Q f_{\varphi(E)}.$$

对于 Q 的任一分划

$$Q = \bigcup_{i=1}^{k} Q_i$$

考虑相应的黎曼和

$$\sum_{i=1}^{k} f_{\varphi(E)}(\boldsymbol{\xi}_i)|Q_i|,$$

其中 $\boldsymbol{\xi}_i \in Q_i$ $(1 \leqslant i \leqslant k)$. 由于 φ 是双射, 故存在唯一的 $\boldsymbol{\eta}_i \in \varphi^{-1}(Q_i)$ 使得 $\varphi(\boldsymbol{\eta}_i) = \boldsymbol{\xi}_i$, 于是

$$\sum_{i=1}^{k} f_{\varphi(E)}(\boldsymbol{\xi}_i)|Q_i| = \sum_{i=1}^{k} f_{\varphi(E)} \circ \varphi(\boldsymbol{\eta}_i)|Q_i|. \tag{15.17}$$

因为 $\boldsymbol{\eta}_i \in \varphi^{-1}(Q_i)$, 所以为了使得上式右边成为一个类似于黎曼和的式子, 我们需要将 $|Q_i|$ 用 $\mu(\varphi^{-1}(Q_i))$ 表示出来 (在这里我们不加证明地认定 $\varphi^{-1}(Q_i)$ 是若尔当可测集, 严格的推导会在本小节结束时给出). 为此, 假设对任意的 $\boldsymbol{u} \in G$ 而言 $\varphi'(\boldsymbol{u})$ 均是非奇异的, 那么由反函数定理知 φ^{-1} 连续可微并且对任意的 $\boldsymbol{z} \in \varphi(G)$ 有

$$(\varphi^{-1})'(\boldsymbol{z}) = \varphi'(\varphi^{-1}(\boldsymbol{z}))^{-1}. \tag{15.18}$$

假设 Q_i 是以 (a,b), $(a+h,b)$, $(a,b+\ell)$, $(a+h,b+\ell)$ 为顶点的矩形, 它在 φ^{-1} 的作用下变成了一个 "曲边四边形" $ABCD$ (如图 15.9 所示). 利用带佩亚诺余项的泰勒公式可得

$$\overrightarrow{AB} = \varphi^{-1}(a+h,b) - \varphi^{-1}(a,b) = \frac{\partial \varphi^{-1}}{\partial x}(a,b)h + o(|h|),$$

$$\overrightarrow{AD} = \varphi^{-1}(a,b+\ell) - \varphi^{-1}(a,b) = \frac{\partial \varphi^{-1}}{\partial y}(a,b)\ell + o(|\ell|),$$

$$\overrightarrow{DC} = \varphi^{-1}(a+h,b+\ell) - \varphi^{-1}(a,b+\ell) = \frac{\partial \varphi^{-1}}{\partial x}(a,b+\ell)h + o(|h|),$$

$$\overrightarrow{BC} = \varphi^{-1}(a+h,b+\ell) - \varphi^{-1}(a+h,b) = \frac{\partial \varphi^{-1}}{\partial y}(a+h,b)\ell + o(|\ell|),$$

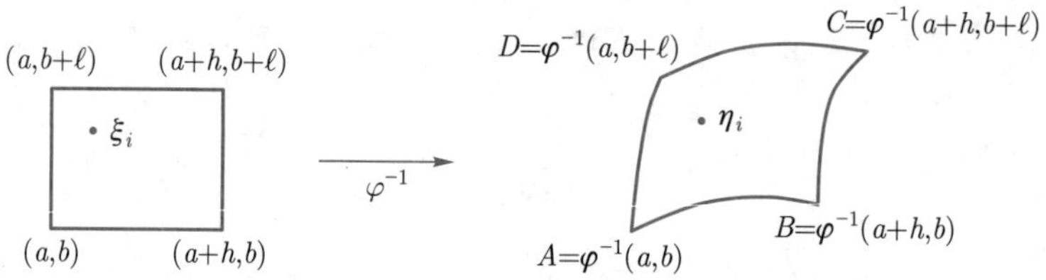

图 15.9

当 $|h|$ 和 $|\ell|$ 都充分小时, 可将 "曲边四边形" $ABCD$ 近似地看作以向量 $\dfrac{\partial \varphi^{-1}}{\partial x}(a,b)h$ 和 $\dfrac{\partial \varphi^{-1}}{\partial y}(a,b)\ell$ 为邻边所形成的平行四边形, 所以 $\varphi^{-1}(\mathcal{Q}_i)$ 的面积也近似等于这一平行四边形的面积. 若记 $\varphi^{-1} = (g_1, g_2)^{\mathrm{T}}$, 那么

$$\frac{\partial \varphi^{-1}}{\partial x}(a,b) = \left(\frac{\partial g_1}{\partial x}(a,b), \frac{\partial g_2}{\partial x}(a,b) \right)^{\mathrm{T}},$$

$$\frac{\partial \varphi^{-1}}{\partial y}(a,b) = \left(\frac{\partial g_1}{\partial y}(a,b), \frac{\partial g_2}{\partial y}(a,b) \right)^{\mathrm{T}}.$$

从而以 $\dfrac{\partial \varphi^{-1}}{\partial x}(a,b)h$ 和 $\dfrac{\partial \varphi^{-1}}{\partial y}(a,b)\ell$ 为邻边的平行四边形的面积也即

$$\left| \det \begin{pmatrix} \dfrac{\partial g_1}{\partial x}(a,b) & \dfrac{\partial g_2}{\partial x}(a,b) \\ \dfrac{\partial g_1}{\partial y}(a,b) & \dfrac{\partial g_2}{\partial y}(a,b) \end{pmatrix} \right| \cdot |h\ell| = |\det(\varphi^{-1})'(a,b)| \cdot |\mathcal{Q}_i|$$

$$= |\det \varphi'(\varphi^{-1}(a,b))|^{-1} \cdot |\mathcal{Q}_i|,$$

上面最后一步用到了 (15.18). 注意到 $\boldsymbol{\eta}_i$ 位于 "曲边四边形" 内, 因此当 $|h|$ 和 $|\ell|$ 充分小时 $\varphi^{-1}(a,b)$ 与 $\boldsymbol{\eta}_i$ 很接近, 再结合 $\varphi \in C^1(G)$ 便得

$$\mu(\varphi^{-1}(\mathcal{Q}_i)) \approx |\det \varphi'(\boldsymbol{\eta}_i)|^{-1} \cdot |\mathcal{Q}_i|,$$

也即

$$|\mathcal{Q}_i| \approx |\det \varphi'(\boldsymbol{\eta}_i)| \cdot \mu(\varphi^{-1}(\mathcal{Q}_i)).$$

将这代入 (15.17) 即得

$$\sum_{i=1}^{k} f_{\varphi(E)}(\boldsymbol{\xi}_i)|\mathcal{Q}_i| \approx \sum_{i=1}^{k} f_{\varphi(E)} \circ \varphi(\boldsymbol{\eta}_i)|\det \varphi'(\boldsymbol{\eta}_i)| \cdot \mu(\varphi^{-1}(\mathcal{Q}_i)). \tag{15.19}$$

上式右边在通常情况下并不是一个黎曼和 (因为 $\varphi^{-1}(\mathcal{Q}_i)$ 未必是矩形), 但是由于诸 $\varphi^{-1}(\mathcal{Q}_i)$ 两两无公共内点, 并且

$$E \subseteq \varphi^{-1}(\mathcal{Q}) \subseteq \bigcup_{i=1}^{k} \varphi^{-1}(\mathcal{Q}_i),$$

因此我们有理由相信当 $\max\limits_{1 \leqslant i \leqslant k} \mathrm{diam}\,(\mathcal{Q}_i)$ 充分小时 (15.19) 右边的和式与以 $f_{\varphi(E)} \circ \varphi(x,y) \cdot |\det \varphi'(x,y)|$ 为被积函数的积分非常接近, 于是把 (15.19) 两边的求和分别用积分代替便得

$$\int_{\varphi(E)} f = \int_{E} (f \circ \varphi)|\det \varphi'|.$$

此即二重积分的变量替换公式.

上面的讨论使我们感觉到对于 n 重积分也应当有如下类似的结论.

【定理 5.1】 设 G 是 $\mathbb{R}^n$ 中的有界开集, $\varphi : G \longrightarrow \varphi(G)$ 是一个连续可微的双射, 并且对任意的 $\boldsymbol{x} \in G$ 而言 $\varphi'(\boldsymbol{x})$ 均是非奇异的. 又设 E 是 $\mathbb{R}^n$ 中的一个若尔当可测集且 $\overline{E} \subseteq G$. 如果 f 在 $\varphi(E)$ 上可积, 那么

$$\int_{\varphi(E)} f = \int_{E} (f \circ \varphi)|\det \varphi'|. \tag{15.20}$$

我们暂时把它的证明留到下一小节, 而在这里先讨论一下 (15.20) 右侧积分的存在性问题. 因为 $\varphi'(\boldsymbol{x})$ 对任意的 $\boldsymbol{x} \in G$ 而言均是非奇异的, 故由反函数定理知 φ 将开集映为开集, 进而由 φ 是双射知

$$\partial \varphi(E) = \varphi(\partial E). \tag{15.21}$$

下面我们来考察 $\varphi(\partial E)$. 由于 ∂E 是闭集, 所以存在开集 G_1 满足 $\partial E \subseteq G_1 \subseteq \overline{G_1} \subseteq G$ (参见 §12.1 习题 19), 于是由 φ 的连续可微性及 (12.1) 知 $M = \sup\limits_{\boldsymbol{z} \in \overline{G_1}} \|\varphi'(\boldsymbol{z})\|$ 是一个正实数. 此外, 因为 E 是若尔当可测集, 所以 $\mu(\partial E) = 0$, 从而对任意的 $\varepsilon > 0$, 存在闭矩形 $\mathcal{Q}_1', \cdots, \mathcal{Q}_\ell'$ 满足

$$\partial E \subseteq \bigcup_{i=1}^{\ell} \mathcal{Q}_i' \subseteq G_1$$

以及

$$\sum_{i=1}^{\ell} |\mathcal{Q}_i'| < \varepsilon,$$

按照 §15.1 习题 3, 我们不妨假设 Q_i' 均为正方形. 由有限增量定理 (第十三章定理 3.2) 知, 对任意的 $\boldsymbol{x}, \boldsymbol{y} \in Q_i'$,

$$|\varphi(\boldsymbol{x}) - \varphi(\boldsymbol{y})| \leqslant M \cdot |\boldsymbol{x} - \boldsymbol{y}| \leqslant M \cdot \operatorname{diam} Q_i'.$$

因此 $\varphi(Q_i')$ 必包含在某个若尔当测度不大于 $(\sqrt{n}M)^n |Q_i'|$ 的正方形内. 从而 $\varphi(\partial E)$ 被有限多个正方形覆盖, 且这些正方形的若尔当测度之和不大于

$$(\sqrt{n}M)^n \sum_{i=1}^{\ell} |Q_i'| < (\sqrt{n}M)^n \varepsilon.$$

这样就证明了 $\varphi(\partial E)$ 是若尔当零测集, 于是由 (15.21) 知 $\varphi(E)$ 是若尔当可测集. 注意到 φ 是连续可微的双射, 所以利用勒贝格定理 (定理 3.5) 便可从 (15.20) 左侧积分的存在性推出右侧积分的存在性.

我们将上面讨论的结果总结如下:

【命题 5.2】设 G 是 $\mathbb{R}^n$ 中的有界开集, $\varphi : G \longrightarrow \varphi(G)$ 是一个连续可微的双射, 并且对任意的 $\boldsymbol{x} \in G$ 而言 $\varphi'(\boldsymbol{x})$ 均非奇异. 如果 E 是 $\mathbb{R}^n$ 中的一个若尔当可测集且 $\overline{E} \subseteq G$, 那么 $\varphi(E)$ 也是若尔当可测集.

15.5.2 主要定理的证明

本小节的目的是证明定理 5.1, 但是我们并不打算严格按照上一小节的思路来进行, 因此在给出证明之前, 我们先审视上面的讨论过程并总结一下推导不严格的地方以及困难所在.

首先, 为了方便起见, 我们曾假设矩形 Q 满足 $\varphi(E) \subseteq Q \subseteq \varphi(G)$, 但事实上在一般情况下这样的矩形 Q 是不存在的, 从直观上看, 为了越过这一困难我们可以把 $\varphi(E)$ 分成若干小块, 对每个小块重复上一小节中的讨论, 之后再将各小块 "拼接" 起来. 其次, 在计算 $\mu(\varphi^{-1}(Q_i))$ 时我们将其近似于某个平行四边形的面积, 这是一个推导不严格的地方, 如果要将这一步骤严格化, 我们实质上需要证明

$$\mu(\varphi^{-1}(Q_i)) = \int_{Q_i} |\det(\varphi^{-1})'|,$$

而这正是定理 5.1 对应于 $f = 1$ 的特殊情形. 最后, 在上一小节中我们也提到了 (15.19) 右边的和式未必是黎曼和, 要去说明这一和式本质上起到了与黎曼和相同的作用是需要付出一定的努力的 (此即 §15.2 习题 9).

总之, 为了证明定理 5.1, 我们的做法是在上一小节的思路的基础上采取一定的迂回. 在此之前, 先做一些准备工作.

【引理 5.3】设 Q 是 $\mathbb{R}^n$ 中的一个矩形, $L : \mathbb{R}^n \longrightarrow \mathbb{R}^n$ 是一个初等变换, 为了方便起见, 我们仍用 L 表示其在标准基下的矩阵, 那么 $L(Q)$ 是若尔当可测的且

$$\mu(L(Q)) = |\det L| \cdot |Q|.$$

证明. 因为若尔当测度具有平移不变性, 故不妨设 $\boldsymbol{0}$ 是 Q 的一个顶点, 即

$$Q = [0, a_1] \times [0, a_2] \times \cdots \times [0, a_n]$$

(如果某个 a_j 是负数, 那么上述记号中的 $[0, a_j]$ 也即是区间 $[a_j, 0]$).

众所周知初等变换共有三种, 对给定的 $1 \leqslant i, j \leqslant n$ $(i \neq j)$ 及实数 $\rho \neq 0$, 我们将这三种变换分别记作 $P_{i,j}$, $D_{i,\rho}$ 与 $H_{i,j}$, 它们满足

$$P_{i,j}(\boldsymbol{e}_k) = \begin{cases} \boldsymbol{e}_k, & k \neq i, j, \\ \boldsymbol{e}_j, & k = i, \\ \boldsymbol{e}_i, & k = j. \end{cases} \qquad D_{i,\rho}(\boldsymbol{e}_k) = \begin{cases} \boldsymbol{e}_k, & k \neq i, \\ \rho\boldsymbol{e}_i, & k = i. \end{cases}$$

以及

$$H_{i,j}(\boldsymbol{e}_k) = \begin{cases} \boldsymbol{e}_k, & k \neq i, \\ \boldsymbol{e}_i + \boldsymbol{e}_j, & k = i. \end{cases}$$

它们在标准基下所对应的矩阵分别为三类初等矩阵, 行列式分别为 $\det P_{i,j} = -1$, $\det D_{i,\rho} = \rho$, $\det H_{i,j} = 1$.

首先,

$$P_{i,j}(\mathcal{Q}) = \left\{(x_1, \cdots, x_n) : x_k \in [0, a_k]\ (k \neq i, j),\ x_i \in [0, a_j],\ x_j \in [0, a_i]\right\}$$

是一个矩形, 因此 $P_{i,j}(\mathcal{Q})$ 是若尔当可测的且

$$\mu(P_{i,j}(\mathcal{Q})) = |a_1 \cdots a_n| = |\det P_{i,j}| \cdot |\mathcal{Q}|.$$

其次,

$$D_{i,\rho}(\mathcal{Q}) = \left\{(x_1, \cdots, x_n) : x_k \in [0, a_k]\ (k \neq i),\ x_i \in [0, \rho a_j]\right\}$$

也是一个矩形, 因此 $D_{i,\rho}(\mathcal{Q})$ 是若尔当可测的且

$$\mu(D_{i,\rho}(\mathcal{Q})) = |\rho| \cdot |a_1 \cdots a_n| = |\det D_{i,\rho}| \cdot |\mathcal{Q}|.$$

最后, 由命题 5.2 知 $H_{i,j}(\mathcal{Q})$ 是若尔当可测集 [⑦]. 下面不妨设 $i < j$. 因为

$$H_{i,j}(\mathcal{Q}) = \left\{(x_1, \cdots, x_{i-1}, x_i + x_j, x_{i+1}, \cdots, x_n) : x_k \in [0, a_k]\ (1 \leqslant k \leqslant n)\right\},$$

所以如果我们沿用 (15.16) 中的记号, 则对任意的 $x_j \in [0, a_j]$ 有

$$(H_{i,j}(\mathcal{Q}))_{x_j}$$
$$= \left\{(x_1, \cdots, x_{i-1}, x_i + x_j, x_{i+1}, \cdots, x_{j-1}, x_{j+1}, \cdots, x_n) : x_k \in [0, a_k]\ (k \neq j)\right\}$$
$$= \mathcal{Q}_{x_j} + x_j \cdot \boldsymbol{e}_i^*,$$

---

⑦ $H_{i,j}(\mathcal{Q})$ 的若尔当可测性也可由命题 1.10 推出.

其中 e_i^* 是 $\mathbb{R}^{n-1}$ 中的第 i 个单位向量. 这说明 $(H_{i,j}(\mathcal{Q}))_{x_j}$ 可由矩形 $\mathcal{Q}_{x_j}$ 通过平移得到 (图 15.10 给出了三维空间中 $x_j = z$, $x_i = y$ 的情形), 从而 $\mu((H_{i,j}(\mathcal{Q}))_{x_j}) = \mu(\mathcal{Q}_{x_j})$, 于是由祖暅原理 (定理 4.10) 知

$$\mu(H_{i,j}(\mathcal{Q})) = \mu(\mathcal{Q}) = |\det H_{i,j}| \cdot |\mathcal{Q}|. \qquad \square$$

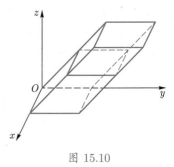

图 15.10

【引理 5.4】设 E 是 $\mathbb{R}^n$ 中的若尔当可测集, $L : \mathbb{R}^n \longrightarrow \mathbb{R}^n$ 是一个非奇异的线性变换, 现将其在标准基下的矩阵仍记作 L, 那么 $L(E)$ 也是 $\mathbb{R}^n$ 中的若尔当可测集, 并且

$$\mu(L(E)) = |\det L| \cdot \mu(E). \qquad (15.22)$$

特别地, 若 L 是正交变换, 那么 $\mu(L(E)) = \mu(E)$.

证明. $L(E)$ 的若尔当可测性虽然可以直接由命题 5.2 得到, 但我们也可按下述方式来证明.

首先讨论 L 是初等变换的情况. 对任意的 $\varepsilon > 0$, 由 E 是若尔当可测集知存在简单集合 A, B 使得 $A \subseteq E \subseteq B$ 且 $\mu(B \setminus A) < \dfrac{\varepsilon}{|\det L|}$. 现将 A 与 B 写成两两无公共内点的闭矩形的并,

$$A = \bigcup_{i=1}^{k} \mathcal{Q}_i, \qquad B = \bigcup_{j=1}^{\ell} \mathcal{Q}_j'.$$

那么

$$L(A) = \bigcup_{i=1}^{k} L(\mathcal{Q}_i), \qquad L(B) = \bigcup_{j=1}^{\ell} L(\mathcal{Q}_j'),$$

并且由 L 是双射知诸 $L(\mathcal{Q}_i)$ $(1 \leqslant i \leqslant k)$ 两两无公共内点, 诸 $L(\mathcal{Q}_j')$ $(1 \leqslant j \leqslant \ell)$ 亦两两无公共内点. 按照引理 5.3, $L(\mathcal{Q}_i)$ $(1 \leqslant i \leqslant k)$ 与 $L(\mathcal{Q}_j')$ $(1 \leqslant j \leqslant \ell)$ 均是若尔当可测集, 从而 $L(A)$ 与 $L(B)$ 也是若尔当可测集, 并且

$$\mu(L(A)) = \sum_{i=1}^{k} \mu(L(\mathcal{Q}_i)) = \sum_{i=1}^{k} |\det L| \cdot |\mathcal{Q}_i| = |\det L| \cdot \mu(A),$$

$$\mu(L(B)) = \sum_{j=1}^{\ell} \mu(L(\mathcal{Q}_j')) = \sum_{j=1}^{\ell} |\det L| \cdot |\mathcal{Q}_j'| = |\det L| \cdot \mu(B).$$

$$(15.23)$$

进而有 $L(A) \subseteq L(E) \subseteq L(B)$ 以及

$$\mu(L(B) \setminus L(A)) = \mu(L(B)) - \mu(L(A)) = |\det L| \cdot (\mu(B) - \mu(A))$$

$$= |\det L| \cdot \mu(B \setminus A) < \varepsilon.$$

因此由习题 15.1 第 5 题知 $L(E)$ 是若尔当可测集. 注意到我们可以选择 A, B 使它们的若尔当测度任意接近 $\mu(E)$, 于是由 (15.23) 中的两式以及上式知

$$\mu(L(E)) = |\det L| \cdot \mu(E).$$

这就对初等变换证明了引理结论.

此外, 如果非奇异线性变换 L_1 与 L_2 均可将任一若尔当可测集映为若尔当可测集, 且有 (15.22) 成立, 那么 $L_1 \circ L_2$ 也可将任一若尔当可测集映为若尔当可测集, 并且

$$\mu(L_1 \circ L_2(E)) = |\det L_1| \cdot \mu(L_2(E)) = |\det L_1| \cdot |\det L_2| \cdot \mu(E)$$

$$= |\det L_1 \circ L_2| \cdot \mu(E).$$

再注意到每个非奇异线性变换均可写成初等变换的复合, 因此引理得证. $\qquad\square$

有了以上准备工作, 我们可以来证明定理 5.1 了. 首先将其重述如下:

【定理 5.1】 设 G 是 $\mathbb{R}^n$ 中的有界开集, $\varphi : G \longrightarrow \varphi(G)$ 是一个连续可微的双射, 并且对任意的 $\boldsymbol{x} \in G$ 而言 $\varphi'(\boldsymbol{x})$ 均是非奇异的. 又设 E 是 $\mathbb{R}^n$ 中的一个若尔当可测集且 $\overline{E} \subseteq G$. 如果 f 在 $\varphi(E)$ 上可积, 那么

$$\int_{\varphi(E)} f = \int_E (f \circ \varphi)|\det \varphi'|.$$

证明分以下五步进行.

(1) 对满足 $\overline{S} \subseteq G$ 的若尔当可测集 S 证明

$$\mu(\varphi(S)) \leqslant \int_S |\det \varphi'|. \tag{15.24}$$

选择开集 G_1 满足 $\overline{S} \subseteq G_1 \subseteq \overline{G_1} \subseteq G$. 由 $\varphi = (\varphi_1, \cdots, \varphi_n)^{\mathrm{T}}$ 的连续可微性及 $\varphi'(\boldsymbol{x})$ $(\forall\, \boldsymbol{x} \in G)$ 的非奇异性知: 一方面, 存在 $M > 0$, 使得对任意的 $\boldsymbol{x} \in \overline{G_1}$ 而言, φ 在 $\boldsymbol{x}$ 处的雅可比矩阵的逆矩阵的元素之绝对值均不超过 M; 另一方面, 对任意的 $\varepsilon > 0$, 存在 $\delta > 0$, 使得对于 $\overline{G_1}$ 中满足 $|\boldsymbol{x} - \boldsymbol{y}| < \delta$ 的任意两点 $\boldsymbol{x}, \boldsymbol{y}$ 以及任意的 $1 \leqslant i, j \leqslant n$ 均有

$$\left| \frac{\partial \varphi_j}{\partial x_i}(\boldsymbol{x}) - \frac{\partial \varphi_j}{\partial x_i}(\boldsymbol{y}) \right| < \varepsilon. \tag{15.25}$$

因为 S 是若尔当可测集, 所以我们可以选择 G_1 内的两两无公共内点的闭正方形 $\mathcal{Q}_1, \cdots,$ $\mathcal{Q}_k$ 满足 $\operatorname{diam} \mathcal{Q}_\ell < \delta$ $(1 \leqslant \ell \leqslant k)$,

$$S \subseteq \bigcup_{\ell=1}^k \mathcal{Q}_\ell \qquad \text{以及} \qquad \sum_{\ell=1}^k |\mathcal{Q}_\ell| < \mu(S) + \varepsilon \tag{15.26}$$

(参见习题 15.1 第 3 题). 对任意的 ℓ, 由 φ 的连续可微性知, 存在 $\boldsymbol{q}_\ell \in \mathcal{Q}_\ell$ 使得

$$|\det \varphi'(\boldsymbol{q}_\ell)| = \min_{\boldsymbol{z} \in \mathcal{Q}_\ell} |\det \varphi'(\boldsymbol{z})|. \tag{15.27}$$

为方便起见, 记 $L = \varphi'(\boldsymbol{q}_\ell)$, 并记映射 $\psi = (\psi_1, \cdots, \psi_n)^{\mathrm{T}}$ 满足 $\psi(\boldsymbol{x}) = \varphi(\boldsymbol{x}) - L\boldsymbol{x}$. 那么

$$\psi'(\boldsymbol{x}) = \varphi'(\boldsymbol{x}) - L = \varphi'(\boldsymbol{x}) - \varphi'(\boldsymbol{q}_\ell).$$

于是由 (15.25) 知, 对任意的 $\boldsymbol{z} \in \mathcal{Q}_\ell$ 及任意的 $1 \leqslant i, j \leqslant n$ 有

$$\left| \frac{\partial \psi_j}{\partial x_i}(\boldsymbol{z}) \right| = \left| \frac{\partial \varphi_j}{\partial x_i}(\boldsymbol{z}) - \frac{\partial \varphi_j}{\partial x_i}(\boldsymbol{q}_\ell) \right| < \varepsilon.$$

回忆起 §13.2 推论 2.10, 便知对 $\mathcal{Q}_\ell$ 中任意两点 $\boldsymbol{x} = (x_1, \cdots, x_n)^{\mathrm{T}}$, $\boldsymbol{y} = (y_1, \cdots, y_n)^{\mathrm{T}}$ 以及任意的 j, 存在 $\boldsymbol{c} \in \mathcal{Q}_\ell$ 使得

$$|\psi_j(\boldsymbol{x}) - \psi_j(\boldsymbol{y})| = |\psi_j'(\boldsymbol{c})(\boldsymbol{x} - \boldsymbol{y})| = \left| \sum_{i=1}^n \frac{\partial \psi_j}{\partial x_i}(\boldsymbol{c})(x_i - y_i) \right| \tag{15.28}$$

$$< n\varepsilon \cdot \max_{1 \leqslant i \leqslant n} |x_i - y_i|.$$

注意到在证明一开始提到的矩阵 $L^{-1} = \varphi'(\boldsymbol{q}_\ell)^{-1}$ 的元素的绝对值均不超过 M, 故而对 $\mathcal{Q}_\ell$ 中任意两点 $\boldsymbol{x} = (x_1, \cdots, x_n)^{\mathrm{T}}$, $\boldsymbol{y} = (y_1, \cdots, y_n)^{\mathrm{T}}$ 以及任意的 j, 由 (15.28) 可得

$$|(L^{-1} \circ \psi)_j(\boldsymbol{x}) - (L^{-1} \circ \psi)_j(\boldsymbol{y})| < n^2 M\varepsilon \cdot \max_{1 \leqslant i \leqslant n} |x_i - y_i|,$$

其中 $(L^{-1} \circ \psi)_j$ 表示映射 $L^{-1} \circ \psi$ 的第 j 个分量函数. 因为

$$L^{-1} \circ \psi(\boldsymbol{x}) = L^{-1} \circ \varphi(\boldsymbol{x}) - \boldsymbol{x},$$

所以由三角形不等式知

$$|(L^{-1} \circ \varphi)_j(\boldsymbol{x}) - (L^{-1} \circ \varphi)_j(\boldsymbol{y})| < (1 + n^2 M\varepsilon) \cdot \max_{1 \leqslant i \leqslant n} |x_i - y_i|,$$

这意味着 $L^{-1} \circ \varphi(\mathcal{Q}_\ell)$ 必然包含在某个若尔当测度不大于 $(1 + n^2 M\varepsilon)^n \cdot |\mathcal{Q}_\ell|$ 的正方形内, 从而

$$\mu(L^{-1} \circ \varphi(\mathcal{Q}_\ell)) \leqslant (1 + n^2 M\varepsilon)^n \cdot |\mathcal{Q}_\ell|.$$

因此由引理 5.4 知

$$\mu(\varphi(\mathcal{Q}_\ell)) = \mu(L \circ L^{-1} \circ \varphi(\mathcal{Q}_\ell)) = |\det L| \cdot \mu(L^{-1} \circ \varphi(\mathcal{Q}_\ell))$$

$$\leqslant (1 + n^2 M\varepsilon)^n |\det \varphi'(\boldsymbol{q}_\ell)| \cdot |\mathcal{Q}_\ell|.$$

于是由 (15.26) 中的第一个式子可得

$$\mu(\varphi(S)) \leqslant \sum_{\ell=1}^k \mu(\varphi(\mathcal{Q}_\ell)) \leqslant (1 + n^2 M\varepsilon)^n \sum_{\ell=1}^k |\det \varphi'(\boldsymbol{q}_\ell)| \cdot |\mathcal{Q}_\ell|.$$

再注意到 (15.27), 我们就有

$$\mu(\varphi(S)) \leqslant (1 + n^2 M\varepsilon)^n \sum_{\ell=1}^{k} \int_{Q_\ell} |\det \varphi'| = (1 + n^2 M\varepsilon)^n \int_{\bigcup_{1 \leqslant \ell \leqslant k} Q_\ell} |\det \varphi'|$$

$$= (1 + n^2 M\varepsilon)^n \left(\int_S |\det \varphi'| + \int_{\left(\bigcup_{1 \leqslant \ell \leqslant k} Q_\ell\right) \setminus S} |\det \varphi'| \right)$$

$$\leqslant (1 + n^2 M\varepsilon)^n \left(\int_S |\det \varphi'| + \varepsilon \cdot \sup_{z \in \overline{G_1}} |\det \varphi'(z)| \right),$$

上面最后一步用到了 (15.26) 中的第二式, 从而由 ε 的任意性知 (15.24) 成立.

至此我们已经完成了证明的第一步, 但在继续进行之前, 我们先对上述过程略做评述. 从本质上看, 这一步骤是在寻求 $\mu(\varphi(S))$ 与 $\mu(S)$ 之间的联系, 在上一小节的讨论中我们已经意识到这是证明变量替换定理中至关重要的一步. 如果 φ 是非奇异的线性映射, 那么引理 5.4 已经建立这两者之间的联系了. 但是当 φ 不是线性映射时该怎么办呢? 我们的处理方式是用有限多个小正方形去逼近 S, 然后在每个小正方形 Q_ℓ 上相应地构造映射 $\psi = \varphi - L$, 并说明在 Q_ℓ 上 ψ 几乎是个常值映射 (参见 (15.28)), 这其实是在局部用一个平移变换与线性变换 L 的复合去逼近 φ. 这种局部线性化的思想在以前我们就多次用到过, 它贯穿了整个微积分学的始终.

此外, 一个值得读者进一步思考的问题是: 为什么我们在这里做估计的时候都是在各分量函数上进行的, 而不像在证明命题 5.2 时 (参见定理 5.1 下面一段) 直接使用有限增量定理?

(2) 对含于 $\varphi(G)$ 内的闭矩形 Q 以及在 Q 上非负且可积的函数 f 证明

$$\int_Q f \leqslant \int_{\varphi^{-1}(Q)} (f \circ \varphi) |\det \varphi'|. \tag{15.29}$$

对任意的 $\varepsilon > 0$, 设 $Q = \bigcup_{i=1}^{t} Q_i'$ 是 Q 的一个分划, 满足

$$\int_Q f < \sum_{i=1}^{t} m_i |Q_i'| + \varepsilon,$$

其中 $m_i = \inf_{x \in Q_i'} f(x)$. 那么在 (15.24) 中取 $S = \varphi^{-1}(Q_i')$, 则由 f 的非负性可得

$$\int_Q f \leqslant \sum_{i=1}^{t} m_i \int_{\varphi^{-1}(Q_i')} |\det \varphi'| + \varepsilon \leqslant \sum_{i=1}^{t} \int_{\varphi^{-1}(Q_i')} (f \circ \varphi) |\det \varphi'| + \varepsilon$$

$$= \int_{\varphi^{-1}(Q)} (f \circ \varphi) |\det \varphi'| + \varepsilon.$$

再由 ε 的任意性知 (15.29) 成立.

(3) 对非负函数 f 证明

$$\int_{\varphi(E)} f \leqslant \int_E (f \circ \varphi) |\det \varphi'|. \tag{15.30}$$

由 $\varphi(E)$ 是若尔当可测集知, 对任意的 $\varepsilon > 0$, 存在简单集合 $A \subseteq \varphi(E)$ 使得

$$\mu(\varphi(E)) \leqslant \mu(A) + \varepsilon.$$

因为 f 在 $\varphi(E)$ 上可积, 故 f 在 $\varphi(E)$ 上有界, 从而存在 $M' > 0$ 使得

$$|f(\boldsymbol{x})| \leqslant M', \qquad \forall \, \boldsymbol{x} \in \varphi(E).$$

于是

$$\int_{\varphi(E)} f = \int_A f + \int_{\varphi(E) \setminus A} f \leqslant \int_A f + M' \cdot \mu(\varphi(E) \setminus A)$$

$$\leqslant \int_A f + M' \varepsilon. \tag{15.31}$$

现将 A 写成无公共内点的闭矩形的并:

$$A = \bigcup_{i=1}^{h} \mathcal{P}_i,$$

则由 (15.29) 知

$$\int_A f = \sum_{i=1}^{h} \int_{\mathcal{P}_i} f \leqslant \sum_{i=1}^{h} \int_{\varphi^{-1}(\mathcal{P}_i)} (f \circ \varphi) |\det \varphi'|$$

$$= \int_{\varphi^{-1}(A)} (f \circ \varphi) |\det \varphi'| \leqslant \int_E (f \circ \varphi) |\det \varphi'|.$$

代入 (15.31) 便得

$$\int_{\varphi(E)} f \leqslant \int_E (f \circ \varphi) |\det \varphi'| + M' \varepsilon,$$

再由 ε 的任意性即知 (15.30) 成立.

(4) 对非负函数 f 证明定理 5.1.

对被积函数 $(f \circ \varphi) |\det \varphi'|$ 及映射 φ^{-1} 应用 (15.30), 并注意到

$$\left(\left((f \circ \varphi) |\det \varphi'| \right) \circ \varphi^{-1} \right) \cdot |\det (\varphi^{-1})'| = \left((f \circ \varphi) \circ \varphi^{-1} \right) |\det (\varphi' \circ \varphi^{-1})| \cdot |\det (\varphi^{-1})'|$$

$$= f \cdot |\det (\varphi' \circ \varphi^{-1}) \cdot (\varphi^{-1})'| = f,$$

便知与 (15.30) 反向的不等式成立 (参见图 15.11) . 从而对非负函数证明了 (15.20).

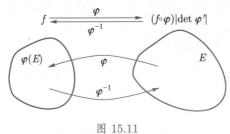

图 15.11

(5) 完成定理的证明.

记

$$f^+ = \frac{|f| + f}{2}, \qquad f^- = \frac{|f| - f}{2},$$

则 f^+ 与 f^- 均是 $\varphi(E)$ 上的非负可积函数, 从而由 (4) 知定理结论对 f^+ 和 f^- 成立, 进而也对 $f = f^+ - f^-$ 成立.

【推论 5.5】设 E 是 $\mathbb{R}^n$ 中的一个若尔当可测集, f 在 E 上可积. 又设 σ 是关于变量 $x_1, \cdots, x_n$ 的一个置换, 且 $\sigma(E) = E$, 则

$$\int_E f = \int_E f \circ \sigma.$$

证明. 这是因为 σ 在标准基下的矩阵的行列式等于 1 或 -1. □

【例 5.6】设 $\Delta_3 = \{(x, y, z) \in \mathbb{R}^3 : x \geqslant 0,\ y \geqslant 0,\ z \geqslant 0,\ x + y + z \leqslant 1\}$, 试计算

$$I = \iiint\limits_{\Delta_3} (x^2 - y^2 + 2)\,\mathrm{d}x\,\mathrm{d}y\,\mathrm{d}z.$$

解. 由上述推论知

$$\iiint\limits_{\Delta_3} x^2\,\mathrm{d}x\,\mathrm{d}y\,\mathrm{d}z = \iiint\limits_{\Delta_3} y^2\,\mathrm{d}x\,\mathrm{d}y\,\mathrm{d}z,$$

因此

$$I = 2\iiint\limits_{\Delta_3} \mathrm{d}x\,\mathrm{d}y\,\mathrm{d}z = \frac{1}{3},$$

上面最后一步用到了例 4.6. □

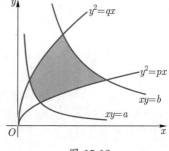

图 15.12

【例 5.7】设 $0 < p < q,\ 0 < a < b$. 求抛物线 $y^2 = px$, $y^2 = qx$ 及双曲线 $xy = a,\ xy = b$ 所围成的闭区域的面积 (如图 15.12 所示).

解. 用 D 表示这个闭区域, 那么

$$D = \{(x, y) \in \mathbb{R}^2 : px \leqslant y^2 \leqslant qx,\ a \leqslant xy \leqslant b\}.$$

现作变量替换

$$u = \frac{y^2}{x}, \qquad v = xy,$$

则 $\varphi : (x, y) \longmapsto (u, v)$ 是 $\mathbb{R}^2_{>0}$ 到其自身的连续可微双射, 且

$$\det \varphi' = \begin{vmatrix} -\dfrac{y^2}{x^2} & \dfrac{2y}{x} \\[2ex] y & x \end{vmatrix} = -\frac{3y^2}{x} = -3u,$$

故而 $|\det(\varphi^{-1})'| = \dfrac{1}{3u}$. 此外, $\varphi(D) = \{(u,v) \in \mathbb{R}^2 : p \leqslant u \leqslant q,\ a \leqslant v \leqslant b\}$, 于是由定理 5.1 知

$$\mu(D) = \int_D 1 = \int_{\varphi(D)} |\det(\varphi^{-1})'| = \iint\limits_{\varphi(D)} \frac{\mathrm{d}u\,\mathrm{d}v}{3u}$$

$$= \int_a^b \mathrm{d}v \int_p^q \frac{1}{3u}\,\mathrm{d}u = \frac{1}{3}(b-a)\log\frac{q}{p}. \qquad \square$$

【例 5.8】在这个例子中, 我们利用变量替换重新计算一下 n 维单形

$$\Delta_n(a) = \big\{(x_1,\cdots,x_n) : x_j \geqslant 0\ (1 \leqslant j \leqslant n),\ x_1 + \cdots + x_n \leqslant a\big\}$$

的若尔当测度.

首先, 考虑映射 $\varphi : (t_1,\cdots,t_n) \longmapsto (x_1,\cdots,x_n)$, 其中 $x_j = at_j\ (1 \leqslant j \leqslant n)$, 则 φ 是从 $\mathbb{R}^n$ 到 $\mathbb{R}^n$ 的连续可微双射, 它将 $\Delta_n(1)$ 映为 $\Delta_n(a)$, 并且 $\det\varphi' = a^n$, 所以

$$\mu(\Delta_n(a)) = \int_{\Delta_n(a)} 1 = a^n \int_{\Delta_n(1)} 1 = a^n \mu(\Delta_n(1)). \qquad (15.32)$$

利用富比尼定理及上式可得

$$\mu(\Delta_n(1)) = \int_{\Delta_n(1)} 1 = \int_0^1 \mathrm{d}t_n \underset{\substack{t_j \geqslant 0\ (1 \leqslant j \leqslant n-1) \\ t_1+t_2+\cdots+t_{n-1} \leqslant 1-t_n}}{\int \cdots \int} \mathrm{d}t_1\,\mathrm{d}t_2 \cdots \mathrm{d}t_{n-1}$$

$$= \int_0^1 \mu(\Delta_{n-1}(1-t_n))\,\mathrm{d}t_n = \mu(\Delta_{n-1}(1)) \int_0^1 (1-t_n)^{n-1}\,\mathrm{d}t_n$$

$$= \frac{1}{n}\mu(\Delta_{n-1}(1)).$$

因此可通过递推得到

$$\mu(\Delta_n(1)) = \frac{1}{n!}\mu(\Delta_1(1)) = \frac{1}{n!}.$$

再将此代入 (15.32) 便得

$$\mu(\Delta_n(a)) = \frac{a^n}{n!}.$$

15.5.3　一些特殊的变量替换

(1) 极坐标变换

考虑平面上的极坐标变换

$$\begin{cases} x = r\cos\theta, \\ y = r\sin\theta, \end{cases}$$

其中 r 和 θ 分别满足 $r \geqslant 0$ 和 $0 \leqslant \theta < 2\pi$, 那么 $\varphi : (r, \theta) \longmapsto (x, y)$ 是从开集 $\{(r, \theta) : r > 0,\ 0 < \theta < 2\pi\}$ 到 $\mathbb{R}^2 \setminus \{(x, 0) : x \geqslant 0\}$ 的连续可微双射. 因为

$$|\det \varphi'| = \begin{vmatrix} \cos\theta & -r\sin\theta \\ \sin\theta & r\cos\theta \end{vmatrix} = r,$$

所以由定理 5.1 知, 对于 $\mathbb{R}^2$ 中的若尔当可测集 D 以及在 D 上可积的函数 f 而言, 当 $\overline{D} \subseteq \mathbb{R}^2 \setminus \{(x, 0) : x \geqslant 0\}$ 时有

$$\iint\limits_{D} f(x, y)\,\mathrm{d}x\,\mathrm{d}y = \iint\limits_{\varphi^{-1}(D)} f(r\cos\theta, r\sin\theta) r\,\mathrm{d}r\,\mathrm{d}\theta.$$

但是由于在通常情况下我们应用极坐标变换时所讨论的集合大多包含原点或与 x 轴的正半轴相交, 故而有必要去研究一下当 $\overline{D} \cap \{(x, 0) : x \geqslant 0\} \neq \varnothing$ 时上式是否依然成立.

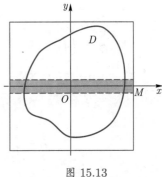

图 15.13

为方便起见, 约定 $\varphi^{-1}(\mathbf{0}) = \mathbf{0}$, 并假设 $M > 0$ 满足 $\overline{D} \subseteq [-M, M]^2$. 对充分小的 $\varepsilon > 0$, 记

$$D_\varepsilon = D \cap \Big([-M, M] \times [-\varepsilon, \varepsilon] \Big)$$

以及 $S = D \setminus D_\varepsilon$, 那么 $\overline{S} \subseteq \mathbb{R}^2 \setminus \{(x, 0) : x \geqslant 0\}$ (参见图 15.13), 于是有

$$\iint\limits_{S} f(x, y)\,\mathrm{d}x\,\mathrm{d}y = \iint\limits_{\varphi^{-1}(S)} f(r\cos\theta, r\sin\theta) r\,\mathrm{d}r\,\mathrm{d}\theta. \tag{15.33}$$

又由于 f 在 D 上可积, 故存在 $\rho > 0$ 使得 在 D 上有 $|f(x, y)| \leqslant \rho$, 因此

$$\left| \iint\limits_{D_\varepsilon} f(x, y)\,\mathrm{d}x\,\mathrm{d}y \right| \leqslant \rho \cdot 4M\varepsilon.$$

同时我们还有

$$\left| \iint\limits_{\varphi^{-1}(D_\varepsilon)} f(r\cos\theta, r\sin\theta) r\,\mathrm{d}r\,\mathrm{d}\theta \right| \leqslant \rho \left(\int_0^{2\varepsilon} r\,\mathrm{d}r \int_0^{2\pi} \mathrm{d}\theta + 4 \int_{2\varepsilon}^{\sqrt{\varepsilon^2 + M^2}} r \arcsin\frac{\varepsilon}{r}\,\mathrm{d}r \right)$$

$$\leqslant 4\pi\rho\varepsilon^2 + 4\rho \int_{2\varepsilon}^{2M} r \cdot \frac{\pi\varepsilon}{2r}\,\mathrm{d}r \ll \rho M\varepsilon.$$

所以在 (15.33) 两边分别添加上在 D_ε 和在 $\varphi^{-1}(D_\varepsilon)$ 上的积分可得

$$\iint\limits_{D} f(x, y)\,\mathrm{d}x\,\mathrm{d}y = \iint\limits_{\varphi^{-1}(D)} f(r\cos\theta, r\sin\theta) r\,\mathrm{d}r\,\mathrm{d}\theta + O(\rho M\varepsilon).$$

再由 ε 的任意性知

$$\iint\limits_{D} f(x,y)\,\mathrm{d}x\,\mathrm{d}y = \iint\limits_{\varphi^{-1}(D)} f(r\cos\theta, r\sin\theta)r\,\mathrm{d}r\,\mathrm{d}\theta. \tag{15.34}$$

这说明无论 $\overline{D}$ 与 $\{(x,0):x\geqslant 0\}$ 的交集是否是空集, 极坐标的变量替换公式总是成立的.

【例 5.9】设 $D=\{(x,y)\in\mathbb{R}^2:1\leqslant x^2+y^2\leqslant 4\}$, 试计算

$$I = \iint\limits_{D} x^2 y^2\,\mathrm{d}x\,\mathrm{d}y.$$

解. 利用极坐标变换 $x=r\cos\theta, y=r\sin\theta$ 可将 D 变换成

$$D' = \{(r,\theta):1\leqslant r\leqslant 2,\ 0\leqslant\theta<2\pi\},$$

于是

$$I = \iint\limits_{D'} (r\cos\theta)^2(r\sin\theta)^2 r\,\mathrm{d}r\,\mathrm{d}\theta = \frac{1}{4}\int_1^2 r^5\,\mathrm{d}r\int_0^{2\pi}(\sin 2\theta)^2\,\mathrm{d}\theta = \frac{21}{8}\pi. \qquad \square$$

【例 5.10】设 D 是由 y 轴以及两圆 $x^2+y^2=4$, $(x-1)^2+y^2=1$ 在第一象限所围成的部分 (如图 15.14 所示), 计算

$$I = \iint\limits_{D} y\,\mathrm{d}x\,\mathrm{d}y.$$

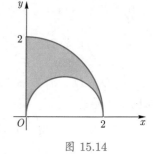

图 15.14

解. 在极坐标变换下这两个圆在第一象限的部分分别为 $r=2\ (0\leqslant\theta\leqslant\pi/2)$ 以及 $r=2\cos\theta\ (0\leqslant\theta\leqslant\pi/2)$, 于是 D 相应地变为

$$D' = \left\{(r,\theta):2\cos\theta\leqslant r\leqslant 2,\ 0\leqslant\theta\leqslant\frac{\pi}{2}\right\}.$$

因此

$$I = \iint\limits_{D'} (r\sin\theta)r\,\mathrm{d}r\,\mathrm{d}\theta = \int_0^{\frac{\pi}{2}}\sin\theta\,\mathrm{d}\theta\int_{2\cos\theta}^2 r^2\,\mathrm{d}r$$

$$= \frac{1}{3}\int_0^{\frac{\pi}{2}}(8-8\cos^3\theta)\sin\theta\,\mathrm{d}\theta = \frac{8}{3}\left(-\cos\theta+\frac{1}{4}\cos^4\theta\right)\Big|_0^{\frac{\pi}{2}}$$

$$= 2.$$

$\square$

有时我们或许会需要更一般的极坐标变换

$$\begin{cases} x = ar\cos\theta, \\ y = br\sin\theta, \end{cases}$$

其中 a, b 是两个正常数. 此时变量替换公式 (15.34) 相应地变为

$$\iint\limits_{D} f(x, y)\,\mathrm{d}x\,\mathrm{d}y = ab \iint\limits_{\varphi^{-1}(D)} f(ar\cos\theta, br\sin\theta)r\,\mathrm{d}r\,\mathrm{d}\theta.$$

(2) 球坐标变换

$\mathbb{R}^3$ 中的球坐标变换指的是

$$\begin{cases} x = \rho\sin\varphi\cos\theta, \\ y = \rho\sin\varphi\sin\theta, \\ z = \rho\cos\varphi, \end{cases}$$

其中 $\rho \geqslant 0, 0 \leqslant \varphi \leqslant \pi, 0 \leqslant \theta < 2\pi$. 若用 $M(x, y, z)$ 表示空间 $\mathbb{R}^3$ 中一点, 那么 ρ 即是 M 与原点之间的距离. 当 M 不是原点时, φ 表示射线 OM 与 z 轴正向的夹角. 进一步地, 当 M 不在 z 轴上时, 若将其在 Oxy 平面上的投影记作 $P(x, y, 0)$, 那么 θ 表示射线 OP 与 x 轴正向之间的夹角 (如图 15.15 所示). 我们称 (ρ, φ, θ) 为 M 的<u>球坐标</u>或<u>空间极坐标</u> (polar coordinates in the space).

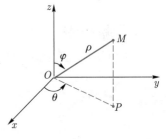

图 15.15

映射 $\psi : (\rho, \varphi, \theta) \longmapsto (x, y, z)$ 是从开集

$$\{(\rho, \varphi, \theta) : \rho > 0,\ 0 < \varphi < \pi,\ 0 < \theta < 2\pi\}$$

到 $\mathbb{R}^3 \setminus \{(x, 0, z) : x \in \mathbb{R}_{\geqslant 0},\ z \in \mathbb{R}\}$ 的连续可微双射, 并且

$$\det \psi' = \begin{vmatrix} \sin\varphi\cos\theta & \rho\cos\varphi\cos\theta & -\rho\sin\varphi\sin\theta \\ \sin\varphi\sin\theta & \rho\cos\varphi\sin\theta & \rho\sin\varphi\cos\theta \\ \cos\varphi & -\rho\sin\varphi & 0 \end{vmatrix} = \rho^2\sin\varphi,$$

因此由定理 5.1 知, 当 V 是 $\mathbb{R}^3$ 中的若尔当可测集且 $\overline{V} \cap \{(x, 0, z) : x \in \mathbb{R}_{\geqslant 0},\ z \in \mathbb{R}\} = \varnothing$ 时, 对于在 V 上可积的任一函数 f 有

$$\iiint\limits_{V} f(x, y, z)\,\mathrm{d}x\,\mathrm{d}y\,\mathrm{d}z$$

$$= \iiint\limits_{\psi^{-1}(V)} f(\rho\sin\varphi\cos\theta, \rho\sin\varphi\sin\theta, \rho\cos\varphi)\rho^2\sin\varphi\,\mathrm{d}\rho\,\mathrm{d}\varphi\,\mathrm{d}\theta.$$

但是利用与极坐标变换类似的讨论知, 上式对任一若尔当可测集 V 均成立.

【例 5.11】设 V 是由球面 $x^2 + y^2 + z^2 = a^2 \ (a > 0)$ 满足 $z > 0$ 的部分与锥面 $z = \sqrt{x^2 + y^2}$ 所围成的有界闭区域, 试计算

$$I = \iiint\limits_{V} (x^2 + y^2 + z^2) \, dx \, dy \, dz.$$

解. V 在球坐标变换下变为

$$V' = \left\{ (\rho, \varphi, \theta) \in \mathbb{R}^3 : 0 \leqslant \rho \leqslant a, \ 0 \leqslant \varphi \leqslant \frac{\pi}{4}, \ 0 \leqslant \theta < 2\pi \right\},$$

因此

$$I = \iiint\limits_{V'} \rho^2 \cdot \rho^2 \sin\varphi \, d\rho \, d\varphi \, d\theta = \int_0^a \rho^4 \, d\rho \int_0^{\frac{\pi}{4}} \sin\varphi \, d\varphi \int_0^{2\pi} d\theta = \frac{2 - \sqrt{2}}{5} \pi a^5. \qquad \square$$

(3) 柱坐标变换

$\mathbb{R}^3$ 中的柱坐标变换指的是

$$\begin{cases} x = r\cos\theta, \\ y = r\sin\theta, \\ z = z, \end{cases}$$

其中 $r \geqslant 0, 0 \leqslant \theta < 2\pi$. 如果将点 $M(x, y, z)$ 在 Oxy 平面上的投影记作 $P(x, y, 0)$, 那么当 M 不在 z 轴上时, r 即是线段 OP 的长度, θ 表示射线 OP 与 x 轴正向之间的夹角 (如图 15.16 所示).

映射 $\varphi : (r, \theta, z) \longmapsto (x, y, z)$ 是从开集

$$\{(r, \theta, z) : r > 0, \ 0 < \theta < 2\pi\}$$

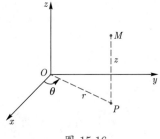

图 15.16

到 $\mathbb{R}^3 \setminus \{(x, 0, z) : x \in \mathbb{R}_{\geqslant 0}, z \in \mathbb{R}\}$ 的连续可微双射, 并且

$$\det \varphi' = \begin{vmatrix} \cos\theta & -r\sin\theta & 0 \\ \sin\theta & r\cos\theta & 0 \\ 0 & 0 & 1 \end{vmatrix} = r.$$

利用与极坐标变换类似的讨论知, 对于 $\mathbb{R}^3$ 中的若尔当可测集 V 以及在 V 上可积的函数 f 有

$$\iiint\limits_{V} f(x, y, z) \, dx \, dy \, dz = \iiint\limits_{\varphi^{-1}(V)} f(r\cos\theta, r\sin\theta, z) r \, dr \, d\theta \, dz.$$

【例 5.12】设 V 是由旋转抛物面 $x^2 + y^2 = 2z$ 与平面 $z = 2$ 所围成的有界闭区域, 试计算

$$I = \iiint\limits_V x^2 \, \mathrm{d}x \, \mathrm{d}y \, \mathrm{d}z.$$

解. 因为积分区域关于变量 x 和 y 对称, 故由推论 5.5 知

$$I = \frac{1}{2} \iiint\limits_V (x^2 + y^2) \, \mathrm{d}x \, \mathrm{d}y \, \mathrm{d}z.$$

V 在柱坐标变换下变为

$$V' = \left\{ (r, \theta, z) \in \mathbb{R}^3 : 0 \leqslant r \leqslant 2, \ 0 \leqslant \theta < 2\pi, \ \frac{r^2}{2} \leqslant z \leqslant 2 \right\},$$

因此

$$I = \frac{1}{2} \iiint\limits_{V'} r^2 \cdot r \, \mathrm{d}r \, \mathrm{d}\theta \, \mathrm{d}z = \frac{1}{2} \int_0^{2\pi} \mathrm{d}\theta \int_0^2 r^3 \, \mathrm{d}r \int_{\frac{r^2}{2}}^2 \mathrm{d}z$$

$$= \frac{1}{2} \int_0^{2\pi} \mathrm{d}\theta \int_0^2 r^3 \left(2 - \frac{r^2}{2} \right) \mathrm{d}r = \frac{8}{3}\pi. \qquad \square$$

(4) n 维球坐标变换

$\underline{n}$ 维球坐标变换指的是

$$\begin{cases} x_1 = r \cos \theta_1, \\ x_2 = r \sin \theta_1 \cos \theta_2, \\ x_3 = r \sin \theta_1 \sin \theta_2 \cos \theta_3, \\ \cdots\cdots\cdots\cdots \\ x_{n-1} = r \sin \theta_1 \sin \theta_2 \cdots \sin \theta_{n-2} \cos \theta_{n-1}, \\ x_n = r \sin \theta_1 \sin \theta_2 \cdots \sin \theta_{n-2} \sin \theta_{n-1}, \end{cases}$$

其中 $r \geqslant 0, \ 0 \leqslant \theta_j \leqslant \pi \ (1 \leqslant j \leqslant n-2), \ 0 \leqslant \theta_{n-1} < 2\pi$. 它是平面极坐标变换和三维空间球坐标变换在 $\mathbb{R}^n$ 空间中的自然推广.

记 $\varphi : (r, \theta_1, \theta_2, \cdots, \theta_{n-1}) \longmapsto (x_1, x_2, \cdots, x_n)$, 下面来计算 $\det \varphi'$. 为了书写方便, 我们来

考虑 $(\varphi')^{\mathrm{T}}$, 它等于

$$
\begin{bmatrix}
\cos\theta_1 & \sin\theta_1\cos\theta_2 & \sin\theta_1\sin\theta_2\cos\theta_3 & \cdots & \sin\theta_1\sin\theta_2\cdots\sin\theta_{n-1} \\
-r\sin\theta_1 & r\cos\theta_1\cos\theta_2 & r\cos\theta_1\sin\theta_2\cos\theta_3 & \cdots & r\cos\theta_1\sin\theta_2\cdots\sin\theta_{n-1} \\
0 & -r\sin\theta_1\sin\theta_2 & r\sin\theta_1\cos\theta_2\cos\theta_3 & \cdots & r\sin\theta_1\cos\theta_2\cdots\sin\theta_{n-1} \\
\vdots & \vdots & \vdots & & \vdots \\
0 & 0 & 0 & \cdots & r\sin\theta_1\sin\theta_2\cdots\cos\theta_{n-1}
\end{bmatrix}.
$$

把它的行列式记作 $f(r,\theta_1,\cdots,\theta_{n-1})$, 对该行列式按第一列展开, 并对展开后的两个子式进行如下操作: 对于 $\cos\theta_1$ 所对应的子式, 从其第一行中提出 $r\cos\theta_1$, 并从其余各行中提出 $\sin\theta_1$, 则可得到 $f(r,\theta_2,\cdots,\theta_{n-1})$; 对于 $-r\sin\theta_1$ 所对应的子式, 从其每一列中提出 $\sin\theta_1$, 则可得到 $f(r,\theta_2,\cdots,\theta_{n-1})$. 因此

$$
\begin{aligned}
\det(\varphi')^{\mathrm{T}} &= f(r,\theta_1,\cdots,\theta_{n-1}) \\
&= (\cos\theta_1)\cdot(r\cos\theta_1)\cdot(\sin\theta_1)^{n-2}f(r,\theta_2,\cdots,\theta_{n-1}) \\
&\quad + (r\sin\theta_1)\cdot(\sin\theta_1)^{n-1}f(r,\theta_2,\cdots,\theta_{n-1}) \\
&= r(\sin\theta_1)^{n-2}f(r,\theta_2,\cdots,\theta_{n-1}).
\end{aligned}
$$

于是递推可得

$$
\det\varphi' = r^{n-1}(\sin\theta_1)^{n-2}(\sin\theta_2)^{n-3}\cdots(\sin\theta_{n-2}).
$$

因此利用和极坐标变换类似的讨论可得: 对于 $\mathbb{R}^n$ 中任一若尔当可测集 E 以及在 E 上可积的函数 f 有

$$
\int\cdots\int_E f(x_1,\cdots,x_n)\,\mathrm{d}x_1\cdots\mathrm{d}x_n
$$

$$
= \int\cdots\int_{\varphi^{-1}(E)} f(r\cos\theta_1,\cdots,r\sin\theta_1\cdots\sin\theta_{n-1})r^{n-1}\prod_{j=1}^{n-2}\sin^j\theta_{n-1-j}\,\mathrm{d}r\,\mathrm{d}\theta_1\cdots\mathrm{d}\theta_{n-1}.
$$

【例 5.13】设 $a>0$, 且函数 f 在球

$$
V = \{(x_1,\cdots,x_n)\in\mathbb{R}^n : x_1^2+\cdots+x_n^2\leqslant a^2\}
$$

上可积, 证明

$$
\int\cdots\int_V f\left(\sqrt{x_1^2+\cdots+x_n^2}\right)\mathrm{d}x_1\cdots\mathrm{d}x_n = \frac{2\pi^{\frac{n}{2}}}{\Gamma\left(\frac{n}{2}\right)}\int_0^a f(r)r^{n-1}\,\mathrm{d}r.
$$

证明. 利用 n 维球坐标变换可得

$$\int \cdots \int_V f(\sqrt{x_1^2 + \cdots + x_n^2})\, \mathrm{d}x_1 \cdots \mathrm{d}x_n$$

$$= \left(\int_0^a f(r)r^{n-1}\, \mathrm{d}r\right)\left(\int_0^{2\pi} \mathrm{d}\theta_{n-1}\right)\prod_{j=1}^{n-2}\int_0^\pi \sin^j \theta_{n-1-j}\, \mathrm{d}\theta_{n-1-j}. \tag{15.35}$$

回忆起在第十四章例 2.25 中对任意的正实数 p, q 定义的 B 函数

$$B(p,q) = \int_0^1 t^{p-1}(1-t)^{q-1}\, \mathrm{d}t = \int_0^{\frac{\pi}{2}} (\sin\theta)^{2(p-1)}(\cos\theta)^{2(q-1)}\cdot 2\sin\theta\cos\theta\, \mathrm{d}\theta$$

$$= 2\int_0^{\frac{\pi}{2}} \sin^{2p-1}\theta\cos^{2q-1}\theta\, \mathrm{d}\theta,$$

故有

$$\int_0^\pi \sin^j\alpha\, \mathrm{d}\alpha = 2\int_0^{\frac{\pi}{2}} \sin^j\alpha\, \mathrm{d}\alpha = B\left(\frac{j+1}{2}, \frac{1}{2}\right)$$

$$= \frac{\Gamma\left(\frac{j+1}{2}\right)\Gamma\left(\frac{1}{2}\right)}{\Gamma\left(\frac{j}{2}+1\right)} = \sqrt{\pi}\,\frac{\Gamma\left(\frac{j+1}{2}\right)}{\Gamma\left(\frac{j+2}{2}\right)}.$$

将这代入 (15.35) 即得

$$\int \cdots \int_V f\left(\sqrt{x_1^2 + \cdots + x_n^2}\right)\mathrm{d}x_1 \cdots \mathrm{d}x_n = 2\pi\left(\int_0^a f(r)r^{n-1}\, \mathrm{d}r\right)\prod_{j=1}^{n-2}\sqrt{\pi}\,\frac{\Gamma\left(\frac{j+1}{2}\right)}{\Gamma\left(\frac{j+2}{2}\right)}$$

$$= \frac{2\pi^{\frac{n}{2}}}{\Gamma\left(\frac{n}{2}\right)}\int_0^a f(r)r^{n-1}\, \mathrm{d}r. \qquad \square$$

【注 5.14】特别地, 在上例中取 f 为恒等于 1 的函数, 则可得到 n 维球的若尔当测度为

$$\frac{\pi^{\frac{n}{2}}}{\Gamma\left(\frac{n}{2}+1\right)}a^n.$$

在上式中取 $n = 2$ 即得平面上以 a 为半径的圆的面积为 πa^2; 取 $n = 3$ 可得空间中以 a 为半径的球的体积为 $\frac{4}{3}\pi a^3$; 最后取 $n = 4$ 可得 $\mathbb{R}^4$ 中以 a 为半径的球的体积为 $\frac{\pi^2}{2}a^4$.

习题 15.5

1. 计算下列重积分:

(1) $\displaystyle\iint\limits_{x^2+y^2\leqslant a^2} x^2 \sin y \,\mathrm{d}x\,\mathrm{d}y$;

(2) $\displaystyle\iint\limits_{\pi^2\leqslant x^2+y^2\leqslant 4\pi^2} \sin\sqrt{x^2+y^2}\,\mathrm{d}x\,\mathrm{d}y$;

(3) $\displaystyle\iint\limits_{x^2+y^2\leqslant 2x} \sqrt{x^2+y^2}\,\mathrm{d}x\,\mathrm{d}y$;

(4) $\displaystyle\iint\limits_{D} \frac{1}{x}\,\mathrm{d}x\,\mathrm{d}y$, 其中 D 是由 $x+y=p$, $x+y=q$ $(0<p<q)$, $y=ax$ 及 $y=bx$ $(0<a<b)$ 所围成的有界闭区域;

(5) $\displaystyle\iint\limits_{D} \frac{x^2\sin xy}{y}\,\mathrm{d}x\,\mathrm{d}y$, 其中 D 是由 $y^2=px$, $y^2=qx$ $(0<p<q)$, $x^2=ay$ 及 $x^2=by$ $(0<a<b)$ 所围成的有界闭区域;

(6) $\displaystyle\iiint\limits_{V} z\,\mathrm{d}x\,\mathrm{d}y\,\mathrm{d}z$, 其中 V 是椭球体 $\dfrac{x^2}{a^2}+\dfrac{y^2}{b^2}+\dfrac{z^2}{c^2}\leqslant 1$ $(a,b,c>0)$ 的上半部分;

(7) $\displaystyle\iiint\limits_{V} \sqrt{x^2+y^2}\,\mathrm{d}x\,\mathrm{d}y\,\mathrm{d}z$, 其中 V 是由 $z=\sqrt{x^2+y^2}$ 与 $z=1$ 所围成的有界闭区域;

(8) $\displaystyle\iiint\limits_{V} x^2 y\,\mathrm{d}x\,\mathrm{d}y\,\mathrm{d}z$, 其中 V 是由 $z=x^2+y^2$ 与 $z=2$ 所围成的有界闭区域;

(9) $\displaystyle\iiint\limits_{V} x^2\,\mathrm{d}x\,\mathrm{d}y\,\mathrm{d}z$, 其中 V 是满足 $z\geqslant\sqrt{x^2+y^2}$ 和 $x^2+y^2+z^2\leqslant 8$ 的有界闭区域.

2. 计算球 $x^2+y^2+z^2\leqslant a^2$ $(a>0)$ 与圆柱 $x^2+y^2\leqslant ax$ 相交的部分的体积.

3. 设 $0\leqslant a<b$, 函数 $f:[a,b]\longrightarrow\mathbb{R}$ 非负且连续, 证明由平面闭区域

$$\{(x,y)\in\mathbb{R}^2 : x\in[a,b],\ y\in[0,f(x)]\}$$

绕 y 轴旋转所得的旋转体的体积为

$$2\pi\int_a^b xf(x)\,\mathrm{d}x.$$

4. 求平面闭区域 $\{(x,y) : x\in[0,\pi],\ y\in[0,\sin x]\}$ 绕 y 轴旋转所得的旋转体的体积.

5. 设 $A = (a_{ij})_{3\times3}$ 是一个满秩方阵, $h > 0$. 计算由曲面

$$(a_{11}x + a_{12}y + a_{13}z)^2 + (a_{21}x + a_{22}y + a_{23}z)^2 + (a_{31}x + a_{32}y + a_{33}z)^2 = h^2$$

所围成的有界闭区域的体积.

6. 设 $0 < a < b,\, 0 < \alpha < \beta,\, h > 0$. V 是由曲面 $z = ay^2\ (y > 0)$, $z = by^2\ (y > 0)$, $z = \alpha x$, $z = \beta x$ 以及 $z = h$ 所围成的闭区域, 计算

$$I = \iiint\limits_V x^2\,\mathrm{d}x\,\mathrm{d}y\,\mathrm{d}z.$$

7. 设 $a > 0$, V 是由 $(x^2 + y^2 + z^2)^2 = a^2xy\ (a > 0)$ 所围成的有界闭区域满足 $z \geqslant 0$ 的那一部分, 计算

$$I = \iiint\limits_V \frac{xyz}{x^2 + y^2}\,\mathrm{d}x\,\mathrm{d}y\,\mathrm{d}z.$$

8. 设 A 是三阶正定对称矩阵, 计算

$$I = \iiint\limits_{\boldsymbol{x}^{\mathrm{T}}A\boldsymbol{x} \leqslant 1} \mathrm{e}^{\sqrt{\boldsymbol{x}^{\mathrm{T}}A\boldsymbol{x}}}\,\mathrm{d}\boldsymbol{x}.$$

9. 设 a, b, c 不全为 0, f 在 $\mathbb{R}$ 上连续, 证明

$$\iiint\limits_{x^2+y^2+z^2 \leqslant 1} f(ax + by + cz)\,\mathrm{d}x\,\mathrm{d}y\,\mathrm{d}z = \pi \int_{-1}^{1} (1 - u^2)f(ku)\,\mathrm{d}u,$$

其中 $k = \sqrt{a^2 + b^2 + c^2}$.

10. 计算 n 重积分

$$I = \int \cdots \int\limits_{[0,1]^n} (x_1 + \cdots + x_n)^2\,\mathrm{d}x_1 \cdots \mathrm{d}x_n.$$

11. 设 $a_j > 0\ (1 \leqslant j \leqslant n)$, 求 n 维圆锥体

$$\left\{ (x_1, \cdots, x_n) : \frac{x_1^2}{a_1^2} + \cdots + \frac{x_{n-1}^2}{a_{n-1}^2} \leqslant \frac{x_n^2}{a_n^2},\ 0 \leqslant x_n \leqslant a_n \right\}$$

的若尔当测度.

12. 设 $\boldsymbol{a}_i = (a_{i1}, \cdots, a_{in})\ (1 \leqslant i \leqslant n)$ 线性无关, 并记 $A = (a_{ij})_{n\times n}$. 证明以 $\pm\boldsymbol{a}_1, \cdots,$ $\pm\boldsymbol{a}_n$ 为顶点的 n 维多面体 ⑧的若尔当测度为 $\dfrac{2^n}{n!}|\det A|$.

---

⑧ 当 $n = 2$ 时这是一个四边形, 当 $n = 3$ 时这是一个八面体.

13. 设 f 是定义在区间 $[0,a]$ 上的连续函数, 证明

$$\int_0^a dx_1 \int_0^{x_1} dx_2 \cdots \int_0^{x_{n-1}} f(x_1)f(x_2)\cdots f(x_n)\, dx_n = \frac{1}{n!}\left(\int_0^a f(x)\,dx\right)^n.$$

§15.6
反常重积分

本节的目的是要把在前几节中建立的重积分理论从两个方向进行推广: 一是讨论无界集上的积分; 二是讨论有界集上的无界函数的积分. 我们希望在一个统一的框架下同时对它们进行讨论.

【定义 6.1】设 $E \subseteq \mathbb{R}^n$, 如果若尔当可测集列 $\{E_m\}$ 满足

$$E_m \subseteq E_{m+1}\ (\forall\, m \geqslant 1) \qquad 以及 \qquad \bigcup_{m=1}^{\infty} E_m = E,$$

则称 $\{E_m\}$ 是 E 的一个穷竭.

【定义 6.2】设 $E \subseteq \mathbb{R}^n$, $f: E \longrightarrow \mathbb{R}$. 如果对于 E 的使得 f 在每个 E_m 上均可积的任一穷竭 $\{E_m\}$, 极限

$$\lim_{m \to \infty} \int_{E_m} f$$

都存在且相等, 那么我们就称 f 在 E 上可积, 并将上述极限值记作

$$\int_E f,$$

此时也称积分 $\int_E f$ 收敛. 否则就称 $\int_E f$ 发散, 或称 f 在 E 上不可积.

在上述定义中我们只考虑 E 的那些穷竭 $\{E_m\}$, 其使得 f 在每个 E_m 上可积. 去验证 $\{E_m\}$ 满足这一条件事实上远非它看起来的那么困难, 下面的引理说明了这一点.

【引理 6.3】设 $E \subseteq \mathbb{R}^n$, f 是定义在 E 上的一个函数. 若存在 E 的一个穷竭 $\{E_m\}$, 使得 f 在每个 E_m 上均可积, 那么对于 E 的任一穷竭 $\{F_k\}$, 只要 f 在每个 F_k 上有界, 它就在每个 F_k 上可积.

证明. 对于任意的 k, $\{E_m \cap F_k : m \geqslant 1\}$ 是 F_k 的一个穷竭. 现任取 $\boldsymbol{x} \in F_k$, 则存在 m 使得 $\boldsymbol{x} \in E_m \cap F_k$. 注意到若 $\boldsymbol{x}$ 是 $E_m \cap F_k$ 的内点且是 f 的连续点, 则其必是 f 在 F_k 上的连续点. 故而 f 在 F_k 上的不连续点要么是 f 在某个 $E_m \cap F_k$ 内部的不连续点, 要么属于某个 $\partial(E_m \cap F_k)$. 由 f 在每个 E_m 上的可积性及勒贝格定理知, f 在 $E_m \cap F_k$ 内部的全体不连续点构成勒贝格零测集; 此外, $E_m \cap F_k$ 的若尔当可测性蕴含了 $\partial(E_m \cap F_k)$ 是勒贝格零测集. 因此由命题 2.8 (2) 知 f 在 F_k 上的全体不连续点构成勒贝格零测集, 这意味着 f 只要在 F_k 上有界, 它就在 F_k 上可积.   □

　　这一引理提醒我们, 选择穷竭时只需保证穷竭中的每个集合与 f 的诸奇点都保持一定的距离即可.

　　尽管定义 6.2 是针对一般的集合 E 而言的, 但是下述命题指出, 如果 E 是若尔当可测集, 那么这一定义实际上与黎曼积分 $\displaystyle\int_E f$ 的定义是相容的, 这说明它确实可被看作是若尔当可测集上的黎曼积分定义的推广.

　　【命题 6.4】设 E 是若尔当可测集且 f 在 E 上可积, $\{E_m\}$ 是 E 的一个穷竭, 那么 $\displaystyle\lim_{m\to\infty}\mu(E_m)=\mu(E)$ 并且

$$\lim_{m\to\infty}\int_{E_m}f=\int_E f.$$

　　证明. 一方面, 由 $E_m\subseteq E_{m+1}\subseteq E$ 知 $\mu(E_m)\leqslant\mu(E_{m+1})\leqslant\mu(E)$, 故而数列 $\{\mu(E_m)\}$ 单调递增且以 $\mu(E)$ 为上界, 因此 $\displaystyle\lim_{m\to\infty}\mu(E_m)\leqslant\mu(E)$. 另一方面, 任给 $\varepsilon>0$, 由 $\mu(\partial E)=0$ 知存在开的简单集合 S 使得 $\partial E\subseteq S$ 且 $\mu(S)<\varepsilon$. 因此 $E\cup S=E^\circ\cup S$ 是开集. 对每个 E_m 重复以上操作知, 存在开的简单集合 S_m 使得 $E_m\cup S_m$ 是开集且 $\mu(S_m)<\dfrac{\varepsilon}{2^m}$. 注意到

$$\overline{E}\subseteq E\cup S=\left(\bigcup_{j=1}^{\infty}E_m\right)\cup S\subseteq\left(\bigcup_{j=1}^{\infty}(E_m\cup S_m)\right)\cup S,$$

故由 $\overline{E}$ 是紧集知存在 $m_1<m_2<\cdots<m_k$ 使得

$$\overline{E}\subseteq\left(\bigcup_{j=1}^{k}(E_{m_j}\cup S_{m_j})\right)\cup S=\left(\bigcup_{j=1}^{k}S_{m_j}\right)\cup E_{m_k}\cup S.$$

于是

$$\mu(E)=\mu(\overline{E})\leqslant\sum_{j=1}^{k}\mu(S_{m_j})+\mu(E_{m_k})+\mu(S)<\mu(E_{m_k})+2\varepsilon$$

$$\leqslant\lim_{m\to\infty}\mu(E_m)+2\varepsilon,$$

从而由 ε 的任意性知 $\mu(E)\leqslant\displaystyle\lim_{m\to\infty}\mu(E_m)$. 综上两方面可得 $\displaystyle\lim_{m\to\infty}\mu(E_m)=\mu(E)$.

　　此外, 由 f 在 E 上的可积性可推出其在 E 上的有界性, 即存在 $M>0$ 使得对任意的 $\boldsymbol{x}\in E$ 有 $|f(\boldsymbol{x})|\leqslant M$, 而由勒贝格定理容易得出 f 在每个 E_m 上均可积. 于是

$$\left|\int_E f-\int_{E_m}f\right|=\left|\int_{E\backslash E_m}f\right|\leqslant M(\mu(E)-\mu(E_m)).$$

因此由上一段所得结果知 $\displaystyle\lim_{m\to\infty}\int_{E_m}f=\int_E f$. 　　　　　　□

　　为了给出一些判定积分敛散性的方法, 我们先从研究非负函数的积分开始.

【**命题 6.5**】设 $E \subseteq \mathbb{R}^n$, $f : E \longrightarrow \mathbb{R}$ 是一个非负函数, 那么 $\displaystyle\int_E f$ 收敛的充要条件是: 存在 E 的穷竭 $\{E_m\}$ 使得 f 在每个 E_m 上均可积, 并且极限

$$\lim_{m\to\infty} \int_{E_m} f \tag{15.36}$$

存在.

证明. 必要性是显然的, 下证充分性. 设 $\{F_k\}$ 是 E 的任一穷竭, 它使得 f 在每个 F_k 上均可积. 对任意的 k, $\{E_m \cap F_k : m \geq 1\}$ 是 F_k 的一个穷竭. 因为 f 非负, 故而

$$\int_{E_m \cap F_k} f \leq \int_{E_m} f, \qquad \forall\, m \geq 1.$$

因此由命题 6.4 知

$$\int_{F_k} f = \lim_{m\to\infty} \int_{E_m \cap F_k} f \leq \lim_{m\to\infty} \int_{E_m} f.$$

于是由单调有界收敛原理知极限 $\displaystyle\lim_{k\to\infty} \int_{F_k} f$ 存在且有

$$\lim_{k\to\infty} \int_{F_k} f \leq \lim_{m\to\infty} \int_{E_m} f,$$

再由对称性可得反向不等式成立, 于是

$$\lim_{k\to\infty} \int_{F_k} f = \lim_{m\to\infty} \int_{E_m} f.$$

从而 $\displaystyle\int_E f$ 收敛. $\qquad\qquad\qquad\qquad\qquad\qquad\qquad\qquad\qquad\qquad\qquad\qquad\square$

按照命题 6.5, 对于定义在 E 上的非负函数而言, 只需选取 E 的一个特殊的穷竭 $\{E_m\}$, 通过研究极限 (15.36) 的存在性就可得到 $\displaystyle\int_E f$ 的收敛性. 为了方便起见, 当 E 是无界集且 f 在 E 的任一有界子集上均有界时, 我们通常选择 E_m 等于

$$B(\mathbf{0}, m) \cap E \qquad 或 \qquad [-m, m]^n \cap E$$

(前提是这两个集合是若尔当可测的). 如果 E 是若尔当可测集, 并且 f 的全部奇点构成 ∂E 的子集 D, 那么我们通常选择

$$E_m = E \setminus A_m,$$

其中 $\{A_m\}$ 是一个简单集合列, 满足 $A_m \supseteq A_{m+1} \supseteq D$ $(\forall\, m \geq 1)$. 特别地, 当 $D = \{x_0\}$ 时 (也即是说, x_0 是 f 的唯一的奇点), 那么我们可以取 A_m 为以 x_0 为中心, 以 $\dfrac{1}{m}$ 为边长的正方形, 当然有时更为方便的是取

$$E_m = E \setminus B\left(\boldsymbol{x}_0, \frac{1}{m}\right).$$

下面来看一些例子.

【例 6.6】我们来考察积分
$$\iint\limits_{\mathbb{R}^2} \mathrm{e}^{-(x^2+y^2)}\,\mathrm{d}x\,\mathrm{d}y.$$

如果利用 $\{B(\mathbf{0},m)\}$ 作为 $\mathbb{R}^2$ 的穷竭, 那么由极坐标变换知
$$\iint\limits_{B(\mathbf{0},m)} \mathrm{e}^{-(x^2+y^2)}\,\mathrm{d}x\,\mathrm{d}y = \int_0^{2\pi}\mathrm{d}\theta\int_0^m \mathrm{e}^{-r^2} r\,\mathrm{d}r = \pi(1-\mathrm{e}^{-m^2}).$$

因此
$$\lim_{m\to\infty}\iint\limits_{B(\mathbf{0},m)} \mathrm{e}^{-(x^2+y^2)}\,\mathrm{d}x\,\mathrm{d}y = \pi.$$

于是由命题 6.5 知 $\displaystyle\iint\limits_{\mathbb{R}^2} \mathrm{e}^{-(x^2+y^2)}\,\mathrm{d}x\,\mathrm{d}y$ 收敛且其值为 π.

另一方面, 如果采用 $\{[-m,m]^2\}$ 作为 $\mathbb{R}^2$ 的穷竭, 那么由富比尼定理知
$$\iint\limits_{[-m,m]^2} \mathrm{e}^{-(x^2+y^2)}\,\mathrm{d}x\,\mathrm{d}y = \left(\int_{-m}^m \mathrm{e}^{-x^2}\,\mathrm{d}x\right)^2,$$

从而
$$\lim_{m\to\infty}\iint\limits_{[-m,m]^2} \mathrm{e}^{-(x^2+y^2)}\,\mathrm{d}x\,\mathrm{d}y = \left(\int_{-\infty}^{+\infty} \mathrm{e}^{-x^2}\,\mathrm{d}x\right)^2.$$

注意到刚才已经计算出了上式左侧等于 π, 所以作为一个副产品我们得到了
$$\int_{-\infty}^{+\infty} \mathrm{e}^{-x^2}\,\mathrm{d}x = \sqrt{\pi}.$$

【例 6.7】设 D 是平面上的由 $x=0$, $x=1$ 以及 $(x-1)^2+y^2=1$ 在第一象限所围成的区域 (如图 15.17 所示), 证明
$$\iint\limits_D \frac{1}{y^2}\,\mathrm{d}x\,\mathrm{d}y$$

收敛.

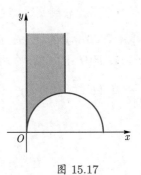

图 15.17

证明. 我们有
$$D = \{(x,y)\in\mathbb{R}^2 : 0 < x < 1,\ y > \sqrt{2x-x^2}\}.$$

现考虑 D 的穷竭 $\{D_n\}$, 其中
$$D_n = \left\{(x,y)\in\mathbb{R}^2 : \frac{1}{n}\leqslant x < 1,\ \sqrt{2x-x^2} < y \leqslant n\right\},$$

那么

$$\iint\limits_{D_n} \frac{1}{y^2}\,\mathrm{d}x\,\mathrm{d}y = \int_{\frac{1}{n}}^1 \mathrm{d}x \int_{\sqrt{2x-x^2}}^n \frac{\mathrm{d}y}{y^2} = \int_{\frac{1}{n}}^1 \left(\frac{1}{\sqrt{2x-x^2}} - \frac{1}{n} \right) \mathrm{d}x$$

$$= \int_{\frac{1}{n}}^1 \frac{1}{\sqrt{1-(1-x)^2}}\,\mathrm{d}x - \frac{1}{n}\left(1 - \frac{1}{n} \right)$$

$$= \arcsin\left(1 - \frac{1}{n} \right) - \frac{1}{n}\left(1 - \frac{1}{n} \right) \longrightarrow \frac{\pi}{2} \qquad (\text{当 } n \to \infty \text{ 时}).$$

因此我们所考虑的反常积分收敛, 且其值为 $\dfrac{\pi}{2}$. □

下面我们来介绍一些判定非负函数积分敛散性的方法.

【命题 6.8】(比较判别法) 设 $E \subseteq \mathbb{R}^n$, f 与 g 均是定义在 E 上的非负函数并且

$$f(\boldsymbol{x}) \leqslant g(\boldsymbol{x}), \qquad \forall\, \boldsymbol{x} \in E.$$

又设存在 E 的穷竭 $\{E_m\}$ 使得 f 与 g 均在每个 E_m 上可积. 如果 $\displaystyle\int_E g$ 收敛, 那么 $\displaystyle\int_E f$ 也收敛.

证明. 由假设知, 对任意的 $k \geqslant 1$ 有

$$\int_{E_k} f \leqslant \int_{E_k} g \leqslant \lim_{m\to\infty} \int_{E_m} g,$$

也即是说 $\left\{ \displaystyle\int_{E_k} f : k \geqslant 1 \right\}$ 有上界, 因为 $\left\{ \displaystyle\int_{E_k} f \right\}$ 单调递增, 故它必收敛, 于是由命题 6.5 知 $\displaystyle\int_E f$ 收敛. □

既然有了比较判别法, 我们就可以选择一些特殊函数作为标准来与别的函数比较.

【命题 6.9】设 E 是 $\mathbb{R}^n$ 的一个无界子集, f 是定义在 E 上的非负函数. 又设对任意的 $m \geqslant 1$, $B(\boldsymbol{0}, m) \cap E$ 均是若尔当可测集且 f 在其上可积. 此外, 还假设存在常数 $p > n$, 使得 $\dfrac{1}{|\boldsymbol{x}|^p}$ 在 $(E \cap B(\boldsymbol{0}, m)) \setminus B(\boldsymbol{0}, 1)$ $(m \geqslant 1)$ 上可积, 并且当 $|\boldsymbol{x}|$ 充分大时有

$$f(\boldsymbol{x}) \ll \frac{1}{|\boldsymbol{x}|^p},$$

那么 $\displaystyle\int_E f$ 收敛.

证明. 按照比较判别法, 只需证明

$$\int_{E \setminus B(\boldsymbol{0},1)} \frac{1}{|\boldsymbol{x}|^p}\,\mathrm{d}x_1 \cdots \mathrm{d}x_n \tag{15.37}$$

收敛即可. 记 $E_m = (E \cap B(\mathbf{0}, m)) \setminus B(\mathbf{0}, 1)$, 则 $\{E_m\}$ 是 $E \setminus B(\mathbf{0}, 1)$ 的一个穷竭. 因为对任意的 $m \geqslant 1$, 由 n 维球坐标变换知

$$\int_{E_m} \frac{1}{|\boldsymbol{x}|^p} \, \mathrm{d}x_1 \cdots \mathrm{d}x_n \leqslant \int_{B(\mathbf{0}, m) \setminus B(\mathbf{0}, 1)} \frac{1}{|\boldsymbol{x}|^p} \, \mathrm{d}x_1 \cdots \mathrm{d}x_n$$

$$= \left(\int_1^m \frac{1}{r^{p-n+1}} \, \mathrm{d}r \right) \left(\int_0^{2\pi} \mathrm{d}\theta_{n-1} \right) \prod_{j=1}^{n-2} \int_0^\pi \sin^j \theta_{n-1-j} \, \mathrm{d}\theta_{n-1-j} \ll 1,$$

因此 $\left\{ \displaystyle\int_{E_m} \frac{1}{|\boldsymbol{x}|^p} \, \mathrm{d}x_1 \cdots \mathrm{d}x_n : m \geqslant 1 \right\}$ 有界, 从而 (15.37) 中的积分收敛. $\qquad \square$

类似地, 对于有奇点的情况我们有下述结论.

【命题 6.10】设 E 是 $\mathbb{R}^n$ 中的有界集, f 是定义在 E 上的非负函数, 且 $\boldsymbol{x}_0 \in \partial E$ 是 f 的唯一的奇点. 又设对任意的 $m \geqslant 1$, $E \setminus B\left(\boldsymbol{x}_0, \dfrac{1}{m}\right)$ 均是若尔当可测集且 f 在其上可积. 此外, 还假设存在常数 $p < n$, 使得函数 $\dfrac{1}{|\boldsymbol{x} - \boldsymbol{x}_0|^p}$ 在 $E \setminus B\left(\boldsymbol{x}_0, \dfrac{1}{m}\right)$ $(m \geqslant 1)$ 上可积, 并且当 $\boldsymbol{x} \to \boldsymbol{x}_0$ $(\boldsymbol{x} \in E)$ 时有

$$f(\boldsymbol{x}) \ll \frac{1}{|\boldsymbol{x} - \boldsymbol{x}_0|^p},$$

那么 $\displaystyle\int_E f$ 收敛.

下面来讨论一般函数的积分. 在一元积分学中我们知道, 如果反常积分绝对收敛, 则其必收敛, 但反之不然. 然而由定义 6.2 所给出的反常积分的收敛性却等价于绝对收敛性, 我们先来证明比较困难的一个部分. 在证明过程中, 我们需要下述非负函数的反常积分的可加性.

【引理 6.11】设 $E \subseteq \mathbb{R}^n$, f 与 g 均是定义在 E 上的非负函数. 如果 $\displaystyle\int_E f$ 与 $\displaystyle\int_E g$ 均收敛, 那么 $\displaystyle\int_E (f+g)$ 也收敛且

$$\int_E (f+g) = \int_E f + \int_E g. \tag{15.38}$$

证明. 选择 E 的穷竭 $\{E_m\}$ 和 $\{F_m\}$, 使得 f 在每个 E_m 上可积, g 在每个 F_m 上可积. 容易验证 $\{E_m \cap F_m\}$ 也是 E 的穷竭, 并且由命题 3.4 知 $f + g$ 在 $E_m \cap F_m$ 上可积, 再利用命题 3.2(2) 可得

$$\int_{E_m \cap F_m} (f+g) = \int_{E_m \cap F_m} f + \int_{E_m \cap F_m} g.$$

因为 $\displaystyle\int_E f$ 与 $\displaystyle\int_E g$ 均收敛, 所以当 $m \to \infty$ 时上式右边趋于

$$\int_E f + \int_E g,$$

于是由命题 6.5 知 $\int_E (f+g)$ 也收敛且有 (15.38) 成立. $\qquad\qquad\qquad\qquad\qquad\qquad$ $\square$

【命题 6.12】设 $E \subseteq \mathbb{R}^n$, $f : E \longrightarrow \mathbb{R}$. 如果 $\int_E f$ 收敛, 那么 $\int_E |f|$ 也收敛.

证明. 利用反证法. 记

$$f^+ = \frac{|f| + f}{2}, \qquad f^- = \frac{|f| - f}{2}, \tag{15.39}$$

如果 $\int_E |f|$ 发散, 那么由 $|f| = f^+ + f^-$ 及引理 6.11 知 $\int_E f^+$ 与 $\int_E f^-$ 中至少有一个发散, 不妨设前者发散.

选择 E 的一个穷竭 $\{E_m\}$, 使得 f 在每个 E_m 上均可积. 由命题 3.3 (1) 知 f^+ 也在每个 E_m 上可积. 因为 f^+ 非负且 $\int_E f^+$ 发散, 所以数列

$$\left\{ \int_{E_m} f^+ \right\}_{m \geqslant 1}$$

单调递增无上界, 这意味着我们可以不妨假设

$$\int_{E_{m+1}} f^+ \geqslant \int_{E_m} |f| + \int_{E_m} f^+ + m, \qquad \forall\, m \geqslant 1,$$

也即

$$\int_{E_{m+1} \setminus E_m} f^+ \geqslant \int_{E_m} |f| + m, \qquad \forall\, m \geqslant 1. \tag{15.40}$$

现在考虑上式左侧积分所对应的达布下和, 我们知道存在简单集合

$$S = \bigcup_{j=1}^{k} \mathcal{Q}_j \subseteq E_{m+1} \setminus E_m$$

使得

$$\sum_{j=1}^{k} m_j |\mathcal{Q}_j| \geqslant \int_{E_{m+1} \setminus E_m} f^+ - 1,$$

其中 $\mathcal{Q}_j$ $(1 \leqslant j \leqslant k)$ 是两两无公共内点的闭矩形, $m_j = \inf\limits_{\boldsymbol{x} \in \mathcal{Q}_j} f^+(\boldsymbol{x})$. 注意到 $f^+ = \max(f, 0)$, 故而若用 $\sum\nolimits^{*}$ 表示对满足 $m_j > 0$ 的指标 j 进行求和, 则有

$$\sum_{1 \leqslant j \leqslant k}^{*} m_j |\mathcal{Q}_j| \geqslant \int_{E_{m+1} \setminus E_m} f^+ - 1.$$

因为对于上式左侧求和中的 j 有

$$m_j = \inf_{\boldsymbol{x} \in \mathcal{Q}_j} f^+(\boldsymbol{x}) = \inf_{\boldsymbol{x} \in \mathcal{Q}_j} f(\boldsymbol{x}),$$

故若记

$$P_m = \bigcup_{1 \leqslant j \leqslant k}^* \mathcal{Q}_j$$

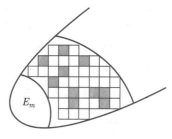

图 15.18

(如图 15.18 中阴影部分), 则有 $P_m \subseteq E_{m+1} \setminus E_m$ 以及

$$\int_{P_m} f \geqslant \sum_{1 \leqslant j \leqslant k}^* m_j |\mathcal{Q}_j| \geqslant \int_{E_{m+1} \setminus E_m} f^+ - 1 \geqslant \int_{E_m} |f| + m - 1, \tag{15.41}$$

上面最后一步用到了 (15.40). 现记 $F_m = E_m \cup P_m$, 于是由 $P_m \subseteq E_{m+1} \setminus E_m$ 知 $F_m \subseteq F_{m+1}$, 除此之外,

$$\bigcup_{m=1}^{\infty} F_m = \bigcup_{m=1}^{\infty} (E_m \cup P_m) = E,$$

因此 $\{F_m\}$ 是 E 的一个穷竭. 但是由 $f \geqslant -|f|$ 及 (15.41) 知

$$\int_{F_m} f = \int_{P_m} f + \int_{E_m} f \geqslant \int_{P_m} f - \int_{E_m} |f| \geqslant m - 1,$$

进而得到

$$\lim_{m \to \infty} \int_{F_m} f = +\infty,$$

这与 $\int_E f$ 的收敛性矛盾. □

有了以上结论, 我们可以来阐述反常重积分的一些基本性质了.

【命题 6.13】设 $E, F \subseteq \mathbb{R}^n$, 函数 f 在 $E \cup F$ 上有定义, g 在 E 上有定义.

(1) 若 $\int_E f$ 收敛, 则对任意的 $a \in \mathbb{R}$, $\int_E af$ 收敛, 且有

$$\int_E af = a \int_E f.$$

(2) 若 $\int_E f$ 与 $\int_E g$ 均收敛, 则 $\int_E (f+g)$ 也收敛且

$$\int_E (f+g) = \int_E f + \int_E g.$$

(3) 若 E 与 F 无公共内点, 且 $\int_E f$ 与 $\int_F f$ 均收敛, 则 $\int_{E \cup F} f$ 收敛, 并且有

$$\int_{E \cup F} f = \int_E f + \int_F f.$$

证明. (1) 可由定义直接得到.

(2) 类似于引理 6.11 的证明, 我们事实上可以选择 E 的穷竭 $\{E_m\}$, 使得 f 与 g 均在每个 E_m 上可积. 现考虑 E 的任一穷竭 $\{F_m\}$, 其使得 $f + g$ 在每个 F_m 上可积. 值得一提的是, 这并不意味着 f 或 g 在 F_m 上可积, 而这正是棘手之处. 为了达成证明, 需要做一些迂回. 因为在 $E_m \cap F_m$ 上 f 与 g 均可积, 故由命题 3.3 (2) 知

$$\int_{F_m \cap E_m} (f + g) = \int_{F_m \cap E_m} f + \int_{F_m \cap E_m} g. \tag{15.42}$$

但是因为我们的目标是去证明 $\left\{ \displaystyle\int_{F_m} (f + g) \right\}$ 在 $m \to \infty$ 时收敛, 所以必须把这些积分与上式左边的积分联系起来. 注意到 $\{F_m \cap E_k : k \geqslant 1\}$ 是 F_m 的一个穷竭, 因此按照命题 6.4, 我们有

$$\int_{F_m} (f + g) = \lim_{k \to \infty} \int_{F_m \cap E_k} (f + g).$$

进而得到

$$\left| \int_{F_m} (f + g) - \int_{F_m \cap E_m} (f + g) \right| = \lim_{k \to \infty} \left| \int_{F_m \cap E_k} (f + g) - \int_{F_m \cap E_m} (f + g) \right|$$

$$= \lim_{k \to \infty} \left| \int_{F_m \cap (E_k \setminus E_m)} (f + g) \right|$$

$$\leqslant \lim_{k \to \infty} \int_{E_k \setminus E_m} (|f| + |g|)$$

$$= \left(\lim_{k \to \infty} \int_{E_k} |f| - \int_{E_m} |f| \right) + \left(\lim_{k \to \infty} \int_{E_k} |g| - \int_{E_m} |g| \right)$$

$$= \left(\int_{E} |f| - \int_{E_m} |f| \right) + \left(\int_{E} |g| - \int_{E_m} |g| \right),$$

上式右边反常积分的存在性可由命题 6.12 保证. 现将 (15.42) 代入上式左边, 即得

$$\left| \int_{F_m} (f + g) - \int_{F_m \cap E_m} f - \int_{F_m \cap E_m} g \right|$$
$$\leqslant \left(\int_{E} |f| - \int_{E_m} |f| \right) + \left(\int_{E} |g| - \int_{E_m} |g| \right). \tag{15.43}$$

因为 $\{F_m \cap E_m\}$ 也是 E 的一个穷竭, 故而

$$\lim_{m \to \infty} \int_{F_m \cap E_m} f = \int_{E} f, \qquad \lim_{m \to \infty} \int_{F_m \cap E_m} g = \int_{E} g.$$

此外, 当 $m \to \infty$ 时 (15.43) 右边趋于 0, 所以由 (15.43) 知

$$\lim_{m \to \infty} \int_{F_m} (f + g) = \int_{E} f + \int_{E} g,$$

从而命题得证.

(3) 首先讨论 f 是非负函数的情形. 分别选取 E 和 F 的穷竭 $\{E_m\}$ 及 $\{F_m\}$, 使得 f 在每个 E_m 及 F_m 上均可积. 那么 $\{E_m \cup F_m\}$ 是 $E \cup F$ 的一个穷竭, 且由 E 与 F 无公共内点知

$$\int_{E_m \cup F_m} f = \int_{E_m} f + \int_{F_m} f,$$

于是

$$\lim_{m \to \infty} \int_{E_m \cup F_m} f = \int_E f + \int_F f.$$

结合命题 6.5 便对非负函数 f 证明了结论.

对于一般的 f, 我们考虑由 (15.39) 所定义的两个非负函数 f^+ 与 f^-, 注意到由命题 6.12 知积分 $\int_E |f|$ 与 $\int_F |f|$ 均收敛, 再由 (1) 和 (2) 知

$$\int_E f^+, \quad \int_E f^-, \quad \int_F f^+, \quad \int_F f^-$$

均收敛, 从而由上一段对非负函数所证明的结论知

$$\int_{E \cup F} f^+ \qquad 与 \qquad \int_{E \cup F} f^-$$

也均收敛, 且

$$\int_{E \cup F} f^+ = \int_E f^+ + \int_F f^+, \qquad \int_{E \cup F} f^- = \int_E f^- + \int_F f^-,$$

于是将上面两式相减, 并再次利用 (1) 和 (2) 便可完成证明. $\qquad \square$

【定理 6.14】设 $E \subseteq \mathbb{R}^n$, $f : E \longrightarrow \mathbb{R}$, 那么 $\int_E f$ 收敛当且仅当 $\int_E |f|$ 收敛.

证明. 必要性的部分也即是命题 6.12, 下证充分性. 沿用 (15.39) 中的记号. 因为 $0 \leqslant f^+, f^- \leqslant |f|$, 故由比较判别法可得 $\int_E f^+$ 与 $\int_E f^-$ 均收敛. 注意到 $f = f^+ - f^-$, 因此由命题 6.13 (1) 和 (2) 知 $\int_E f$ 收敛. $\qquad \square$

在完成上述定理的证明后, 有必要来举例说明一下由定义 6.2 所给出的收敛性定义与第十一章中一元反常积分敛散性定义的本质差异所在了. 设 $\sum\limits_{m=1}^{\infty} a_m$ 是一个收敛级数, 我们考虑定义在 $\mathbb{R}_{\geqslant 1}$ 上的函数

$$f(x) = a_m, \qquad 若 \ x \in [m, m+1),$$

那么由 $\sum\limits_{m=1}^{\infty} a_m$ 的收敛性知反常积分 $\int_1^{+\infty} f(x)\,\mathrm{d}x$ 在第十一章的定义下收敛. 现设 $\sum\limits_{k=1}^{\infty} a_{m_k}$ 是

$\sum_{m=1}^{\infty} a_m$ 的一个重排, 若记

$$E_j = \bigcup_{k=1}^{j} [m_k, m_k + 1),$$

那么 $\{E_j\}$ 构成 $\mathbb{R}_{\geqslant 1}$ 的一个穷竭, 注意到 $\sum_{k=1}^{\infty} a_{m_k}$ 的第 j 个部分和恰是

$$\int_{E_j} f,$$

所以重排级数收敛当且仅当极限

$$\lim_{j \to \infty} \int_{E_j} f$$

存在. 由此便知, $\int_{1}^{+\infty} f(x)\,\mathrm{d}x$ 在定义 6.2 的意义下收敛的一个必要条件是级数 $\sum_{m=1}^{\infty} a_m$ 的任一重排级数均收敛于同一值, 然而由狄利克雷定理 (第四章定理 4.4) 及黎曼重排定理 (第四章定理 4.5) 知这当且仅当 $\sum_{m=1}^{\infty} a_m$ 绝对收敛, 也即 $\int_{1}^{+\infty} |f(x)|\,\mathrm{d}x$ 收敛. 因此当 $\sum_{m=1}^{\infty} a_m$ 条件收敛时, 反常积分 $\int_{1}^{+\infty} f(x)\,\mathrm{d}x$ 虽然在第十一章的定义下是收敛的, 但却在定义 6.2 的意义下发散.

通过以上讨论我们发现定义 6.2 对收敛性的要求要比第十一章中一元反常积分收敛性的要求高得多, 所以在这一意义下我们能够保证收敛与绝对收敛的等价性.

最后我们来看反常重积分的变量替换.

【定理 6.15】设 E 是 $\mathbb{R}^n$ 中的开集, $\varphi : E \longrightarrow \varphi(E)$ 是一个连续可微的双射, 并且对任意的 $\boldsymbol{x} \in E$ 而言 $\varphi'(\boldsymbol{x})$ 均非奇异. 又设定义在 $\varphi(E)$ 的函数 f 在 $\varphi(E)$ 的任一若尔当可测紧子集上可积. 那么当

$$\int_{\varphi(E)} f \qquad \text{与} \qquad \int_{E} (f \circ \varphi)|\det \varphi'|$$

中有一个收敛时, 另一个必收敛, 且有

$$\int_{\varphi(E)} f = \int_{E} (f \circ \varphi)|\det \varphi'|. \tag{15.44}$$

证明. 不妨设 $\int_{\varphi(E)} f$ 收敛. 由于 $f = f^+ - f^-$ 且 $|f| = f^+ + f^-$, 因此由定理 6.14 我们只需对非负函数证明定理结论即可.

对正整数 m, 我们用边长为 $\dfrac{1}{2^m}$ 的两两无公共内点的闭正方形来分划 $\mathbb{R}^n$, 将这些小正方形中位于 $B(\boldsymbol{0}, m) \cap E$ 内的取出, 并用 E_m 表示它们的并集, 那么 $\{E_m\}$ 是 E 的一个穷竭 (留作练

习). 当然, 每个 E_m 均是 $\mathbb{R}^n$ 中的若尔当可测紧集, 从而 $\varphi(E_m)$ 亦然. 于是由假设条件知 f 在每个 $\varphi(E_m)$ 上可积, 进而由变量替换定理可得

$$\int_{\varphi(E_m)} f = \int_{E_m} (f \circ \varphi)|\det \varphi'|.$$

现令 $m \to \infty$, 因为此时上式左边的极限存在, 故而上式右边的极限也存在, 于是由命题 6.5 知 $\int_E (f \circ \varphi)|\det \varphi'|$ 收敛, 并且 (15.44) 成立. $\qquad\square$

习题 15.6

1. 证明集合 $[0,1] \setminus \mathbb{Q}$ 不存在穷竭.

2. 设 E 是 $\mathbb{R}^n$ 中的开集, 验证定理 6.15 证明过程中所构造的集合列 $\{E_m\}$ 是 E 的穷竭.

3. 设 E 是一个若尔当可测集, $\{E_m\}$ 是一个若尔当可测集列且满足

$$E_m \supseteq E_{m+1} \ (\forall \, m \geqslant 1) \qquad \text{与} \qquad E = \bigcap_{m=1}^{\infty} E_m.$$

证明 $\lim\limits_{m \to \infty} \mu(E_m) = \mu(E)$.

4. 讨论下列反常重积分的敛散性:

(1) $\iint\limits_{\mathbb{R} \times [0,1]} \dfrac{\mathrm{d}x \, \mathrm{d}y}{(1 + x^2 + y^2)^p}$;　　(2) $\iint\limits_{x^2+y^2 \geqslant 1} \dfrac{\mathrm{d}x \, \mathrm{d}y}{(x^2 + xy + y^2)^p}$;

(3) $\iint\limits_{x^2+y^2 < 1} \dfrac{\mathrm{d}x \, \mathrm{d}y}{(1 - x^2 - y^2)^p}$;　　(4) $\iint\limits_{[0,a]^2} \dfrac{\mathrm{d}x \, \mathrm{d}y}{|x - y|^p}$.

5. 证明 $\iint\limits_{[0,+\infty)^2} \mathrm{e}^{-xy} \sin x \, \mathrm{d}x \, \mathrm{d}y$ 发散.

6. 设 $p > 0$, $q > 0$, 试讨论积分 $\iint\limits_{|x|+|y| \geqslant 1} \dfrac{\mathrm{d}x \, \mathrm{d}y}{|x|^p + |y|^q}$ 的敛散性.

7. 计算下列积分:

(1) $\iint\limits_{x^2+y^2 \leqslant 1} \log \dfrac{1}{\sqrt{x^2 + y^2}} \, \mathrm{d}x \, \mathrm{d}y$;　　(2) $\iiint\limits_{x^2+y^2+z^2 > 1} \dfrac{\mathrm{d}x \, \mathrm{d}y \, \mathrm{d}z}{(x^2 + y^2 + z^2)^3}$.

8. 按下列步骤计算 $\zeta(2)$:

(1) 利用变量替换 $x = u - v$, $y = u + v$ 证明

$$\iint\limits_{[0,1]^2} \dfrac{1}{1 - xy} \, \mathrm{d}x \, \mathrm{d}y = \dfrac{\pi^2}{6},$$

(2) 利用 $\dfrac{1}{1-t}$ 的幂级数展式证明

$$\iint\limits_{[0,1]^2} \frac{1}{1-xy}\,\mathrm{d}x\,\mathrm{d}y = \zeta(2).$$

进而得出 $\zeta(2) = \dfrac{\pi^2}{6}$.

9. 计算积分

$$\int\limits_{x_1^2+\cdots+x_n^2<1}\cdots\int \frac{\mathrm{d}x_1\cdots\mathrm{d}x_n}{\sqrt{1-x_1^2-\cdots-x_n^2}}.$$

10. (狄利克雷积分) 设 $a, p_1, \cdots, p_n$ 均是正实数, 证明

$$\int_{\Delta_n(a)} x_1^{p_1-1}\cdots x_n^{p_n-1}\,\mathrm{d}x_1\cdots\mathrm{d}x_n = \frac{\Gamma(p_1)\cdots\Gamma(p_n)}{\Gamma(p_1+\cdots+p_n+1)}\,a^{p_1+\cdots+p_n},$$

其中 $\Delta_n(a)$ 是例 4.6 中所定义的 n 维单形.

平行公理 (axiom of parallels) 是欧几里得 (Euclid) 几何中的一条重要公理, 它宣称在平面上过一点能且只能作一条直线与已知直线平行, 它的一个著名的等价命题是 "三角形的内角和等于 π". 在历史上, 人们对平行公理的研究促使了非欧几何的诞生. 从第 11 题到第 15 题是一组题, 介绍双曲几何 (也被称为罗巴切夫斯基 (Лобачевский) 几何) 下的面积计算, 这里所用的模型是由庞加莱 (H. Poincaré)[52] 给出的.

11. 用 $\mathbb{H}$ 表示上半平面, 即 $\mathbb{H} = \{z \in \mathbb{C} : \operatorname{Im} z > 0\}$. 设实数 a, b, c, d 满足 $ad - bc > 0$, 证明 $z \longmapsto \dfrac{az+b}{cz+d}$ 是从 $\mathbb{H}$ 到 $\mathbb{H}$ 的映射.

12. 设 $S \subseteq \mathbb{H}$, f 是下列三种变换中的某一个:
(1) (平移变换) $z \longmapsto z + \lambda$, 其中 $\lambda \in \mathbb{C}$;
(2) (伸缩变换) $z \longmapsto pz$, 其中 $p \in \mathbb{R}_{>0}$;
(3) (反演变换) $z \longmapsto -\dfrac{1}{z}$,

证明下式中两个积分有一个收敛时另一个也收敛, 并且

$$\iint\limits_S \frac{\mathrm{d}x\,\mathrm{d}y}{y^2} = \iint\limits_{f(S)} \frac{\mathrm{d}x\,\mathrm{d}y}{y^2}.$$

13. 设实数 a, b, c, d 满足 $ad - bc = 1$, 又设 $f : z \longmapsto \dfrac{az+b}{cz+d}$ 是从 $\mathbb{H}$ 到 $\mathbb{H}$ 的映射. 证明: 对于 $S \subseteq \mathbb{H}$, 下式中两个积分有一个收敛时另一个也收敛, 并且

$$\iint\limits_S \frac{\mathrm{d}x\,\mathrm{d}y}{y^2} = \iint\limits_{f(S)} \frac{\mathrm{d}x\,\mathrm{d}y}{y^2}.$$

我们称 $\iint\limits_S \dfrac{\mathrm{d}x\,\mathrm{d}y}{y^2}$ 为 S 的<u>双曲面积</u>.

14. $\mathbb{H}$ 内的圆心在 x 轴上的半圆以及垂直于 x 轴的射线均被称为 $\mathbb{H}$ 上的<u>测地线 (geodesic)</u>. 设实数 a, b, c, d 满足 $ad - bc = 1$, 证明 $f : z \longmapsto \dfrac{az + b}{cz + d}$ 把测地线映为测地线.

15. 两条测地线的夹角指的是它们在相交点处切线的夹角. 对于两条垂直于 x 轴的射线而言, 我们称它们相交于 ∞ 且夹角为 0. 由三条不同的测地线所围成的闭区域被称为<u>三角形</u> (例如图 15.19 中三个阴影闭区域都是三角形). 证明: 以 α, β, γ 为内角的三角形的双曲面积为 $\pi - \alpha - \beta - \gamma$[⑨]. 特别地, 在双曲几何下三角形的内角和小于 π.

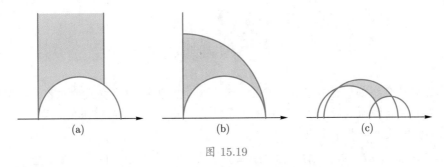

(a)   (b)   (c)

图 15.19

---

⑨ 例 6.7 是本题的一个特例.

第十六章

曲 线 积 分

§16.1
曲线的弧长

本节的目的是介绍如何计算曲线的弧长. 我们首先来做一个启发式的讨论. 考虑如图 16.1 所示以 A, B 为端点的曲线段, 为了计算该曲线段的 "长度", 按照极限的观点, 我们可在该曲线段上从 A 到 B 依次取若干个点

$$A = M_0, M_1, \cdots, M_{n-1}, M_n = B,$$

并将相邻两点连接起来形成一条折线. 当分点个数逐渐增加, 且弦长的最大值 $\max\limits_{1 \leqslant i \leqslant n} \overline{M_{i-1}M_i}$ 趋于 0 时, 如果折线长度相应地趋于某一极限, 则可将这一极限看作是原曲线段的 "长度". 上述思想可追溯到阿基米德关于圆周率的计算.

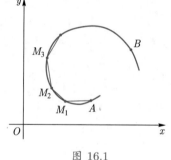

图 16.1

为了将上面的讨论严格化, 我们来考虑空间中由参数方程

$$\begin{cases} x = x(t), \\ y = y(t), \qquad t \in [a, b] \\ z = z(t) \end{cases} \tag{16.1}$$

所定义的曲线段 C, 如果对任意的 $a \leqslant t_1 < t_2 \leqslant b$, 当 $t_1 = a$ 与 $t_2 = b$ 不同时成立时总有

$$(x(t_1), y(t_1), z(t_1)) \neq (x(t_2), y(t_2), z(t_2)),$$

则称 C 为一条简单曲线. 若进一步有 $(x(a), y(a), z(a)) = (x(b), y(b), z(b))$, 则称 C 为一条简单闭曲线. 在本书中, 若无特意说明, 我们所研究的曲线均是简单曲线.

【定义 1.1】设曲线段 C 由 (16.1) 所定义. 若存在 $s \in \mathbb{R}$, 使得对任意的 $\varepsilon > 0$ 而言, 存在 $\delta > 0$, 对由区间 $[a, b]$ 的任意一组满足 $\max\limits_i \Delta t_i < \delta$ 的分点

$$a = t_0 < t_1 < \cdots < t_n = b$$

所定义的曲线上的点 $M_i\big(x(t_i),\,y(t_i),\,z(t_i)\big)$ 均有

$$\left|\sum_{1\leqslant i\leqslant n}\overline{M_{i-1}M_i}-s\right|<\varepsilon,$$

那么就称曲线段 C 是可求长的 (rectifiable)，并称 s 为 C 的弧长.

类似也可给出由参数方程

$$\begin{cases} x=x(t), \\ y=y(t), \end{cases}\qquad t\in[a,b] \tag{16.2}$$

所确定的平面曲线段可求长及弧长的定义.

首先来说明定义 1.1 的合理性.

【命题 1.2】设 C 是由 (16.1) 所给出的可求长曲线，$\varphi:[c,d]\longrightarrow[a,b]$ 是严格单调的满射，并记

$$C_1:\begin{cases} x=x(\varphi(u)), \\ y=y(\varphi(u)), \\ z=z(\varphi(u)), \end{cases}\qquad u\in[c,d],$$

那么 C_1 也是可求长曲线，且其弧长与 C 的弧长相同. 简而言之，定义 1.1 与曲线段 C 的参数方程的选择无关.

证明. 因为 φ 是双射，所以 C_1 也是简单曲线. 我们用 s 表示 C 的弧长，则由定义 1.1 知，对任意的 $\varepsilon>0$ 而言，存在 $\delta>0$，使得对于区间 $[a,b]$ 的任意一组满足 $\max\limits_i\Delta t_i<\delta$ 的分点

$$a=t_0<t_1<\cdots<t_n=b$$

均有

$$\left|\sum_{1\leqslant i\leqslant n}\sqrt{[x(t_i)-x(t_{i-1})]^2+[y(t_i)-y(t_{i-1})]^2+[z(t_i)-z(t_{i-1})]^2}-s\right|<\varepsilon.$$

由 φ 是严格单调的满射知其连续 (参见第五章命题 5.10)，所以它在 $[c,d]$ 上一致连续，从而存在 $\eta>0$，使得对于 $[c,d]$ 上满足 $|u-v|<\eta$ 的任意两点 u,v 均有 $|\varphi(u)-\varphi(v)|<\delta$. 于是由上式知，对于区间 $[c,d]$ 的任意一组满足 $\max\limits_i\Delta u_i<\eta$ 的分点

$$c=u_0<u_1<\cdots<u_m=d$$

均有

$$\left|\sum_{1\leqslant i\leqslant m}\Big([x(\varphi(u_i))-x(\varphi(u_{i-1}))]^2\right.$$

$$\left.+[y(\varphi(u_i))-y(\varphi(u_{i-1}))]^2+[z(\varphi(u_i))-z(\varphi(u_{i-1}))]^2\Big)^{\frac12}-s\right|<\varepsilon,$$

所以 C_1 是可求长的，且其弧长等于 s. □

下面来讨论弧长的计算.

【命题 1.3】如果 $x(t)$, $y(t)$, $z(t)$ 均在区间 $[a,b]$ 上连续可导, 则由 (16.1) 所定义的曲线段 C 是可求长的, 且其弧长为

$$s = \int_a^b \sqrt{[x'(t)]^2 + [y'(t)]^2 + [z'(t)]^2}\, \mathrm{d}t. \tag{16.3}$$

证明. 设

$$a = t_0 < t_1 < \cdots < t_n = b$$

是 $[a,b]$ 的一组分点, 记 $M_i\big(x(t_i), y(t_i), z(t_i)\big)$. 由拉格朗日中值定理知, 对任意的 i, 存在 $[t_{i-1}, t_i]$ 中的点 ζ_i, ξ_i 及 η_i 使得

$$\overline{M_{i-1}M_i} = \sqrt{[x(t_i) - x(t_{i-1})]^2 + [y(t_i) - y(t_{i-1})]^2 + [z(t_i) - z(t_{i-1})]^2}$$
$$= \sqrt{[x'(\zeta_i)]^2 + [y'(\xi_i)]^2 + [z'(\eta_i)]^2}\, \Delta t_i,$$

其中 $\Delta t_i = t_i - t_{i-1}$. 于是由闵可夫斯基不等式 (第二章定理 6.4) 知

$$\left| \overline{M_{i-1}M_i} - \sqrt{[x'(t_i)]^2 + [y'(t_i)]^2 + [z'(t_i)]^2}\, \Delta t_i \right|$$
$$\leqslant \sqrt{[x'(\zeta_i) - x'(t_i)]^2 + [y'(\xi_i) - y'(t_i)]^2 + [z'(\eta_i) - z'(t_i)]^2}\, \Delta t_i. \tag{16.4}$$

此外, 由 $x'(t)$, $y'(t)$ 及 $z'(t)$ 在 $[a,b]$ 上的连续性知它们在该区间上一致连续, 从而对任意的 $\varepsilon > 0$, 存在 $\delta_1 > 0$, 使得对 $[a,b]$ 中满足 $|t' - t''| < \delta_1$ 的任意两点 t', t'' 有

$$\begin{cases} |x'(t') - x'(t'')| < \varepsilon, \\ |y'(t') - y'(t'')| < \varepsilon, \\ |z'(t') - z'(t'')| < \varepsilon. \end{cases}$$

因而由 (16.4) 知当 $\max_i \Delta t_i < \delta_1$ 时就有

$$\left| \overline{M_{i-1}M_i} - \sqrt{[x'(t_i)]^2 + [y'(t_i)]^2 + [z'(t_i)]^2}\, \Delta t_i \right| < 2\varepsilon \Delta t_i.$$

对 i 求和便得

$$\left| \sum_{i=1}^n \overline{M_{i-1}M_i} - \sum_{i=1}^n \sqrt{[x'(t_i)]^2 + [y'(t_i)]^2 + [z'(t_i)]^2}\, \Delta t_i \right| < 2\varepsilon(b - a).$$

注意到由 $x'(t)$, $y'(t)$ 及 $z'(t)$ 的连续性知 $\sqrt{[x'(t)]^2 + [y'(t)]^2 + [z'(t)]^2}$ 在 $[a,b]$ 上可积, 因此对同一个 ε 而言, 存在 $\delta_2 > 0$, 使得当 $\max_i \Delta t_i < \delta_2$ 时有

$$\left| \sum_{i=1}^n \sqrt{[x'(t_i)]^2 + [y'(t_i)]^2 + [z'(t_i)]^2}\, \Delta t_i - I \right| < \varepsilon,$$

其中 I 表示 (16.3) 右边的积分. 综上, 当 $\max_i \Delta t_i < \min(\delta_1, \delta_2)$ 时有

$$\left| \sum_{i=1}^{n} \overline{M_{i-1}M_i} - I \right| < [2(b-a)+1]\varepsilon,$$

根据定义 1.1 便知曲线段 C 是可求长的, 且其弧长等于 I. □

特别地, 若取 $z(t) = 0 \ (\forall \, t)$, 则可得到平面曲线的相应结论.

【命题 1.4】设 $x(t)$, $y(t)$ 在区间 $[a,b]$ 上连续可导, 那么平面上由 (16.2) 所定义的曲线段 C 是可求长的, 且其弧长为

$$s = \int_a^b \sqrt{[x'(t)]^2 + [y'(t)]^2}\,\mathrm{d}t. \tag{16.5}$$

如果平面上的曲线段是由方程 $y = f(x) \ (x \in [a,b])$ 给出的, 其中 f 在 $[a,b]$ 上连续可导, 那么我们就可以将 x 视为参数, 从而由命题 1.4 得到该曲线的弧长为

$$s = \int_a^b \sqrt{1 + [f'(x)]^2}\,\mathrm{d}x.$$

此外, 如果平面上的曲线段由极坐标方程 $r = r(\theta) \ (\theta \in [\alpha, \beta])$ 定义, 其中 $r(\theta)$ 在 $[\alpha, \beta]$ 上连续可导, 那么我们就可将其看作由参数方程

$$\begin{cases} x = r(\theta)\cos\theta, \\ y = r(\theta)\sin\theta, \end{cases} \qquad \theta \in [\alpha, \beta] \tag{16.6}$$

给出. 注意到此时有

$$[x'(\theta)]^2 + [y'(\theta)]^2 = \big(r'(\theta)\cos\theta - r(\theta)\sin\theta\big)^2 + \big(r'(\theta)\sin\theta + r(\theta)\cos\theta\big)^2$$

$$= [r'(\theta)]^2 + [r(\theta)]^2,$$

所以该曲线段的弧长为

$$s = \int_\alpha^\beta \sqrt{[r'(\theta)]^2 + [r(\theta)]^2}\,\mathrm{d}\theta. \tag{16.7}$$

【例 1.5】在第四章定理 6.6 中我们证明了映射 $\varphi: \theta \longmapsto (\cos\theta, \sin\theta)$ 是从 $[0, 2\pi)$ 到单位圆 $\{(x,y) \in \mathbb{R}^2 : x^2 + y^2 = 1\}$ 的双射. 现设 $M(x_0, y_0)$ 是单位圆上任一异于 $(1,0)$ 的点, 那么存在 $\theta_0 \in (0, 2\pi)$ 使得 $x_0 = \cos\theta_0$, $y_0 = \sin\theta_0$. 于是由 (16.7) 知从 $(1,0)$ 沿逆时针方向到 M 的圆弧段的长度为 $\int_0^{\theta_0} \mathrm{d}\theta = \theta_0$.

【例 1.6】设 $a > 0$. 对于如图 16.2 所示的星形线 (astroid) $\begin{cases} x = a\cos^3 t, \\ y = a\sin^3 t \end{cases}$ $(t \in [0, 2\pi])$ 而言，

其弧长为

$$
\int_0^{2\pi} \sqrt{[x'(t)]^2 + [y'(t)]^2}\,\mathrm{d}t
$$
$$
= 3a \int_0^{2\pi} \sqrt{\cos^4 t \sin^2 t + \sin^4 t \cos^2 t}\,\mathrm{d}t
$$
$$
= 3a \int_0^{2\pi} |\sin t \cos t|\,\mathrm{d}t = 6a.
$$

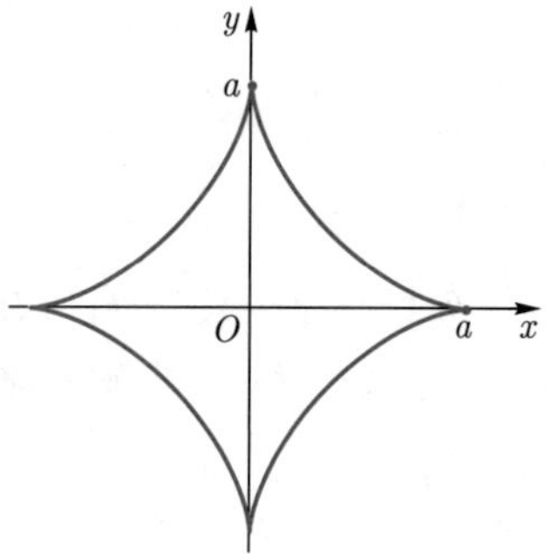

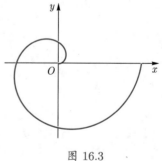

图 16.2

【例 1.7】设 $x_0 > 0$, 且 $M(x_0, y_0)$ 是抛物线 $y = \dfrac{x^2}{2p}$ $(p > 0)$ 上的一个点, 则曲线段 $\overparen{OM}$ 的弧长为

$$
s = \int_0^{x_0} \sqrt{1 + \left(\frac{\mathrm{d}y}{\mathrm{d}x}\right)^2}\,\mathrm{d}x = \frac{1}{p} \int_0^{x_0} \sqrt{x^2 + p^2}\,\mathrm{d}x
$$

由第八章例 2.9 知

$$
s = \frac{1}{2p}\left[x\sqrt{x^2 + p^2} + p^2 \log(x + \sqrt{x^2 + p^2})\right]\Bigg|_0^{x_0}
$$
$$
= \frac{x_0\sqrt{x_0^2 + p^2}}{2p} + \frac{p}{2} \log \frac{x_0 + \sqrt{x_0^2 + p^2}}{p}.
$$

【例 1.8】对阿基米德螺线 (Achimedean spiral) $r = a\theta$ $(a > 0)$ 而言, 其第一圈 (如图 16.3 所示) 的弧长为

$$
s = \int_0^{2\pi} \sqrt{[r'(\theta)]^2 + [r(\theta)]^2}\,\mathrm{d}\theta = a \int_0^{2\pi} \sqrt{\theta^2 + 1}\,\mathrm{d}\theta
$$
$$
= \frac{a}{2}\left[\theta\sqrt{\theta^2 + 1} + \log(\theta + \sqrt{\theta^2 + 1})\right]\Bigg|_0^{2\pi}
$$
$$
= \frac{a}{2}\left[2\pi\sqrt{4\pi^2 + 1} + \log(2\pi + \sqrt{4\pi^2 + 1})\right].
$$

图 16.3

【例 1.9】设 $a > 0$, $b > 0$, 求圆柱螺旋线

$$
\begin{cases} x = a\cos t, \\ y = a\sin t, \\ z = bt \end{cases}
$$

位于 $(a, 0, 0)$ 和 $(a, 0, 2\pi b)$ 之间的一段曲线的弧长.

解. 这两点分别对应于参数 $t = 0$ 和 $t = 2\pi$, 因此所求的弧长为

$$s = \int_0^{2\pi} \sqrt{(-a\sin t)^2 + (a\cos t)^2 + b^2}\, \mathrm{d}t = 2\pi\sqrt{a^2 + b^2}.$$ □

习题 16.1

1. 计算下列平面曲线段的弧长:

   (1) $y = x^{\frac{3}{2}}$ $(0 \leqslant x \leqslant 4)$;

   (2) $x = \dfrac{1}{4}y^2 - \dfrac{1}{2}\log y$ $(1 \leqslant y \leqslant \mathrm{e})$;

   (3) 摆线 $x = a(t - \sin t)$, $y = a(1 - \cos t)$ $(0 \leqslant t \leqslant 2\pi)$, 其中 $a > 0$;

   (4) $x = a\cos^4 t$, $y = a\sin^4 t$, 其中 $a > 0$;

   (5) 心脏线 $r = a(1 + \cos\theta)$, 其中 $a > 0$;

   (6) $r = a\sin^3\dfrac{\theta}{3}$, 其中 $a > 0$.

2. 计算下列空间曲线段的弧长:

   (1) $x = 2t$, $y = t^2$, $z = \log t$ $(1 \leqslant t \leqslant 2)$;

   (2) $x^2 + y^2 = cz$ 与 $y = x\tan\dfrac{z}{c}$ 的交线, 从 $(0, 0, 0)$ 到 (x_0, y_0, z_0) 的一段, 其中 $c > 0$.

3. 设 $a > 0$, 证明空间中的维维亚尼曲线

$$\begin{cases} x^2 + y^2 + z^2 = a^2, \\ x^2 + y^2 = ax \end{cases}$$

与平面上的椭圆 $\dfrac{x^2}{2} + y^2 = a^2$ 有相同的弧长.

4. 设简单曲线 C 由 (16.1) 所定义, 其中 $x(t)$, $y(t)$ 与 $z(t)$ 均在 $[a, b]$ 上连续可微, 我们记 $\boldsymbol{r} = (x(t), y(t), z(t))^{\mathrm{T}}$ 又设 $L = (L_1, L_2, L_3)^{\mathrm{T}} : \mathbb{R}^3 \longrightarrow \mathbb{R}^3$ 是正交变换, 证明

$$\left(\frac{\mathrm{d}(L_1 \circ \boldsymbol{r})}{\mathrm{d}t}\right)^2 + \left(\frac{\mathrm{d}(L_2 \circ \boldsymbol{r})}{\mathrm{d}t}\right)^2 + \left(\frac{\mathrm{d}(L_3 \circ \boldsymbol{r})}{\mathrm{d}t}\right)^2 = [x'(t)]^2 + [y'(t)]^2 + [z'(t)]^2,$$

进而得到 C 的弧长在正交变换下保持不变.

§16.2
第一型曲线积分

作为一个引子, 我们来考虑这样的一个问题: 设 C 是一条可求长曲线, A 和 B 是它的两个端点, 曲线上分布着线密度为 $\rho(x,y,z)$ 的某种物质, 如何求其质量? 一个常规的做法是, 沿曲线依次取若干个点

$$A = M_0,\ M_1,\ \cdots,\ M_n = B,$$

并在每个曲线段 $\widehat{M_{i-1}M_i}$ 上取一个点 $\boldsymbol{\xi}_i$, 那么当 n 充分大且 $\widehat{M_{i-1}M_i}$ 的弧长 (记作 Δs_i) 均充分小时, 可用 $\rho(\boldsymbol{\xi}_i)\Delta s_i$ 来近似计算曲线段 $\widehat{M_{i-1}M_i}$ 的质量, 于是 C 的质量近似于

$$\sum_{i=1}^{n} \rho(\boldsymbol{\xi}_i)\Delta s_i.$$

当分点个数逐渐增加, 且 $\max\limits_{1\leqslant i\leqslant n} \Delta s_i \to 0$ 时, 如果上述和式趋于某有限数, 那么就可以把这一有限数当作 C 的质量.

上述例子引出了第一型曲线积分的定义.

【定义 2.1】设 C 是一条可求长曲线, 其两端点是 A 和 B (若 C 是闭曲线, 则 A 与 B 是同一个点), f 是定义在 C 上的一个函数. 如果存在实数 I, 使得对任意的 $\varepsilon > 0$, 均存在 $\delta > 0$, 当我们在曲线 C 上依次取分点

$$A = M_0,\ M_1,\ \cdots,\ M_n = B$$

时, 只要 $\max\limits_{1\leqslant i\leqslant n} \Delta s_i < \delta$ (其中 Δs_i 表示曲线段 $\widehat{M_{i-1}M_i}$ 的弧长), 就对任意的 $\boldsymbol{\xi}_i \in \widehat{M_{i-1}M_i}$ $(1 \leqslant i \leqslant n)$ 有

$$\left| \sum_{i=1}^{n} f(\boldsymbol{\xi}_i)\Delta s_i - I \right| < \varepsilon, \tag{16.8}$$

那么就称 I 为 f 在 C 上的 <u>第一型曲线积分</u> (line integral of the first kind), 记作

$$I = \int_C f\,\mathrm{d}s.$$

特别地, 当 C 是闭曲线时, 我们也采用记号

$$I = \oint_C f\,\mathrm{d}s.$$

【注 2.2】如果第一型曲线积分存在, 那么它的值与曲线的定向无关.

由定义容易证明下面与重积分类似的性质.

【**命题 2.3**】设 C 是一条可求长曲线, f 与 g 是定义在 C 上的两个函数,

(1) 如果 f 与 g 在 C 上的第一型曲线积分都存在, 那么对任意的 $\alpha, \beta \in \mathbb{R}$, $\alpha f + \beta g$ 在 C 上的第一型曲线积分存在, 并且

$$\int_C (\alpha f + \beta g)\, \mathrm{d}s = \alpha \int_C f\, \mathrm{d}s + \beta \int_C g\, \mathrm{d}s.$$

(2) 如果 $C = C_1 \cup C_2$, 其中 C_1 与 C_2 均是可求长曲线, 且它们可能的公共点均是端点, 那么当 f 在 C_1 和 C_2 上的第一型曲线积分均存在时, f 在 C 上的第一型曲线积分也存在, 并且

$$\int_C f\, \mathrm{d}s = \int_{C_1} f\, \mathrm{d}s + \int_{C_2} f\, \mathrm{d}s.$$

下面让我们来看看如何计算第一型曲线积分. 设 C 是 $\mathbb{R}^3$ 中的一个光滑曲线段, 也即是说它可由参数方程

$$\begin{cases} x = x(t), \\ y = y(t), \qquad t \in [a, b] \\ z = z(t), \end{cases}$$

给出, 且 $x(t)$, $y(t)$ 和 $z(t)$ 均在 $[a, b]$ 上连续可微. 又设 f 是定义在 C 上的连续函数. 现考虑 $[a, b]$ 的一个分划

$$a = t_0 < t_1 < \cdots < t_n = b,$$

并在每个子区间 $[t_{i-1}, t_i]$ 中各选一个点 ξ_i, 那么 (16.8) 中的求和也即

$$\sum_{i=1}^n f(x(\xi_i), y(\xi_i), z(\xi_i)) \Delta s_i. \tag{16.9}$$

由弧长公式 (16.3) 及积分第一中值定理知

$$\Delta s_i = \int_{t_{i-1}}^{t_i} \sqrt{[x'(t)]^2 + [y'(t)]^2 + [z'(t)]^2}\, \mathrm{d}t = \sqrt{[x'(\eta_i)]^2 + [y'(\eta_i)]^2 + [z'(\eta_i)]^2} \cdot \Delta t_i,$$

其中 $\Delta t_i = t_i - t_{i-1}$, $\eta_i \in [t_{i-1}, t_i]$. 将这代入 (16.9) 可得

$$\sum_{i=1}^n f(x(\xi_i), y(\xi_i), z(\xi_i)) \sqrt{[x'(\eta_i)]^2 + [y'(\eta_i)]^2 + [z'(\eta_i)]^2} \cdot \Delta t_i.$$

为了弥补由上式中同时出现 ξ_i 及 η_i 所带来的不均衡, 我们利用闵可夫斯基不等式 (第二章定理 6.4) 得到

$$\begin{aligned}
&\sqrt{[x'(\eta_i)]^2 + [y'(\eta_i)]^2 + [z'(\eta_i)]^2} - \sqrt{[x'(\xi_i)]^2 + [y'(\xi_i)]^2 + [z'(\xi_i)]^2} \\
&\leqslant \sqrt{[x'(\eta_i) - x'(\xi_i)]^2 + [y'(\eta_i) - y'(\xi_i)]^2 + [z'(\eta_i) - z'(\xi_i)]^2}.
\end{aligned} \tag{16.10}$$

注意到 $x'(t), y'(t)$ 及 $z'(t)$ 的连续性蕴涵了它们在 $[a,b]$ 上的一致连续性, 故对任意的 $\varepsilon > 0$, 存在 $\delta > 0$, 使得当 $\max\limits_{1 \leqslant i \leqslant n} \Delta t_i < \delta$ 时就有

$$\begin{cases} |x'(\eta_i) - x'(\xi_i)| < \varepsilon, \\ |y'(\eta_i) - y'(\xi_i)| < \varepsilon, \\ |z'(\eta_i) - z'(\xi_i)| < \varepsilon, \end{cases}$$

此时 (16.10) 右边不超过 $\sqrt{3}\,\varepsilon$. 于是

$$\sum_{i=1}^{n} f(x(\xi_i), y(\xi_i), z(\xi_i))\Delta s_i$$
$$= \sum_{i=1}^{n} f(x(\xi_i), y(\xi_i), z(\xi_i))\sqrt{[x'(\xi_i)]^2 + [y'(\xi_i)]^2 + [z'(\xi_i)]^2} \cdot \Delta t_i + O((b-a)M\varepsilon),$$

其中 $M = \max\limits_{t \in [a,b]} |f(x(t), y(t), z(t))|$, 并且 O 常数是一个绝对常数. 因为上式右边的和式恰是定积分

$$\int_a^b f(x(t), y(t), z(t))\sqrt{[x'(t)]^2 + [y'(t)]^2 + [z'(t)]^2}\, \mathrm{d}t$$

所对应的黎曼和, 所以通过一个极限的讨论可以立即得到

$$\int_C f(x,y,z)\, \mathrm{d}s = \int_a^b f(x(t), y(t), z(t))\sqrt{[x'(t)]^2 + [y'(t)]^2 + [z'(t)]^2}\, \mathrm{d}t. \tag{16.11}$$

类似地, 如果 C 是 $\mathbb{R}^2$ 中由参数方程

$$\begin{cases} x = x(t), \\ y = y(t), \end{cases} \qquad t \in [a,b]$$

所给出的曲线段, 其中 $x(t)$ 和 $y(t)$ 均在 $[a,b]$ 上连续可微, 那么对于任意一个在 C 上连续的函数 f 均有

$$\int_C f(x,y)\, \mathrm{d}s = \int_a^b f(x(t), y(t))\sqrt{[x'(t)]^2 + [y'(t)]^2}\, \mathrm{d}t.$$

特别地, 当 C 有显式表达 $y = \varphi(x)$ $(a \leqslant x \leqslant b)$ 且 φ 在 $[a,b]$ 上连续可微时,

$$\int_C f(x,y)\, \mathrm{d}s = \int_a^b f(x, \varphi(x))\sqrt{1 + [\varphi'(x)]^2}\, \mathrm{d}x.$$

【例 2.4】设 C 是四分之一圆周 $\{(x,y) \in \mathbb{R}^2 : x^2 + y^2 = 1,\ x \geqslant 0,\ y \geqslant 0\}$, 求

$$\int_C y\, \mathrm{d}s.$$

解. C 的参数方程为

$$\begin{cases} x = \cos t, \\ y = \sin t, \end{cases} \quad t \in \left[0, \frac{\pi}{2}\right].$$

因此

$$\int_C y\, \mathrm{d}s = \int_0^{\frac{\pi}{2}} (\sin t)\sqrt{\sin^2 t + \cos^2 t}\, \mathrm{d}t = \int_0^{\frac{\pi}{2}} \sin t\, \mathrm{d}t = 1. \qquad \square$$

【例 2.5】设 C 是星形线 $x^{\frac{2}{3}} + y^{\frac{2}{3}} = a^{\frac{2}{3}}\ (a > 0)$, 求 $\int_C \left(x^{\frac{4}{3}} + y^{\frac{4}{3}}\right) \mathrm{d}s$.

解. 利用隐函数的求导法可得 $y' = -\left(\dfrac{y}{x}\right)^{\frac{1}{3}}$, 于是

$$\sqrt{1 + y'^{\,2}} = \left(\frac{a}{x}\right)^{\frac{1}{3}},$$

从而

$$\int_C \left(x^{\frac{4}{3}} + y^{\frac{4}{3}}\right) \mathrm{d}s = 4 \int_0^a \left(x^{\frac{4}{3}} + \left(a^{\frac{2}{3}} - x^{\frac{2}{3}}\right)^2\right) \cdot \left(\frac{a}{x}\right)^{\frac{1}{3}} \mathrm{d}x$$

$$= 4a^{\frac{1}{3}} \int_0^a \left(2x - 2a^{\frac{2}{3}} x^{\frac{1}{3}} + a^{\frac{4}{3}} x^{-\frac{1}{3}}\right) \mathrm{d}x = 4a^{\frac{7}{3}}.$$

本例也可通过参数方程 $x = a\cos^3 t,\ y = a\sin^3 t$ 来求解. $\qquad \square$

【例 2.6】设 C 是球面 $x^2 + y^2 + z^2 = a^2\ (a > 0)$ 与平面 $x + y + z = 0$ 的交线 (如图 16.4 所示), 计算 $\int_C x^2\, \mathrm{d}s$.

解. 方法一: 我们来寻找 C 的参数方程, 这或许可通过一些简便的方式得到, 但下面我们叙述一个较为通用的方法. 注意到 C 是位于平面 $x + y + z = 0$ 上的以原点为中心, 以 a 为半径的圆, 因此若能利用坐标变换将平面 $x + y + z = 0$ 变换为新坐标系下的某个坐标平面, 那么参数方程将很容易获取.

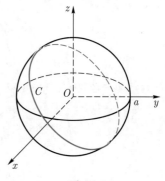

图 16.4

在平面 $x + y + z = 0$ 上任取两个正交的向量, 例如 $(1, -1, 0)^{\mathrm{T}}$ 和 $(1, 1, -2)^{\mathrm{T}}$. 将它们与该平面的法向量 $(1, 1, 1)^{\mathrm{T}}$ 放在一起就形成了一个正交组, 我们希望把它们单位化后当作新坐标下的单位坐标向量. 现将这三个向量单位化后组成一个矩阵

$$M = \begin{bmatrix} \dfrac{1}{\sqrt{2}} & \dfrac{1}{\sqrt{6}} & \dfrac{1}{\sqrt{3}} \\[2mm] -\dfrac{1}{\sqrt{2}} & \dfrac{1}{\sqrt{6}} & \dfrac{1}{\sqrt{3}} \\[2mm] 0 & -\dfrac{2}{\sqrt{6}} & \dfrac{1}{\sqrt{3}} \end{bmatrix},$$

这即是我们所需要的坐标变换的过渡矩阵, 因此可作变量替换

$$\begin{bmatrix} x \\ y \\ z \end{bmatrix} = M \begin{bmatrix} u \\ v \\ w \end{bmatrix}. \tag{16.12}$$

由于 M 是正交矩阵, 所以可将上式写成

$$\begin{bmatrix} u \\ v \\ w \end{bmatrix} = M^{\mathrm{T}} \begin{bmatrix} x \\ y \\ z \end{bmatrix} = \begin{bmatrix} \dfrac{1}{\sqrt{2}} & -\dfrac{1}{\sqrt{2}} & 0 \\[2mm] \dfrac{1}{\sqrt{6}} & \dfrac{1}{\sqrt{6}} & -\dfrac{2}{\sqrt{6}} \\[2mm] \dfrac{1}{\sqrt{3}} & \dfrac{1}{\sqrt{3}} & \dfrac{1}{\sqrt{3}} \end{bmatrix} \begin{bmatrix} x \\ y \\ z \end{bmatrix},$$

也即

$$u = \frac{x-y}{\sqrt{2}}, \qquad v = \frac{x+y-2z}{\sqrt{6}}, \qquad w = \frac{x+y+z}{\sqrt{3}}.$$

在此坐标变换下 C 的方程变为

$$\begin{cases} u^2 + v^2 + w^2 = a^2, \\ w = 0. \end{cases}$$

相应地, 利用 (16.12) 可得

$$\int_C x^2 \, \mathrm{d}s = \int_C \left(\frac{u}{\sqrt{2}} + \frac{v}{\sqrt{6}} + \frac{w}{\sqrt{3}} \right)^2 \mathrm{d}s.$$

再作替换 $u = a\cos t, v = a\sin t, w = 0$ 可得

$$\int_C x^2 \, \mathrm{d}s = \int_0^{2\pi} \left(\frac{a\cos t}{\sqrt{2}} + \frac{a\sin t}{\sqrt{6}} \right)^2 \cdot a \, \mathrm{d}t$$

$$= a^3 \int_0^{2\pi} \left(\frac{\cos^2 t}{2} + \frac{\sin t \cos t}{\sqrt{3}} + \frac{\sin^2 t}{6} \right) \mathrm{d}t = \frac{2\pi}{3} a^3.$$

　　方法二: 这是一种更为巧妙的做法. 由对称性知

$$\int_C x^2 \, \mathrm{d}s = \int_C y^2 \, \mathrm{d}s = \int_C z^2 \, \mathrm{d}s,$$

因此

$$\int_C x^2 \, \mathrm{d}s = \frac{1}{3} \int_C (x^2 + y^2 + z^2) \, \mathrm{d}s = \frac{a^2}{3} \int_C \mathrm{d}s = \frac{2\pi}{3} a^3. \qquad \square$$

习题 16.2

1. 计算下列第一型曲线积分:

(1) $\displaystyle\int_C xy\,\mathrm{d}s$, 其中 C 是椭圆 $\dfrac{x^2}{a^2}+\dfrac{y^2}{b^2}=1$ $(a,b>0)$ 在第一象限内的部分;

(2) $\displaystyle\int_C y^2\,\mathrm{d}s$, 其中 C 是摆线 $x=a(t-\sin t),\ y=a(1-\cos t)$ $(0\leqslant t\leqslant 2\pi)$;

(3) $\displaystyle\int_C z\,\mathrm{d}s$, 其中 C 是圆锥螺线 $x=t\cos t,\ y=t\sin t,\ z=t$ $(0\leqslant t\leqslant t_0)$;

(4) $\displaystyle\int_C yz\,\mathrm{d}s$, 其中 C 是球面 $x^2+y^2+z^2=a^2$ $(a>0)$ 与平面 $x+y+z=0$ 的交线;

(5) $\displaystyle\int_C z\,\mathrm{d}s$, 其中 C 是维维亚尼曲线 $x^2+y^2+z^2=a^2,\ x^2+y^2=ax$ $(a>0)$ 满足 $z\geqslant 0$ 的那一部分.

2. 设 C 是圆周 $x^2+y^2=a^2$ $(a>0)$, 点 (u,v) 不在 C 上. 利用习题 14.1 第 6 题的结果计算第一型曲线积分

$$I(u,v)=\int_C \log\frac{1}{\sqrt{(x-u)^2+(y-v)^2}}\,\mathrm{d}s.$$

$I(u,v)$ 被称为单层对数位势.

§16.3
第二型曲线积分

　　首先来看一个物理问题. 设 C 是 $\mathbb{R}^3$ 中的一条曲线段, 端点分别为 A 和 B. 某质点在力 $\boldsymbol{F}$ 的作用下沿曲线从 A 到 B 运动, 力 $\boldsymbol{F}$ 的大小和方向仅与质点的位置有关, 因此我们可以把它写成 $\boldsymbol{F}(x,y,z)$ 的形式, 现问在这一运动过程中力所做的功 W 是多少? 为了解决这一问题, 我们可以在 C 上从 A 到 B 依次取若干点

$$A=M_0,\ M_1,\ \cdots,\ M_n=B,$$

当分点个数足够多且对曲线段的分划足够细时, 一方面可将质点沿弧 $\widehat{M_{i-1}M_i}$ 的运动近似看作是沿线段 $\overline{M_{i-1}M_i}$ 的运动, 另一方面也可在这一弧段上把力近似看作是一个常力 $\boldsymbol{F}(\boldsymbol{\xi}_i)$, 其中 $\boldsymbol{\xi}_i\in\widehat{M_{i-1}M_i}$, 从而 W 近似于

$$\sum_{i=1}^n \langle \boldsymbol{F}(\boldsymbol{\xi}_i),\ \overrightarrow{M_{i-1}M_i}\rangle,$$

其中 $\langle\ ,\ \rangle$ 表示向量的内积. 当然, 如果逐渐增加分点个数使得曲线段被这些分点分划得越来越细, 那么上述和式将趋于 W 的真实值. 这个例子引出了如下第二型曲线积分的定义.

【定义 3.1】设 C 是 $\mathbb{R}^3$ 中的一条定向的可求长曲线, 起点为 A, 终点为 B, 在 C 上定义了映射 $f = (P, Q, R)^{\mathrm{T}} : C \longrightarrow \mathbb{R}^3$. 若存在实数 I, 使得对任意的 $\varepsilon > 0$, 均存在 $\delta > 0$, 当我们在 C 上从 A 到 B 依次取分点

$$A = M_0, \ M_1, \ \cdots, \ M_n = B$$

时, 只要 $\max\limits_{1 \leqslant i \leqslant n} \overline{M_{i-1}M_i} < \delta$, 就对任意的 $\boldsymbol{\xi}_i \in \overparen{M_{i-1}M_i}$ 有

$$\left| \sum_{i=1}^{n} \left\langle f(\boldsymbol{\xi}_i), \overrightarrow{M_{i-1}M_i} \right\rangle - I \right| < \varepsilon,$$

则称 I 为 $f = (P, Q, R)^{\mathrm{T}}$ 沿定向曲线 C 的<u>第二型曲线积分</u> (line integral of the second kind), 也称作 f 沿道路 $\overparen{AB}$ 的<u>第二型曲线积分</u>, 记作

$$I = \int_C P \, \mathrm{d}x + Q \, \mathrm{d}y + R \, \mathrm{d}z = \int_{\overparen{AB}} P \, \mathrm{d}x + Q \, \mathrm{d}y + R \, \mathrm{d}z. \ ^{①}$$

特别地, 当 C 是闭曲线时, 我们也采用记号

$$I = \oint_C P \, \mathrm{d}x + Q \, \mathrm{d}y + R \, \mathrm{d}z.$$

类似可定义沿 $\mathbb{R}^2$ 中定向曲线 C 的第二型曲线积分

$$\int_C P \, \mathrm{d}x + Q \, \mathrm{d}y.$$

【注 3.2】在计算第二型曲线积分时, 特别需要注意的是曲线的定向, 因为对于以 A, B 为端点的同一条曲线而言, 由定义知

$$\int_{\overparen{BA}} P \, \mathrm{d}x + Q \, \mathrm{d}y + R \, \mathrm{d}z = -\int_{\overparen{AB}} P \, \mathrm{d}x + Q \, \mathrm{d}y + R \, \mathrm{d}z.$$

利用定义容易证明下述命题.

【命题 3.3】设 $\overparen{AB}$ 是 $\mathbb{R}^3$ 中的一条可求长的定向曲线, $f = (P_1, Q_1, R_1)^{\mathrm{T}}$ 和 $g = (P_2, Q_2, R_2)^{\mathrm{T}}$ 均是从 $\overparen{AB}$ 到 $\mathbb{R}^3$ 的映射.

(1) 若 f 与 g 沿 $\overparen{AB}$ 的第二型曲线积分都存在, 则对任意的 $\alpha, \beta \in \mathbb{R}$, $\alpha f + \beta g$ 沿 $\overparen{AB}$ 的第二型曲线积分也存在, 并且其值等于

$$\alpha \left(\int_{\overparen{AB}} P_1 \, \mathrm{d}x + Q_1 \, \mathrm{d}y + R_1 \, \mathrm{d}z \right) + \beta \left(\int_{\overparen{AB}} P_2 \, \mathrm{d}x + Q_2 \, \mathrm{d}y + R_2 \, \mathrm{d}z \right).$$

---

① 之所以采用这种记号, 是因为如果将 $\overrightarrow{M_{i-1}M_i}$ 写成 $(\Delta x_i, \Delta y_i, \Delta z_i)^{\mathrm{T}}$ 的形式, 那么

$$\sum_{i=1}^{n} \left\langle f(\boldsymbol{\xi}_i), \overrightarrow{M_{i-1}M_i} \right\rangle = \sum_{i=1}^{n} \left(P(\boldsymbol{\xi}_i) \Delta x_i + Q(\boldsymbol{\xi}_i) \Delta y_i + R(\boldsymbol{\xi}_i) \Delta z_i \right).$$

(2) 设 D 是定向曲线 $\overset{\frown}{AB}$ 上的一点, 如果 f 沿 $\overset{\frown}{AD}$ 和 $\overset{\frown}{DB}$ 的第二型曲线积分均存在, 则 f 沿 $\overset{\frown}{AB}$ 的第二型曲线积分也存在, 且其值等于

$$\left(\int_{\overset{\frown}{AD}} P_1\, \mathrm{d}x + Q_1\, \mathrm{d}y + R_1\, \mathrm{d}z \right) + \left(\int_{\overset{\frown}{DB}} P_1\, \mathrm{d}x + Q_1\, \mathrm{d}y + R_1\, \mathrm{d}z \right).$$

下面来看第二型曲线积分的计算. 假设定向曲线 $\overset{\frown}{AB}$ 由参数方程

$$\begin{cases} x = x(t), \\ y = y(t), \\ z = z(t) \end{cases}$$

给出, t 在以 a, b 为端点的区间中变化, 且 $x(t)$, $y(t)$ 和 $z(t)$ 均在该区间上连续可微. 又设参数 $t = a$ 对应于点 A, 参数 $t = b$ 对应于点 B. 再设

$$f = (P, Q, R)^{\mathrm{T}} : \overset{\frown}{AB} \longrightarrow \mathbb{R}^3$$

是连续映射. 现考虑以 a, b 为端点的区间的一个分划

$$a = t_0,\ t_1,\ \cdots,\ t_n = b,$$

使得点列 $\{t_n\}$ 是严格单调的. 记 $M_i = (x(t_i), y(t_i), z(t_i))$, 并在弧段 $\overset{\frown}{M_{i-1}M_i}$ 上任取一个点 $\boldsymbol{\xi}_i = (x(\eta_i), y(\eta_i), z(\eta_i))^{\mathrm{T}}$, 于是有

$$\begin{aligned} &\sum_{i=1}^{n} \left\langle f(\boldsymbol{\xi}_i), \overrightarrow{M_{i-1}M_i} \right\rangle \\ &= \sum_{i=1}^{n} \Big[P(\boldsymbol{\xi}_i)(x(t_i) - x(t_{i-1})) + Q(\boldsymbol{\xi}_i)(y(t_i) - y(t_{i-1})) + R(\boldsymbol{\xi}_i)(z(t_i) - z(t_{i-1})) \Big]. \end{aligned} \tag{16.13}$$

由拉格朗日中值定理知, 对 $1 \leqslant i \leqslant n$, 存在位于 t_{i-1} 与 t_i 之间的实数 $\alpha_i, \beta_i, \gamma_i$ 使得

$$\begin{cases} x(t_i) - x(t_{i-1}) = x'(\alpha_i)\Delta t_i, \\ y(t_i) - y(t_{i-1}) = y'(\beta_i)\Delta t_i, \\ z(t_i) - z(t_{i-1}) = z'(\gamma_i)\Delta t_i, \end{cases}$$

其中 $\Delta t_i = t_i - t_{i-1}$. 将这代入 (16.13) 可得

$$\begin{aligned} &\sum_{i=1}^{n} \left\langle f(\boldsymbol{\xi}_i), \overrightarrow{M_{i-1}M_i} \right\rangle \\ &= \sum_{i=1}^{n} \Big[P(x(\eta_i), y(\eta_i), z(\eta_i)) \cdot x'(\alpha_i) + Q(x(\eta_i), y(\eta_i), z(\eta_i)) \cdot y'(\beta_i) \\ &\qquad\quad + R(x(\eta_i), y(\eta_i), z(\eta_i)) \cdot z'(\gamma_i) \Big] \Delta t_i. \end{aligned}$$

由于 P, Q, R 在曲线上连续, 并且 $x(t), y(t), z(t)$ 连续可微, 所以与上节的讨论类似, 我们可以将 $\alpha_i, \beta_i, \gamma_i$ 均换成 η_i, 代价是添加一个余项. 于是通过一个极限的讨论可由定义 3.1 得到

$$\int_{\widehat{AB}} P \, \mathrm{d}x + Q \, \mathrm{d}y + R \, \mathrm{d}z = \int_a^b \Big[P(x(t), y(t), z(t))x'(t) + Q(x(t), y(t), z(t))y'(t) $$
$$+ R(x(t), y(t), z(t))z'(t) \Big] \, \mathrm{d}t.$$

类似地, 若 $\mathbb{R}^2$ 中的定向曲线 $\widehat{AB}$ 由参数方程

$$\begin{cases} x = x(t), \\ y = y(t) \end{cases}$$

给出, 其中 t 在以 a, b 为端点的区间中变化, $x(t)$ 和 $y(t)$ 均在该区间上连续可微, 并且参数 $t = a$ 对应于点 A, 参数 $t = b$ 对应于点 B. 那么对于任意的连续映射 $f = (P, Q)^{\mathrm{T}} : \widehat{AB} \longrightarrow \mathbb{R}^2$ 有

$$\int_{\widehat{AB}} P \, \mathrm{d}x + Q \, \mathrm{d}y = \int_a^b \Big[P(x(t), y(t))x'(t) + Q(x(t), y(t))y'(t)) \Big] \, \mathrm{d}t.$$

【例 3.4】计算第二型曲线积分

$$I = \int_C (x^2 + y^2) \, \mathrm{d}x + (x^2 - y^2) \, \mathrm{d}y,$$

其中 C 为平面上的折线 $y = 1 - |1 - x| \ (0 \leqslant x \leqslant 2)$, C 的方向为由原点出发经过点 $(1,1)$ 再到点 $(2,0)$ (如图 16.5 所示).

解. C 的方程为

$$y = \begin{cases} x, & x \in [0,1], \\ 2 - x, & x \in [1,2]. \end{cases}$$

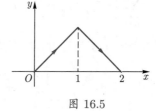

图 16.5

因此

$$I = \int_0^1 \Big[(x^2 + x^2) + (x^2 - x^2) \Big] \, \mathrm{d}x + \int_1^2 \Big[(x^2 + (2-x)^2) - (x^2 - (2-x)^2) \Big] \, \mathrm{d}x$$
$$= \int_0^1 2x^2 \, \mathrm{d}x + \int_1^2 2(2-x)^2 \, \mathrm{d}x = \frac{4}{3}. \qquad \square$$

【例 3.5】计算第二型曲线积分

$$I = \oint_C \frac{y \, \mathrm{d}x - x \, \mathrm{d}y}{x^2 + y^2},$$

其中 C 为椭圆 $\dfrac{x^2}{a^2} + \dfrac{y^2}{b^2} = 1 \ (a, b > 0)$, 方向为逆时针方向.

解. 利用参数方程 $x = a\cos t,\, y = b\sin t\ (0 \leqslant t \leqslant 2\pi)$ 可得

$$I = \int_0^{2\pi} \frac{(b\sin t)(a\cos t)' - (a\cos t)(b\sin t)'}{a^2\cos^2 t + b^2\sin^2 t}\,\mathrm{d}t$$

$$= -ab \int_0^{2\pi} \frac{\mathrm{d}t}{a^2\cos^2 t + b^2\sin^2 t} = -2ab \int_0^{\pi} \frac{\mathrm{d}t}{a^2\cos^2 t + b^2\sin^2 t}.$$

其中

$$\int_0^{\frac{\pi}{2}} \frac{\mathrm{d}t}{a^2\cos^2 t + b^2\sin^2 t} = \int_0^{\frac{\pi}{2}} \frac{\mathrm{d}(\tan t)}{a^2 + b^2\tan^2 t} = \frac{1}{ab}\arctan\frac{b\tan t}{a}\bigg|_0^{\frac{\pi}{2}} = \frac{\pi}{2ab},$$

再利用对称性可得

$$\int_{\frac{\pi}{2}}^{\pi} \frac{\mathrm{d}t}{a^2\cos^2 t + b^2\sin^2 t} = \int_0^{\frac{\pi}{2}} \frac{\mathrm{d}t}{a^2\sin^2 t + b^2\cos^2 t} = \frac{\pi}{2ab},$$

于是最终得到 $I = -2\pi$. □

我们会在下一节对上述例子进行推广.

【例 3.6】计算第二型曲线积分

$$I = \int_C (y-z)\,\mathrm{d}x + (z-x)\,\mathrm{d}y + (x-y)\,\mathrm{d}z,$$

其中 C 是 $x^2 + y^2 = 1$ 与 $x + z = 1$ 的交线, 方向从 x 轴正方向看是顺时针方向 (如图 16.6 所示).

解. C 在 Oxy 平面上的投影是单位圆, 因此 C 的参数方程为

$$\begin{cases} x = \cos\theta, \\ y = \sin\theta, \\ z = 1 - \cos\theta. \end{cases}$$

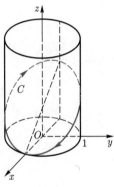

图 16.6

注意到 C 的方向导致它在 Oxy 平面上的投影的方向也是顺时针方向的, 故而 θ 从 2π 变化到 0, 于是

$$I = \int_{2\pi}^0 \Big[(\sin\theta - 1 + \cos\theta)(-\sin\theta) + (1 - 2\cos\theta)\cos\theta + (\cos\theta - \sin\theta)\sin\theta \Big]\,\mathrm{d}\theta$$

$$= \int_{2\pi}^0 (-2 + \sin\theta + \cos\theta)\,\mathrm{d}\theta = 4\pi. □$$

最后来看两类曲线积分之间的联系. 假设 $\overset{\frown}{AB}$ 是 $\mathbb{R}^3$ 中的一个定向的可求长曲线段, 且它的方程可用弧长作为参数表示出来

$$\begin{cases} x = x(s), \\ y = y(s), \qquad s \in [0, \ell], \\ z = z(s), \end{cases}$$

其中 ℓ 是 $\overset{\frown}{AB}$ 的弧长, s 从 0 单调增加至 ℓ 的方向为曲线的方向, 并且 $x(s)$, $y(s)$ 和 $z(s)$ 均在 $[0,\ell]$ 上连续可微. 又设 $f = (P, Q, R)^\mathrm{T}$ 是定义在 $\overset{\frown}{AB}$ 上的连续映射, 那么

$$\int_{\overset{\frown}{AB}} P\,\mathrm{d}x + Q\,\mathrm{d}y + R\,\mathrm{d}z = \int_0^\ell (P \cdot x'(s) + Q \cdot y'(s) + R \cdot z'(s))\,\mathrm{d}s.$$

向量 $(x'(s), y'(s), z'(s))^\mathrm{T}$ 是 $\overset{\frown}{AB}$ 在点 $(x(s), y(s), z(s))$ 处的切向量, 并且对弧长的计算公式

$$s = \int_0^s \sqrt{[x'(s)]^2 + [y'(s)]^2 + [z'(s)]^2}\,\mathrm{d}s$$

求导可得 $\sqrt{[x'(s)]^2 + [y'(s)]^2 + [z'(s)]^2} = 1$, 这说明 $(x'(s), y'(s), z'(s))^\mathrm{T}$ 是 $\overset{\frown}{AB}$ 在点 $(x(s), y(s),$ $z(s))$ 处的单位切向量, 现用 $\boldsymbol{t}$ 表示这个切向量, 那么

$$\int_{\overset{\frown}{AB}} P\,\mathrm{d}x + Q\,\mathrm{d}y + R\,\mathrm{d}z = \int_0^\ell \langle f, \boldsymbol{t} \rangle\,\mathrm{d}s.$$

按照第一型曲线积分的计算公式 (16.11), 上式右边恰是

$$\int_{\overset{\frown}{AB}} \langle f, \boldsymbol{t} \rangle\,\mathrm{d}s,$$

因此我们最终得到

$$\int_{\overset{\frown}{AB}} P\,\mathrm{d}x + Q\,\mathrm{d}y + R\,\mathrm{d}z = \int_{\overset{\frown}{AB}} \langle f, \boldsymbol{t} \rangle\,\mathrm{d}s. \tag{16.14}$$

进一步地, 如果用 $(\boldsymbol{t}, x)$, $(\boldsymbol{t}, y)$ 和 $(\boldsymbol{t}, z)$ 分别表示 $\boldsymbol{t}$ 与三个坐标轴正向的夹角, 则

$$x'(s) = \cos(\boldsymbol{t}, x), \qquad y'(s) = \cos(\boldsymbol{t}, y), \qquad z'(s) = \cos(\boldsymbol{t}, z),$$

从而有

$$\int_{\overset{\frown}{AB}} P\,\mathrm{d}x + Q\,\mathrm{d}y + R\,\mathrm{d}z = \int_{\overset{\frown}{AB}} \Big(P \cdot \cos(\boldsymbol{t}, x) + Q \cdot \cos(\boldsymbol{t}, y) + R \cdot \cos(\boldsymbol{t}, z) \Big)\,\mathrm{d}s.$$

值得一提的是, (16.14) 从表面上看是建立了两类曲线积分之间的联系, 但同时也说明了在适当条件下可以用第一型曲线积分来定义第二型曲线积分. 我们在 §17.4 定义第二型曲面积分时会采用这一思想.

习题 16.3

1. 计算下列第二型曲线积分:

(1) $\displaystyle\int_C (x-y)\,\mathrm{d}x + (y-x)\,\mathrm{d}y$, 其中 C 是曲线段 $y = x^3$ $(0 \leqslant x \leqslant 1)$, 方向从 $(0,0)$ 到 $(1,1)$;

(2) $\displaystyle\int_C y\,\mathrm{d}x + x^2\,\mathrm{d}y$, 其中 C 是抛物线段 $y = 4 - (x-1)^2$ $(-1 \leqslant x \leqslant 3)$, 方向从 $(3,0)$ 到 $(-1,0)$;

(3) $\displaystyle\int_C \frac{\mathrm{d}x + \mathrm{d}y}{|x| + |y|}$, 其中 C 是以 $(1,0)$, $(0,1)$, $(-1,0)$ 和 $(0,-1)$ 为顶点的正方形的边界, 方向沿逆时针方向;

(4) $\displaystyle\int_C (y^2 - z^2)\,\mathrm{d}x + 2yz\,\mathrm{d}y - x^2\,\mathrm{d}z$, 其中 C 是由参数方程 $x = t$, $y = t^2$, $z = t^3$ $(0 \leqslant t \leqslant 1)$ 给出的曲线, 方向沿参数 t 增加的方向;

(5) $\displaystyle\int_C y\,\mathrm{d}x + z\,\mathrm{d}y + x\,\mathrm{d}z$, 其中 C 是球面 $x^2 + y^2 + z^2 = a^2$ $(a > 0)$ 与平面 $x + y + z = 0$ 的交线, 方向从 x 轴正方向看是逆时针方向;

(6) $\displaystyle\int_C (y - z)\,\mathrm{d}x + (z - x)\,\mathrm{d}y + (x - y)\,\mathrm{d}z$, 其中 C 是球面 $x^2 + y^2 + z^2 = a^2$ $(a > 0)$ 与平面 $y = x\tan\alpha$ $\left(0 < \alpha < \dfrac{\pi}{2}\right)$ 的交线, 方向从 x 轴正方向看是逆时针方向.

2. 设 C 是 $\mathbb{R}^2$ 中的光滑曲线段, 弧长为 s. 又设函数 $P(x,y)$, $Q(x,y)$ 均在 C 上连续. 证明

$$\left| \int_C P\,\mathrm{d}x + Q\,\mathrm{d}y \right| \leqslant Ms,$$

其中 $M = \max\limits_{(x,y)\in C} \sqrt{P(x,y)^2 + Q(x,y)^2}$.

3. 记

$$I_R = \oint_{x^2+y^2=R^2} \frac{y\,\mathrm{d}x - x\,\mathrm{d}y}{(x^2 + xy + y^2)^2}.$$

证明 $\lim\limits_{R\to+\infty} I_R = 0$.

§16.4
格 林 公 式

本节的目的是建立平面区域上的二重积分与沿该区域边界的第二型曲线积分之间的联系, 在此之前, 首先介绍区域边界的定向.

设 D 是 $\mathbb{R}^2$ 中的一个有界闭区域, 其边界 ∂D 由有限多条光滑曲线组成. 所谓 ∂D 的正向是指这样的一个方向, 它使得一个人在 ∂D 上沿着该方向行走时, 与之相邻的区域的内部总是在他的左边. 例如图 16.7 所示的闭区域的边界由两条曲线 C_1 和 C_2 组成, 那么 ∂D 的正向应当是: 曲线 C_1 的方向为顺时针方向, 曲线 C_2 的方向为逆时针方向. 今后, 在沿闭区域边界作第二型曲线积分时, **在不加说明的情况下我们总默认曲线的定向为正向**.

下面我们从研究一些简单区域开始. 设

$$D = \{(x,y) \in \mathbb{R}^2 : \varphi(x) \leqslant y \leqslant \psi(x),\ x \in [a,b]\}, \tag{16.15}$$

其中 φ 与 ψ 均在 $[a,b]$ 上连续, $P(x,y)$ 是定义在 D 上的连续可微函数, 我们来计算

第二型曲线积分

$$\int_{\partial D} P \, \mathrm{d}x.$$

如图 16.8 所示, 因为 $\partial D = C_1 \cup C_2 \cup C_3 \cup C_4$, 其中 $\displaystyle\int_{C_2} P \, \mathrm{d}x = \int_{C_4} P \, \mathrm{d}x = 0$, 所以

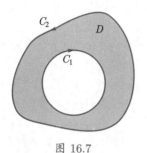

图 16.7

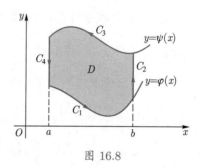

图 16.8

$$
\begin{aligned}
\int_{\partial D} P \, \mathrm{d}x &= \int_{C_1} P \, \mathrm{d}x + \int_{C_3} P \, \mathrm{d}x \\
&= \int_a^b P(x, \varphi(x)) \, \mathrm{d}x + \int_b^a P(x, \psi(x)) \, \mathrm{d}x \\
&= \int_a^b \big(P(x, \varphi(x)) - P(x, \psi(x)) \big) \, \mathrm{d}x = -\int_a^b \mathrm{d}x \int_{\varphi(x)}^{\psi(x)} \frac{\partial P}{\partial y} \, \mathrm{d}y \\
&= -\iint_D \frac{\partial P}{\partial y} \, \mathrm{d}x \, \mathrm{d}y,
\end{aligned}
$$

其中最后一步用到了富比尼定理 (第十五章定理 4.3).

现设 S 是 $\mathbb{R}^2$ 中的一个有界闭区域, 若

$$S = \bigcup_{i=1}^n D_i,$$

其中 D_i 两两无公共内点且均是形如 (16.15) 的闭区域, 那么对于在 S 上连续可微的函数 P 有

$$\iint_S \frac{\partial P}{\partial y} \, \mathrm{d}x \, \mathrm{d}y = \sum_{i=1}^n \iint_{D_i} \frac{\partial P}{\partial y} \, \mathrm{d}x \, \mathrm{d}y = -\sum_{i=1}^n \int_{\partial D_i} P \, \mathrm{d}x.$$

注意到若 D_i 与 D_j 有公共边界, 则 ∂D_i 与 ∂D_j 在这一公共边界上的方向恰好相反, 从而在该公共边界上的第二型曲线积分互相抵消, 因此有

$$\iint_S \frac{\partial P}{\partial y} \, \mathrm{d}x \, \mathrm{d}y = -\int_{\partial S} P \, \mathrm{d}x.$$

类似地, 对于形如

$$E = \{(x,y) \in \mathbb{R}^2 : \varphi(y) \leqslant x \leqslant \psi(y),\ y \in [c,d]\} \tag{16.16}$$

的闭区域以及在 E 上连续可微的函数 $Q(x,y)$ 有

$$\int_{\partial E} Q\,\mathrm{d}y = \iint_E \frac{\partial Q}{\partial x}\,\mathrm{d}x\,\mathrm{d}y.$$

进而对于那些能写成两两无公共内点的形如 (16.16) 的闭区域的并的闭区域 S, 以及在 S 上连续可微的函数 Q, 我们也有

$$\int_{\partial S} Q\,\mathrm{d}y = \iint_S \frac{\partial Q}{\partial x}\,\mathrm{d}x\,\mathrm{d}y.$$

综合以上两种情况, 如果 S 是 $\mathbb{R}^2$ 中的有界闭区域, 并且它既能写成有限多个两两无公共内点的形如 (16.15) 的闭区域的并, 也能写成有限多个两两无公共内点的形如 (16.16) 的闭区域的并, 那么对于在 S 上连续可微的函数 P 与 Q 有

$$\int_{\partial S} P\,\mathrm{d}x + Q\,\mathrm{d}y = \iint_S \left(\frac{\partial Q}{\partial x} - \frac{\partial P}{\partial y} \right)\mathrm{d}x\,\mathrm{d}y.$$

考虑到许多闭区域均满足以上条件, 我们不加证明地给出下述结论.

【定理 4.1】(格林公式) 设 S 是 $\mathbb{R}^2$ 中的有界闭区域, ∂S 由有限多条分段光滑曲线组成, 若 $P, Q \in C^1(S)$, 则

$$\int_{\partial S} P\,\mathrm{d}x + Q\,\mathrm{d}y = \iint_S \left(\frac{\partial Q}{\partial x} - \frac{\partial P}{\partial y} \right)\mathrm{d}x\,\mathrm{d}y, \tag{16.17}$$

其中 ∂S 的定向为正向.

在历史上, 格林 (G. Green) 于 1828 年在其著作《论数学分析在电磁理论中的应用》中对三维的情况提出了以他名字命名的定理, 该文后被汤姆森 (W. Thomson) (也被称为开尔文勋爵 (Lord Kelvin)) 于 1850 — 1854 年发表于克雷尔 (Crelle) 杂志. 本节中所述的格林公式事实上是由柯西于 1846 年给出的.

在定理 4.1 的条件下, 再设 $u(x,y)$ 在 S 上连续可微, 那么将 (16.17) 中的 P 换成 uP, 并取 $Q = 0$ 可得

$$\int_{\partial S} uP\,\mathrm{d}x = -\iint_S \frac{\partial(uP)}{\partial y}\,\mathrm{d}x\,\mathrm{d}y = -\iint_S \left(P\frac{\partial u}{\partial y} + u\frac{\partial P}{\partial y} \right)\mathrm{d}x\,\mathrm{d}y,$$

也即

$$-\iint_S u\frac{\partial P}{\partial y}\,\mathrm{d}x\,\mathrm{d}y = \int_{\partial S} uP\,\mathrm{d}x + \iint_S P\frac{\partial u}{\partial y}\,\mathrm{d}x\,\mathrm{d}y. \tag{16.18}$$

同理, 在 (16.17) 中取 $P = 0$, 并将 Q 换成 uQ 可得

$$\iint\limits_{S} u \frac{\partial Q}{\partial x}\, \mathrm{d}x\, \mathrm{d}y = \int_{\partial S} uQ\, \mathrm{d}y - \iint\limits_{S} Q \frac{\partial u}{\partial x}\, \mathrm{d}x\, \mathrm{d}y. \tag{16.19}$$

上面两式相加即得

$$\iint\limits_{S} \left(\frac{\partial Q}{\partial x} - \frac{\partial P}{\partial y} \right) u\, \mathrm{d}x\, \mathrm{d}y = \left(\int_{\partial S} uP\, \mathrm{d}x + uQ\, \mathrm{d}y \right) - \iint\limits_{S} \left(Q \frac{\partial u}{\partial x} - P \frac{\partial u}{\partial y} \right) \mathrm{d}x\, \mathrm{d}y. \tag{16.20}$$

以上三式均被称作 平面上的分部积分公式.

【例 4.2】设 C 为圆周 $x^2 + y^2 = a^2$ $(a > 0)$, 方向为逆时针方向, 计算

$$I = \int_{C} (x + y)\, \mathrm{d}x - (x - y)\, \mathrm{d}y.$$

解. 用 D 表示 C 所围成的闭区域, 并记 $P = x + y$, $Q = y - x$, 则由格林公式知

$$I = \iint\limits_{D} -2\, \mathrm{d}x\, \mathrm{d}y = -2\pi a^2.$$

$\square$

下面的例子是例 3.5 的推广.

【例 4.3】设 S 是 $\mathbb{R}^2$ 中的一个有界闭区域, $\mathbf{0} = (0,0) \in S^\circ$, 且 ∂S 由有限多条光滑曲线组成, 计算

$$I = \int_{\partial S} \frac{y\, \mathrm{d}x - x\, \mathrm{d}y}{x^2 + y^2},$$

其中 ∂S 的方向为沿曲线正向.

解. 因为 $\mathbf{0} \in S^\circ$, 故存在 $\varepsilon > 0$ 使得 $B(\mathbf{0}, \varepsilon) \subseteq S^\circ$. 为方便起见, 我们记 $D = B(\mathbf{0}, \varepsilon)$, 并用 C 表示其边界. 再记 $P = \dfrac{y}{x^2 + y^2}$, $Q = \dfrac{-x}{x^2 + y^2}$, 那么当 $(x, y) \neq (0, 0)$ 时

$$\frac{\partial P}{\partial y} = \frac{x^2 - y^2}{(x^2 + y^2)^2} = \frac{\partial Q}{\partial x}.$$

于是在 $S \setminus D$ 上应用格林公式可得

$$\left(\int_{\partial S} P\, \mathrm{d}x + Q\, \mathrm{d}y \right) - \left(\int_{C} P\, \mathrm{d}x + Q\, \mathrm{d}y \right) = \iint\limits_{S \setminus D} \left(\frac{\partial Q}{\partial x} - \frac{\partial P}{\partial y} \right) \mathrm{d}x\, \mathrm{d}y = 0,$$

上式中 C 的方向为逆时针方向. 从而

$$I = \int_{\partial S} P\, \mathrm{d}x + Q\, \mathrm{d}y = \int_{C} P\, \mathrm{d}x + Q\, \mathrm{d}y = \int_{C} \frac{y\, \mathrm{d}x - x\, \mathrm{d}y}{x^2 + y^2}$$

$$= \frac{1}{\varepsilon^2} \int_{C} y\, \mathrm{d}x - x\, \mathrm{d}y.$$

再次应用格林公式可得

$$I = \frac{1}{\varepsilon^2} \iint\limits_{\overline{D}} (-2) \, \mathrm{d}x \, \mathrm{d}y = -2\pi.$$ □

格林公式使得人们可通过曲线积分计算闭曲线所围区域的面积, 事实上, 在上例解答中的最后一步我们已经这么做了.

设 S 是 $\mathbb{R}^2$ 中的一个有界闭区域, 且 ∂S 由有限多条光滑曲线组成, 那么由格林公式知

$$\mu(S) = \iint\limits_{S} \mathrm{d}x \, \mathrm{d}y = \int_{\partial S} x \, \mathrm{d}y = -\int_{\partial S} y \, \mathrm{d}x. \tag{16.21}$$

当然, 进一步地有

$$\mu(S) = \frac{1}{2} \int_{\partial S} x \, \mathrm{d}y - y \, \mathrm{d}x. \tag{16.22}$$

【例 4.4】设 $a, b > 0$, 求星形线

$$\begin{cases} x = a \cos^3 t, \\ y = b \sin^3 t, \end{cases} \qquad t \in [0, 2\pi]$$

所围闭区域 S 的面积.

<u>解</u>.

$$\begin{aligned} \mu(S) &= \frac{1}{2} \int_{\partial S} x \, \mathrm{d}y - y \, \mathrm{d}x \\ &= \frac{1}{2} \int_0^{2\pi} \left[(a \cos^3 t) \cdot (3b \sin^2 t \cos t) - (b \sin^3 t) \cdot (-3a \cos^2 t \sin t) \right] \mathrm{d}t \\ &= \frac{3ab}{2} \int_0^{2\pi} \sin^2 t \cos^2 t \, \mathrm{d}t = \frac{3}{8} \pi ab. \end{aligned}$$ □

最后, 我们借助格林公式来讨论第二型曲线积分是否与路径有关的问题.

考虑连接平面上两点 A, B 的曲线, 在一般情况下, 沿不同曲线的第二型曲线积分

$$\int_{\overset{\frown}{AB}} P \, \mathrm{d}x + Q \, \mathrm{d}y \tag{16.23}$$

的值未必相同. 现在需要研究的问题是, 在什么情况下上述积分的值与曲线的选择无关. 为此, 先引入单连通区域的概念.

【定义 4.5】对于 $\mathbb{R}^2$ 中的一个区域 D, 若 D 中任意一条简单闭曲线所围成的区域均包含于 D, 则称 D 是<u>单连通的</u> (simply connected), 否则称 D 为<u>多连通的</u> (multiply connected) 或<u>复连通的</u>.

【**定理 4.6**】设 D 是 $\mathbb{R}^2$ 中的一个单连通区域, $P, Q \in C^1(D)$, 则下列命题等价:

(1) 对 D 中任意两点 A, B 以及 D 中从 A 到 B 的任意两条分段光滑曲线 C_1, C_2 有

$$\int_{C_1} P\,\mathrm{d}x + Q\,\mathrm{d}y = \int_{C_2} P\,\mathrm{d}x + Q\,\mathrm{d}y,$$

即第二型曲线积分 (16.23) 与路径无关;

(2) 对于 D 中由有限多条光滑曲线组成的任一闭曲线 C 有

$$\int_C P\,\mathrm{d}x + Q\,\mathrm{d}y = 0;$$

(3) 在 D 上有 $\dfrac{\partial P}{\partial y} = \dfrac{\partial Q}{\partial x}$.

证明. (1) $\Rightarrow$ (2): 在 C 上任取两个不同的点 A, B, 它们把 C 分成两个曲线段 C_1 与 C_2. 不妨设 C 的方向为沿 C_1 从 A 到 B, 再沿 C_2 从 B 到 A, 从而由 (1) 知

$$\int_{C_1 : A \to B} P\,\mathrm{d}x + Q\,\mathrm{d}y = \int_{C_2 : A \to B} P\,\mathrm{d}x + Q\,\mathrm{d}y.$$

于是

$$\int_C P\,\mathrm{d}x + Q\,\mathrm{d}y = \left(\int_{C_1 : A \to B} P\,\mathrm{d}x + Q\,\mathrm{d}y\right) + \left(\int_{C_2 : B \to A} P\,\mathrm{d}x + Q\,\mathrm{d}y\right)$$

$$= \left(\int_{C_1 : A \to B} P\,\mathrm{d}x + Q\,\mathrm{d}y\right) - \left(\int_{C_2 : A \to B} P\,\mathrm{d}x + Q\,\mathrm{d}y\right) = 0.$$

(2) $\Rightarrow$ (3): 反设存在 $\boldsymbol{a} \in D$ 使得 $\dfrac{\partial P}{\partial y}(\boldsymbol{a}) \neq \dfrac{\partial Q}{\partial x}(\boldsymbol{a})$. 不妨设

$$\frac{\partial Q}{\partial x}(\boldsymbol{a}) - \frac{\partial P}{\partial y}(\boldsymbol{a}) = \delta > 0,$$

于是由 $\dfrac{\partial P}{\partial y}$ 与 $\dfrac{\partial Q}{\partial x}$ 的连续性知, 存在 $\varepsilon > 0$ 使得 $B(\boldsymbol{a}, \varepsilon) \subseteq \overline{B(\boldsymbol{a}, \varepsilon)} \subseteq D$, 并且在 $\overline{B(\boldsymbol{a}, \varepsilon)}$ 上有 $\dfrac{\partial Q}{\partial x} - \dfrac{\partial P}{\partial y} > \dfrac{\delta}{2}$, 从而由格林公式可得

$$\int_{\partial B(\boldsymbol{a}, \varepsilon)} P\,\mathrm{d}x + Q\,\mathrm{d}y = \iint\limits_{\overline{B(\boldsymbol{a}, \varepsilon)}} \left(\frac{\partial Q}{\partial x} - \frac{\partial P}{\partial y}\right) \mathrm{d}x\,\mathrm{d}y \geqslant \frac{\delta}{2} \cdot \pi\varepsilon^2,$$

这与 (2) 矛盾.

(3) $\Rightarrow$ (1): 记 C 为由 C_1 和 C_2 组成的围道, 其方向为沿 C_1 从 A 到 B, 再沿 C_2 从 B 到 A, 又将 C 所围成的闭区域记作 E, 则由 D 是单连通区域知 $E \subseteq D$, 并且由 (3) 可得

$$\int_C P\,\mathrm{d}x + Q\,\mathrm{d}y = \iint\limits_E \left(\frac{\partial Q}{\partial x} - \frac{\partial P}{\partial y}\right) \mathrm{d}x\,\mathrm{d}y = 0,$$

因此

$$\int_{C_1 : A \to B} P\,\mathrm{d}x + Q\,\mathrm{d}y = \int_{C_2 : A \to B} P\,\mathrm{d}x + Q\,\mathrm{d}y. \qquad \square$$

【例 4.7】计算第二型曲线积分

$$I = \int_C (e^x \sin y - y)\,dx + (e^x \cos y - x)\,dy,$$

其中 C 为圆周 $x^2 + y^2 = ax$ 在 x 轴上方的部分, 方向为从原点到点 $A(a,0)$.

解. 记 $P = e^x \sin y - y$, $Q = e^x \cos y - x$, 则 $\dfrac{\partial P}{\partial y} = \dfrac{\partial Q}{\partial x}$. 按照定理 4.6, 若用 L 表示从原点到 A 的定向线段, 则

$$I = \int_L P\,dx + Q\,dy = 0. \qquad \Box$$

习题 16.4

1. 计算下列第二型曲线积分 (曲线方向均是相对于其所围有界闭区域的正向):

   (1) $\displaystyle\oint_C xy^2\,dy - x^2 y\,dx$, 其中 C 是圆周 $x^2 + y^2 = a^2$ $(a > 0)$;

   (2) $\displaystyle\oint_C (x+y)\,dx - (x-y)\,dy$, 其中 C 是椭圆 $\dfrac{x^2}{a^2} + \dfrac{y^2}{b^2} = 1$ $(a, b > 0)$;

   (3) $\displaystyle\oint_C (e^x + y)\,dx + \sin(x+y)\,dy$, 其中 C 是以 $(0,0)$, $(0,1)$ 和 $(1,0)$ 为顶点的三角形的边界;

   (4) $\displaystyle\oint_C (x+y^2)\,dx + (y+x^2)\,dy$, 其中 C 是心脏线 $r = a(1+\cos\theta)$ $(a > 0)$.

2. 利用格林公式计算下列曲线所围有界闭区域的面积:

   (1) $y = x^2$ 与 $x = y^2$ 在第一象限内所围闭区域;

   (2) 摆线 $x = a(t - \sin t)$, $y = a(1 - \cos t)$ $(0 \leqslant t \leqslant 2\pi)$ 与 x 轴所围闭区域, 其中 $a > 0$;

   (3) 心脏线 $r = a(1 + \cos\theta)$ $(a > 0)$ 所围闭区域;

   (4) 笛卡尔 (Descartes) 叶形线 $x^3 + y^3 = 3axy$ $(a > 0)$ 在第一象限所围闭区域;

   (5) 环索线 $y^2 = x^2 \dfrac{a-x}{a+x}$ $(x \geqslant 0)$ 所围闭区域, 其中 $a > 0$;

   (6) 由曲线 $\left(\dfrac{x}{a}\right)^n + \left(\dfrac{y}{b}\right)^n = 1$ $(a, b, n > 0)$ 与坐标轴在第一象限所围闭区域.

3. 设 $a > 0$, $c > 0$ 且 $ac - b^2 > 0$. 又设 S 是 $\mathbb{R}^2$ 中的一个有界闭区域, $\mathbf{0} \in S^\circ$, 且 ∂S 由有限多条光滑曲线组成, 计算

$$I = \int_{\partial S} \frac{y\,dx - x\,dy}{ax^2 + 2bxy + cy^2},$$

其中 ∂S 的方向为沿曲线正向.

4. 设 l 是一个给定的非零向量, C 是由有限多条光滑曲线所组成的简单闭曲线, 证明

$$\oint_C \cos(l, n)\, \mathrm{d}s = 0,$$

其中 n 是 C 的单位外法向量, (l, n) 表示 l 与 n 的夹角.

5. 设 C 是曲线段 $y = \sin x \ (0 \leqslant x \leqslant \pi)$, 方向从 $(0,0)$ 到 $(\pi, 0)$. 计算

$$\int_C x\mathrm{e}^{x^2+y^2}\, \mathrm{d}x + y\mathrm{e}^{x^2+y^2}\, \mathrm{d}y.$$

§16.5
应用: 调和函数

作为曲线积分理论的应用, 我们来研究调和函数.

【定义 5.1】设 D 是一个平面 (闭) 区域, f 是定义在 D 上的具有二阶偏导数的函数, 若在 D 上有

$$\frac{\partial^2 f}{\partial x^2} + \frac{\partial^2 f}{\partial y^2} = 0,$$

则称 f 是 D 上的调和函数 (harmonic function).

通常记

$$\Delta f = \frac{\partial^2 f}{\partial x^2} + \frac{\partial^2 f}{\partial y^2},$$

并称 $\Delta = \dfrac{\partial^2}{\partial x^2} + \dfrac{\partial^2}{\partial y^2}$ 为拉普拉斯算子 (Laplace operator).

【例 5.2】证明函数 $f(x,y) = \log \sqrt{(x-x_0)^2 + (y-y_0)^2}$ 是 $\mathbb{R}^2 \setminus \{(x_0, y_0)\}$ 上的调和函数.

解. 通过简单计算可得, 在 $\mathbb{R}^2 \setminus \{(x_0, y_0)\}$ 上有

$$\frac{\partial^2 f}{\partial x^2} = \frac{(y-y_0)^2 - (x-x_0)^2}{\left[(x-x_0)^2 + (y-y_0)^2\right]^2}, \qquad \frac{\partial^2 f}{\partial y^2} = \frac{(x-x_0)^2 - (y-y_0)^2}{\left[(x-x_0)^2 + (y-y_0)^2\right]^2},$$

因此 $\Delta f = 0$. □

在继续研究调和函数的性质之前, 首先做一些准备工作.

【引理 5.3】设 D 是平面上由有限多条光滑曲线所围成的有界闭区域, u 和 v 是定义在 D 上的两个函数, 且 $u \in C^2(D)$, $v \in C^1(D)$, 则

$$\iint\limits_D v\Delta u\, \mathrm{d}x\, \mathrm{d}y = -\iint\limits_D \left(\frac{\partial u}{\partial x}\frac{\partial v}{\partial x} + \frac{\partial u}{\partial y}\frac{\partial v}{\partial y}\right) \mathrm{d}x\, \mathrm{d}y + \int_{\partial D} v\frac{\partial u}{\partial x}\, \mathrm{d}y - v\frac{\partial u}{\partial y}\, \mathrm{d}x.$$

证明. 在 (16.20) 中将 u 换成 v, 并取 $P = -\dfrac{\partial u}{\partial y}$, $Q = \dfrac{\partial u}{\partial x}$ 便可得出结论. □

【推论 5.4】在引理 5.3 的条件下我们有

(1)
$$\iint\limits_D \Delta u \, \mathrm{d}x \, \mathrm{d}y = \int_{\partial D} \frac{\partial u}{\partial x} \, \mathrm{d}y - \frac{\partial u}{\partial y} \, \mathrm{d}x;$$

(2) 若进一步有 $v \in C^2(D)$, 则
$$\iint\limits_D (v\Delta u - u\Delta v) \, \mathrm{d}x \, \mathrm{d}y = \int_{\partial D} \left(v\frac{\partial u}{\partial x} - u\frac{\partial v}{\partial x} \right) \mathrm{d}y - \left(v\frac{\partial u}{\partial y} - u\frac{\partial v}{\partial y} \right) \mathrm{d}x.$$

证明. (1) 在引理 5.3 中取 $v = 1$ 即得, 当然也可直接由格林公式得到.

(2) 在引理 5.3 中交换 u, v 的位置, 并将所得结果与引理 5.3 中的结果相减即得. □

【定理 5.5】设 D 是平面上由有限多条光滑曲线所围成的有界闭区域, $f, g \in C^2(D)$ 且均是 D 上的调和函数. 如果对任意的 $\boldsymbol{a} \in \partial D$ 有 $f(\boldsymbol{a}) = g(\boldsymbol{a})$, 那么对任意的 $\boldsymbol{a} \in D$ 也有 $f(\boldsymbol{a}) = g(\boldsymbol{a})$. 简而言之, 调和函数由其在边界上的值唯一确定.

证明. 记 $h = f - g$, 则 h 也是 D 上的调和函数, $h \in C^2(D)$ 且 h 在 ∂D 上取值恒为 0, 我们要证明 h 在 D 上取值均为 0.

在引理 5.3 中取 $u = v = h$ 可得
$$\iint\limits_D h\Delta h \, \mathrm{d}x \, \mathrm{d}y = -\iint\limits_D \left[\left(\frac{\partial h}{\partial x} \right)^2 + \left(\frac{\partial h}{\partial y} \right)^2 \right] \mathrm{d}x \, \mathrm{d}y + \int_{\partial D} h\frac{\partial h}{\partial x} \, \mathrm{d}y - h\frac{\partial h}{\partial y} \, \mathrm{d}x.$$

由 $\Delta h = 0$ 知上式左边积分等于 0, 由 h 在 ∂D 上为 0 知上式右边的第二型曲线积分等于 0, 因此
$$\iint\limits_D \left[\left(\frac{\partial h}{\partial x} \right)^2 + \left(\frac{\partial h}{\partial y} \right)^2 \right] \mathrm{d}x \, \mathrm{d}y = 0.$$

于是由偏导的连续性知在 D 上有 $\dfrac{\partial h}{\partial x} = \dfrac{\partial h}{\partial y} = 0$, 从而 h 在 D 上是常值函数 (参见习题 13.2 第 22 题). 又因为 h 在 ∂D 上取值为 0, 故而 h 在 D 上取值为 0. □

【定理 5.6】(均值定理) 假设 f 是定义在区域 D 上的 C^2 类的调和函数, $\boldsymbol{a} \in D$. 现记 $d = \inf\limits_{\boldsymbol{z} \in \partial D} |\boldsymbol{z} - \boldsymbol{a}|$, 那么对任意的 $r \in (0, d)$ 有
$$f(\boldsymbol{a}) = \frac{1}{2\pi r} \int_{C_r} f \, \mathrm{d}s, \tag{16.24}$$

其中 C_r 表示以 $\boldsymbol{a}$ 为圆心, 以 r 为半径的圆. 简而言之, 调和函数在圆心处的值等于它在圆周上的 "平均值".

证明. 首先证明 (16.24) 右边与 r 无关. 对任意的 $0 < r < R < d$, 我们用 E 表示由 C_r 和 C_R 所围成的环形闭区域. 现记 $\boldsymbol{a} = (x_0, y_0)$, 在 E 上使用推论 5.4 (2), 并取 $u = f$, $v = \log\sqrt{(x - x_0)^2 + (y - y_0)^2}$, 那么由 u, v 均是 E 上的调和函数 (参见例 5.2) 知
$$\int_{\partial E} \left(v\frac{\partial f}{\partial x} - f\frac{\partial v}{\partial x} \right) \mathrm{d}y - \left(v\frac{\partial f}{\partial y} - f\frac{\partial v}{\partial y} \right) \mathrm{d}x = \iint\limits_E (v\Delta f - f\Delta v) \, \mathrm{d}x \, \mathrm{d}y = 0,$$

也即

$$
\int_{C_R} \left(v\frac{\partial f}{\partial x} - f\frac{\partial v}{\partial x} \right) \mathrm{d}y - \left(v\frac{\partial f}{\partial y} - f\frac{\partial v}{\partial y} \right) \mathrm{d}x
$$

$$
= \int_{C_r} \left(v\frac{\partial f}{\partial x} - f\frac{\partial v}{\partial x} \right) \mathrm{d}y - \left(v\frac{\partial f}{\partial y} - f\frac{\partial v}{\partial y} \right) \mathrm{d}x \tag{16.25}
$$

注意到在 C_R 上总有 $v = \log R$, 所以由推论 5.4 (1) 知

$$
\int_{C_R} v\frac{\partial f}{\partial x}\,\mathrm{d}y - v\frac{\partial f}{\partial y}\,\mathrm{d}x = (\log R)\left(\int_{C_R} \frac{\partial f}{\partial x}\,\mathrm{d}y - \frac{\partial f}{\partial y}\,\mathrm{d}x \right) = 0.
$$

将上式中的 R 换成 r 可得到同样的结果, 从而 (16.25) 可被化简为

$$
\int_{C_R} f\frac{\partial v}{\partial x}\,\mathrm{d}y - f\frac{\partial v}{\partial y}\,\mathrm{d}x = \int_{C_r} f\frac{\partial v}{\partial x}\,\mathrm{d}y - f\frac{\partial v}{\partial y}\,\mathrm{d}x. \tag{16.26}
$$

现在来计算上式左边. 利用极坐标变换

$$
\begin{cases} x = x_0 + R\cos\theta, \\ y = y_0 + R\sin\theta \end{cases}
$$

可得

$$
\int_{C_R} f\frac{\partial v}{\partial x}\,\mathrm{d}y - f\frac{\partial v}{\partial y}\,\mathrm{d}x = \int_{C_R} \frac{f\cdot(x-x_0)\,\mathrm{d}y - f\cdot(y-y_0)\,\mathrm{d}x}{(x-x_0)^2 + (y-y_0)^2} = \int_0^{2\pi} f\,\mathrm{d}\theta
$$

$$
= \frac{1}{R}\int_{C_R} f\,\mathrm{d}s.
$$

同样有

$$
\int_{C_r} f\frac{\partial v}{\partial x}\,\mathrm{d}y - f\frac{\partial v}{\partial y}\,\mathrm{d}x = \frac{1}{r}\int_{C_r} f\,\mathrm{d}s.
$$

因此 (16.26) 也即

$$
\frac{1}{R}\int_{C_R} f\,\mathrm{d}s = \frac{1}{r}\int_{C_r} f\,\mathrm{d}s.
$$

这就证明了 (16.24) 右边与 r 无关, 我们将其值记作 A, 那么令 $r \to 0^+$ 可得

$$
A = \lim_{r\to 0^+} \frac{1}{2\pi r}\int_{C_r} f\,\mathrm{d}s = \lim_{r\to 0^+} \frac{1}{2\pi}\int_0^{2\pi} f(x_0 + r\cos\theta,\, y_0 + r\sin\theta)\,\mathrm{d}\theta
$$

$$
= \frac{1}{2\pi}\int_0^{2\pi} \lim_{r\to 0^+} f(x_0 + r\cos\theta,\, y_0 + r\sin\theta)\,\mathrm{d}\theta
$$

$$
= f(x_0, y_0),
$$

在这里我们使用了第十四章命题 1.1 来确保上述极限号与积分号可以交换. □

【定理 5.7】设 D 是一个平面闭区域，$f \in C^2(D)$ 且是 D 上的非常值的调和函数，那么 f 在 D 的内部取不到其最大值和最小值.

证明. 因为 f 的最小值点必是 $-f$ 的最大值点，所以只需证明 f 在 D 内部取不到最大值即可. 现记 $M = \sup\limits_{\boldsymbol{z} \in D^\circ} f(\boldsymbol{z})$，若 $M = +\infty$，那么命题已然获证，故不妨设 $M \in \mathbb{R}$.

反设存在 $\boldsymbol{a} \in D^\circ$ 使得 $f(\boldsymbol{a}) = M$，我们选取 $d > 0$ 使得 $B(\boldsymbol{a}, d) \subseteq D^\circ$，则由定理 5.6 知对任意的 $r \in (0, d)$ 有

$$\frac{1}{2\pi r} \int_{C_r} f \, \mathrm{d}s = f(\boldsymbol{a}) = M,$$

其中 C_r 是以 $\boldsymbol{a}$ 为圆心，以 r 为半径的圆. 于是

$$\frac{1}{2\pi r} \int_{C_r} (M - f) \, \mathrm{d}s = 0.$$

进而由 f 的连续性知对任意的 $\boldsymbol{z} \in C_r$ 有 $f(\boldsymbol{z}) = M$，再由 r 的任意性知

$$f(\boldsymbol{z}) = M, \qquad \forall \, \boldsymbol{z} \in B(\boldsymbol{a}, d).$$

这说明集合 $D_1 = \{\boldsymbol{z} \in D^\circ : f(\boldsymbol{z}) = M\}$ 是开集. 此外，由 f 的连续性知 $D_2 = \{\boldsymbol{z} \in D^\circ : f(\boldsymbol{z}) < M\}$ 也是开集. 注意到 $D_1 \cup D_2 = D^\circ$ 且 $D_1 \cap D_2 = \varnothing$，故由 D° 的连通性以及 $D_1 \neq \varnothing$ 知 $D_2 = \varnothing$，从而 $D_1 = D^\circ$，这意味着 f 是 D° 上的常值函数，再由 f 的连续性知 f 是 D 上的常值函数，但这与假设矛盾. $\qquad \square$

习题 16.5

1. 证明 $f(x, y) = \arctan \dfrac{y}{x}$ 是 $\mathbb{R}^2 \setminus \{(0, y) : y \in \mathbb{R}\}$ 上的调和函数.

2. 求定义在 $\mathbb{R}$ 上的所有二阶连续可导函数 f，使得 $f(x + y)$ 是 $\mathbb{R}^2$ 上的调和函数.

3. 求定义在 $\mathbb{R}_{>0}$ 上的所有二阶连续可导函数 f，使得 $f(x^2 + y^2)$ 是 $\mathbb{R}^2 \setminus \{(0, 0)\}$ 上的调和函数.

4. 证明在极坐标变换

$$\begin{cases} x = r \cos \theta, \\ y = r \sin \theta \end{cases}$$

   下有

$$\Delta f = \frac{\partial^2 f}{\partial x^2} + \frac{\partial^2 f}{\partial y^2} = \frac{\partial^2 f}{\partial r^2} + \frac{1}{r} \frac{\partial f}{\partial r} + \frac{1}{r^2} \frac{\partial^2 f}{\partial \theta^2}.$$

5. (拉普拉斯算子在正交变换下的不变性) 假设 f 是 C^2 类的调和函数，$A = \begin{bmatrix} a & b \\ c & d \end{bmatrix}$ 是一个正交矩阵，$g(x, y) = f(ax + by, cx + dy)$. 证明 $\Delta f = \Delta g$.

6. (拉普拉斯方程在反演变换下的不变性) 设 f 是 C^2 类的调和函数, 证明函数 $g(x,y) = f\left(\dfrac{x}{x^2+y^2}, \dfrac{y}{x^2+y^2}\right)$ 满足

$$\frac{\partial^2 g}{\partial x^2} + \frac{\partial^2 g}{\partial y^2} = 0.$$

7. 设 f 是区域 $D \subseteq \mathbb{R}^2$ 上的 C^2 类的调和函数, $S = \{\boldsymbol{x} \in \mathbb{R}^2 : |\boldsymbol{x} - \boldsymbol{a}| \leqslant r\} \subseteq D$, 证明

$$\int_S f = \pi r^2 f(\boldsymbol{a}).$$

8. 设 $S = \{(x,y) \in \mathbb{R}^2 : (x-5)^2 + (y-4)^2 \leqslant 20, \ (x-4)^2 + (y-2)^2 \geqslant 1\}$, 计算重积分

$$\iint\limits_S \arctan \frac{y}{x} \, \mathrm{d}x \, \mathrm{d}y.$$

9. 设 D 是平面上由有限多条光滑曲线所围成的有界区域, $u \in C^2(D)$, 且对 D 中任意一条分段光滑闭曲线 C 均有

$$\int_C \frac{\partial u}{\partial x} \, \mathrm{d}y - \frac{\partial u}{\partial y} \, \mathrm{d}x = 0.$$

证明 u 是 D 上的调和函数.

第十七章

曲面积分

§17.1
曲面的面积

本节的目的是对一些特殊曲面给出其面积的定义.

回忆起在讨论曲线弧长时我们采用了内接折线的方式来逼近曲线, 因此一个自然的想法是利用内接多面体来逼近曲面, 进而通过计算多面体的表面积以及极限过程得到曲面的面积, 但事实上这是不可行的. 施瓦茨曾对圆柱面作出了一个反例, 其基本思想是: 哪怕内接多面体的每个面的直径均充分小, 它的每个面也未必是非常贴近曲面的, 这些面甚至有可能在局部与曲面的切平面几乎垂直. 按照这一思想, 为了计算曲面面积, 我们应当在局部选取与曲面非常贴近的平面来作为参考, 当在曲面的每个点处均存在切平面时, 选择切平面作为参考自然是最优的了. 然而, 对于许多常见的曲面而言, 并非在其每个点处均有切平面 (例如正方体表面及锥面, 它们在顶点处均不存在切平面), 这促使我们把研究重点放在 "几乎处处" 有切平面的曲面上.

【定义 1.1】设 Ω 是 $\mathbb{R}^2$ 中的一个区域, $D \subseteq \Omega$, 且 D 是由分段光滑曲线所围成的有界闭区域. 若存在 Ω 上的映射

$$\boldsymbol{r}(u,v) = (x(u,v), y(u,v), z(u,v)), \qquad (u,v) \in \Omega \tag{17.1}$$

满足

(1) $\boldsymbol{r} \in C^1(\Omega)$;

(2) $\boldsymbol{r}$ 在 D° 上是双射, 并且对任意的 $(u,v) \in D^\circ$ 有 $\boldsymbol{r}_u \times \boldsymbol{r}_v \neq \boldsymbol{0}$, 其中 $\times$ 为向量积且

$$\boldsymbol{r}_u = \left(\frac{\partial x}{\partial u}, \frac{\partial y}{\partial u}, \frac{\partial z}{\partial u}\right), \qquad \boldsymbol{r}_v = \left(\frac{\partial x}{\partial v}, \frac{\partial y}{\partial v}, \frac{\partial z}{\partial v}\right),$$

则称 $\boldsymbol{r}(D)$ 为 $\mathbb{R}^3$ 中的一个光滑曲面.

若 $S \subseteq \mathbb{R}^3$ 由有限多个光滑曲面拼接而成, 则称之为分片光滑曲面.

下面我们来看如何定义光滑曲面的面积. 设 $\Omega, D, \boldsymbol{r}$ 如定义 1.1 中所给出, 并记 $S = \boldsymbol{r}(D)$. 对于一个包含于 D 内的小矩形

$$\mathcal{Q} = [u_0, u_0 + \Delta u] \times [v_0, v_0 + \Delta v],$$

映射 $\boldsymbol{r}$ 将其映为 S 上的一个图形 $\mathcal{Q}'$, 那么由带佩亚诺余项的泰勒公式知

$$\boldsymbol{r}(u_0 + \Delta u, v_0) = \boldsymbol{r}(u_0, v_0) + \boldsymbol{r}_u(u_0, v_0) \cdot \Delta u + o(\Delta u),$$
$$\boldsymbol{r}(u_0, v_0 + \Delta v) = \boldsymbol{r}(u_0, v_0) + \boldsymbol{r}_v(u_0, v_0) \cdot \Delta v + o(\Delta v).$$

注意到 $\boldsymbol{r}_u(u_0, v_0) \times \boldsymbol{r}_v(u_0, v_0) \neq \boldsymbol{0}$, 因此 S 在点 $\boldsymbol{r}(u_0, v_0)$ 处的切平面存在, 且它可以由 $\boldsymbol{r}_u(u_0, v_0)$ 及 $\boldsymbol{r}_v(u_0, v_0)$ 张成. 于是 $\mathcal{Q}'$ 的面积应当近似等于该切平面上以 $\boldsymbol{r}(u_0, v_0)$ 为顶点, 由向量 $\boldsymbol{r}_u(u_0, v_0) \cdot \Delta u$ 和 $\boldsymbol{r}_v(u_0, v_0) \cdot \Delta v$ 所张成的平行四边形的面积 (如图 17.1 所示), 而这一面积为

$$\left| \left(\boldsymbol{r}_u(u_0, v_0) \cdot \Delta u \right) \times \left(\boldsymbol{r}_v(u_0, v_0) \cdot \Delta v \right) \right| = \left| \boldsymbol{r}_u(u_0, v_0) \times \boldsymbol{r}_v(u_0, v_0) \right| \cdot \Delta u \Delta v.$$

现在在 uv 平面内用平行于坐标轴的直线将该平面划分成两两无公共内点的直径小于 δ 的矩形, 并将这些矩形中位于 D 内者取出, 再用上述方法计算它们在映射 $\boldsymbol{r}$ 下的图形面积的近似值, 把这些近似值相加即得

$$\sum_i \left| \boldsymbol{r}_u(\boldsymbol{\xi}_i) \times \boldsymbol{r}_v(\boldsymbol{\xi}_i) \right| \cdot \Delta u_i \Delta v_i.$$

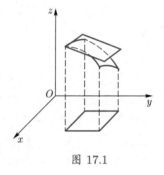

图 17.1

那么当 $\delta \to 0$ 时上述和式的极限值就应当是曲面 S 的面积. 考虑到上面和式的极限正是集合 D 上的二重积分, 所以我们给出如下定义.

【定义 1.2】设 $\Omega, D, \boldsymbol{r}$ 如定义 1.1 中所给出, $S = \boldsymbol{r}(D)$ 是由参数方程 (17.1) 所定义的光滑曲面, 那么 S 的面积为

$$\iint\limits_D |\boldsymbol{r}_u \times \boldsymbol{r}_v| \, \mathrm{d}u \, \mathrm{d}v. \tag{17.2}$$

如果 S 是由光滑曲面 $S_1, S_2, \cdots, S_n$ 拼接而成的分片光滑曲面, 且这些光滑曲面至多在曲面边界处有交点, 那么我们就把 S 的面积定义为诸 S_i 的面积之和.

首先来说明上述定义的合理性.

【命题 1.3】设 $\Omega, D, \boldsymbol{r}$ 如定义 1.1 中所给出, $S = \boldsymbol{r}(D)$ 是由参数方程 (17.1) 所定义的光滑曲面. 又设 Ω' 是 $\mathbb{R}^2$ 中的区域, $\varphi : \Omega' \longrightarrow \Omega$ 是连续可微的双射, $\det \varphi'(s, t) \neq 0$ ($\forall \, (s, t) \in \Omega'$) 并且 $D' = \varphi^{-1}(D)$ 也是由分段光滑曲线所围成的有界闭区域, 那么由参数方程

$$\boldsymbol{r}(s, t) = \big(x(\varphi(s, t)), y(\varphi(s, t)), z(\varphi(s, t)) \big), \qquad (s, t) \in \Omega'$$

所确定的曲面 $S' = \boldsymbol{r}(D')$ 和 S 具有相同的面积. 简而言之, 光滑曲面的面积与其参数表示无关.

<u>证明</u>. 记 $\varphi(s,t) = (u,v)$, 则由链式法则知

$$\boldsymbol{r}_s = \left(\frac{\partial x}{\partial u} \cdot \frac{\partial u}{\partial s} + \frac{\partial x}{\partial v} \cdot \frac{\partial v}{\partial s}, \ \frac{\partial y}{\partial u} \cdot \frac{\partial u}{\partial s} + \frac{\partial y}{\partial v} \cdot \frac{\partial v}{\partial s}, \ \frac{\partial z}{\partial u} \cdot \frac{\partial u}{\partial s} + \frac{\partial z}{\partial v} \cdot \frac{\partial v}{\partial s} \right)$$

$$= \frac{\partial u}{\partial s} \cdot \boldsymbol{r}_u + \frac{\partial v}{\partial s} \cdot \boldsymbol{r}_v.$$

同理可得 $\boldsymbol{r}_t = \dfrac{\partial u}{\partial t} \cdot \boldsymbol{r}_u + \dfrac{\partial v}{\partial t} \cdot \boldsymbol{r}_v$. 于是

$$\boldsymbol{r}_s \times \boldsymbol{r}_t = \left(\frac{\partial u}{\partial s} \cdot \boldsymbol{r}_u + \frac{\partial v}{\partial s} \cdot \boldsymbol{r}_v \right) \times \left(\frac{\partial u}{\partial t} \cdot \boldsymbol{r}_u + \frac{\partial v}{\partial t} \cdot \boldsymbol{r}_v \right)$$

$$= \left(\frac{\partial u}{\partial s} \cdot \frac{\partial v}{\partial t} - \frac{\partial u}{\partial t} \cdot \frac{\partial v}{\partial s} \right) \boldsymbol{r}_u \times \boldsymbol{r}_v$$

$$= \det \varphi'(s,t) \cdot \boldsymbol{r}_u \times \boldsymbol{r}_v.$$

进而由重积分的变量替换定理知

$$\iint\limits_{D'} |\boldsymbol{r}_s \times \boldsymbol{r}_t| \, \mathrm{d}s \, \mathrm{d}t = \iint\limits_{D'} |\det \varphi'(s,t)| \cdot |\boldsymbol{r}_u \times \boldsymbol{r}_v| \, \mathrm{d}s \, \mathrm{d}t = \iint\limits_{D} |\boldsymbol{r}_u \times \boldsymbol{r}_v| \, \mathrm{d}u \, \mathrm{d}v,$$

这就证明了 S' 和 S 具有相同的面积. $\qquad\qquad\square$

现在我们来把 (17.2) 中的被积函数用函数 x, y, z 的偏导表示出来. 为方便起见, 分别将 $\dfrac{\partial x}{\partial u}, \dfrac{\partial y}{\partial u}, \dfrac{\partial z}{\partial u}$ 记作 x_u, y_u, z_u, 同时分别将 $\dfrac{\partial x}{\partial v}, \dfrac{\partial y}{\partial v}, \dfrac{\partial z}{\partial v}$ 记作 x_v, y_v, z_v. 如果用 $(\boldsymbol{r}_u, \boldsymbol{r}_v)$ 表示 $\boldsymbol{r}_u$ 与 $\boldsymbol{r}_v$ 之间的夹角, 那么

$$|\boldsymbol{r}_u \times \boldsymbol{r}_v|^2 = |\boldsymbol{r}_u|^2 \cdot |\boldsymbol{r}_v|^2 \sin^2(\boldsymbol{r}_u, \boldsymbol{r}_v)$$

$$= |\boldsymbol{r}_u|^2 \cdot |\boldsymbol{r}_v|^2 (1 - \cos^2(\boldsymbol{r}_u, \boldsymbol{r}_v))$$

$$= |\boldsymbol{r}_u|^2 \cdot |\boldsymbol{r}_v|^2 - \langle \boldsymbol{r}_u, \boldsymbol{r}_v \rangle^2.$$

故若记

$$\begin{cases} E = |\boldsymbol{r}_u|^2 = x_u^2 + y_u^2 + z_u^2, \\ F = \langle \boldsymbol{r}_u, \boldsymbol{r}_v \rangle = x_u x_v + y_u y_v + z_u z_v, \\ G = |\boldsymbol{r}_v|^2 = x_v^2 + y_v^2 + z_v^2, \end{cases} \tag{17.3}$$

则 $|\boldsymbol{r}_u \times \boldsymbol{r}_v| = \sqrt{EG - F^2}$, 相应地 (17.2) 变为

$$\iint\limits_{D} \sqrt{EG - F^2} \, \mathrm{d}u \, \mathrm{d}v. \tag{17.4}$$

我们称 E, F, G 为<u>高斯 (Gauss) 系数</u>或<u>曲面的第一基本量</u>.

特别地, 如果光滑曲面由显式方程 $z = \varphi(x, y)$ 给出, 其中参数域为 D 并且 $\varphi \in C^1(D)$, 那么在上面的讨论中取 $u = x, v = y$ 可得

$$E = 1 + \varphi_x^2, \qquad F = \varphi_x \varphi_y, \qquad G = 1 + \varphi_y^2,$$

于是 $\sqrt{EG - F^2} = \sqrt{1 + \varphi_x^2 + \varphi_y^2}$, 从而 S 的面积为

$$\iint\limits_{D} \sqrt{1 + \varphi_x^2 + \varphi_y^2} \, \mathrm{d}x \, \mathrm{d}y. \tag{17.5}$$

【例 1.4】设 $a > 0$, 计算以 a 为半径的球面 $S = \{(x, y, z) : x^2 + y^2 + z^2 = a^2\}$ 的面积.

解. S 的参数表示为

$$\begin{cases} x = a \sin\varphi \cos\theta, \\ y = a \sin\varphi \sin\theta, \\ z = a \cos\varphi, \end{cases} \qquad \varphi \in [0, \pi], \ \theta \in [0, 2\pi].$$

若将映射 $(\varphi, \theta) \longmapsto (x, y, z)$ 记作 $\boldsymbol{r}$, 那么

$$\boldsymbol{r}_\varphi = (a \cos\varphi \cos\theta, \, a \cos\varphi \sin\theta, \, -a \sin\varphi), \quad \boldsymbol{r}_\theta = (-a \sin\varphi \sin\theta, \, a \sin\varphi \cos\theta, \, 0),$$

因此

$$E = a^2, \qquad F = 0, \qquad G = a^2 \sin^2\varphi,$$

从而可得 S 的面积为

$$\iint\limits_{\varphi \in [0,\pi], \ \theta \in [0,2\pi]} \sqrt{EG - F^2} \, \mathrm{d}\varphi \, \mathrm{d}\theta = \iint\limits_{\varphi \in [0,\pi], \ \theta \in [0,2\pi]} a^2 \sin\varphi \, \mathrm{d}\varphi \, \mathrm{d}\theta = 4\pi a^2. \qquad \square$$

【例 1.5】设 $0 < \rho < R$, 计算球面 $x^2 + y^2 + z^2 = R^2$ 位于柱面 $x^2 + y^2 = \rho^2$ 内部的那一部分曲面的面积.

解. 所考虑的曲面由对称的两部分组成, 我们考虑第三坐标大于 0 的那一部分, 其方程为 $z = \sqrt{R^2 - x^2 - y^2}$, 其中 x, y 满足 $x^2 + y^2 \leqslant \rho^2$. 由于

$$\frac{\partial z}{\partial x} = -\frac{x}{\sqrt{R^2 - x^2 - y^2}}, \qquad \frac{\partial z}{\partial y} = -\frac{y}{\sqrt{R^2 - x^2 - y^2}},$$

所以

$$\sqrt{1 + \left(\frac{\partial z}{\partial x}\right)^2 + \left(\frac{\partial z}{\partial y}\right)^2} = \frac{R}{\sqrt{R^2 - x^2 - y^2}}.$$

进而由 (17.5) 知所求曲面面积为

$$2 \iint\limits_{x^2 + y^2 \leqslant \rho^2} \frac{R}{\sqrt{R^2 - x^2 - y^2}} \, \mathrm{d}x \, \mathrm{d}y = 2R \int_0^{2\pi} \mathrm{d}\theta \int_0^\rho \frac{r}{\sqrt{R^2 - r^2}} \, \mathrm{d}r$$

$$= 4\pi R \left(R - \sqrt{R^2 - \rho^2}\right). \qquad \square$$

【**例 1.6**】(旋转曲面的面积) 设 f 是定义在区间 $[a,b]$ 上的非负连续可微函数, 试计算由平面上的曲线 $y = f(x)$ 绕 x 轴旋转所得的旋转曲面 S 的面积.

解. 在已有的 Oxy 平面的基础上通过右手法则确定 z 轴的方向, 下面我们在这一坐标系中给出 S 的参数方程. 由于 S 是旋转曲面, 所以用过点 $(x,0,0)$ 且垂直于 x 轴的平面去截 S 总可以得到一个圆, 这个圆的半径为 $f(x)$. 因此可得 $S = \boldsymbol{r}(D)$, 其中 $D = [a,b] \times [0,2\pi]$,

$$\boldsymbol{r}(x,\theta) = (x,\, f(x)\cos\theta,\, f(x)\sin\theta).$$

相应地有

$$\boldsymbol{r}_x = (1,\, f'(x)\cos\theta,\, f'(x)\sin\theta), \qquad \boldsymbol{r}_\theta = (0,\, -f(x)\sin\theta,\, f(x)\cos\theta).$$

于是

$$E = 1 + [f'(x)]^2, \qquad F = 0, \qquad G = f(x)^2,$$

进而可得 S 的面积为

$$\iint\limits_{x\in[a,b],\ \theta\in[0,2\pi]} \sqrt{EG - F^2}\,\mathrm{d}x\,\mathrm{d}\theta = \iint\limits_{x\in[a,b],\ \theta\in[0,2\pi]} f(x)\sqrt{1 + [f'(x)]^2}\,\mathrm{d}x\,\mathrm{d}\theta$$

$$= 2\pi \int_a^b f(x)\sqrt{1 + [f'(x)]^2}\,\mathrm{d}x. \qquad \square$$

习题 17.1

1. 计算下列曲面的面积:

   (1) 马鞍面 $z = xy$ 被柱面 $x^2 + y^2 = a^2$ $(a > 0)$ 所截的部分;

   (2) 椭圆抛物面 $z = \dfrac{x^2}{2a} + \dfrac{y^2}{2b}$ 被柱面 $\dfrac{x^2}{a^2} + \dfrac{y^2}{b^2} = c^2$ $(a,\,b,\,c > 0)$ 所截的部分;

   (3) 螺旋面 $x = r\cos\theta,\ y = r\sin\theta,\ z = b\theta$ $(0 \leqslant r \leqslant a,\ 0 \leqslant \theta \leqslant 2\pi)$, 其中 $b > 0$;

   (4) 曲面 $(x^2 + y^2 + z^2)^2 = 2a^2 xy$ $(a > 0)$.

2. 设 $\Omega, D, \boldsymbol{r}$ 如定义 1.1 中所给出, $S = \boldsymbol{r}(D)$ 是光滑曲面. 又设 $L : \mathbb{R}^3 \longrightarrow \mathbb{R}^3$ 是正交变换. 证明 $|(L \circ \boldsymbol{r})_u \times (L \circ \boldsymbol{r})_v| = |\boldsymbol{r}_u \times \boldsymbol{r}_v|$, 进而得出光滑曲面的面积在正交变换下保持不变.

3. 计算由下列曲线段绕 x 轴旋转所得的旋转曲面的面积:

   (1) $y = \dfrac{1}{3}x^3$ $(0 \leqslant x \leqslant 2)$;

   (2) $x^2 + (y - b)^2 = a^2$ $(0 < a < b)$;

   (3) 摆线 $x = a(t - \sin t),\ y = a(1 - \cos t)$ $(0 \leqslant t \leqslant 2\pi)$, 其中 $a > 0$.

4. 求星形线 $x = a\cos^3 t,\ y = a\sin^3 t$ $(a > 0)$ 绕直线 $y = x$ 旋转后所得曲面的面积.

§17.2
第一型曲面积分

类似于第一型曲线积分, 我们给出第一型曲面积分的定义.

【定义 2.1】设 S 是 $\mathbb{R}^3$ 中的一个光滑曲面, f 是定义在 S 上的一个函数. 对 S 作分划

$$S = \bigcup_{i=1}^{n} S_i,$$

其中每个 S_i 均是光滑曲面, 且这些光滑曲面至多在曲面边界处有交点. 如果存在实数 I, 使得对任意的 $\varepsilon > 0$, 存在 $\delta > 0$, 只要 $\max_{1 \leqslant i \leqslant n} \operatorname{diam} S_i < \delta$, 就对任意的 $\boldsymbol{\xi}_i \in S_i$ 有

$$\left| \sum_{i=1}^{n} f(\boldsymbol{\xi}_i) \sigma(S_i) - I \right| < \varepsilon,$$

其中 $\sigma(S_i)$ 表示 S_i 的面积, 则称 I 为 f 在 S 上的 <u>第一型曲面积分 (surface integral of the first kind)</u>, 记作

$$I = \iint\limits_{S} f(x, y, z) \, \mathrm{d}S.$$

如果 S 是由光滑曲面 $S_1, \cdots, S_m$ 组成的分片光滑曲面, 且这些光滑曲面至多在曲面边界处有交点, 那么当 f 在每个 S_i 上的第一型曲面积分都存在时, 定义

$$\iint\limits_{S} f(x, y, z) \, \mathrm{d}S = \sum_{i=1}^{m} \iint\limits_{S_i} f(x, y, z) \, \mathrm{d}S.$$

现设光滑曲面 S 由参数方程

$$\boldsymbol{r}(u, v) = (x(u, v), y(u, v), z(u, v))$$

给出, 其中参数区域为 D 且 $\boldsymbol{r} \in C^1(D)$. 又设 f 是定义在 S 上的一个连续函数, 那么与 §16.1 中的讨论类似, 利用光滑曲面的面积公式 (17.4) 可得

$$
\begin{aligned}
\iint\limits_{S} f(x, y, z) \, \mathrm{d}S &= \iint\limits_{D} (f \circ \boldsymbol{r})(u, v) \cdot |\boldsymbol{r}_u \times \boldsymbol{r}_v| \, \mathrm{d}u \, \mathrm{d}v \\
&= \iint\limits_{D} f(x(u, v), y(u, v), z(u, v)) \sqrt{EG - F^2} \, \mathrm{d}u \, \mathrm{d}v,
\end{aligned}
\tag{17.6}
$$

其中高斯系数 E, F, G 如 (17.3) 所定义. 特别地, 当 S 由显式方程

$$z = \varphi(x, y)$$

所给出时, 我们有

$$\iint\limits_S f(x, y, z)\, \mathrm{d}S = \iint\limits_D f(x, y, \varphi(x, y))\sqrt{1 + \varphi_x^2 + \varphi_y^2}\, \mathrm{d}x\, \mathrm{d}y.$$

【例 2.2】 设 $a > 0$, S 是半球面 $z = \sqrt{a^2 - x^2 - y^2}$, 计算 $\iint\limits_S (x + y + z)\, \mathrm{d}S$.

解. 与例 1.5 类似, 我们有

$$\sqrt{1 + \left(\frac{\partial z}{\partial x}\right)^2 + \left(\frac{\partial z}{\partial y}\right)^2} = \frac{a}{\sqrt{a^2 - x^2 - y^2}}.$$

于是

$$\iint\limits_S (x + y + z)\, \mathrm{d}S = \iint\limits_{x^2 + y^2 \leqslant a^2} (x + y + \sqrt{a^2 - x^2 - y^2})\frac{a}{\sqrt{a^2 - x^2 - y^2}}\, \mathrm{d}x\, \mathrm{d}y$$

$$= \int_0^a \mathrm{d}r \int_0^{2\pi} (r\cos\theta + r\sin\theta + \sqrt{a^2 - r^2})\frac{a}{\sqrt{a^2 - r^2}}\cdot r\, \mathrm{d}r\, \mathrm{d}\theta$$

$$= \pi a^3. \qquad \Box$$

【例 2.3】 计算 $\iint\limits_S z\, \mathrm{d}S$, 其中 S 是由参数方程

$$\begin{cases} x = \rho\cos\theta, \\ y = \rho\sin\theta, \qquad \rho \in [0, a],\ \theta \in [0, 2\pi] \\ z = \theta, \end{cases}$$

所确定的螺旋面的一部分.

解. 我们有

$$E = x_\rho^2 + y_\rho^2 + z_\rho^2 = \cos^2\theta + \sin^2\theta = 1,$$

$$F = x_\rho x_\theta + y_\rho y_\theta + z_\rho z_\theta = (\cos\theta)(-\rho\sin\theta) + (\sin\theta)(\rho\cos\theta) = 0,$$

$$G = x_\theta^2 + y_\theta^2 + z_\theta^2 = (-\rho\sin\theta)^2 + (\rho\cos\theta)^2 + 1 = \rho^2 + 1,$$

故而

$$\iint\limits_S z\, \mathrm{d}S = \iint\limits_{\rho \in [0,a],\ \theta \in [0,2\pi]} \theta \cdot \sqrt{\rho^2 + 1}\, \mathrm{d}\rho\, \mathrm{d}\theta = \int_0^{2\pi} \theta\, \mathrm{d}\theta \int_0^a \sqrt{\rho^2 + 1}\, \mathrm{d}\rho$$

$$= 2\pi^2\left(\frac{\rho}{2}\sqrt{\rho^2 + 1} + \frac{1}{2}\log(\rho + \sqrt{\rho^2 + 1})\right)\Bigg|_0^a$$

$$= \pi^2 a\sqrt{a^2 + 1} + \pi^2\log(a + \sqrt{a^2 + 1}). \qquad \Box$$

习题 17.2

1. 计算下列第一型曲面积分:

(1) $\displaystyle\iint\limits_{S} \frac{1}{z}\,\mathrm{d}S$, 其中 S 是球面 $x^2 + y^2 + z^2 = a^2$ 满足 $z \geqslant h\ (0 < h < a)$ 的部分;

(2) $\displaystyle\iint\limits_{S} (x + y + z)\,\mathrm{d}S$, 其中 S 是锥面 $z = \sqrt{x^2 + y^2}$ 被圆柱 $x^2 + y^2 = 2ax\ (a > 0)$ 所截的部分;

(3) $\displaystyle\iint\limits_{S} \frac{1}{(1 + x + y)^2}\,\mathrm{d}S$, 其中 S 是四面体 $x + y + z \leqslant 1,\ x \geqslant 0,\ y \geqslant 0,\ z \geqslant 0$ 的边界;

(4) $\displaystyle\iint\limits_{S} z^2\,\mathrm{d}S$, 其中 S 是圆锥表面的一部分 $x = r\cos\theta\sin\alpha,\ y = r\sin\theta\sin\alpha,\ z = r\cos\alpha$
$(0 \leqslant r \leqslant a,\ 0 \leqslant \theta \leqslant 2\pi)$, $\alpha \in \left(0, \dfrac{\pi}{2}\right)$ 是一个常数.

2. 计算
$$F(t) = \iint\limits_{x^2 + y^2 + z^2 = t^2} f(x, y, z)\,\mathrm{d}S,$$

其中
$$f(x, y, z) = \begin{cases} x^2 + y^2, & z \geqslant \sqrt{x^2 + y^2}, \\ 0, & z < \sqrt{x^2 + y^2}. \end{cases}$$

3. 设 $\Omega, D, \boldsymbol{r}$ 如定义 1.1 中所给出, $S = \boldsymbol{r}(D)$ 是光滑曲面, f 是定义在 S 上的一个函数. 又设 $L : \mathbb{R}^3 \longrightarrow \mathbb{R}^3$ 是正交变换. 证明
$$\iint\limits_{L(S)} f\,\mathrm{d}S = \iint\limits_{S} f \circ L\,\mathrm{d}S.$$

4. 设 $f \in C(\mathbb{R})$, S 是球面 $x^2 + y^2 + z^2 = 1$, 证明泊松 (Poisson) 公式
$$\iint\limits_{S} f(ax + by + cz)\,\mathrm{d}S = 2\pi \int_{-1}^{1} f(u\sqrt{a^2 + b^2 + c^2})\,\mathrm{d}u.$$

§17.3
曲面的侧与定向

我们平时所接触的曲面大多均可分出其两侧, 例如空间的平面具有两侧, 球面有内侧和外侧等. 简单来说, 如果我们要用一种颜色来对这类曲面进行染色, 那么在不越过边界的情况下是无法将曲面涂遍的.

【定义 3.1】设 S 是一个光滑曲面, 对于任意的 $P \in S$ 以及 S 上的任一过点 P 的闭曲线 C, 当我们选定了 P 的一个法向量, 并让动点从 P 出发沿 C 运动, 那么在这一运动过程中法向量的方向连续变动. 如果当动点回到 P 时法向量的方向与出发时一致, 则称 S 为双侧曲面 (two-sided surface). 否则称 S 为单侧曲面 (one-sided surface).

单侧曲面确实是存在的, 一个著名的例子就是默比乌斯带 (Möbius strip), 它可由下述方式得到. 将如图 17.2 所示的长方形 $ABCD$ 扭转一次, 再将 A, C 黏合, 将 B, D 黏合, 那么所得到的曲面就是默比乌斯带.

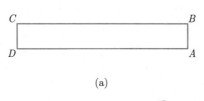
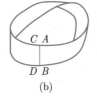

(a) (b)

图 17.2

设 S 是一个双侧曲面, 在 S 上取一点 P. 如果指定了 P 处的法向量的方向, 那么 S 上每个点处的法向量的方向也随之确定. 事实上, 对于 S 上任意一点 M, 我们用 S 上的一条曲线连接 P 与 M, 并让动点从 P 运动到 M, 此时法向量的方向也连续变动, 从而当动点运动至 M 时就赋予了点 M 一个法向量 (如图 17.3 所示). 需要指出的是, 用上述方式所确定的 M 的法向量方向与连接 P 与 M 的道路无关. 这是因为如果 C_1 与 C_2 是 S 上的两条连接 P 与 M 的曲线段, 且动点沿这两个曲线段从 P 到 M 时会在 M 点得到两个方向相反的法向量, 那么让动点从 P 沿 C_1 到 M 再沿 C_2 回到 P 时在 P 点的法向量方向应当与出发时相反, 这与双侧曲面的定义矛盾.

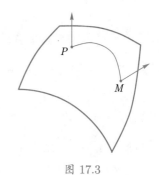

图 17.3

当 S 是双侧曲面时, S 上的全部点的集合连同按上述规则所指定的每点处的法向量方向被称作曲面 S 的一个定侧.

现设双侧曲面 S 的边界是由有限多条分段光滑闭曲线组成的, 那么当我们指定了 S 的一个定侧后, 便可按下述方式指定边界的正向: 当一个人沿法向量方向站立并沿边界行走时, S 总位于左手边. 我们把 S 连同上面对边界指定的正向称作 S 的一个定向. 因此, 对于双侧曲面而言, 选定了曲面的侧就确定了曲面的定向; 反之, 选定了曲面边界的正向也就唯一地决定了曲面的侧.

下面来讨论分片光滑曲面的情况. 假设 S 是由双侧的光滑曲面 $S_1, \cdots, S_n$ 所构成的分片光滑曲面, 那么每个 S_i 都有两个定向可供选择. 如果存在某种选择方式, 使得对于有公共边界的任意两个光滑曲面, 它们在公共边界上的方向恰好相反, 那么就称 S 是双侧的. 值得一提的是, 默比乌斯带虽然可由两个双侧曲面拼接而成, 但它不是双侧曲面.

当 S 是一个双侧的分片光滑曲面时, S 的一个定侧 (相应地, 定向) 是指 S_i $(1 \leqslant i \leqslant n)$ 的定侧 (相应地, 定向) 的总和, 这些定侧使得任意两个有公共边界的光滑曲面在公共边界上的方向相反. 图 17.4 给出了正方体表面的一个定侧.

现假设选定了 S 的一个定侧. 如果在某个光滑曲面上将边界的方向改为相反的方向, 那么按照上述规定, 其余所有的光滑曲面的边界方向都必须作出改变, 改变后的 S 的定侧确定了 S 的第二侧.

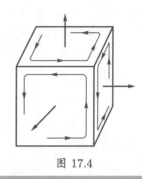

图 17.4

§17.4
第二型曲面积分

【定义 4.1】设 S 是一个双侧曲面, 取定其一侧, 并用 $\boldsymbol{n}(x,y,z)$ 表示曲面在点 (x,y,z) 处的单位法向量, 又设 $f = (P,Q,R)^{\mathrm{T}}$ 是定义在 S 上的一个映射, 如果第一型曲面积分

$$\iint\limits_{S} \langle f, \boldsymbol{n} \rangle \, \mathrm{d}S$$

存在 (其中 $\langle\,,\,\rangle$ 表示向量的内积), 那么就把它的值称为 f 在 S 上沿所指定的侧的第二型曲面积分 (surface integral of the second kind), 记作

$$\iint\limits_{S} P \, \mathrm{d}y \, \mathrm{d}z + Q \, \mathrm{d}z \, \mathrm{d}x + R \, \mathrm{d}x \, \mathrm{d}y.$$

如果记 $\boldsymbol{n} = (\cos\alpha, \cos\beta, \cos\gamma)^{\mathrm{T}}$, 那么按照定义有

$$\iint\limits_{S} P \, \mathrm{d}y \, \mathrm{d}z + Q \, \mathrm{d}z \, \mathrm{d}x + R \, \mathrm{d}x \, \mathrm{d}y = \iint\limits_{S} (P\cos\alpha + Q\cos\beta + R\cos\gamma) \, \mathrm{d}S, \qquad (17.7)$$

上式左、右两边分别是第二型和第一型曲面积分.

【注 4.2】(1) 由定义知, 对于同一个双侧曲面 S 及同一个映射 f 而言, 沿不同的侧的第二型曲面积分具有相反的符号.

(2) 虽然第二型曲面积分是通过第一型曲面积分来定义的, 但前者要求曲面是双侧的, 而后者的原始定义中没有这一要求.

如果 S 是由双侧曲面 $S_1, \cdots, S_n$ 组成的双侧分片光滑曲面, 并且这些双侧曲面至多在曲面边界处有交点, 那么当我们指定了 S 的一侧, 就意味着对每个 S_i $(1 \leqslant i \leqslant n)$ 指定了侧, 此时, 如果 $f = (P,Q,R)^{\mathrm{T}}$ 在每个 S_i 上的第二型曲面积分均存在, 则定义 f 在 S 上沿指定的侧的第二型曲面积分为

$$\iint\limits_{S} P \, \mathrm{d}y \, \mathrm{d}z + Q \, \mathrm{d}z \, \mathrm{d}x + R \, \mathrm{d}x \, \mathrm{d}y = \sum_{i=1}^{n} \iint\limits_{S_i} P \, \mathrm{d}y \, \mathrm{d}z + Q \, \mathrm{d}z \, \mathrm{d}x + R \, \mathrm{d}x \, \mathrm{d}y.$$

下面来讨论第二型曲面积分的计算问题. 设双侧曲面 S 由参数方程

$$\begin{cases} x = x(u,v), \\ y = y(u,v), & (u,v) \in D \\ z = z(u,v), \end{cases}$$

给出. 为方便起见, 我们记 $\boldsymbol{r}(u,v) = (x(u,v), y(u,v), z(u,v))^{\mathrm{T}}$, 于是

$$\boldsymbol{n} = \pm \frac{\boldsymbol{r}_u \times \boldsymbol{r}_v}{|\boldsymbol{r}_u \times \boldsymbol{r}_v|}, \tag{17.8}$$

其中选取正号或负号依赖于曲面的定侧. 利用 (17.6) 可得

$$\iint_S P\,\mathrm{d}y\,\mathrm{d}z + Q\,\mathrm{d}z\,\mathrm{d}x + R\,\mathrm{d}x\,\mathrm{d}y = \iint_S \langle f, \boldsymbol{n} \rangle \,\mathrm{d}S = \pm \iint_S \frac{\langle f, \boldsymbol{r}_u \times \boldsymbol{r}_v \rangle}{|\boldsymbol{r}_u \times \boldsymbol{r}_v|} \,\mathrm{d}S$$

$$= \pm \iint_D \langle f \circ \boldsymbol{r}, \boldsymbol{r}_u \times \boldsymbol{r}_v \rangle \,\mathrm{d}u\,\mathrm{d}v,$$

其中混合积

$$\langle f \circ \boldsymbol{r}, \boldsymbol{r}_u \times \boldsymbol{r}_v \rangle = \begin{vmatrix} P \circ \boldsymbol{r} & Q \circ \boldsymbol{r} & R \circ \boldsymbol{r} \\ x_u & y_u & z_u \\ x_v & y_v & z_v \end{vmatrix}$$

$$= (P \circ \boldsymbol{r}) \frac{D(y,z)}{D(u,v)} + (Q \circ \boldsymbol{r}) \frac{D(z,x)}{D(u,v)} + (R \circ \boldsymbol{r}) \frac{D(x,y)}{D(u,v)},$$

故而

$$\iint_S P\,\mathrm{d}y\,\mathrm{d}z + Q\,\mathrm{d}z\,\mathrm{d}x + R\,\mathrm{d}x\,\mathrm{d}y$$

$$= \pm \iint_D \left(P(x(u,v), y(u,v), z(u,v)) \frac{D(y,z)}{D(u,v)} \right.$$

$$+ Q(x(u,v), y(u,v), z(u,v)) \frac{D(z,x)}{D(u,v)}$$

$$\left. + R(x(u,v), y(u,v), z(u,v)) \frac{D(x,y)}{D(u,v)} \right) \mathrm{d}u\,\mathrm{d}v. \tag{17.9}$$

特别地, 如果 S 由显式方程

$$z = \varphi(x,y), \qquad (x,y) \in D$$

给出, 那么

$$\iint_S P\,\mathrm{d}y\,\mathrm{d}z + Q\,\mathrm{d}z\,\mathrm{d}x + R\,\mathrm{d}x\,\mathrm{d}y$$

$$= \pm \iint\limits_{D} \Big(-P(x,y,\varphi(x,y))\frac{\partial \varphi}{\partial x} - Q(x,y,\varphi(x,y))\frac{\partial \varphi}{\partial y} + R(x,y,\varphi(x,y)) \Big) \,\mathrm{d}x\,\mathrm{d}y. \qquad (17.10)$$

我们略微过多地说明一下上式中符号的选择问题, 为方便起见, 记 $p = \dfrac{\partial \varphi}{\partial x}$, $q = \dfrac{\partial \varphi}{\partial y}$, 那么由 (17.8) 知

$$\boldsymbol{n} = \pm\frac{(-p,-q,1)}{\sqrt{p^2+q^2+1}}.$$

如果选择正号, 那么 $\boldsymbol{n}$ 的第三分量为正, 这意味着所选取的法向量与 z 轴正向的夹角为锐角, 从而此时曲面的定侧为上侧; 相应地, 如果在上式中选择负号, 那么曲面的定侧为下侧. 所以针对曲面的定侧为上侧或下侧, 我们在 (17.10) 中相应地选取正号或负号.

【例 4.3】设 $S = \{(x,y,z) \in \mathbb{R}^3 : x+y+z = 1,\ x,\ y,\ z \geqslant 0\}$, S 的定侧由法向量 $(1,1,1)^{\mathrm{T}}$ 给出. 计算

$$I = \iint\limits_{S} (x+1)\,\mathrm{d}y\,\mathrm{d}z + y\,\mathrm{d}z\,\mathrm{d}x + \mathrm{d}x\,\mathrm{d}y.$$

解. 因为曲面方程为 $z = 1-x-y$, 且法向量方向与 z 轴正向夹角为锐角, 故

$$I = \iint\limits_{\substack{x+y \leqslant 1 \\ x \geqslant 0,\, y \geqslant 0}} \big(-(x+1)\cdot(-1) - y\cdot(-1) + 1 \big)\,\mathrm{d}x\,\mathrm{d}y$$

$$= \int_0^1 \mathrm{d}x \int_0^{1-x} (x+y+2)\,\mathrm{d}y = \int_0^1 \Big(-\frac{1}{2}x^2 - 2x + \frac{5}{2} \Big)\,\mathrm{d}x = \frac{4}{3}. \qquad \square$$

【例 4.4】设 S 是球面 $(x-a)^2 + (y-b)^2 + (z-c)^2 = R^2$ $(R > 0)$, 定侧为外侧, 计算

$$I = \iint\limits_{S} x^2\,\mathrm{d}y\,\mathrm{d}z + y^2\,\mathrm{d}z\,\mathrm{d}x + z^2\,\mathrm{d}x\,\mathrm{d}y.$$

解. 先计算 $\iint\limits_{S} z^2\,\mathrm{d}x\,\mathrm{d}y$. 用 S_1 表示上半球面, 定侧为上侧; 用 S_2 表示下半球面, 定侧为下侧. 那么

$$\iint\limits_{S} z^2\,\mathrm{d}x\,\mathrm{d}y = \iint\limits_{S_1} z^2\,\mathrm{d}x\,\mathrm{d}y + \iint\limits_{S_2} z^2\,\mathrm{d}x\,\mathrm{d}y.$$

我们有 $z - c = \pm\sqrt{R^2 - (x-a)^2 - (y-b)^2}$, 其中在 S_1 上取正号, 在 S_2 上取负号. 由于 $z^2 = (z-c)^2 + c^2 + 2c(z-c)$, 故而上式右边也即

$$\iint\limits_{S_1} [(z-c)^2 + c^2 + 2c(z-c)]\,\mathrm{d}x\,\mathrm{d}y + \iint\limits_{S_2} [(z-c)^2 + c^2 + 2c(z-c)]\,\mathrm{d}x\,\mathrm{d}y.$$

其中

$$\iint\limits_{S_1} (z-c)^2 \,\mathrm{d}x\,\mathrm{d}y + \iint\limits_{S_2} (z-c)^2 \,\mathrm{d}x\,\mathrm{d}y$$

$$= \iint\limits_{(x-a)^2+(y-b)^2 \leqslant R^2} \left[R^2 - (x-a)^2 - (y-b)^2 \right] \mathrm{d}x\,\mathrm{d}y$$

$$+ \left(- \iint\limits_{(x-a)^2+(y-b)^2 \leqslant R^2} \left[R^2 - (x-a)^2 - (y-b)^2 \right] \mathrm{d}x\,\mathrm{d}y \right)$$

$$= 0.$$

同理 $\iint\limits_{S_1} c^2 \,\mathrm{d}x\,\mathrm{d}y + \iint\limits_{S_2} c^2 \,\mathrm{d}x\,\mathrm{d}y = 0$, 因此

$$\iint\limits_{S} z^2 \,\mathrm{d}x\,\mathrm{d}y = 2c \iint\limits_{S_1} (z-c)\,\mathrm{d}x\,\mathrm{d}y + 2c \iint\limits_{S_2} (z-c)\,\mathrm{d}x\,\mathrm{d}y$$

$$= 4c \iint\limits_{(x-a)^2+(y-b)^2 \leqslant R^2} \sqrt{R^2 - (x-a)^2 - (y-b)^2}\,\mathrm{d}x\,\mathrm{d}y$$

$$= 4c \int_0^{2\pi} \int_0^R \sqrt{R^2 - r^2} \cdot r\,\mathrm{d}r = \frac{8\pi}{3} cR^3.$$

类似可得

$$\iint\limits_{S} x^2 \,\mathrm{d}y\,\mathrm{d}z = \frac{8\pi}{3} aR^3, \qquad \iint\limits_{S} y^2 \,\mathrm{d}z\,\mathrm{d}x = \frac{8\pi}{3} bR^3,$$

所以 $I = \dfrac{8\pi R^3}{3}(a+b+c)$. $\qquad\qquad\square$

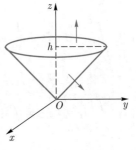

图 17.5

【例 4.5】设 S 为由 $x^2 + y^2 = z^2$ 和 $z = h\ (h > 0)$ 所围成的圆锥的表面, 定侧为外侧 (如图 17.5 所示), 计算

$$I = \iint\limits_{S} (y-z)\,\mathrm{d}y\,\mathrm{d}z + (z-x)\,\mathrm{d}z\,\mathrm{d}x + (x-y)\,\mathrm{d}x\,\mathrm{d}y.$$

解. 用 S_1 表示圆锥底面, 定侧为上侧; 用 S_2 表示圆锥侧面, 定侧为下侧. 并用 I_1, I_2 分别表示沿 S_1 和 S_2 的积分, 则 $I = I_1 + I_2$. 我们有

$$I_1 = \iint\limits_{x^2+y^2 \leqslant h^2} (x-y)\,\mathrm{d}x\,\mathrm{d}y = 0.$$

S_2 的方程为 $z = \sqrt{x^2 + y^2}$, 其中 $x^2 + y^2 \leqslant h^2$, 因此

$$\frac{\partial z}{\partial x} = \frac{x}{\sqrt{x^2 + y^2}} = \frac{x}{z}, \qquad \frac{\partial z}{\partial y} = \frac{y}{\sqrt{x^2 + y^2}} = \frac{y}{z},$$

故而

$$I_2 = -\iint\limits_{x^2+y^2 \leqslant h^2} \left(-(y-z) \cdot \frac{x}{z} - (z-x) \cdot \frac{y}{z} + (x-y) \right) \mathrm{d}x\,\mathrm{d}y$$

$$= -2 \iint\limits_{x^2+y^2 \leqslant h^2} (x-y)\,\mathrm{d}x\,\mathrm{d}y = 0.$$

综上可得 $I = 0$. □

习题 17.4

1. 计算下列第二型曲面积分:

(1) $\iint\limits_{S} x\,\mathrm{d}y\,\mathrm{d}z + y\,\mathrm{d}z\,\mathrm{d}x + z\,\mathrm{d}x\,\mathrm{d}y$, 其中 S 是球面 $x^2 + y^2 + z^2 = a^2\ (a > 0)$, 定侧为外侧;

(2) $\iint\limits_{S} x\,\mathrm{d}y\,\mathrm{d}z + y\,\mathrm{d}z\,\mathrm{d}x + z\,\mathrm{d}x\,\mathrm{d}y$, 其中 S 是圆柱面 $x^2 + y^2 = 1, 0 \leqslant z \leqslant 3$, 定侧为沿柱体外侧;

(3) $\iint\limits_{S} \frac{1}{x}\,\mathrm{d}y\,\mathrm{d}z + \frac{1}{y}\,\mathrm{d}z\,\mathrm{d}x + \frac{1}{z}\,\mathrm{d}x\,\mathrm{d}y$, 其中 S 是椭球面 $\frac{x^2}{a^2} + \frac{y^2}{b^2} + \frac{z^2}{c^2} = 1\ (a, b, c > 0)$, 定侧为外侧;

(4) $\iint\limits_{S} x^2\,\mathrm{d}y\,\mathrm{d}z + y^2\,\mathrm{d}z\,\mathrm{d}x + z^2\,\mathrm{d}x\,\mathrm{d}y$, 其中 S 是圆锥面 $z = \sqrt{x^2 + y^2}\ (0 \leqslant z \leqslant h)$, 定侧为下侧;

(5) $\iint\limits_{S} x^2\,\mathrm{d}y\,\mathrm{d}z + y^2\,\mathrm{d}z\,\mathrm{d}x + z^2\,\mathrm{d}x\,\mathrm{d}y$, 其中 S 是抛物面 $z = x^2 + y^2\ (0 \leqslant z \leqslant h)$, 定侧为下侧;

(6) $\iint\limits_{S} yz\,\mathrm{d}y\,\mathrm{d}z + zx\,\mathrm{d}z\,\mathrm{d}x + xy\,\mathrm{d}x\,\mathrm{d}y$, 其中 S 是八分之一球面 $x^2 + y^2 + z^2 = a^2\ (a > 0)$, $x \geqslant 0, y \geqslant 0, z \geqslant 0$, 定侧为上侧.

§17.5
高 斯 公 式

在研究曲线积分时, 我们建立了沿闭曲线的第二型曲线积分与曲线所围区域上的二重积分之间的联系, 也即所谓的格林公式. 对于曲面积分也有类似结果, 这就是本节要介绍的高斯公式. 我们先从讨论一些简单情形开始.

设 D 是 $\mathbb{R}^2$ 中的一个有界闭区域, 边界是一条分段光滑闭曲线,

$$V = \{(x, y, z) \in \mathbb{R}^3 : \varphi(x, y) \leqslant z \leqslant \psi(x, y), \ (x, y) \in D\}, \tag{17.11}$$

其中在参数区域 D 上由 $z = \varphi(x, y)$ 和 $z = \psi(x, y)$ 所确定的曲面均为光滑曲面. 又设函数 $R \in C^1(V)$, 我们来计算第二型曲面积分

$$\iint\limits_{\partial V} R \, \mathrm{d}x \, \mathrm{d}y,$$

在这里曲面 ∂V 的定侧为外侧. 若记

$$S_1 = \{(x, y, z) \in \mathbb{R}^3 : z = \psi(x, y), \ (x, y) \in D\},$$
$$S_2 = \{(x, y, z) \in \mathbb{R}^3 : z = \varphi(x, y), \ (x, y) \in D\},$$
$$S_3 = \{(x, y, z) \in \mathbb{R}^3 : \varphi(x, y) \leqslant z \leqslant \psi(x, y), \ (x, y) \in \partial D\},$$

那么 $\partial V = S_1 \cup S_2 \cup S_3$ (如图 17.6 所示). 由 ∂V 的定侧知, S_1 的定侧为上侧; S_2 的定侧为下侧; S_3 的定侧为法向量方向朝着立体外. 于是

$$\iint\limits_{\partial V} R \, \mathrm{d}x \, \mathrm{d}y = \sum_{i=1}^{3} \iint\limits_{S_i} R \, \mathrm{d}x \, \mathrm{d}y.$$

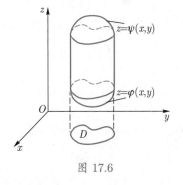

图 17.6

注意到 S_3 的法向量与 z 轴垂直, 也即是说法向量中第三分量为 0, 故由 (17.7) 知

$$\iint\limits_{S_3} R \, \mathrm{d}x \, \mathrm{d}y = 0.$$

再对沿 S_1 和 S_2 的积分应用 (17.10) 可得

$$\iint\limits_{\partial V} R \, \mathrm{d}x \, \mathrm{d}y = \iint\limits_{S_1} R \, \mathrm{d}x \, \mathrm{d}y + \iint\limits_{S_2} R \, \mathrm{d}x \, \mathrm{d}y$$

$$= \iint\limits_{D} R(x, y, \psi(x, y)) \, \mathrm{d}x \, \mathrm{d}y - \iint\limits_{D} R(x, y, \varphi(x, y)) \, \mathrm{d}x \, \mathrm{d}y$$

$$= \iint\limits_{D} \mathrm{d}x \, \mathrm{d}y \int_{\varphi(x,y)}^{\psi(x,y)} \frac{\partial R}{\partial z}(x, y, z) \, \mathrm{d}z = \iiint\limits_{V} \frac{\partial R}{\partial z} \, \mathrm{d}x \, \mathrm{d}y \, \mathrm{d}z,$$

上面最后一步用到了富比尼定理.

类似地, 如果

$$V = \{(x, y, z) \in \mathbb{R}^3 : \varphi(y, z) \leqslant x \leqslant \psi(y, z), \ (y, z) \in D\}, \tag{17.12}$$

并且 $P \in C^1(V)$, 那么

$$\iint\limits_{\partial V} P \, \mathrm{d}y \, \mathrm{d}z = \iiint\limits_{V} \frac{\partial P}{\partial x} \, \mathrm{d}x \, \mathrm{d}y \, \mathrm{d}z.$$

同样地, 如果

$$V = \{(x, y, z) \in \mathbb{R}^3 : \varphi(x, z) \leqslant y \leqslant \psi(x, z), \ (x, z) \in D\}, \tag{17.13}$$

并且 $Q \in C^1(V)$, 那么

$$\iint\limits_{\partial V} Q \, \mathrm{d}z \, \mathrm{d}x = \iiint\limits_{V} \frac{\partial Q}{\partial y} \, \mathrm{d}x \, \mathrm{d}y \, \mathrm{d}z.$$

更一般地, 如果 V 既能写成有限多个形如 (17.11) 的区域的并, 也能写成有限多个形如 (17.12) 的区域的并, 还能写成有限多个形如 (17.13) 的区域的并, 那么类似于格林公式的讨论可得

$$\iint\limits_{\partial V} P \, \mathrm{d}y \, \mathrm{d}z + Q \, \mathrm{d}z \, \mathrm{d}x + R \, \mathrm{d}x \, \mathrm{d}y = \iiint\limits_{V} \left(\frac{\partial P}{\partial x} + \frac{\partial Q}{\partial y} + \frac{\partial R}{\partial z} \right) \mathrm{d}x \, \mathrm{d}y \, \mathrm{d}z,$$

这里 ∂V 的定侧为外侧. 考虑到许多闭区域均满足以上条件, 我们不加证明地给出下述结论.

【定理 5.1】(高斯公式 ①) 设 V 是 $\mathbb{R}^3$ 中的一个有界闭区域, ∂V 由有限多个双侧的分片光滑曲面组成, 定侧为外侧. 又设 $P, Q, R \in C^1(V)$, 则

$$\iint\limits_{\partial V} P \, \mathrm{d}y \, \mathrm{d}z + Q \, \mathrm{d}z \, \mathrm{d}x + R \, \mathrm{d}x \, \mathrm{d}y = \iiint\limits_{V} \left(\frac{\partial P}{\partial x} + \frac{\partial Q}{\partial y} + \frac{\partial R}{\partial z} \right) \mathrm{d}x \, \mathrm{d}y \, \mathrm{d}z.$$

若令 $f = (P, Q, R)^{\mathrm{T}}$, 那么通常记

$$\mathrm{div}\, f = \frac{\partial P}{\partial x} + \frac{\partial Q}{\partial y} + \frac{\partial R}{\partial z},$$

并称之为映射 f 的散度 (divergence), 因此高斯公式也被称作散度定理.

【例 5.2】我们回到上节例 4.4, 在那里需要对球面

$$S : (x - a)^2 + (y - b)^2 + (z - c)^2 = R^2 \ (R > 0)$$

计算第二型曲面积分

$$I = \iint\limits_{S} x^2 \, \mathrm{d}y \, \mathrm{d}z + y^2 \, \mathrm{d}z \, \mathrm{d}x + z^2 \, \mathrm{d}x \, \mathrm{d}y,$$

这里 S 的定侧为外侧. 利用高斯公式可得

① 也被称作 奥斯特罗格拉茨基 (Остроградский) 公式.

$$I = 2 \iiint\limits_{(x-a)^2+(y-b)^2+(z-c)^2 \leqslant R^2} (x+y+z)\,\mathrm{d}x\,\mathrm{d}y\,\mathrm{d}z$$

$$= 2 \iiint\limits_{x^2+y^2+z^2 \leqslant R^2} [(x+a)+(y+b)+(z+c)]\,\mathrm{d}x\,\mathrm{d}y\,\mathrm{d}z$$

$$= 2 \iiint\limits_{x^2+y^2+z^2 \leqslant R^2} (x+y+z)\,\mathrm{d}x\,\mathrm{d}y\,\mathrm{d}z + \frac{8\pi R^3}{3}(a+b+c).$$

由对称性知

$$\iiint\limits_{x^2+y^2+z^2 \leqslant R^2} x\,\mathrm{d}x\,\mathrm{d}y\,\mathrm{d}z = \iiint\limits_{x^2+y^2+z^2 \leqslant R^2} y\,\mathrm{d}x\,\mathrm{d}y\,\mathrm{d}z = \iiint\limits_{x^2+y^2+z^2 \leqslant R^2} z\,\mathrm{d}x\,\mathrm{d}y\,\mathrm{d}z = 0.$$

于是 $I = \dfrac{8\pi R^3}{3}(a+b+c)$.

【例 5.3】设 S 是旋转抛物面 $z = x^2 + y^2 \ (0 \leqslant z \leqslant 2)$, S 的定侧为下侧, 计算第二型曲面积分

$$I = \iint\limits_S 2xz\,\mathrm{d}y\,\mathrm{d}z + (y + \cos x)\,\mathrm{d}z\,\mathrm{d}x - z^2\,\mathrm{d}x\,\mathrm{d}y.$$

解. 记 $S_1 = \{(x,y,z) \in \mathbb{R}^3 : x^2 + y^2 \leqslant 2,\ z = 2\}$, 定侧为上侧, 并用 V 表示由 S 和 S_1 所围成的区域, 那么由高斯公式知

$$\iint\limits_{S \cup S_1} 2xz\,\mathrm{d}y\,\mathrm{d}z + (y + \cos x)\,\mathrm{d}z\,\mathrm{d}x - z^2\,\mathrm{d}x\,\mathrm{d}y = \iiint\limits_V \mathrm{d}x\,\mathrm{d}y\,\mathrm{d}z = \int_0^2 \pi z\,\mathrm{d}z = 2\pi.$$

因此

$$I = 2\pi - \left(\iint\limits_{S_1} 2xz\,\mathrm{d}y\,\mathrm{d}z + (y + \cos x)\,\mathrm{d}z\,\mathrm{d}x - z^2\,\mathrm{d}x\,\mathrm{d}y \right)$$

$$= 2\pi + 4 \iint\limits_{x^2+y^2 \leqslant 2} \mathrm{d}x\,\mathrm{d}y = 2\pi + 8\pi = 10\pi. \qquad \square$$

习题 17.5

1. 利用高斯公式计算下列第二型曲面积分:

(1) $\displaystyle\iint\limits_S x^2\,\mathrm{d}y\,\mathrm{d}z + y^2\,\mathrm{d}z\,\mathrm{d}x + z^2\,\mathrm{d}x\,\mathrm{d}y$, 其中 S 是立方体 $[0,a]^3$ 的边界, 定侧为外侧;

(2) $\displaystyle\iint\limits_S (x+y)\,\mathrm{d}y\,\mathrm{d}z + (y+z)\,\mathrm{d}z\,\mathrm{d}x + (z+x)\,\mathrm{d}x\,\mathrm{d}y$, 其中 S 是椭球面 $\dfrac{x^2}{a^2} + \dfrac{y^2}{b^2} + \dfrac{z^2}{c^2} = 1 \ (a,\,b,\,c > 0)$, 定侧为外侧;

(3) $\iint\limits_{S} xy\,\mathrm{d}y\,\mathrm{d}z + (y+z)\,\mathrm{d}z\,\mathrm{d}x + (z^2+x)\,\mathrm{d}x\,\mathrm{d}y$, 其中 S 是四面体

$$x+y+z \leqslant a\,(a>0), \quad x \geqslant 0, \quad y \geqslant 0, \quad z \geqslant 0$$

的边界, 定侧为外侧;

(4) $\iint\limits_{S} (x-y+z)\,\mathrm{d}y\,\mathrm{d}z + (y-z+x)\,\mathrm{d}z\,\mathrm{d}x + (z-x+y)\,\mathrm{d}x\,\mathrm{d}y$, 其中 S 是立体

$$|x-y+z| + |y-z+x| + |z-x+y| \leqslant 1$$

的边界, 定侧为外侧.

2. 设 V 是 $\mathbb{R}^3$ 中的一个有界闭区域, ∂V 由有限多个双侧的分片光滑曲面组成, 定侧为外侧. 又设 $P, Q, R, u \in C^1(V)$. 证明三重积分的<u>分部积分公式</u>

$$\iiint\limits_{V} u \cdot \left(\frac{\partial P}{\partial x} + \frac{\partial Q}{\partial y} + \frac{\partial R}{\partial z} \right) \mathrm{d}x\,\mathrm{d}y\,\mathrm{d}z = \iint\limits_{\partial V} u \cdot (P\,\mathrm{d}y\,\mathrm{d}z + Q\,\mathrm{d}z\,\mathrm{d}x + R\,\mathrm{d}x\,\mathrm{d}y)$$

$$- \iiint\limits_{V} \left(P \cdot \frac{\partial u}{\partial x} + Q \cdot \frac{\partial u}{\partial y} + R \cdot \frac{\partial u}{\partial z} \right) \mathrm{d}x\,\mathrm{d}y\,\mathrm{d}z$$

3. 设 $a, b, c > 0$, 计算

$$\iint\limits_{S} \frac{x\,\mathrm{d}y\,\mathrm{d}z + y\,\mathrm{d}z\,\mathrm{d}x + z\,\mathrm{d}x\,\mathrm{d}y}{(ax^2 + by^2 + cz^2)^{\frac{3}{2}}},$$

其中 S 是球面 $x^2 + y^2 + z^2 = 1$, 定侧为外侧.

4. 设 V 是 $\mathbb{R}^3$ 中的一个区域, 证明:

(1) 若 $f: V \longrightarrow \mathbb{R}^3$ 与 $g: V \longrightarrow \mathbb{R}^3$ 均是 C^1 类的, 则对任意的 $\alpha, \beta \in \mathbb{R}$ 有

$$\mathrm{div}\,(\alpha f + \beta g) = \alpha \mathrm{div}\,f + \beta \mathrm{div}\,g;$$

(2) 若 $f: V \longrightarrow \mathbb{R}$ 与 $g: V \longrightarrow \mathbb{R}^3$ 均是 C^1 类的, 则

$$\mathrm{div}\,(f \cdot g) = f \cdot \mathrm{div}\,g + \langle g, \mathrm{grad}\,f \rangle.$$

5. 设 f 二阶可导, $r = \sqrt{x^2 + y^2 + z^2}$. 在 $r \neq 0$ 时计算 $\mathrm{div}\,(\mathrm{grad}\,f(r))$, 并说明哪些 f 使得对任意的 $r \neq 0$ 有 $\mathrm{div}\,(\mathrm{grad}\,f(r)) = 0$.

§17.6
斯托克斯公式

§16.4 中所给出的格林公式讨论的是平面区域的情形, 我们希望对更一般的空间曲面得到类似结果, 也即是建立曲面上的曲面积分与沿该曲面边界的曲线积分之间的联系.

我们来讨论一个特殊情形. 假设 D 是 $\mathbb{R}^2$ 中的一个有界闭区域, 双侧的光滑曲面 S 由参数方程

$$\begin{cases} x = x(u,v), \\ y = y(u,v), \qquad (u,v) \in D \\ z = z(u,v), \end{cases} \tag{17.14}$$

给出, 且 $x(u,v)$, $y(u,v)$ 和 $z(u,v)$ 均在 D 上二阶连续可导. 为方便起见, 记

$$\boldsymbol{r}(u,v) = (x(u,v), y(u,v), z(u,v)).$$

又假设 ∂D 是光滑曲线, 它可由参数方程

$$\begin{cases} u = u(t), \qquad t \in [a,b] \\ v = v(t), \end{cases}$$

给出, 其中 $u(t)$ 和 $v(t)$ 均在 $[a,b]$ 上连续可微. 再设函数 P, Q, R 均在包含 S 的某个开集上连续可微.

现选取 S 的一侧, 回忆起 S 的侧可通过 (17.8) 中的正负号来确定, 故不妨假设所选取的是使 (17.8) 中取正号的那一侧. 在 §17.3 中我们提到由这一定侧可确定 S 的边界 (记作 ∂S) 的定向. 我们来计算第二型曲线积分

$$\int_{\partial S} P \, \mathrm{d}x + Q \, \mathrm{d}y + R \, \mathrm{d}z.$$

通过右手法则在 Ouv 平面的基础上建立三维空间 $Ouvw$, 那么 D 可被看作是位于这一空间的 Ouv 平面上的一个曲面, 在这一意义下 D 也有上侧和下侧. 因为已经选定了 S 的一侧并且由这一定侧已决定了 ∂S 的定向, 所以映射 $\boldsymbol{r}$ 同时也赋予了 D 的定侧以及 ∂D 的定向, 当然, ∂D 的定向也是相对于 D 的定侧的正向. 为了简单起见, 我们只讨论 D 的定侧是上侧的情况, 由这一定侧所确定的 ∂D 的定向使得我们将 D 重新看作 $\mathbb{R}^2$ 中的区域时, ∂D 的定向恰是沿该区域的正向, 这使得我们可以应用格林公式将沿 ∂D 的第二型曲线积分与 D 上的二重积分联系起来.

首先来计算

$$\int_{\partial S} P \, \mathrm{d}x.$$

不妨假设之前参数方程的选取使得 t 从 a 到 b 变化时对应于 ∂S 的方向, 于是按照第二型曲线积分的计算公式可得

$$\int_{\partial S} P \, dx = \int_a^b P \cdot x'(t) \, dt = \int_a^b P \cdot \left(\frac{\partial x}{\partial u} \cdot u'(t) + \frac{\partial x}{\partial v} \cdot v'(t) \right) dt$$

$$= \int_{\partial D} P \cdot \frac{\partial x}{\partial u} \, du + P \cdot \frac{\partial x}{\partial v} \, dv,$$

上式右边是沿平面区域 D 的边界的正向的第二型曲线积分, 所以由格林公式知

$$\int_{\partial S} P \, dx = \iint\limits_D \left[\frac{\partial}{\partial u} \left(P \cdot \frac{\partial x}{\partial v} \right) - \frac{\partial}{\partial v} \left(P \cdot \frac{\partial x}{\partial u} \right) \right] du \, dv$$

$$= \iint\limits_D \left[\left(\frac{\partial P}{\partial u} \cdot \frac{\partial x}{\partial v} + P \cdot \frac{\partial^2 x}{\partial u \partial v} \right) - \left(\frac{\partial P}{\partial v} \cdot \frac{\partial x}{\partial u} + P \cdot \frac{\partial^2 x}{\partial v \partial u} \right) \right] du \, dv$$

$$= \iint\limits_D \left(\frac{\partial P}{\partial u} \cdot \frac{\partial x}{\partial v} - \frac{\partial P}{\partial v} \cdot \frac{\partial x}{\partial u} \right) du \, dv.$$

我们可以利用复合函数偏导数公式来计算最后一个式子中的被积函数,

$$\frac{\partial P}{\partial u} \cdot \frac{\partial x}{\partial v} - \frac{\partial P}{\partial v} \cdot \frac{\partial x}{\partial u} = \left(\frac{\partial P}{\partial x} \cdot \frac{\partial x}{\partial u} + \frac{\partial P}{\partial y} \cdot \frac{\partial y}{\partial u} + \frac{\partial P}{\partial z} \cdot \frac{\partial z}{\partial u} \right) \cdot \frac{\partial x}{\partial v}$$

$$- \left(\frac{\partial P}{\partial x} \cdot \frac{\partial x}{\partial v} + \frac{\partial P}{\partial y} \cdot \frac{\partial y}{\partial v} + \frac{\partial P}{\partial z} \cdot \frac{\partial z}{\partial v} \right) \cdot \frac{\partial x}{\partial u}$$

$$= \frac{\partial P}{\partial z} \cdot \left(\frac{\partial z}{\partial u} \cdot \frac{\partial x}{\partial v} - \frac{\partial z}{\partial v} \cdot \frac{\partial x}{\partial u} \right) - \frac{\partial P}{\partial y} \cdot \left(\frac{\partial x}{\partial u} \cdot \frac{\partial y}{\partial v} - \frac{\partial x}{\partial v} \cdot \frac{\partial y}{\partial u} \right)$$

$$= \frac{\partial P}{\partial z} \cdot \frac{D(z, x)}{D(u, v)} - \frac{\partial P}{\partial y} \cdot \frac{D(x, y)}{D(u, v)}.$$

因此

$$\int_{\partial S} P \, dx = \iint\limits_D \left(\frac{\partial P}{\partial z} \cdot \frac{D(z, x)}{D(u, v)} - \frac{\partial P}{\partial y} \cdot \frac{D(x, y)}{D(u, v)} \right) du \, dv.$$

再由第二型曲面积分的计算公式 (17.9) 便可最终得到

$$\int_{\partial S} P \, dx = \iint\limits_S \frac{\partial P}{\partial z} \, dz \, dx - \frac{\partial P}{\partial y} \, dx \, dy.$$

类似地,

$$\int_{\partial S} Q \, dy = \iint\limits_S \frac{\partial Q}{\partial x} \, dx \, dy - \frac{\partial Q}{\partial z} \, dy \, dz.$$

$$\int_{\partial S} R \, dz = \iint\limits_S \frac{\partial R}{\partial y} \, dy \, dz - \frac{\partial R}{\partial x} \, dz \, dx.$$

把上面三个式子相加可得

$$\int_{\partial S} P\,\mathrm{d}x + Q\,\mathrm{d}y + R\,\mathrm{d}z$$

$$= \iint_S \left(\frac{\partial R}{\partial y} - \frac{\partial Q}{\partial z}\right)\mathrm{d}y\,\mathrm{d}z + \left(\frac{\partial P}{\partial z} - \frac{\partial R}{\partial x}\right)\mathrm{d}z\,\mathrm{d}x + \left(\frac{\partial Q}{\partial x} - \frac{\partial P}{\partial y}\right)\mathrm{d}x\,\mathrm{d}y,$$

此即 斯托克斯公式. 现将这一公式不加证明地严格表述如下.

【定理 6.1】(斯托克斯公式) 设 S 是 $\mathbb{R}^3$ 中的一个双侧的光滑曲面, 它由参数方程 (17.14) 给出, 其中 $x, y, z \in C^2(D)$, 边界 ∂S 由有限多条分段光滑曲线组成. 又假设存在开集 $G \supseteq S$ 使得 $P, Q, R \in C^1(G)$. 现选定 S 的一侧, 并由此确定 ∂S 的方向, 则有

$$\int_{\partial S} P\,\mathrm{d}x + Q\,\mathrm{d}y + R\,\mathrm{d}z$$

$$= \iint_S \left(\frac{\partial R}{\partial y} - \frac{\partial Q}{\partial z}\right)\mathrm{d}y\,\mathrm{d}z + \left(\frac{\partial P}{\partial z} - \frac{\partial R}{\partial x}\right)\mathrm{d}z\,\mathrm{d}x + \left(\frac{\partial Q}{\partial x} - \frac{\partial P}{\partial y}\right)\mathrm{d}x\,\mathrm{d}y.$$

如果记 $f = (P, Q, R)^{\mathrm{T}}$, 那么我们通常称

$$\left(\frac{\partial R}{\partial y} - \frac{\partial Q}{\partial z},\ \frac{\partial P}{\partial z} - \frac{\partial R}{\partial x},\ \frac{\partial Q}{\partial x} - \frac{\partial P}{\partial y}\right)^{\mathrm{T}}$$

为 f 的旋度 (rotation), 记作 $\mathrm{rot}\,f$.

为了方便记忆, 斯托克斯公式也被写成如下形式,

$$\int_{\partial S} P\,\mathrm{d}x + Q\,\mathrm{d}y + R\,\mathrm{d}z = \iint_S \begin{vmatrix} \mathrm{d}y\,\mathrm{d}z & \mathrm{d}z\,\mathrm{d}x & \mathrm{d}x\,\mathrm{d}y \\ \dfrac{\partial}{\partial x} & \dfrac{\partial}{\partial y} & \dfrac{\partial}{\partial z} \\ P & Q & R \end{vmatrix}.$$

如果用 $\boldsymbol{n} = (\cos\alpha, \cos\beta, \cos\gamma)^{\mathrm{T}}$ 表示决定 S 定侧的单位法向量, 那么按照 (17.7) 上述公式还可被写成

$$\int_{\partial S} P\,\mathrm{d}x + Q\,\mathrm{d}y + R\,\mathrm{d}z = \iint_S \begin{vmatrix} \cos\alpha & \cos\beta & \cos\gamma \\ \dfrac{\partial}{\partial x} & \dfrac{\partial}{\partial y} & \dfrac{\partial}{\partial z} \\ P & Q & R \end{vmatrix}\mathrm{d}S.$$

【例 6.2】计算第二型曲线积分

$$I = \int_C y\,\mathrm{d}x + z\,\mathrm{d}y + x\,\mathrm{d}z,$$

其中 C 是球面 $x^2 + y^2 + z^2 = a^2$ $(a > 0)$ 与平面 $x + y + z = 0$ 的交线, 方向从 x 轴正方向看是逆时针方向 (如图 17.7 所示).

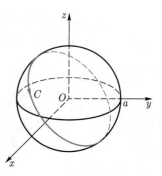

图 17.7

解. 我们在第十六章例 2.6 中给出过 C 的参数方程, 因此可以直接通过参数方程来计算 I 的值, 但是利用斯托克斯公式会使整个计算过程更加简洁.

将平面 $x + y + z = 0$ 上由曲线 C 围成的部分记作 S, 那么 S 是一个以 a 为半径的圆, 按照 C 的定向, S 的单位法向量为 $\left(\dfrac{1}{\sqrt{3}}, \dfrac{1}{\sqrt{3}}, \dfrac{1}{\sqrt{3}}\right)$, 因此由斯托克斯公式知

$$\int_{\partial S} P\,\mathrm{d}x + Q\,\mathrm{d}y + R\,\mathrm{d}z = \iint_S \begin{vmatrix} \dfrac{1}{\sqrt{3}} & \dfrac{1}{\sqrt{3}} & \dfrac{1}{\sqrt{3}} \\[2mm] \dfrac{\partial}{\partial x} & \dfrac{\partial}{\partial y} & \dfrac{\partial}{\partial z} \\[2mm] y & z & x \end{vmatrix} \mathrm{d}S$$

$$= -\sqrt{3}\iint_S \mathrm{d}S = -\sqrt{3}\pi a^2. \qquad \square$$

【例 6.3】设 $a > 0$, 用 C 表示 维维亚尼曲线

$$\begin{cases} x^2 + y^2 + z^2 = a^2, \\ x^2 + y^2 = ax \end{cases}$$

满足 $z \geqslant 0$ 的那部分, 方向从 x 轴正方向看是逆时针方向 (如图 17.8 所示). 试计算第二型曲线积分

$$I = \int_C y^2\,\mathrm{d}x + z^2\,\mathrm{d}y + x^2\,\mathrm{d}z.$$

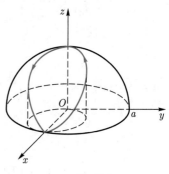

图 17.8

解. 用 S 表示球面上被曲线 C 所围的那部分, 按照 C 的定向, 我们将 S 的定侧设置为沿球面外侧. 曲面 S 具有显式表达 $z = \sqrt{a^2 - x^2 - y^2}$, 其中 $x^2 + y^2 \leqslant ax$, 为方便起见, 我们记 $D = \{(x,y) \in \mathbb{R}^2 : x^2 + y^2 \leqslant ax\}$.

由斯托克斯公式知

$$I = \iint\limits_{S} \begin{vmatrix} \mathrm{d}y\,\mathrm{d}z & \mathrm{d}z\,\mathrm{d}x & \mathrm{d}x\,\mathrm{d}y \\ \dfrac{\partial}{\partial x} & \dfrac{\partial}{\partial y} & \dfrac{\partial}{\partial z} \\ y^2 & z^2 & x^2 \end{vmatrix} = -2 \iint\limits_{S} z\,\mathrm{d}y\,\mathrm{d}z + x\,\mathrm{d}z\,\mathrm{d}x + y\,\mathrm{d}x\,\mathrm{d}y,$$

再利用第二型曲面积分的计算公式 (17.10) 便得

$$I = -2 \iint\limits_{D} \left(-\sqrt{a^2 - x^2 - y^2} \cdot \frac{-x}{\sqrt{a^2 - x^2 - y^2}} - x \cdot \frac{-y}{\sqrt{a^2 - x^2 - y^2}} + y \right) \mathrm{d}x\,\mathrm{d}y$$

$$= -2 \iint\limits_{D} \left(x + y + \frac{xy}{\sqrt{a^2 - x^2 - y^2}} \right) \mathrm{d}x\,\mathrm{d}y.$$

注意到当把 y 换成 $-y$ 时积分区域 D 保持不变, 所以

$$\iint\limits_{D} \left(y + \frac{xy}{\sqrt{a^2 - x^2 - y^2}} \right) \mathrm{d}x\,\mathrm{d}y = 0,$$

进而有

$$I = -2 \iint\limits_{D} x\,\mathrm{d}x\,\mathrm{d}y = -2 \int_{0}^{2\pi} \mathrm{d}\theta \int_{0}^{\frac{a}{2}} \left(\frac{a}{2} + r\cos\theta \right) \cdot r\,\mathrm{d}r = -\frac{\pi}{4}a^3. \qquad \square$$

习题 17.6

1. 利用斯托克斯公式计算下列第二型曲线积分:

(1) $\displaystyle\int_{C} (z - y)\,\mathrm{d}x + (x - z)\,\mathrm{d}y + (y - x)\,\mathrm{d}z$, 其中 C 是以 $(a, 0, 0)$, $(0, a, 0)$, $(0, 0, a)$ 为顶点的三角形的边界 $(a > 0)$, 方向从 $(a, 0, 0)$ 到 $(0, a, 0)$, 再到 $(0, 0, a)$, 最后回到 $(a, 0, 0)$;

(2) $\displaystyle\int_{C} (y^2 + z^2)\,\mathrm{d}x + (z^2 + x^2)\,\mathrm{d}y + (x^2 + y^2)\,\mathrm{d}z$, 其中 C 是曲线 $x^2 + y^2 + z^2 = 2Rx$, $x^2 + y^2 = 2rx$ $(0 < r < R,\ z > 0)$, 方向从 z 轴正方向看是逆时针方向;

(3) $\displaystyle\int_{C} (z - y)\,\mathrm{d}x + (x - z)\,\mathrm{d}y + (y - x)\,\mathrm{d}z$, 其中 C 是曲面 $x^2 + y^2 + z^2 = 1$ $(x, y, z \geqslant 0)$ 的边界, 方向为由所围曲面上侧部分所定的正向;

(4) $\displaystyle\int_{C} (y^2 - z^2)\,\mathrm{d}x + (z^2 - x^2)\,\mathrm{d}y + (x^2 - y^2)\,\mathrm{d}z$, 其中 C 是平面 $x + y + z = \dfrac{3}{2}a$ 截立方体 $[0, a]^3$ 所得截面的边界, 方向从 x 轴正方向看是逆时针方向.

2. 设 V 是 $\mathbb{R}^3$ 中的区域, $f : E \longrightarrow \mathbb{R}^3$ 与 $g : E \longrightarrow \mathbb{R}^3$ 均连续可微, 证明:

   (1) 对任意的 $\alpha, \beta \in \mathbb{R}$ 有 $\mathrm{rot}\,(\alpha f + \beta g) = \alpha\,\mathrm{rot}\,f + \beta\,\mathrm{rot}\,g$;

   (2) $\mathrm{div}\,(f \times g) = \langle g, \mathrm{rot}\,f \rangle - \langle f, \mathrm{rot}\,g \rangle$.

3. 设 V 是 $\mathbb{R}^3$ 中的区域, $f : E \longrightarrow \mathbb{R}$ 与 $g : E \longrightarrow \mathbb{R}^3$ 均连续可微, 证明

$$\mathrm{rot}\,(fg) = f\,\mathrm{rot}\,g + \mathrm{grad}\,f \times g.$$

第十八章

傅里叶分析初步

§18.1
引　言

设 S 是一个非空集合, 我们用 $\mathbb{C}^S$ 表示从 S 到 $\mathbb{C}$ 的全部映射所成之集, 也即是定义在 S 上的全体复值函数所成之集. 对任意的 $f, g \in \mathbb{C}^S$ 以及 $\lambda \in \mathbb{C}$, 令

$$(f + g)(x) = f(x) + g(x),$$
$$\forall\, x \in S,$$
$$(\lambda f)(x) = \lambda f(x),$$

则在上述两个运算下 $\mathbb{C}^S$ 是 $\mathbb{C}$ 上的一个线性空间, 从而 $\mathbb{C}^S$ 有一个基 $\mathscr{B}$, 这使得定义在 S 上的任一复值函数均可写成 $\mathscr{B}$ 中有限多个元素的线性组合, 进而导致我们可将研究 S 上复值函数的问题转化为研究 $\mathscr{B}$ 中元素的问题.

如果不对 S 做任何限制, 那么 $\mathscr{B}$ 的结构是很难被确定的, 因此为了进一步的讨论, 我们假设 $\mathbb{C}^S$ (或它的某个子空间 $\mathscr{V}$) 是一个具有内积 $\langle f, g \rangle$ 的线性空间. 当 $\mathbb{C}^S$ 是有限维时, 我们的工作会轻松许多, 因为此时可以从 $\mathbb{C}^S$ 的一个基出发通过格拉姆－施密特 (Gram-Schmidt) 正交化过程得到 $\mathbb{C}^S$ 的一个标准正交基 $\mathscr{B}'$, 于是对任意的 $f \in \mathbb{C}^S$ 有

$$f = \sum_{\alpha \in \mathscr{B}'} \lambda_\alpha \alpha, \tag{18.1}$$

并且由正交性可得出系数

$$\lambda_\alpha = \langle f, \alpha \rangle.$$

但当 $\mathbb{C}^S$ (或 $\mathscr{V}$) 是无限维线性空间的时候事情变得麻烦了, 上述操作不再可行, 这是因为无限维的内积空间不一定有正交基. 然而利用选择公理可以证明无限维内积空间中极大的正交向量

系的存在性, 由于该正交向量系未必能成为一组基, 故而并非 $\mathbb{C}^S$ (或 $\mathscr{V}$) 中所有元素皆能用该正交向量系线性表出. 因此有两个基本问题摆在了我们面前: 一是如何选择结构尽量简单的正交向量系, 二是去研究哪些 $f \in \mathbb{C}^S$ (或 $f \in \mathscr{V}$) 能用该正交向量系中至多可数个元素线性表出. 对一些特殊的 S 给出这两个问题的解答乃傅里叶分析之滥觞.

　　本章的内容分为两个部分, 在 §18.2 — §18.7 中我们将对经典的傅里叶级数和傅里叶变换做一个初步的介绍, 这对应于无限维内积空间的一个特例, §18.8 转而给出 $\mathbb{C}^S$ 是有限维内积空间的一个例子, 即有限阿贝尔群上的傅里叶分析.

　　本章的目的是去阐述一些基本方法, 因此所介绍的理论远非完整的, 所得到的许多结果亦远非最优的.

§18.2
傅里叶级数的定义

　　首先来对 $\mathbb{C}^{[0,\ell]}$ 的情形作一个启发式的讨论, 若用 $\mathscr{V}$ 表示在 $[0,l]$ 上可积的全体复值函数所成之集, 则 $\mathscr{V}$ 是 $\mathbb{C}^{[0,\ell]}$ 的一个子空间, 此时可以通过定义内积

$$\langle f, g \rangle = \int_0^\ell f(x)\overline{g(x)}\,\mathrm{d}x$$

使得 $\mathscr{V}$ 成为一个内积空间. 在这里我们遇到了复值函数的积分, 它被定义为对实部和虚部分别积分, 也即是说, 如果 $g(x) = u(x) + \mathrm{i}v(x)$, 其中 u 和 v 都是实值函数且在 $[a,b]$ 上可积, 那么我们定义

$$\int_a^b g(x)\,\mathrm{d}x = \int_a^b u(x)\,\mathrm{d}x + \mathrm{i}\int_a^b v(x)\,\mathrm{d}x.$$

略作运算可以验证复值函数的积分也满足实值函数积分的运算法则, 例如分部积分以及微积分学基本定理等.

　　记 $e(t) = \mathrm{e}^{2\pi\mathrm{i}t}$. 由于

$$\int_0^\ell e\Big(\frac{nx}{\ell}\Big) \cdot e\Big(-\frac{mx}{\ell}\Big)\,\mathrm{d}x = \begin{cases} \ell, & m = n, \\ 0, & m \neq n, \end{cases} \tag{18.2}$$

故而 $\Big\{ e\Big(\dfrac{nx}{\ell}\Big) : n \in \mathbb{Z} \Big\}$ 是内积空间 $\mathscr{V}$ 中的一个正交系. 因为对任意的 $\theta \in \mathbb{R}$ 有

$$\mathrm{e}^{\mathrm{i}\theta} = \cos\theta + \mathrm{i}\sin\theta,$$

所以

$$\cos\theta = \frac{\mathrm{e}^{\mathrm{i}\theta} + \mathrm{e}^{-\mathrm{i}\theta}}{2}, \qquad \sin\theta = \frac{\mathrm{e}^{\mathrm{i}\theta} - \mathrm{e}^{-\mathrm{i}\theta}}{2\mathrm{i}},$$

结合 (18.2) 便可对任意的 $m, n \in \mathbb{Z}_{\geqslant 0}$ 得到

$$\int_0^\ell \cos\frac{2\pi nx}{\ell}\cos\frac{2\pi mx}{\ell}\,\mathrm{d}x = \int_0^\ell \sin\frac{2\pi nx}{\ell}\sin\frac{2\pi mx}{\ell}\,\mathrm{d}x$$

$$= \begin{cases} \dfrac{\ell}{2}, & m = n \in \mathbb{Z}_{\geqslant 1}, \\ 0, & m \neq n, \end{cases} \tag{18.3}$$

以及对任意的 $m, n \in \mathbb{Z}$ 有

$$\int_0^\ell \cos\frac{2\pi nx}{\ell}\sin\frac{2\pi mx}{\ell}\,\mathrm{d}x = 0. \tag{18.4}$$

这意味着 $\{1\} \cup \left\{\cos\dfrac{2\pi nx}{\ell}, \sin\dfrac{2\pi nx}{\ell} : n \in \mathbb{Z}_{\geqslant 1}\right\}$ 也是 $\mathscr{V}$ 中的一个正交系. 类似于 (18.1), 我们要去研究 $\mathscr{V}$ 中哪些元素可用以上两个正交系中元素线性表出. 注意到以上两个正交系中的元素均是以 ℓ 为周期的, 因此我们可以把 $\mathscr{V}$ 中的在区间 $[0, l]$ 的端点处取值相同的函数延拓为 $\mathbb{R}$ 上的以 ℓ 为周期的函数, 并研究这些函数能否用以上两个正交系中元素线性表出. 为此, 首先引入三角级数的定义.

【定义 2.1】设 ℓ 是一个给定的正常数, 我们称形如

$$\frac{a_0}{2} + \sum_{n=1}^{\infty}\left(a_n\cos\frac{2\pi nx}{\ell} + b_n\sin\frac{2\pi nx}{\ell}\right) \tag{18.5}$$

或

$$\sum_{n\in\mathbb{Z}} c_n e\left(\frac{nx}{\ell}\right) \tag{18.6}$$

的关于变量 x 的函数项级数为三角级数 (trigonometric series), 其中 (18.6) 的级数收敛是指极限

$$\lim_{N\to\infty}\sum_{n=-N}^{N} c_n e\left(\frac{nx}{\ell}\right)$$

存在. 我们称以上两个级数的部分和为三角多项式 (trigonometric polynomial).

(18.5) 中的级数可用下述方式写成 (18.6) 的形式: 首先将 (18.5) 的部分和写成

$$\frac{a_0}{2} + \sum_{n=1}^{N}\left[\frac{a_n}{2}\left(e\left(\frac{nx}{\ell}\right) + e\left(-\frac{nx}{\ell}\right)\right) + \frac{b_n}{2\mathrm{i}}\left(e\left(\frac{nx}{\ell}\right) - e\left(-\frac{nx}{\ell}\right)\right)\right]$$

$$= \frac{a_0}{2} + \sum_{n=1}^{N}\left(\frac{a_n - \mathrm{i}b_n}{2}e\left(\frac{nx}{\ell}\right) + \frac{a_n + \mathrm{i}b_n}{2}e\left(-\frac{nx}{\ell}\right)\right).$$

因此若记

$$\begin{cases} c_0 = \dfrac{a_0}{2}, \\ c_n = \dfrac{a_n - \mathrm{i}b_n}{2}, \quad c_{-n} = \dfrac{a_n + \mathrm{i}b_n}{2}, \qquad \forall\, n \geqslant 1, \end{cases} \tag{18.7}$$

那么 (18.5) 的部分和也即

$$\sum_{|n| \leqslant N} c_n e\left(\frac{nx}{\ell}\right),$$

从而 (18.5) 收敛当且仅当级数

$$\sum_{n \in \mathbb{Z}} c_n e\left(\frac{nx}{\ell}\right)$$

收敛.

我们的目标是去研究哪些周期函数能用 (18.5) 或 (18.6) 表示. 首先来看一下如果以 ℓ 为周期的函数 $f(x)$ 能用 (18.5) 或 (18.6) 表示, 那么 a_n, b_n 及 c_n 应该具有什么样的形式. 一方面, 如果

$$f(x) = \frac{a_0}{2} + \sum_{n=1}^{\infty}\left(a_n \cos\frac{2\pi nx}{\ell} + b_n \sin\frac{2\pi nx}{\ell}\right),$$

那么在上式两边同时乘以 $\cos\dfrac{2\pi nx}{\ell}$, 并对 x 积分可得

$$\int_0^\ell f(x) \cos\frac{2\pi nx}{\ell}\,\mathrm{d}x = \frac{a_0}{2}\int_0^\ell \cos\frac{2\pi nx}{\ell}\,\mathrm{d}x$$
$$+ \int_0^\ell \sum_{m=1}^{\infty}\left(a_m \cos\frac{2\pi mx}{\ell} + b_m \sin\frac{2\pi mx}{\ell}\right)\cos\frac{2\pi nx}{\ell}\,\mathrm{d}x.$$

交换求和号与积分号 (我们暂时不去深究这一做法的严格性问题) 并使用 (18.3) 和 (18.4) 便得

$$\int_0^\ell f(x) \cos\frac{2\pi nx}{\ell}\,\mathrm{d}x = \frac{\ell}{2}a_n,$$

也即

$$a_n = \frac{2}{\ell}\int_0^\ell f(x) \cos\frac{2\pi nx}{\ell}\,\mathrm{d}x, \qquad \forall\, n \geqslant 0. \tag{18.8}$$

同理可得

$$b_n = \frac{2}{\ell}\int_0^\ell f(x) \sin\frac{2\pi nx}{\ell}\,\mathrm{d}x, \qquad \forall\, n \geqslant 1. \tag{18.9}$$

类似地, 由正交关系式 (18.2) 知, 如果

$$f(x) = \sum_{n \in \mathbb{Z}} c_n e\left(\frac{nx}{\ell}\right),$$

那么应该有

$$c_n = \frac{1}{\ell}\int_0^\ell f(x) e\left(-\frac{nx}{\ell}\right)\mathrm{d}x. \tag{18.10}$$

尽管上面对系数 a_n, b_n 及 c_n 的推导并不严格, 并且反对在 $[0,l]$ 上可积的 f 进行了讨论, 但是却给了我们很好的启发并引出了下述定义. 为了叙述的方便起见, 我们把在区间 $[a,b]$ 上黎曼可积, 或在 $[a,b]$ 上有有限多个奇点但是积分 $\displaystyle\int_a^b |f(x)|\,\mathrm{d}x$ 收敛的全体实值函数所成之集记作 $\mathscr{R}[a,b]$.

【定义 2.2】设 ℓ 是一个正实数, $f(x)$ 是定义在 $\mathbb{R}$ 上的以 ℓ 为周期的函数, 并且 $f \in \mathscr{R}[0, \ell]$. 我们把由 (18.8) 和 (18.9) 所定义的级数

$$\frac{a_0}{2} + \sum_{n=1}^{\infty} \left(a_n \cos \frac{2\pi nx}{\ell} + b_n \sin \frac{2\pi nx}{\ell} \right)$$

以及由 (18.10) 所定义的级数

$$\sum_{n \in \mathbb{Z}} c_n e \left(\frac{nx}{\ell} \right)$$

均称作是 $f(x)$ 的**傅里叶级数** (Fourier series) 或**傅里叶展开式** (Fourier expansion), 记作

$$f(x) \sim \frac{a_0}{2} + \sum_{n=1}^{\infty} \left(a_n \cos \frac{2\pi nx}{\ell} + b_n \sin \frac{2\pi nx}{\ell} \right)$$

以及

$$f(x) \sim \sum_{n \in \mathbb{Z}} c_n e \left(\frac{nx}{\ell} \right).$$

称 a_n, b_n 及 c_n 为 $f(x)$ 的**傅里叶系数** (Fourier coefficient). 通常将 c_n 记作 $\hat{f}(n)$.

注意到在上述定义中我们采用了记号 "$\sim$" 而没有用等号, 这是因为目前我们并不知道 $f(x)$ 的傅里叶级数是否收敛于 $f(x)$.

因为 (18.8), (18.9) 和 (18.10) 中的被积函数均以 ℓ 为周期, 所以将积分区间换成任一长度为 ℓ 的区间所得的积分值均相同 (参见第九章例 5.9), 选取合适的区间进行积分会给傅里叶系数的计算带来方便. 我们来看几个例子.

【例 2.3】设 $f(x)$ 是以 1 为周期的函数, 且

$$f(x) = x^2, \qquad \forall\, x \in \left[-\frac{1}{2}, \frac{1}{2} \right).$$

试求 $f(x)$ 的傅里叶级数.

解. 因为 f 是偶函数, 所以

$$b_n = 2 \int_{-\frac{1}{2}}^{\frac{1}{2}} x^2 \sin 2\pi nx \, \mathrm{d}x = 0.$$

此外

$$a_0 = 2 \int_{-\frac{1}{2}}^{\frac{1}{2}} x^2 \, \mathrm{d}x = \frac{1}{6},$$

并且利用分部积分还可对 $n \neq 0$ 得到

$$a_n = 2 \int_{-\frac{1}{2}}^{\frac{1}{2}} x^2 \cos 2\pi nx \, \mathrm{d}x = \frac{(-1)^n}{\pi^2 n^2},$$

于是

$$f(x) \sim \frac{1}{12} + \sum_{n=1}^{\infty} \frac{(-1)^n}{\pi^2 n^2} \cos 2\pi nx. \qquad \Box$$

【例 2.4】用 $\{x\}$ 表示 x 的小数部分, 即 $\{x\} = x - [x]$. 试求 $\psi(x) = \{x\} - \dfrac{1}{2}$ 的傅里叶级数.

解. $\psi(x)$ 是以 1 为周期的函数, 且当 $x \in [0, 1)$ 时有 $\psi(x) = x - \dfrac{1}{2}$, 因此

$$a_n = 2 \int_0^1 \left(x - \frac{1}{2}\right) \cos(2\pi n x)\,\mathrm{d}x = 0, \qquad \forall\, n \geqslant 0,$$

$$b_n = 2 \int_0^1 \left(x - \frac{1}{2}\right) \sin(2\pi n x)\,\mathrm{d}x = -\frac{1}{\pi n}, \qquad \forall\, n \geqslant 1,$$

于是有

$$\psi(x) \sim -\sum_{n=1}^{\infty} \frac{\sin 2\pi n x}{\pi n}.$$

$\qquad\qquad\qquad\qquad\qquad\qquad\qquad\qquad\qquad\qquad\qquad\qquad\qquad\qquad\quad$ □

【例 2.5】设 $\alpha \notin \mathbb{Z}$, $f(x)$ 是以 2π 为周期的函数, 且

$$f(x) = \cos \alpha x, \qquad \forall\, x \in [-\pi, \pi).$$

试求 $f(x)$ 的傅里叶级数.

解. 因为 $f(x)$ 是 $(-\pi, \pi)$ 上的偶函数, 故

$$b_n = \frac{1}{\pi} \int_{-\pi}^{\pi} f(x) \sin nx\,\mathrm{d}x = 0.$$

此外,

$$a_n = \frac{1}{\pi} \int_{-\pi}^{\pi} \cos \alpha x \cos nx\,\mathrm{d}x = \frac{2}{\pi} \int_0^{\pi} \cos \alpha x \cos nx\,\mathrm{d}x$$

$$= \frac{1}{\pi} \int_0^{\pi} \big(\cos(\alpha + n)x + \cos(\alpha - n)x\big)\,\mathrm{d}x = \frac{1}{\pi} \left(\frac{\sin(\alpha + n)\pi}{\alpha + n} + \frac{\sin(\alpha - n)\pi}{\alpha - n}\right)$$

$$= \frac{2\alpha(-1)^n \sin \alpha \pi}{\pi(\alpha^2 - n^2)}.$$

所以

$$f(x) \sim \frac{2\alpha \sin \alpha \pi}{\pi} \left(\frac{1}{2\alpha^2} + \sum_{n=1}^{\infty} \frac{(-1)^n}{\alpha^2 - n^2} \cos nx\right).$$

$\qquad\qquad\qquad\qquad\qquad\qquad\qquad\qquad\qquad\qquad\qquad\qquad\qquad\qquad\quad$ □

如果 $f(x)$ 是定义在区间 $[0, \ell)$ 上的函数, 那么我们当然可以将其延拓为 $\mathbb{R}$ 上的以 ℓ 为周期的函数. 除此以外, 还有两种延拓方法也是颇为常用的, 它们分别是偶性延拓和奇性延拓.

【定义 2.6】设 f 是定义在 $(0, \ell)$ 上的函数, 如果以 2ℓ 为周期的函数 g 满足

$$g(x) = \begin{cases} f(x), & x \in (0, \ell), \\ f(-x), & x \in (-\ell, 0), \end{cases}$$

则称 g 为 f 的偶性延拓, 此时 g 是 $(-\ell, \ell) \setminus \{0\}$ 上的偶函数. 若以 2ℓ 为周期的函数 h 满足

$$h(x) = \begin{cases} f(x), & x \in (0, \ell), \\ -f(-x), & x \in (-\ell, 0), \end{cases}$$

则称 h 为 f 的奇性延拓, 此时 h 是 $(-\ell, \ell) \setminus \{0\}$ 上的奇函数.

为了方便起见, 我们通常将由 f 作偶性延拓或奇性延拓后所得的函数仍记作 f.

设 f 是定义在 $(0, \ell)$ 上的函数. 如果对 f 作偶性延拓, 那么它的傅里叶级数中只含余弦项, 此时我们称这一傅里叶级数为 $f(x)$ 的余弦级数, 记作

$$f(x) \sim \frac{a_0}{2} + \sum_{n=1}^{\infty} a_n \cos \frac{\pi n x}{\ell},$$

其中

$$a_n = \frac{1}{\ell} \int_{-\ell}^{\ell} f(x) \cos \frac{\pi n x}{\ell} \, \mathrm{d}x = \frac{2}{\ell} \int_0^{\ell} f(x) \cos \frac{\pi n x}{\ell} \, \mathrm{d}x. \tag{18.11}$$

若对 f 作奇性延拓, 那么它的傅里叶级数中只含正弦项, 此时我们称这一傅里叶级数为 $f(x)$ 的正弦级数, 记作

$$f(x) \sim \sum_{n=1}^{\infty} b_n \sin \frac{\pi n x}{\ell},$$

其中

$$b_n = \frac{1}{\ell} \int_{-\ell}^{\ell} f(x) \sin \frac{\pi n x}{\ell} \, \mathrm{d}x = \frac{2}{\ell} \int_0^{\ell} f(x) \sin \frac{\pi n x}{\ell} \, \mathrm{d}x. \tag{18.12}$$

【例 2.7】试求定义在 $(0, \pi)$ 上的函数 $f(x) = x$ 的余弦级数.

解. 按照公式 (18.11) 计算 a_n 可得

$$a_0 = \frac{2}{\pi} \int_0^{\pi} x \, \mathrm{d}x = \pi,$$

$$a_n = \frac{2}{\pi} \int_0^{\pi} x \cos nx \, \mathrm{d}x = \frac{2}{\pi n^2} ((-1)^n - 1), \qquad \forall\, n \geqslant 1.$$

于是可得 $f(x)$ 的余弦级数为

$$f(x) \sim \frac{\pi}{2} - \frac{4}{\pi} \sum_{n=1}^{\infty} \frac{\cos(2n-1)x}{(2n-1)^2}. \qquad \square$$

习题 18.2

1. 求下列周期函数的形如 (18.5) 的傅里叶级数:

(1) $f(x)$ 以 2 为周期, 并且

$$f(x) = \begin{cases} A, & 0 \leqslant x < 1, \\ 0, & 1 \leqslant x < 2, \end{cases}$$

其中 A 是常数;

(2) $f(x)$ 以 1 为周期, 且在 $[0, 1)$ 上 $f(x) = x^2$;

(3) $f(x)$ 以 2π 为周期, 且在 $[-\pi, \pi)$ 上 $f(x) = x \cos x$;

(4) $f(x) = |\cos x|$.

2. 用 $\|x\|$ 表示 x 与离它最近的整数之间的距离, 即 $\|x\| = \min\limits_{n \in \mathbb{Z}} |x - n|$, 求 $\|x\|$ 的形如 (18.6) 的傅里叶级数.

3. 求定义在 $(0, 1)$ 上的函数 $f(x) = x^2$ 的正弦级数.

4. 求定义在 $(0, \pi)$ 上的函数 $f(x) = \sin x$ 的余弦级数.

5. 设三角级数

$$\frac{a_0}{2} + \sum_{n=1}^{\infty} \left(a_n \cos \frac{2\pi n x}{\ell} + b_n \sin \frac{2\pi n x}{\ell} \right)$$

在 $\mathbb{R}$ 上一致收敛于 $f(x)$, 证明这一三角级数是 $f(x)$ 的傅里叶级数.

6. 设 $f(x)$ 在 $\left(0, \dfrac{\pi}{2}\right)$ 上可积, 应当如何将 $f(x)$ 延拓为以 2π 为周期的函数, 使得其傅里叶级数形如

$$\sum_{n=1}^{\infty} a_{2n-1} \cos(2n-1)x ?$$

7. 闻名遐迩的哥德巴赫猜想宣称每个不小于 6 的偶数 N 都可以写成两个素数之和, 证明这一猜想等价于

$$\int_0^1 S(\alpha)^2 e(-N\alpha) \, \mathrm{d}\alpha > 0,$$

其中 $S(\alpha) = \sum\limits_{p < N} e(\alpha p)$, 这里求和条件中的 $p < N$ 表示求和变量 p 遍历小于 N 的全部素数.

8. 设 $f(x)$ 是以 ℓ 为周期的函数, 且 $f(x)$ 在某个长度为 ℓ 的闭区间上单调. 证明 $f(x)$ 的傅里叶系数满足

$$a_n = O\left(\frac{1}{n}\right), \qquad b_n = O\left(\frac{1}{n}\right).$$

9. 设 $f(x)$ 是周期函数, 并且存在正常数 L 及 $\alpha \in (0, 1]$ 使得

$$|f(x) - f(y)| \leqslant L|x - y|^{\alpha}, \qquad \forall\, x, y \in \mathbb{R}.$$

证明 $\hat{f}(n) \ll |n|^{-\alpha}$ ($\forall\, n \neq 0$).

§18.3
局部化原理

本节的目的是讨论傅里叶级数的逐点收敛性, 其中的关键步骤是如下的黎曼 − 勒贝格引理.

【引理 3.1】(黎曼 − 勒贝格引理) 设 $f \in \mathscr{R}[a,b]$ (这里 a 可以是 $-\infty$, b 可以是 $+\infty$), 那么

$$\lim_{\lambda \to \infty} \int_a^b f(x)e(\lambda x)\,\mathrm{d}x = 0.$$

特别地, $\lim_{|n| \to \infty} \hat{f}(n) = 0.$

证明. 先假设 $[a,b]$ 是有界区间, 我们分以下两种情况讨论:

(1) f 在 $[a,b]$ 上可积的情形. 此时 f 必在 $[a,b]$ 上有界, 即存在 $M > 0$, 使得对任意的 $x \in [a,b]$ 有 $|f(x)| \leqslant M$. 现设 $|\lambda| > 1$, 记 $m = [\sqrt{|\lambda|}]$, 并考虑区间 $[a,b]$ 的分划

$$a = x_0 < x_1 < \cdots < x_m = b,$$

其中 $x_j = x_0 + \dfrac{b-a}{m}j$, 再用 ω_j 表示 f 在 $[x_{j-1}, x_j]$ 上的振幅. 于是

$$\left| \int_a^b f(x)e(\lambda x)\,\mathrm{d}x \right| = \left| \sum_{j=1}^m \int_{x_{j-1}}^{x_j} f(x)e(\lambda x)\,\mathrm{d}x \right| \leqslant \sum_{j=1}^m \left| \int_{x_{j-1}}^{x_j} f(x)e(\lambda x)\,\mathrm{d}x \right|$$

$$\leqslant \sum_{j=1}^m \left(\left| \int_{x_{j-1}}^{x_j} (f(x) - f(x_j))e(\lambda x)\,\mathrm{d}x \right| + \left| \int_{x_{j-1}}^{x_j} f(x_j)e(\lambda x)\,\mathrm{d}x \right| \right)$$

$$\leqslant \sum_{j=1}^m \omega_j \Delta x_j + \frac{mM}{\pi|\lambda|} \leqslant \sum_{j=1}^m \omega_j \Delta x_j + \frac{M}{\pi\sqrt{|\lambda|}}.$$

由 f 可积知

$$\lim_{\lambda \to \infty} \sum_{j=1}^m \omega_j \Delta x_j = 0,$$

从而命题得证.

(2) f 在 $[a,b]$ 上无界但 $\displaystyle\int_a^b |f(x)|\,\mathrm{d}x$ 收敛的情形. 不妨设 a 是 f 在 $[a,b]$ 上的唯一奇点, 那么由绝对收敛性知, 对任意的 $\varepsilon > 0$, 存在 $\delta > 0$ 使得

$$\int_a^{a+\delta} |f(x)|\,\mathrm{d}x < \varepsilon.$$

于是

$$\left| \int_a^b f(x)e(\lambda x)\,\mathrm{d}x \right| = \left| \int_a^{a+\delta} f(x)e(\lambda x)\,\mathrm{d}x + \int_{a+\delta}^b f(x)e(\lambda x)\,\mathrm{d}x \right|$$

$$\leqslant \varepsilon + \left| \int_{a+\delta}^b f(x)e(\lambda x)\,\mathrm{d}x \right|.$$

因为 f 在 $[a+\delta, b]$ 上可积, 故在上式中令 $\lambda \to \infty$, 利用上面 (1) 中已证得的结论可得

$$\varlimsup_{\lambda \to \infty} \left| \int_a^b f(x)e(\lambda x)\,\mathrm{d}x \right| \leqslant \varlimsup_{\lambda \to \infty} \left(\varepsilon + \left| \int_{a+\delta}^b f(x)e(\lambda x)\,\mathrm{d}x \right| \right) = \varepsilon,$$

再由 ε 的任意性知命题成立.

如果 $[a,b]$ 是无界区间, 我们可以不妨假设它不包含奇点, 于是可以仿照上面 (2) 中的方式完成证明, 请读者自行将细节补充完整.   □

【注 3.2】由引理 3.1 以及

$$\cos\theta = \frac{e^{i\theta} + e^{-i\theta}}{2}, \qquad \sin\theta = \frac{e^{i\theta} - e^{-i\theta}}{2i}$$

知

$$\lim_{\lambda \to \infty} \int_a^b f(x)\cos\lambda x\,\mathrm{d}x = 0,$$

$$\lim_{\lambda \to \infty} \int_a^b f(x)\sin\lambda x\,\mathrm{d}x = 0.$$

因此如果考虑以 ℓ 为周期的函数 $f(x)$ 的形如

$$\frac{a_0}{2} + \sum_{n=1}^\infty \left(a_n \cos\frac{2\pi nx}{\ell} + b_n \sin\frac{2\pi nx}{\ell} \right)$$

的傅里叶级数, 则有

$$\lim_{n \to \infty} a_n = \lim_{n \to \infty} b_n = 0.$$

下面来研究 $f(x)$ 的傅里叶级数的收敛性问题. 为了方便起见, 我们只考虑周期为 1 且属于 $\mathscr{R}[0,1]$ 的函数 f, 此时其傅里叶级数为

$$f(x) \sim \sum_{n \in \mathbb{Z}} \hat{f}(n)e(nx),$$

其中

$$\hat{f}(n) = \int_0^1 f(t)e(-nt)\,\mathrm{d}t. \tag{18.13}$$

对于周期是一般的正实数的情形也可得到类似结论. 用

$$S_N(x) = \sum_{n=-N}^{N} \hat{f}(n)e(nx)$$

表示该傅里叶级数的部分和, 那么将 $\hat{f}(n)$ 的表达式 (18.13) 代入可得

$$S_N(x) = \sum_{n=-N}^{N} e(nx) \int_0^1 f(t)e(-nt)\,\mathrm{d}t = \int_0^1 f(t) \sum_{n=-N}^{N} e(n(x-t))\,\mathrm{d}t$$

$$= \int_0^1 f(t)D_N(x-t)\,\mathrm{d}t, \tag{18.14}$$

其中

$$D_N(y) = \sum_{n=-N}^{N} e(ny)$$

被称为 <u>狄利克雷核 (Dirichlet kernel)</u>, 它是以 1 为周期的偶函数. 显然有 $D_N(0) = 2N+1$, 并且当 $y \in (0,1)$ 时

$$D_N(y) = \frac{e(-Ny)(e((2N+1)y)-1)}{e(y)-1} = \frac{e\left(\dfrac{2N+1}{2}y\right) - e\left(-\dfrac{2N+1}{2}y\right)}{e\left(\dfrac{y}{2}\right) - e\left(-\dfrac{y}{2}\right)}$$

$$= \frac{\sin(2N+1)\pi y}{\sin \pi y}.$$

在 (18.14) 中作变量替换 $t \longmapsto x-t$ 可得

$$S_N(x) = \int_{x-1}^{x} f(x-t)D_N(t)\,\mathrm{d}t.$$

注意到上式积分中的被积函数以 1 为周期, 所以

$$S_N(x) = \int_{-\frac{1}{2}}^{\frac{1}{2}} f(x-t)D_N(t)\,\mathrm{d}t$$

$$= \int_{-\frac{1}{2}}^{0} f(x-t)D_N(t)\,\mathrm{d}t + \int_0^{\frac{1}{2}} f(x-t)D_N(t)\,\mathrm{d}t$$

$$= \int_0^{\frac{1}{2}} (f(x+t)+f(x-t))D_N(t)\,\mathrm{d}t. \tag{18.15}$$

此外, 由 $D_N(t)$ 是偶函数知

$$\int_0^{\frac{1}{2}} D_N(t)\,\mathrm{d}t = \frac{1}{2}\int_{-\frac{1}{2}}^{\frac{1}{2}} D_N(t)\,\mathrm{d}t = \frac{1}{2}\sum_{n=-N}^{N}\int_{-\frac{1}{2}}^{\frac{1}{2}} e(nt)\,\mathrm{d}t = \frac{1}{2}. \tag{18.16}$$

故对任意的数 s 有

$$S_N(x) - s = \int_0^{\frac{1}{2}} (f(x+t) + f(x-t) - 2s) D_N(t)\, \mathrm{d}t,$$

从而傅里叶级数 $\displaystyle\sum_{n\in\mathbb{Z}} \hat{f}(n) e(nx)$ 收敛于 s 当且仅当

$$\lim_{N\to\infty} \int_0^{\frac{1}{2}} (f(x+t) + f(x-t) - 2s) \frac{\sin(2N+1)\pi t}{\sin \pi t}\, \mathrm{d}t = 0.$$

回忆起黎曼－勒贝格引理, 我们知道对任意的 $\delta \in \left(0, \dfrac{1}{2}\right)$ 有

$$\lim_{N\to\infty} \int_\delta^{\frac{1}{2}} (f(x+t) + f(x-t) - 2s) \frac{\sin(2N+1)\pi t}{\sin \pi t}\, \mathrm{d}t = 0,$$

所以 $\displaystyle\sum_{n\in\mathbb{Z}} \hat{f}(n) e(nx)$ 收敛于 s 当且仅当存在 $\delta \in \left(0, \dfrac{1}{2}\right)$ 使得

$$\lim_{N\to\infty} \int_0^{\delta} (f(x+t) + f(x-t) - 2s) \frac{\sin(2N+1)\pi t}{\sin \pi t}\, \mathrm{d}t = 0.$$

最后, 注意到

$$\frac{1}{\sin \pi t} - \frac{1}{\pi t}$$

在 $(0, \delta]$ 上有界, 从而再次应用黎曼－勒贝格引理便有

$$\lim_{N\to\infty} \int_0^{\delta} (f(x+t) + f(x-t) - 2s) \left(\frac{1}{\sin \pi t} - \frac{1}{\pi t} \right) \sin(2N+1)\pi t\, \mathrm{d}t = 0.$$

因此可得如下结论.

【定理 3.3】(黎曼局部化原理)　假设 f 是以 1 为周期的函数并且 $f \in \mathscr{R}[0,1]$, 那么对给定的 x, f 的傅里叶级数在点 x 处收敛于 s 当且仅当存在 $\delta > 0$ 使得

$$\lim_{N\to\infty} \int_0^{\delta} (f(x+t) + f(x-t) - 2s) \frac{\sin(2N+1)\pi t}{t}\, \mathrm{d}t = 0. \tag{18.17}$$

上述定理表明, 傅里叶级数在 x 点处的收敛性仅与 f 在 x 附近的性态有关, 考虑到 f 的傅里叶系数依赖于 f 在整个积分区间上的值, 所以上述结论着实让人感到意外.

下面的判别法是黎曼局部化原理和黎曼－勒贝格引理的直接推论.

【定理 3.4】(迪尼判别法)　设 f 是以 1 为周期的函数且 $f \in \mathscr{R}[0,1]$, 如果对给定的 x 及 s, 存在 $\delta \in (0,1)$ 使得 $\dfrac{f(x+t) + f(x-t) - 2s}{t}$ 是关于变量 t 的属于 $\mathscr{R}[0,\delta]$ 的函数 (单独定义该函数在 $t = 0$ 处的值), 那么 f 的傅里叶级数在 x 处收敛于 s.

当 f 具有更加良好的性质时, 迪尼判别法中的 s 可用 f 确定出来. 为此, 我们引入利普希茨 (Lipschitz) 条件的概念.

【定义 3.5】设 $f(x)$ 在 x_0 的邻域 $(x_0 - \delta, x_0 + \delta)$ 内有定义, 若存在常数 $L > 0$ 及 $\alpha > 0$ 使得对任意的 $x \in (x_0 - \delta, x_0)$ 有

$$|f(x) - f(x_0 - 0)| \leqslant L|x - x_0|^{\alpha},$$

且对任意的 $x \in (x_0, x_0 + \delta)$ 有

$$|f(x) - f(x_0 + 0)| \leqslant L|x - x_0|^{\alpha},$$

则称 $f(x)$ 在 x_0 的附近满足 $\underline{\alpha \text{ 阶利普希茨条件}}$.

【推论 3.6】设 f 以 1 为周期且 $f \in \mathscr{R}[0,1]$, $\alpha \in (0,1]$. 如果 f 在 x 的附近满足 α 阶利普希茨条件, 那么 f 的傅里叶级数在 x 处收敛于 $\dfrac{f(x+0) + f(x-0)}{2}$. 特别地, 若 f 满足以上条件且 x 是 f 的连续点, 则 f 的傅里叶级数在 x 处收敛于 $f(x)$.

证明. 我们来说明 $s = \dfrac{f(x+0) + f(x-0)}{2}$ 满足定理 3.4 的条件. 为方便起见, 记

$$\varphi(t) = \frac{f(x+t) + f(x-t) - 2s}{t},$$

于是由利普希茨条件的定义知存在 $\delta \in (0,1)$ 及常数 $L > 0$, 使得当 $t \in (0, \delta)$ 时有

$$|\varphi(t)| = \left| \frac{f(x+t) - f(x+0)}{t} + \frac{f(x-t) - f(x-0)}{t} \right| \leqslant 2Lt^{\alpha-1}.$$

若 $\alpha = 1$, 则 φ 在 $(0, \delta)$ 上有界, 那么当然有 $\varphi \in \mathscr{R}[0, \delta]$; 若 $\alpha \in (0,1)$, 则由反常积分的比较判别法知 $\displaystyle\int_0^{\delta} |\varphi(t)| \, \mathrm{d}t$ 收敛, 从而也有 $\varphi \in \mathscr{R}[0, \delta]$. $\qquad\square$

为了进一步得到更为方便简洁的判别法, 我们引入分段可微函数的概念.

【定义 3.7】设 f 是定义在 $[a,b]$ 上的一个函数, 若存在 $[a,b]$ 的一个分划

$$a = x_0 < x_1 < \cdots < x_n = b,$$

使得在每个子区间 $[x_{j-1}, x_j]$ $(1 \leqslant j \leqslant n)$ 上定义的函数

$$g_j(x) = \begin{cases} f(x_{j-1} + 0), & x = x_{j-1}, \\ f(x), & x \in (x_{j-1}, x_j), \\ f(x_j - 0), & x = x_j \end{cases}$$

均在 $[x_{j-1}, x_j]$ 上可微, 则称 f 是 $[a,b]$ 上的分段可微函数.

【推论 3.8】设 f 是以 1 为周期且在 $[0,1]$ 上分段可微的函数, 则 f 的傅里叶级数在每个点 x 处均收敛于 $\dfrac{f(x+0)+f(x-0)}{2}$. 特别地, 若 f 满足以上条件且 x 是 f 的连续点, 则 f 的傅里叶级数在 x 处收敛于 $f(x)$.

证明. 因为 f 是分段可微的, 所以对任意的 $x \in \mathbb{R}$, 极限

$$\lim_{h \to 0^+} \frac{f(x+h)-f(x+0)}{h} \qquad 与 \qquad \lim_{h \to 0^+} \frac{f(x-h)-f(x-0)}{h}$$

必存在, 进而存在 $L > 0$ 及 $\delta > 0$, 使得对任意的 $h \in (0, \delta)$ 有

$$|f(x+h)-f(x+0)| \leqslant Lh \qquad 及 \qquad |f(x-h)-f(x-0)| \leqslant Lh.$$

这说明 f 在每个点 x 处均是 1 阶利普希茨的, 从而可由推论 3.6 得到我们所要的结论.　　□

下面我们回到上节的几个例子.

【例 3.9】在例 2.3 中, 我们对以 1 为周期的函数

$$f(x) = x^2, \qquad \forall\, x \in \left[-\frac{1}{2}, \frac{1}{2}\right).$$

得到了

$$f(x) \sim \frac{1}{12} + \sum_{n=1}^{\infty} \frac{(-1)^n}{\pi^2 n^2} \cos 2\pi n x.$$

于是由推论 3.8 知

$$x^2 = \frac{1}{12} + \sum_{n=1}^{\infty} \frac{(-1)^n}{\pi^2 n^2} \cos 2\pi n x, \qquad \forall\, x \in \left[-\frac{1}{2}, \frac{1}{2}\right].$$

利用变量替换 $x \longmapsto \dfrac{1}{2} - x$ 可得

$$\left(\frac{1}{2} - x\right)^2 = \frac{1}{12} + \sum_{n=1}^{\infty} \frac{\cos 2\pi n x}{\pi^2 n^2}, \qquad \forall\, x \in [0, 1].$$

稍做整理即得

$$\sum_{n=1}^{\infty} \frac{\cos 2\pi n x}{n^2} = \pi^2 \left(x^2 - x + \frac{1}{6}\right), \qquad \forall\, x \in [0, 1]. \tag{18.18}$$

特别地, 在上式中取 $x = 0$ 有

$$\zeta(2) = \sum_{n=1}^{\infty} \frac{1}{n^2} = \frac{\pi^2}{6}. \tag{18.19}$$

【例 3.10】在例 2.4 中我们得到了

$$\{x\} - \frac{1}{2} \sim -\sum_{n=1}^{\infty} \frac{\sin 2\pi nx}{\pi n},$$

因此由推论 3.8 知

$$\{x\} - \frac{1}{2} = -\sum_{n=1}^{\infty} \frac{\sin 2\pi nx}{\pi n}, \qquad \forall\, x \notin \mathbb{Z}. \tag{18.20}$$

从而有

$$\sum_{n=1}^{\infty} \frac{\sin 2\pi nx}{n} = \pi\left(\frac{1}{2} - x\right), \qquad \forall\, x \in (0,1).$$

这个式子被阿贝尔用来说明通项均为连续函数的函数项级数的和函数未必连续. 特别地, 在上式中取 $x = \dfrac{1}{2\pi}$ 可得

$$\sum_{n=1}^{\infty} \frac{\sin n}{n} = \frac{\pi - 1}{2}.$$

【例 3.11】最后我们回到例 2.5, 在那里我们对以 2π 为周期且满足

$$f(x) = \cos \alpha x, \qquad \forall\, x \in [-\pi, \pi)$$

(其中 $\alpha \notin \mathbb{Z}$) 的函数 f 得到了

$$f(x) \sim \frac{2\alpha \sin \alpha\pi}{\pi}\left(\frac{1}{2\alpha^2} + \sum_{n=1}^{\infty} \frac{(-1)^n}{\alpha^2 - n^2} \cos nx\right).$$

于是由推论 3.8 知

$$\cos \alpha x = \frac{2\alpha \sin \alpha\pi}{\pi}\left(\frac{1}{2\alpha^2} + \sum_{n=1}^{\infty} \frac{(-1)^n}{\alpha^2 - n^2} \cos nx\right), \qquad \forall\, x \in [-\pi, \pi].$$

特别地, 取 $x = \pi$ 可得

$$\cot \alpha\pi = \frac{2\alpha}{\pi}\left(\frac{1}{2\alpha^2} + \sum_{n=1}^{\infty} \frac{1}{\alpha^2 - n^2}\right) = \frac{1}{\pi}\left(\frac{1}{\alpha} + \sum_{n=1}^{\infty}\left(\frac{1}{\alpha + n} + \frac{1}{\alpha - n}\right)\right). \tag{18.21}$$

这个公式的美妙之处在于, 等号右边的诸分式的分母仅当 α 取整数值时才有可能等于 0, 而整数点恰是 $\cot \alpha\pi$ 的全部奇点. 换句话说, 上式将 $\cot \alpha\pi$ 的全部奇点用有理分式的形式同时展现出来. 这种类型的表达式源于著名的米塔–列夫勒 (Mittag-Leffler) 定理, 我们会在复分析课程中学到它.

习题 18.3

1. 讨论 §18.2 习题 1 中诸函数的傅里叶级数的收敛性.

2. 设 $\alpha \notin \mathbb{Z}$, 证明在 $(-\pi, \pi)$ 上有

$$\sin \alpha x = \frac{2 \sin \alpha \pi}{\pi} \sum_{n=1}^{\infty} \frac{(-1)^n n}{\alpha^2 - n^2} \sin nx.$$

3. 证明:

$$\sum_{n=1}^{\infty} \frac{\cos 2nx}{4n^2 - 1} = \frac{1}{2} - \frac{\pi}{4} \sin x, \qquad \forall\, x \in [0, \pi].$$

4. 设 $f(x)$ 以 2π 为周期, 且在 $[-\pi, \pi)$ 上有 $f(x) = \mathrm{e}^x$, 求 $f(x)$ 的傅里叶级数, 并由此计算 $\displaystyle\sum_{n=1}^{\infty} \frac{(-1)^n}{n^2 + 1}$.

5. 设 N 是正整数, D_N 是狄利克雷核, 证明

$$\int_0^1 |D_N(x)|\, \mathrm{d}x = \frac{2}{\pi^2} \log N + O(1).$$

6. 证明当 $x \neq k\pi\ (k \in \mathbb{Z})$ 时有

$$\frac{1}{\sin x} = \frac{1}{x} + \sum_{n=1}^{\infty} (-1)^n \left(\frac{1}{x + n\pi} + \frac{1}{x - n\pi} \right).$$

7. (罗巴切夫斯基) 利用上题结论与第十一章命题 1.12 重新证明

$$\int_0^{+\infty} \frac{\sin x}{x}\, \mathrm{d}x = \frac{\pi}{2}.$$

从第 8 题到第 11 题是一组题, 介绍 (18.21) 的一些推论.

8. 证明在 0 的充分小的去心邻域内有

$$\cot \alpha = \frac{1}{\alpha} - 2 \sum_{k=1}^{\infty} \frac{\zeta(2k)}{\pi^{2k}} \alpha^{2k-1},$$

并由此计算 $\zeta(2)$ 与 $\zeta(4)$.

9. (1) 利用 (18.21) 和沃利斯 (Wallis) 公式 (习题 9.5 第 10 题) 证明

$$\sin \pi x = \pi x \prod_{n=1}^{\infty} \left(1 - \frac{x^2}{n^2} \right), \qquad \forall\, x \in [0, 1].$$

(2) 证明上式对任意的 $x \in \mathbb{R}$ 均成立.

10. 证明: 对任意的 $x \notin \mathbb{Z}$ 有

$$\frac{\pi^2}{\sin^2 \pi x} = \sum_{n \in \mathbb{Z}} \frac{1}{(x+n)^2}.$$

11. (博灵 (Beurling)) 令

$$f(x) = \begin{cases} \dfrac{\sin^2 \pi x}{\pi^2} \left(\displaystyle\sum_{n=0}^{\infty} \frac{1}{(x-n)^2} - \sum_{n=1}^{\infty} \frac{1}{(x+n)^2} + \frac{2}{x} \right), & x \notin \mathbb{Z}, \\ \operatorname{sgn} x, & x \in \mathbb{Z}, \end{cases}$$

其中 $\operatorname{sgn} x$ 是符号函数. 利用上题结果证明:

(1) 对任意的 $x \in \mathbb{R}$ 有 $f(x) \geqslant \operatorname{sgn} x$;

(2) $\displaystyle\int_{-\infty}^{+\infty} (f(x) - \operatorname{sgn} x)\, \mathrm{d}x = 1.$

§18.4
费耶尔定理

在上节中我们给出了傅里叶级数的一些收敛判别法, 但这些判别法对 f 的要求较高, 例如推论 3.8 要求 f 具有分段可微性. 对于一般的函数而言, 其傅里叶级数未必收敛于该函数, 甚至未必收敛, 但这并不意味着这些傅里叶级数没有研究价值. 下面即将介绍的切萨罗 (Cesàro) 求和就是研究发散级数的一个方法. 在这里我们只讨论周期为 1 的函数.

【定义 4.1】设 $\displaystyle\sum_{n=1}^{\infty} u_n$ 是一个级数, 用 S_n 表示其第 n 个部分和, 即 $S_n = \displaystyle\sum_{k=1}^{n} u_k$. 再记

$$\sigma_n = \frac{S_1 + S_2 + \cdots + S_n}{n},$$

并称之为 $\displaystyle\sum_{n=1}^{\infty} u_n$ 的第 n 个切萨罗和. 如果 $\{\sigma_n\}$ 收敛, 则称 $\displaystyle\sum_{n=1}^{\infty} u_n$ 是切萨罗可和的 (Cesàro summable), 此时称 $\{\sigma_n\}$ 的极限为 $\displaystyle\sum_{n=1}^{\infty} u_n$ 的切萨罗和 (Cesàro sum).

如果 $\displaystyle\sum_{n=1}^{\infty} u_n$ 收敛, 那么由施托尔茨 (Stolz) 定理 (第三章定理 6.1) 知该级数是切萨罗可和的, 且其切萨罗和等于该级数的和.

【例 4.2】级数 $\displaystyle\sum_{n=1}^{\infty} (-1)^n$ 发散, 但由于其部分和 $S_n = \dfrac{(-1)^n - 1}{2}$, 故而

$$\lim_{n \to \infty} \frac{S_1 + S_2 + \cdots + S_n}{n} = -\frac{1}{2},$$

因此 $\sum_{n=1}^{\infty}(-1)^n$ 是切萨罗可和的, 且其切萨罗和等于 $-\frac{1}{2}$.

【定理 4.3】(费耶尔) 设 f 是定义在 $\mathbb{R}$ 上的以 1 为周期的函数且 f 在 $[0,1]$ 上黎曼可积, 又设 f 至多有第一类间断点, 则 f 的傅里叶级数是切萨罗可和的, 且其在 x 点处的切萨罗和为

$$\frac{f(x+0)+f(x-0)}{2}.$$

特别地, 若 x 是 f 的连续点, 则 f 的傅里叶级数在 x 处的切萨罗和为 $f(x)$.

证明. 用 $S_N(x)$ 表示 $f(x)$ 的傅里叶级数的第 N 个部分和, 则由 (18.15) 知

$$S_N(x) = \int_0^{\frac{1}{2}} (f(x+t)+f(x-t))D_N(t)\,\mathrm{d}t,$$

其中 $D_N(t) = \dfrac{\sin(2N+1)\pi t}{\sin \pi t}$ 为狄利克雷核. 于是

$$\sigma_N(x) = \frac{1}{N}\sum_{n=0}^{N-1} S_n(x) = \frac{1}{N}\int_0^{\frac{1}{2}} \left(\sum_{n=0}^{N-1} D_n(t)\right)(f(x+t)+f(x-t))\,\mathrm{d}t.$$

由于

$$\sum_{n=0}^{N-1} D_n(t) = \frac{1}{\sin \pi t}\sum_{n=0}^{N-1}\sin(2n+1)\pi t = \frac{1}{\sin^2 \pi t}\sum_{n=0}^{N-1}\sin(2n+1)\pi t \cdot \sin \pi t$$

$$= \frac{1}{\sin^2 \pi t}\sum_{n=0}^{N-1}\frac{1}{2}\Big(\cos 2n\pi t - \cos(2n+2)\pi t\Big)$$

$$= \frac{1}{\sin^2 \pi t}\cdot \frac{1}{2}(1-\cos 2N\pi t) = \left(\frac{\sin N\pi t}{\sin \pi t}\right)^2,$$

故而

$$\sigma_N(x) = \frac{1}{N}\int_0^{\frac{1}{2}} \left(\frac{\sin N\pi t}{\sin \pi t}\right)^2 (f(x+t)+f(x-t))\,\mathrm{d}t.$$

注意到由 (18.16) 可得

$$\int_0^{\frac{1}{2}} \left(\frac{\sin N\pi t}{\sin \pi t}\right)^2 \mathrm{d}t = \sum_{n=0}^{N-1}\int_0^{\frac{1}{2}} D_n(t)\,\mathrm{d}t = \frac{N}{2},$$

因此

$$\sigma_N(x) - \frac{f(x+0)+f(x-0)}{2} = \frac{1}{N}\int_0^{\frac{1}{2}} \left(\frac{\sin N\pi t}{\sin \pi t}\right)^2 (f(x+t)-f(x+0))\,\mathrm{d}t$$

$$+ \frac{1}{N}\int_0^{\frac{1}{2}} \left(\frac{\sin N\pi t}{\sin \pi t}\right)^2 (f(x-t)-f(x-0))\,\mathrm{d}t. \tag{18.22}$$

对任意的 $\varepsilon > 0$, 存在 $\delta \in \left(0, \dfrac{1}{2}\right)$, 使得当 $t \in (0, \delta)$ 时有

$$|f(x+t) - f(x+0)| < \varepsilon.$$

于是

$$\left| \frac{1}{N} \int_0^\delta \left(\frac{\sin N\pi t}{\sin \pi t} \right)^2 (f(x+t) - f(x+0)) \, \mathrm{d}t \right| < \frac{\varepsilon}{N} \int_0^\delta \left(\frac{\sin N\pi t}{\sin \pi t} \right)^2 \mathrm{d}t < \frac{\varepsilon}{2}.$$

此外, 由 f 在 $[0,1]$ 上可积知 f 在 $[0,1]$ 上有界, 即存在 $M > 0$ 使得 $|f(x)| \leqslant M$, 从而

$$\left| \frac{1}{N} \int_\delta^{\frac{1}{2}} \left(\frac{\sin N\pi t}{\sin \pi t} \right)^2 (f(x+t) - f(x+0)) \, \mathrm{d}t \right| < \frac{M}{N \sin^2 \pi \delta},$$

因此对上述取定的 δ, 可取 N', 使得当 $N > N'$ 时上式右边小于 $\dfrac{\varepsilon}{2}$. 综合以上两式便知当 $N > N'$ 时有

$$\left| \frac{1}{N} \int_0^{\frac{1}{2}} \left(\frac{\sin N\pi t}{\sin \pi t} \right)^2 (f(x+t) - f(x+0)) \, \mathrm{d}t \right| < \varepsilon.$$

同理可证存在 N'', 使得当 $N > N''$ 时有

$$\left| \frac{1}{N} \int_0^{\frac{1}{2}} \left(\frac{\sin N\pi t}{\sin \pi t} \right)^2 (f(x-t) - f(x-0)) \, \mathrm{d}t \right| < \varepsilon.$$

于是由 (18.22) 知

$$\lim_{N \to \infty} \sigma_N(x) = \frac{f(x+0) + f(x-0)}{2}.$$

至此命题得证. $\qquad\qquad\square$

因为 $\sigma_N(x)$ 均是三角多项式, 故而可得出下述与魏尔斯特拉斯逼近定理 (第十章定理 7.1) 类似的结论.

【定理 4.4】设 f 是 $[0,1]$ 上的连续函数且 $f(0) = f(1)$, 则对任意的 $\varepsilon > 0$, 存在三角多项式 $P(x) = \displaystyle\sum_{n=-N}^{N} c_n e(nx)$ 使得

$$\max_{x \in [0,1]} |f(x) - P(x)| < \varepsilon.$$

证明. 由条件知可将 f 延拓为 $\mathbb{R}$ 上的以 1 为周期的连续函数, 现重复定理 4.3 的证明过程, 由于 f 在 $[0,1]$ 上一致连续, 故可选取 δ 与 x 无关, 从而完成证明. $\qquad\square$

利用费耶尔定理我们还可以证明傅里叶级数的唯一性.

【命题 4.5】(傅里叶级数的唯一性) 设 f, g 均是以 1 为周期的连续函数, 如果对任意的 n 有 $\hat{f}(n) = \hat{g}(n)$, 那么 $f = g$.

证明. 对任意的 n 有 $\widehat{(f-g)}(n) = \hat{f}(n) - \hat{g}(n) = 0$, 因此 $f - g$ 的傅里叶级数的任一部分和均为 0, 从而其傅里叶级数在任一点 x 点处的切萨罗和也皆为 0, 进而由 f 与 g 的连续性及费耶尔定理知 $f(x) - g(x) = 0 \ (\forall \, x \in \mathbb{R})$. $\qquad\square$

习题 18.4

1. 证明 $\sum\limits_{n=1}^{\infty}\sin n$ 是切萨罗可和的并求其切萨罗和.

2. 判断级数 $\sum\limits_{n=1}^{\infty}(-1)^n\log n$ 是否是切萨罗可和的.

3. 设 $\sum\limits_{n=1}^{\infty}u_n$ 是正项级数, 证明: $\sum\limits_{n=1}^{\infty}u_n$ 是切萨罗可和的当且仅当它收敛.

4. 设 $\sum\limits_{n=1}^{\infty}a_n$ 与 $\sum\limits_{n=1}^{\infty}b_n$ 是两个收敛的级数, 它们的和分别为 A 与 B.

   (1) 证明这两个级数的柯西乘积是切萨罗可和的, 且其切萨罗和为 AB;

   (2) 利用 (1) 中结论证明第十章定理 4.12.

5. 设 $\sum\limits_{n=1}^{\infty}u_n$ 是切萨罗可和的, 证明当 $n\to\infty$ 时 $u_n=o(n)$.

6. 设 $\sum\limits_{n=1}^{\infty}u_n$ 是一个级数, 如果极限

$$\lim_{r\to 1^-}\sum_{n=1}^{\infty}u_n r^n$$

存在, 则称 $\sum\limits_{n=1}^{\infty}u_n$ 是阿贝尔可和的, 此时称上述极限值为 $\sum\limits_{n=1}^{\infty}u_n$ 的阿贝尔和. 试按以下步骤证明切萨罗可和蕴含阿贝尔可和:

   (1) 设 $\sum\limits_{n=1}^{\infty}u_n$ 是切萨罗可和的, 证明 $\sum\limits_{n=1}^{\infty}u_n r^n$ 在 $(-1,1)$ 上收敛;

   (2) 对 $r\in(-1,1)$ 证明

$$\sum_{n=1}^{\infty}u_n r^n=(1-r)^2\sum_{n=1}^{\infty}n\sigma_n r^n,$$

   其中 σ_n 是 $\sum\limits_{n=1}^{\infty}u_n$ 的第 n 个切萨罗和;

   (3) 设 $\sum\limits_{n=1}^{\infty}u_n$ 的切萨罗和为 σ, 证明该级数是阿贝尔可和的且其阿贝尔和是 σ.

§18.5
均 值 定 理

当函数 f 的性态不是很好时, 其傅里叶级数未必收敛于函数值, 在上节中我们利用计算部分和的算术平均值的方式对傅里叶级数进行了研究, 此外, 我们还可以在平方平均的意义下讨论收敛的可能性.

为了方便起见, 我们只考虑以 1 为周期的实值函数 f, 并假设它 $[0,1]$ 上可积, 或者 f 在 $[0,1]$ 上有有限多个奇点但反常积分 $\int_0^1 f(x)^2 \, \mathrm{d}x$ 收敛, 我们把满足这些条件的 f 的全体所成之集记作 $\mathscr{R}^2[0,1]$. 值得一提的是, $\mathscr{R}^2[0,1] \subseteq \mathscr{R}[0,1]$, 这是因为如果 f 在 $[0,1]$ 上有有限多个奇点但反常积分 $\int_0^1 f(x)^2 \, \mathrm{d}x$ 收敛, 那么由

$$|f(x)| \leqslant \frac{f(x)^2 + 1}{2}$$

知 $\int_0^1 |f(x)| \, \mathrm{d}x$ 收敛.

首先给出傅里叶级数的部分和在积分均值意义下的极值性质, 这一性质说明了在平方平均的意义下傅里叶级数是函数的最佳三角级数逼近.

【命题 5.1】设 f 以 1 为周期且 $f \in \mathscr{R}^2[0,1]$.

(1) 对任意的正整数 N 及复数 $\alpha_n \ (-N \leqslant n \leqslant N)$ 有

$$\int_0^1 \left| f(x) - \sum_{n=-N}^N \alpha_n e(nx) \right|^2 \mathrm{d}x \geqslant \int_0^1 \left| f(x) - \sum_{n=-N}^N \hat{f}(n) e(nx) \right|^2 \mathrm{d}x,$$

并且等号成立当且仅当对每个 n 均有 $\alpha_n = \hat{f}(n)$.

(2) 我们有

$$\int_0^1 \left| f(x) - \sum_{n=-N}^N \hat{f}(n) e(nx) \right|^2 \mathrm{d}x = \int_0^1 f(x)^2 \, \mathrm{d}x - \sum_{n=-N}^N |\hat{f}(n)|^2.$$

证明. 事实上有

$$\int_0^1 \left| f(x) - \sum_{n=-N}^N \alpha_n e(nx) \right|^2 \mathrm{d}x$$

$$= \int_0^1 \left(f(x) - \sum_{n=-N}^N \alpha_n e(nx) \right) \left(f(x) - \sum_{n=-N}^N \overline{\alpha_n} e(-nx) \right) \mathrm{d}x$$

$$= \int_0^1 f(x)^2 \, \mathrm{d}x - 2\mathrm{Re} \int_0^1 f(x) \left(\sum_{n=-N}^N \alpha_n e(nx) \right) \mathrm{d}x$$

$$+ \int_0^1 \sum_{n=-N}^{N} \sum_{m=-N}^{N} \alpha_n \overline{\alpha_m} e((n-m)x)\,\mathrm{d}x$$

$$= \int_0^1 f(x)^2\,\mathrm{d}x - 2\mathrm{Re}\sum_{n=-N}^{N} \alpha_n \overline{\hat{f}(n)} + \sum_{n=-N}^{N} |\alpha_n|^2$$

$$= \int_0^1 f(x)^2\,\mathrm{d}x - \sum_{n=-N}^{N} |\hat{f}(n)|^2 + \sum_{n=-N}^{N} \left(|\hat{f}(n)|^2 - 2\mathrm{Re}\,\alpha_n \overline{\hat{f}(n)} + |\alpha_n|^2 \right)$$

$$= \int_0^1 f(x)^2\,\mathrm{d}x - \sum_{n=-N}^{N} |\hat{f}(n)|^2 + \sum_{n=-N}^{N} |\hat{f}(n) - \alpha_n|^2,$$

从而命题得证.   □

【定理 5.2】(贝塞尔 (Bessel) 不等式) 设 f 以 1 为周期且 $f \in \mathscr{R}^2[0,1]$, 则对任意的正整数 N 有

$$\sum_{n=-N}^{N} |\hat{f}(n)|^2 \leqslant \int_0^1 f(x)^2\,\mathrm{d}x.$$

证明. 这可从命题 5.1 (2) 推出.   □

由贝塞尔不等式知, 在定理 5.2 的条件下, 级数 $\displaystyle\sum_{n=-\infty}^{\infty} |\hat{f}(n)|^2$ 收敛且有

$$\sum_{n=-\infty}^{\infty} |\hat{f}(n)|^2 \leqslant \int_0^1 f(x)^2\,\mathrm{d}x. \tag{18.23}$$

因此作为一个副产品, 我们再次得到了 $\displaystyle\lim_{|n|\to\infty} \hat{f}(n) = 0$, 这个结论曾作为黎曼 — 勒贝格引理的推论在引理 3.1 中出现过 (尽管 f 所需满足的条件略有差异).

下面我们来证明函数的傅里叶级数在积分均值意义下的收敛性.

【定理 5.3】设 f 以 1 为周期且 $f \in \mathscr{R}^2[0,1]$, 则有

$$\lim_{N\to\infty} \int_0^1 \left| f(x) - \sum_{n=-N}^{N} \hat{f}(n)e(nx) \right|^2 \mathrm{d}x = 0. \tag{18.24}$$

证明. 我们按照 [17] 的方式分以下四步来证明.
(1) 首先证明对任意的 $[a,b] \subseteq [0,1)$, 由特征函数

$$\chi_{[a,b]}(x) = \begin{cases} 1, & x \in [a,b], \\ 0, & x \in [0,1) \setminus [a,b] \end{cases}$$

延拓成的以 1 为周期的函数 f 满足 (18.24).

鉴于命题 5.1 (2), 我们只需证明

$$\sum_{n=-\infty}^{\infty} |\hat{f}(n)|^2 = \int_0^1 f(x)^2 \, \mathrm{d}x.$$

由于 $\hat{f}(0) = b - a$, 并且当 $n \neq 0$ 时

$$\hat{f}(n) = \int_0^1 \chi_{[a,b)}(x) e(-nx) \, \mathrm{d}x = \int_a^b e(-nx) \, \mathrm{d}x$$

$$= -\frac{1}{2n\pi \mathrm{i}} \big(e(-bn) - e(-an) \big),$$

因而有

$$\sum_{n=-\infty}^{\infty} |\hat{f}(n)|^2 = (b-a)^2 + \sum_{n \neq 0} \frac{1}{4n^2\pi^2} \big| e(-bn) - e(-an) \big|^2$$

$$= (b-a)^2 + \frac{1}{2\pi^2} \sum_{n=1}^{\infty} \frac{1}{n^2} \big| e((b-a)n) - 1 \big|^2$$

$$= (b-a)^2 + \frac{1}{\pi^2} \sum_{n=1}^{\infty} \frac{1 - \cos 2\pi(b-a)n}{n^2}.$$

应用 (18.18) 和 (18.19) 可得

$$\sum_{n=-\infty}^{\infty} |\hat{f}(n)|^2 = (b-a)^2 + \frac{1}{\pi^2} \left(\frac{\pi^2}{6} - \pi^2 \Big((b-a)^2 - (b-a) + \frac{1}{6} \Big) \right)$$

$$= b - a = \int_0^1 f(x)^2 \, \mathrm{d}x.$$

(2) 其次证明若函数 g 与 h 满足 (18.24), 那么它们的线性组合也满足 (18.24). 这是因为对任意的 $\lambda, \mu \in \mathbb{R}$,

$$\int_0^1 \left| (\lambda g(x) + \mu h(x)) - \sum_{n=-N}^{N} \widehat{(\lambda g + \mu h)}(n) e(nx) \right|^2 \mathrm{d}x$$

$$= \int_0^1 \left| (\lambda g(x) + \mu h(x)) - \sum_{n=-N}^{N} (\lambda \hat{g}(n) + \mu \hat{h}(n)) e(nx) \right|^2 \mathrm{d}x$$

$$\leqslant 2\lambda^2 \int_0^1 \left| g(x) - \sum_{n=-N}^{N} \hat{g}(n) e(nx) \right|^2 \mathrm{d}x + 2\mu^2 \int_0^1 \left| h(x) - \sum_{n=-N}^{N} \hat{h}(n) e(nx) \right|^2 \mathrm{d}x,$$

上面最后一步用到了 $|a+b|^2 \leqslant 2(|a|^2 + |b|^2)$.

(3) 接下来对 $[0,1]$ 上的可积函数 f 证明 (18.24).

因为 f 可积, 故对任意的 $\varepsilon > 0$, 存在 $[0,1]$ 的分划

$$0 = x_0 < x_1 < \cdots < x_m = 1$$

使得

$$0 \leqslant \overline{S} - \int_0^1 f(x)\,\mathrm{d}x < \varepsilon, \tag{18.25}$$

其中 $\overline{S}$ 是达布 (Darboux) 上和

$$\overline{S} = \sum_{j=1}^m M_j \Delta x_j$$

且 $M_j = \sup\limits_{x \in [x_{j-1}, x_j]} f(x)$. 若考虑定义在 $[0,1)$ 上的函数

$$\varphi = \sum_{j=1}^m M_j \cdot \chi_{[x_{j-1}, x_j)},$$

那么

$$\int_0^1 \varphi(x)\,\mathrm{d}x = \overline{S}.$$

将这代入 (18.25) 即得

$$0 \leqslant \int_0^1 (\varphi(x) - f(x))\,\mathrm{d}x < \varepsilon.$$

又由于 f 与 φ 均在 $[0,1)$ 上有界, 故存在 $M > 0$, 使得对任意的 $x \in [0,1)$ 有

$$|f(x)| \leqslant M, \qquad |\varphi(x)| \leqslant M.$$

现将 φ 延拓为以 1 为周期的函数, 那么由前面步骤 (1) 和 (2) 中的结果知

$$\lim_{N \to \infty} \int_0^1 \left| \varphi(x) - \sum_{n=-N}^N \hat{\varphi}(n) e(nx) \right|^2 \mathrm{d}x = 0,$$

从而当 N 充分大时

$$\int_0^1 \left| \varphi(x) - \sum_{n=-N}^N \hat{\varphi}(n) e(nx) \right|^2 \mathrm{d}x < \varepsilon.$$

于是对充分大的 N 有

$$\int_0^1 \left| f(x) - \sum_{n=-N}^{N} \hat{f}(n)e(nx) \right|^2 \mathrm{d}x$$

$$\leqslant 2 \int_0^1 \left| (f(x) - \varphi(x)) - \sum_{n=-N}^{N} \widehat{(\varphi - f)}(n)e(nx) \right|^2 \mathrm{d}x$$

$$+ 2 \int_0^1 \left| \varphi(x) - \sum_{n=-N}^{N} \hat{\varphi}(n)e(nx) \right|^2 \mathrm{d}x$$

$$\leqslant 2 \int_0^1 \left| (f(x) - \varphi(x)) - \sum_{n=-N}^{N} \widehat{(\varphi - f)}(n)e(nx) \right|^2 \mathrm{d}x + 2\varepsilon.$$

按照命题 5.1 (2), 上式右边第一项不超过

$$2 \int_0^1 (f(x) - \varphi(x))^2 \mathrm{d}x \leqslant 4M \int_0^1 (\varphi(x) - f(x)) \mathrm{d}x < 4M\varepsilon.$$

因此我们最终对充分大的 N 得到了

$$\int_0^1 \left| f(x) - \sum_{n=-N}^{N} \hat{f}(n)e(nx) \right|^2 \mathrm{d}x < 4M\varepsilon + 2\varepsilon = 2(2M+1)\varepsilon.$$

这样就对 f 证明了 (18.24).

(4) 最后对在 $[0,1]$ 上有有限多个奇点但 $\int_0^1 f(x)^2 \mathrm{d}x$ 收敛的 f 证明结论.

不妨设 0 是 f 在 $[0,1]$ 上的唯一奇点. 因为 $\int_0^1 f(x)^2 \mathrm{d}x$ 收敛, 故对任意的 $\varepsilon > 0$, 存在 $\delta > 0$ 使得

$$\int_0^\delta f(x)^2 \mathrm{d}x < \varepsilon.$$

现记

$$f_1(x) = \begin{cases} f(x), & \delta \leqslant x \leqslant 1, \\ 0, & 0 \leqslant x < \delta, \end{cases}$$

$$f_2(x) = \begin{cases} 0, & \delta \leqslant x \leqslant 1, \\ f(x), & 0 \leqslant x < \delta, \end{cases}$$

那么 $f = f_1 + f_2$ 且 $\int_0^1 f_2^2(x) \mathrm{d}x < \varepsilon$. 注意到 f_1 是 $[0,1]$ 上的可积函数, 所以由步骤 (3) 知, 对

充分大的 N 有

$$\int_0^1 \left| f_1(x) - \sum_{n=-N}^{N} \hat{f}_1(n)e(nx) \right|^2 \mathrm{d}x < \varepsilon.$$

于是当 N 充分大时

$$\int_0^1 \left| f(x) - \sum_{n=-N}^{N} \hat{f}(n)e(nx) \right|^2 \mathrm{d}x$$

$$= \int_0^1 \left| (f_1(x) + f_2(x)) - \sum_{n=-N}^{N} (\hat{f}_1(n) + \hat{f}_2(n))e(nx) \right|^2 \mathrm{d}x$$

$$\leqslant 2\int_0^1 \left| f_1(x) - \sum_{n=-N}^{N} \hat{f}_1(n)e(nx) \right|^2 \mathrm{d}x + 2\int_0^1 \left| f_2(x) - \sum_{n=-N}^{N} \hat{f}_2(n)e(nx) \right|^2 \mathrm{d}x$$

$$< 2\varepsilon + 2\int_0^1 f_2^2(x)\,\mathrm{d}x < 4\varepsilon,$$

上面倒数第二步再次用到了命题 5.1 (2).

　　至此, 定理得证. □

　　将上述定理与命题 5.1 (2) 结合, 我们发现 (18.23) 中的等号其实是成立的.

【定理 5.4】(帕塞瓦尔 (Parseval) 恒等式)　设 f 以 1 为周期且 $f \in \mathscr{R}^2[0,1]$, 则

$$\sum_{n \in \mathbb{Z}} |\hat{f}(n)|^2 = \int_0^1 f(x)^2\,\mathrm{d}x.$$

在上述定理的条件下, 如果将傅里叶级数写成

$$\frac{a_0}{2} + \sum_{n=1}^{\infty} (a_n \cos 2\pi nx + b_n \sin 2\pi nx)$$

的形式, 那么由 (18.7) 知帕塞瓦尔恒等式也即

$$\int_0^1 f(x)^2\,\mathrm{d}x = \frac{a_0^2}{4} + \frac{1}{2}\sum_{n=1}^{\infty}(a_n^2 + b_n^2). \tag{18.26}$$

更一般的形式参见习题 1.

【例 5.5】在例 2.3 中我们对以 1 为周期的函数

$$f(x) = x^2, \qquad \forall\, x \in \left[-\frac{1}{2}, \frac{1}{2} \right)$$

证明了

$$f(x) \sim \frac{1}{12} + \sum_{n=1}^{\infty} \frac{(-1)^n}{\pi^2 n^2} \cos 2\pi nx,$$

因此由 (18.26) 知

$$\int_{-\frac{1}{2}}^{\frac{1}{2}} x^4 \, \mathrm{d}x = \frac{1}{144} + \frac{1}{2}\sum_{n=1}^{\infty}\frac{1}{\pi^4 n^4},$$

略做整理即得

$$\zeta(4) = \sum_{n=1}^{\infty}\frac{1}{n^4} = \frac{\pi^4}{90}.$$

【注 5.6】设 k 是正整数. 通过考察以 1 为周期的函数

$$f(x) = x^k, \qquad \forall\, x \in \left[-\frac{1}{2}, \frac{1}{2}\right)$$

并利用帕塞瓦尔恒等式可以归纳地证明

$$\zeta(2k) = \frac{(-1)^{k+1}B_{2k}(2\pi)^{2k}}{2(2k)!},$$

其中 B_n 是伯努利数 (参见习题 10.6 第 6 题), 但是这一过程颇为繁琐, 具体可参见 [1]. 一个经典且便捷的方式是利用复函数 $\dfrac{z}{\mathrm{e}^z - 1}$ 的幂级数展开式以及 (18.21) 对应于复变量的形式, 因为这已超出了本书范围, 故不再进一步详述.

我们可对定理 5.4 做进一步的推广.

【定理 5.7】(广义帕塞瓦尔恒等式) 设 f 与 g 均是以 1 为周期的函数且 $f, g \in \mathscr{R}^2[0,1]$, 则

$$\sum_{n\in\mathbb{Z}}\hat{f}(n)\overline{\hat{g}(n)} = \int_0^1 f(x)g(x)\,\mathrm{d}x.$$

证明. 由 $\big(f(x)\pm g(x)\big)^2 \leqslant 2\big(f(x)^2 + g(x)^2\big)$ 知 $f \pm g \in \mathscr{R}^2[0,1]$. 现对 $f+g$ 和 $f-g$ 分别应用定理 5.4 可得

$$\int_0^1 (f(x) + g(x))^2 \, \mathrm{d}x = \sum_{n\in\mathbb{Z}}|\hat{f}(n) + \hat{g}(n)|^2,$$

$$\int_0^1 (f(x) - g(x))^2 \, \mathrm{d}x = \sum_{n\in\mathbb{Z}}|\hat{f}(n) - \hat{g}(n)|^2.$$

两式相减即得

$$\int_0^1 f(x)g(x)\,\mathrm{d}x = \sum_{n\in\mathbb{Z}}\operatorname{Re}\hat{f}(n)\overline{\hat{g}(n)} = \operatorname{Re}\sum_{n\in\mathbb{Z}}\hat{f}(n)\overline{\hat{g}(n)}.$$

注意到 $\hat{f}(-n) = \overline{\hat{f}(n)}$, 因此上式右边的和式本就是实数, 从而命题得证. □

作为本节的结束, 我们利用帕塞瓦尔恒等式证明: 无论傅里叶级数是否收敛, 它都是可以进行逐项积分的.

【命题 5.8】设 f 以 1 为周期且在 $[0,1]$ 上可积, 且其傅里叶级数为

$$f(x) \sim \sum_{n \in \mathbb{Z}} \hat{f}(n) e(nx),$$

则对任意的 $[a,b] \subseteq [0,1]$ 有

$$\int_a^b f(x)\,\mathrm{d}x = \sum_{n \in \mathbb{Z}} \hat{f}(n) \int_a^b e(nx)\,\mathrm{d}x.$$

证明. 考虑由特征函数

$$\chi_{[a,b)}(x) = \begin{cases} 1, & x \in [a,b), \\ 0, & x \in [0,1) \setminus [a,b) \end{cases}$$

延拓而得的以 1 为周期的函数, 我们将它仍记作 $\chi_{[a,b)}$. 由广义帕塞瓦尔恒等式知

$$\int_0^1 f(x)\chi_{[a,b)}(x)\,\mathrm{d}x = \sum_{n \in \mathbb{Z}} \hat{f}(n)\overline{\widehat{\chi_{[a,b)}}(n)}. \tag{18.27}$$

注意到

$$\widehat{\chi_{[a,b)}}(n) = \int_0^1 \chi_{[a,b)}(x)e(-nx)\,\mathrm{d}x = \int_a^b e(-nx)\,\mathrm{d}x,$$

故 (18.27) 也即

$$\int_a^b f(x)\,\mathrm{d}x = \sum_{n \in \mathbb{Z}} \hat{f}(n) \int_a^b e(nx)\,\mathrm{d}x. \qquad \square$$

习题 18.5

1. (帕塞瓦尔恒等式) 设 f 是以 ℓ 为周期的函数且 $f \in \mathscr{R}^2[0,\ell]$, 证明

$$\frac{1}{\ell} \int_0^\ell f(x)^2\,\mathrm{d}x = \sum_{n \in \mathbb{Z}} |\hat{f}(n)|^2$$

以及

$$\frac{2}{\ell} \int_0^\ell f(x)^2\,\mathrm{d}x = \frac{a_0^2}{2} + \sum_{n=1}^\infty (a_n^2 + b_n^2),$$

其中 a_n 和 b_n 是 f 的傅里叶系数.

2. 利用帕塞瓦尔恒等式重新证明命题 4.5.

3. 求定义在 $[0,\pi]$ 上的函数 $f(x) = x(\pi - x)$ 的正弦级数, 并对其使用帕塞瓦尔恒等式来计算 $\zeta(6)$ 的值.

4. 证明三角级数 $\displaystyle\sum_{n=2}^{\infty} \frac{\sin nx}{\log n}$ 不是任何一个黎曼可积函数的傅里叶级数.

§18.6
应　用

18.6.1　一致分布

设 $\{x_n\}$ 是通项取自有界区间 I 的数列. 所谓 $\{x_n\}$ 在 I 中稠密是指 I 的每个子区间中都含有 x_n 中的项. 不少读者或许已经意识到利用稠密性来描述数列太过空泛了, 因为由此并不能得到 $\{x_n\}$ 在 I 上分布性态的更多信息. 事实上, 从直观上看, $\{x_n\}$ 或许会更加 "集中" 在 I 的某一子区间上, 而在 I 的其余部分分布略为 "稀疏". 为了进一步了解 $\{x_n\}$ 的分布性态, 我们引入一致分布的概念. 在这里, 我们用 $|A|$ 表示有限集 A 的元素个数, 用 $|I|$ 表示区间 I 的长度.

【定义 6.1】设 $x_n \in [0, 1)\ (\forall\, n \in \mathbb{Z}_{>0})$, 如果对任意的区间 $I \subseteq [0, 1)$ 有

$$\lim_{N \to \infty} \frac{\left| \{ n \leqslant N : x_n \in I \} \right|}{N} = |I|, \tag{18.28}$$

则称 $\{x_n\}$ 是**一致分布的** (uniformly distributed).

对于一般的数列 $\{x_n\}$, 若 $\{x_n - [x_n]\}$ 是一致分布的, 则称 $\{x_n\}$ 是**一致分布的**, 这里 $[x_n]$ 表示不超过 x_n 的最大整数.

如果用 χ_I 表示区间 I 的特征函数, 即

$$\chi_I(x) = \begin{cases} 1, & x \in I, \\ 0, & x \in [0, 1) \setminus I, \end{cases}$$

那么 (18.28) 也即

$$\lim_{N \to \infty} \frac{1}{N} \sum_{n \leqslant N} \chi_I(x_n) = |I|. \tag{18.29}$$

下面的**外尔准则** (Weyl criterion) 是判定一致分布性的重要方法.

【定理 6.2】(外尔准则)　设 $\{x_n\}$ 是一个数列, 则下列命题等价:

(1) $\{x_n\}$ 是一致分布的;

(2) 对任意以 1 为周期且在 $[0, 1]$ 上黎曼可积的函数 $f(x)$ 有

$$\lim_{N \to \infty} \frac{1}{N} \sum_{n=1}^{N} f(x_n) = \int_0^1 f(x)\,\mathrm{d}x;$$

(3) 对任意的非零整数 k 有

$$\lim_{N \to \infty} \frac{1}{N} \sum_{n=1}^{N} e(kx_n) = 0.$$

证明. 不妨设 $x_n \in [0, 1)$ ($\forall\, n \in \mathbb{Z}_{>0}$).

$(1) \Rightarrow (2)$: 由 f 的可积性知, 对任意的 $\varepsilon > 0$, 存在 $[0, 1]$ 的一组分点

$$0 = t_0 < t_1 < \cdots < t_m = 1$$

使得

$$\int_0^1 f(x)\,\mathrm{d}x - \varepsilon < \sum_{i=1}^{m} m_i \Delta t_i \leqslant \sum_{i=1}^{m} M_i \Delta t_i < \int_0^1 f(x)\,\mathrm{d}x + \varepsilon, \qquad (18.30)$$

其中 $\Delta t_i = t_i - t_{i-1}$,

$$m_i = \inf_{x \in [t_{i-1}, t_i]} f(x), \qquad M_i = \sup_{x \in [t_{i-1}, t_i]} f(x).$$

现考虑定义在 $[0, 1)$ 上的函数

$$\alpha(x) = \sum_{i=1}^{m} m_i \cdot \chi_{[t_{i-1}, t_i)}(x), \qquad \beta(x) = \sum_{i=1}^{m} M_i \cdot \chi_{[t_{i-1}, t_i)}(x),$$

那么对任意的 $x \in [0, 1)$ 有 $\alpha(x) \leqslant f(x) \leqslant \beta(x)$, 并且由 (18.29) 知

$$\lim_{N \to \infty} \frac{1}{N} \sum_{n=1}^{N} \alpha(x_n) = \lim_{N \to \infty} \frac{1}{N} \sum_{n=1}^{N} \sum_{i=1}^{m} m_i \cdot \chi_{[t_{i-1}, t_i)}(x_n)$$

$$= \sum_{i=1}^{m} m_i \lim_{N \to \infty} \frac{1}{N} \sum_{n=1}^{N} \chi_{[t_{i-1}, t_i)}(x_n) = \sum_{i=1}^{m} m_i \Delta t_i.$$

同理可证

$$\lim_{N \to \infty} \frac{1}{N} \sum_{n=1}^{N} \beta(x_n) = \sum_{i=1}^{m} M_i \Delta t_i.$$

结合 (18.30) 便可对充分大的 N 得到

$$\int_0^1 f(x)\,\mathrm{d}x - 2\varepsilon < \sum_{i=1}^{m} m_i \Delta t_i - \varepsilon < \frac{1}{N} \sum_{n=1}^{N} \alpha(x_n)$$

$$\leqslant \frac{1}{N} \sum_{n=1}^{N} f(x_n)$$

$$\leqslant \frac{1}{N} \sum_{n=1}^{N} \beta(x_n) < \sum_{i=1}^{m} M_i \Delta t_i + \varepsilon < \int_0^1 f(x)\,\mathrm{d}x + 2\varepsilon.$$

因此

$$\lim_{N\to\infty} \frac{1}{N} \sum_{n=1}^{N} f(x_n) = \int_0^1 f(x)\,\mathrm{d}x.$$

$(2) \Rightarrow (3)$: 取 $f(x) = e(kx)$ 并利用 (18.2) 即得.

$(3) \Rightarrow (1)$: 设 $P(x) = \sum_{k=-M}^{M} c_k e(kx)$ 是一个三角多项式, 则由 (3) 知

$$\lim_{N\to\infty} \frac{1}{N} \sum_{n=1}^{N} P(x_n) = \lim_{N\to\infty} \frac{1}{N} \sum_{n=1}^{N} \left(c_0 + \sum_{\substack{k=-M \\ k\neq 0}}^{M} c_k e(kx) \right)$$

$$= c_0 = \int_0^1 P(x)\,\mathrm{d}x. \tag{18.31}$$

现设 I 是 $[0,1)$ 的一个子区间, 为方便起见, 我们只讨论 $I = [a,b]$ 且 $0 < a < b < 1$ 的情形. 对任意的 $0 < \varepsilon < \min\left(a, 1-b, \dfrac{b-a}{2}\right)$, 如果令 g 和 h 是如图 18.1 所示的连续函数, 则对任意的 $x \in [0,1)$ 有 $g(x) \leqslant \chi_I(x) \leqslant h(x)$, 并且

$$\int_0^1 g(x)\mathrm{d}x = |I| - \varepsilon, \qquad \int_0^1 h(x)\mathrm{d}x = |I| + \varepsilon.$$

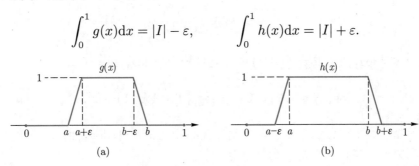

图 18.1

由定理 4.4 知存在三角多项式 $P_1(x)$ 和 $P_2(x)$ 使得

$$\max_{x\in[0,1]} |g(x) - P_1(x)| < \varepsilon \qquad \text{及} \qquad \max_{x\in[0,1]} |h(x) - P_2(x)| < \varepsilon,$$

因此

$$\int_0^1 P_1(x)\,\mathrm{d}x \geqslant |I| - 2\varepsilon, \qquad \int_0^1 P_2(x)\mathrm{d}x \leqslant |I| + 2\varepsilon.$$

再由 (18.31) 知, 当 N 充分大时有

$$\frac{|\{n \leqslant N : x_n \in I\}|}{N} = \frac{1}{N} \sum_{n=1}^{N} \chi_I(x_n) \leqslant \frac{1}{N} \sum_{n=1}^{N} h(x_n) < \frac{1}{N} \sum_{n=1}^{N} P_2(x) + \varepsilon$$

$$< \int_0^1 P_2(x)\mathrm{d}x + 2\varepsilon \leqslant |I| + 4\varepsilon.$$

同样可对充分大的 N 得到

$$\frac{|\{n \leqslant N : x_n \in I\}|}{N} > |I| - 4\varepsilon,$$

因此

$$\lim_{N \to \infty} \frac{|\{n \leqslant N : x_n \in I\}|}{N} = |I|,$$

也即是说 $\{x_n\}$ 是一致分布的. □

【例 6.3】若 α 是一个无理数, 那么 $\{\alpha n\}$ 是一致分布的, 这是因为对任意的非零整数 k 有

$$\lim_{N \to \infty} \frac{1}{N} \sum_{n=1}^{N} e(\alpha k n) = \lim_{N \to \infty} \frac{1}{N} \cdot \frac{e(\alpha k) - e(\alpha k(N+1))}{1 - e(\alpha k)} = 0.$$

【例 6.4】设 j 是区间 $[1,9]$ 中的某个整数, 证明 2^n $(n \in \mathbb{Z}_{>0})$ 的十进制表示最高位数字是 j 的概率为 $\log_{10}\left(1 + \dfrac{1}{j}\right)$.

证明. 2^n 的十进制表示最高位数字是 j 当且仅当存在非负整数 ℓ 使得

$$j \cdot 10^\ell \leqslant 2^n < (j+1)10^\ell,$$

也即 $\log_{10} j + \ell \leqslant n \log_{10} 2 < \log_{10}(j+1) + \ell$, 这等价于 $[n\log_{10} 2] = \ell$ 且

$$\log_{10} j \leqslant n \log_{10} 2 - [n \log_{10} 2] < \log_{10}(j+1).$$

因为 $\log_{10} 2$ 是无理数 (参见习题 2.7 第 5 题), 所以由上例知 $\{n \log_{10} 2\}$ 是一致分布的, 进而知 2^n 的十进制表示最高位数字是 j 的概率为

$$\lim_{N \to \infty} \frac{|\{n \leqslant N : \log_{10} j \leqslant n \log_{10} 2 - [n \log_{10} 2] < \log_{10}(j+1)\}|}{N}$$

$$= \log_{10}(j+1) - \log_{10} j.$$ □

18.6.2 等周问题

等周问题 (isoperimetric problem) 是一个古老的几何问题, 它宣称在弧长相等的所有平面简单闭曲线中, 圆周所围出的区域具有最大的面积. 换句话说, 若用 A 表示某条长为 L 的简单闭曲线所围成的区域的面积, 那么

$$4\pi A \leqslant L^2,$$

并且等号成立当且仅当这一简单闭曲线是圆. 上面的不等式被称作等周不等式 (isoperimetric inequality). 我们下面来介绍如何在一个特殊情形下证明该不等式, 这里所用的方法是由赫尔维茨 (A. Hurwitz)[33] 于 1902 年给出的.

【引理 6.5】设 f 是以 ℓ 为周期的函数, 且在 $[0,\ell]$ 上连续可微, 如果

$$f(x) \sim \frac{a_0}{2} + \sum_{n=1}^{\infty} \left(a_n \cos \frac{2\pi nx}{\ell} + b_n \sin \frac{2\pi nx}{\ell} \right),$$

那么

$$f'(x) \sim \sum_{n=1}^{\infty} \left(\frac{2\pi n b_n}{\ell} \cos \frac{2\pi nx}{\ell} - \frac{2\pi n a_n}{\ell} \sin \frac{2\pi nx}{\ell} \right).$$

简而言之, $f'(x)$ 的傅里叶级数可通过对 $f(x)$ 的傅里叶级数进行逐项求导得到.

证明. 因为 f 以 ℓ 为周期, 所以 f' 也以 ℓ 为周期. 假设

$$f'(x) \sim \frac{a_0'}{2} + \sum_{n=1}^{\infty} \left(a_n' \cos \frac{2\pi nx}{\ell} + b_n' \sin \frac{2\pi nx}{\ell} \right),$$

那么

$$a_0' = \frac{2}{\ell} \int_0^{\ell} f'(x) \, \mathrm{d}x = \frac{2}{\ell}(f(\ell) - f(0)) = 0,$$

并且当 $n \geqslant 1$ 时

$$\begin{aligned} a_n' &= \frac{2}{\ell} \int_0^{\ell} f'(x) \cos \frac{2\pi nx}{\ell} \, \mathrm{d}x = \frac{2}{\ell} \int_0^{\ell} \cos \frac{2\pi nx}{\ell} \, \mathrm{d}f(x) \\ &= \frac{2}{\ell} f(x) \cos \frac{2\pi nx}{\ell} \bigg|_0^{\ell} + \frac{2\pi n}{\ell} \cdot \frac{2}{\ell} \int_0^{\ell} f(x) \sin \frac{2\pi nx}{\ell} \, \mathrm{d}x \\ &= \frac{2\pi n}{\ell} b_n. \end{aligned}$$

同理可证 $b_n' = -\dfrac{2\pi n}{\ell} a_n$. □

【引理 6.6】(维尔丁格 (Wirtinger)) 设 f 是以 ℓ 为周期的函数, 在 $[0,\ell]$ 上连续可微, 并且 $\displaystyle\int_0^{\ell} f(x) \, \mathrm{d}x = 0$, 那么

$$\int_0^{\ell} f(x)^2 \, \mathrm{d}x \leqslant \frac{\ell^2}{4\pi^2} \int_0^{\ell} f'(x)^2 \, \mathrm{d}x,$$

这里等号成立当且仅当 $f(x) = a \cos \dfrac{2\pi x}{\ell} + b \sin \dfrac{2\pi x}{\ell}$, 其中 a, b 是常数.

证明. 设 $f(x) \sim \dfrac{a_0}{2} + \displaystyle\sum_{n=1}^{\infty} \left(a_n \cos \dfrac{2\pi nx}{\ell} + b_n \sin \dfrac{2\pi nx}{\ell} \right)$, 那么由假设知 $a_0 = 0$. 此外, 由引理 6.5 可得

$$f'(x) \sim \sum_{n=1}^{\infty} \left(\frac{2\pi n b_n}{\ell} \cos \frac{2\pi nx}{\ell} - \frac{2\pi n a_n}{\ell} \sin \frac{2\pi nx}{\ell} \right).$$

于是由帕塞瓦尔恒等式 (习题 18.5 第 1 题) 知

$$\frac{2}{\ell}\int_0^\ell f(x)^2\,\mathrm{d}x = \sum_{n=1}^\infty (a_n^2 + b_n^2),$$

$$\frac{2}{\ell}\int_0^\ell f'(x)^2\,\mathrm{d}x = \frac{4\pi^2}{\ell^2}\sum_{n=1}^\infty n^2(a_n^2 + b_n^2).$$

因此

$$\frac{\ell^2}{4\pi^2}\int_0^\ell f'(x)^2\,\mathrm{d}x - \int_0^\ell f(x)^2\,\mathrm{d}x = \frac{\ell}{2}\sum_{n=1}^\infty (n^2-1)(a_n^2+b_n^2) \geqslant 0,$$

其中等号成立当且仅当对任意的 $n>1$ 有 $a_n = b_n = 0$, 即 $f(x) = a_1\cos\dfrac{2\pi x}{\ell} + b_1\sin\dfrac{2\pi x}{\ell}$.   □

现在可以来证明等周不等式了. 设平面上的简单闭曲线 C 由参数方程

$$\begin{cases} x = x(s), \\ y = y(s), \end{cases} \qquad s\in[0,L]$$

给出, 其中 s 是弧长参数, L 是 C 的弧长, x 与 y 均在 $[0,L]$ 上连续可微. 记

$$c_1 = \frac{1}{L}\int_0^L x(s)\,\mathrm{d}s$$

以及 $x_1(s) = x(s) - c_1$. 由 (16.21) 可得 C 围成的闭区域的面积

$$A = \int_C x\,\mathrm{d}y = \int_C x_1\,\mathrm{d}y = \left|\int_0^L x_1(s)y'(s)\,\mathrm{d}s\right|$$

$$\leqslant \frac{1}{2}\int_0^L \left(\frac{2\pi}{L}x_1(s)^2 + \frac{L}{2\pi}y'(s)^2\right)\mathrm{d}s.$$

现把 $x_1(s)$ 延拓为以 L 为周期的函数, 注意到 $\int_0^L x_1(s)\,\mathrm{d}s = 0$, 所以由引理 6.6 知

$$A \leqslant \frac{1}{2}\left[\frac{2\pi}{L}\cdot\frac{L^2}{4\pi^2}\int_0^L x_1'(s)^2\,\mathrm{d}s + \frac{L}{2\pi}\int_0^L y'(s)^2\,\mathrm{d}s\right]$$

$$= \frac{L}{4\pi}\int_0^L (x'(s)^2 + y'(s)^2)\,\mathrm{d}s = \frac{L^2}{4\pi},$$

上面最后一步用到了 $x'(s)^2 + y'(s)^2 = 1$, 这可由弧长的计算公式 (16.5) 得出. 上式中等号成立当且仅当存在不全为 0 的常数 a, b 使得 $x_1(s) = a\cos\dfrac{2\pi s}{L} + b\sin\dfrac{2\pi s}{L}$ 且 $y'(s) = \pm\dfrac{2\pi}{L}x_1(s)$, 也即

$$\begin{cases} x(s) = a\cos\dfrac{2\pi s}{L} + b\sin\dfrac{2\pi s}{L} + c_1, \\[2mm] y(s) = \pm\left(a\sin\dfrac{2\pi s}{L} - b\cos\dfrac{2\pi s}{L}\right) + c_2, \end{cases}$$

其中 c_2 是一个常数, 此时 C 是一个圆.

习题 18.6

1. 设 $\{x_n\}$ 是一致分布的, 证明对任意的非零整数 m 而言 $\{mx_n\}$ 均是一致分布的.

2. 设 $x_n \in [0, 1)$ $(\forall\, n \in \mathbb{Z}_{>0})$ 且 $\{x_n\}$ 是一致分布的, 证明 $\{x_n\}$ 在 $[0, 1)$ 上稠密.

3. 设 α 是一个有理数, 证明 $\{n\alpha\}$ 不是一致分布的.

4. 设数列 $\{x_n - y_n\}$ 收敛且 $\{x_n\}$ 一致分布, 证明 $\{y_n\}$ 也一致分布.

5. 设 $\{x_n\}$ 是一个数列, q 是一个正整数. 又假设对任意的整数 $0 \leqslant r < q$ 而言, $\{x_{qn+r}\}$ 均是一致分布的. 证明 $\{x_n\}$ 是一致分布的.

6. 利用欧拉 (Euler) 求和公式 (第十一章定理 4.3) 和外尔准则证明 $\{\log n\}$ 不一致分布 [①].

§18.7
傅里叶变换

【定义 7.1】设 $f(x)$ 是定义在 $\mathbb{R}$ 上的函数且 $\displaystyle\int_{-\infty}^{+\infty} |f(x)|\,\mathrm{d}x$ 收敛, 我们记

$$\hat{f}(y) = \int_{-\infty}^{+\infty} f(x)e(-xy)\,\mathrm{d}x, \qquad \forall\, y \in \mathbb{R},$$

并称 $\hat{f}$ 为 f 的<u>傅里叶变换 (Fourier transform)</u>.

【例 7.2】求 $f(x) = \mathrm{e}^{-|x|}$ 的傅里叶变换.

<u>解</u>. 我们有

$$\hat{f}(y) = \int_{-\infty}^{+\infty} \mathrm{e}^{-|x|-2\pi\mathrm{i}xy}\,\mathrm{d}x = \int_0^{+\infty} \mathrm{e}^{-(1+2\pi\mathrm{i}y)x}\,\mathrm{d}x + \int_{-\infty}^0 \mathrm{e}^{(1-2\pi\mathrm{i}y)x}\,\mathrm{d}x$$

$$= \frac{1}{1+2\pi\mathrm{i}y} + \frac{1}{1-2\pi\mathrm{i}y} = \frac{2}{1+4\pi^2y^2}. \qquad \square$$

下面来介绍傅里叶变换的一些基本性质. 为方便起见, 用记号

$$f(x) \longmapsto \hat{f}(y)$$

表示 $\hat{f}$ 是 f 的傅里叶变换.

---

① 值得一提的是, $\big\{\log n - [\log n] : n \in \mathbb{Z}_{>0}\big\}$ 在 $[0, 1]$ 中稠密 (参见习题 3.5 第 13 题).

【命题 7.3】设 f 在 $\mathbb{R}$ 上有定义且 $\displaystyle\int_{-\infty}^{+\infty} |f(x)|\,\mathrm{d}x$ 收敛, 那么

(1) 对任意的 $h \in \mathbb{R}$, $f(x+h) \longmapsto \hat{f}(y)e(hy)$ 且 $f(x)e(-hx) \longmapsto \hat{f}(y+h)$;

(2) 对任意的 $\delta > 0$, $f(\delta x) \longmapsto \delta^{-1}\hat{f}(\delta^{-1}y)$;

(3) 若 f 在 $\mathbb{R}$ 上可微且 $\displaystyle\int_{-\infty}^{+\infty} |f'(x)|\,\mathrm{d}x$ 也收敛, 则 $f'(x) \longmapsto 2\pi\mathrm{i}y\hat{f}(y)$;

(4) 若 f 在 $\mathbb{R}$ 上连续且 $\displaystyle\int_{-\infty}^{+\infty} |xf(x)|\,\mathrm{d}x$ 也收敛, 那么 $\hat{f}$ 可导, 并且

$$-2\pi\mathrm{i}x f(x) \longmapsto \hat{f}'(y).$$

证明. (1) 和 (2) 可由傅里叶变换的定义及变量替换直接得到.

(3) 由 $\displaystyle\int_{-\infty}^{+\infty} |f'(x)|\,\mathrm{d}x$ 收敛知, 对任意的 $\varepsilon > 0$, 存在 $N > 0$, 使得对任意的 $B > A > N$ 有

$$\int_{A}^{B} |f'(x)|\,\mathrm{d}x < \varepsilon.$$

于是

$$|f(B) - f(A)| = \left| \int_{A}^{B} f'(x)\,\mathrm{d}x \right| \leqslant \int_{A}^{B} |f'(x)|\,\mathrm{d}x < \varepsilon,$$

从而利用柯西收敛准则可得 $\displaystyle\lim_{x \to +\infty} f(x) = 0$. 同理可证 $\displaystyle\lim_{x \to -\infty} f(x) = 0$. 进而由分部积分法知

$$\int_{-\infty}^{+\infty} f'(x)e(-xy)\,\mathrm{d}x = f(x)e(-xy)\Big|_{-\infty}^{+\infty} + 2\pi\mathrm{i}y \int_{-\infty}^{+\infty} f(x)e(-xy)\,\mathrm{d}x$$

$$= 2\pi\mathrm{i}y\hat{f}(y).$$

(4) 由 $\displaystyle\int_{-\infty}^{+\infty} |xf(x)|\,\mathrm{d}x$ 收敛及魏尔斯特拉斯判别法知

$$\int_{-\infty}^{+\infty} xf(x)e(-xy)\,\mathrm{d}x$$

对于参变量 y 在 $\mathbb{R}$ 上一致收敛, 故而可通过交换微分运算与积分运算 (参见第十四章命题 2.20) 得到

$$\hat{f}'(y) = \frac{\partial}{\partial y}\left(\int_{-\infty}^{+\infty} f(x)e(-xy)\,\mathrm{d}x \right) = \int_{-\infty}^{+\infty} \frac{\partial}{\partial y}(f(x)e(-xy))\,\mathrm{d}x$$

$$= -2\pi\mathrm{i} \int_{-\infty}^{+\infty} xf(x)e(-xy)\,\mathrm{d}x. \qquad \square$$

【例 7.4】设 $f(x) = \mathrm{e}^{-\pi x^2}$, 证明 $\hat{f} = f$.

证明. 由命题 7.3 (4) 知

$$\hat{f}'(y) = -2\pi\mathrm{i} \int_{-\infty}^{+\infty} x f(x) e(-xy) \,\mathrm{d}x.$$

注意到 $-2\pi x f(x) = f'(x)$, 故由命题 7.3 (3) 可得

$$\hat{f}'(y) = \mathrm{i} \int_{-\infty}^{+\infty} f'(x) e(-xy) \,\mathrm{d}x = \mathrm{i} \cdot 2\pi\mathrm{i} y \hat{f}(y) = -2\pi y \hat{f}(y).$$

因此若记 $g(y) = \hat{f}(y)\mathrm{e}^{\pi y^2}$, 则有

$$g'(y) = \hat{f}'(y)\mathrm{e}^{\pi y^2} + \hat{f}(y) \cdot 2\pi y \mathrm{e}^{\pi y^2} = 0,$$

这意味着 $g(y)$ 是常值函数. 又因为

$$g(0) = \hat{f}(0) = \int_{-\infty}^{+\infty} \mathrm{e}^{-\pi x^2} \,\mathrm{d}x = 1,$$

所以对任意的 y 有 $g(y) = 1$, 也即 $\hat{f}(y) = \mathrm{e}^{-\pi y^2} = f(y)$.   □

接下来要介绍的反演公式 (inversion formula) 是傅里叶变换的一个非常重要的性质.

【定理 7.5】(反演公式) 假设函数 f 在 $\mathbb{R}$ 上连续并且分段可微, 又设积分 $\int_{-\infty}^{+\infty} |f(x)| \,\mathrm{d}x$ 收敛, 则

$$f(x) = \lim_{A \to +\infty} \int_{-A}^{A} \hat{f}(y) e(xy) \,\mathrm{d}y, \qquad \forall\, x \in \mathbb{R}.$$

特别地, 如果 $\int_{-\infty}^{+\infty} |\hat{f}(y)| \,\mathrm{d}y$ 收敛, 那么

$$f(x) = \int_{-\infty}^{+\infty} \hat{f}(y) e(xy) \,\mathrm{d}y, \qquad \forall\, x \in \mathbb{R}. \tag{18.32}$$

证明. 对任意的 $A > 0$ 及 $x \in \mathbb{R}$ 记

$$I(A, x) = \int_{-A}^{A} \hat{f}(y) e(xy) \,\mathrm{d}y = \int_{-A}^{A} \mathrm{d}y \int_{-\infty}^{+\infty} f(t) e((x-t)y) \,\mathrm{d}t. \tag{18.33}$$

按照魏尔斯特拉斯判别法, 由 $\int_{-\infty}^{+\infty} |f(t)| \,\mathrm{d}t$ 收敛知

$$\int_{-\infty}^{+\infty} f(t) e((x-t)y) \,\mathrm{d}t$$

对于参变量 y 在区间 $[-A, A]$ 上一致收敛, 于是由第十四章命题 2.17 知 (18.33) 右侧的积分号可以交换, 从而有

$$
\begin{aligned}
I(A, x) &= \int_{-\infty}^{+\infty} f(t) \, \mathrm{d}t \int_{-A}^{A} e((x-t)y) \, \mathrm{d}y \\
&= \frac{1}{2\pi \mathrm{i}} \int_{-\infty}^{+\infty} \frac{f(t)}{x-t} \big(e((x-t)A) - e(-(x-t)A) \big) \, \mathrm{d}t \\
&= \frac{1}{2\pi \mathrm{i}} \int_{-\infty}^{+\infty} \frac{f(x-t)}{t} \big(e(At) - e(-At) \big) \, \mathrm{d}t \\
&= \frac{1}{\pi} \int_{-\infty}^{+\infty} \frac{f(x-t)}{t} \sin 2\pi A t \, \mathrm{d}t.
\end{aligned}
$$

对 $(-\infty, 0]$ 上的积分作变量替换 $t \longmapsto -t$ 可得

$$
I(A, x) = \frac{1}{\pi} \int_0^{+\infty} \frac{f(x+t) + f(x-t)}{t} \sin 2\pi A t \, \mathrm{d}t.
$$

注意到

$$
1 = \frac{2}{\pi} \int_0^{+\infty} \frac{\sin t}{t} \, \mathrm{d}t = \frac{2}{\pi} \int_0^{+\infty} \frac{\sin 2\pi A t}{t} \, \mathrm{d}t,
$$

故而

$$
\begin{aligned}
I(A, x) - f(x) &= \frac{1}{\pi} \int_0^{+\infty} \frac{f(x+t) + f(x-t) - 2f(x)}{t} \sin 2\pi A t \, \mathrm{d}t \\
&= \frac{1}{\pi} \int_0^{1} \frac{f(x+t) + f(x-t) - 2f(x)}{t} \sin 2\pi A t \, \mathrm{d}t \\
&\quad + \frac{1}{\pi} \int_1^{+\infty} \frac{f(x+t) + f(x-t)}{t} \sin 2\pi A t \, \mathrm{d}t \\
&\quad - \frac{2f(x)}{\pi} \int_1^{+\infty} \frac{\sin 2\pi A t}{t} \, \mathrm{d}t \\
&\xlongequal{\text{记作}} I_1 + I_2 - I_3.
\end{aligned}
$$

首先, f 的连续性和分段可微性蕴涵了极限

$$
\lim_{t \to 0^+} \frac{f(x+t) + f(x-t) - 2f(x)}{t}
$$

的存在性, 这意味着 $t = 0$ 不是函数 $\dfrac{f(x+t) + f(x-t) - 2f(x)}{t}$ 的奇点, 因此由黎曼 — 勒贝格引理知

$$
\lim_{A \to +\infty} I_1 = 0.
$$

其次, 由 f 的绝对可积性知函数 $\dfrac{f(x+t)+f(x-t)}{t}$ 在 $[1,+\infty)$ 上绝对可积, 于是再次利用黎曼 − 勒贝格引理可得

$$\lim_{A\to+\infty} I_2 = 0.$$

最后,

$$I_3 = \frac{2f(x)}{\pi}\int_1^{+\infty}\frac{\sin 2\pi At}{t}\,\mathrm{d}t = \frac{2f(x)}{\pi}\int_{2\pi A}^{+\infty}\frac{\sin t}{t}\,\mathrm{d}t \longrightarrow 0, \qquad \text{当 } A\to+\infty \text{ 时}.$$

综上便得 $\lim\limits_{A\to+\infty}(I(A,x)-f(x))=0$, 从而定理得证. $\qquad\square$

【注 7.6】按照傅里叶变换的定义, (18.32) 也即

$$\hat{\hat{f}}(x) = f(-x).$$

【例 7.7】由例 7.2 及反演公式知

$$\mathrm{e}^{-|x|} = \int_{-\infty}^{+\infty}\frac{2e(xy)}{1+4\pi^2 y^2}\,\mathrm{d}y.$$

取实部即得

$$\mathrm{e}^{-|x|} = \int_{-\infty}^{+\infty}\frac{2\cos 2\pi xy}{1+4\pi^2 y^2}\,\mathrm{d}y = \frac{1}{\pi}\int_{-\infty}^{+\infty}\frac{\cos xy}{1+y^2}\,\mathrm{d}y.$$

最后, 我们来介绍卷积的傅里叶变换.

【定义 7.8】设 f 与 g 均是定义在 $\mathbb{R}$ 上的函数, 如果对任意的 $x\in\mathbb{R}$ 下式右边的积分都收敛, 那么我们就定义 f 与 g 的卷积 (convolution) 为

$$(f*g)(x) = \int_{-\infty}^{+\infty}f(x-t)g(t)\,\mathrm{d}t.$$

【命题 7.9】设 f,g,h 均是定义在 $\mathbb{R}$ 上的连续函数, 并且 $|f|,|g|,|h|,|f|^2,|g|^2$ 及 $|h|^2$ 均在 $\mathbb{R}$ 上可积, 则

(1) $f*g = g*f$;

(2) $(f+g)*h = f*h + g*h$;

(3) $(f*g)*h = f*(g*h)$;

(4) 对任意的 $y\in\mathbb{R}$ 有 $\widehat{(f*g)}(y) = \hat{f}(y)\hat{g}(y)$.

证明. 由 $|f(x-t)g(x)|\leqslant 2(|f(x-t)|^2+|g(t)|^2)$ 及条件知 $\displaystyle\int_{-\infty}^{+\infty}f(x-t)g(t)\,\mathrm{d}t$ 收敛, 从而 $f*g$ 在 $\mathbb{R}$ 上有定义. 并且利用上述不等式可对任意的 $x\in\mathbb{R}$ 得到

$$|(f*g)(x)| \leqslant 2\int_{-\infty}^{+\infty}|f(x-t)|^2\,\mathrm{d}t + 2\int_{-\infty}^{+\infty}|g(t)|^2\,\mathrm{d}t$$

$$= 2\int_{-\infty}^{+\infty}|f(t)|^2\,\mathrm{d}t + 2\int_{-\infty}^{+\infty}|g(t)|^2\,\mathrm{d}t,$$

因此 $f*g$ 在 $\mathbb{R}$ 上有界.

(1) 可通过变量替换 $t \longmapsto x - t$ 得到.

(2) 可直接由定义得到.

(3) 首先证明 $|f*g|$ 在 $\mathbb{R}$ 上可积. 因为 $|f*g| \leqslant |f|*|g|$, 所以只需证明

$$\int_{-\infty}^{+\infty} (|f|*|g|)(x)\,\mathrm{d}x = \int_{-\infty}^{+\infty} \mathrm{d}x \int_{-\infty}^{+\infty} |f(x-t)g(t)|\,\mathrm{d}t$$

收敛. 由已知条件及魏尔斯特拉斯判别法知

$$\int_{-\infty}^{+\infty} |f(x-t)g(t)|\,\mathrm{d}t \qquad 与 \qquad \int_{-\infty}^{+\infty} |f(x-t)g(t)|\,\mathrm{d}x$$

分别对参变量 x 和 t 在任一有界闭区间上一致收敛. 此外,

$$\int_{-\infty}^{+\infty} \mathrm{d}t \int_{-\infty}^{+\infty} |f(x-t)g(t)|\,\mathrm{d}x = \int_{-\infty}^{+\infty} |g(t)|\,\mathrm{d}t \int_{-\infty}^{+\infty} |f(x)|\,\mathrm{d}x$$

收敛, 因此由第十四章命题 2.18 知 $\displaystyle\int_{-\infty}^{+\infty} \mathrm{d}x \int_{-\infty}^{+\infty} |f(x-t)g(t)|\,\mathrm{d}t$ 收敛.

其次, 由上面结论及 $f*g$ 在 $\mathbb{R}$ 上的有界性知 $|f*g|^2$ 在 $\mathbb{R}$ 上可积. 进而得知 $(f*g)*h$ 在 $\mathbb{R}$ 上有定义. 同理可证 $f*(g*h)$ 在 $\mathbb{R}$ 上也有定义.

最后, 对任意的 $x \in \mathbb{R}$ 有

$$
\begin{aligned}
((f*g)*h)(x) &= \int_{-\infty}^{+\infty} (f*g)(x-t)h(t)\,\mathrm{d}t \\
&= \int_{-\infty}^{+\infty} \left(\int_{-\infty}^{+\infty} f(x-t-s)g(s)\,\mathrm{d}s \right) h(t)\,\mathrm{d}t \\
&= \int_{-\infty}^{+\infty} \left(\int_{-\infty}^{+\infty} f(x-u)g(u-t)\,\mathrm{d}u \right) h(t)\,\mathrm{d}t,
\end{aligned}
\tag{18.34}
$$

由 $|f(x-u)g(u-t)|^2 \leqslant 2(|f(x-u)|^2 + |g(u-t)|^2)$ 及魏尔斯特拉斯判别法知

$$\int_{-\infty}^{+\infty} |f(x-u)g(u-t)h(t)|\,\mathrm{d}u = |h(t)| \int_{-\infty}^{+\infty} |f(x-u)g(u-t)|\,\mathrm{d}u$$

对参变量 t 在任一有界闭区间上一致收敛. 类似地,

$$\int_{-\infty}^{+\infty} |f(x-u)g(u-t)h(t)|\,\mathrm{d}t$$

对参变量 u 在任一有界闭区间上一致收敛. 此外, 由条件可得

$$\int_{-\infty}^{+\infty} \left(\int_{-\infty}^{+\infty} |f(x-u)g(u-t)h(t)|\,\mathrm{d}t \right) \mathrm{d}u = \int_{-\infty}^{+\infty} |f(x-u)|(|g|*|h|)(u)\,\mathrm{d}u$$

收敛, 故而由第十四章命题 2.18 知 (18.34) 中的两个积分号可以交换, 从而有

$$((f*g)*h)(x) = \int_{-\infty}^{+\infty} f(x-u)\left(\int_{-\infty}^{+\infty} g(u-t)h(t)\,\mathrm{d}t\right)\mathrm{d}u$$

$$= \int_{-\infty}^{+\infty} f(x-u)(g*h)(u)\,\mathrm{d}u = \big(f*(g*h)\big)(x).$$

(4) 我们有

$$\widehat{(f*g)}(y) = \int_{-\infty}^{+\infty} (f*g)(x)e(-xy)\,\mathrm{d}x$$

$$= \int_{-\infty}^{+\infty}\left(\int_{-\infty}^{+\infty} f(x-t)g(t)\,\mathrm{d}t\right)e(-xy)\,\mathrm{d}x.$$

通过一个与 (3) 中类似的讨论知上式右边的两个积分号可以交换, 从而有

$$\widehat{(f*g)}(y) = \int_{-\infty}^{+\infty} g(t)\,\mathrm{d}t \int_{-\infty}^{+\infty} f(x-t)e(-xy)\,\mathrm{d}x$$

$$= \int_{-\infty}^{+\infty} g(t)\,\mathrm{d}t \int_{-\infty}^{+\infty} f(x)e(-(x+t)y)\,\mathrm{d}x$$

$$= \int_{-\infty}^{+\infty} g(t)e(-ty)\,\mathrm{d}t \int_{-\infty}^{+\infty} f(x)e(-xy)\,\mathrm{d}x = \hat{f}(y)\hat{g}(y). \qquad \square$$

习题 18.7

1. 求函数 $f(x) = \begin{cases} 1, & |x| < 1, \\ 0, & |x| \geqslant 1 \end{cases}$ 的傅里叶变换.

2. 求函数 $f(x) = \begin{cases} \sin x, & |x| \leqslant \pi, \\ 0, & |x| > \pi \end{cases}$ 的傅里叶变换, 并由此证明

$$\frac{2}{\pi}\int_0^{+\infty} \frac{\sin \pi y \sin xy}{1-y^2}\,\mathrm{d}y = \sin x, \qquad \forall\, x \in [-\pi, \pi].$$

3. 试求一个定义在 $\mathbb{R}_{>0}$ 上的满足

$$\int_0^{+\infty} \varphi(y)\sin xy\,\mathrm{d}y = \mathrm{e}^{-x}, \qquad \forall\, x > 0$$

的函数 $\varphi(y)$.

4. 设 $b - a > 2$,

$$f(x) = \begin{cases} x - a, & x \in [a, a+1), \\ 1, & x \in [a+1, b-1), \\ b - x, & x \in [b-1, b), \\ 0, & x < a \text{ 或 } x \geqslant b. \end{cases}$$

(1) 对任意的 $y \in \mathbb{R}$ 证明

$$|\hat{f}(y)| \leqslant \min\left(b - a, \frac{1}{\pi|y|}, \frac{1}{(\pi y)^2}\right).$$

(2) 证明 $\displaystyle\int_{-\infty}^{+\infty} |\hat{f}(y)| \, \mathrm{d}y \ll \log(b - a)$.

5. (普朗谢雷尔 (Plancherel) 公式) 设 $f(x)$ 是在 $\mathbb{R}$ 上连续的实值函数且 $\displaystyle\int_{-\infty}^{+\infty} |f(x)| \, \mathrm{d}x$ 与

$\displaystyle\int_{-\infty}^{+\infty} f(x)^2 \, \mathrm{d}x$ 均收敛, 证明

$$\int_{-\infty}^{+\infty} f(x)^2 \, \mathrm{d}x = \int_{-\infty}^{+\infty} |\hat{f}(x)|^2 \, \mathrm{d}x.$$

6. 对 $f(x) = \max(1 - |x|, 0)$ 应用上题结论来计算 $\displaystyle\int_{-\infty}^{+\infty} \frac{\sin^4 x}{x^4} \, \mathrm{d}x$.

7. (泊松 (Poisson) 求和公式) 设 $f \in C^1(\mathbb{R})$, 且存在 $\lambda > 1$ 使得在 $\mathbb{R}$ 上有

$$f(x) \ll \frac{1}{(1 + |x|)^\lambda}, \qquad f'(x) \ll \frac{1}{(1 + |x|)^\lambda}.$$

试通过研究函数 $F(x) = \displaystyle\sum_{n \in \mathbb{Z}} f(x + n)$ 的傅里叶级数来证明

$$\sum_{n \in \mathbb{Z}} f(n) = \sum_{n \in \mathbb{Z}} \hat{f}(n),$$

上式右边中的 $\hat{f}$ 是 f 的傅里叶变换.

8. 对 $x > 0$ 记 $\theta(x) = \displaystyle\sum_{n \in \mathbb{Z}} \mathrm{e}^{-\pi n^2 x}$, 利用上题结论证明

$$\theta(x) = x^{-\frac{1}{2}} \theta(x^{-1}), \qquad \forall \, x > 0.$$

§18.8
有限阿贝尔群上的傅里叶分析

本节要用到一些初等数论的知识, 读者均可在 [31] 中查阅.

18.8.1   群

在本小节中我们把本节所需要的预备知识做一梳理.

【定义 8.1】设 G 是一个非空集合, 若存在 G 上的一个运算 (我们通常将其写成乘法) 满足

(1) 对任意的 $x, y, z \in G$, 有 $(xy)z = x(yz)$;

(2) 存在 $e \in G$, 使得对任意的 $x \in G$, 有 $ex = xe = x$;

(3) 对任意的 $x \in G$, 存在 $x' \in G$, 使得 $xx' = x'x = e$,

则称 G 是一个群 (group), 其中 e 被称为群 G 的幺元 (identity element), x' 被称为 x 的逆元 (inverse). 我们通常把 x 的逆元记作 x^{-1} (当 G 中的运算为加法时, 通常把 x 的逆元记作 $-x$).

群 G 的元素个数被称为 G 的阶 (order), 有限阶的群也被简称为有限群.

若 G 是一个群, 则容易验证幺元与逆元的唯一性.

对任意的 $a \in G$ 和正整数 n, 我们记 $a^0 = e, a^n = a \cdot a \cdots a$ (n 个 a), 以及 $a^{-n} = (a^n)^{-1}$, 容易证明

$$a^m \cdot a^n = a^{m+n}, \qquad \forall\, m, n \in \mathbb{Z}.$$

【定义 8.2】设 G 是一个群, 如果 G 中的运算满足交换律, 即对 G 中任意的元素 x, y 有 $xy = yx$, 则称 G 是阿贝尔群 (Abel group).

【定义 8.3】设 G 是一个群, $H \subseteq G$. 如果 H 在 G 的运算下也是一个群, 则称 H 是 G 的一个子群 (subgroup).

下面来看一些例子.

【例 8.4】$\mathbb{Z}$ 在通常的加法运算下是一个阿贝尔群, 其幺元为 0, 元素 x 的逆元为 $-x$.

【例 8.5】设 A 是一个集合, 则 2^A 在对称差运算下是一个群, 其幺元为 $\varnothing$, 每个元素的逆元是其自身.

【例 8.6】如果在非空集合 F 上定义了两个运算, 我们分别把它们记作加法和乘法, 那么 F 是一个域的充要条件是: F 在加法运算下是一个阿贝尔群, $F \setminus \{0_F\}$ 在乘法运算下也是一个阿贝尔群 (其中 0_F 表示加法幺元), 且乘法对加法有分配律.

【例 8.7】设 q 是一个正整数. 对 $0 \leqslant r \leqslant q-1$, 用 $r \bmod q$ 表示除以 q 的最小非负余数为 r 的全体整数所成之集, 也即

$$r \bmod q = \{kq + r : k \in \mathbb{Z}\}.$$

如果 $a \in r \bmod q$, 也记 $a \bmod q = r \bmod q$. 现记 $\mathbb{Z}_q = \{r \bmod q : 0 \leqslant r \leqslant q-1\}$ 并在 $\mathbb{Z}_q$ 上定义加法和乘法如下:

$$(a \bmod q) + (b \bmod q) = (a+b) \bmod q,$$

$$(a \bmod q) \cdot (b \bmod q) = (ab) \bmod q,$$

那么 $\mathbb{Z}_q$ 在加法运算下是一个群, $0 \bmod q$ 是幺元, $a \bmod q$ 的逆元为 $(-a) \bmod q$.

【例 8.8】当 $q \geqslant 2$ 时, 上例中的 $\mathbb{Z}_q$ 在乘法运算下不是群, 但若记

$$\mathbb{Z}_q^* = \{r \bmod q : 0 \leqslant r \leqslant q-1 \text{ 且 } r \text{ 与 } q \text{ 互素}\},$$

则 $\mathbb{Z}_q^*$ 在乘法下是一个群, 其幺元为 $1 \bmod q$, 逆元的存在性可通过下述方式得到: 当 $(r,q) = 1$ 时, 由贝祖 (Bézout) 定理 [②] 知存在整数 x, y 使得 $rx + qy = 1$, 于是 $x \bmod q$ 是 $r \bmod q$ 的逆元. 乘法群 $\mathbb{Z}_q^*$ 的元素个数被记作 $\varphi(q)$, φ 被称为欧拉函数.

结合例 8.6 知, 当 p 是素数时 $\mathbb{Z}_p$ 是一个域, 我们通常把这个域记作 $\mathbb{F}_p$.

阿贝尔群的一个重要特例是循环群.

【定义 8.9】设 G 是一个群, 若存在 $g \in G$ 使得 $G = \{g^n : n \in \mathbb{Z}\}$, 则称 G 是一个循环群 (cyclic group), 称 g 是该群的一个生成元 (generator).

例 8.4 和例 8.7 中的群都是循环群.

【命题 8.10】如果 G 是 n 阶循环群且 g 是 G 的一个生成元, 则

$$G = \{g^j : 1 \leqslant j \leqslant n\},$$

并且 $g^n = e$, 这里 e 表示 G 的幺元.

证明. 因为 $\{g^j : 1 \leqslant j \leqslant n\} \subseteq G$, 故只需说明 g^j $(1 \leqslant j \leqslant n)$ 两两不同. 反设存在 $1 \leqslant i < j \leqslant n$ 使得 $g^i = g^j$, 则 $g^{j-i} = e$, 于是对任意的整数 ℓ, m, 只要 $j-i \mid \ell - m$, 就有 $g^\ell = g^m$, 这意味着集合 $\{g^k : k \in \mathbb{Z}\}$ 中至多有 $j-i$ 个元素, 这与 g 是 G 的生成元矛盾.

此外, 由抽屉原理知 g^j $(0 \leqslant j \leqslant n)$ 中至少有两个元素相同, 且由上一段的讨论知必须有 $g^0 = g^n$, 也即 $g^n = e$. □

了解多个群之间关系的一个重要手段是同态.

【定义 8.11】设 G_1 和 G_2 是两个群, 如果存在映射 $f : G_1 \longrightarrow G_2$ 使得

$$f(xy) = f(x)f(y), \qquad \forall\, x, y \in G_1,$$

则称 f 是从 G_1 到 G_2 的同态映射 (homomorphism). 如果 f 既是同态又是双射, 则称 f 是从 G_1 到 G_2 的同构映射 (isomorphism), 此时称 G_1 与 G_2 同构.

从 G_1 到 G_2 的同态必将 G_1 的幺元映为 G_2 的幺元. 由命题 8.10 知, n 阶循环群必与加法群 $\mathbb{Z}_n$ 同构.

设 G 是一个阿贝尔群, 若存在 G 的子群 $G_1, \cdots, G_k$, 使得 G 中每个元素 x 均可唯一地写成

$$x = x_1 \cdots x_k,$$

其中 $x_j \in G_j$ $(1 \leqslant j \leqslant k)$, 则称 G 为 $G_1, \cdots, G_k$ 的直和 (direct sum), 记作

$$G = G_1 \oplus \cdots \oplus G_k \qquad \text{或} \qquad G = \bigoplus_{j=1}^{k} G_j.$$

---

② 参见 [31] §1.4 定理 4.

我们不加证明地引述有限阿贝尔群的如下结构性定理 (可参见 [4] §12.6) .

【定理 8.12】设 G 是一个有限阿贝尔群, 则存在 G 的循环子群 $G_1, \cdots, G_k$ 使得

$$G = \bigoplus_{j=1}^{k} G_j,$$

并且 $|G| = |G_1| \cdots |G_k|$, 这里 $|A|$ 表示有限集 A 的元素个数.

18.8.2 一般性理论

设 G 是一个有限阿贝尔群, 通过定义

$$\langle f, g \rangle = \sum_{x \in G} f(x) \overline{g(x)}$$

可以使得 $\mathbb{C}^G$ 成为一个内积空间. 为了介绍 G 上的傅里叶分析, 我们需要有限阿贝尔群的特征理论.

【定义 8.13】设 G 是一个有限阿贝尔群, 用 $\mathbb{C}^*$ 表示全体非零复数所构成的乘法群. 若 $\chi : G \longrightarrow \mathbb{C}^*$ 是一个同态, 则称 χ 是 G 的一个特征 (character). 此时, 称由 $g \longmapsto \overline{\chi(g)}$ 所定义的特征为 χ 的共轭特征, 记作 $\overline{\chi}$. 如果 χ 的取值均为实数, 则称 χ 为实特征 (real character).

我们把 G 的全部特征所成之集记作 $\hat{G}$. 若 $\chi_1, \chi_2 \in \hat{G}$, 则容易验证由

$$\chi(x) = \chi_1(x)\chi_2(x), \qquad \forall \, x \in G$$

所定义的映射 $\chi : G \longrightarrow \mathbb{C}^*$ 是一个同态, 我们把它称为 χ_1 与 χ_2 的积, 记作 $\chi_1\chi_2$. $\hat{G}$ 在这一运算下形成一个阿贝尔群, 我们称之为 G 的特征群 (character group) 或对偶群 (dual group). 记 $\hat{G}$ 的幺元为 χ_0, 并称之为 G 的主特征 (principal character), 因此

$$\chi_0(x) = 1, \qquad \forall \, x \in G.$$

现设 $|G| = n$. 由定理 8.12 知 G 可写成循环群的直和

$$G = \bigoplus_{j=1}^{k} G_j,$$

并且若记 $|G_j| = n_j \ (1 \leqslant j \leqslant k)$, 则 $n = n_1 \cdots n_k$. 假设 g_j 是 G_j 的一个生成元, 那么 G 中每个元素 x 皆可用唯一的方式写成

$$x = \prod_{j=1}^{k} g_j^{h_j},$$

其中 $1 \leqslant h_j \leqslant n_j \ (1 \leqslant j \leqslant k)$. 于是

$$\chi(x) = \prod_{j=1}^{k} \chi(g_j)^{h_j}, \tag{18.35}$$

这说明 χ 由 $\chi(g_1), \cdots, \chi(g_n)$ 唯一确定. 注意到

$$\chi(g_j)^{n_j} = \chi(g_j^{n_j}) = 1,$$

因此 $\chi(g_j)$ 是 n_j 次单位根, 从而存在整数 $a_j \in [1, n_j]$ 使得 $\chi(g_j) = e\left(\dfrac{a_j}{n_j}\right)$ (参见第四章注 6.8), 所以 (18.35) 也可被写成

$$\chi(x) = \prod_{j=1}^{k} e\left(\frac{a_j h_j}{n_j}\right) = e\left(\sum_{j=1}^{k} \frac{a_j h_j}{n_j}\right). \tag{18.36}$$

注意到向量 $(a_1, \cdots, a_k)$ 共有 $n_1 \cdots n_k = n$ 种选择方式, 不同的选择确定了不同的特征 χ, 因此 $|\hat{G}| = n$. 此外, 由上式还可得到

$$|\chi(x)| = 1, \qquad \forall\, \chi \in \hat{G},\, x \in G,$$

因此 χ 在 $\hat{G}$ 中的逆元为 $\overline{\chi}$.

　　对于给定的 $a_j \in [1, n_j]$,

$$\psi_{a_j, n_j} : g_j^h \longmapsto e\left(\frac{a_j h}{n_j}\right)$$

是 G_j 上的特征. 易见, 由 (18.36) 给出的特征 χ 是主特征当且仅当 ψ_{a_j, n_j} $(1 \leqslant j \leqslant k)$ 均是主特征; χ 是实特征当且仅当 ψ_{a_j, n_j} $(1 \leqslant j \leqslant k)$ 均是实特征.

　　下面的命题是特征理论中的一个重要结果, 它给出了探测 G 和 $\hat{G}$ 的幺元的方法.

【定理 8.14】(特征的正交性) 设 G 是 n 阶阿贝尔群, 用 e 表示 G 的幺元, 则

$$\sum_{\chi \in \hat{G}} \chi(x) = \begin{cases} n, & x = e, \\ 0, & x \neq e, \end{cases} \tag{18.37}$$

$$\sum_{x \in G} \chi(x) = \begin{cases} n, & \chi = \chi_0, \\ 0, & \chi \neq \chi_0. \end{cases} \tag{18.38}$$

　　证明. 只证 (18.38), 利用类似方法可以证明 (18.37).

　　若 $\chi = \chi_0$, 则对任意的 $x \in G$ 有 $\chi(x) = 1$, 从而 $\displaystyle\sum_{x \in G} \chi(x) = n$. 若 $\chi \neq \chi_0$, 则存在 $x_0 \in G$ 使得 $\chi(x_0) \neq 1$, 注意到 $\{x_0 x : x \in G\} = G$, 且当 $x \neq y$ 时 $x_0 x \neq x_0 y$, 故而由

$$\chi(x_0) \sum_{x \in G} \chi(x) = \sum_{x \in G} \chi(x_0 x) = \sum_{x \in G} \chi(x)$$

知 $\displaystyle\sum_{x \in G} \chi(x) = 0$. 　　　　　　　　　　　　　　　　　　　　　□

因为 $\chi_1 = \chi_2$ 当且仅当 $\chi_1\overline{\chi_2} = \chi_0$, 故 (18.38) 等价于

$$\sum_{x \in G} \chi_1(x)\overline{\chi_2}(x) = \begin{cases} n, & \chi_1 = \chi_2, \\ 0, & \chi_1 \neq \chi_2. \end{cases} \tag{18.39}$$

【例 8.15】由于加法群 $\mathbb{Z}_q$ 是循环群, 因此若记

$$\psi_a : x \bmod q \longmapsto e\left(\frac{ax}{q}\right), \qquad \forall\, x \in \mathbb{Z}_q,$$

那么当 a 取遍从 1 到 q 中的整数时 ψ_a 就给出了 $\mathbb{Z}_q$ 上的全部特征. 我们可以将 ψ_a 自然地延拓为定义在 $\mathbb{Z}$ 上的以 q 为周期的函数, 也即令

$$\psi_a(x) = e\left(\frac{ax}{q}\right), \qquad \forall\, x \in \mathbb{Z},$$

通常将这样定义的 ψ_a 称为加性特征 (additive character). 对 ψ_a 应用 (18.39) 可得加性特征的正交性

$$\sum_{a=1}^{q} e\left(\frac{a(x-y)}{q}\right) = \begin{cases} q, & q \mid x-y, \\ 0, & q \nmid x-y. \end{cases}$$

【例 8.16】再来看乘法群 $\mathbb{Z}_q^*$ 上的特征. 当 $q = 1$ 时 $\mathbb{Z}_q^*$ 上的特征只有主特征. 当 $q > 1$ 时, 设其标准分解式为

$$q = 2^{m_0} \prod_{j=1}^{k} p_j^{m_j}, \quad ^{③}$$

其中 p_j 均为奇素数, $m_0 \geqslant 0$, $m_j > 0$ $(1 \leqslant j \leqslant k)$. 由中国剩余定理 ^{④} 知 $\mathbb{Z}_q^*$ 同构于

$$\mathbb{Z}_{2^{m_0}}^* \oplus \mathbb{Z}_{p_1^{m_1}}^* \oplus \cdots \oplus \mathbb{Z}_{p_k^{m_k}}^*,$$

并且由指标组理论 ^{⑤} 知 $\mathbb{Z}_{p_j^{m_j}}^*$ 均是循环群, 但 $\mathbb{Z}_{2^{m_0}}^*$ 是循环群当且仅当 $m_0 \leqslant 2$, 然而当 $m_0 \geqslant 3$ 时 $\mathbb{Z}_{2^{m_0}}^*$ 可由 $-1 \bmod 2^{m_0}$ 和 $5 \bmod 2^{m_0}$ 生成. 现用 g_j 表示 $\mathbb{Z}_{p_j^{m_j}}^*$ 的一个生成元, 那么由上述同构关系知 $\mathbb{Z}_q^*$ 中每个元素 $x \bmod q$ 均唯一地对应于一组元素

$$(-1 \bmod 2^{m_0})^{\nu_{-1}}(5 \bmod 2^{m_0})^{\nu_0}, \quad g_1^{\nu_1}, \quad g_2^{\nu_2}, \quad \cdots, \quad g_k^{\nu_k},$$

其中 $\nu_{-1} \in \{0, 1\}$, $\nu_0 \in [0, 2^{m_0-2})$, $\nu_j \in [0, \varphi(p_j^{m_j}))$ $(1 \leqslant j \leqslant k)$, 并且当 $m_0 = 0$ 或 1 时约定 $\nu_{-1} = 0$. 于是对于 $\mathbb{Z}_q^*$ 的任一特征 χ, 均存在 $a_{-1} \in \{0, 1\}$, $a_0 \in [0, 2^{m_0-2})$ 以及 $a_j \in [0, \varphi(p_j^{m_j}))$ $(1 \leqslant j \leqslant k)$, 使得

$$\chi(x \bmod q) = e\left(\frac{a_{-1}\nu_{-1}}{2} + \frac{a_0\nu_0}{2^{m_0-2}} + \sum_{j=1}^{k} \frac{a_j\nu_j}{\varphi(p_j^{m_j})}\right),$$

---

③ 当 q 为 2 的幂时, 取 $k = 0$.

④ 也被称作孙子定理, 参见 [31] 第二章 §7.

⑤ 参见 [31] 第三章 §9.

从而 $k+2$ 元组 $(a_{-1}, a_0, \cdots, a_k)$ 唯一地确定了特征 χ. 我们可利用下述方式将 χ 延拓为定义在 $\mathbb{Z}$ 上的以 q 为周期的函数, 即当整数 n 属于上述 $x \bmod q$ 时令

$$\chi(n) = e\left(\frac{a_{-1}\nu_{-1}}{2} + \frac{a_0\nu_0}{2^{m_0-2}} + \sum_{j=1}^{k} \frac{a_j\nu_j}{\varphi(p_j^{m_j})}\right),$$

而当 $(n, q) > 1$ 时令 $\chi(n) = 0$. 它被称为模 q 的 <u>积性特征</u> (multiplicative character) 或 <u>狄利克雷特征</u>, 这也即是在 §4.5 中我们定义过的狄利克雷特征.

现在我们来研究由定义在有限阿贝尔群 G 上的全体复值函数所构成的复线性空间 $\mathbb{C}^G$. 仍记 $|G| = n$. 一方面, 我们有 $\dim \mathbb{C}^G \leqslant n$. 事实上, 若 $f_1, \cdots, f_{n+1}$ 是定义在 G 上的 $n+1$ 个复值函数, 又用 $x_1, \cdots, x_n$ 表示 G 的全部元素, 那么矩阵

$$A = \begin{bmatrix} f_1(x_1) & f_2(x_1) & \cdots & f_{n+1}(x_1) \\ f_1(x_2) & f_2(x_2) & \cdots & f_{n+1}(x_2) \\ \vdots & \vdots & & \vdots \\ f_1(x_n) & f_2(x_n) & \cdots & f_{n+1}(x_n) \end{bmatrix}$$

的秩不大于 n, 从而存在非零向量 $\boldsymbol{b} = (b_1, \cdots, b_{n+1})^{\mathrm{T}} \in \mathbb{C}^{n+1}$ 使得 $\boldsymbol{Ab} = \boldsymbol{0}$, 这意味着

$$\sum_{j=1}^{n+1} b_j f_j = 0.$$

因此 $f_1, \cdots, f_{n+1}$ 线性相关. 另一方面, 由 (18.39) 知 G 上的全体特征线性无关且两两正交, 因此 $\hat{G}$ 是 $\mathbb{C}^G$ 的一组正交基. 于是 G 上的任一复值函数均可写成

$$f = \sum_{\chi \in \hat{G}} c_\chi \cdot \chi, \tag{18.40}$$

其中 c_χ 被称为 <u>傅里叶系数</u>, 按照特征的正交性, 我们有

$$c_\chi = \frac{1}{n} \sum_{x \in G} f(x)\overline{\chi}(x).$$

为了明确傅里叶系数与函数 f 的相关性, 我们引入下面的定义.

【定义 8.17】设 G 是一个有限阿贝尔群. 对任意的 $f \in \mathbb{C}^G$ 以及 $\chi \in \hat{G}$, 记

$$\hat{f}(\chi) = \frac{1}{|G|} \sum_{x \in G} f(x)\overline{\chi}(x), \tag{18.41}$$

并称 $\hat{f}$ 为 f 的 <u>傅里叶变换</u> (Fourier transform).

因此 (18.40) 也可被写成

$$f(x) = \sum_{\chi \in \hat{G}} \hat{f}(\chi) \cdot \chi(x), \qquad \forall\, x \in G. \tag{18.42}$$

下面来给出与上节所述的 $\mathbb{C}^{\mathbb{R}}$ 上的傅里叶分析对应的一些定义与结果.

【定义 8.18】设 G 是一个有限阿贝尔群, $f, g \in \mathbb{C}^G$, 定义

$$(f*g)(x) = \frac{1}{|G|} \sum_{y \in G} f(y)g(xy^{-1}), \qquad \forall \, x \in G,$$

并称 $f*g$ 为 f 与 g 的卷积 (convolution).

容易看出

$$(f*g)(x) = \frac{1}{|G|} \sum_{\substack{y \in G \\ yz=x}} \sum_{z \in G} f(y)g(z).$$

【命题 8.19】设 G 是一个有限阿贝尔群, $f, g, h \in \mathbb{C}^G$, 则

(1) $\hat{f}(\chi_0) = \dfrac{1}{|G|} \sum_{x \in G} f(x)$;

(2) (普朗谢雷尔 (Plancherel) 公式) $\dfrac{1}{|G|} \sum_{x \in G} f(x)\overline{g(x)} = \sum_{\chi \in \hat{G}} \hat{f}(\chi)\overline{\hat{g}(\chi)}$;

(3) (帕塞瓦尔 (Parseval) 恒等式) $\dfrac{1}{|G|} \sum_{x \in G} |f(x)|^2 = \sum_{\chi \in \hat{G}} |\hat{f}(\chi)|^2$;

(4) (交换律) $f*g = g*f$;

(5) (结合律) $(f*g)*h = f*(g*h)$;

(6) 对任意的 $\chi \in \hat{G}$ 有 $\widehat{(f*g)}(\chi) = \hat{f}(\chi)\hat{g}(\chi)$.

证明. (1) 可直接在 (18.41) 中取 $\chi = \chi_0$ 得到.

(2) 由 (18.42) 和正交性关系式 (18.39) 知

$$\frac{1}{|G|} \sum_{x \in G} f(x)\overline{g(x)} = \frac{1}{|G|} \sum_{x \in G} \sum_{\chi \in \hat{G}} \hat{f}(\chi)\chi(x) \sum_{\xi \in \hat{G}} \overline{\hat{g}(\xi)\xi(x)}$$

$$= \frac{1}{|G|} \sum_{\chi \in \hat{G}} \sum_{\xi \in \hat{G}} \hat{f}(\chi)\overline{\hat{g}(\xi)} \sum_{x \in G} \chi(x)\overline{\xi(x)}$$

$$= \sum_{\chi \in \hat{G}} \hat{f}(\chi)\overline{\hat{g}(\chi)}.$$

(3) 可通过在 (2) 中取 $f = g$ 得到.

(4) 和 (5) 较为容易, 留给读者自行验证.

(6) 对任意的 $\chi \in \hat{G}$ 有

$$\widehat{(f*g)}(\chi) = \frac{1}{|G|} \sum_{x \in G} (f*g)(x)\overline{\chi}(x) = \frac{1}{|G|^2} \sum_{x \in G} \left(\sum_{y \in G} f(y)g(xy^{-1}) \right) \overline{\chi}(x)$$

$$= \frac{1}{|G|^2} \sum_{y \in G} f(y) \sum_{x \in G} g(xy^{-1})\overline{\chi}(x)$$

$$= \frac{1}{|G|^2} \sum_{y \in G} f(y) \sum_{x \in G} g(x) \overline{\chi}(xy)$$

$$= \frac{1}{|G|^2} \sum_{y \in G} f(y) \overline{\chi}(y) \sum_{x \in G} g(x) \overline{\chi}(x) = \hat{f}(\chi) \hat{g}(\chi). \qquad \square$$

最后, 我们通过一个例子来简单阐述以上理论的应用并结束本节.

【例 8.20】(有限域上的华林 (Waring) 问题 ⑥) 设 F 是一个元素个数为奇数的有限域, 则对任意的 $x \in F$, 存在 $a, b, c \in F$ 使得

$$x = a^2 + b^2 + c^2.$$

证明. 当 $|F| = 3$ 时 F 就是第二章例 1.3 中所给出的域 $\mathbb{F}_3$, 此时容易验证结论成立. 因此不妨假设 $|F| > 4$. 由于 F 在加法运算下形成一个阿贝尔群, 故可对这一加法群使用加性特征的傅里叶分析理论. 注意此时群中运算为加法, 因此特征 $\chi \in \hat{F}$ 满足 $\chi(0_F) = 1$ 以及

$$\begin{aligned} \chi(x + y) &= \chi(x)\chi(y), \\ \overline{\chi}(x) &= \chi(-x), \end{aligned} \qquad \forall\, x, y \in F.$$

记 $A = \{h^2 : h \in F\}$, 并对给定的 x, 用 $r(x)$ 表示集合

$$\{(a, b, c) \in A^3 : a + b + c = x\}$$

的元素个数, 我们只需对任意的 $x \in F$ 证明 $r(x) > 0$. 令

$$1_A(x) = \begin{cases} 1, & x \in A, \\ 0, & x \in F \setminus A. \end{cases}$$

那么

$$r(x) = \sum_{\substack{a \in A \\ a+b+c=x}} \sum_{b \in A} \sum_{c \in A} 1 = \sum_{a \in F} 1_A(a) \sum_{\substack{b \in F \\ b+c=x-a}} \sum_{c \in F} 1_A(b) 1_A(c)$$

$$= |F| \sum_{a \in F} 1_A(a) \cdot (1_A * 1_A)(x - a) = |F|^2 \cdot (1_A * 1_A * 1_A)(x).$$

---

⑥ 原始的 华林问题是由华林 (E. Waring) 于 1770 年在其著作《代数沉思录》(*Meditationes Algebraicae*) 中提出的, 他认为每个正整数均可表示为 4 个整数的平方和, 或 9 个整数的立方和, 或 19 个整数的四次方和, 等等, 但他没有给出证明. 这表明他相信下述命题的正确性: 对任意的 $k \geqslant 2$, 存在正整数 $s = s(k)$, 使得每个正整数均可表示为示 s 个整数的 k 次幂之和. 该问题最早被希尔伯特 (D. Hilbert) [30] 于 1909 年解决. 例 8.20 是在有限上讨论 $k = 2$ 的情形, 一般情形可参见 [68].

先后使用 (18.42), 命题 8.19 (6) 和 (1) 可得

$$r(x) = |F|^2 \cdot \mathrm{Re}\,(1_A * 1_A * 1_A)(x) = |F|^2 \cdot \mathrm{Re} \sum_{\chi \in \hat{F}} \widehat{1_A}(\chi)^3 \chi(x)$$

$$= |F|^2\,\widehat{1_A}(\chi_0)^3 + |F|^2 \cdot \mathrm{Re} \sum_{\chi \in \hat{F},\ \chi \neq \chi_0} \widehat{1_A}(\chi)^3 \chi(x)$$

$$= \frac{|A|^3}{|F|} + |F|^2 \sum_{\chi \in \hat{F},\ \chi \neq \chi_0} \mathrm{Re}\,\widehat{1_A}(\chi)^3 \chi(x)$$

$$\geqslant \frac{|A|^3}{|F|} - |F|^2 \sum_{\chi \in \hat{F},\ \chi \neq \chi_0} |\widehat{1_A}(\chi)|^3. \tag{18.43}$$

上面最后一步用到了 $|\chi(x)| = 1$. 下面来对非主特征 χ 估计 $\widehat{1_A}(\chi)$. 因为 $a \neq \pm b$ 时 $a^2 \neq b^2$, 并且由 F 的元素个数为奇数知当 $b \neq 0_F$ 时 $b \neq -b$ (参见习题 2.1 第 6 题), 所以 A 中每个非零元恰是 F 中两个元素的平方, 因此一方面有 $|A| = \dfrac{|F| + 1}{2}$, 另一方面,

$$\widehat{1_A}(\chi) = \frac{1}{|F|} \sum_{a \in F} 1_A(a)\overline{\chi}(a) = \frac{1}{|F|} \sum_{a \in A} \overline{\chi}(a)$$

$$= \frac{1}{|F|}\left(1 + \sum_{x \in A,\ x \neq 0_F} \overline{\chi}(a) \right) = \frac{1}{|F|}\left(1 + \frac{1}{2} \sum_{a \in F,\ x \neq 0_F} \overline{\chi}(a^2) \right)$$

$$= \frac{1}{2|F|} + \frac{1}{2|F|} \sum_{a \in F} \overline{\chi}(a^2), \tag{18.44}$$

其中

$$\left| \sum_{a \in F} \overline{\chi}(a^2) \right|^2 = \sum_{a \in F} \overline{\chi}(a^2) \sum_{b \in F} \chi(b^2) = \sum_{a \in F} \sum_{b \in F} \chi(b^2 - a^2)$$

$$= \sum_{a \in F} \sum_{t \in F} \chi((a + t)^2 - a^2)$$

$$= \sum_{t \in F} \chi(t^2) \sum_{a \in F} \chi(2ta),$$

当 $t \neq 0_F$ 时 $2t \neq 0_F$, 此时由正交性关系式 (18.38) 知内层和为 0; 当 $t = 0_F$ 时上式右边等于 $|F|$, 因此

$$\left| \sum_{a \in F} \overline{\chi}(a^2) \right| = \sqrt{|F|}.$$

把这个结果代入 (18.44) 即得

$$|\widehat{1_A}(\chi)| \leqslant \frac{1 + \sqrt{|F|}}{2|F|}.$$

将上式代入 (18.43), 利用帕塞瓦尔恒等式, 并注意到 $|A| = \dfrac{|F|+1}{2}$ 以及 $|F| > 4$, 我们有

$$r(x) \geqslant \frac{|A|^3}{|F|} - |F|^2 \cdot \frac{1+\sqrt{|F|}}{2|F|} \sum_{\chi \in \hat{F}} |\widehat{1_A}(\chi)|^2$$

$$= \frac{|A|^3}{|F|} - |F|^2 \cdot \frac{1+\sqrt{|F|}}{2|F|} \cdot \frac{1}{|F|} \sum_{a \in F} |1_A(a)|^2$$

$$= \frac{|A|^3}{|F|} - \frac{1+\sqrt{|F|}}{2} \cdot |A| = \frac{|A|}{|F|} \left(\frac{(|F|+1)^2}{4} - \frac{|F|+|F|^{\frac{3}{2}}}{2} \right)$$

$$> \frac{1}{2} \left(\frac{|F|^2}{4} - \frac{|F|^{\frac{3}{2}}}{2} \right) > 0.$$

从而命题得证. $\qquad\qquad\qquad\qquad\qquad\qquad\qquad\qquad\qquad\qquad\qquad\qquad$ □

习题 **18.8**

1. 证明 (18.37).

2. 设 G 是一个有限阿贝尔群, χ 是 G 上的一个特征, $A \subseteq G$ 与 $a \in G$ 满足 $\chi(a) \neq 1$ 以及 $|A \triangle (a \cdot A)| \leqslant M$, 其中 $a \cdot A = \{ax : x \in A\}$, 证明

$$\left| \sum_{x \in A} \chi(x) \right| \leqslant \frac{M}{|1 - \chi(a)|}.$$

3. 设 F 是一个有限域, χ 是乘法群 $F \setminus \{0_F\}$ 上的一个非主特征, 证明: 对任意的 $a \in F \setminus \{0_F\}$ 有

$$\sum_{x \in F \setminus \{0_F, -a\}} \chi(x)\overline{\chi(x+a)} = -1.$$

4. (高斯 (Gauss) 和) 设 F 是一个有限域, χ 是乘法群 $F \setminus \{0_F\}$ 上的特征, ψ 是加法群 F 上的特征, 我们称 $\displaystyle\sum_{x \in F \setminus \{0_F\}} \chi(x)\psi(x)$ 为高斯和 (Gauss sum). 证明: 对非主特征 χ 和 ψ 有

$$\left| \sum_{x \in F \setminus \{0_F\}} \chi(x)\psi(x) \right| = \sqrt{|F|}.$$

5. (有限域中的勾股数) 设 F 是一个元素个数为奇数的有限域, 证明方程

$$a^2 + b^2 = c^2, \qquad a, b, c \in F$$

的解数为 $|F|^2 + O\big(|F|^{\frac{3}{2}}\big)$.

部分习题解答与提示

第十二章

习题 12.1

2. (1) $E^\circ = \varnothing$, $\partial E = \overline{E} = E$;

(2) $E^\circ = E$, $\partial E = \{(x,0) : x \geqslant -1\} \cup \{(x,x+1) : x \geqslant -1\}$,
$\overline{E} = \{(x,y) : 0 \leqslant y \leqslant x+1\}$;

(3) $E^\circ = E$, $\partial E = \{(0,y) : y \in \mathbb{R}\} \cup \{(x,0) : x \in \mathbb{R}\}$, $\overline{E} = \mathbb{R}^2$;

(4) $E^\circ = E$, $\partial E = \{(x,y) : |x| + |y| = 1\}$, $\overline{E} = \{(x,y) : |x| + |y| \leqslant 1\}$;

(5) $E^\circ = \varnothing$, $\partial E = \overline{E} = \mathbb{R}^2$;

(6) $E^\circ = E$, $\partial E = \{(x,y) : x^2 + y^2 = 1\} \cup \{(x,y) : x^2 + y^2 = 4\}$,
$\overline{E} = \{(x,y) : 1 \leqslant x^2 + y^2 \leqslant 4\}$.

5. 反设 $G_1 \cap \overline{G_2} \neq \varnothing$, 那么结合 $G_1 \cap G_2 = \varnothing$ 知 $G_1 \cap G_2' \neq \varnothing$, 于是存在 $a \in G_1 \cap G_2'$. 由 $a \in G_1$ 知存在 a 的邻域 $U \subseteq G_1$, 而由 $a \in G_2'$ 知 $U \cap G_2 \neq \varnothing$, 这与 $G_1 \cap G_2 = \varnothing$ 矛盾.

6. 因为 G 是开集, 所以存在开矩形 $I = (u_1,v_1) \times \cdots \times (u_{m+n}, v_{m+n})$ 使得 $(a,b) \in I \subseteq G$, 于是

$$a \in (u_1, v_1) \times \cdots \times (u_n, v_n), \qquad b \in (u_{n+1}, v_{n+1}) \times \cdots \times (u_{m+n}, v_{m+n}).$$

7. 对任意的 $a \in E$, 存在开集 U_a 使得 $U_a \cap E = \{a\}$, 因此取 $G = \bigcup\limits_{a \in E} U_a$, $F = \overline{E}$ 即可.

8. 首先, 若 $a \in \partial(E \cup F)$, 则对于 a 的任一邻域 U 有

$$U \cap (E \cup F) \neq \varnothing, \qquad U \cap (E \cup F)^c \neq \varnothing,$$

也即

$$(U \cap E) \cup (U \cap F) \neq \varnothing, \qquad U \cap E^c \cap F^c \neq \varnothing.$$

前者说明 $U \cap E$ 与 $U \cap F$ 中至少有一个不是空集, 后者说明 $U \cap E^c$ 与 $U \cap F^c$ 均非空集, 故 $a \in \partial E \cup \partial F$.

其次, 由上一段的结论知

$$\partial(E \cap F) = \partial(E \cap F)^c = \partial(E^c \cup F^c) \subseteq \partial E^c \cup \partial F^c = \partial E \cup \partial F.$$

进一步还有

$$\partial(E \setminus F) = \partial(E \cap F^c) \subseteq \partial E \cup \partial F^c = \partial E \cup \partial F.$$

9. 因为 $(\partial E)^c = E^\circ \cup (E^c)^\circ$ 是开集.

10. 充分性可直接由定义得到, 下证必要性. 假设 $E \neq \varnothing$ 且 $E \neq \mathbb{R}^n$, 则取 $\boldsymbol{a} \in E$, $\boldsymbol{b} \in E^c$, 并记

$$\xi = \inf\{\lambda \in [0,1] : \lambda \boldsymbol{a} + (1-\lambda)\boldsymbol{b} \in E\}.$$

那么可以证明 $\xi \boldsymbol{a} + (1-\xi)\boldsymbol{b} \in \partial E$, 这与 $\partial E = \varnothing$ 矛盾.

11. 因为 $E^\circ = E = \overline{E}$, 所以 $\partial E = \varnothing$, 再由上题结论知 $E = \varnothing$ 或 $E = \mathbb{R}^n$.

14. (1) 反设 $d(A,B) = 0$, 则存在 A 中的点列 $\{\boldsymbol{x}_m\}$ 及 B 中的点列 $\{\boldsymbol{y}_m\}$ 使得对任意的 m 有 $|\boldsymbol{x}_m - \boldsymbol{y}_m| < \dfrac{1}{m}$. 由波尔查诺 $-$ 魏尔斯特拉斯定理知 $\{\boldsymbol{x}_m\}$ 有收敛子列 $\{\boldsymbol{x}_{m_k}\}$, 设其收敛于 $\boldsymbol{a}$, 则由 A 是闭集知 $\boldsymbol{a} \in A$. 此外, 由 $|\boldsymbol{x}_{m_k} - \boldsymbol{y}_{m_k}| < \dfrac{1}{m_k}$ 知 $\lim\limits_{k \to \infty} \boldsymbol{y}_{m_k} = \boldsymbol{a}$, 于是由 B 是闭集知 $\boldsymbol{a} \in B$, 这与 $A \cap B = \varnothing$ 矛盾.

(2) 未必, 例如在 $\mathbb{R}$ 中考虑 $A = \mathbb{Z}_{>0}$, $B = \left\{n + \dfrac{1}{n} : n \in \mathbb{Z}_{>0}\right\}$.

16. 设 $d(\boldsymbol{x}, F) < r$, 并记 $\varepsilon = r - d(\boldsymbol{x}, F)$, 于是对任意的 $\boldsymbol{y} \in B\left(\boldsymbol{x}, \dfrac{\varepsilon}{2}\right)$ 及 $\boldsymbol{z} \in F$ 有

$$d(\boldsymbol{y}, F) \leqslant |\boldsymbol{y} - \boldsymbol{z}| \leqslant |\boldsymbol{y} - \boldsymbol{x}| + |\boldsymbol{x} - \boldsymbol{z}| < \frac{\varepsilon}{2} + |\boldsymbol{x} - \boldsymbol{z}|.$$

进而得到

$$d(\boldsymbol{y}, F) \leqslant \frac{\varepsilon}{2} + d(\boldsymbol{x}, F) = r - \frac{\varepsilon}{2} < r.$$

因此 $\{\boldsymbol{x} \in \mathbb{R}^n : d(\boldsymbol{x}, F) < r\}$ 是开集.

17. 设 F 是闭集, 则 $F = \bigcap\limits_{n=1}^{\infty} G_n$, 其中 $G_n = \left\{\boldsymbol{x} \in \mathbb{R}^n : d(\boldsymbol{x}, F) < \dfrac{1}{n}\right\}$. 设 G 是开集, 则 $G = \bigcup\limits_{n=1}^{\infty} F_n$, 其中 $F_n = \left\{\boldsymbol{x} \in \mathbb{R}^n : d(\boldsymbol{x}, G^c) \geqslant \dfrac{1}{n}\right\}$.

18. 若 A 和 B 中有一个是空集, 则可相应地选取 G_1 和 G_2 一个为空集, 另一个为 $\mathbb{R}^n$ 即可. 下设 A 与 B 均非空集. 对任意的 $\boldsymbol{x} \in A$ 及 $\boldsymbol{y} \in B$, 由习题 14 知 $d(\boldsymbol{x}, B) > 0$, $d(\boldsymbol{y}, A) > 0$. 现记

$$G_1 = \bigcup_{\boldsymbol{x} \in A} B\left(\boldsymbol{x}, \frac{1}{2}d(\boldsymbol{x}, B)\right), \qquad G_2 = \bigcup_{\boldsymbol{y} \in B} B\left(\boldsymbol{y}, \frac{1}{2}d(\boldsymbol{y}, A)\right),$$

那么 G_1 为 A 的邻域, G_2 为 B 的邻域, 下证 $G_1 \cap G_2 = \varnothing$. 如若不然, 则存在 $\boldsymbol{z} \in G_1 \cap G_2$. 由 $\boldsymbol{z} \in G_1$ 知存在 $\boldsymbol{x}_0 \in A$ 使得 $|\boldsymbol{z} - \boldsymbol{x}_0| < \dfrac{1}{2}d(\boldsymbol{x}_0, B)$; 由 $\boldsymbol{z} \in G_2$ 知存在 $\boldsymbol{y}_0 \in B$ 使得 $|\boldsymbol{z} - \boldsymbol{y}_0| < \dfrac{1}{2}d(\boldsymbol{y}_0, A)$, 不妨设 $d(\boldsymbol{y}_0, A) \leqslant d(\boldsymbol{x}_0, B)$, 那么由三角形不等式知

$$|\boldsymbol{x}_0 - \boldsymbol{y}_0| \leqslant |\boldsymbol{z} - \boldsymbol{x}_0| + |\boldsymbol{z} - \boldsymbol{y}_0| < \frac{1}{2}d(\boldsymbol{x}_0, B) + \frac{1}{2}d(\boldsymbol{y}_0, A) \leqslant d(\boldsymbol{x}_0, B),$$

这与 $d(\boldsymbol{x}_0, B)$ 的定义矛盾.

19. 对 $A = F$, $B = G^c$ 应用上题结论.

20. 设 F_{λ_0} 是有界集, 则 $F_{\lambda_0} \subseteq \left(\bigcap_{\lambda \in L, \lambda \neq \lambda_0} F_\lambda \right)^c = \bigcup_{\lambda \in L, \lambda \neq \lambda_0} F_\lambda^c$. 于是存在 $\lambda_1, \lambda_2, \cdots, \lambda_m$ 使得 $F_{\lambda_0} \subseteq \bigcup_{j=1}^m F_{\lambda_j}^c$, 从而 $\bigcap_{j=0}^m F_{\lambda_j} = \varnothing$.

21. 若 $\bigcap_{j=1}^\infty F_j = \varnothing$, 则由上题知存在有限多个 F_j, 它们的交为空集, 这与 (1) 矛盾. 再由 (2) 知 $\bigcap_{j=1}^\infty F_j$ 是单元素集.

22. 反设 $\mathbb{R}^n = \bigcup_{m=1}^\infty E_m$, 其中每个 E_m 均是疏集. 因为 E_1 是疏集, 故可选取一个闭矩阵 I_1 满足 $I_1 \cap E_1 = \varnothing$. 由 E_2 是疏集知存在闭矩形 $I_2 \subseteq I_1$ 使得 $\mathrm{diam}\,(I_2) < \frac{1}{2}\mathrm{diam}\,(I_1)$ 且 $I_2 \cap E_2 = \varnothing$. 同理, 由 E_3 是疏集知存在闭矩形 $I_3 \subseteq I_2$ 使得 $\mathrm{diam}\,(I_3) < \frac{1}{2}\mathrm{diam}\,(I_2)$ 且 $I_3 \cap E_3 = \varnothing$.

以此类推可得闭矩形列 $\{I_m\}$, 满足 $I_{m+1} \subseteq I_m \ (\forall m)$, $\lim_{m\to\infty} \mathrm{diam}\,(I_m) = 0$ 以及 $I_m \cap E_m = \varnothing \ (\forall m)$. 由闭矩形套定理知存在 $\boldsymbol{a}$ 使得 $\boldsymbol{a} \in I_m \ (\forall m)$, 但由 I_m 的构造知 $\boldsymbol{a} \notin E_m \ (\forall m)$, 这与 $\mathbb{R}^n = \bigcup_{m=1}^\infty E_m$ 矛盾.

23. 因为 $\mathbb{R}^n = \bigcup_{m=1}^\infty [-m,m]^n$, 所以必存在正整数 m 使得 $E \cap [-m,m]^n$ 是不可数集, 由波尔查诺 – 魏尔斯特拉斯定理知 E 存在聚点属于 $[-m,m]^n$.

若命题不成立, 则对任意的 $\boldsymbol{x} \in [-m,m]^n$, 存在 $\boldsymbol{x}$ 的邻域 $U_{\boldsymbol{x}}$ 使得 $U_{\boldsymbol{x}} \cap E$ 是至多可数集. 因为 $(U_{\boldsymbol{x}})_{\boldsymbol{x} \in [-m,m]^n}$ 是 $[-m,m]^n$ 的一个覆盖, 故存在 $\boldsymbol{x}_1, \boldsymbol{x}_2, \cdots, \boldsymbol{x}_k \in [-m,m]^n$ 使得

$$[-m,m]^n \subseteq \bigcup_{j=1}^k U_{\boldsymbol{x}_j}.$$

注意到 $U_{\boldsymbol{x}_j} \cap E$ 均是至多可数集, 这与 $E \cap [-m,m]^n$ 是不可数集矛盾.

24. (1) 设 $\boldsymbol{c} \in A+B$, 则存在 $\boldsymbol{a} \in A$ 与 $\boldsymbol{b} \in B$ 使得 $\boldsymbol{c} = \boldsymbol{a}+\boldsymbol{b}$. 由 A 是开集知存在 $\delta > 0$ 使得 $B(\boldsymbol{a}, \delta) \subseteq A$. 于是对任意的 $\boldsymbol{z} \in B(\boldsymbol{c}, \delta)$, 由

$$|(\boldsymbol{z}-\boldsymbol{b})-\boldsymbol{a}| = |\boldsymbol{z}-\boldsymbol{c}| < \delta$$

知 $\boldsymbol{z}-\boldsymbol{b} \in B(\boldsymbol{a}, \delta)$, 进而有 $\boldsymbol{z} = (\boldsymbol{z}-\boldsymbol{b})+\boldsymbol{b} \in A+B$, 这就证明了 $B(\boldsymbol{c}, \delta) \subseteq A+B$. 从而 $A+B$ 是开集.

(2) 设 $\boldsymbol{c}$ 是 $A+B$ 的一个聚点, 则存在 $A+B$ 中的点列 $\{\boldsymbol{z}_m\}$ 使得 $\lim_{m\to\infty} \boldsymbol{z}_m = \boldsymbol{c}$. 由 $\boldsymbol{z}_m \in A+B$ 知存在 $\boldsymbol{x}_m \in A$ 及 $\boldsymbol{y}_m \in B$ 使得 $\boldsymbol{z}_m = \boldsymbol{x}_m + \boldsymbol{y}_m$. 因为 A 是紧集, 所以 $\{\boldsymbol{x}_m\}$ 有收敛子

列 $\{\boldsymbol{x}_{m_k}\}$. 记 $\boldsymbol{a} = \lim\limits_{k \to \infty} \boldsymbol{x}_{m_k}$, 那么 $\boldsymbol{a} \in A$. 注意到 $\lim\limits_{k \to \infty} \boldsymbol{y}_{m_k} = \boldsymbol{c} - \boldsymbol{a}$ 且由 B 是闭集知 $\boldsymbol{c} - \boldsymbol{a} \in B$, 于是 $\boldsymbol{c} = \boldsymbol{a} + (\boldsymbol{c} - \boldsymbol{a}) \in A + B$. 再由 $\boldsymbol{c}$ 的任意性知 $A + B$ 是闭集.

(3) 例如在 $\mathbb{R}^2$ 中考虑

$$A = \{(m, 0) : m \in \mathbb{Z}_{\geqslant 2}\} \qquad \text{与} \qquad B = \left\{\left(-m + \frac{1}{m}, 0\right) : m \in \mathbb{Z}_{\geqslant 2}\right\}.$$

26. 设 $\boldsymbol{a} \in \overline{E} \cap F$. 反设 $E \cup F$ 不是连通集, 则存在 $E \cup F$ 的非空开子集 A, B 使得

$$A \cup B = E \cup F \qquad \text{且} \qquad A \cap B = \varnothing.$$

不妨设 $\boldsymbol{a} \in A$, 注意到 $A \cap F$ 与 $B \cap F$ 均是 F 的开子集, 故由 F 是连通集知 $F \subseteq A$. 又因为 $\boldsymbol{a} \in \overline{E}$, 所以 $\boldsymbol{a}$ 的任一去心邻域内均含有 E 中元素, 从而 $A \cap E \neq \varnothing$, 此外由 $F \subseteq A$ 知 $E \cap B \neq \varnothing$, 然而 $A \cap E$ 与 $B \cap E$ 均是 E 的开子集, 这与 E 是连通集矛盾.

27. 设 $\boldsymbol{a} \in \bigcap\limits_{\lambda \in L} E_\lambda$, 如果 $\bigcup\limits_{\lambda \in L} E_\lambda$ 不是连通集, 则存在其非空开子集 A, B 使得

$$A \cup B = \bigcup_{\lambda \in L} E_\lambda \qquad \text{且} \qquad A \cap B = \varnothing.$$

不妨设 $\boldsymbol{a} \in A$. 由于 $B \neq \varnothing$, 故存在 $\lambda_0 \in L$ 使得 $B \cap E_{\lambda_0} \neq \varnothing$, 而由 $\boldsymbol{a} \in A \cap E_{\lambda_0}$ 知 $A \cap E_{\lambda_0} \neq \varnothing$. 注意到 $A \cap E_{\lambda_0}$ 与 $B \cap E_{\lambda_0}$ 均是 E_{λ_0} 的开子集且

$$(A \cap E_{\lambda_0}) \cup (B \cap E_{\lambda_0}) = E_{\lambda_0}, \qquad (A \cap E_{\lambda_0}) \cap (B \cap E_{\lambda_0}) = \varnothing,$$

故 E_{λ_0} 不是连通集, 这与题设矛盾.

28. 设 G 是 $\mathbb{R}$ 中的一个开集. 对任意的 $x \in G$, 我们把 G 的包含 x 的所有连通子集的并记作 I_x, 那么由上题知 I_x 是 G 的包含 x 的最大连通子集, 再由命题 1.31 知 I_x 是区间. 下证 I_x 是开区间. 若不然, 则 I_x 至少含有一个端点, 不妨设它有左端点 a, 那么由 $a \in I_x \subseteq G$ 知存在 $\delta > 0$ 使得 $(a - \delta, a + \delta) \subseteq G$, 于是 $(a - \delta, a + \delta) \cup I_x$ 也是 G 的包含 x 的连通子集, 这与 I_x 的最大性矛盾.

此外, 由 I_x 的定义还可得到: 对任意的 $x, y \in G$, 要么 $I_x \cap I_y = \varnothing$, 要么 $I_x = I_y$. 因此由 $G = \bigcup\limits_{x \in G} I_x$ 知 G 可写成一些互不相交的开区间的并.

最后, 由于每个开区间中必含有理数, 并且互不相交的开区间所含的有理数不相同, 而 $\mathbb{Q}$ 是可数集, 故而 G 可写成至多可数个互不相交的开区间的并.

34. 我们只验证三角形不等式. 为此, 只需证明 $|x + y|_p \leqslant |x|_p + |y|_p$. 设 $x = \dfrac{a}{b}, y = \dfrac{c}{d}$, 于

是 $x + y = \dfrac{ad + bc}{bd}$. 现不妨设 x, y 及 $x + y$ 均非零, 那么

$$
\begin{aligned}
v_p(x + y) &= v_p(ad + bc) - v_p(bd) \\
&\geqslant \min(v_p(ad), v_p(bc)) - v_p(bd) \\
&= \min(v_p(a) + v_p(d), v_p(b) + v_p(c)) - (v_p(b) + v_p(d)) \\
&= \min(v_p(a) - v_p(b), v_p(c) - v_p(d)) = \min(v_p(x), v_p(y)).
\end{aligned}
$$

再由 $|\cdot|_p$ 的定义便可得出结论.

35. 习题 34 中的距离是非阿基米德的, 其余的距离均是阿基米德的.

36. 只需对任意的 $b \in B(a, r)$ 证明 $B(b, r) = B(a, r)$ 即可. 由 $b \in B(a, r)$ 知 $d(b, a) < r$. 一方面, 对任意的 $x \in B(b, r)$ 有 $d(x, b) < r$, 因此

$$
d(x, a) \leqslant \max\big(d(x, b), d(b, a)\big) < r,
$$

从而 $x \in B(a, r)$, 于是由 x 的任意性知 $B(b, r) \subseteq B(a, r)$; 另一方面类似可证反向包含关系式成立, 从而命题得证.

习题 12.2

3. (1) 0;

(2) 不存在;

(3) 0, 因为 $\left| \dfrac{x^3 + y^3}{x^2 + y^2} \right| = \left| (x + y)\left(1 - \dfrac{xy}{x^2 + y^2} \right) \right| \leqslant \dfrac{3}{2}|x + y|$;

(4) 0;

(5) 0, 因为 $\left(\dfrac{xy}{x^2 + y^2} \right)^{x^2} \leqslant \left(\dfrac{1}{2} \right)^{x^2}$;

(6) 0, 因为当 $x \to 0^+$, $y \to 0^+$ 时有

$$
\frac{\mathrm{e}^{xy} - 1}{x + \sin y} \ll \frac{xy}{x + \sin y} \ll \frac{x \sin y}{x + \sin y} \ll \sqrt{x \sin y}\,;
$$

(7) 不存在, 因为若记 $f(x, y) = x^y$, 则对任意的 $\alpha < 0$ 有

$$
\lim_{y \to 0^+} f(2^{\frac{\alpha}{y}}, y) = 2^{\alpha}.
$$

5. 这是命题 2.13 的直接推论.

6. 假设 $\displaystyle\sum_{m,n=1}^{\infty} a_{m,n}$ 收敛, 则对任意的 m, $\displaystyle\sum_{n=1}^{\infty} a_{m,n}$ 的部分和不超过 $\displaystyle\sum_{m,n=1}^{\infty} a_{m,n}$, 从而收敛. 再由上题结论知 $\displaystyle\sum_{m=1}^{\infty} \sum_{n=1}^{\infty} a_{m,n}$ 收敛且其和等于 $\displaystyle\sum_{m,n=1}^{\infty} a_{m,n}$. 同理可得 $\displaystyle\sum_{n=1}^{\infty} \sum_{m=1}^{\infty} a_{m,n}$ 收敛且其和等于 $\displaystyle\sum_{m,n=1}^{\infty} a_{m,n}$.

假设 $\displaystyle\sum_{m=1}^{\infty}\sum_{n=1}^{\infty}a_{m,n}$ 收敛, 那么 $S_{M,N}=\displaystyle\sum_{m=1}^{M}\sum_{n=1}^{N}a_{m,n}$ 有上界, 设其上确界为 ξ. 因为 $S_{M,N}$ 关于 M 和 N 均单调递增, 所以类似于单调有界收敛原理可以证明 $\displaystyle\lim_{\substack{M\to\infty\\N\to\infty}}S_{M,N}=\xi$, 从而 $\displaystyle\sum_{m,n=1}^{\infty}a_{m,n}$ 收敛. 再由上一段知它的和等于 $\displaystyle\sum_{m=1}^{\infty}\sum_{n=1}^{\infty}a_{m,n}$.

8. 利用柯西收敛准则.

9. 仿照第四章定理 4.4 的证明.

10. 用 $\displaystyle\sum_{\ell}$ 表示对不是整数 n $(n\geqslant 2)$ 次幂的正整数 ℓ 求和, 那么由上题知

$$\sum_{k=1}^{\infty}\frac{1}{u_k-1}=\sum_{\ell}\sum_{i=2}^{\infty}\frac{1}{\ell^i-1}.$$

其中对给定的 ℓ, 由习题 6 知

$$\sum_{i=2}^{\infty}\frac{1}{\ell^i-1}=\sum_{i=2}^{\infty}\sum_{j=1}^{\infty}\frac{1}{\ell^{ij}}=\sum_{j=1}^{\infty}\sum_{i=2}^{\infty}\frac{1}{\ell^{ij}}=\sum_{j=1}^{\infty}\frac{1}{\ell^j(\ell^j-1)}.$$

注意到 ℓ^j 恰好遍历 $\mathbb{Z}_{\geqslant 2}$ 中每个元素一次, 故再次应用上题结论可得

$$\sum_{k=1}^{\infty}\frac{1}{u_k-1}=\sum_{\ell}\sum_{j=1}^{\infty}\frac{1}{\ell^j(\ell^j-1)}=\sum_{n=2}^{\infty}\frac{1}{n(n-1)}=1.$$

11. 注意到二重级数通项非负, 故将它与重排级数 $\displaystyle\sum_{k=1}^{\infty}\frac{1}{k^\alpha}\sum_{m+n^2=k}1$ 比较可知, 该二重级数当 $\alpha>\dfrac{3}{2}$ 时收敛, 当 $\alpha\leqslant\dfrac{3}{2}$ 时发散.

12. 因为 Q 是正定的二元二次型, 所以 $a,c>0$, $b^2<ac$, 于是存在 $\varepsilon>0$ 使得 $a-\varepsilon>0$, $c-\varepsilon>0$ 并且 $b^2<(a-\varepsilon)(c-\varepsilon)$, 进而有

$$|2bxy|\leqslant 2\sqrt{(a-\varepsilon)(c-\varepsilon)}|xy|\leqslant(a-\varepsilon)x^2+(c-\varepsilon)y^2,$$

因此

$$\varepsilon(x^2+y^2)\leqslant Q(x,y)\leqslant 2\max(a,c)(x^2+y^2),$$

再由比较判别法知所要研究的二重级数与 $\displaystyle\sum_{m,n=1}^{\infty}\frac{1}{(m^2+n^2)^s}$ 同敛散.

当 $s>1$ 时由 $\dfrac{1}{(m^2+n^2)^s}\ll\dfrac{1}{m^sn^s}$ 及比较判别法知 $\displaystyle\sum_{m,n=1}^{\infty}\frac{1}{(m^2+n^2)^s}$ 收敛.

下面证明当 $s \leqslant 1$ 时 $\displaystyle\sum_{m,n=1}^{\infty} \frac{1}{(m^2+n^2)^s}$ 发散, 为此, 只需说明当 $s = 1$ 时该二重级数发散即可. 事实上, 对任意的 $m \geqslant 1$ 有

$$\sum_{n=1}^{\infty} \frac{1}{m^2+n^2} \geqslant \sum_{n=1}^{\infty} \int_n^{n+1} \frac{\mathrm{d}t}{m^2+t^2} = \int_1^{\infty} \frac{\mathrm{d}t}{m^2+t^2} = \frac{1}{m}\left(\frac{\pi}{2} - \arctan\frac{1}{m}\right) \geqslant \frac{\pi}{4m},$$

所以 $\displaystyle\sum_{m=1}^{\infty}\sum_{n=1}^{\infty} \frac{1}{m^2+n^2}$ 发散, 再由习题 6 知 $\displaystyle\sum_{m,n=1}^{\infty} \frac{1}{m^2+n^2}$ 发散.

习题 12.3

4. (1) $\log 2$;

(2) $\mathrm{e}^{\frac{1}{3}}$, 因为 $\left(1 + \dfrac{1}{3x}\right)^{\frac{x^2}{x+y}} = \left[\left(1 + \dfrac{1}{3x}\right)^{3x}\right]^{\frac{x}{3(x+y)}}$;

(3) 1, 因为 $(x^2+y^2)^{x^2y^2} = \mathrm{e}^{x^2y^2 \log(x^2+y^2)}$, 而

$$\left|x^2 y^2 \log(x^2+y^2)\right| \leqslant \frac{1}{4}(x^2+y^2)^2 \left|\log(x^2+y^2)\right|.$$

6. 设 $A = (a_{ij})$, $\boldsymbol{x} = (x_1, x_2, \cdots, x_n)^{\mathrm{T}}$, $\boldsymbol{y} = (y_1, y_2, \cdots, y_n)^{\mathrm{T}}$, 则由柯西 – 施瓦茨不等式知

$$\left|\boldsymbol{x}^{\mathrm{T}} A \boldsymbol{y}\right| = \left|\sum_{i=1}^{n}\sum_{j=1}^{n} x_i a_{ij} y_j\right| \leqslant \left(\sum_{i=1}^{n}\sum_{j=1}^{n} x_i^2 y_j^2\right)^{\frac{1}{2}} \left(\sum_{i=1}^{n}\sum_{j=1}^{n} a_{ij}^2\right)^{\frac{1}{2}}$$

$$= |\boldsymbol{x}| \cdot |\boldsymbol{y}| \left(\sum_{i=1}^{n}\sum_{j=1}^{n} a_{ij}^2\right)^{\frac{1}{2}}.$$

7. 利用上题结论.

8. 可以. 只需取 $f(x, x) = \varphi'(x)$.

9. 因为 L 是双射且 L^{-1} 也是非奇异线性映射, 所以 L^{-1} 连续, 从而对任一开集 G, $L(G) = (L^{-1})^{-1}(G)$ 是开集. 类似可证 L 把闭集映为闭集.

10. 例如 $f(x) = x^2$ 把 $(-1, 1)$ 映为 $[0, 1)$.

11. 集合 $S = \{\boldsymbol{x} \in E : f(\boldsymbol{x}) = g(\boldsymbol{x})\}$ 是 $\mathbb{R}^m$ 中的闭集 $\{\boldsymbol{0}\}$ 在连续映射 $f - g$ 下的原像.

12. 记 $S = \{\boldsymbol{x} \in \mathbb{R}^n : f(\boldsymbol{x}) = g(\boldsymbol{x})\}$, 则 $E \subseteq S$, 且由上题知 S 是闭集, 于是 $\mathbb{R}^n = \overline{E} \subseteq \overline{S} = S$, 因此 $S = \mathbb{R}^n$.

13. 仿照第九章引理 3.4 的证明.

14. 必要性: 若 f 连续, 则由定理 3.4 知闭集在 f 下的原像是 E 的闭子集, 于是对任意的 $A \subseteq \mathbb{R}^m$ 有

$$\overline{f^{-1}(A)} \cap E \subseteq \overline{f^{-1}(\overline{A})} \cap E = f^{-1}(\overline{A}) \cap E = f^{-1}(\overline{A}).$$

充分性: 对 $\mathbb{R}^m$ 中任一闭集 F 有 $\overline{f^{-1}(F)} \cap E \subseteq f^{-1}(\overline{F}) = f^{-1}(F)$, 故而 $\overline{f^{-1}(F)} \cap E = f^{-1}(F)$, 也即 $f^{-1}(F)$ 是 E 的闭子集. 因此由定理 3.4 知 f 连续.

15. 必要性: 若 f 连续, 则由定理 3.4 知开集在 f 下的原像是 E 的开子集, 从而也是 $\mathbb{R}^n$ 中的开集, 于是对任意的 $A \subseteq \mathbb{R}^m$ 有

$$f^{-1}(A^\circ) = (f^{-1}(A^\circ))^\circ \subseteq (f^{-1}(A))^\circ.$$

充分性: 对 $\mathbb{R}^m$ 中的任一开集 G 均有 $f^{-1}(G) = f^{-1}(G^\circ) \subseteq (f^{-1}(G))^\circ$, 因此 $f^{-1}(G) = (f^{-1}(G))^\circ$, 也即是说 $f^{-1}(G)$ 是 $\mathbb{R}^n$ 中的开集, 从而也是 E 的开子集, 进而由定理 3.4 知 f 连续.

16. 记 $g(\boldsymbol{x}) = |f(\boldsymbol{x}) - \boldsymbol{x}|$, 则对任意的 $\boldsymbol{x}, \boldsymbol{x}_0 \in K$ 有

$$|g(\boldsymbol{x}) - g(\boldsymbol{x}_0)| = \big||f(\boldsymbol{x}) - \boldsymbol{x}| - |f(\boldsymbol{x}_0) - \boldsymbol{x}_0|\big|$$

$$\leqslant |(f(\boldsymbol{x}) - \boldsymbol{x}) - (f(\boldsymbol{x}_0) - \boldsymbol{x}_0)|$$

$$\leqslant |f(\boldsymbol{x}) - f(\boldsymbol{x}_0)| + |\boldsymbol{x} - \boldsymbol{x}_0| \leqslant 2|\boldsymbol{x} - \boldsymbol{x}_0|,$$

所以 g 在 K 上连续, 从而能取到最小值, 记 $g(\boldsymbol{a}) = \min\limits_{\boldsymbol{x} \in K} g(\boldsymbol{x})$. 若 $g(\boldsymbol{a}) \neq 0$, 那么

$$g(f(\boldsymbol{a})) = |f(f(\boldsymbol{a})) - f(\boldsymbol{a})| < |f(\boldsymbol{a}) - \boldsymbol{a}| = g(\boldsymbol{a}),$$

这与 $g(\boldsymbol{a})$ 的最小性矛盾, 故 $g(\boldsymbol{a}) = 0$, 也即 $f(\boldsymbol{a}) = \boldsymbol{a}$.

再由题设不等式容易证明不动点的唯一性.

17. 由例 3.10 知 $\{(x, 0) : x \in [0, 1]\}$ 是连通集, 并且对任意的 $a \in [0, 1]$ 而言, $\{(a, y) : y \in [0, 1]\}$ 也是连通集, 所以由习题 12.1 第 27 题知对任意的 $a \in [0, 1]$,

$$\{(x, 0) : x \in [0, 1]\} \cup \{(a, y) : y \in [0, 1]\}$$

是连通集, 进而可知 E_1 是连通集, 同理可证 E_2 也是连通集, 于是再次使用习题 12.1 第 27 题可得 $E_1 \cup E_2$ 是连通集.

18. 反设 $\overline{E}$ 不是凸集, 则存在 $\boldsymbol{a}, \boldsymbol{b} \in \overline{E}$ 使得 $[\boldsymbol{a}, \boldsymbol{b}] \subseteq \overline{E}$ 不成立, 也即存在 $\boldsymbol{c} \in [\boldsymbol{a}, \boldsymbol{b}]$ 满足 $\boldsymbol{c} \notin \overline{E}$, 我们记 $\boldsymbol{c} = (1 - \lambda)\boldsymbol{a} + \lambda\boldsymbol{b}$. 由 $\overline{E}$ 是闭集知存在 $\delta > 0$ 使得 $B(\boldsymbol{c}, \delta) \cap \overline{E} = \varnothing$. 由 $\boldsymbol{a}, \boldsymbol{b} \in \overline{E}$ 知存在 $\boldsymbol{a}_1, \boldsymbol{b}_1 \in E$ 使得 $|\boldsymbol{a}_1 - \boldsymbol{a}| < \delta$ 及 $|\boldsymbol{b}_1 - \boldsymbol{b}| < \delta$. 于是

$$|(1 - \lambda)\boldsymbol{a}_1 + \lambda\boldsymbol{b}_1 - \boldsymbol{c}| < (1 - \lambda)|\boldsymbol{a}_1 - \boldsymbol{a}| + \lambda|\boldsymbol{b}_1 - \boldsymbol{b}| < \delta,$$

这意味着 $(1 - \lambda)\boldsymbol{a}_1 + \lambda\boldsymbol{b}_1 \in B(\boldsymbol{c}, \delta)$, 从而 $(1 - \lambda)\boldsymbol{a}_1 + \lambda\boldsymbol{b}_1 \notin E$, 但这与 E 是凸集矛盾.

19. 对任意的 $\boldsymbol{x}, \boldsymbol{y} \in \mathbb{R}^n$ 及 $\boldsymbol{a} \in A$ 有

$$d(\boldsymbol{x}, A) \leqslant |\boldsymbol{x} - \boldsymbol{a}| \leqslant |\boldsymbol{y} - \boldsymbol{a}| + |\boldsymbol{x} - \boldsymbol{y}|,$$

于是由 $\boldsymbol{a}$ 的任意性知 $d(\boldsymbol{x}, A) \leqslant d(\boldsymbol{y}, A) + |\boldsymbol{x} - \boldsymbol{y}|$, 再由对称性可得 $d(\boldsymbol{y}, A) \leqslant d(\boldsymbol{x}, A) + |\boldsymbol{x} - \boldsymbol{y}|$, 因此 $|d(\boldsymbol{x}, A) - d(\boldsymbol{y}, A)| \leqslant |\boldsymbol{x} - \boldsymbol{y}|$, 进而知 $d(\boldsymbol{x}, A)$ 在 $\mathbb{R}^n$ 上一致连续.

20. (1) 一致连续;

(2) 不一致连续;

(3) 不一致连续, 因为 $\boldsymbol{a}_n = \left(\sqrt{1-\dfrac{1}{n}}, 0\right)$ 与 $\boldsymbol{b}_n = \left(\sqrt{1-\dfrac{2}{2n+1}}, 0\right)$ 满足 $\lim\limits_{n\to\infty} |\boldsymbol{a}_n - \boldsymbol{b}_n| = 0$, 但是 $|f(\boldsymbol{a}_n) - f(\boldsymbol{b}_n)| = 1$.

(4) 不一致连续, 因为 $\boldsymbol{a}_n = \left(2^{-n}, \dfrac{1}{n}\right)$ 与 $\boldsymbol{b}_n = \left(2^{-2n}, \dfrac{1}{n}\right)$ 满足 $\lim\limits_{n\to\infty} |\boldsymbol{a}_n - \boldsymbol{b}_n| = 0$, 但是 $|f(\boldsymbol{a}_n) - f(\boldsymbol{b}_n)| = \dfrac{1}{4}$.

21. 因为 f 在 $\mathbb{R}^n$ 上一致连续, 所以存在 $\delta > 0$, 使得对于 $\mathbb{R}^n$ 中满足 $|\boldsymbol{x} - \boldsymbol{y}| \leqslant \delta$ 的任意两点 $\boldsymbol{x}, \boldsymbol{y}$ 均有 $|f(\boldsymbol{x}) - f(\boldsymbol{y})| < 1$. 当 $|\boldsymbol{x}| \geqslant 1$ 时可以取 $n \in \mathbb{Z}_{\geqslant 0}$ 满足 $\boldsymbol{x} \in B(\boldsymbol{0}, (n+1)\delta) \setminus B(\boldsymbol{0}, n\delta)$, 则

$$|f(\boldsymbol{x}) - f(\boldsymbol{0})| \leqslant \sum_{j=1}^{n} \left| f\left(j\delta\frac{\boldsymbol{x}}{|\boldsymbol{x}|}\right) - f\left((j-1)\delta\frac{\boldsymbol{x}}{|\boldsymbol{x}|}\right) \right| + \left| f(\boldsymbol{x}) - f\left(n\delta\frac{\boldsymbol{x}}{|\boldsymbol{x}|}\right) \right|$$

$$< n + 1 \leqslant \frac{|\boldsymbol{x}|}{\delta} + 1 \leqslant \left(\frac{1}{\delta} + 1\right)|\boldsymbol{x}|,$$

从而命题得证.

22. 任取 $\boldsymbol{x}_0 \in \mathbb{R}^n$, 由 $\mathbb{Q}^n$ 在 $\mathbb{R}^n$ 中的稠密性、f 在 $\mathbb{Q}^n$ 上的一致连续性以及柯西收敛准则容易证明极限 $\lim\limits_{\substack{\boldsymbol{x}\to\boldsymbol{x}_0 \\ \boldsymbol{x}\in\mathbb{Q}^n}} f(\boldsymbol{x})$ 存在. 若令 $g(\boldsymbol{x}) = \lim\limits_{\substack{\boldsymbol{y}\to\boldsymbol{x} \\ \boldsymbol{y}\in\mathbb{Q}^n}} f(\boldsymbol{y})$, 则 $g : \mathbb{R}^n \longrightarrow \mathbb{R}^m$ 是 f 的一个延拓.

下面来证明 g 一致连续. 对任意的 $\varepsilon > 0$, 由 f 的一致连续性知存在 $\delta > 0$, 使得对于 $\mathbb{Q}^n$ 中满足 $|\boldsymbol{s}-\boldsymbol{t}| < \delta$ 的任意两点 $\boldsymbol{s}, \boldsymbol{t}$ 均有 $|f(\boldsymbol{s}) - f(\boldsymbol{t})| < \varepsilon$. 现设 $\boldsymbol{x}, \boldsymbol{y}$ 是 $\mathbb{R}^n$ 中满足 $|\boldsymbol{x}-\boldsymbol{y}| < \dfrac{\delta}{3}$ 的任意两点, 则由 g 的定义知存在 $\boldsymbol{s} \in \mathbb{Q}^n$ 使得 $|\boldsymbol{x}-\boldsymbol{s}| < \dfrac{\delta}{3}$ 且 $|g(\boldsymbol{x})-f(\boldsymbol{s})| \leqslant \varepsilon$, 同样存在 $\boldsymbol{t} \in \mathbb{Q}^n$ 使得 $|\boldsymbol{y} - \boldsymbol{t}| < \dfrac{\delta}{3}$ 且 $|g(\boldsymbol{y})-f(\boldsymbol{t})| \leqslant \varepsilon$. 于是

$$|\boldsymbol{s} - \boldsymbol{t}| \leqslant |\boldsymbol{s} - \boldsymbol{x}| + |\boldsymbol{x} - \boldsymbol{y}| + |\boldsymbol{y} - \boldsymbol{t}| < \delta,$$

所以 $|f(\boldsymbol{s}) - f(\boldsymbol{t})| < \varepsilon$, 进而有

$$|g(\boldsymbol{x}) - g(\boldsymbol{y})| \leqslant |g(\boldsymbol{x}) - f(\boldsymbol{s})| + |f(\boldsymbol{s}) - f(\boldsymbol{t})| + |f(\boldsymbol{t}) - g(\boldsymbol{y})| < 3\varepsilon.$$

这就证明了 g 在 $\mathbb{R}^n$ 上一致连续.

第十三章

习题 13.1

1. 反设 f 在 $(0,0)^{\mathrm{T}}$ 处可微, 则存在 α, β 使得

$$\lim_{\substack{h_1 \to 0 \\ h_2 \to 0}} \frac{f(h_1, h_2) - f(0,0) - (\alpha h_1 + \beta h_2)}{\sqrt{h_1^2 + h_2^2}} = 0.$$

由于

$$\frac{f(h_1, h_2) - f(0,0) - (\alpha h_1 + \beta h_2)}{\sqrt{h_1^2 + h_2^2}} = \frac{|h_1 + h_2| - \alpha h_1 - \beta h_2}{\sqrt{h_1^2 + h_2^2}},$$

所以若特取 $h_1 = h_2 = \dfrac{1}{n}$ 并令 $n \to \infty$ 可得 $\alpha + \beta = 2$; 若特取 $h_1 = h_2 = -\dfrac{1}{n}$ 并令 $n \to \infty$ 可得 $\alpha + \beta = -2$, 这样的 α, β 不存在.

2. 因为

$$\lim_{\substack{h_1 \to 0 \\ h_2 \to 0}} \frac{f(h_1, h_2) - f(0,0)}{\sqrt{h_1^2 + h_2^2}} = \lim_{\substack{h_1 \to 0 \\ h_2 \to 0}} \frac{|h_1 h_2|}{\sqrt{h_1^2 + h_2^2}} = 0,$$

所以 f 在 $(0,0)^{\mathrm{T}}$ 处可微, 且 $f'(0,0)$ 是零映射.

3. 对 $\mathbb{R}^n$ 中的任意两个元素 $\boldsymbol{x}$ 和 $\boldsymbol{h}$ 有

$$f(\boldsymbol{x} + \boldsymbol{h}) = (\boldsymbol{x}^{\mathrm{T}} + \boldsymbol{h}^{\mathrm{T}}) A (\boldsymbol{x} + \boldsymbol{h}) = \boldsymbol{x}^{\mathrm{T}} A \boldsymbol{x} + \boldsymbol{h}^{\mathrm{T}} A \boldsymbol{x} + \boldsymbol{x}^{\mathrm{T}} A \boldsymbol{h} + \boldsymbol{h}^{\mathrm{T}} A \boldsymbol{h}$$

$$= \boldsymbol{x}^{\mathrm{T}} A \boldsymbol{x} + \boldsymbol{x}^{\mathrm{T}} (A + A^{\mathrm{T}}) \boldsymbol{h} + O(|\boldsymbol{h}|^2),$$

上面最后一步用到了习题 12.3 第 6 题. 因此 f 在 $\boldsymbol{x}$ 处可导且 $f'(\boldsymbol{x}) = \boldsymbol{x}^{\mathrm{T}} (A + A^{\mathrm{T}})$.

4. 设 $\boldsymbol{x} \in E$, 由 f 与 g 的可微性知, 当 $|\boldsymbol{h}|$ 充分小时存在映射 $\boldsymbol{s}$ 和 $\boldsymbol{t}$ 使得

$$f(\boldsymbol{x} + \boldsymbol{h}) = f(\boldsymbol{x}) + f'(\boldsymbol{x}) \boldsymbol{h} + \boldsymbol{s}(\boldsymbol{h}),$$

$$g(\boldsymbol{x} + \boldsymbol{h}) = g(\boldsymbol{x}) + g'(\boldsymbol{x}) \boldsymbol{h} + \boldsymbol{t}(\boldsymbol{h}),$$

并且 $\lim\limits_{\boldsymbol{h} \to \boldsymbol{0}} \dfrac{\boldsymbol{s}(\boldsymbol{h})}{|\boldsymbol{h}|} = \lim\limits_{\boldsymbol{h} \to \boldsymbol{0}} \dfrac{\boldsymbol{t}(\boldsymbol{h})}{|\boldsymbol{h}|} = \boldsymbol{0}$. 于是当 $\boldsymbol{h} \to \boldsymbol{0}$ 时

$$h(\boldsymbol{x} + \boldsymbol{h}) = \langle f(\boldsymbol{x} + \boldsymbol{h}), g(\boldsymbol{x} + \boldsymbol{h}) \rangle$$

$$= \langle f(\boldsymbol{x}) + f'(\boldsymbol{x}) \boldsymbol{h} + \boldsymbol{s}(\boldsymbol{h}), g(\boldsymbol{x}) + g'(\boldsymbol{x}) \boldsymbol{h} + \boldsymbol{t}(\boldsymbol{h}) \rangle$$

$$= \langle f(\boldsymbol{x}), g(\boldsymbol{x}) \rangle + \langle f(\boldsymbol{x}), g'(\boldsymbol{x}) \boldsymbol{h} \rangle + \langle f'(\boldsymbol{x}) \boldsymbol{h}, g(\boldsymbol{x}) \rangle$$

$$\quad + \langle f'(\boldsymbol{x}) \boldsymbol{h}, g'(\boldsymbol{x}) \boldsymbol{h} \rangle + \langle \boldsymbol{s}(\boldsymbol{h}), g(\boldsymbol{x} + \boldsymbol{h}) \rangle + \langle f(\boldsymbol{x} + \boldsymbol{h}), \boldsymbol{t}(\boldsymbol{h}) \rangle$$

$$= h(\boldsymbol{x}) + (f(\boldsymbol{x})^{\mathrm{T}} g'(\boldsymbol{x}) + g(\boldsymbol{x})^{\mathrm{T}} f'(\boldsymbol{x})) \boldsymbol{h} + o(|\boldsymbol{h}|),$$

所以 h 在 $\boldsymbol{x}$ 处可微且 $h'(\boldsymbol{x}) = f(\boldsymbol{x})^{\mathrm{T}} g'(\boldsymbol{x}) + g(\boldsymbol{x})^{\mathrm{T}} f'(\boldsymbol{x})$.

5. 利用上题结论.

6. 由习题 4 知 $\varphi'(\boldsymbol{x}) = 2(f(\boldsymbol{x}) - \boldsymbol{b})^{\mathrm{T}} f'(\boldsymbol{x})$, 因为 $f'(\boldsymbol{x})$ 均非奇异, 且对任意的 $\boldsymbol{x}$ 有 $f(\boldsymbol{x}) - \boldsymbol{b} \neq \boldsymbol{0}$, 所以 $\varphi'(\boldsymbol{x}) \neq \boldsymbol{0}$.

习题 13.2

1. (1) -2; 　(2) 2; 　(3) 0; 　(4) -1.

2. (1) $\boldsymbol{u} = (1,0)^{\mathrm{T}}$ 或 $(0,1)^{\mathrm{T}}$;

(2) $\boldsymbol{u} = \left(\dfrac{1}{\sqrt{2}}, \dfrac{1}{\sqrt{2}}\right)^{\mathrm{T}}, \left(-\dfrac{1}{\sqrt{2}}, \dfrac{1}{\sqrt{2}}\right)^{\mathrm{T}}, \left(\dfrac{1}{\sqrt{2}}, -\dfrac{1}{\sqrt{2}}\right)^{\mathrm{T}}$ 或 $\left(-\dfrac{1}{\sqrt{2}}, -\dfrac{1}{\sqrt{2}}\right)^{\mathrm{T}}$.

4. (1) $\left(2x \log y + y, \dfrac{x^2}{y} + x\right)$;

(2) $\left(\dfrac{y^2 - x^2 + 2xy + 1}{(x^2 + y^2 + 1)^2}, \dfrac{y^2 - x^2 - 2xy - 1}{(x^2 + y^2 + 1)^2}\right)$;

(3) $\begin{bmatrix} 1 & 1 \\ y & x \end{bmatrix}$; 　(4) $\begin{bmatrix} \cos\theta & -r\sin\theta \\ \sin\theta & r\cos\theta \end{bmatrix}$; 　(5) $\begin{bmatrix} y\cos x & \sin x \\ \cos y & -x\sin y \end{bmatrix}$;

(6) $\begin{bmatrix} \mathrm{e}^{x+z} & 0 & \mathrm{e}^{x+z} \\ 0 & \dfrac{z^2}{1+y^2} & 2z\arctan y \end{bmatrix}$; 　(7) $\begin{bmatrix} \cos\theta & -r\sin\theta & 0 \\ \sin\theta & r\cos\theta & 0 \\ 0 & 0 & 1 \end{bmatrix}$;

(8) $\begin{bmatrix} \sin\varphi\cos\theta & r\cos\varphi\cos\theta & -r\sin\varphi\sin\theta \\ \sin\varphi\sin\theta & r\cos\varphi\sin\theta & r\sin\varphi\cos\theta \\ \cos\varphi & -r\sin\varphi & 0 \end{bmatrix}$.

5. (1) $\dfrac{\partial^2 f}{\partial x^2} = \dfrac{2y}{x^3}, \ \dfrac{\partial^2 f}{\partial x \partial y} = \dfrac{\partial^2 f}{\partial y \partial x} = 1 - \dfrac{1}{x^2}, \ \dfrac{\partial^2 f}{\partial y^2} = 0$;

(2) $\dfrac{\partial^2 f}{\partial x^2} = \dfrac{2xy}{(x^2 + y^2)^2}, \ \dfrac{\partial^2 f}{\partial x \partial y} = \dfrac{\partial^2 f}{\partial y \partial x} = \dfrac{y^2 - x^2}{(x^2 + y^2)^2}, \ \dfrac{\partial^2 f}{\partial y^2} = \dfrac{-2xy}{(x^2 + y^2)^2}$;

(3) $\dfrac{\partial^2 f}{\partial x^2} = \dfrac{2(y^2 - x^2)}{(x^2 + y^2)^2}, \ \dfrac{\partial^2 f}{\partial x \partial y} = \dfrac{\partial^2 f}{\partial y \partial x} = \dfrac{-4xy}{(x^2 + y^2)^2}, \ \dfrac{\partial^2 f}{\partial y^2} = \dfrac{2(x^2 - y^2)}{(x^2 + y^2)^2}$;

(4) $\dfrac{\partial^2 f}{\partial x^2} = y(y-1)x^{y-2}, \ \dfrac{\partial^2 f}{\partial x \partial y} = \dfrac{\partial^2 f}{\partial y \partial x} = x^{y-1} + yx^{y-1}\log x,$

$\dfrac{\partial^2 f}{\partial y^2} = x^y \log^2 x.$

6. (1) $\dfrac{\partial u}{\partial x} = 2xf'(x^2 + y^2), \ \dfrac{\partial^2 u}{\partial x^2} = 2f'(x^2 + y^2) + 4x^2 f''(x^2 + y^2),$

$$\frac{\partial^2 u}{\partial x \partial y} = 4xy f''(x^2+y^2);$$

(2) $\dfrac{\partial u}{\partial y} = \dfrac{\mathrm{e}^x}{y} f'(\mathrm{e}^x \log y)$, $\quad \dfrac{\partial^2 u}{\partial x \partial y} = \dfrac{\mathrm{e}^x}{y} f'(\mathrm{e}^x \log y) + \dfrac{\mathrm{e}^{2x} \log y}{y} f''(\mathrm{e}^x \log y);$

(3) $\dfrac{\partial^2 u}{\partial x^2} = \dfrac{\partial^2 f}{\partial x_1^2}\Big(x, \dfrac{x}{y}\Big) + \dfrac{2}{y} \dfrac{\partial^2 f}{\partial x_1 \partial x_2}\Big(x, \dfrac{x}{y}\Big) + \dfrac{1}{y^2} \dfrac{\partial^2 f}{\partial x_2^2}\Big(x, \dfrac{x}{y}\Big),$

$\dfrac{\partial^2 u}{\partial y^2} = \dfrac{x^2}{y^4} \dfrac{\partial^2 f}{\partial x_2^2}\Big(x, \dfrac{x}{y}\Big) + \dfrac{2x}{y^3} \dfrac{\partial f}{\partial x_2}\Big(x, \dfrac{x}{y}\Big).$

7. $\mathrm{e}^x \sin\Big(y + \dfrac{n}{2}\pi\Big).$

11. 在 $f(t\boldsymbol{x}) = t^\alpha f(\boldsymbol{x})$ 两边对 t 求导后再取 $t = 1$ 即得.

12. 对 $t > 0$ 及 $\boldsymbol{x}_0 \in E$ 记 $\varphi(t) = \dfrac{f(t\boldsymbol{x}_0)}{t^\alpha}$, 容易验证 $\varphi'(t) = 0$, 于是 $\varphi(t)$ 是 $\mathbb{R}_{>0}$ 上的常值函数. 因为 $\varphi(1) = f(\boldsymbol{x}_0)$, 所以对任意的 $t > 0$ 有

$$f(t\boldsymbol{x}_0) = t^\alpha \varphi(t) = t^\alpha f(\boldsymbol{x}_0).$$

14. 不可微.

15. 可微.

16. 若 f 在 $(0,0)^\mathrm{T}$ 处可微, 则 $\dfrac{\partial f}{\partial x}(0,0)$ 存在, 也即极限 $\lim\limits_{x\to 0} \dfrac{|x|g(x,0)}{x}$ 存在, 于是由 g 的连续性知 $g(0,0) = 0$.

反之, 若 $g(0,0) = 0$, 则当 $x^2 + y^2 \neq 0$ 时

$$\left| \frac{|x-y|g(x,y)}{\sqrt{x^2+y^2}} \right| \leqslant \frac{|x|+|y|}{\sqrt{x^2+y^2}} |g(x,y)| \leqslant \sqrt{2}\,|g(x,y)|,$$

从而 $\lim\limits_{\substack{x\to 0 \\ y\to 0}} \dfrac{f(x,y) - f(0,0)}{\sqrt{x^2+y^2}} = 0$, 因此 f 在 $(0,0)^\mathrm{T}$ 处可微.

19. 按照第十二章命题 3.5, 只需证明 $m = 1$ 的情形即可. 不妨设 U 是以 $\boldsymbol{a}$ 为中心的开球. 由题设知, 存在 $M > 0$, 使得对任意的 $\boldsymbol{t} \in U$ 及 $1 \leqslant j \leqslant n$ 有 $\left| \dfrac{\partial f}{\partial x_i}(\boldsymbol{t}) \right| \leqslant M$. 现设 $\boldsymbol{h} = (h_1, \cdots, h_n)^\mathrm{T}$ 满足 $\boldsymbol{a} + \boldsymbol{h} \in U$, 并记 $\boldsymbol{a}_0 = \boldsymbol{a}$ 以及

$$\boldsymbol{a}_j = \boldsymbol{a}_{j-1} + h_j \boldsymbol{e}_j, \qquad 1 \leqslant j \leqslant n,$$

那么 $\boldsymbol{a}_n = \boldsymbol{a} + \boldsymbol{h}$ 且 $\boldsymbol{a}_j \in U$ $(1 \leqslant j \leqslant n)$. 由中值定理知, 存在 $\boldsymbol{c}_j \in [\boldsymbol{a}_{j-1}, \boldsymbol{a}_j]$ 使得

$$|f(\boldsymbol{a}+\boldsymbol{h}) - f(\boldsymbol{a})| = \left| \sum_{j=1}^n \big[f(\boldsymbol{a}_j) - f(\boldsymbol{a}_{j-1}) \big] \right| = \left| \sum_{j=1}^n h_j \cdot \frac{\partial f}{\partial x_j}(\boldsymbol{c}_j) \right|$$

$$\leqslant M \sum_{j=1}^n |h_j| \leqslant \sqrt{n} M |\boldsymbol{h}|.$$

因此 f 在 $\boldsymbol{a}$ 处连续.

21. 对位于 0 的充分小的去心邻域内的 h 和 k 记

$$\Delta f = f(x_0+h, y_0+k) - f(x_0+h, y_0) - f(x_0, y_0+k) + f(x_0, y_0)$$

以及 $\varphi(x) = f(x, y_0+k) - f(x, y_0)$, 则 $\Delta f = \varphi(x_0+h) - \varphi(x_0)$. 故由拉格朗日中值定理知存在位于 x_0 和 x_0+h 之间的某个 ξ 使得

$$\Delta f = \varphi'(\xi)h = \left[\frac{\partial f}{\partial x}(\xi, y_0+k) - \frac{\partial f}{\partial x}(\xi, y_0) \right] h.$$

再次应用拉格朗日中值定理知, 存在位于 y_0 和 y_0+k 之间的某个 η 使得

$$\Delta f = \frac{\partial^2 f}{\partial y \partial x}(\xi, \eta) \cdot hk.$$

于是 $\displaystyle \lim_{\substack{h \to 0 \\ k \to 0}} \frac{\Delta f}{kh} = \frac{\partial^2 f}{\partial y \partial x}(x_0, y_0)$.

另一方面,

$$\lim_{k \to 0} \frac{\Delta f}{k} = \lim_{k \to 0} \frac{f(x_0+h, y_0+k) - f(x_0+h, y_0)}{k} - \lim_{k \to 0} \frac{f(x_0, y_0+k) - f(x_0, y_0)}{k}$$

$$= \frac{\partial f}{\partial y}(x_0+h, y_0) - \frac{\partial f}{\partial y}(x_0, y_0).$$

因此由二次极限与二重极限之间的关系 (第十二章命题 2.13) 知极限 $\displaystyle \lim_{h \to 0} \lim_{k \to 0} \frac{\Delta f}{kh}$ 存在且等于 $\displaystyle \lim_{\substack{h \to 0 \\ k \to 0}} \frac{\Delta f}{kh}$, 也即是说 $\dfrac{\partial^2 f}{\partial x \partial y}(x_0, y_0)$ 存在并且等于 $\dfrac{\partial^2 f}{\partial y \partial x}(x_0, y_0)$.

22. 对任意的 $\boldsymbol{a} \in D$, 由 D 是开集知存在 $\varepsilon > 0$ 使得 $B(\boldsymbol{a}, \varepsilon) \subseteq D$, 在 $B(\boldsymbol{a}, \varepsilon)$ 上应用推论 2.10 知 f 在该集合上取常值.

现取 $\boldsymbol{a}_0 \in D$, 并记 $M = f(\boldsymbol{a}_0)$, 那么由上一段知 $D_1 = \{\boldsymbol{x} \in D : f(\boldsymbol{x}) = M\}$ 是非空开集, 同理可得 $D_2 = \{\boldsymbol{x} \in D : f(\boldsymbol{x}) \neq M\}$ 也是开集. 因为 $D_1 \cup D_2 = D$ 且 $D_1 \cap D_2 = \varnothing$, 所以由 D 的连通性以及 $D_1 \neq \varnothing$ 知 $D_2 = \varnothing$, 也即 $D_1 = D$, 从而命题得证.

24. 因为 f' 是常值映射, 所以存在 $L \in \mathscr{L}(\mathbb{R}^n, \mathbb{R}^m)$, 使得对任意的 $\boldsymbol{x} \in D$ 均有 $f'(\boldsymbol{x}) = L$. 现记 $g(\boldsymbol{x}) = f(\boldsymbol{x}) - L\boldsymbol{x}$, 并记 $g = (g_1, \cdots, g_m)^{\mathrm{T}}$, 则对任意的 $\boldsymbol{x} \in D$,

$$\begin{bmatrix} g_1'(\boldsymbol{x}) \\ \vdots \\ g_m'(\boldsymbol{x}) \end{bmatrix} = f'(\boldsymbol{x}) - L$$

为零映射. 于是对任意的 j, g_j 在 D 上的各偏导数恒等于 0, 从而由习题 22 知存在 $a_j \in \mathbb{R}$ 使得 $g_j(\boldsymbol{x}) = a_j$ ($\forall \boldsymbol{x} \in D$). 若记 $\boldsymbol{a} = (a_1, \cdots, a_m)^{\mathrm{T}}$, 那么 $g(\boldsymbol{x}) = \boldsymbol{a}$ ($\forall \boldsymbol{x} \in D$), 也即在 D 上有 $f(\boldsymbol{x}) = L\boldsymbol{x} + \boldsymbol{a}$.

25. (1) 不妨设 $\boldsymbol{x} \neq \boldsymbol{0}$, 由 $\|L\|$ 的定义知 $\left| L\dfrac{\boldsymbol{x}}{|\boldsymbol{x}|} \right| \leqslant \|L\|$, 因此 $|L\boldsymbol{x}| \leqslant \|L\| \cdot |\boldsymbol{x}|$.

(2) 可直接由定义得到.

(3) 对于满足 $|\boldsymbol{h}| = 1$ 的任一 $\boldsymbol{h} \in \mathbb{R}^n$ 有

$$|(L_1 + L_2)\boldsymbol{h}| = |L_1\boldsymbol{h} + L_2\boldsymbol{h}| \leqslant |L_1\boldsymbol{h}| + |L_2\boldsymbol{h}| \leqslant \|L_1\| + \|L_2\|,$$

再由 $\boldsymbol{h}$ 的任意性知 $\|L_1 + L_2\| \leqslant \|L_1\| + \|L_2\|$.

(4) 对于满足 $|\boldsymbol{h}| = 1$ 的任一 $\boldsymbol{h} \in \mathbb{R}^n$, 由 (1) 知

$$|(L_2 \circ L_1)\boldsymbol{h}| \leqslant \|L_2\| \cdot |L_1\boldsymbol{h}| \leqslant \|L_2\| \cdot \|L_1\|,$$

因此由 $\boldsymbol{h}$ 的任意性知 $\|L_2 \circ L_1\| \leqslant \|L_2\| \cdot \|L_1\|$.

26. 设 $f = (f_1, \cdots, f_m)^{\mathrm{T}}$.

必要性: 若 f 在 E 上连续可微, 则 $\dfrac{\partial f_j}{\partial x_i}$ ($1 \leqslant i \leqslant n$, $1 \leqslant j \leqslant m$) 均在 E 上连续. 于是对任意的 $\boldsymbol{a} \in E$ 及 $\varepsilon > 0$, 存在 $\delta > 0$, 使得对于满足 $|\boldsymbol{x} - \boldsymbol{a}| < \delta$ 的任意 $\boldsymbol{x} \in E$ 均有

$$\left| \frac{\partial f_j}{\partial x_i}(\boldsymbol{x}) - \frac{\partial f_j}{\partial x_i}(\boldsymbol{a}) \right| < \frac{\varepsilon}{\sqrt{mn} + 1}, \qquad 1 \leqslant i \leqslant n, \ 1 \leqslant j \leqslant m.$$

于是由 (12.1) 知

$$\|f'(\boldsymbol{x}) - f'(\boldsymbol{a})\| \leqslant \sqrt{mn} \cdot \max\left\{ \left| \frac{\partial f_j}{\partial x_i}(\boldsymbol{x}) - \frac{\partial f_j}{\partial x_i}(\boldsymbol{a}) \right| : 1 \leqslant i \leqslant n, \ 1 \leqslant j \leqslant m \right\}$$

$$< \sqrt{mn} \cdot \frac{\varepsilon}{\sqrt{mn} + 1} < \varepsilon.$$

充分性: 假设对任意的 $\boldsymbol{a} \in E$ 及 $\varepsilon > 0$, 存在 $\delta > 0$, 使得对于满足 $|\boldsymbol{x} - \boldsymbol{a}| < \delta$ 的任意 $\boldsymbol{x} \in E$ 均有 $\|f'(\boldsymbol{x}) - f'(\boldsymbol{a})\| < \varepsilon$, 那么对于任意的 i, j 有

$$\left| \frac{\partial f_j}{\partial x_i}(\boldsymbol{x}) - \frac{\partial f_j}{\partial x_i}(\boldsymbol{a}) \right| \leqslant \left(\sum_{k=1}^{n} \left(\frac{\partial f_k}{\partial x_i}(\boldsymbol{x}) - \frac{\partial f_k}{\partial x_i}(\boldsymbol{a}) \right)^2 \right)^{\frac{1}{2}}$$

$$= |(f'(\boldsymbol{x}) - f'(\boldsymbol{a}))\boldsymbol{e}_i| \leqslant \|f'(\boldsymbol{x}) - f'(\boldsymbol{a})\| < \varepsilon.$$

因此每个 $\dfrac{\partial f_j}{\partial x_i}$ 都在 $\boldsymbol{a}$ 处连续, 再由 $\boldsymbol{a}$ 的任意性知每个 $\dfrac{\partial f_j}{\partial x_i}$ 都在 E 上连续.

习题 13.3

1. 利用有限增量定理及压缩映像原理.

2. 记 $g(\boldsymbol{x}) = f(\boldsymbol{x}) - L\boldsymbol{x}$, 则 $g'(\boldsymbol{x}) = f'(\boldsymbol{x}) - L$, 于是由题设知: 对任意的 $\varepsilon > 0$, 存在 $\delta > 0$, 使得对任意的 $\boldsymbol{x} \in B(\boldsymbol{a}, \delta) \setminus \{\boldsymbol{a}\}$ 有

$$\|g'(\boldsymbol{x})\| = \|f'(\boldsymbol{x}) - L\| < \varepsilon.$$

现设 $\boldsymbol{h} \neq \boldsymbol{0}$ 满足 $\boldsymbol{a} + \boldsymbol{h} \in B(\boldsymbol{a}, \delta)$, 并记 $\boldsymbol{u} = g(\boldsymbol{a} + \boldsymbol{h}) - g(\boldsymbol{a})$ 及 $h(t) = \boldsymbol{u}^{\mathrm{T}} g(\boldsymbol{a} + t\boldsymbol{h})$, 那么 $h : [0, 1] \longrightarrow \mathbb{R}$ 连续, 且在区间 $(0, 1)$ 上可导, 于是由拉格朗日中值定理知存在 $\xi \in (0, 1)$ 使得

$$\boldsymbol{u}^{\mathrm{T}}(g(\boldsymbol{a} + \boldsymbol{h}) - g(\boldsymbol{a})) = h(1) - h(0) = h'(\xi) = \boldsymbol{u}^{\mathrm{T}} g'(\boldsymbol{a} + \xi\boldsymbol{h})\boldsymbol{h}.$$

将 $\boldsymbol{u} = g(\boldsymbol{a} + \boldsymbol{h}) - g(\boldsymbol{a})$ 代入, 我们有

$$|g(\boldsymbol{a} + \boldsymbol{h}) - g(\boldsymbol{a})|^2 = \langle g(\boldsymbol{a} + \boldsymbol{h}) - g(\boldsymbol{a}), g'(\boldsymbol{a} + \xi\boldsymbol{h})\boldsymbol{h} \rangle$$

$$\leqslant |g(\boldsymbol{a} + \boldsymbol{h}) - g(\boldsymbol{a})| \cdot |g'(\boldsymbol{a} + \xi\boldsymbol{h})\boldsymbol{h}|$$

$$< |g(\boldsymbol{a} + \boldsymbol{h}) - g(\boldsymbol{a})| \cdot \varepsilon|\boldsymbol{h}|.$$

进而可得

$$\frac{|f(\boldsymbol{a} + \boldsymbol{h}) - f(\boldsymbol{a}) - L\boldsymbol{h}|}{|\boldsymbol{h}|} = \frac{|g(\boldsymbol{a} + \boldsymbol{h}) - g(\boldsymbol{a})|}{|\boldsymbol{h}|} < \varepsilon,$$

这就证明了 $\lim\limits_{\boldsymbol{h} \to \boldsymbol{0}} \dfrac{|f(\boldsymbol{a} + \boldsymbol{h}) - f(\boldsymbol{a}) - L\boldsymbol{h}|}{|\boldsymbol{h}|} = 0$, 因此 f 在 $\boldsymbol{a}$ 处可微且 $f'(\boldsymbol{a}) = L$.

3. 不妨设 $r \geqslant 1$, 并记 $\boldsymbol{\alpha} = (\alpha_1, \cdots, \alpha_n)$. 下面利用数学归纳法来证明. 首先, $r = 1$ 的情形可直接由微分及偏导数的定义得到. 现设命题对 r 成立, 又假设当 $\boldsymbol{h} \to \boldsymbol{0}$ 时有

$$f(\boldsymbol{a} + \boldsymbol{h}) = f(\boldsymbol{a}) + \sum_{1 \leqslant |\boldsymbol{\alpha}| \leqslant r+1} A_{\boldsymbol{\alpha}} \boldsymbol{h}^{\boldsymbol{\alpha}} + o(|\boldsymbol{h}|^{r+1}),$$

那么由归纳假设知

$$f(\boldsymbol{a} + \boldsymbol{h}) = f(\boldsymbol{a}) + \sum_{1 \leqslant |\boldsymbol{\alpha}| \leqslant r} \frac{1}{\boldsymbol{\alpha}!} \frac{\partial^{\boldsymbol{\alpha}} f}{\partial \boldsymbol{x}^{\boldsymbol{\alpha}}}(\boldsymbol{a}) \boldsymbol{h}^{\boldsymbol{\alpha}} + \sum_{|\boldsymbol{\alpha}| = r+1} A_{\boldsymbol{\alpha}} \boldsymbol{h}^{\boldsymbol{\alpha}} + o(|\boldsymbol{h}|^{r+1}).$$

此外, 由带佩亚诺余项的泰勒公式可得

$$f(\boldsymbol{a} + \boldsymbol{h}) = f(\boldsymbol{a}) + \sum_{1 \leqslant |\boldsymbol{\alpha}| \leqslant r+1} \frac{1}{\boldsymbol{\alpha}!} \frac{\partial^{\boldsymbol{\alpha}} f}{\partial \boldsymbol{x}^{\boldsymbol{\alpha}}}(\boldsymbol{a}) \boldsymbol{h}^{\boldsymbol{\alpha}} + o(|\boldsymbol{h}|^{r+1}).$$

比较以上两式即得

$$\sum_{|\boldsymbol{\alpha}| = r+1} \left(A_{\boldsymbol{\alpha}} - \frac{1}{\boldsymbol{\alpha}!} \frac{\partial^{\boldsymbol{\alpha}} f}{\partial \boldsymbol{x}^{\boldsymbol{\alpha}}}(\boldsymbol{a}) \right) \boldsymbol{h}^{\boldsymbol{\alpha}} = o(|\boldsymbol{h}|^{r+1}).$$

为方便起见记 $B_{\boldsymbol{\alpha}} = A_{\boldsymbol{\alpha}} - \dfrac{1}{\boldsymbol{\alpha}!} \dfrac{\partial^{\boldsymbol{\alpha}} f}{\partial \boldsymbol{x}^{\boldsymbol{\alpha}}}(\boldsymbol{a})$, 那么特取 $\boldsymbol{h} = (\beta_1 \delta, \cdots, \beta_n \delta)^{\mathrm{T}}$ 知, 当 $\delta \to 0$ 时有

$$\sum_{|\boldsymbol{\alpha}|=r+1} B_{\boldsymbol{\alpha}} \beta_1^{\alpha_1} \cdots \beta_n^{\alpha_n} \delta^{r+1} = o(\delta^{r+1}).$$

两边同时除以 δ^{r+1} 后令 $\delta \to 0$ 可得

$$\sum_{|\boldsymbol{\alpha}|=r+1} B_{\boldsymbol{\alpha}} \beta_1^{\alpha_1} \cdots \beta_n^{\alpha_n} = 0,$$

再由 β_j $(1 \leqslant j \leqslant n-1)$ 的任意性知 $B_{\boldsymbol{\alpha}} = 0$, 这样就完成了归纳证明.

5. (1) 当 $n \geqslant 1$ 时有

$$\sin(x^2 + y^2) = \sum_{0 \leqslant i+j \leqslant n} \frac{\sin \frac{i+j}{2} \pi}{i! \, j!} x^{2i} y^{2j} + o((x^2 + y^2)^n).$$

(2) 当 $n \geqslant 1$ 时有

$$\sqrt{1+x+y} = 1 + \sum_{1 \leqslant i+j \leqslant n} \frac{(-1)^{i+j-1}(2i+2j)!}{4^{i+j}(2i+2j-1)(i+j)! \, i! \, j!} x^i y^j + o\big((x^2+y^2)^{\frac{n}{2}}\big).$$

(3) 当 $n \geqslant 1$ 时有

$$\mathrm{e}^x \sin y = \sum_{0 \leqslant i+j \leqslant n} \frac{\sin \frac{j}{2} \pi}{i! \, j!} x^i y^j + o\big((x^2+y^2)^{\frac{n}{2}}\big).$$

(4) 当 $n \geqslant 2$ 时有

$$\log(1+x) \log(1+y) = \sum_{\substack{2 \leqslant i+j \leqslant n \\ i \geqslant 1, \, j \geqslant 1}} \frac{(-1)^{i+j}}{i! \, j!} x^i y^j + o\big((x^2+y^2)^{\frac{n}{2}}\big).$$

6. (1) $1 + [\alpha(x-1) + \beta(y-1)] + \left[\dfrac{\alpha(\alpha-1)}{2}(x-1)^2 + \alpha\beta(x-1)(y-1) + \dfrac{\beta(\beta-1)}{2}(y-1)^2\right]$;

(2) $\dfrac{1}{2} + \dfrac{1}{4}y + \dfrac{1}{8}\left[\left(x - \dfrac{\pi}{2}\right)^2 + y^2\right]$;

(3) $1 + \dfrac{1}{2}\big[(x-1)^2 + 4(y+2)^2 + 9(z-1)^2 + 4(x-1)(y+2) + 12(y+2)(z-1) + 6(z-1)(x-1)\big]$;

(4) $(y-1) - \left[x(y-1) + \dfrac{1}{2}(y-1)^2 - z^2\right]$.

7. 因为当 $x \to 0$, $y \to 0$ 时

$$\arctan \frac{1+x+y}{1-x+y} = \arctan \frac{1+\frac{x}{1+y}}{1-\frac{x}{1+y}} = \frac{\pi}{4} + \arctan \frac{x}{1+y}$$

$$= \frac{\pi}{4} + x - xy + o(x^2 + y^2).$$

8. (1) 1;   (2) 0.

习题 13.4

1. 由于

$$\det f'(u,v) = \begin{vmatrix} 1 & 1 \\ \dfrac{1}{v} & -\dfrac{u}{v^2} \end{vmatrix} = -\frac{u+v}{v^2},$$

所以当 $u+v \neq 0$ 且 $v \neq 0$ 时 f 在 (u,v) 的充分小的邻域内存在反函数, 且反函数的雅可比矩阵为

$$\begin{bmatrix} 1 & 1 \\ \dfrac{1}{v} & -\dfrac{u}{v^2} \end{bmatrix}^{-1} = \begin{bmatrix} \dfrac{u}{u+v} & \dfrac{v^2}{u+v} \\ \dfrac{v}{u+v} & -\dfrac{v^2}{u+v} \end{bmatrix} = \begin{bmatrix} \dfrac{y}{1+y} & \dfrac{x}{(1+y)^2} \\ \dfrac{1}{1+y} & -\dfrac{x}{(1+y)^2} \end{bmatrix}.$$

此外, f 在点 $(u,-u)$ $(u \neq 0)$ 的任意邻域内均不存在反函数, 这是因为对任意的 $\delta > 0$ 总有 $f(u+\delta, -(u+\delta)) = (0,-1)$.

2. 因为

$$\det f' = \begin{vmatrix} \sin\varphi\cos\theta & \rho\cos\varphi\cos\theta & -\rho\sin\varphi\sin\theta \\ \sin\varphi\sin\theta & \rho\cos\varphi\sin\theta & \rho\sin\varphi\cos\theta \\ \cos\varphi & -\rho\sin\varphi & 0 \end{vmatrix} = \rho^2\sin\varphi,$$

所以对满足 $\rho^2\sin\varphi \neq 0$ 的那些点, f 在它们的充分小的邻域内存在反函数, 并且反函数的雅可比矩阵为

$$\begin{bmatrix} \sin\varphi\cos\theta & \rho\cos\varphi\cos\theta & -\rho\sin\varphi\sin\theta \\ \sin\varphi\sin\theta & \rho\cos\varphi\sin\theta & \rho\sin\varphi\cos\theta \\ \cos\varphi & -\rho\sin\varphi & 0 \end{bmatrix}^{-1} = \begin{bmatrix} \sin\varphi\cos\theta & \sin\varphi\sin\theta & \cos\varphi \\ \dfrac{\cos\varphi\cos\theta}{\rho} & \dfrac{\cos\varphi\sin\theta}{\rho} & -\dfrac{\sin\varphi}{\rho} \\ -\dfrac{\sin\theta}{\rho\sin\varphi} & \dfrac{\cos\theta}{\rho\sin\varphi} & 0 \end{bmatrix}$$

$$= \begin{bmatrix} \dfrac{x}{\sqrt{x^2+y^2+z^2}} & \dfrac{y}{\sqrt{x^2+y^2+z^2}} & \dfrac{z}{\sqrt{x^2+y^2+z^2}} \\ \dfrac{xz}{(x^2+y^2+z^2)\sqrt{x^2+y^2}} & \dfrac{yz}{(x^2+y^2+z^2)\sqrt{x^2+y^2}} & -\dfrac{\sqrt{x^2+y^2}}{(x^2+y^2+z^2)} \\ -\dfrac{y}{x^2+y^2} & \dfrac{x}{x^2+y^2} & 0 \end{bmatrix}.$$

此外, 当 $\rho^2\sin\varphi = 0$ 时, 要么 $\rho = 0$, 要么 $\varphi = k\pi$ $(k \in \mathbb{Z})$. 若 $\rho = 0$, 则对任意的 φ, θ 有 $f(0,\varphi,\theta) = (0,0,0)$; 若 $\varphi = k\pi$, 则对任意的 θ 有 $f(\rho,\varphi,\theta) = (0,0,(-1)^k\rho)$, 所以当 $\rho^2\sin\varphi = 0$ 时 f 在 (ρ,φ,θ) 的任意邻域内均不存在反函数.

4. 因为非奇异线性映射必是双射, 故而关键是证明 (13.16). 设命题对 $L^{-1} \circ f$ 成立, 则存在 $\boldsymbol{a}$ 的邻域 U 使得 $L^{-1} \circ f$ 在 U 上是双射, 且 $(L^{-1} \circ f)(U)$ 是开集, 由此便知 f 在 U 上是双

射且 $f(U)$ 是开集 (参见习题 12.3 第 9 题). 此外, 还应存在 $(L^{-1} \circ f)|_U$ 的逆映射 g_1 使得对任意的 $\boldsymbol{y} \in L^{-1}(f(U))$ 有

$$g_1'(\boldsymbol{y}) = \left[(L^{-1} \circ f)'(g_1(\boldsymbol{y}))\right]^{-1} = \left[L^{-1} \circ f'(g_1(\boldsymbol{y}))\right]^{-1} = [f'(g_1(\boldsymbol{y}))]^{-1} \circ L.$$

现用 g 表示 $f|_U$ 的逆映射, 则 $g_1 = ((L^{-1} \circ f)|_U)^{-1} = g \circ L$, 因此 g 在 $f(U)$ 上可微, 而上式也即

$$(g \circ L)'(\boldsymbol{y}) = f'(g(L\boldsymbol{y}))^{-1} \circ L,$$

由链式法则知上式左侧等于 $g'(L\boldsymbol{y}) \circ L$, 于是由 L 的可逆性知 $g'(L\boldsymbol{y}) = f'(g(L\boldsymbol{y}))^{-1}$, 注意到 $L\boldsymbol{y}$ 可遍历 $f(U)$ 中所有元素, 这就证明了命题对 f 成立.

5. 对任意给定的 $\boldsymbol{a} \in \mathbb{R}^n$, 对 $\boldsymbol{a}^\mathrm{T} f(\boldsymbol{x})$ 应用中值定理 (推论 2.10) 知, 对任意的 $\boldsymbol{x}_1, \boldsymbol{x}_2 \in E$, 存在 $\boldsymbol{\xi} \in [\boldsymbol{x}_1, \boldsymbol{x}_2]$ 使得

$$\boldsymbol{a}^\mathrm{T}(f(\boldsymbol{x}_1) - f(\boldsymbol{x}_2)) = \boldsymbol{a}^\mathrm{T} f'(\boldsymbol{\xi})(\boldsymbol{x}_1 - \boldsymbol{x}_2).$$

特取 $\boldsymbol{a} = \boldsymbol{x}_1 - \boldsymbol{x}_2$ 可得 $(\boldsymbol{x}_1 - \boldsymbol{x}_2)^\mathrm{T}(f(\boldsymbol{x}_1) - f(\boldsymbol{x}_2)) = (\boldsymbol{x}_1 - \boldsymbol{x}_2)^\mathrm{T} f'(\boldsymbol{\xi})(\boldsymbol{x}_1 - \boldsymbol{x}_2)$, 于是由 $f'(\boldsymbol{\xi})$ 的正定性知 $f(\boldsymbol{x}_1) = f(\boldsymbol{x}_2)$ 当且仅当 $\boldsymbol{x}_1 = \boldsymbol{x}_2$.

6. (1) 任取 $\boldsymbol{h} \in \mathbb{R}^n$, 对 $\boldsymbol{h}^\mathrm{T} f(\boldsymbol{z})$ 应用中值定理知, 对任意的 $\boldsymbol{x}, \boldsymbol{y} \in \mathbb{R}^n$, 存在 $\boldsymbol{\xi} \in [\boldsymbol{x}, \boldsymbol{y}]$ 使得

$$\boldsymbol{h}^\mathrm{T}(f(\boldsymbol{x}) - f(\boldsymbol{y})) = \boldsymbol{h}^\mathrm{T} f(\boldsymbol{x}) - \boldsymbol{h}^\mathrm{T} f(\boldsymbol{y}) = \boldsymbol{h}^\mathrm{T} f'(\boldsymbol{\xi})(\boldsymbol{x} - \boldsymbol{y}).$$

特取 $\boldsymbol{h} = \boldsymbol{x} - \boldsymbol{y}$ 即得

$$\langle f(\boldsymbol{x}) - f(\boldsymbol{y}), \boldsymbol{x} - \boldsymbol{y} \rangle = (\boldsymbol{x} - \boldsymbol{y})^\mathrm{T} f'(\boldsymbol{\xi})(\boldsymbol{x} - \boldsymbol{y}) \geqslant \alpha |\boldsymbol{x} - \boldsymbol{y}|^2.$$

(2) 设 F 是一个闭集, 我们来证明 $f(F)$ 也是闭集. 设 $\{\boldsymbol{b}_k\}$ 是 $f(F)$ 中的一个收敛点列, 极限为 $\boldsymbol{b}$. 对任意的 k, 记 $\boldsymbol{b}_k = f(\boldsymbol{a}_k)$, 那么由 (1) 知

$$\alpha |\boldsymbol{a}_k - \boldsymbol{a}_\ell|^2 \leqslant \langle f(\boldsymbol{a}_k) - f(\boldsymbol{a}_\ell), \boldsymbol{a}_k - \boldsymbol{a}_\ell \rangle \leqslant |f(\boldsymbol{a}_k) - f(\boldsymbol{a}_\ell)| \cdot |\boldsymbol{a}_k - \boldsymbol{a}_\ell|,$$

也即 $|\boldsymbol{a}_k - \boldsymbol{a}_\ell| \leqslant \alpha^{-1} |\boldsymbol{b}_k - \boldsymbol{b}_\ell|$. 于是由柯西收敛准则知 $\{\boldsymbol{a}_k\}$ 收敛, 设其极限为 $\boldsymbol{a}$, 则 $\boldsymbol{a} \in F$, 进而有

$$\boldsymbol{b} = \lim_{k \to \infty} \boldsymbol{b}_k = \lim_{k \to \infty} f(\boldsymbol{a}_k) = f(\boldsymbol{a}) \in f(F).$$

这就证明了 $f(F)$ 是闭集.

(3) 由注 4.2 (2) 可得 $f(\mathbb{R}^n)$ 是开集, 而由 (2) 知 $f(\mathbb{R}^n)$ 是闭集, 所以 $f(\mathbb{R}^n) = \mathbb{R}^n$. 再结合习题 5 便证明了 f 是双射.

7. 为了证明 $f(\mathbb{R}^n) = \mathbb{R}^n$, 只需说明 $f(\mathbb{R}^n)$ 既是开集又是闭集. 一方面, 由注 4.2 (2) 知 $f(\mathbb{R}^n)$ 是开集. 另一方面, 设 $f(\mathbb{R}^n)$ 中的点列 $\{\boldsymbol{b}_k\}$ 收敛于 $\boldsymbol{b}$, 并记 $\boldsymbol{b}_k = f(\boldsymbol{a}_k)$, 那么由 $K = \{\boldsymbol{b}_k : k \in \mathbb{Z}_{>0}\} \cup \{\boldsymbol{b}\}$ 是紧集知 $f^{-1}(K)$ 也是紧集. 因为 $\{\boldsymbol{a}_k : k \in \mathbb{Z}_{>0}\} \subseteq f^{-1}(K)$, 故由波尔查诺 — 魏尔斯特拉斯定理知存在收敛子列 $\{\boldsymbol{a}_{k_j}\}$. 设 $\lim\limits_{j \to \infty} \boldsymbol{a}_{k_j} = \boldsymbol{a}$, 那么由 f 的连续性知

$$\lim_{j \to \infty} \boldsymbol{b}_{k_j} = \lim_{j \to \infty} f(\boldsymbol{a}_{k_j}) = f(\boldsymbol{a}).$$

因此 $f(\boldsymbol{a}) = \boldsymbol{b}$, 这说明 $\boldsymbol{b} \in f(\mathbb{R}^n)$, 所以 $f(\mathbb{R}^n)$ 是闭集.

8. 首先容易验证 $f'(\mathbf{0})$ 是恒等映射. 其次, 当 $x^2 + y^2 \neq 0$ 时

$$\frac{\partial f_2}{\partial x} = \frac{4}{3}x^{\frac{1}{3}}\sin\frac{1}{\sqrt{x^2+y^2}} - \frac{x(x^{\frac{4}{3}}+y^{\frac{4}{3}})}{(x^2+y^2)^{\frac{3}{2}}}\cos\frac{1}{\sqrt{x^2+y^2}},$$

因此极限 $\lim\limits_{\mathbf{a}\to\mathbf{0}}\dfrac{\partial f_2}{\partial x}(\mathbf{a})$ 不存在, 从而 $\dfrac{\partial f_2}{\partial x}$ 在 $\mathbf{0}$ 处不连续, 同理可证 $\dfrac{\partial f_2}{\partial y}$ 在 $\mathbf{0}$ 处不连续.

最后, 一方面对任意的 $y \neq 0$ 均有 $f_1(0,y) = 0$; 另一方面, 对充分大的正整数 k 有 $f_2\left(0,\dfrac{1}{2k\pi}\right) = \dfrac{1}{2k\pi}$, 并且由介值定理知存在 $y \in \left(0, \dfrac{1}{2k\pi+\dfrac{\pi}{2}}\right)$ 使得 $f_2(0,y) = \dfrac{1}{2k\pi}$, 所以在 $\mathbf{0}$ 的任意邻域内均存在 $\mathbf{a} \neq \mathbf{b}$ 使得 $f(\mathbf{a}) = f(\mathbf{b})$.

习题 13.5

1. (1) $\dfrac{\partial z}{\partial x} = \dfrac{yz - \cos(x+y)}{3z^2 - xy}$, $\dfrac{\partial z}{\partial y} = \dfrac{xz - \cos(x+y)}{3z^2 - xy}$;

(2) $\dfrac{\partial z}{\partial x} = \dfrac{yz^2}{1-xyz}$, $\dfrac{\partial z}{\partial y} = \dfrac{xz^2}{1-xyz}$;

(3) $\dfrac{\partial z}{\partial x} = \dfrac{z^2}{x(1 - z\log x + z\log y)}$, $\dfrac{\partial z}{\partial y} = \dfrac{z^2}{y(z\log x - z\log y - 1)}$;

(4) $\dfrac{\partial z}{\partial x} = \dfrac{xyz - z}{x(z\sin z + z^2\cos z - 1)}$, $\dfrac{\partial z}{\partial y} = \dfrac{xz}{z\sin z + z^2\cos z - 1}$.

2. $-\dfrac{1}{x^2+y^2}\begin{bmatrix} xu+yv & yu-xv \\ xv-yu & xu+yv \end{bmatrix}$.

3. $\dfrac{1}{xe^u+y}\begin{bmatrix} y-e^u & v+y \\ e^u(x+1) & xe^u-v \end{bmatrix}$.

8. 由 (3) 知 $f(0,y)$ 在 $[-b,b]$ 上严格单调递增. 故由 $f(0,0) = 0$ 知 $f(0,-b) < 0$, $f(0,b) > 0$. 因为 f 关于第一个变量连续, 所以存在 $a_0 \in (0,a]$, 使得对任意的 $x \in [-a_0, a_0]$ 有

$$f(x,-b) < 0, \qquad f(x,b) > 0.$$

再利用 f 关于第二变量的连续性以及介值定理知, 对任意的 $x \in [-a_0, a_0]$, 存在 $g(x) \in (-b,b)$ 使得 $f(x,g(x)) = 0$.

9. 由 $(x^2+y^2)^2 = a^2(x^2-y^2)$ 可解得

$$y = \pm\frac{\sqrt{\sqrt{3a^2x^2+a^4}-2x^2-a^2}}{\sqrt{2}} = \pm f(x),$$

因此对充分小的 ε, 在 $(-\varepsilon, \varepsilon)$ 内可确定以下四个函数:

$$
\begin{aligned}
\alpha(x) &= f(x), & & 0 \leqslant x < \varepsilon, \\
\beta(x) &= f(x), & & -\varepsilon < x \leqslant 0, \\
\gamma(x) &= -f(x), & & 0 \leqslant x < \varepsilon, \\
\delta(x) &= -f(x), & & -\varepsilon < x \leqslant 0.
\end{aligned}
$$

容易计算出 $\alpha'_+(0) = \delta'_-(0) = 1$, $\beta'_-(0) = \gamma'_+(0) = -1$, 因此原方程可在 $x = 0$ 的充分小的邻域内确定两个可微函数

$$
g_1(x) = \begin{cases} f(x), & 0 \leqslant x < \varepsilon, \\ -f(x), & -\varepsilon \leqslant x < 0, \end{cases} \qquad 及 \qquad g_2(x) = \begin{cases} -f(x), & 0 \leqslant x < \varepsilon, \\ f(x), & -\varepsilon \leqslant x < 0. \end{cases}
$$

10. 反设 $f : \mathbb{R}^2 \longrightarrow \mathbb{R}$ 是连续可微的双射. 如果存在 $(x_0, y_0) \in \mathbb{R}^2$ 使得 $\dfrac{\partial f}{\partial y}(x_0, y_0) \neq 0$, 那么由隐函数定理知存在 x_0 的邻域 U 及 $g : U \longrightarrow \mathbb{R}$, 使得在 U 内有 $f(x, g(x)) = f(x_0, y_0)$, 这与 f 是双射矛盾. 故 $\dfrac{\partial f}{\partial y}$ 在 $\mathbb{R}^2$ 上恒等于 0, 同理可证 $\dfrac{\partial f}{\partial x}$ 在 $\mathbb{R}^2$ 上恒等于 0, 但由此及习题 13.2 第 22 题知 f 是常值函数, 这也与假设矛盾.

11. 由压缩映像原理可得 g 的存在唯一性, 下面来证 g 的连续性. 对任意的 $\boldsymbol{x}_1, \boldsymbol{x}_2 \in E$ 有

$$
\begin{aligned}
|g(\boldsymbol{x}_1) - g(\boldsymbol{x}_2)| &= |f(\boldsymbol{x}_1, g(\boldsymbol{x}_1)) - f(\boldsymbol{x}_2, g(\boldsymbol{x}_2))| \\
&\leqslant |f(\boldsymbol{x}_1, g(\boldsymbol{x}_1)) - f(\boldsymbol{x}_2, g(\boldsymbol{x}_1))| + |f(\boldsymbol{x}_2, g(\boldsymbol{x}_1)) - f(\boldsymbol{x}_2, g(\boldsymbol{x}_2))| \\
&\leqslant |f(\boldsymbol{x}_1, g(\boldsymbol{x}_1)) - f(\boldsymbol{x}_2, g(\boldsymbol{x}_1))| + \alpha |g(\boldsymbol{x}_1) - g(\boldsymbol{x}_2)|,
\end{aligned}
$$

从而 $|g(\boldsymbol{x}_1) - g(\boldsymbol{x}_2)| \leqslant \dfrac{1}{1 - \alpha} |f(\boldsymbol{x}_1, g(\boldsymbol{x}_1)) - f(\boldsymbol{x}_2, g(\boldsymbol{x}_1))|$, 结合 f 的连续性知 g 连续.

12. 由条件不难证明, 对任意的 $x \in E$, 恰好存在一个 $y \in I$ 使得 $f(x, y) = 0$, 这就说明了 g 的存在唯一性. 此外, 对任意的 $x_1, x_2 \in E$, 存在 $\xi \in I$ 使得

$$
\begin{aligned}
|f(x_1, g(x_1)) - f(x_2, g(x_1))| &= |f(x_2, g(x_1))| = |f(x_2, g(x_2)) - f(x_2, g(x_1))| \\
&= \left| \frac{\partial f}{\partial y}(x_2, \xi) \cdot (g(x_2) - g(x_1)) \right| \geqslant \alpha |g(x_2) - g(x_1)|.
\end{aligned}
$$

再结合 f 的连续性知 g 在 E 上连续.

最后, 当 $I = \mathbb{R}$ 时, 对任意给定的 $x_0 \in E$, 因为对任意的 y 均存在位于 0 和 y 之间的 η 使得

$$
f(x_0, y) - f(x_0, 0) = \frac{\partial f}{\partial y}(x_0, \eta) \cdot y,
$$

所以 $\lim\limits_{y \to -\infty} f(x_0, y) = -\infty$, $\lim\limits_{y \to +\infty} f(x_0, y) = +\infty$, 进而由介值定理知存在 $y_0 \in \mathbb{R}$ 使得 $f(x_0, y_0) = 0$, 所以此时条件 (2) 是多余的.

13. 首先, 对于每个给定的 $x \geqslant 2$, 利用介值定理可以证明存在 $y > 0$ 使得 $xy = \log(x+y)$; 其次, 若记 $f(x, y) = xy - \log(x+y)$, 则

$$\frac{\partial f}{\partial y}(x, y) = x - \frac{1}{x+y} \geqslant \frac{3}{2},$$

于是由上题结论知满足条件的 $y(x)$ 的存在唯一性. 此外, 由介值定理知 $y \in (0, 1)$, 所以当 $x \to +\infty$ 时

$$y = \frac{1}{x}\left(\log x + \log\left(1 + \frac{y}{x}\right)\right) = \frac{1}{x}\left(\log x + O\left(\frac{y}{x}\right)\right)$$

$$= \frac{\log x}{x} + O\left(\frac{y}{x^2}\right) = \frac{\log x}{x} + O\left(\frac{\log x}{x^3}\right).$$

进而得到

$$y = \frac{1}{x}\left(\log x + \log\left(1 + \frac{y}{x}\right)\right) = \frac{1}{x}\left(\log x + \frac{y}{x} + O\left(\frac{y^2}{x^2}\right)\right)$$

$$= \frac{\log x}{x} + \frac{y}{x^2} + O\left(\frac{y^2}{x^3}\right) = \frac{\log x}{x} + \frac{\log x}{x^3} + O\left(\frac{\log^2 x}{x^5}\right).$$

习题 13.6

1. (1) 切线为 $\dfrac{x - \frac{a}{2}}{a} = \dfrac{y - \frac{b}{2}}{0} = \dfrac{z - \frac{c}{2}}{-c}$, 法平面为 $ax - cz = \dfrac{1}{2}(a^2 - c^2)$;

(2) 切线为 $\dfrac{x - \frac{1}{2}}{1} = \dfrac{y - \frac{1}{2}}{-1} = \dfrac{z - \frac{1}{2}}{0}$, 法平面为 $x - y = 0$;

(3) 切线为 $\dfrac{x-1}{4} = \dfrac{y-2}{-5} = \dfrac{z-2}{3}$, 法平面为 $4x - 5y + 3z = 0$;

(4) 切线为 $x - \dfrac{a}{\sqrt{2}} = \dfrac{a}{\sqrt{2}} - y = \dfrac{a}{\sqrt{2}} - z$, 法平面为 $x - y - z + \dfrac{a}{\sqrt{2}} = 0$.

2. (1) 切平面为 $8x + 18y - 5z + 11 = 0$, 法线为 $\dfrac{x-4}{8} = \dfrac{y+1}{18} = \dfrac{z-5}{-5}$;

(2) 切平面为 $x - y + 2z = \dfrac{\pi}{2}$, 法线为 $\dfrac{x-1}{1} = \dfrac{y-1}{-1} = \dfrac{z - \frac{\pi}{4}}{2}$;

(3) 切平面为 $ax \sin v_0 - ay \cos v_0 + u_0 z = au_0 v_0$, 法线为 $\dfrac{x - u_0 \cos v_0}{a \sin v_0} = \dfrac{y - u_0 \sin v_0}{-a \cos v_0} = \dfrac{z - av_0}{u_0}$;

(4) 切平面为 $bcx\cos\varphi_0\cos\theta_0 + cay\cos\varphi_0\sin\theta_0 + abz\sin\varphi_0 = abc$, 法线为 $\dfrac{x - a\cos\varphi_0\cos\theta_0}{bc\cos\varphi_0\cos\theta_0} = $

$\dfrac{y - b\cos\varphi_0\sin\theta_0}{ca\cos\varphi_0\sin\theta_0} = \dfrac{z - c\sin\varphi_0}{ab\sin\varphi_0}$.

3. 截距之和为 a.

5. 与直线 $\dfrac{x}{a} = \dfrac{y}{b} = z$ 平行.

6. 切平面均过点 (a, b, c).

习题 13.7

1. (1) 无极值;　(2) 在 $(1,1)^{\mathrm{T}}$ 和 $(-1,1)^{\mathrm{T}}$ 处取到极小值 -2;

(3) 在 $\left(\dfrac{1}{2\sqrt{\mathrm{e}}}, \dfrac{1}{2\sqrt{\mathrm{e}}}\right)^{\mathrm{T}}$ 和 $\left(-\dfrac{1}{2\sqrt{\mathrm{e}}}, -\dfrac{1}{2\sqrt{\mathrm{e}}}\right)^{\mathrm{T}}$ 处取到极小值 $-\dfrac{1}{2\mathrm{e}}$,

在 $\left(\dfrac{1}{2\sqrt{\mathrm{e}}}, -\dfrac{1}{2\sqrt{\mathrm{e}}}\right)^{\mathrm{T}}$ 和 $\left(-\dfrac{1}{2\sqrt{\mathrm{e}}}, \dfrac{1}{2\sqrt{\mathrm{e}}}\right)^{\mathrm{T}}$ 处取到极大值 $\dfrac{1}{2\mathrm{e}}$;

(4) 在 $\left(\dfrac{1}{2}, 1, 1\right)^{\mathrm{T}}$ 处取到极小值 4.

2. 极小值 $\dfrac{a^2 b^2}{a^2 + b^2}$.

3. 极大值 $\dfrac{a^{m+n+p} m^m n^n p^p}{(m+n+p)^{m+n+p}}$.

4. 边长为 $\dfrac{2}{\sqrt{3}} a$ 的正方体.

5. 仿照第七章定理 1.7 的证明.

6. 首先, 容易求出 $f(x, y)$ 在条件 $x + y = a$ 下有极小值 $f\left(\dfrac{a}{2}, \dfrac{a}{2}\right) = \left(\dfrac{a}{2}\right)^n$. 其次, 函数 $f(x, a-x)$ 在 $[0, a]$ 的端点 $x = 0$ 和 $x = a$ 处的值均为 $\dfrac{a^n}{2}$, 故而 $\left(\dfrac{a}{2}\right)^n$ 是 $f(x, y)$ 在条件 $x + y = a$ 下的最小值.

7. 对 n 使用数学归纳法. 当 $n = 1$ 时命题显然成立, 现设命题对 $n - 1$ 成立, 我们来证明它对 n 成立. 首先对任意取定的一组 $y_i\ (1 \leqslant i \leqslant n)$ 及正实数 a 计算函数 $f(x_1, \cdots, x_n) = \displaystyle\sum_{i=1}^{n} x_i^p$ 在条件 $\displaystyle\sum_{i=1}^{n} x_i y_i = a$ 下的极值. 为此引入辅助函数

$$F(x_1, \cdots, x_n) = f(x_1, \cdots, x_n) - \lambda\left(\sum_{i=1}^{n} x_i y_i - a\right) = \sum_{i=1}^{n} x_i^p - \lambda\left(\sum_{i=1}^{n} x_i y_i - a\right),$$

那么由方程组

$$\begin{cases} \dfrac{\partial F}{\partial x_i} = px_i^{p-1} - \lambda y_i = 0, \quad 1 \leqslant i \leqslant n, \\[2mm] \displaystyle\sum_{i=1}^{n} x_i y_i = a \end{cases}$$

可解得 $x_i = y_i^{\frac{1}{p-1}} a \left(\sum_{k=1}^{n} y_k^q \right)^{-1}$ $(1 \leqslant i \leqslant n)$. 因为 H_F 是正定矩阵, 所以这组 x_i 是 f 在条件 $\sum_{i=1}^{n} x_i y_i = a$ 下的极小值, 其值等于

$$a^p \left(\sum_{k=1}^{n} y_k^q \right)^{-p} \sum_{i=1}^{n} y_i^{\frac{p}{p-1}} = a^p \left(\sum_{i=1}^{n} y_i^q \right)^{1-p}. \tag{A.1}$$

再来证明上述极小值其实是 f 在条件 $\sum_{i=1}^{n} x_i y_i = a$ 下的最小值. 为此, 我们来考察 $n-1$ 元函数

$$f\left(x_1, \cdots, x_{n-1}, \frac{1}{y_n} \left(a - \sum_{i=1}^{n-1} x_i y_i \right) \right)$$

在集合 $\left\{ (x_1, \cdots, x_{n-1}) \in \mathbb{R}^{n-1} : x_i \geqslant 0, \sum_{i=1}^{n-1} x_i y_i \leqslant a \right\}$ 的边界上的取值, 这个集合的边界为

$$\bigcup_{j=1}^{n-1} \left\{ (x_1, \cdots, x_{n-1}) \in \mathbb{R}_{\geqslant 0}^{n-1} : x_j = 0, \sum_{i=1}^{n-1} x_i y_i \leqslant a \right\} \cup \left\{ (x_1, \cdots, x_{n-1}) \in \mathbb{R}_{\geqslant 0}^{n-1} : \sum_{i=1}^{n-1} x_i y_i = a \right\},$$

注意到 $\sum_{i=1}^{n-1} x_i y_i = a$ 等价于 $x_n = 0$, 故由对称性知只需在最后一个集合上讨论即可, 也即考察函数 $f(x_1, \cdots, x_{n-1}, 0)$ 在条件 $\sum_{i=1}^{n-1} x_i y_i = a$ 下的取值. 由归纳假设知

$$f(x_1, \cdots, x_{n-1}, 0) = \sum_{i=1}^{n-1} x_i^p \geqslant a^p \left(\sum_{i=1}^{n-1} y_i^q \right)^{-\frac{p}{q}} = a^p \left(\sum_{i=1}^{n-1} y_i^q \right)^{1-p}$$

$$\geqslant a^p \left(\sum_{i=1}^{n} y_i^q \right)^{1-p}.$$

这说明 (A.1) 中的值确实是 f 在条件 $\sum\limits_{i=1}^{n} x_i y_i = a$ 下的最小值. 因此

$$\left(\sum_{i=1}^{n} x_i^p\right)^{\frac{1}{p}} \left(\sum_{i=1}^{n} y_i^q\right)^{\frac{1}{q}} \geqslant \left(a^p \left(\sum_{i=1}^{n} y_i^q\right)^{1-p}\right)^{\frac{1}{p}} \left(\sum_{i=1}^{n} y_i^q\right)^{\frac{1}{q}} = a = \sum_{i=1}^{n} x_i y_i.$$

8. 令 $F(\boldsymbol{x}) = \boldsymbol{x}^{\mathrm{T}} A \boldsymbol{x} - \lambda \boldsymbol{x}^{\mathrm{T}} \boldsymbol{x}$, 并考虑方程组

$$\begin{cases} \dfrac{1}{2}\dfrac{\partial F}{\partial x_1} = (a_{11} - \lambda)x_1 + a_{12}x_2 + \cdots + a_{1n}x_n = 0, \\[2mm] \dfrac{1}{2}\dfrac{\partial F}{\partial x_2} = a_{21}x_1 + (a_{22} - \lambda)x_2 + \cdots + a_{2n}x_n = 0, \\[2mm] \cdots\cdots\cdots\cdots \\[2mm] \dfrac{1}{2}\dfrac{\partial F}{\partial x_n} = a_{n1}x_1 + a_{n2}x_2 + \cdots + (a_{nn} - \lambda)x_n = 0, \\[2mm] x_1^2 + x_2^2 + \cdots + x_n^2 = 1. \end{cases}$$

由前 n 个方程知 $A\boldsymbol{x} = \lambda\boldsymbol{x}$, 因此 λ 是 A 的特征值, $\boldsymbol{x}$ 是相应的特征向量, 这些 $\boldsymbol{x}$ 满足

$$f(\boldsymbol{x}) = \boldsymbol{x}^{\mathrm{T}} A \boldsymbol{x} = \boldsymbol{x}^{\mathrm{T}}(\lambda \boldsymbol{x}) = \lambda.$$

注意到连续函数 f 在紧集 $|\boldsymbol{x}| = 1$ 上必可取到最大值和最小值, 所以 f 在 $\boldsymbol{x}^{\mathrm{T}}\boldsymbol{x} = 1$ 下的最大值和最小值分别是 A 的最小特征值和最大特征值.

9. $(0,0)$ 是 f 在 D 内仅有的驻点, 也是极大值点, 但它不是 f 在 D 上的最大值点, f 的最大值点在 $(4,1)$ 处取到, 值为 7. 这是因为由

$$f(x,y) = x^2(x-3) - (x-y)^2$$

知当 $x \leqslant 3$ 时 $f(x,y) \leqslant 0$. 而当 $x > 3$ 时由 $\dfrac{\partial f}{\partial y} = 2(x-y)$ 知对给定的 $x \in (3,4]$, f 是关于 y 的递增函数, 于是当 $x \in (3,4]$ 时

$$f(x,y) \leqslant f(x,1) = x^3 - 4x^2 + 2x - 1 \leqslant f(4,1) = 7.$$

第十四章

习题 14.1

1. (1) $\log \dfrac{2e}{1+e}$;　　(2) $1 - \cos 1$;　　(3) 1;　　(4) $\dfrac{\pi}{4}$.

3.

$$x^2 J_n''(x) + x J_n'(x) + (x^2 - n^2) J_n(x)$$

$$= -\frac{1}{\pi} \int_0^\pi \Big((n^2 - x^2 \cos^2 \varphi) \cos(n\varphi - x \sin \varphi) - x \sin \varphi \sin(n\varphi - x \sin \varphi) \Big) \, \mathrm{d}\varphi$$

$$= -\frac{1}{\pi} (n + x \cos \varphi) \sin(n\varphi - x \sin \varphi) \Big|_0^\pi = 0.$$

4. 可以证明

$$E''(k) + \frac{1}{k} E'(k) + \frac{1}{1-k^2} E(k) = \frac{1}{k^2} \int_0^{\frac{\pi}{2}} \left(\frac{\sqrt{1-k^2 \sin^2 \varphi}}{1-k^2} - \frac{1}{(1-k^2 \sin^2 \varphi)^{\frac{3}{2}}} \right) \mathrm{d}\varphi$$

以及

$$\frac{\sqrt{1-k^2 \sin^2 \varphi}}{1-k^2} - \frac{1}{(1-k^2 \sin^2 \varphi)^{\frac{3}{2}}} = \frac{k^2}{1-k^2} \cdot \frac{\mathrm{d}}{\mathrm{d}\varphi} \left(\frac{\sin \varphi \cos \varphi}{\sqrt{1-k^2 \sin^2 \varphi}} \right).$$

5. $I(0) = 0.$ 下设 $\alpha \neq 0$, 由命题 1.3 知

$$I'(\alpha) = \int_0^\pi \frac{\cos x}{1 + \alpha \cos x} \, \mathrm{d}x = \frac{\pi}{\alpha} \left(1 - \frac{1}{\sqrt{1-\alpha^2}} \right) = \frac{-\alpha \pi}{(1 + \sqrt{1-\alpha^2})\sqrt{1-\alpha^2}}.$$

因此

$$I(\alpha) = \int_0^\alpha \frac{-t\pi}{(1 + \sqrt{1-t^2})\sqrt{1-t^2}} \, \mathrm{d}t + I(0)$$

$$= \pi \log(1 + \sqrt{1-t^2}) \Big|_0^\alpha + I(0) = \pi \log \frac{1 + \sqrt{1-\alpha^2}}{2}.$$

6. 把题目中的积分记作 $I(\alpha)$. 当 $|\alpha| < 1$ 时, 利用第八章例 4.5 可得

$$I'(\alpha) = \int_0^\pi \frac{-2\cos x + 2\alpha}{1 - 2\alpha \cos x + \alpha^2} \, \mathrm{d}x = \frac{1}{\alpha} \int_0^\pi \left(1 - \frac{1-\alpha^2}{1 - 2\alpha \cos x + \alpha^2} \right) \mathrm{d}x$$

$$= \frac{1}{\alpha} \left(x - 2 \arctan \left(\frac{1+\alpha}{1-\alpha} \tan \frac{x}{2} \right) \right) \Big|_0^\pi = 0.$$

再由 $I(0) = 0$ 知当 $|\alpha| < 1$ 时有 $I(\alpha) = 0$.

若 $|\alpha| > 1$, 则 $|\alpha|^{-1} < 1$, 于是

$$I(\alpha) = \int_0^\pi \Big[\log \alpha^2 + \log(\alpha^{-2} - 2\alpha^{-1} \cos x + 1) \Big] \mathrm{d}x$$

$$= 2\pi \log |\alpha| + I(\alpha^{-1}) = 2\pi \log |\alpha|.$$

7. 利用命题 1.5 可得

$$I(\alpha) = \int_0^{\frac{\pi}{2}} \mathrm{d}x \int_0^1 \frac{2\alpha}{1 - \alpha^2 y^2 \cos^2 x} \,\mathrm{d}y = 2\alpha \int_0^1 \mathrm{d}y \int_0^{\frac{\pi}{2}} \frac{1}{1 - \alpha^2 y^2 \cos^2 x} \,\mathrm{d}x$$

$$= \alpha\pi \int_0^1 \frac{1}{\sqrt{1 - \alpha^2 y^2}} \,\mathrm{d}y = \pi \arcsin \alpha.$$

本题结果也可通过计算 $I'(\alpha)$ 得到.

习题 14.2

1. 当 x 沿 X 中元素趋于 x_0 时 $f(x, y)$ 在 Y 上一致收敛的充要条件是: 对任意的 $\varepsilon > 0$, 存在 $\delta > 0$, 使得对任意的 $x_1, x_2 \in \big((x_0 - \delta, x_0 + \delta) \setminus \{x_0\}\big) \cap X$ 及任意的 $y \in Y$ 均有

$$|f(x_1, y) - f(x_2, y)| < \varepsilon.$$

2. (1) 一致收敛. 因为对 $A > 1$ 有 $\left| \int_A^{+\infty} \frac{y^2 - x^2}{(x^2 + y^2)^2} \,\mathrm{d}x \right| = \frac{A}{A^2 + y^2} \leqslant \frac{1}{A}$;

(2) 一致收敛;

(3) 不一致收敛;

(4) 一致收敛. 利用狄利克雷判别法;

(5) 不一致收敛. 因为对任意的 $A > 1$, 取 $y = \frac{1}{2A}$ 可得

$$\left| \int_A^{2A} \frac{x \cos \dfrac{x}{2A}}{x^2 + 1} \,\mathrm{d}x \right| \geqslant (\cos 1) \int_A^{2A} \frac{x}{x^2 + 1} \,\mathrm{d}x \geqslant \frac{A^2 \cos 1}{4A^2 + 1} \geqslant \frac{\cos 1}{5};$$

(6) 不一致收敛. 因为对任意的 $A > 1$, 取 $y = \frac{1}{A^2}$ 可得

$$\int_A^{+\infty} \sqrt{y}\mathrm{e}^{-yx^2} \,\mathrm{d}x = \int_{A\sqrt{y}}^{+\infty} \mathrm{e}^{-x^2} \,\mathrm{d}x = \int_1^{+\infty} \mathrm{e}^{-x^2} \,\mathrm{d}x;$$

(7) 不一致收敛. 因为对任意的正整数 k 有

$$\int_{(2k\pi + \frac{\pi}{2})^{-1}}^{(2k\pi + \frac{\pi}{4})^{-1}} \frac{1}{x^y} \sin \frac{1}{x} \,\mathrm{d}x \geqslant \frac{\sqrt{2}}{2} \int_{(2k\pi + \frac{\pi}{2})^{-1}}^{(2k\pi + \frac{\pi}{4})^{-1}} \frac{1}{x^y} \,\mathrm{d}x = \frac{\sqrt{2}}{2} \int_{2k\pi + \frac{\pi}{4}}^{2k\pi + \frac{\pi}{2}} x^{y-2} \,\mathrm{d}x$$

$$\geqslant \frac{\sqrt{2}\pi}{8} \left(2k\pi + \frac{\pi}{2} \right)^{y-2},$$

而 $\lim\limits_{y \to 2^-} \left(2k\pi + \dfrac{\pi}{2} \right)^{y-2} = 1$, 所以必可选取 $y \in (0, 2)$ 使得 $\left(2k\pi + \dfrac{\pi}{2} \right)^{y-2} > \dfrac{1}{2}$, 这样的 y 使得上式右边 $> \dfrac{\sqrt{2}\pi}{16}$.

3. 由 $x^y f(x) = x^a f(x) \cdot x^{y-a}$ 及阿贝尔判别法知 $\displaystyle\int_0^1 x^y f(x)\,\mathrm{d}x$ 在 $[a,b]$ 上一致收敛. 同理, 由 $x^y f(x) = x^b f(x) \cdot x^{y-b}$ 及阿贝尔判别法知 $\displaystyle\int_1^{+\infty} x^y f(x)\,\mathrm{d}x$ 在 $[a,b]$ 上一致收敛. 因此 $\displaystyle\int_0^{+\infty} x^y f(x)\,\mathrm{d}x$ 在 $[a,b]$ 上一致收敛.

4. 设 $A > 2$, 那么

$$\int_A^{+\infty} \mathrm{e}^{-\frac{1}{y^2}(x-\frac{1}{y})^2}\,\mathrm{d}x = y \int_{\frac{1}{y}(A-\frac{1}{y})}^{+\infty} \mathrm{e}^{-x^2}\,\mathrm{d}x.$$

若 $0 < y < \dfrac{2}{A}$, 则

$$\int_A^{+\infty} \mathrm{e}^{-\frac{1}{y^2}(x-\frac{1}{y})^2}\,\mathrm{d}x \leqslant \frac{2}{A} \int_{-\infty}^{+\infty} \mathrm{e}^{-x^2}\,\mathrm{d}x.$$

若 $\dfrac{2}{A} \leqslant y < 1$, 则

$$\int_A^{+\infty} \mathrm{e}^{-\frac{1}{y^2}(x-\frac{1}{y})^2}\,\mathrm{d}x \leqslant \int_{\frac{A}{2}}^{+\infty} \mathrm{e}^{-x^2}\,\mathrm{d}x.$$

因此 $\displaystyle\int_1^{+\infty} \mathrm{e}^{-\frac{1}{y^2}(x-\frac{1}{y})^2}\,\mathrm{d}x$ 在 $(0,1)$ 上一致收敛.

此外, 如果存在函数 $F(x)$ 使得在 $[1,+\infty) \times (0,1)$ 上有 $\mathrm{e}^{-\frac{1}{y^2}(x-\frac{1}{y})^2} \leqslant F(x)$ 且 $\displaystyle\int_1^{+\infty} F(x)\,\mathrm{d}x$ 收敛, 那么由 $\displaystyle\int_1^{+\infty} F(x)\,\mathrm{d}x$ 收敛知存在 $a > 1$ 使得 $F(a) < 1$, 但取 $y_0 = \dfrac{1}{a}$ 可得

$$\mathrm{e}^{-\frac{1}{y_0^2}(a-\frac{1}{y_0})^2} = 1 > F(a),$$

矛盾.

5. 对任意的 $\varepsilon > 0$, 存在 $\delta > 0$, 使得对任意的 $y \in \left((y_0 - \delta, y_0 + \delta) \setminus \{y_0\}\right) \cap E$ 有

$$|f(x,y) - \varphi(x)| < \varepsilon. \tag{A.2}$$

现取 $y_1 \in \left((y_0 - \delta, y_0 + \delta) \setminus \{y_0\}\right) \cap E$, 那么由 $f(x,y_1)$ 在 $[a,b]$ 上的可积性知, 存在 $[a,b]$ 的一组分点 $a = x_0 < x_1 < \cdots < x_n = b$ 使得

$$\sum_{i=1}^n \left(\sup_{x \in [x_{i-1}, x_i]} f(x, y_1) - \inf_{x \in [x_{i-1}, x_i]} f(x, y_1) \right) \Delta x_i < \varepsilon.$$

结合 (A.2) 便知

$$\sum_{i=1}^n \left(\sup_{x \in [x_{i-1}, x_i]} \varphi(x) - \inf_{x \in [x_{i-1}, x_i]} \varphi(x) \right) \Delta x_i < \varepsilon + 2\varepsilon \sum_{i=1}^n \Delta x_i = [1 + 2(b-a)]\varepsilon,$$

因此 φ 在 $[a,b]$ 上可积. 此外, 由 (A.2) 知当 $y \in \Big((y_0 - \delta, y_0 + \delta) \setminus \{y_0\}\Big) \cap E$ 时

$$\left| \int_a^b f(x,y)\,\mathrm{d}x - \int_a^b \varphi(x)\,\mathrm{d}x \right| \leqslant \int_a^b |f(x,y) - \varphi(x)|\,\mathrm{d}x \leqslant (b-a)\varepsilon,$$

故而 $\displaystyle \lim_{\substack{y \to y_0 \\ y \in E}} \int_a^b f(x,y)\,\mathrm{d}x = \int_a^b \varphi(x)\,\mathrm{d}x.$

6. (1) 记

$$f(x,y) = \begin{cases} \dfrac{1}{x}(1 - \mathrm{e}^{-xy})\cos ax, & x \neq 0, \\[2mm] y, & x = 0, \end{cases}$$

则 $f(x,y)$ 在 $\mathbb{R}_{\geqslant 0}^2$ 上连续, 于是由命题 1.1 知 $\displaystyle \int_0^1 f(x,y)\,\mathrm{d}x$ 在 $\mathbb{R}_{\geqslant 0}$ 上连续. 此外, 利用狄利克雷判别法可得 $\displaystyle \int_1^{+\infty} \frac{\cos ax}{x}\,\mathrm{d}x$ 收敛, 再由阿贝尔判别法知 $\displaystyle \int_1^{+\infty} f(x,y)\,\mathrm{d}x$ 在 $\mathbb{R}_{\geqslant 0}$ 上一致收敛, 进而由命题 2.15 可得 $\displaystyle \int_1^{+\infty} f(x,y)\,\mathrm{d}x$ 在 $\mathbb{R}_{\geqslant 0}$ 上连续. 综上便知 $g(y)$ 在 $\mathbb{R}_{\geqslant 0}$ 上连续.

(2) $\dfrac{\partial f}{\partial y} = \mathrm{e}^{-xy}\cos ax$, 因此 f 与 $\dfrac{\partial f}{\partial y}$ 均在 $\mathbb{R}_{\geqslant 0}^2$ 上连续, 且由魏尔斯特拉斯判别法知 $\displaystyle \int_0^{+\infty} \frac{\partial f}{\partial y}(x,y)\,\mathrm{d}x$ 在 $\mathbb{R}_{>0}$ 上内闭一致收敛, 从而 $g(y)$ 在 $\mathbb{R}_{>0}$ 上可导.

7. $g(y) = \displaystyle\int_0^1 + \int_1^{+\infty}$. 当 $x \to 0$ 时, $\dfrac{\arctan x}{x^y(3 + x^3)} \sim \dfrac{1}{3x^{y-1}}$, 所以当 $y < 2$ 时积分 $\displaystyle \int_0^1 \frac{\arctan x}{x^y(3 + x^3)}\,\mathrm{d}x$ 收敛. 当 $x \to +\infty$ 时, $\dfrac{\arctan x}{x^y(3 + x^3)} \sim \dfrac{\pi}{2x^{y+3}}$, 所以当 $y > -2$ 时积分 $\displaystyle \int_1^{+\infty} \frac{\arctan x}{x^y(3 + x^3)}\,\mathrm{d}x$ 收敛. 因此 $g(y)$ 的定义域是 $(-2, 2)$.

现设 $[a,b] \subset (-2, 2)$, 一方面, 当 $x \in (0, 1]$ 时, 对任意的 $y \leqslant b$ 有

$$\frac{\arctan x}{x^y(3 + x^3)} \ll \frac{1}{x^{y-1}} \ll \frac{1}{x^{b-1}},$$

于是由魏尔斯特拉斯判别法知积分 $\displaystyle \int_0^1 \frac{\arctan x}{x^y(3 + x^3)}\,\mathrm{d}x$ 在 $[a,b]$ 上一致收敛. 同理, 当 $x \geqslant 1$ 时, 对任意的 $y \geqslant a$ 有

$$\frac{\arctan x}{x^y(3 + x^3)} \ll \frac{1}{x^{y+3}} \ll \frac{1}{x^{a+3}},$$

于是由魏尔斯特拉斯判别法知积分 $\displaystyle \int_1^{+\infty} \frac{\arctan x}{x^y(3 + x^3)}\,\mathrm{d}x$ 在 $[a,b]$ 上一致收敛. 因此 $g(y)$ 在 $[a,b]$ 上连续, 再由 $[a,b]$ 的任意性知 $g(y)$ 在 $(-2, 2)$ 上连续.

8. 记 $f(x, \alpha) = \mathrm{e}^{-x^2} \cos \alpha x$, 则 f 与 $\dfrac{\partial f}{\partial \alpha} = -\mathrm{e}^{-x^2} x \sin \alpha x$ 均在 $\mathbb{R}_{\geqslant 0} \times \mathbb{R}$ 上连续, 并

且 $\displaystyle\int_0^{+\infty} \frac{\partial f}{\partial \alpha}(x, \alpha)\,\mathrm{d}x$ 对 $\alpha \in \mathbb{R}$ 一致收敛, 故由命题 2.20 知

$$
\begin{aligned}
I'(\alpha) &= -\int_0^{+\infty} \mathrm{e}^{-x^2} x \sin \alpha x\,\mathrm{d}x = \frac{1}{2}\int_0^{+\infty} \sin \alpha x\,\mathrm{d}\mathrm{e}^{-x^2} \\
&= \frac{1}{2}\mathrm{e}^{-x^2}\sin \alpha x\Big|_0^{+\infty} - \frac{\alpha}{2}\int_0^{+\infty} \mathrm{e}^{-x^2}\cos \alpha x\,\mathrm{d}x \\
&= -\frac{\alpha}{2}I(\alpha).
\end{aligned}
$$

由此可以证明存在常数 c 使得 $I(\alpha) = c\mathrm{e}^{-\frac{\alpha^2}{4}}$, 再通过 $I(0) = \dfrac{\sqrt{\pi}}{2}$ 可计算出 $c = \dfrac{\sqrt{\pi}}{2}$, 因

此 $I(\alpha) = \dfrac{\sqrt{\pi}}{2}\mathrm{e}^{-\frac{\alpha^2}{4}}$.

9. 记 $f(x, \alpha) = \dfrac{\arctan \alpha x}{x(1 + x^2)}$, 那么 f 与 $\dfrac{\partial f}{\partial \alpha} = \dfrac{1}{(1 + x^2)(1 + \alpha^2 x^2)}$ 均在 $\mathbb{R}_{\geqslant 0}^2$ 上连续, 并

且 $\displaystyle\int_0^{+\infty} \frac{\partial f}{\partial \alpha}(x, \alpha)\,\mathrm{d}x$ 对 $\alpha \geqslant 0$ 一致收敛, 故由命题 2.20 知对 $\alpha \geqslant 0$ 有

$$
I'(\alpha) = \int_0^{+\infty} \frac{1}{(1 + x^2)(1 + \alpha^2 x^2)}\,\mathrm{d}x.
$$

由 §8.3 中对 (8.7) 式的计算可得

$$
I'(1) = \int_0^{+\infty} \frac{1}{(1 + x^2)^2}\,\mathrm{d}x = \frac{x}{2(x^2 + 1)} + \frac{1}{2}\arctan x\Big|_0^{+\infty} = \frac{\pi}{4}.
$$

当 $\alpha \neq 1$ 时

$$
\begin{aligned}
I'(\alpha) &= \frac{1}{1 - \alpha^2}\int_0^{+\infty}\left(\frac{1}{1 + x^2} - \frac{\alpha^2}{1 + \alpha^2 x^2}\right)\mathrm{d}x \\
&= \frac{1}{1 - \alpha^2}(\arctan x - \alpha \arctan \alpha x)\Big|_0^{+\infty} = \frac{1}{1 + \alpha}\cdot\frac{\pi}{2}.
\end{aligned}
$$

总之, 对任意的 $\alpha \geqslant 0$ 均有 $I'(\alpha) = \dfrac{1}{1 + \alpha}\cdot\dfrac{\pi}{2}$, 于是

$$
I(\alpha) = \frac{\pi}{2}\log(1 + \alpha) + I(0) = \frac{\pi}{2}\log(1 + \alpha).
$$

10. 把题目中的积分记作 $I(a)$, 并记

$$
f(x, a) = \begin{cases} \dfrac{1 - \cos ax}{x}\mathrm{e}^{-bx}, & x \neq 0, \\ 0, & x = 0, \end{cases}
$$

则 f 与 $\dfrac{\partial f}{\partial a} = \mathrm{e}^{-bx}\sin ax$ 均在 $\mathbb{R}^2_{\geqslant 0}$ 上连续, 且 $\displaystyle\int_0^{+\infty}\dfrac{\partial f}{\partial a}(x,a)\,\mathrm{d}x$ 对 $a\geqslant 0$ 一致收敛, 故由命题 2.20 知对 $a\geqslant 0$ 有

$$I'(a) = \int_0^{+\infty}\mathrm{e}^{-bx}\sin ax\,\mathrm{d}x = -\frac{b\sin ax + a\cos bx}{a^2+b^2}\mathrm{e}^{-bx}\bigg|_0^{+\infty} = \frac{a}{a^2+b^2}.$$

于是

$$I(a) = \int_0^a \frac{t}{t^2+b^2}\,\mathrm{d}t + I(0) = \frac{1}{2}\log\left(1+\frac{a^2}{b^2}\right).$$

11. 由题目中 $\dfrac{\arctan x}{x}$ 的积分表达式可得

$$I = \int_0^1 \mathrm{d}x \int_0^1 \frac{1}{(1+x^2y^2)\sqrt{1-x^2}}\,\mathrm{d}y.$$

记 $f(x,y) = \dfrac{1}{(1+x^2y^2)\sqrt{1-x^2}}$, 则 f 在 $[0,1)\times[0,1]$ 上连续, 且积分

$$\int_0^1 \frac{1}{(1+x^2y^2)\sqrt{1-x^2}}\,\mathrm{d}x$$

对 $y\in[0,1]$ 一致收敛, 因此利用有界区间上的无界函数的积分对应于命题 2.17 的结果知

$$I = \int_0^1 \mathrm{d}y \int_0^1 \frac{1}{(1+x^2y^2)\sqrt{1-x^2}}\,\mathrm{d}x = \int_0^1 \mathrm{d}y \int_0^{\frac{\pi}{2}} \frac{1}{1+y^2\cos^2\theta}\,\mathrm{d}\theta$$

$$= \int_0^1 \mathrm{d}y \int_0^{\frac{\pi}{2}} \frac{1}{\sin^2\theta + (y^2+1)\cos^2\theta}\,\mathrm{d}\theta = \int_0^1 \frac{\pi}{2\sqrt{1+y^2}}\,\mathrm{d}y$$

$$= \frac{\pi}{2}\log(1+\sqrt{2}).$$

12. 把第一个积分记作 I, 利用变量替换可得 $I = \displaystyle\int_0^{+\infty}\dfrac{\sin x}{\sqrt{x}}\,\mathrm{d}x$. 现对 $\alpha\geqslant 0$ 记

$$I(\alpha) = \int_0^{+\infty}\frac{\sin x}{\sqrt{x}}\mathrm{e}^{-\alpha x}\,\mathrm{d}x,$$

那么由 $\dfrac{1}{\sqrt{x}} = \dfrac{2}{\sqrt{\pi}}\displaystyle\int_0^{+\infty}\mathrm{e}^{-xy^2}\,\mathrm{d}y$ 知

$$I(\alpha) = \frac{2}{\sqrt{\pi}}\int_0^{+\infty}\mathrm{d}x\int_0^{+\infty}\mathrm{e}^{-(\alpha+y^2)x}\sin x\,\mathrm{d}y. \tag{A.3}$$

现设 $\alpha > 0$. 一方面, 由 $|\mathrm{e}^{-(\alpha+y^2)x}\sin x|\leqslant \mathrm{e}^{-\alpha x}$ 知 $\displaystyle\int_0^{+\infty}\mathrm{e}^{-(\alpha+y^2)x}\sin x\,\mathrm{d}x$ 对 $y\geqslant 0$ 一致收敛; 另一方面, 对任意的 $A>1$ 有

$$\left|\int_A^{+\infty}\mathrm{e}^{-(\alpha+y^2)x}\sin x\,\mathrm{d}y\right| = \left|\frac{\mathrm{e}^{-\alpha x}\sin x}{\sqrt{x}}\int_{A\sqrt{x}}^{+\infty}\mathrm{e}^{-y^2}\,\mathrm{d}y\right|,$$

因此当 $0 \leqslant x < \dfrac{1}{\sqrt{A}}$ 时

$$\left| \int_A^{+\infty} \mathrm{e}^{-(\alpha+y^2)x} \sin x \, \mathrm{d}y \right| \leqslant A^{-\frac{1}{4}} \int_0^{+\infty} \mathrm{e}^{-y^2} \, \mathrm{d}y,$$

当 $x \geqslant \dfrac{1}{\sqrt{A}}$ 时

$$\left| \int_A^{+\infty} \mathrm{e}^{-(\alpha+y^2)x} \sin x \, \mathrm{d}y \right| \leqslant \frac{1}{\sqrt{x}} \int_{A\sqrt{x}}^{+\infty} \frac{1}{y^2} \, \mathrm{d}y = \frac{1}{Ax} \leqslant \frac{1}{\sqrt{A}},$$

所以 $\displaystyle\int_0^{+\infty} \mathrm{e}^{-(\alpha+y^2)x} \sin x \, \mathrm{d}y$ 对 $x \geqslant 0$ 一致收敛. 此外, 积分

$$\int_0^{+\infty} \mathrm{d}y \int_0^{+\infty} |\mathrm{e}^{-(\alpha+y^2)x} \sin x| \, \mathrm{d}x$$

收敛, 故由命题 2.18 知 (A.3) 右边的积分号可以交换, 从而对 $\alpha > 0$ 得到

$$I(\alpha) = \frac{2}{\sqrt{\pi}} \int_0^{+\infty} \mathrm{d}y \int_0^{+\infty} \mathrm{e}^{-(\alpha+y^2)x} \sin x \, \mathrm{d}x = \frac{2}{\sqrt{\pi}} \int_0^{+\infty} \frac{1}{1+(\alpha+y^2)^2} \, \mathrm{d}y.$$

最后, 注意到上式右边的积分以及 $I(\alpha) = \displaystyle\int_0^{+\infty} \frac{\sin x}{\sqrt{x}} \mathrm{e}^{-\alpha x} \, \mathrm{d}x$ 均对 $\alpha \geqslant 0$ 一致收敛, 所以由命题 2.15 知

$$I = \lim_{\alpha \to 0^+} I(\alpha) = \frac{2}{\sqrt{\pi}} \int_0^{+\infty} \frac{1}{1+y^4} \, \mathrm{d}y = \frac{2}{\sqrt{\pi}} \cdot \frac{\pi}{2\sqrt{2}} = \sqrt{\frac{\pi}{2}}.$$

同理可证第二个积分也等于 $\sqrt{\dfrac{\pi}{2}}$.

13. (1) $\dfrac{\pi}{2}$; (2) $\dfrac{\pi}{4}$; (3) $\sqrt{\dfrac{\pi}{a}} \mathrm{e}^{\frac{b^2-4ac}{4a}}$;

(4) $\dfrac{\sqrt{\pi}}{2} \mathrm{e}^{-2a}$, 利用习题 11.3 第 5 题;

(5) $\dfrac{\pi}{2}(b-a)$; (6) $(\sqrt{b}-\sqrt{a})\sqrt{\pi}$.

14. 由分部积分知对任意的 $p, q > 0$ 有

$$B(p+1, q) = -\frac{1}{q}\int_0^1 x^p\, \mathrm{d}(1-x)^q = \frac{p}{q}\int_0^1 x^{p-1}(1-x)^q\, \mathrm{d}x$$

$$= \frac{p}{q}\left(\int_0^1 x^{p-1}(1-x)^{q-1}\, \mathrm{d}x - \int_0^1 x^p(1-x)^{q-1}\, \mathrm{d}x\right)$$

$$= \frac{p}{q}\big(B(p, q) - B(p+1, q)\big),$$

所以 $B(p+1, q) = \dfrac{p}{p+q}B(p, q)$, 反复利用该式可得

$$B(p+1, q+1) = \frac{p}{p+q+1}B(p, q+1) = \frac{p}{p+q+1}B(q+1, p)$$

$$= \frac{p}{p+q+1}\cdot\frac{q}{q+p}B(q, p) = \frac{pq}{(p+q+1)(p+q)}B(p, q).$$

15. 证明 $\displaystyle\int_0^{+\infty} \mathrm{e}^{-x}\log x\, \mathrm{d}x = \Gamma'(1)$, 再利用习题 10.8 第 4 题可得积分值为 $-\gamma$.

16. 对 (14.17) 中的积分作变量替换 $x \longmapsto (s-1)(1+x)$.

17. 因为当 $|x| \leqslant \delta$ 时

$$\log\big((1+x)\mathrm{e}^{-x}\big)^{s-1} = (s-1)\big(\log(1+x) - x\big) = (s-1)\left(-\frac{x^2}{2} + O(x^3)\right)$$

$$= -\frac{s-1}{2}x^2 + O(sx^3),$$

所以 $\big((1+x)\mathrm{e}^{-x}\big)^{s-1} = \mathrm{e}^{-\frac{s-1}{2}x^2}\big(1 + O(sx^3)\big)$, 进而有

$$\int_{-\delta}^{\delta}\big((1+x)\mathrm{e}^{-x}\big)^{s-1}\, \mathrm{d}x = \int_{-\delta}^{\delta} \mathrm{e}^{-\frac{s-1}{2}x^2}\, \mathrm{d}x + O\left(s\int_0^{\delta} \mathrm{e}^{-\frac{s-1}{2}x^2}x^3\, \mathrm{d}x\right)$$

$$= \int_{-\infty}^{+\infty} \mathrm{e}^{-\frac{s-1}{2}x^2}\, \mathrm{d}x + O\left(\int_{\delta}^{+\infty} \mathrm{e}^{-\frac{s-1}{2}x^2}\, \mathrm{d}x\right)$$

$$+ O\left(s\int_0^{\delta} \mathrm{e}^{-\frac{s-1}{2}x^2}x^3\, \mathrm{d}x\right).$$

其中

$$\int_{\delta}^{+\infty} \mathrm{e}^{-\frac{s-1}{2}x^2}\, \mathrm{d}x = \sqrt{\frac{2}{s-1}}\int_{\delta\sqrt{\frac{s-1}{2}}}^{+\infty} \mathrm{e}^{-x^2}\, \mathrm{d}x \ll \frac{1}{\sqrt{s}}\int_{\delta\sqrt{\frac{s-1}{2}}}^{+\infty} \mathrm{e}^{-x}\, \mathrm{d}x$$

$$= \frac{1}{\sqrt{s}}\cdot \mathrm{e}^{-\delta\sqrt{\frac{s-1}{2}}} \ll \frac{1}{s},$$

并且

$$s \int_0^\delta \mathrm{e}^{-\frac{s-1}{2}x^2} x^3 \, \mathrm{d}x = \frac{2s}{(s-1)^2} \int_0^{\frac{s-1}{2}\delta^2} \mathrm{e}^{-x} x \, \mathrm{d}x \ll \frac{1}{s}.$$

再结合例 2.24 即得

$$\int_{-\delta}^\delta \left((1+x)\mathrm{e}^{-x}\right)^{s-1} \mathrm{d}x = \int_{-\infty}^{+\infty} \mathrm{e}^{-\frac{s-1}{2}x^2} \, \mathrm{d}x + O\left(\frac{1}{s}\right) = \sqrt{\frac{2\pi}{s-1}} + O\left(\frac{1}{s}\right)$$

$$= \sqrt{\frac{2\pi}{s}} + O\left(\frac{1}{s}\right).$$

18. 一方面, 因为 $(1+x)\mathrm{e}^{-x}$ 在 $[-1, -\delta]$ 上单调递增, 故而

$$\int_{-1}^{-\delta} \left((1+x)\mathrm{e}^{-x}\right)^{s-1} \mathrm{d}x \leqslant \left((1-\delta)\mathrm{e}^\delta\right)^{s-1} = \exp\left((s-1)\left(\log(1-\delta) + \delta\right)\right)$$

$$= \exp\left(-\frac{s\delta^2}{2} + O(s\delta^3)\right) \ll \mathrm{e}^{-\frac{1}{2}s^{0.2}} \ll \frac{1}{s}.$$

另一方面, 由 $(1+x)\mathrm{e}^{-x}$ 在 $\mathbb{R}_{\geqslant 0}$ 上单调递减以及 $(1+x)\mathrm{e}^{-\frac{x}{2}}$ 在 $\mathbb{R}_{\geqslant 1}$ 上单调递减知

$$\int_\delta^{+\infty} \left((1+x)\mathrm{e}^{-x}\right)^{s-1} \mathrm{d}x = \int_\delta^1 \left((1+x)\mathrm{e}^{-x}\right)^{s-1} \mathrm{d}x + \int_1^{+\infty} \left((1+x)\mathrm{e}^{-x}\right)^{s-1} \mathrm{d}x$$

$$\ll \left((1+\delta)\mathrm{e}^{-\delta}\right)^{s-1} + \int_1^{+\infty} \mathrm{e}^{-\frac{s-1}{2}x} \, \mathrm{d}x \ll \frac{1}{s}.$$

20. 因为

$$x^3 = (x - \sqrt{y} + \sqrt{y})^3 = (x - \sqrt{y})^3 + 3(x - \sqrt{y})^2 \sqrt{y} + 3(x - \sqrt{y})y + y^{\frac{3}{2}},$$

故而作变量替换 $t = \dfrac{x - \sqrt{y}}{\sqrt{y}}$ 可得

$$\int_0^{+\infty} \cos(x^3 - 3xy) \, \mathrm{d}x = \sqrt{y} \int_{-1}^{+\infty} \cos\left((t^3 + 3t^2 - 2)y^{\frac{3}{2}}\right) \mathrm{d}t.$$

而由习题 9.5 第 12 题知

$$\int_1^{+\infty} \cos\left((t^3 + 3t^2 - 2)y^{\frac{3}{2}}\right) \mathrm{d}t \ll y^{-\frac{3}{2}},$$

从而命题得证.

22. 作变量替换 $s = t^3 + 3t^2$, 并记 $\dfrac{1}{3t^2 + 6t} = \dfrac{1}{2\sqrt{3s}} + f(s)$, 那么

$$\int_0^1 \cos\left((t^3 + 3t^2 - 2)y^{\frac{3}{2}}\right) \mathrm{d}t = \int_0^4 \cos\left((s-2)y^{\frac{3}{2}}\right) \left(\frac{1}{2\sqrt{3s}} + f(s)\right) \mathrm{d}s.$$

由上题及习题 9.5 第 12 题知 $\displaystyle\int_0^4 f(s) \cos\left((s-2)y^{\frac{3}{2}}\right) \mathrm{d}s \ll y^{-\frac{3}{2}}$, 因此结论成立.

23. 利用积分第二中值定理可以对 $A \geqslant 1$ 证明

$$\int_A^{+\infty} \frac{\cos x}{\sqrt{x}} \, dx \ll \frac{1}{\sqrt{A}}, \qquad \int_A^{+\infty} \frac{\sin x}{\sqrt{x}} \, dx \ll \frac{1}{\sqrt{A}}.$$

于是由上题结论及习题 12 知

$$\int_0^1 \cos\left((t^3 + 3t^2 - 2)y^{\frac{3}{2}}\right) dt$$

$$= \frac{1}{2\sqrt{3}\,y^{\frac{3}{4}}} \int_0^{4y^{\frac{3}{2}}} \frac{\cos 2y^{\frac{3}{2}} \cos s + \sin 2y^{\frac{3}{2}} \sin s}{\sqrt{s}} \, ds + O(y^{-\frac{3}{2}})$$

$$= \frac{1}{2\sqrt{3}\,y^{\frac{3}{4}}} \cdot \sqrt{\frac{\pi}{2}} \left(\cos 2y^{\frac{3}{2}} + \sin 2y^{\frac{3}{2}}\right) + O(y^{-\frac{3}{2}})$$

$$= \frac{\sqrt{\pi}}{2\sqrt{3}\,y^{\frac{3}{4}}} \sin\left(2y^{\frac{3}{2}} + \frac{\pi}{4}\right) + O(y^{-\frac{3}{2}}).$$

24. 类似于习题 21 ~ 23 可以证明

$$\int_{-1}^0 \cos\left((t^3 + 3t^2 - 2)y^{\frac{3}{2}}\right) dt = \frac{\sqrt{\pi}}{2\sqrt{3}\,y^{\frac{3}{4}}} \sin\left(2y^{\frac{3}{2}} + \frac{\pi}{4}\right) + O(y^{-\frac{3}{2}}).$$

将这与上题结论代入习题 20 即可完成证明.

第十五章

习题 15.1

1. 用 a, b 表示区间 I 的两个端点, $a \leqslant b$. 那么

$$\#\left(I \cap \frac{1}{N}\mathbb{Z}\right) = \#\left\{j \in \mathbb{Z} : \frac{j}{N} \in I\right\} = \#\{j \in \mathbb{Z} : aN < j \leqslant bN\} + O(1)$$

$$= Nb - Na + O(1).$$

于是

$$\lim_{N \to \infty} \frac{1}{N} \cdot \#\left(I \cap \frac{1}{N}\mathbb{Z}\right) = b - a = |I|.$$

5. 因为简单集合均是若尔当可测的, 因此必要性的部分可由定理 1.7 直接得到. 反之, 若对任意的 $\varepsilon > 0$, 均存在若尔当可测集 E, F 满足 $E \subseteq S \subseteq F$ 以及

$$\mu(F) - \mu(E) = \mu(F \setminus E) < \varepsilon.$$

那么由 E 与 F 的若尔当可测性知存在简单集合 A, B 使得 $A \subseteq E, B \supseteq F$ 且

$$\mu(A) > \mu(E) - \varepsilon, \qquad \mu(B) < \mu(F) + \varepsilon,$$

从而有 $A \subseteq S \subseteq B$ 以及

$$\mu(B) - \mu(A) < \mu(F) - \mu(E) + 2\varepsilon < 3\varepsilon.$$

于是由定理 1.7 知 S 是若尔当可测集.

7. 这是第 8 题的特殊情形.

8. 设 $\boldsymbol{a}_1, \cdots, \boldsymbol{a}_m$ 是 E 的全部聚点, 那么对任意的 $\varepsilon > 0$, 存在开矩形 $\mathcal{Q}_1, \cdots, \mathcal{Q}_m$ 使得 $a_i \in \mathcal{Q}_i$ $(1 \leqslant i \leqslant m)$ 以及

$$\sum_{i=1}^{m} |\mathcal{Q}_i| < \varepsilon.$$

现记 $F = E \setminus \left(\bigcup_{i=1}^{m} \mathcal{Q}_i \right)$, 我们来证明 F 是有限集. 事实上, 如果 F 是无限集, 那么由波尔查诺 $-$ 魏尔斯特拉斯定理知 F 有聚点, 记作 $\boldsymbol{b}$. 注意到 $F \subseteq E$, 故 $\boldsymbol{b}$ 也是 E 的聚点. 但因为每个 $\mathcal{Q}_i$ 都是开集, 所以 $\boldsymbol{b} \notin \mathcal{Q}_i$ $(1 \leqslant i \leqslant m)$, 从而 $\boldsymbol{b} \neq \boldsymbol{a}_i$ $(1 \leqslant i \leqslant m)$, 这与 $\boldsymbol{a}_1, \cdots, \boldsymbol{a}_m$ 是 E 的全部聚点矛盾. 现记 $F = \{\boldsymbol{x}_1, \cdots, \boldsymbol{x}_k\}$, 那么对任意的 $\boldsymbol{x}_j$, 存在矩形 $\mathcal{P}_j$ 使得

$$\boldsymbol{x}_j \in \mathcal{P}_j, \qquad \text{且} \qquad |\mathcal{P}_j| < \frac{\varepsilon}{2^j},$$

于是 $F \subseteq \bigcup_{j=1}^{k} \mathcal{P}_j$, 进而可得 $E \subseteq \left(\bigcup_{i=1}^{m} \mathcal{Q}_i \right) \cup \left(\bigcup_{j=1}^{k} \mathcal{P}_j \right)$, 此外还有

$$\sum_{i=1}^{m} |\mathcal{Q}_i| + \sum_{j=1}^{k} |\mathcal{P}_j| < \varepsilon + \sum_{j=1}^{k} \frac{\varepsilon}{2^j} < 2\varepsilon,$$

因此 E 是若尔当零测集.

9. 我们只证明第一个等式, 第二个等式可以类似得到. 一方面, 对于包含 $\overline{E}$ 的任一简单集合 B_1 有 $E \subseteq B_1$, 因此 $\mu^*(E) \leqslant \mu(B_1)$, 进而有

$$\mu^*(E) \leqslant \inf_{B_1 \supseteq \overline{E}} \mu(B_1) = \mu^*(\overline{E}).$$

另一方面, 对于包含 E 的任一简单集合 B_2 有 $\overline{E} \subseteq \overline{B_2}$, 因此 $\mu^*(\overline{E}) \leqslant \mu(\overline{B_2}) = \mu(B_2)$, 于是

$$\mu^*(\overline{E}) \leqslant \inf_{B_2 \supseteq E} \mu(B_2) = \mu^*(E).$$

综合两方面便得 $\mu^*(E) = \mu^*(\overline{E})$.

10. 应用上题结论.

11. 由定义知, 对任意的 $\varepsilon > 0$, 存在开的简单集合 $A \subseteq E$ 及闭的简单集合 $B \supseteq E$ 使得

$$\mu(A) > \mu_*(E) - \varepsilon, \qquad \mu(B) < \mu^*(E) + \varepsilon.$$

于是 $\partial E \subseteq B \setminus A$, 进而得到

$$\mu^*(\partial E) \leqslant \mu(B \setminus A) = \mu(B) - \mu(A) < \mu^*(E) - \mu_*(E) + 2\varepsilon,$$

再由 ε 的任意性知结论成立.

12. 因为 S 是若干开集的并, 所以它也是开集. 为了说明 S 不是若尔当可测集, 只需证明 $\mu_*(S) \neq \mu^*(S)$. 首先,

$$\mu_*(S) \leqslant \sum_{m=1}^{\infty} \frac{\varepsilon}{2^{m-1}} = 2\varepsilon = \frac{1}{2}.$$

其次, 由 $[0,1] \subseteq \overline{S}$ 及习题 9 知 $\mu^*(S) = \mu^*(\overline{S}) \geqslant 1$.

此外, $[-2,2] \setminus S$ 是 $\mathbb{R}$ 中的一个若尔当不可测的闭集.

13. 必要性可由定义直接得到, 下证充分性. 现设对任意的 $\varepsilon > 0$, 均存在简单集合 F 使得 $\mu^*(E\triangle F) < \varepsilon$, 那么由若尔当外测度的定义知, 存在简单集合 $B \supseteq E\triangle F$, 使得

$$\mu(B) < \mu^*(E\triangle F) + \varepsilon < 2\varepsilon.$$

现考虑简单集合 $F \cup B$ 与 $F \setminus B$. 一方面,

$$E = (E \cap F) \cup (E \setminus F) \subseteq F \cup B.$$

另一方面,

$$E \supseteq E \cap F = F \setminus (E\triangle F) \supseteq F \setminus B.$$

此外, 注意到 $F \cup B = (F \setminus B) \cup B$, 因此 $\mu\big((F \cup B) \setminus (F \setminus B)\big) = \mu(B) < 2\varepsilon$, 进而由定理 1.7 知 E 是若尔当可测集.

14. (1) 例如取 $F = \{\boldsymbol{a}\}$, 其中 $\boldsymbol{a} \notin \overline{E}$.

(2) 因为 $E = (E \cap F) \cup (E \setminus F)$, 而这个式子右边两个集合不相交, 所以 $\mu(E) = \mu(E \cap F) + \mu(E \setminus F)$. 因此只需证明 $\mu(E \cap F) = \mu(F)$ 当且仅当 $F^{\circ} \subseteq \overline{E}$ 即可. 一方面, 如果 $F^{\circ} \subseteq \overline{E}$, 那么由习题 9 知

$$\mu(F) = \mu(F^{\circ}) = \mu(F^{\circ} \cap \overline{E}) = \mu\big(F^{\circ} \cap (E^{\circ} \cup \partial E)\big) = \mu\big((F^{\circ} \cap E^{\circ}) \cup (F^{\circ} \cap \partial E)\big),$$

于是由命题 1.9 (2) 知

$$\mu(F) = \mu(F^{\circ} \cap E^{\circ}) + \mu(F^{\circ} \cap \partial E) = \mu\big((E \cap F)^{\circ}\big) = \mu(E \cap F),$$

上面最后一步再次用到了习题 9. 另一方面, 我们要从 $\mu(E \cap F) = \mu(F)$ 推出 $F^{\circ} \subseteq \overline{E}$. 利用反证法, 如果 $F^{\circ} \not\subseteq \overline{E}$, 则存在 $\boldsymbol{x} \in F^{\circ} \setminus \overline{E}$, 进而存在 $\varepsilon > 0$ 使得

$$B(\boldsymbol{x}, \varepsilon) \subseteq F^{\circ} \qquad \text{且} \qquad B(\boldsymbol{x}, \varepsilon) \cap E = \varnothing.$$

于是 $E \cap F \subseteq F \setminus B(\boldsymbol{x}, \varepsilon)$, 因而

$$\mu(E \cap F) \leqslant \mu(F \setminus B(\boldsymbol{x}, \varepsilon)) < \mu(F),$$

这与前提条件矛盾.

15. $E = (E \cap F) \cup (E \setminus F)$. 一方面, 对满足 $E \cap F \subseteq B_1$ 及 $E \setminus F \subseteq B_2$ 的任意简单集合 B_1, B_2 有 $E \subseteq B_1 \cup B_2$, 因此 $\mu^*(E) \leqslant \mu(B_1 \cup B_2) \leqslant \mu(B_1) + \mu(B_2)$, 再由 B_1, B_2 的任意性知 $\mu^*(E) \leqslant \mu^*(E \cap F) + \mu^*(E \setminus F)$. 另一方面, 对于包含 E 的任一简单集合 B 有 $E \cap F \subseteq B \cap F$, $E \setminus F \subseteq B \setminus F$, 并且 $B \cap F$ 与 $B \setminus F$ 均是简单集合, 所以 $\mu^*(E \cap F) + \mu^*(E \setminus F) \leqslant \mu(B \cap F) + \mu(B \setminus F) = \mu(B)$, 再由 B 的任意性知 $\mu^*(E \cap F) + \mu^*(E \setminus F) \leqslant \mu^*(E)$.

16. 因为若尔当可测集和若尔当测度具有平移不变性, 故不妨设 $\sup A = \inf B = 0$, 于是对任意的 $\varepsilon > 0$, 存在 $a \in A \cap (-\varepsilon, 0]$ 及 $b \in B \cap [0, \varepsilon)$, 进而有

$$A + b \subseteq (-\infty, \varepsilon) \qquad \text{与} \qquad a + B \subseteq (-\varepsilon, +\infty),$$

因此 $\mu(A + B) \geqslant \mu(A) + \mu(B) - 2\varepsilon$, 再由 ε 的任意性知结论成立.

为了说明等号未必成立, 取 $A = \{0, 1\}$, $B = [0, 1]$, 则 $\mu(A) = 0$, $\mu(B) = 1$, 但由 $A + B = [0, 2]$ 知 $\mu(A + B) = 2$.

17. (1) 若 I 是 $[0, 1)$ 的一个子区间, 例如 $I = [a, b]$, 那么

$$f^{-1}(I) = \bigcup_{j=0}^{m-1} \left[\frac{j+a}{m}, \frac{j+b}{m} \right],$$

因此 $f^{-1}(I)$ 是简单集合且 $\mu(f^{-1}(I)) = m \cdot \dfrac{b-a}{m} = b - a = \mu(I)$. 现设 E 是一个简单集合且 $E \subseteq [0, 1)$, 那么 $E = \bigcup_{k=1}^{\ell} I_k$, 其中 $I_1, \cdots, I_\ell$ 是两两不相交的区间, 于是 $f^{-1}(E) = \bigcup_{k=1}^{\ell} f^{-1}(I_k)$ 是简单集合且

$$\mu(f^{-1}(E)) = \sum_{k=1}^{\ell} \mu(f^{-1}(I_k)) = \sum_{k=1}^{\ell} \mu(I_k) = \mu(E).$$

(2) 设 S 是 $[0, 1)$ 的一个若尔当可测子集. 对任意的 $\varepsilon > 0$, 存在包含于 $[0, 1)$ 的简单集合 A, B 使得 $A \subseteq S \subseteq B$ 且

$$\mu(A) > \mu(S) - \varepsilon, \qquad \mu(B) < \mu(S) + \varepsilon.$$

注意到 $f^{-1}(A)$ 是简单集合且 $f^{-1}(A) \subseteq f^{-1}(S)$, 故而

$$\mu(S) - \varepsilon < \mu(A) = \mu(f^{-1}(A)) \leqslant \mu_*(f^{-1}(S)).$$

同理可证 $\mu^*(f^{-1}(S)) < \mu(S) + \varepsilon$. 于是由 ε 的任意性知 $f^{-1}(S)$ 是若尔当可测集且 $\mu(f^{-1}(S)) = \mu(S)$.

习题 15.2

5. 必要性可由定义得出. 为证明充分性, 只需证 f 在 $\mathcal{Q}$ 上可积, 而这可从定理 2.6 中 (1) 与 (3) 等价推出.

6. 记 $I_j = \displaystyle\int_{a_j}^{b_j} f_j(x)\,\mathrm{d}x$, 那么对任意的 $\varepsilon > 0$, 存在 $\delta > 0$, 使得对于任意的 j 以及区间 $[a_j, b_j]$ 的满足 $\Delta x_j^{(i_j)} = x_j^{(i_j)} - x_j^{(i_j-1)} < \delta$ 的任一分划

$$a_j = x_j^{(0)} < x_j^{(1)} < \cdots < x_j^{(m_j)} = b_j \qquad (1 \leqslant j \leqslant n)$$

以及任意的 $\xi_{i_j} \in \left[x_j^{(i_j-1)}, x_j^{(i_j)} \right]$ $(1 \leqslant j \leqslant n,\ 1 \leqslant i_j \leqslant m_j)$ 均有

$$\left| \sum_{i_j=1}^{m_j} f(\xi_{i_j}) \Delta x_j^{(i_j)} - I_j \right| < \varepsilon.$$

于是

$$\sum_{i_1=1}^{m_1} \cdots \sum_{i_n=1}^{m_n} f_1(\xi_{i_1}) \cdots f_n(\xi_{i_n}) \Delta x_1^{(i_1)} \cdots \Delta x_n^{(i_n)} = (I_1 + O(\varepsilon)) \cdots (I_n + O(\varepsilon))$$

$$= I_1 \cdots I_n + O(\varepsilon),$$

从而由上题知结论成立.

7. (1) $-\dfrac{5}{4}\log\cos 1$;   (2) $\log 2 - \dfrac{1}{2}$;   (3) $\dfrac{\pi}{4}$;   (4) $\log 2 - \dfrac{1}{2}$.

8. 由题设知 f 在 $\mathcal{Q}^\circ$ 上取值为 0 的点的全体构成一个开集, 从而均是连续点, 因此由勒贝格定理知 f 在 $\mathcal{Q}$ 上可积, 再由推论 2.12 (1) 可得积分等于 0.

9. 因为矩形均是若尔当可测集, 所以充分性是显然的, 下证必要性. 由 f 在 $\mathcal{Q}$ 上可积知 f 在 $\mathcal{Q}$ 上有界, 即存在 $M > 0$ 使得对任意的 $\boldsymbol{x} \in \mathcal{Q}$ 有 $|f(\boldsymbol{x})| \leqslant M$. 由 $\displaystyle\int_{\mathcal{Q}} f = A$ 知, 对任意的 $\varepsilon > 0$, 存在 $\lambda > 0$, 使得对于 $\mathcal{Q}$ 的满足 $\displaystyle\max_{1 \leqslant j \leqslant m} \mathrm{diam}\,(\mathcal{Q}_j) < \lambda$ 的任一分划 $\mathcal{Q} = \displaystyle\bigcup_{j=1}^{m} \mathcal{Q}_j$ 以及任意的 $\boldsymbol{\eta}_j \in \mathcal{Q}_j$ 均有

$$\left| \sum_{j=1}^{m} f(\boldsymbol{\eta}_j) |\mathcal{Q}_j| - A \right| < \varepsilon.$$

现选取这样的 $\mathcal{Q}_j$, 并用 $\mathcal{Q}'_j$ 表示将 $\mathcal{Q}_j$ 的每个侧面内缩 δ 距离后所得的矩形, 再记

$$\mathcal{P}_\delta = \mathcal{Q} \setminus \left(\bigcup_{j=1}^{m} \mathcal{Q}'_j \right),$$

那么可选取 δ 充分小使得 $\mu(\mathcal{P}_\delta) < \dfrac{\varepsilon}{M}$.

现设两两无公共内点的若尔当可测集 $J_1, \cdots, J_k$ 满足 $\displaystyle\max_{1 \leqslant i \leqslant k} \mathrm{diam}\,(J_i) < \delta$ 以及 $\mathcal{Q} = \displaystyle\bigcup_{i=1}^{k} J_i$, 并任取 $\boldsymbol{\xi}_i \in J_i$ $(1 \leqslant i \leqslant k)$, 那么

$$\sum_{i=1}^{k} f(\boldsymbol{\xi}_i) \mu(J_i) = \sum\nolimits_1 + \sum\nolimits_2,$$

其中 $\sum_1$ 是对满足 $J_i \subseteq \mathcal{P}_\delta$ 的 j 进行求和, $\sum_2$ 是对其余的 j 进行求和. 一方面,

$$\left| \sum\nolimits_1 \right| \leqslant M \cdot \mu(\mathcal{P}_\delta) < \varepsilon.$$

另一方面, 如果 J_i 所对应的指标 i 在求和 $\sum_2$ 中, 那么它不包含于 $\mathcal{P}_\delta$, 从而必与某个 $\mathcal{Q}'_j$ 相交, 进而由 $\mathrm{diam}\,(J_i) < \lambda$ 知 $J_i \subseteq \mathcal{Q}_j$. 此外, $\sum_2$ 求和中的全部 J_i 必将全部 $\mathcal{Q}'_j \ (1 \leqslant j \leqslant m)$ 覆盖. 因此

$$\left| \sum\nolimits_2 - A \right| \leqslant \left| \sum\nolimits_2 - \sum_{j=1}^{m} f(\boldsymbol{\xi}_j)|\mathcal{Q}_j| \right| + \left| \sum_{j=1}^{m} f(\boldsymbol{\xi}_j)|\mathcal{Q}_j| - A \right|$$

$$\leqslant \sum_{j=1}^{m} \omega_j |\mathcal{Q}_j| + M \cdot \mu(\mathcal{P}_\delta) + \left| \sum_{j=1}^{m} f(\boldsymbol{\xi}_j)|\mathcal{Q}_j| - A \right|$$

$$< 2\varepsilon + \varepsilon + \varepsilon = 4\varepsilon,$$

这里 ω_j 表示 f 在 $\mathcal{Q}_j$ 上的振幅. 综上可得

$$\left| \sum_{i=1}^{k} f(\boldsymbol{\xi}_i)\mu(J_i) - A \right| < 5\varepsilon,$$

从而命题得证.

习题 15.3

2. (1) 例如取 f 是 $[0,1]$ 上恒等于 1 的函数, $E = \mathbb{Q} \cap [0,1]$, $F = [0,1] \setminus E$.

(2) 此时 $E \cup F$ 也是若尔当可测集, 于是一方面 f 在 $E \cup F$ 上有界, 另一方面由勒贝格定理知 f 在 $E \cup F$ 上的全体间断点构成 $\mathbb{R}^n$ 中的勒贝格零测集, 因为 f 在 E° 上的间断点必是 $E \cup F$ 上的间断点, 并且由 E 是若尔当可测集知 $\mu(\alpha E) = 0$, 故而 f 在 E 上的全体间断点也构成 $\mathbb{R}^n$ 中的勒贝格零测集, 所以 f 在 E 上可积. 同理 f 在 F 上可积.

4. 由命题 3.4 知 f 在 $E \cap F$ 上可积, 从而对于任意一个包含 E 的矩形 $\mathcal{Q}$, f_E 与 $f_{E \cap F}$ 均在 $\mathcal{Q}$ 上可积, 于是 $f_{E \setminus F} = f_E - f_{E \cap F}$ 也在 $\mathcal{Q}$ 上可积, 对这个式子两边在 $\mathcal{Q}$ 上积分即得所需等式.

5. f 在 A 上可积. 证明如下: 把 A 分成不相交的两个部分

$$A = (A \cap B) \cup (A \setminus B),$$

按照 f 的定义, $(A \cap B)^\circ$ 与 $(A \setminus B)^\circ$ 中的每个点均是 f 的连续点, 因此 f 的间断点属于集合 $\partial(A \cap B) \cup \partial(A \setminus B)$, 而由习题 12.1 第 8 题知这个集合是 $\partial A \cup \partial B$ 的子集, 于是利用若尔当可测集的边界为勒贝格零测集以及勒贝格定理可得 f 在 A 上可积.

6. 先化为矩形上的积分, 再对相应的黎曼和使用柯西 — 施瓦茨不等式.

7. $4f(0,0)$.

9. 在一个包含 E 的矩形上考虑 f_E 并利用推论 2.12 (2).

习题 15.4

1. (1) $\int_0^1 \mathrm{d}y \int_{\frac{y}{2}}^{2y} f(x,y)\,\mathrm{d}x + \int_1^4 \mathrm{d}y \int_{\frac{y}{2}}^2 f(x,y)\,\mathrm{d}x;$

(2) $\int_{-\frac{1}{4}}^0 \mathrm{d}y \int_{\frac{-1-\sqrt{4y+1}}{2}}^{\frac{-1+\sqrt{4y+1}}{2}} f(x,y)\,\mathrm{d}x + \int_0^2 \mathrm{d}y \int_{y-1}^{\frac{-1+\sqrt{4y+1}}{2}} f(x,y)\,\mathrm{d}x;$

(3) $\int_0^1 \mathrm{d}z \int_{-z}^z \mathrm{d}y \int_{-\sqrt{z^2-y^2}}^{\sqrt{z^2-y^2}} f(x,y,z)\,\mathrm{d}x;$

(4) $\int_0^1 \mathrm{d}z \int_z^{\sqrt{z}} \mathrm{d}y \int_{\frac{z}{y}}^1 f(x,y,z)\,\mathrm{d}x + \int_0^1 \mathrm{d}z \int_{\sqrt{z}}^1 \mathrm{d}y \int_y^1 f(x,y,z)\,\mathrm{d}x.$

3. 1.

4. (1) $\dfrac{p^5}{21};$ (2) $\dfrac{5}{3};$ (3) $\dfrac{\Gamma(p)\Gamma(q)}{\Gamma(p+q+1)};$ (4) $\dfrac{1}{2}\left(\log 2 - \dfrac{5}{8}\right).$

5. (1) $\left(\dfrac{15}{8} - 2\log 2\right)a^2;$ (2) $\dfrac{2}{3}(p+q)\sqrt{pq};$ (3) $\dfrac{3}{8}\pi a^2.$

7. (1) $\dfrac{3}{35};$ (2) $\dfrac{7}{24}.$

8. (1) $\dfrac{3}{7}\pi;$ (2) $2\pi^2 a^2 b.$

10. 由富比尼定理知

$$\int_{\mathcal{Q}_1} \left(\overline{\int}_{\mathcal{Q}_2} f(\boldsymbol{x},\boldsymbol{y})\,\mathrm{d}\boldsymbol{y}\right) \mathrm{d}\boldsymbol{x} = \int_{\mathcal{Q}_1} \left(\underline{\int}_{\mathcal{Q}_2} f(\boldsymbol{x},\boldsymbol{y})\,\mathrm{d}\boldsymbol{y}\right) \mathrm{d}\boldsymbol{x},$$

也即

$$\int_{\mathcal{Q}_1} \left(\overline{\int}_{\mathcal{Q}_2} f(\boldsymbol{x},\boldsymbol{y})\,\mathrm{d}\boldsymbol{y} - \underline{\int}_{\mathcal{Q}_2} f(\boldsymbol{x},\boldsymbol{y})\,\mathrm{d}\boldsymbol{y}\right) \mathrm{d}\boldsymbol{x} = 0.$$

注意到对于每个 $\boldsymbol{x} \in \mathcal{Q}_1$，上式左边括号内的项非负，因此由推论 2.12 知除了在一个勒贝格零测集上以外均有

$$\overline{\int}_{\mathcal{Q}_2} f(\boldsymbol{x},\boldsymbol{y})\,\mathrm{d}\boldsymbol{y} = \underline{\int}_{\mathcal{Q}_2} f(\boldsymbol{x},\boldsymbol{y})\,\mathrm{d}\boldsymbol{y},$$

从而命题得证.

11. 反设存在 $\boldsymbol{a} \in E$ 使得 $\dfrac{\partial^2 f}{\partial x \partial y}(\boldsymbol{a}) \neq \dfrac{\partial^2 f}{\partial y \partial x}(\boldsymbol{a})$，不妨设

$$\delta = \dfrac{\partial^2 f}{\partial x \partial y}(\boldsymbol{a}) - \dfrac{\partial^2 f}{\partial y \partial x}(\boldsymbol{a}) > 0,$$

那么由 $f \in C^2(E)$ 知存在闭矩形 $\mathcal{Q}$ 满足 $\boldsymbol{a} \in \mathcal{Q} \subseteq E$, 并且对任意的 $\boldsymbol{x} \in \mathcal{Q}$ 有 $\dfrac{\partial^2 f}{\partial x \partial y}(\boldsymbol{x}) -$

$\dfrac{\partial^2 f}{\partial y \partial x}(\boldsymbol{x}) > \dfrac{\delta}{2}$, 于是

$$\iint\limits_{\mathcal{Q}} \left(\frac{\partial^2 f}{\partial x \partial y}(\boldsymbol{x}) - \frac{\partial^2 f}{\partial y \partial x}(\boldsymbol{x}) \right) \mathrm{d}\boldsymbol{x} > 0.$$

但由富比尼定理可计算出上式左侧等于 0, 从而矛盾.

12. (1) 对任意给定的 $y \in [0,1]$, 使得 $f(x,y) \neq 0$ 的 $x \in [0,1]$ 至多只有有限多个, 因此 $\displaystyle\int_0^1 f(x,y)\,\mathrm{d}x = 0$, 进而有 $\displaystyle\int_0^1 \mathrm{d}y \int_0^1 f(x,y)\,\mathrm{d}x = 0$. 同理可证 $\displaystyle\int_0^1 \mathrm{d}x \int_0^1 f(x,y)\,\mathrm{d}y = 0$.

(2) 任取 $(x_0, y_0) \in \mathcal{Q}$, 在 (x_0, y_0) 的任一邻域内均存在函数值等于 0 的点. 此外, 设 m 是一个素数, 则存在 i, j 使得 $x_0 \in \left[\dfrac{i-1}{m}, \dfrac{i}{m} \right]$, $y_0 \in \left[\dfrac{j-1}{m}, \dfrac{j}{m} \right]$, 将 $\dfrac{i-1}{m}$ 和 $\dfrac{i}{m}$ 中位于 $(0,1)$ 内的某一个选出记作 x_m, 将 $\dfrac{j-1}{m}$ 和 $\dfrac{j}{m}$ 中位于 $(0,1)$ 内的某一个选出记作 y_m, 则 $f(x_m, y_m) = 1$ 且

$$\sqrt{(x_m - x_0)^2 + (y_m - y_0)^2} \leqslant \frac{\sqrt{2}}{m}.$$

因为存在无穷多个素数, 所以以上讨论说明在 (x_0, y_0) 的任一邻域内均存在函数值等于 1 的点. 这就证明了 f 在 (x_0, y_0) 处间断.

习题 15.5

1. (1) 0;   (2) $-6\pi^2$;   (3) $\dfrac{32}{9}$;   (4) $(q-p)\log\dfrac{1+b}{1+a}$;

(5) $\dfrac{\sin pb - \sin pa}{3p} - \dfrac{\sin qb - \sin qa}{3q}$;   (6) $\dfrac{\pi}{4}abc^2$;   (7) $\dfrac{\pi}{6}$;   (8) 0;

(9) $\dfrac{64}{3}\left(\dfrac{4\sqrt{2}}{5} - 1 \right)\pi$.

2. $\dfrac{2}{9}(3\pi - 4)a^3$.

3. 按右手法则建立空间直角坐标系后, 该旋转体为

$$\{(x,y,z) \in \mathbb{R}^3 : a^2 \leqslant x^2 + z^2 \leqslant b^2,\ 0 \leqslant y \leqslant f(\sqrt{x^2 + z^2})\},$$

因此其体积等于

$$\iint\limits_{a^2 \leqslant x^2+z^2 \leqslant b^2} dx\,dz \int_0^{f(\sqrt{x^2+z^2})} dy = \iint\limits_{a^2 \leqslant x^2+z^2 \leqslant b^2} f(\sqrt{x^2+z^2})\,dx\,dz$$

$$= 2\pi \int_a^b r f(r)\,dr.$$

4. $2\pi^2$.

5. $\dfrac{4\pi h^3}{3|\det A|}$.

6. 作变量替换 $u = \dfrac{z}{y^2}$, $v = \dfrac{z}{x}$, $w = z$, 那么 V 变为

$$V' = \{(u,v,w) : u \in [a,b],\ v \in [\alpha,\beta],\ w \in [0,h]\}.$$

由变量替换知 $x = \dfrac{w}{v}$, $y = \sqrt{\dfrac{w}{u}}$, $z = w$, 因此雅可比行列式为

$$\begin{vmatrix} 0 & -\dfrac{w}{v^2} & \dfrac{1}{v} \\[2mm] -\dfrac{\sqrt{w}}{2u^{\frac{3}{2}}} & 0 & \dfrac{1}{2\sqrt{uw}} \\[2mm] 0 & 0 & 1 \end{vmatrix} = -\dfrac{1}{2v^2}\left(\dfrac{w}{u}\right)^{\frac{3}{2}}.$$

于是

$$I = \iiint\limits_{V'} \left(\dfrac{w}{v}\right)^2 \cdot \dfrac{1}{2v^2}\left(\dfrac{w}{u}\right)^{\frac{3}{2}} du\,dv\,dw = \dfrac{2}{27}\left(\dfrac{1}{\sqrt{a}} - \dfrac{1}{\sqrt{b}}\right)\left(\dfrac{1}{\alpha^3} - \dfrac{1}{\beta^3}\right)h^{\frac{9}{2}}.$$

7. 利用球坐标变换可将积分区域化为

$$\left\{(\rho,\varphi,\theta) : \varphi \in \left[0,\dfrac{\pi}{2}\right],\ \theta \in \left[0,\dfrac{\pi}{2}\right] \cup \left[\pi,\dfrac{3}{2}\pi\right],\ \rho^2 \leqslant \dfrac{a^2}{2}\sin^2\varphi\sin 2\theta\right\},$$

由此可计算出 $I = \dfrac{a^4}{144}$.

8. 设 A 的特征值为 $\lambda_1,\lambda_2,\lambda_3$, 则 $\lambda_j > 0\ (1 \leqslant j \leqslant 3)$, 且存在正交矩阵 P 使得

$$P^{\mathrm{T}}AP = \begin{bmatrix} \lambda_1 & & \\ & \lambda_2 & \\ & & \lambda_3 \end{bmatrix}.$$

现作变量替换 $\boldsymbol{x} = P\boldsymbol{y}$, 那么由 $\boldsymbol{x}^{\mathrm{T}}A\boldsymbol{x} \leqslant 1$ 知 $\boldsymbol{y} = (y_1,y_2,y_3)^{\mathrm{T}}$ 满足

$$\lambda_1 y_1^2 + \lambda_2 y_2^2 + \lambda_3 y_3^2 \leqslant 1.$$

又因为 $|\det P| = 1$, 所以

$$I = \iiint\limits_{\lambda_1 y_1^2 + \lambda_2 y_2^2 + \lambda_3 y_3^2 \leqslant 1} \mathrm{e}^{\sqrt{\lambda_1 y_1^2 + \lambda_2 y_2^2 + \lambda_3 y_3^2}} \, \mathrm{d}y_1 \, \mathrm{d}y_2 \, \mathrm{d}y_3.$$

再作变量替换 $y_1 = \dfrac{1}{\sqrt{\lambda_1}} r \sin\varphi \cos\theta$, $y_2 = \dfrac{1}{\sqrt{\lambda_2}} r \sin\varphi \sin\theta$, $y_3 = \dfrac{1}{\sqrt{\lambda_3}} r \cos\varphi$, 相应的雅可比行

列式的绝对值为 $\dfrac{1}{\sqrt{\lambda_1 \lambda_2 \lambda_3}} r^2 \sin\varphi$, 因此

$$I = \int_0^{2\pi} \mathrm{d}\theta \int_0^{\pi} \mathrm{d}\varphi \int_0^1 \mathrm{e}^r \cdot \frac{1}{\sqrt{\lambda_1 \lambda_2 \lambda_3}} r^2 \sin\varphi \, \mathrm{d}r = \frac{4\pi}{\sqrt{\det A}} (\mathrm{e} - 2).$$

9. 设 A 是形如 $\begin{bmatrix} ak^{-1} & bk^{-1} & ck^{-1} \\ * & * & * \\ * & * & * \end{bmatrix}$ 的正交矩阵, 作变量替换 $\begin{bmatrix} u \\ v \\ w \end{bmatrix} = A \begin{bmatrix} x \\ y \\ z \end{bmatrix}$, 则

$$\iiint\limits_{x^2+y^2+z^2 \leqslant 1} f(ax + by + cz) \, \mathrm{d}x \, \mathrm{d}y \, \mathrm{d}z = \iiint\limits_{u^2+v^2+w^2 \leqslant 1} f(ku) \, \mathrm{d}u \, \mathrm{d}v \, \mathrm{d}w$$

$$= \pi \int_{-1}^1 (1 - u^2) f(ku) \, \mathrm{d}u.$$

10. 利用对称性可得

$$I = \int \cdots \int\limits_{[0,1]^n} (x_1 + \cdots + x_n)^2 \, \mathrm{d}x_1 \cdots \mathrm{d}x_n$$

$$= \int \cdots \int\limits_{[0,1]^n} \left(\sum_{i=1}^n x_i^2 + 2 \sum_{1 \leqslant i < j \leqslant n} x_i x_j \right) \mathrm{d}x_1 \cdots \mathrm{d}x_n$$

$$= n \int \cdots \int\limits_{[0,1]^n} x_1^2 \, \mathrm{d}x_1 \cdots \mathrm{d}x_n + n(n-1) \int \cdots \int\limits_{[0,1]^n} x_1 x_2 \, \mathrm{d}x_1 \cdots \mathrm{d}x_n$$

$$= \frac{n}{3} + \frac{n(n-1)}{4} = \frac{n(3n+1)}{12}.$$

11. $\dfrac{\pi^{\frac{n-1}{2}}}{n\Gamma\left(\dfrac{n+1}{2}\right)} a_1 \cdots a_n.$

12. 用 V 表示该 n 维多面体, 则

$$V = \{A^{\mathrm{T}}\boldsymbol{x} : \boldsymbol{x} = (x_1, \cdots, x_n)^{\mathrm{T}}, \ |x_1| + \cdots + |x_n| \leqslant 1\}.$$

于是

$$\mu(V) = \int_V 1 = \int_{(A^{\mathrm{T}})^{-1}(V)} |\det A| = |\det A| \underset{|x_1| + \cdots + |x_n| \leqslant 1}{\int \cdots \int} \mathrm{d}x_1 \cdots \mathrm{d}x_n$$

$$= 2^n |\det A| \underset{\substack{x_1 + \cdots + x_n \leqslant 1 \\ x_i \geqslant 0 \ (1 \leqslant i \leqslant n)}}{\int \cdots \int} \mathrm{d}x_1 \cdots \mathrm{d}x_n = \frac{2^n}{n!} |\det A|,$$

上面最后一步用到了例 4.6.

13. 把题目中左侧积分记为 I, 则

$$I = \underset{0 \leqslant x_n \leqslant x_{n-1} \leqslant \cdots \leqslant x_1 \leqslant a}{\int \cdots \int} f(x_1) \cdots f(x_n) \, \mathrm{d}x_1 \cdots \mathrm{d}x_n.$$

利用对称性可得

$$I = \frac{1}{n!} \underset{[0,a]^n}{\int \cdots \int} f(x_1) \cdots f(x_n) \, \mathrm{d}x_1 \cdots \mathrm{d}x_n = \frac{1}{n!} \left(\int_0^a f(x) \, \mathrm{d}x \right)^n.$$

习题 15.6

1. 反设 $[0,1] \setminus \mathbb{Q}$ 存在穷竭 $\{E_m\}$, 那么每个 E_m 均无内点, 于是由习题 15.1 第 10 题知每个 E_m 均是若尔当零测集, 当然每个 E_m 均是勒贝格零测集, 从而 $[0,1] \setminus \mathbb{Q} = \bigcup_{m=1}^{\infty} E_m$ 是勒贝格零测集, 但这是错误的.

3. 因为 $(E_1 \setminus E_m) \subseteq (E_1 \setminus E_{m+1})$ 并且 $E_1 \setminus E = \bigcup_{m=1}^{\infty} (E_1 \setminus E_m)$, 所以 $\{E_1 \setminus E_m\}$ 是 $E_1 \setminus E$ 的一个穷竭, 于是由命题 6.4 知

$$\mu(E_1) - \mu(E) = \mu(E_1 \setminus E) = \lim_{m \to \infty} \mu(E_1 \setminus E_m) = \lim_{m \to \infty} \big(\mu(E_1) - \mu(E_m) \big),$$

因此 $\lim_{m \to \infty} \mu(E_m) = \mu(E)$.

4. (1) 当 $p > \dfrac{1}{2}$ 时收敛, 当 $p \leqslant \dfrac{1}{2}$ 时发散;　　(2) 当 $p > 1$ 时收敛, 当 $p \leqslant 1$ 时发散;

(3) 当 $p < 1$ 时收敛, 当 $p \geqslant 1$ 时发散;　　(4) 当 $p < 1$ 时收敛, 当 $p \geqslant 1$ 时发散.

5. 按照定理 6.14, 只需说明 $\displaystyle\iint\limits_{[0,+\infty)^2} \mathrm{e}^{-xy}|\sin x|\,\mathrm{d}x\,\mathrm{d}y$ 发散. 对任意的正整数 m 有

$$\iint\limits_{[0,m]^2} \mathrm{e}^{-xy}|\sin x|\,\mathrm{d}x\,\mathrm{d}y = \int_0^m |\sin x|\,\mathrm{d}x \int_0^m \mathrm{e}^{-xy}\,\mathrm{d}y$$

$$= \int_0^m \frac{|\sin x|}{x}(1-\mathrm{e}^{-mx})\,\mathrm{d}x$$

$$= \int_0^m \frac{|\sin x|}{x}\,\mathrm{d}x + O\Big(\frac{1}{m}\Big). \tag{A.4}$$

注意到对任意的正整数 k 有

$$\int_{2k\pi}^{4k\pi} \frac{|\sin x|}{x}\,\mathrm{d}x \geqslant \sum_{j=k+1}^{2k} \int_{2(j-1)\pi+\frac{\pi}{4}}^{2(j-1)\pi+\frac{\pi}{2}} \frac{|\sin x|}{x}\,\mathrm{d}x \geqslant \sum_{j=k+1}^{2k} \frac{\sqrt{2}}{2} \int_{2(j-1)\pi+\frac{\pi}{4}}^{2(j-1)\pi+\frac{\pi}{2}} \frac{1}{x}\,\mathrm{d}x$$

$$\geqslant \sum_{j=k+1}^{2k} \frac{\sqrt{2}}{2}\cdot\frac{\pi}{4}\cdot\frac{1}{2j\pi} \geqslant \frac{\sqrt{2}}{32},$$

因此 $\displaystyle\int_0^{2^k\pi} \frac{|\sin x|}{x}\,\mathrm{d}x \gg k$, 于是由命题 6.5 可得 $\displaystyle\int_0^{+\infty} \frac{|\sin x|}{x}\,\mathrm{d}x$ 发散, 再结合 (A.4) 便知 $\displaystyle\iint\limits_{[0,+\infty)^2} \mathrm{e}^{-xy}|\sin x|\,\mathrm{d}x\,\mathrm{d}y$ 发散.

6. 题目中的积分与 $\displaystyle\iint\limits_{|x|^p+|y|^q \geqslant 1} \frac{\mathrm{d}x\,\mathrm{d}y}{|x|^p+|y|^q}$ 同敛散, 再由对称性便知只需讨论反常积分

$\displaystyle\iint\limits_{\substack{x^p+y^q \geqslant 1 \\ x\geqslant 0,\ y\geqslant 0}} \frac{\mathrm{d}x\,\mathrm{d}y}{|x|^p+|y|^q}$ 的敛散性. 作变量替换 $x=r^{\frac{2}{p}}\cos^{\frac{2}{p}}\theta,\ y=r^{\frac{2}{q}}\sin^{\frac{2}{q}}\theta$, 则

$$\frac{D(x,y)}{D(r,\theta)} = \frac{4}{pq}r^{\frac{2}{p}+\frac{2}{q}-1}\cos^{\frac{2}{p}-1}\theta\sin^{\frac{2}{q}-1}\theta,$$

因此只需讨论

$$\iint\limits_{[1,+\infty)\times[0,\frac{\pi}{2}]} r^{\frac{2}{p}+\frac{2}{q}-3}\cos^{\frac{2}{p}-1}\theta\sin^{\frac{2}{q}-1}\theta\,\mathrm{d}r\,\mathrm{d}\theta$$

的敛散性. 注意到当 $p>0, q>0$ 时 $\displaystyle\int_0^{\frac{\pi}{2}} \cos^{\frac{2}{p}-1}\theta\sin^{\frac{2}{q}-1}\theta\,\mathrm{d}\theta$ 总是收敛的, 其值为 $\dfrac{1}{2}\mathrm{B}\Big(\dfrac{1}{p},\dfrac{1}{q}\Big)$, 而积分 $\displaystyle\int_1^{+\infty} r^{\frac{2}{p}+\frac{2}{q}-3}\,\mathrm{d}r$ 收敛当且仅当 $\dfrac{1}{p}+\dfrac{1}{q}<1$, 故而原积分收敛当且仅当 $\dfrac{1}{p}+\dfrac{1}{q}<1$.

7. (1) $\dfrac{\pi}{2}$;   (2) $\dfrac{4}{3}\pi$.

9. $\dfrac{\pi^{\frac{n+1}{2}}}{\Gamma\left(\dfrac{n+1}{2}\right)}$.

10. 记题目中的积分为 $I(a; p_1, \cdots, p_n)$, 则

$$I(a; p_1, \cdots, p_n) = a^{p_1 + \cdots + p_n} I(1; p_1, \cdots, p_n) \tag{A.5}$$

由富比尼定理知

$$
\begin{aligned}
I(1; p_1, \cdots, p_n) &= \int_0^1 x_n^{p_n - 1}\, \mathrm{d}x_n \int_{\Delta_{n-1}(1-x_n)} x_1^{p_1 - 1} \cdots x_{n-1}^{p_{n-1} - 1}\, \mathrm{d}x_1 \cdots \mathrm{d}x_{n-1} \\
&= \int_0^1 x_n^{p_n - 1} I(1 - x_n; p_1, \cdots, p_{n-1})\, \mathrm{d}x_n \\
&= I(1; p_1, \cdots, p_{n-1}) \int_0^1 x_n^{p_n - 1} (1 - x_n)^{p_1 + \cdots + p_{n-1}}\, \mathrm{d}x_n \\
&= \frac{\Gamma(p_1 + \cdots + p_{n-1} + 1)\Gamma(p_n)}{\Gamma(p_1 + \cdots + p_n + 1)} I(1; p_1, \cdots, p_{n-1}).
\end{aligned}
$$

因此通过递推可得

$$I(1; p_1, \cdots, p_n) = \frac{\Gamma(p_1) \cdots \Gamma(p_n)}{\Gamma(p_1 + \cdots + p_n + 1)},$$

再代入 (A.5) 即得所需结论.

12. 只证情形 (3). 此时 $f : (x, y) \longmapsto \left(-\dfrac{x}{x^2 + y^2}, \dfrac{y}{x^2 + y^2} \right)$, 因此雅可比行列式

$$\det f' = \begin{vmatrix} \dfrac{x^2 - y^2}{(x^2 + y^2)^2} & \dfrac{2xy}{(x^2 + y^2)^2} \\[3mm] \dfrac{-2xy}{(x^2 + y^2)^2} & \dfrac{x^2 - y^2}{(x^2 + y^2)^2} \end{vmatrix} = \frac{1}{(x^2 + y^2)^2},$$

故而由定理 6.15 知两个积分同敛散, 且在收敛时

$$\iint\limits_{f(S)} \frac{\mathrm{d}x\,\mathrm{d}y}{y^2} = \iint\limits_S \frac{1}{\left(\dfrac{y}{x^2 + y^2} \right)^2} \cdot \frac{1}{(x^2 + y^2)^2}\, \mathrm{d}x\,\mathrm{d}y = \iint\limits_S \frac{\mathrm{d}x\,\mathrm{d}y}{y^2}.$$

13. f 可写成上题中三种变换的复合.

14. 类似于习题 4.6 第 16 和 17 题, 容易验证测地线方程为 $\alpha z\bar{z} + 2\beta \mathrm{Re}\, z + \gamma = 0$, 其中 $\alpha, \beta, \gamma \in \mathbb{R}$ 且 $\beta^2 - \alpha\gamma > 0$. 利用这种形式的方程去验证结论.

15. 用 $S_{\triangle ABC}$ 表示以 A, B, C 为顶点的三角形的面积.

(1) 类似于例 6.7 可以证明题目图 15.19(a) 中的闭区域的双曲面积符合结论.

(2) 如果三角形中有两个内角均为 0 (例如图 15.19(b)), 则可利用习题 14 中的变换将其化为情形 (1), 注意到由习题 13 知这样的变换不改变闭区域的双曲面积.

(3) 如果三角形只有一个内角是 0, 例如这个内角所对应的顶点为 C, 那么可利用习题 14 中的变换将 C 变为 ∞, 从而得到图 A.1 (a) 的情形, 此时有

$$S_{\triangle ABC} = S_{\triangle ADC} - S_{\triangle BDC} = (\pi - \angle A) - \big(\pi - (\pi - \angle B)\big)$$

$$= \pi - \angle A - \angle B.$$

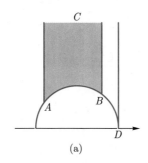
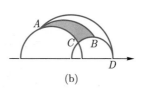

图 A.1

(4) 如果三角形的每个内角都不是 0, 那么按图 A.1 (b) 所示作连接 A 与 D 的测地线, 则有

$$S_{\triangle ABC} = S_{\triangle ADC} - S_{\triangle ADB} = (\pi - \angle DAC - \angle C) - \big(\pi - \angle DAB - (\pi - \angle B)\big)$$

$$= \pi - \angle A - \angle B - \angle C.$$

第十六章

习题 16.1

1. (1) $\dfrac{8}{27}(10\sqrt{10} - 1)$; (2) $\dfrac{e^2 + 1}{4}$; (3) $8a$; (4) $\left(1 + \dfrac{\log(1 + \sqrt{2})}{\sqrt{2}}\right)a$;

(5) $8a$; (6) $\dfrac{3\pi a}{2}$.

2. (1) $3 + \log 2$; (2) $\left(1 + \dfrac{2z_0}{3c}\right)\sqrt{cz_0}$.

3. 弧长均为 $4a\displaystyle\int_0^{\frac{\pi}{2}} \sqrt{1 + \cos^2\theta}\, \mathrm{d}\theta$.

4. 由链式法则知

$$\frac{\mathrm{d}(L_i \circ \boldsymbol{r})}{\mathrm{d}t} = L_i \cdot (x'(t), y'(t), z'(t))^{\mathrm{T}},$$

因此利用分块矩阵的乘法可得

$$\left(\frac{\mathrm{d}(L_1 \circ \boldsymbol{r})}{\mathrm{d}t}\right)^2 + \left(\frac{\mathrm{d}(L_2 \circ \boldsymbol{r})}{\mathrm{d}t}\right)^2 + \left(\frac{\mathrm{d}(L_3 \circ \boldsymbol{r})}{\mathrm{d}t}\right)^2$$

$$= \sum_{i=1}^{3} (x'(t), y'(t), z'(t)) L_i^{\mathrm{T}} L_i \begin{bmatrix} x'(t) \\ y'(t) \\ z'(t) \end{bmatrix}$$

$$= (x'(t), y'(t), z'(t)) L^{\mathrm{T}} L \begin{bmatrix} x'(t) \\ y'(t) \\ z'(t) \end{bmatrix}$$

$$= [x'(t)]^2 + [y'(t)]^2 + [z'(t)]^2.$$

习题 16.2

1. (1) $\dfrac{ab(a^2 + ab + b^2)}{3(a+b)}$;　　(2) $\dfrac{256}{15}a^3$;　　(3) $\dfrac{1}{3}\left[(2+t_0^2)^{\frac{3}{2}} - 2^{\frac{3}{2}}\right]$;

(4) $-\dfrac{\pi}{3}a^3$;　　(5) $\left(\sqrt{2} + \log(1+\sqrt{2})\right)a^2$.

2. $-2\pi a \log\left(\max(a, \sqrt{u^2+v^2})\right)$.

习题 16.3

1. (1) 0;　　(2) $\dfrac{32}{3}$;　　(3) 0;　　(4) $\dfrac{1}{35}$;　　(5) $-\sqrt{3}\pi a^2$;　　(6) $2\sqrt{2}\pi a^2 \sin\left(\dfrac{\pi}{4} - \alpha\right)$.

习题 16.4

1. (1) $\dfrac{\pi}{2}a^4$;　　(2) $-2\pi ab$;　　(3) $\sin 1 + \cos 1 - \dfrac{3}{2}$;　　(4) $\dfrac{5}{2}\pi a^3$.

2. (1) $\dfrac{1}{3}$;　　(2) $3\pi a^2$;　　(3) $\dfrac{3\pi}{2}a^2$;

(4) 利用变量替换 $y = tx$ 可得参数方程 $x = \dfrac{3at}{1+t^3}, y = \dfrac{3at^2}{1+t^3}$, 从而求得曲线所围区域面积为 $\dfrac{3}{2}a^2$.

(5) 利用变量替换 $y = tx$ 可得参数方程 $x = a\dfrac{1-t^2}{1+t^2}, y = at\dfrac{1-t^2}{1+t^2}$, 从而求得曲线所围区域面积为 $\left(2 - \dfrac{\pi}{2}\right)a^2$.

(6) 曲线参数方程为 $x = a\cos^{\frac{2}{n}}\theta, y = b\sin^{\frac{2}{n}}\theta$, 从而求得曲线所围区域面积为 $\dfrac{ab}{2n} \cdot \dfrac{\Gamma(\frac{1}{n})^2}{\Gamma(\frac{2}{n})}$.

3. 利用格林公式, 并考虑沿椭圆 $ax^2 + 2bxy + cy^2 = 1$ 进行积分可得

$$I = -\frac{2\pi}{\sqrt{ac - b^2}}.$$

4. 用 $\boldsymbol{t}$ 表示沿曲线方向的单位切向量, 并用 $(\boldsymbol{t}, x)$ 表示 $\boldsymbol{t}$ 与 x 轴正向的夹角, 则 $(\boldsymbol{t}, x) = (\boldsymbol{n}, x) + \dfrac{\pi}{2}$, 于是

$$\cos(\boldsymbol{l}, \boldsymbol{n}) = \cos\left((\boldsymbol{l}, x) - (\boldsymbol{n}, x)\right) = \cos(\boldsymbol{l}, x)\cos(\boldsymbol{n}, x) + \sin(\boldsymbol{l}, x)\sin(\boldsymbol{n}, x)$$

$$= \cos(\boldsymbol{l}, x)\sin(\boldsymbol{t}, x) - \sin(\boldsymbol{l}, x)\cos(\boldsymbol{t}, x)$$

$$= \cos(\boldsymbol{l}, x)\cos(\boldsymbol{t}, y) - \sin(\boldsymbol{l}, x)\cos(\boldsymbol{t}, x),$$

进而由第一、二型曲线积分之间的联系知

$$\oint_C \cos(\boldsymbol{l}, \boldsymbol{n})\,\mathrm{d}s = \oint_C -\sin(\boldsymbol{l}, x)\,\mathrm{d}x + \cos(\boldsymbol{l}, x)\,\mathrm{d}y,$$

再利用格林公式即得结论.

5. $\dfrac{1}{2}(\mathrm{e}^{\pi^2} - 1)$.

习题 16.5

2. $f(x) = ax + b$, 其中 a, b 是常数.

3. $f(x) = a\log x + b$, 其中 a, b 是常数.

7. 记 $\boldsymbol{a} = (x_0, y_0)$, 利用极坐标变换以及定理 5.6 可得

$$\int_S f = \int_0^r \rho\,\mathrm{d}\rho \int_0^{2\pi} f(x_0 + \rho\cos\theta, y_0 + \rho\sin\theta)\,\mathrm{d}\theta$$

$$= \int_0^r \rho \cdot 2\pi f(x_0, y_0)\,\mathrm{d}\rho = \pi r^2 f(\boldsymbol{a}).$$

8. $\left(20\arctan\dfrac{4}{5} - \arctan\dfrac{1}{2}\right)\pi.$

9. 反设 u 不是 D 上的调和函数, 则存在 $\boldsymbol{a} \in D$ 使得 $\dfrac{\partial^2 u}{\partial x^2}(\boldsymbol{a}) + \dfrac{\partial^2 u}{\partial y^2}(\boldsymbol{a}) \neq 0$. 不妨设 $\dfrac{\partial^2 u}{\partial x^2}(\boldsymbol{a}) + \dfrac{\partial^2 u}{\partial y^2}(\boldsymbol{a}) = \delta > 0$, 那么存在 $r > 0$, 使得 $\overline{B(\boldsymbol{a}, r)} \subseteq D$ 且在 $\overline{B(\boldsymbol{a}, r)}$ 上有 $\dfrac{\partial^2 u}{\partial x^2}(\boldsymbol{z}) + \dfrac{\partial^2 u}{\partial y^2}(\boldsymbol{z}) > \dfrac{\delta}{2}$. 于是由格林公式知

$$\int_{\partial B(\boldsymbol{a}, r)} \frac{\partial u}{\partial x}\,\mathrm{d}y - \frac{\partial u}{\partial y}\,\mathrm{d}x = \iint\limits_{B(\boldsymbol{a}, r)} \left(\frac{\partial^2 u}{\partial x^2} + \frac{\partial^2 u}{\partial y^2}\right)\mathrm{d}x\mathrm{d}y > \frac{\delta}{2} \cdot \pi r^2,$$

这与题设矛盾.

第十七章

习题 17.1

1. (1) $\dfrac{2\pi}{3}\big((1+a^2)^{\frac{3}{2}}-1\big)$;　(2) $\dfrac{2}{3}\pi ab\big((1+c^2)^{\frac{3}{2}}-1\big)$;

(3) $\pi\left(a\sqrt{a^2+b^2}+b^2\log\dfrac{a+\sqrt{a^2+b^2}}{b}\right)$;

(4) 在球坐标变换 $x=r\sin\varphi\cos\theta,\ y=r\sin\varphi\sin\theta,\ z=r\cos\varphi$ 下曲面方程变为 $r=a\sin\varphi\sqrt{\sin 2\theta}$, 因此曲面有参数表示

$$\begin{cases} x=a\sin^2\varphi\cos\theta\sqrt{\sin 2\theta}, \\ y=a\sin^2\varphi\sin\theta\sqrt{\sin 2\theta}, \\ z=a\sin\varphi\cos\varphi\sqrt{\sin 2\theta}, \end{cases}\qquad \varphi\in[0,\pi],\ \theta\in\left[0,\frac{\pi}{2}\right]\cup\left[\pi,\frac{3}{2}\pi\right].$$

由此计算得 $EG-F^2=a^4\sin^4\varphi$, 于是曲面面积为 $\pi\displaystyle\int_0^\pi a^2\sin^2\varphi\,\mathrm{d}\varphi=\dfrac{\pi^2}{2}a^2$.

3. (1) $\dfrac{\pi}{9}(17\sqrt{17}-1)$;　(2) $4\pi^2 ab$;　(3) $\dfrac{64}{3}\pi a^2$.

4. $\dfrac{3}{5}(4\sqrt{2}-1)\pi a^2$.

习题 17.2

1. (1) $2\pi a\log\dfrac{a}{h}$;　(2) $\dfrac{\sqrt{2}}{9}(9\pi+32)a^3$;　(3) $\dfrac{3-\sqrt{3}}{2}+(\sqrt{3}-1)\log 2$;

(4) $\dfrac{\pi a^4}{2}\sin\alpha\cos^2\alpha.$

2. $\dfrac{8-5\sqrt{2}}{6}\pi t^4$.

3. 利用习题 17.1 第 2 题可得

$$\iint\limits_{S} f\circ L\,\mathrm{d}S=\iint\limits_{D}(f\circ L\circ r)|\boldsymbol{r}_u\times\boldsymbol{r}_v|\,\mathrm{d}u\,\mathrm{d}v$$

$$=\iint\limits_{D}\big(f\circ(L\circ r)\big)|(L\circ\boldsymbol{r})_u\times(L\circ\boldsymbol{r})_v|\,\mathrm{d}u\,\mathrm{d}v$$

$$=\iint\limits_{L(S)} f\,\mathrm{d}S.$$

4. 当 $a = b = c = 0$ 时命题显然成立. 现设 $k = \sqrt{a^2 + b^2 + c^2} \neq 0$, 又设 $A =$
$\begin{bmatrix} ak^{-1} & bk^{-1} & ck^{-1} \\ * & * & * \\ * & * & * \end{bmatrix}$ 是正交矩阵. 作变量替换 $\begin{bmatrix} u \\ v \\ w \end{bmatrix} = A \begin{bmatrix} x \\ y \\ z \end{bmatrix}$, 则

$$A(S) = \{(u, v, w) : u^2 + v^2 + w^2 = 1\},$$

且由上题知

$$\iint\limits_{S} f(ax + by + cz)\,\mathrm{d}S = \iint\limits_{A(S)} f(ku)\,\mathrm{d}S.$$

与例 2.2 类似可得

$$\iint\limits_{S} f(ax + by + cz)\,\mathrm{d}S = 2 \iint\limits_{u^2 + v^2 \leqslant 1} f(ku) \cdot \frac{1}{\sqrt{1 - u^2 - v^2}}\,\mathrm{d}u\,\mathrm{d}v$$

$$= 2 \int_{-1}^{1} f(ku)\,\mathrm{d}u \int_{-\sqrt{1-u^2}}^{\sqrt{1-u^2}} \frac{1}{\sqrt{1 - u^2 - v^2}}\,\mathrm{d}v$$

$$= 2\pi \int_{-1}^{1} f(ku)\,\mathrm{d}u.$$

习题 17.4

1. (1) $4\pi a^3$;　　(2) 6π;　　(3) $\dfrac{4\pi}{abc}(a^2 b^2 + b^2 c^2 + c^2 a^2)$;　　(4) $-\dfrac{\pi}{2} h^4$;

(5) $-\dfrac{\pi}{3} h^3$;　　(6) $\dfrac{3}{8} a^4$.

习题 17.5

1. (1) $3a^4$;　　(2) $4\pi abc$;　　(3) $\dfrac{a^3}{24}(3a + 4)$;

(4) 把题中积分记作 I, 并用 V 表示 S 所围立体, 则由高斯公式知

$$I = 3 \iiint\limits_{V} \mathrm{d}x\,\mathrm{d}y\,\mathrm{d}z.$$

作变量替换 $u = x - y + z$, $v = y - z + x$, $w = z - x + y$ 可得

$$I = \frac{3}{4} \iiint\limits_{|u|+|v|+|w| \leqslant 1} \mathrm{d}x\,\mathrm{d}y\,\mathrm{d}z = 1.$$

3. $\dfrac{4\pi}{\sqrt{abc}}$.

5. $\operatorname{div}(\operatorname{grad} f(r)) = f''(r) + \dfrac{2}{r}f'(r)$. 对任意的 $r \neq 0$ 有 $\operatorname{div}(\operatorname{grad} f(r)) = 0$ 当且仅

当 $f(r) = \dfrac{a}{r} + b$, 其中 a, b 为常数.

习题 17.6

1. (1) $3a^2$;　(2) $2\pi R r^2$;　(3) $\dfrac{3}{2}\pi$;　(4) $-\dfrac{9}{2}a^3$.

第十八章

习题 18.2

1. (1) $\dfrac{A}{2} + \dfrac{2A}{\pi}\sum\limits_{n=0}^{\infty}\dfrac{1}{2n+1}\sin(2n+1)\pi x$;

(2) $\dfrac{1}{3} + \sum\limits_{n=1}^{\infty}\left(\dfrac{1}{\pi^2 n^2}\cos 2\pi nx - \dfrac{1}{\pi n}\sin 2\pi nx\right)$;

(3) $-\dfrac{\sin x}{2} + 2\sum\limits_{n=2}^{\infty}\dfrac{(-1)^n n}{n^2 - 1}\sin nx$;

(4) $\dfrac{2}{\pi} + \dfrac{4}{\pi}\sum\limits_{n=1}^{\infty}\dfrac{(-1)^{n-1}}{4n^2 - 1}\cos 2nx$.

2. $\dfrac{1}{4} - \dfrac{1}{\pi^2}\sum\limits_{n\in\mathbb{Z}}\dfrac{e((2n+1)x)}{(2n+1)^2}$.

3. $\dfrac{2}{\pi}\sum\limits_{n=1}^{\infty}\left(\dfrac{(-1)^{n-1}}{n} - \dfrac{4}{\pi^2 n^3}\big(1 - (-1)^n\big)\right)\sin \pi nx$.

4. $\dfrac{2}{\pi} - \dfrac{4}{\pi}\sum\limits_{n=1}^{\infty}\dfrac{\cos 2nx}{4n^2 - 1}$.

6. 可以在 $\left(\dfrac{\pi}{2}, \pi\right)$ 上令 $f(x) = -f(\pi - x)$ 再进行偶性延拓.

7. 这是因为由 (18.2) 可得

$$\int_0^1 S(\alpha)^2 e(-N\alpha)\,\mathrm{d}\alpha = \sum_{p_1 + p_2 = N} 1.$$

8. 应用积分第二中值定理.

9. 只需讨论 $n > 0$ 的情形. 设 f 以 ℓ 为周期, 我们有

$$\hat{f}(n) = \frac{1}{\ell} \int_0^\ell f(x) e\left(-\frac{nx}{\ell}\right) \mathrm{d}x = \frac{1}{n} \int_0^n f\left(\frac{\ell x}{n}\right) e(-x) \, \mathrm{d}x$$

$$= \frac{1}{n} \sum_{j=1}^n \int_{j-1}^j f\left(\frac{\ell x}{n}\right) e(-x) \, \mathrm{d}x = \frac{1}{n} \sum_{j=1}^n \int_{j-1}^j \left[f\left(\frac{\ell x}{n}\right) - f\left(\frac{\ell j}{n}\right) \right] e(-x) \, \mathrm{d}x$$

$$\ll \frac{1}{n} \sum_{j=1}^n \left(\frac{\ell}{n}\right)^\alpha \ll n^{-\alpha}.$$

习题 18.3

3. 利用习题 18.2 第 4 题.

4. 在 $(-\pi, \pi)$ 上有

$$\mathrm{e}^x = \frac{\sinh 1}{\pi} \sum_{n \in \mathbb{Z}} \frac{(-1)^n}{1 - n\mathrm{i}} e\left(\frac{nx}{2\pi}\right).$$

取 $x = 0$ 即得

$$\sum_{n=1}^\infty \frac{(-1)^n}{n^2 + 1} = \frac{\pi}{2 \sinh 1} - \frac{1}{2}.$$

5. 因为 $\dfrac{1}{\sin \pi x} - \dfrac{1}{\pi x}$ 有界, 故而

$$\int_0^1 |D_N(x)| \, \mathrm{d}x = \int_0^1 \frac{|\sin(2N+1)\pi x|}{\sin \pi x} \, \mathrm{d}x = \int_0^1 \frac{|\sin(2N+1)\pi x|}{\pi x} \, \mathrm{d}x + O(1)$$

$$= \frac{1}{\pi} \int_0^{(2N+1)\pi} \frac{|\sin x|}{x} \, \mathrm{d}x + O(1) = \frac{1}{\pi} \sum_{j=0}^{2N} \int_{j\pi}^{(j+1)\pi} \frac{|\sin x|}{x} \, \mathrm{d}x + O(1)$$

$$= \frac{1}{\pi} \sum_{j=1}^{2N} \int_0^\pi \frac{\sin x}{j\pi + x} \, \mathrm{d}x + O(1) = \frac{1}{\pi} \sum_{j=1}^{2N} \int_0^\pi \frac{\sin x}{j\pi} \left(1 + O\left(\frac{1}{j}\right)\right) \mathrm{d}x + O(1)$$

$$= \frac{2}{\pi^2} \sum_{j=1}^{2N} \frac{1}{j} + O(1) = \frac{2}{\pi^2} \log N + O(1).$$

6. 在例 3.11 中已对 $\alpha \notin \mathbb{Z}$ 得出

$$\cos \alpha x = \frac{2\alpha \sin \alpha \pi}{\pi} \left(\frac{1}{2\alpha^2} + \sum_{n=1}^\infty \frac{(-1)^n}{\alpha^2 - n^2} \cos nx \right), \qquad \forall \, x \in [-\pi, \pi],$$

取 $x = 0$ 即得

$$\frac{1}{\sin \alpha \pi} = \frac{1}{\alpha \pi} + \frac{2\alpha}{\pi} \sum_{n=1}^\infty \frac{(-1)^n}{\alpha^2 - n^2}, \qquad \forall \, \alpha \notin \mathbb{Z}.$$

把 $\alpha\pi$ 换成 x 便得

$$\frac{1}{\sin x} = \frac{1}{x} + \sum_{n=1}^{\infty}(-1)^n\left(\frac{1}{x+n\pi} + \frac{1}{x-n\pi}\right), \quad \forall\, x \neq k\pi\ (k \in \mathbb{Z}).$$

7. 由第十一章命题 1.12 知

$$\int_0^{+\infty}\frac{\sin x}{x}\,\mathrm{d}x = \int_0^{\frac{\pi}{2}}\frac{\sin x}{x}\,\mathrm{d}x + \sum_{n=1}^{\infty}\int_{n\pi-\frac{\pi}{2}}^{n\pi+\frac{\pi}{2}}\frac{\sin x}{x}\,\mathrm{d}x$$

$$= \int_0^{\frac{\pi}{2}}\frac{\sin x}{x}\,\mathrm{d}x + \sum_{n=1}^{\infty}\int_{-\frac{\pi}{2}}^{\frac{\pi}{2}}\frac{(-1)^n\sin x}{x+n\pi}\,\mathrm{d}x$$

$$= \int_0^{\frac{\pi}{2}}\frac{\sin x}{x}\,\mathrm{d}x + \sum_{n=1}^{\infty}(-1)^n\int_0^{\frac{\pi}{2}}\left(\frac{1}{x+n\pi} + \frac{1}{x-n\pi}\right)\sin x\,\mathrm{d}x.$$

因为级数 $\displaystyle\sum_{n=1}^{\infty}(-1)^n\left(\frac{1}{x+n\pi} + \frac{1}{x-n\pi}\right)\sin x$ 对 $x \in \left[0, \dfrac{\pi}{2}\right]$ 一致收敛, 所以可交换上式右边的求和号与积分号并得到

$$\int_0^{+\infty}\frac{\sin x}{x}\,\mathrm{d}x = \int_0^{\frac{\pi}{2}}\left(\frac{1}{x} + \sum_{n=1}^{\infty}(-1)^n\left(\frac{1}{x+n\pi} + \frac{1}{x-n\pi}\right)\right)\sin x\,\mathrm{d}x$$

$$= \int_0^{\frac{\pi}{2}}\frac{1}{\sin x}\cdot\sin x\,\mathrm{d}x = \frac{\pi}{2}.$$

8. 由 (18.21) 知

$$\cot\alpha = \frac{1}{\alpha} - \sum_{n=1}^{\infty}\frac{2\alpha}{n^2\pi^2}\left(1 - \frac{\alpha^2}{n^2\pi^2}\right)^{-1} = \frac{1}{\alpha} - \sum_{n=1}^{\infty}\frac{2\alpha}{n^2\pi^2}\sum_{k=0}^{\infty}\left(\frac{\alpha^2}{n^2\pi^2}\right)^k$$

$$= \frac{1}{\alpha} - 2\sum_{n=1}^{\infty}\sum_{k=0}^{\infty}\frac{\alpha^{2k+1}}{n^{2k+2}\pi^{2k+2}} = \frac{1}{\alpha} - 2\sum_{n=1}^{\infty}\sum_{k=1}^{\infty}\frac{\alpha^{2k-1}}{n^{2k}\pi^{2k}}.$$

因为 $\displaystyle\sum_{k=1}^{\infty}\frac{\alpha^{2k-1}}{n^{2k}\pi^{2k}} \ll \frac{1}{n^2}$, 且 $\displaystyle\sum_{n=1}^{\infty}\frac{1}{n^2}$ 收敛, 故由第十章引理 6.3 知上式右边的求和号可以交换, 从而有

$$\cot\alpha = \frac{1}{\alpha} - 2\sum_{k=1}^{\infty}\sum_{n=1}^{\infty}\frac{\alpha^{2k-1}}{n^{2k}\pi^{2k}} = \frac{1}{\alpha} - 2\sum_{k=1}^{\infty}\frac{\zeta(2k)}{\pi^{2k}}\alpha^{2k-1}. \tag{A.6}$$

最后, 由于在 $\alpha = 0$ 的充分小的去心邻域内有

$$\cot \alpha = \frac{\cos \alpha}{\sin \alpha} = \frac{\cos \alpha}{\alpha} \cdot \frac{1}{1 - (1 - \frac{\sin \alpha}{\alpha})} = \frac{\cos \alpha}{\alpha} \sum_{n=0}^{\infty} \left(1 - \frac{\sin \alpha}{\alpha} \right)^n$$

$$= \frac{1}{\alpha} \left(1 - \frac{\alpha^2}{2} + \frac{\alpha^4}{24} + \cdots \right)$$

$$\times \left(1 + \left(\frac{\alpha^2}{6} - \frac{\alpha^4}{120} + \cdots \right) + \left(\frac{\alpha^2}{6} - \frac{\alpha^4}{120} + \cdots \right)^2 + \cdots \right)$$

$$= \frac{1}{\alpha} - \frac{1}{3}\alpha - \frac{1}{45}\alpha^3 + \cdots,$$

把上式右边与 (A.6) 右边比较系数可得 $\zeta(2) = \dfrac{\pi^2}{6}$, $\zeta(4) = \dfrac{\pi^4}{90}$.

9. (1) 这个式子对 $x = 0$ 和 $x = 1$ 显然成立, 下设 $x \in (0,1)$. 因为 (18.21) 右边的级数在 $(0,1)$ 上内闭一致收敛, 故逐项积分可得

$$\frac{1}{\pi} \log \sin \pi x = \frac{1}{\pi} \int_{\frac{1}{2}}^{x} \frac{\mathrm{d}\alpha}{\alpha} + \frac{1}{\pi} \sum_{n=1}^{\infty} \int_{\frac{1}{2}}^{x} \left(\frac{1}{\alpha + n} + \frac{1}{\alpha - n} \right) \mathrm{d}\alpha$$

$$= \frac{1}{\pi} \log 2x + \frac{1}{\pi} \sum_{n=1}^{\infty} \log \frac{n^2 - x^2}{n^2 - \frac{1}{4}}.$$

因此

$$\sin \pi x = 2x \prod_{n=1}^{\infty} \frac{1 - \frac{x^2}{n^2}}{1 - \frac{1}{4n^2}} = \pi x \prod_{n=1}^{\infty} \left(1 - \frac{x^2}{n^2} \right),$$

上面最后一步用到了沃利斯公式.

(2) 通过讨论部分乘积证明

$$\pi(x+1) \prod_{n=1}^{\infty} \left(1 - \frac{(x+1)^2}{n^2} \right) = -\pi x \prod_{n=1}^{\infty} \left(1 - \frac{x^2}{n^2} \right).$$

10. 对 (18.21) 逐项求导.

11. (1) 由上题知, 当 $x \notin \mathbb{Z}$ 时

$$f(x) = 1 + \frac{2 \sin^2 \pi x}{\pi^2} \left(\frac{1}{x} - \sum_{n=1}^{\infty} \frac{1}{(x+n)^2} \right),$$

因为对 $x > 0$ 有

$$\sum_{n=1}^{\infty} \frac{1}{(x+n)^2} \leqslant \sum_{n=1}^{\infty} \int_{n-1}^{n} \frac{\mathrm{d}t}{(x+t)^2} = \int_{0}^{+\infty} \frac{\mathrm{d}t}{(x+t)^2} = \frac{1}{x},$$

所以当 $x > 0$ 时 $f(x) \geqslant 1 = \operatorname{sgn} x$. 同理, 当 $x \notin \mathbb{Z}$ 时

$$f(-x) = -1 - \frac{2\sin^2 \pi x}{\pi^2}\left(\frac{1}{x} - \sum_{n=0}^{\infty} \frac{1}{(x+n)^2}\right),$$

而对 $x > 0$ 有

$$\sum_{n=0}^{\infty} \frac{1}{(x+n)^2} \geqslant \sum_{n=1}^{\infty} \int_n^{n+1} \frac{\mathrm{d}t}{(x+t)^2} = \int_0^{+\infty} \frac{\mathrm{d}t}{(x+t)^2} = \frac{1}{x},$$

所以当 $x > 0$ 时 $f(-x) \geqslant -1 = \operatorname{sgn}(-x)$.

(2) 由 (1) 知被积函数非负, 故由 §11.1 习题 5 知只需证明该积分的柯西主值等于 1 即可. 因为对任意的 $A > 0$ 有

$$\int_{-A}^{A} (f(x) - \operatorname{sgn} x)\, \mathrm{d}x = \int_0^A (f(x) + f(-x))\, \mathrm{d}x = 2\int_0^A \frac{\sin^2 \pi x}{\pi^2 x^2}\, \mathrm{d}x,$$

故而

$$\int_{-\infty}^{+\infty} (f(x) - \operatorname{sgn} x)\, \mathrm{d}x = 2\int_0^{+\infty} \frac{\sin^2 \pi x}{\pi^2 x^2}\, \mathrm{d}x = -\frac{2}{\pi^2}\int_0^{+\infty} \sin^2 \pi x\, \mathrm{d}\frac{1}{x}$$

$$= \frac{2}{\pi}\int_0^{+\infty} \frac{\sin 2\pi x}{x}\, \mathrm{d}x = 1.$$

习题 18.4

1. 切萨罗和等于 $\frac{1}{2}\cot\frac{1}{2}$.

2. 不是.

3. 充分性可由施托尔茨定理推出, 下证必要性. 用 S_n 表示级数 $\sum\limits_{n=1}^{\infty} u_n$ 的第 n 个部分和, 则 $\{S_n\}$ 单调递增. 因为级数是切萨罗可和的, 所以 $\left\{\dfrac{S_1 + S_2 + \cdots + S_{2n}}{2n}\right\}$ 有上界, 再由

$$\frac{S_1 + S_2 + \cdots + S_{2n}}{2n} \geqslant \frac{S_n}{2}$$

知 $\{S_n\}$ 有上界, 从而收敛.

4. (1) 用 $\sum\limits_{n=1}^{\infty} c_n$ 表示 $\sum\limits_{n=1}^{\infty} a_n$ 与 $\sum\limits_{n=1}^{\infty} b_n$ 的柯西乘积, 并分别用 A_n, B_n 和 C_n 来表示这三个

级数的部分和, 那么

$$\frac{1}{n}\sum_{i=1}^{n}C_i = \frac{1}{n}\sum_{i=1}^{n}\sum_{j\leqslant i}c_j = \frac{1}{n}\sum_{i=1}^{n}\sum_{j\leqslant i}\sum_{k+\ell=j}a_kb_\ell = \frac{1}{n}\sum_{i=1}^{n}\sum_{k+\ell\leqslant i}a_kb_\ell$$

$$= \frac{1}{n}\sum_{i=1}^{n}\sum_{k\leqslant i-1}a_kB_{i-k} = \frac{1}{n}\sum_{i=1}^{n}\sum_{k\leqslant i-1}a_{i-k}B_k$$

$$= \frac{1}{n}\sum_{k\leqslant n-1}B_k\sum_{k+1\leqslant i\leqslant n}a_{i-k} = \frac{1}{n}\sum_{k\leqslant n-1}A_{n-k}B_k,$$

于是由习题 3.6 第 9 题知结论成立.

5. 假设 $\sum_{n=1}^{\infty}u_n$ 的切萨罗和为 σ, 并用 S_n 表示其第 n 个部分和, 则对任意的 $\varepsilon > 0$, 存在 $N > 0$, 使得当 $n > N$ 时有

$$\left|\frac{S_1 + S_2 + \cdots + S_n}{n} - \sigma\right| < \varepsilon,$$

也即 $|(S_1 - \sigma) + (S_2 - \sigma) + \cdots + (S_n - \sigma)| < n\varepsilon$. 于是当 $n > N + 1$ 时

$$|S_n - \sigma| = \left|\sum_{k=1}^{n}(S_k - \sigma) - \sum_{k=1}^{n-1}(S_k - \sigma)\right| < 2n\varepsilon.$$

进而知当 $n > N + 2$ 时

$$|u_n| = |(S_n - \sigma) - (S_{n-1} - \sigma)| < 4n\varepsilon,$$

也即 $\left|\dfrac{u_n}{n}\right| < 4\varepsilon$, 因此 $\lim\limits_{n\to\infty}\dfrac{u_n}{n} = 0$.

6. (1) 利用上题结论.

(2) 有多种方法可以得到结论, 例如对左侧的部分和使用两次分部求和. 下面的方式或许是最简便的. 仍用 S_n 表示 $\sum_{n=1}^{\infty}u_n$ 的第 n 个部分和, 由柯西定理 (第四章定理 5.5) 知, 在 $(-1,1)$ 上有

$$\frac{1}{(1-r)^2}\sum_{n=1}^{\infty}u_nr^n = \left(\sum_{n=0}^{\infty}r^n\right)^2\left(\sum_{n=1}^{\infty}u_nr^n\right) = \sum_{n=1}^{\infty}\left(\sum_{\substack{k\geqslant 0 \\ k+\ell+m=n}}\sum_{\ell\geqslant 0}\sum_{m\geqslant 1}u_m\right)r^n$$

$$= \sum_{n=1}^{\infty}\left(\sum_{\substack{\ell\geqslant 0 \\ \ell+m\leqslant n}}\sum_{m\geqslant 1}u_m\right)r^n = \sum_{n=1}^{\infty}\left(\sum_{\ell=0}^{n-1}S_{n-\ell}\right)r^n = \sum_{n=1}^{\infty}n\sigma_nr^n.$$

(3) 由题设知, 对任意的 $\varepsilon > 0$, 存在 N 使得对任意的 $n > N$ 有 $|\sigma_n - \sigma| < \varepsilon$, 因此利

326 部分习题解答与提示

用 (2) 中结论可对任意的 $r \in (-1, 1)$ 得到

$$
\begin{aligned}
\sum_{n=1}^{\infty} u_n r^n &= (1-r)^2 \sum_{n=1}^{\infty} n\sigma_n r^n = (1-r)^2 \Big(\sum_{n \leqslant N} n\sigma_n r^n + \sum_{n > N} n\sigma_n r^n \Big) \\
&= O\big((1-r)^2 N^2\big) + (1-r)^2 \sum_{n > N} n\big(\sigma + O(\varepsilon)\big) r^n \\
&= O\big((1-r)^2 N^2\big) + (1-r)^2 \big(\sigma + O(\varepsilon)\big) \sum_{n=1}^{\infty} n r^n \\
&= O\big((1-r)^2 N^2\big) + (1-r)^2 \big(\sigma + O(\varepsilon)\big) \cdot \frac{r}{(1-r)^2} \\
&= r\sigma + O(\varepsilon) + O\big((1-r)^2 N^2\big).
\end{aligned}
$$

令 $r \to 1^-$ 可得

$$
\sigma + O(\varepsilon) \leqslant \varliminf_{r \to 1^-} \sum_{n=1}^{\infty} u_n r^n \leqslant \varlimsup_{r \to 1^-} \sum_{n=1}^{\infty} u_n r^n \leqslant \sigma + O(\varepsilon).
$$

再令 $\varepsilon \to 0^+$ 可得 $\lim\limits_{r \to 1^-} \sum\limits_{n=1}^{\infty} u_n r^n = \sigma$.

习题 18.5

2. 对任意的 n 有 $\widehat{(f-g)}(n) = \hat{f}(n) - \hat{g}(n) = 0$, 因此利用帕塞瓦尔恒等式可得

$$
\int_0^1 (f(x) - g(x))^2 \, \mathrm{d}x = 0.
$$

再由 f 与 g 的连续性知 $f = g$.

3. $f(x)$ 的正弦级数为 $\dfrac{8}{\pi} \sum\limits_{n=1}^{\infty} \dfrac{1}{(2n-1)^3} \sin(2n-1)x$, $\zeta(6) = \dfrac{\pi^6}{945}$.

习题 18.6

4. 因为对数列作平移不会改变其一致分布性, 故不妨设 $\lim\limits_{n \to \infty} (x_n - y_n) = 0$. 对任意的非零整数 k, 由

$$
\frac{1}{N} \sum_{n=1}^{N} e(ky_n) = \frac{1}{N} \sum_{n=1}^{N} (e(ky_n) - e(kx_n)) + \frac{1}{N} \sum_{n=1}^{N} e(kx_n)
$$

及外尔准则知只需证明上式右边第一项在 $N \to \infty$ 时趋于 0. 由 $\lim\limits_{n \to \infty} (x_n - y_n) = 0$ 知对任意的 $\varepsilon \in (0, 1)$, 存在 $M > 1$ 使得当 $n > M$ 时有 $|x_n - y_n| < \dfrac{\varepsilon}{|k|}$, 于是当 $N > M\varepsilon^{-1}$ 时有

$$\left| \frac{1}{N} \sum_{n=1}^{N} (e(ky_n) - e(kx_n)) \right| \leqslant \left| \frac{1}{N} \sum_{n \leqslant M} (e(ky_n) - e(kx_n)) \right| + \left| \frac{1}{N} \sum_{M < n \leqslant N} (e(ky_n) - e(kx_n)) \right|$$

$$\leqslant \frac{2M}{N} + \frac{2\pi|k|}{N} \sum_{M < n \leqslant N} |x_n - y_n|$$

$$< 2\varepsilon + 2\pi\varepsilon = 2(\pi + 1)\varepsilon.$$

从而命题得证.

6. 由欧拉求和公式知

$$\frac{1}{N} \sum_{n=1}^{N} e(\log n) = \frac{1}{N} \int_{1}^{N} e(\log x) \, \mathrm{d}x + \frac{1}{N} \int_{1}^{N} \psi(x) e(\log x) \frac{2\pi\mathrm{i}}{x} \, \mathrm{d}x + O\left(\frac{1}{N}\right)$$

$$= \frac{1}{N} \int_{0}^{\log N} \mathrm{e}^{(2\pi\mathrm{i}+1)t} \, \mathrm{d}t + O\left(\frac{\log N}{N}\right)$$

$$= \frac{\mathrm{e}^{(2\pi\mathrm{i}+1)\log N} - 1}{N(2\pi\mathrm{i} + 1)} + O\left(\frac{\log N}{N}\right) = \frac{\mathrm{e}^{2\pi\mathrm{i}\log N} - \dfrac{1}{N}}{2\pi\mathrm{i} + 1} + O\left(\frac{\log N}{N}\right),$$

因此当 $N \to \infty$ 时上式不趋于 0, 从而由外尔准则知 $\{\log n\}$ 不一致分布.

习题 18.7

1. $\hat{f}(y) = \dfrac{\sin 2\pi y}{\pi y}$.

2. $\hat{f}(y) = \dfrac{2\mathrm{i} \sin 2\pi^2 y}{4\pi^2 y^2 - 1}$.

3. 令 $f(x) = \begin{cases} \mathrm{e}^{-x}, & x > 0, \\ -\mathrm{e}^{x}, & x \leqslant 0, \end{cases}$ 则

$$\hat{f}(y) = \int_{-\infty}^{+\infty} f(x) e(-xy) \, \mathrm{d}x = -2\mathrm{i} \int_{0}^{+\infty} \mathrm{e}^{-x} \sin 2\pi xy \, \mathrm{d}x = -\frac{4\pi\mathrm{i}y}{1 + 4\pi^2 y^2}.$$

因为积分 $\displaystyle\int_{-\infty}^{+\infty} \frac{-4\pi\mathrm{i}y}{1 + 4\pi^2 y^2} e(xy) \, \mathrm{d}y$ 在 $x \neq 0$ 时收敛, 故由反演公式知当 $x > 0$ 时

$$\mathrm{e}^{-x} = f(x) = \lim_{A \to +\infty} \int_{-A}^{A} \hat{f}(y) e(xy) \, \mathrm{d}y = \int_{-\infty}^{+\infty} \frac{-4\pi\mathrm{i}y}{1 + 4\pi^2 y^2} e(xy) \, \mathrm{d}y.$$

取实部可得

$$\mathrm{e}^{-x} = \int_{-\infty}^{+\infty} \frac{4\pi y}{1 + 4\pi^2 y^2} \sin 2\pi xy \, \mathrm{d}y = \frac{2}{\pi} \int_{0}^{+\infty} \frac{y}{1 + y^2} \sin xy \, \mathrm{d}y,$$

故而取 $\varphi(y) = \dfrac{2}{\pi} \cdot \dfrac{y}{1 + y^2}$ 即可.

4. (1) $|\hat{f}(y)| \leqslant b-a$ 是平凡估计. 当 $y \neq 0$ 时,

$$\hat{f}(y) = \frac{e(-(a+1)y) - e(-ay)}{4\pi^2 y^2} - \frac{e(-by) - e(-(b-1)y)}{4\pi^2 y^2},$$

因此 $|\hat{f}(y)| \leqslant \dfrac{1}{\pi^2 y^2}$. 此外, 上述表达式也即

$$\hat{f}(y) = \frac{1}{2\pi i y} \int_a^{a+1} e(-xy)\, dx - \frac{1}{2\pi i y} \int_{b-1}^b e(-xy)\, dx,$$

故而 $|\hat{f}(y)| \leqslant \dfrac{1}{\pi|y|}$.

(2) 由 (1) 知

$$\int_{-\infty}^{+\infty} |\hat{f}(y)|\, dy \ll \int_0^{\frac{1}{b-a}} (b-a)\, dy + \int_{\frac{1}{b-a}}^1 \frac{dy}{y} + \int_1^{+\infty} \frac{dy}{y^2} \ll \log(b-a).$$

5. 令 $g(x) = f(-x)$, 则 $\hat{g}(y) = \overline{\hat{f}(y)}$, 于是由命题 7.9 (4) 知

$$\widehat{(f*g)}(y) = \hat{f}(y)\hat{g}(y) = |\hat{f}(y)|^2.$$

对 y 积分并利用反演公式即得

$$\int_{-\infty}^{+\infty} |\hat{f}(y)|^2\, dy = \int_{-\infty}^{+\infty} \widehat{(f*g)}(y)\, dy = (f*g)(0) = \int_{-\infty}^{+\infty} f(x)^2\, dx.$$

6. $\hat{f}(y) = \begin{cases} 1, & y = 0, \\ \left(\dfrac{\sin \pi y}{\pi y}\right)^2, & y \neq 0. \end{cases}$ 利用上题可得 $\displaystyle\int_{-\infty}^{+\infty} \frac{\sin^4 x}{x^4}\, dx = \frac{2}{3}\pi$.

7. $F(x)$ 是以 1 为周期的函数, 由 f 所满足的条件知 $\displaystyle\sum_{n\in\mathbb{Z}} f(x+n)$ 与 $\displaystyle\sum_{n\in\mathbb{Z}} f'(x+n)$ 均在 $\mathbb{R}$ 上一致收敛, 因此 $F \in C^1(\mathbb{R})$. 现把 F 表成傅里叶级数的形式, 其傅里叶系数为

$$\int_0^1 F(x)e(-nx)\, dx = \int_0^1 \sum_{m\in\mathbb{Z}} f(x+m)e(-nx)\, dx.$$

注意到 f 的条件保证了上式右边的求和号与积分号可以交换, 所以 $F(x)$ 的傅里叶系数等于

$$\sum_{m\in\mathbb{Z}} \int_0^1 f(x+m)e(-nx)\, dx = \sum_{m\in\mathbb{Z}} \int_m^{m+1} f(x)e(-n(x-m))\, dx$$

$$= \sum_{m\in\mathbb{Z}} \int_m^{m+1} f(x)e(-nx)\, dx$$

$$= \int_{-\infty}^{+\infty} f(x)e(-nx)\, dx = \hat{f}(n).$$

于是

$$\sum_{n \in \mathbb{Z}} f(x+n) = F(x) = \sum_{n \in \mathbb{Z}} \hat{f}(n) e(nx), \qquad \forall\, x \in \mathbb{R}.$$

再取 $x = 0$ 即得所需结论.

8. 利用例 7.4 及命题 7.3 (2).

习题 18.8

2. 由于

$$\sum_{x \in A} \chi(x) = \sum_{x \in a \cdot A} \chi(x) + \left(\sum_{x \in A} \chi(x) - \sum_{x \in a \cdot A} \chi(x) \right)$$

$$= \chi(a) \sum_{x \in A} \chi(x) + \left(\sum_{x \in A} \chi(x) - \sum_{x \in a \cdot A} \chi(x) \right),$$

故结合 $|\chi(x)| \leqslant 1$ 知

$$\left| \sum_{x \in A} \chi(x) \right| \leqslant \frac{1}{|1 - \chi(a)|} \cdot \left| \sum_{x \in A} \chi(x) - \sum_{x \in a \cdot A} \chi(x) \right| \leqslant \frac{M}{|1 - \chi(a)|}.$$

3. 我们有

$$\sum_{x \in F \setminus \{0_F, -a\}} \chi(x) \overline{\chi(x+a)} = \sum_{x \in F \setminus \{0_F, -1_F\}} \chi(ax) \overline{\chi}(ax+a)$$

$$= \sum_{x \in F \setminus \{0_F, -1_F\}} \chi(x) \overline{\chi}(x+1) = \sum_{x \in F \setminus \{0_F, -1_F\}} \overline{\chi}(1 + x^{-1})$$

$$= \sum_{x \in F \setminus \{0_F, -1_F\}} \overline{\chi}(1 + x) = \sum_{x \in F \setminus \{0_F, 1_F\}} \overline{\chi}(x) = -1,$$

上面最后一步用到了特征的正交性关系式 (18.38).

4. 记 $F^* = F \setminus \{0_F\}$, 那么

$$\left| \sum_{x \in F^*} \chi(x) \psi(x) \right|^2 = \sum_{x \in F^*} \chi(x) \psi(x) \sum_{y \in F^*} \overline{\chi(y)\psi(y)} = \sum_{y \in F^*} \sum_{x \in F^*} \chi(xy^{-1}) \psi(x-y)$$

$$= \sum_{y \in F^*} \sum_{x \in F^*} \chi(x) \psi((x - 1_F)y) = \sum_{x \in F^*} \chi(x) \sum_{y \in F^*} \psi((x - 1_F)y)$$

$$= \sum_{x \in F^*} \chi(x) \left(\sum_{y \in F} \psi((x - 1_F)y) - 1 \right)$$

$$= \sum_{x \in F^*} \chi(x) \sum_{y \in F} \psi((x - 1_F)y) = |F|,$$

上面最后两步用到了特征的正交性. 从而命题得证.

5. 用 N 表示该方程的解数, 并记 $A = \{h^2 : h \in F\}$, $-A = \{-h^2 : h \in F\}$. 注意到 a, b, c 中至少有一个是 0_F 的解的个数为 $O(|F|)$, 故而类似于例 8.20 可得

$$N = 8 \sum_{\substack{x \in A \\ x+y+z=0}} \sum_{y \in A} \sum_{z \in -A} 1 + O(|F|) = 8|F|^2 \cdot (1_A * 1_A * 1_{-A})(0) + O(|F|).$$

再由 (18.42) 及命题 8.19 (6) 知

$$N = 8|F|^2 \sum_{\chi \in \hat{F}} \widehat{1_A}(\chi)^2 \cdot \widehat{1_{-A}}(\chi) + O(|F|),$$

其中 $\hat{F}$ 表示加法群 F 上的全部特征所成之集. 按照傅里叶变换的定义,

$$\widehat{1_{-A}}(\chi) = \frac{1}{|F|} \sum_{x \in F} 1_{-A}(x) \overline{\chi}(x) = \frac{1}{|F|} \sum_{x \in F} 1_A(-x) \overline{\chi}(x)$$

$$= \frac{1}{|F|} \sum_{x \in F} 1_A(x) \overline{\chi}(-x) = \frac{1}{|F|} \sum_{x \in F} 1_A(x) \chi(x) = \overline{\widehat{1_A}(\chi)},$$

因此

$$N = 8|F|^2 \sum_{\chi \in \hat{F}} \widehat{1_A}(\chi) |\widehat{1_A}(\chi)|^2 + O(|F|)$$

$$= \frac{8|A|^3}{|F|} + 8|F|^2 \sum_{\chi \in \hat{F}, \ \chi \neq \chi_0} \widehat{1_A}(\chi) |\widehat{1_A}(\chi)|^2 + O(|F|).$$

在例 8.20 中我们对非主特征 χ 证明了 $\widehat{1_A}(\chi) \ll |F|^{-\frac{1}{2}}$, 结合帕塞瓦尔恒等式可得

$$N = 8\frac{|A|^3}{|F|} + O\left(|F|^{\frac{3}{2}} \sum_{\chi \in \hat{F}} |\widehat{1_A}(\chi)|^2 + |F|\right) = \frac{8|A|^3}{|F|} + O\left(|F|^{\frac{1}{2}} \sum_{h \in F} |1_A(h)|^2 + |F|\right)$$

$$= \frac{8|A|^3}{|F|} + O\left(|F|^{\frac{1}{2}}|A| + |F|\right) = |F|^2 + O\left(|F|^{\frac{3}{2}}\right).$$

综合自测题及参考答案

综合自测题

综合自测题参考答案

索　引

参 考 文 献

[1] ALLADI K, DEFANT C. Revisiting the Riemann zeta function at positive even integers[J]. Int. J. Number Theory, 2018, 14: 1849-1856.

[2] ANDREWS G E, ASKEY R, ROY R. Special functions[M]. Cambridge: Cambridge University Press, 1999.

[3] ARTIN E. The Gamma function[M]. New York: Holt, Rinehart and Winston, Inc., 1964.

[4] ARTIN M. Algebra[M]. New Jersey: Prentice-Hall, Inc., 1991.

[5] ARZELÀ C. Sulla integrazione per serie[J]. Rend. Accad. Lincei Roma, 1885, 1: 532-537, 566-569.

[6] BANACH S, TARSKI A. Sur la décomposition des ensembles de points en parties respectivement congruentes[J]. Fund. Math., 1924, 6: 244-277.

[7] BERNSTEIN S. Démonstration du théorème de Weierstrass, fondeé sur le calcul des probabilités[J]. Commun. Soc. Math. Kharkow, 1912-1913, 13(2): 1-2.

[8] BOURBAKI N. General topology[M]. New York: Springer-Verlag, 1989.

[9] BOURBAKI N. Theory of sets[M]. Berlin: Springer-Verlag, 2004.

[10] BOURBAKI N. Functions of a real variable[M]. Berlin: Springer-Verlag, 2004.

[11] CANTOR G. Ueber eine Eigenschaft des Inbegriffs aller reellen algebraischen Zahlen[J]. J. Reine Angew. Math., 1874, 77: 258-262.

[12] CARTAN H. Cours de calcul différentiel[M]. Paris: Hermann, 1967. 中译本: 嘉当. 微分学 [M]. 余家荣, 译. 北京: 高等教育出版社, 2009.

[13] 常庚哲, 史济怀. 数学分析教程 [M]. 3 版. 合肥: 中国科学技术大学出版社, 2012.

[14] COURANT R, JOHN F. Introduction to calculus and analysis[M]. New York: Springer-Verlag, 1989.

[15] DE BRUIJN N G. Asymptotic methods in analysis[M]. Amsterdam: North-Holland, 1958.

[16] DEDEKIND R. Stetigkeit und irrationale Zahlen. 1872. 英译本: DEDEKIND R. Essays on the theory of numbers[M]. New York: Dover, 1963.

[17] DEITMAR A. A first course in harmonic analysis [M]. 2nd ed. Berlin: Springer-Verlag, 2005.

[18] ДЕМИДОВИЧ Б П. Сборник задач и упражнений по математическому анализу, Гостехиздат, 1956. 中译本: 吉米多维奇. 数学分析习题集 [M]. 李荣涷, 译. 北京: 人民教育出版社, 1958.

[19] DIEUDONNÉ J. Foundations of modern analysis[M]. New York: Academic Press, Inc., 1960. 中译本: 迪厄多内. 现代分析基础 [M]. 郭瑞芝, 苏维宜, 译. 北京: 科学出版社, 1982.

[20] DIEUDONNÉ J. Calcul infinitésimal[M]. Paris: Hermann, 1980. 中译本: 迪厄多内. 无穷小计算 [M]. 余家荣, 译. 北京: 高等教育出版社, 2012.

[21] DU BOIS-REYMOND P. Versuch einer Classification der willkürlichen Functionen reeller Argumente nach ihren Aenderungen in den kleinsten Intervallen[J]. J. Reine Angew. Math., 1875, 79: 21-37.

[22] 费定晖, 周学圣. 数学分析习题集题解 [M]. 济南: 山东科学技术出版社, 1980.

[23] ФИХТЕНГОЛЬЦ Г М. Курс дифференциального и интегрального исчисления. Наука, 1969. 中译本: 菲赫金哥尔茨. 微积分学教程 (第一卷) (第 8 版) [M]. 3 版. 杨弢亮, 叶彦谦, 译. 北京: 高等教育出版社, 2006. 菲赫金哥尔茨. 微积分学教程 (第二卷) (第 8 版) [M]. 3 版. 徐献瑜, 冷生明, 梁文

骐, 译. 北京: 高等教育出版社, 2006. 菲赫金哥尔茨. 微积分学教程 (第三卷) (第 8 版) [M]. 3 版. 路见可, 余家荣, 吴亲仁, 译. 北京: 高等教育出版社, 2006.

[24] GRADSHTEYN I S, RYZHIK I M. Table of integrals, series, and products [M]. 7th ed. London: Elsevier Inc., 2007.

[25] GREEN G. An essay on the application of mathematical analysis to the theories of electricity and magnetism[J]. J. Reine Angew. Math., 1850, 39: 73-89; 1852, 44: 356-374; 1854, 47: 161-221.

[26] HARDY G H. On certain definite integrals considered by Airy and by Stokes[J]. Quart. J. Math., 1910, 41: 226-240.

[27] HARDY G H, RIESZ M. The general theory of Dirichlet's series[M]. Cambridge: Cambridge University Press, 1915.

[28] HERMITE C. Sur la fonction exponentielle[J]. Comples rendus de L'Académie des Sciences, t., 1873, 77: 18-24, 74-79, 226-233, 285-293.

[29] HILBERT D. Ueber die Transcendenz der Zahlen e und π[J]. Math. Ann., 1893, 43: 216-219.

[30] HILBERT D. Beweis für die Darstellbarkeit der ganzen Zahlen durch eine feste Anzahl n^{ter} Potenzen (Waringsches Problem)[J]. Math. Ann., 1909, 67: 281-300.

[31] 华罗庚. 数论导引 [M]. 北京: 科学出版社, 1957.

[32] 华罗庚. 高等数学引论 [M]. 北京: 高等教育出版社, 2009.

[33] HURWITZ A. Sur quelques applications géométriques des séries de Fourier[J]. Annales Scientifiques de l'École Normale Supérieure, 1902, 19: 357-408.

[34] JENSEN J L W V. Sur les fonctions convexes et les inégalités entre les valeurs moyennes[J]. Acta Math., 1906, 30: 175-193.

[35] 吉林大学数学系. 数学分析 [M]. 北京: 人民教育出版社, 1978.

[36] KLAMBAUER G. Mathematical analysis[M]. New York: Marcel Dekker, Inc., 1975. 中译本: 克莱鲍尔. 数学分析 [M]. 庄亚栋, 译. 上海: 上海科学技术出版社, 1981.

[37] KLAMBAUER G. Problems and propositions in analysis[M]. New York: Marcel Dekker, Inc., 1979.

[38] KLINE M. Mathematical thought from ancient to modern times[M]. Oxford University Press, 1972. 中译本: 克莱因. 古今数学思想 [M]. 张理京, 张锦炎, 江泽涵, 译. 上海: 上海科学技术出版社, 2002.

[39] KUIPERS L, NIEDERREITER H. Uniform distribution of sequences[M]. New York: Dover Publications, Inc., 2006.

[40] LANDAU E. Foundations of analysis [M]. 3rd ed. New York: Chelsea Publishing Company, 1966.

[41] 廖可人, 李正元. 数学分析 3[M]. 北京: 高等教育出版社, 2015.

[42] 林源渠, 方企勤, 李正元, 等. 数学分析习题集 [M]. 北京: 高等教育出版社, 2015.

[43] LIOUVILLE J. Sur des classes très-étendues de quantités dont la valeur n'est ni algébrique, ni même réductible à des irrationnelles algébriques[J]. C. R. Acad. Sci. Paris, 1844, 18: 883-885.

[44] LOOMIS L H, STERNBERG S. Advanced calculus [M]. Rev. ed. London: Jones and Bartlett Publishers, Inc., 1990. 中译本: 卢米斯, 斯滕伯格. 高等微积分 (修订版) [M]. 王元, 胥鸣伟, 译. 北京: 高等教育出版社, 2005.

[45] LORENTZ G G. Bernstein polynomials[M]. New York: Chelsea Publishing Company, 1986.

[46] MUNKRES J R. Analysis on manifolds[M]. Redwood City: Addison-Wesley Publishing Company, 1991. 中译本: 曼克勒斯. 流形上的分析 [M]. 谢孔彬, 谢云鹏, 译. 北京: 科学出版社, 2012.

[47] NIVEN I. A simple proof that π is irrational[J]. Bull. Amer. Math. Soc., 1947, 53: 509.

[48] 欧阳光中, 朱学炎, 金福临, 等. 数学分析 [M]. 3 版. 北京: 高等教育出版社, 2007.

[49] 潘承洞, 于秀源. 阶的估计 [M]. 济南: 山东科学技术出版社, 1983.

[50] PEANO G. Sur une courbe, qui remplit toute une aire plane[J]. Math. Ann., 1890, 36: 157-160.

[51] 裴礼文. 数学分析中的典型问题与方法 [M]. 2 版. 北京: 高等教育出版社, 2006.

[52] POINCARÉ H. Théorie des groupes fuchsiens[J]. Acta Math., 1882, 1: 1-62.

[53] PÓLYA G, SZEGŐ G. Problems and theorems in analysis[M]. Berlin: Springer-Verlag, 1998.

[54] PUGH C C. Real mathematical analysis[M]. New York: Springer-Verlag, 2001.

[55] RIEMANN B. Gesammelte mathematische werke und wissenschaftlicher nachlass[M]. Leipzig, 1892. 中译本: 黎曼全集 [M]. 李培廉, 译. 北京: 高等教育出版社, 2016.

[56] RUDIN W. Principles of mathematical analysis [M]. 3rd ed. New York: McGraw-Hill Companies, Inc., 1976.

[57] SCHOENBERG I J. On the Peano curve of Lebesgue[J]. Bull. Amer. Math. Soc., 1938, 44: 519.

[58] SPIVAK M. Calculus on manifolds[M]. New York: Addison-Wesley Publishing Company, 1965. 中译本: 斯皮瓦克. 流形上的微积分 [M]. 齐民友, 路见可, 译. 北京: 科学出版社, 1980.

[59] STEIN E M, SHAKARCHI R. Fourier analysis: An introduction[M]. New Jersey: Princeton University Press, 2003.

[60] STOKES G G. On the numerical calculation of a class of definite integrals and infinite series[J]. Camb. Phil. Trans., 1850, Vol. ix., Part I..

[61] TAO T. An introduction to measure theory[M]. Providence: Amer. Math. Soc., 2011.

[62] TAO T. Analysis I, II [M]. 3rd ed. New Delhi: Hindustan Book Agency, 2016. 中译本: 陶哲轩. 陶哲轩实分析 [M]. 王昆扬, 译. 北京: 人民邮电出版社, 2008.

[63] TITCHMARSH E C. The theory of functions [M]. 2nd ed. London: Oxford University Press, 1939.

[64] VAN DER WAERDEN B L. Ein einfaches Beispiel einer nicht-differenzierbaren stetigen Funktion[J]. Math. Z., 1930, 32: 474-475.

[65] 汪林. 实分析中的反例 [M]. 北京: 高等教育出版社, 2014.

[66] 王渝生. 中国算学史 [M]. 上海: 上海人民出版社, 2006.

[67] WHITTAKER E T, WATSON G N. A course of modern analysis [M]. 4th ed. Cambridge: Cambridge University Press, 1927.

[68] WINTERHOF A. On Waring's problem in finite fields[J]. Acta Arith., 1998, 87: 171-177.

[69] 谢惠民, 恽自求, 易法槐, 等. 数学分析习题课讲义 [M]. 北京: 高等教育出版社, 2003.

[70] 熊金城. 点集拓扑讲义 [M]. 3 版. 北京: 高等教育出版社, 2003.

[71] 杨宗磐. 数学分析入门 [M]. 北京: 科学出版社, 1958.

[72] 张鸿林, 葛显良. 英汉数学词汇 [M]. 3 版. 北京: 清华大学出版社, 2018.

[73] 周民强. 数学分析习题演练 [M]. 2 版. 北京: 科学出版社, 2010.

[74] ЗОРИЧ В А. Математический анализ[M]. Москва: МЦНМО., 2002. 中译本: 卓里奇. 数学分析: 第一卷 [M]. 蒋铎, 王昆扬, 周美珂, 等译. 北京: 高等教育出版社, 2006. 卓里奇. 数学分析: 第二卷 [M]. 蒋铎, 钱珮玲, 周美珂, 等译. 北京: 高等教育出版社, 2006.

读者意见反馈

为收集对教材的意见建议，进一步完善教材编写并做好服务工作，读者可将对本教材的意见建议通过如下渠道反馈至我社。

咨询电话　400-810-0598

反馈邮箱　hepsci@pub.hep.cn

通信地址　北京市朝阳区惠新东街 4 号富盛大厦 1 座
　　　　　　高等教育出版社理科事业部

邮政编码　100029